21世纪全国高等院校实用规划教材

理论力学

主　编　欧阳辉　李田军
副主编　石　奎　周丽珍
　　　　孙　艳　张伟丽

北京大学出版社
PEKING UNIVERSITY PRESS

内 容 简 介

本书是根据教育部非力学专业力学基础课程教学指导分委员会对理论力学课程的最新基本要求(多学时)编写而成，内容涵盖了理论力学的基本理论知识、基本原理和基本方法。

全书共16章，包括静力学公理和物体的受力分析、平面力系、空间力系、摩擦、点的运动学、刚体的简单运动、点的合成运动、刚体的平面运动、质点动力学的基本方程、动量定理、动量矩定理、动能定理、达朗贝尔原理、虚位移原理、分析力学基础、机械振动基础等内容。本书注重叙述分析问题、解决问题的思路及方法。书中例题类型多，每章均附有习题和参考答案，适用于课堂教学。

本书以力学的基本概念和原理为主线，体现培养应用型人才的教学特点，是编者在多年教学实践的基础上，结合国内外一些优秀教材的精华编写而成的。本书可作为高等学校工科机械、土建、水利和动力等专业理论力学课程的教材，也可作为高职高专、成人高校相应专业的自学和函授教材，还可作为相关专业工程技术人员的参考用书。

图书在版编目(CIP)数据

理论力学/欧阳辉，李田军主编. —北京：北京大学出版社，2013.8
(21世纪全国高等院校实用规划教材)
ISBN 978-7-301-22901-9

Ⅰ.①理…　Ⅱ.①欧…②李…　Ⅲ.①理论力学—高等学校—教材　Ⅳ.①O31

中国版本图书馆CIP数据核字(2013)第169067号

书　　名：理论力学
著作责任者：欧阳辉　李田军　主编
策 划 编 辑：卢　东　吴　迪
责 任 编 辑：伍大维
标 准 书 号：ISBN 978-7-301-22901-9/TU·0349
出 版 发 行：北京大学出版社
地　　址：北京市海淀区成府路205号　100871
网　　址：http://www.pup.cn　新浪官方微博：@北京大学出版社
电 子 信 箱：pup_6@163.com
电　　话：邮购部62752015　发行部62750672　编辑部62750667　出版部62754962
印 刷 者：北京世知印务有限公司
经 销 者：新华书店
787毫米×1092毫米　16开本　24印张　563千字
2013年8月第1版　2013年8月第1次印刷
定　　价：48.00元

前　言

理论力学是高等院校工科类专业一门必修的专业基础课，主要研究物体机械运动的一般规律及其在工程中的实际应用问题。其中的概念、理论和方法既可用于解决现代科技问题，又是其他专业课程的基础。

本书是为满足21世纪对大学生素质拓展的需要，在张建民教授、白景岭教授编写的《理论力学》(中国地质大学出版社，2000)的基础上，根据教育部非力学专业力学基础课程教学指导分委员会对理论力学课程的最新基本要求(多学时)编写而成。本书坚持理论严谨、逻辑清晰、由浅入深的原则，同时注重工程实践，加大实践教学内容。

本书在编写过程中，收集了有关院校的教学内容和课程体系改革的成果，又吸收了各编者的教学经验和教学改革成果。本书力求概念清晰、论证严谨、叙述简要，在阐明基本概念和基本理论的基础上，为突出工程实例，书中列举了较多实例。本书在内容编排上，按照科学的教学体系顺序编排：静力学、运动学、动力学三大基本定理、达朗贝尔原理、虚位移原理、分析力学基础、机械振动基础，尽量做到各章知识点融会贯通，系统完整。

学生在学习理论力学中普遍感到的困难是在于如何独立地解题，针对这一问题，在各章节中选用了较多的有代表性的例题，例题编排由易到难，并适度增加了综合性练习，在习题中体现基本理论和方法的应用。本书各章后均有习题，便于学生对知识的回顾和总结。

全书由中国地质大学（武汉）理论力学教研组编写，其中欧阳辉、李田军担任主编，石奎、周丽珍、孙艳、张伟丽担任副主编。教材编写工作分工如下：周丽珍(第1章、第2章)，张伟丽(第3章、第4章)，孙艳(第5章、第7章)，石奎(第6章、第8章)，李田军(第9章、第12章、第14章)，欧阳辉(绪论、第10章、第11章、第13章、第15章、第16章)。全书由欧阳辉和李田军统稿。

本书的编写和出版，得到北京大学出版社的大力支持和帮助，谨此致以衷心的感谢，书中参考和引用了一些相关教材，谨向所有相关作者致谢。

本书适用于高等工科院校土建、机械、交通、水利、动力、航空航天等专业使用，也可供其他专业选用，或作为自学、函授教材。

由于编者的水平和条件有限，书中疏漏和不足之处在所难免，恳请广大读者批评和指正，以使本书不断提高和完善。

编　者

2013年3月

目　录

绪论 ……………………………………… 1

第一篇　静力学 ……………………………… 3

引言 ……………………………………… 4

第 1 章　静力学公理和物体的受力分析 ……………………………… 5

§1-1　静力学公理 …………………… 6

§1-2　约束与约束反力 ………………… 8

§1-3　物体的受力分析和受力图 …… 14

习题 ……………………………………… 17

第 2 章　平面力系 ……………………… 21

§2-1　平面汇交力系 ………………… 22

§2-2　平面力对点的矩及平面力偶系 ……………………… 27

§2-3　平面任意力系的简化 ………… 32

§2-4　平面任意力系的平衡条件及平衡方程 ………………… 38

§2-5　物体系统的平衡、静定与超静定问题 ……………… 40

§2-6　平面简单桁架的内力计算 …… 44

习题 ……………………………………… 49

第 3 章　空间力系 ……………………… 58

§3-1　空间汇交力系 ………………… 59

§3-2　力对轴的矩与力对点的矩 …… 61

§3-3　空间力偶理论 ………………… 62

§3-4　空间任意力系的简化 ………… 64

§3-5　空间任意力系平衡方程及其应用 ……………………… 67

§3-6　重心 …………………………… 72

习题 ……………………………………… 78

第 4 章　摩擦 …………………………… 83

§4-1　滑动摩擦 ……………………… 84

§4-2　摩擦角和自锁现象 …………… 86

§4-3　考虑摩擦时物体的平衡问题 ……………………… 87

§4-4　滚动摩阻 ……………………… 91

习题 ……………………………………… 94

第二篇　运动学 ………………………… 99

引言 ……………………………………… 100

第 5 章　点的运动学 …………………… 101

§5-1　用矢量法研究点的运动 …… 102

§5-2　用直角坐标法研究点的运动 ……………………… 103

§5-3　用自然法研究点的运动 …… 107

习题 ……………………………………… 112

第 6 章　刚体的简单运动 ……………… 115

§6-1　刚体的平行移动 …………… 116

§6-2　刚体的定轴转动 …………… 117

§6-3　转动刚体内各点的速度与加速度 ……………………… 118

§6-4　定轴轮系的传动问题 ……… 120

§6-5　角速度与角加速度的矢量表示 ……………………… 123

习题 ……………………………………… 124

第 7 章　点的合成运动 ………………… 127

§7-1　点的合成运动的概念 ……… 128

§7-2　点的速度合成定理 ………… 130

§7-3　点的加速度合成定理 ……… 133

习题 ……………………………………… 142

第 8 章　刚体的平面运动 ……………… 146

§8-1　概述 ………………………… 146

§8-2　平面图形内各点的速度分析——基点法 ……………………… 147

§8-3　平面图形内各点的速度分析——瞬心法 …… 150
§8-4　平面图形内各点的加速度分析——基点法 …… 153
§8-5　刚体绕平行轴转动的合成 …… 155
§8-6　运动学综合应用 …… 157
习题 …… 161

第三篇　动力学 …… 167

引言 …… 168

第9章　质点动力学的基本方程 …… 169

§9-1　动力学的基本定律 …… 170
§9-2　质点的运动微分方程 …… 172
§9-3　质点动力学的两类基本问题 …… 173
习题 …… 180

第10章　动量定理 …… 184

§10-1　质量中心·动量和冲量 …… 185
§10-2　质点和质点系动量定理 …… 188
§10-3　质心运动定理 …… 194
习题 …… 197

第11章　动量矩定理 …… 202

§11-1　转动惯量 …… 203
§11-2　质点和质点系的动量矩 …… 210
§11-3　质点和质点系的动量矩定理 …… 213
§11-4　刚体绕定轴转动微分方程 …… 218
§11-5　质点系相对于质心的动量矩定理 …… 220
§11-6　刚体平面运动微分方程 …… 221
习题 …… 229

第12章　动能定理 …… 235

§12-1　力的功 …… 236
§12-2　质点和质点系的动能 …… 241
§12-3　质点和质点系的动能定理 …… 245
§12-4　功率·功率方程·机械效率 …… 251
§12-5　势力场·势能·机械能守恒定律 …… 253
§12-6　基本定理的综合应用 …… 260
习题 …… 266

第13章　达朗贝尔原理 …… 273

§13-1　惯性力·质点的达朗贝尔原理 …… 274
§13-2　质点系的达朗贝尔原理 …… 276
§13-3　刚体惯性力系的简化 …… 280
§13-4　绕定轴转动刚体的轴承动约束力 …… 285
习题 …… 289

第14章　虚位移原理 …… 293

§14-1　约束·虚位移·虚功 …… 294
§14-2　虚位移原理及其应用 …… 299
习题 …… 304

第15章　分析力学基础 …… 308

§15-1　自由度和广义坐标 …… 309
§15-2　以广义坐标表示的质点系平衡条件 …… 310
§15-3　动力学普遍方程 …… 314
§15-4　第二类拉格朗日方程 …… 318
§15-5　拉格朗日方程的积分 …… 323
习题 …… 326

第16章　机械振动基础 …… 330

§16-1　单自由度系统的自由振动 …… 331
§16-2　计算系统固有频率的能量法 …… 338
§16-3　单自由度系统有阻尼的自由振动 …… 342
§16-4　单自由度系统的受迫振动 …… 347
§16-5　减振与隔振的概念 …… 353
习题 …… 356

附录　主要符号参照表 …… 361

部分习题参考答案 …… 362

参考文献 …… 375

绪　论

1. 理论力学的研究对象

理论力学是研究物体机械运动一般规律的科学。

机械运动是指物体的空间位置随时间的变动。如天体的运行，车辆、船只的行驶，各种机器的运转，空气、河水的流动等。**平衡**则是机械运动的特殊情况。

现代哲学指出，运动是物质存在的形式，是物质的固有属性，它包括宇宙中所发生的一切变化与过程。因此，物质的运动形式是多种多样的。除机械运动外，物理中的发热、发光和电磁现象，化学中的化合与分解，以及人的思维活动等都是物质的运动形式。在多种多样的运动形式中，机械运动是自然界和工程中最常见、最简单的一种。而在更为高级和复杂的运动中，往往也会伴随着机械运动。因此，理论力学的概念、规律和方法在一定程度上也被应用于自然科学的其他领域中，对它们的发展起到了积极的作用。

理论力学所研究的内容是以伽利略和牛顿所建立的基本定律为基础的，属于古典力学范畴。牛顿认为空间和时间是“绝对的”，与物体的运动无关。这种把空间、时间与物质运动完全割裂开来的观点是形而上学的，宇宙间根本不存在脱离物质运动的绝对空间和绝对时间。近代物理已经证明，空间、时间以至质量都和物体的运动速度有关，只有当物体的运动速度远小于光速时，物体的速度对空间、时间和质量的影响才是微不足道的。因此，古典力学适用范围在两方面受到限制，一是研究物体的运动速度远小于光速($3\times 10^8\,m/s$)；二是研究的运动对象不能太小，系统作用量(能量×时间)远大于普朗克常数($6.626\times 10^{-34}\,J\cdot s$)。古典力学的重大发展是相对论力学和量子力学，相对论力学建立了新的时空观和物体高速运动的规律，量子力学建立了微观粒子运动规律的理论。如果物体的速度接近于光速，或所研究的现象涉及物质的微观世界，则需应用相对论力学或量子力学。在全部科学中，古典力学最能成功地把来自经验的物理理论，系统地表达成数学抽象的简明形式(定律)，从而在一定程度上奠定了科学大厦的基础。在一般工程实际问题中，即使是一些尖端技术，如火箭、宇宙航行等，我们研究的也还是宏观物体的低速(与光速比较)运动，古典力学仍然是既方便又足够精确的理论，一直未失去其应用价值。

为了便于研究，理论力学分为以下三部分。

静力学——研究物体平衡时作用力之间的关系，同时研究力的一般性质及其合成法则。

运动学——研究运动物体的几何性质(如轨迹、速度和加速度等)，而不考虑作用于物体上的力。

动力学——研究作用于物体上的力与运动变化之间的关系。

2. 理论力学的研究方法

研究科学的过程，就是认识客观世界的过程，任何正确的科学研究方法，一定要符合辩证唯物主义的认识论。任何一门科学的研究方法都不能离开认识过程的客观规律，理论力学也必须遵循这个正确的认识规律进行研究和发展。概括地说，理论力学的研究方法是从对事物的观察、实践和科学实验出发，经过分析、综合归纳和抽象化，建立力学模型，形成力学最基本的概念和定律；在基本定律的基础上，经过逻辑推理和数学演绎，得出具有物理意义和实用意义的结论和定理，从而将通过实践得来的大量感性认识上升为理性认识，构成力学的理论体系；然后再回到实践中验证理论的正确性，并在更高的水平上指导实践，同时从这个过程中获得新的认识，再进一步完善和发展理论力学。

理论力学有着严密的逻辑系统，它与数学的关系非常密切，数学不仅是推理的工具，同时还是计算的工具。力学现象之间的关系总是通过数量表示的。因此，计算技术在力学的应用和发展上有巨大的作用。现代电子计算机的出现，为计算技术在工程技术问题中的应用开辟了广阔的前景，大大促进了数学在力学中的应用。处理力学问题的一般途径是：先将所研究的问题抽象为力学模型，这些模型既要能反映问题的矛盾主体，又要便于求解；再按力学的基本原理和各力学量间的数学关系建立方程；然后运用一定的数学工具求解；最后根据具体问题，对数学解进行分析讨论，甚至确定取舍。其中，建立力学模型的抽象化过程是很重要的一步，它包含对所研究的问题和对象的认真周密的观察和了解，确定问题的要点，忽略问题的次要因素，用一个理想的模型来反映客观事物的本质。当然，力学模型的建立也并非是绝对的。同一事物，同一问题，由于在不同情况下着重反映它本质的不同方面，因而也就可能建立起不同的力学模型。

3. 理论力学的学习目的

既然机械运动是自然界和工程中最常见的一种运动，那么也就不难理解理论力学对现代自然科学和工程技术起着何等重要的作用。我们掌握了物体机械运动的规律，就可以解决在工程上所遇到的有关问题。当然，有些工程问题可以直接应用理论力学的基本理论去解决，有些则需要用理论力学和其他专门知识来共同解决。因此，学习理论力学可以为解决工程问题打下一定的基础。

因为理论力学是现代工程技术的基础，所以它是工科院校各专业的教学计划中的一门重要的技术基础课，是学习一系列后续课程的基础。例如，材料力学、机械原理、机械设计、结构力学、弹塑性力学、流体力学、飞行力学、振动理论以及许多专业课程等，都要以理论力学为基础。另外，随着现代科学技术的发展，力学与其他学科相互渗透，形成了许多边缘学科，它们也都是以理论力学为基础的。可见，学习理论力学也有助于学习其他的基础理论，掌握新的科学技术。

理论力学的理论来源于实践又服务于实践，既抽象又紧密联系实际，而且系统性和逻辑性很强。理论力学的分析和研究方法在科学研究中有一定的典型性，有助于培养学生对工程实际问题抽象、简化和正确地进行分析的能力；有助于培养学生的辩证唯物主义世界观，培养其逻辑思维和分析问题的能力；有助于培养学生树立正确的思想方法，并能自觉地运用科学规律来改造自然，提高分析问题和解决问题的能力，为以后参加生产实践和从事科学研究打下良好的基础。

理论力学又是大多数工科专业的学生从纯数学、物理学科的学习过渡到专业学科的学习的过程中首先遇到的与工程技术有关的力学课程。通过学习，学生可初步懂得如何将工程问题简化，并应用基本原理来解决问题。同时，还可增强学生数学计算及表达的能力。

第一篇

静　力　学

引　　言

静力学是研究物体在力的作用下平衡规律的科学。

静力学所考察的物体只限于刚体。**刚体**是指在力的作用下，物体内部任意两点之间的距离始终保持不变。实际上，任何物体受力作用时，多少会产生一些变形；但是许多物体受力后，变形非常小，对于研究的问题来说，可以忽略不计，因而可看作刚体。因此，刚体只是实际物体理想化了的力学模型。

平衡是指物体相对于惯性参考系处于静止或匀速直线运动状态。平衡是物体机械运动的一种特殊状态。在工程技术问题中，常把固联于地球上的参考系视为惯性参考系。这样，平衡就是指物体相对地球处于静止或匀速直线运动的状态。

力是物体间的相互机械作用，这种作用使物体运动状态发生变化，或使物体变形。使物体运动状态发生变化的效应，称为力对物体的**外效应**(也称为**运动效应**)；使物体发生变形的效应，称为力对物体的**内效应**(也称为**变形效应**)。理论力学只研究力对物体的外效应，至于力对物体的内效应将在材料力学等学科中讨论。

力对物体的作用效果决定于三个要素：①力的大小；②力的方向；③力的作用点。故力应以矢量表示，本书中用黑斜体字母 $\boldsymbol{F}$ 表示力矢量，而普通字母 F 表示力的大小。在国际单位制中，力的单位是 N 或 kN。

一般将集中作用于一点的力称为**集中力**。实际上，任何物体间的作用力都分布在有限的面积上，称为**分布力**。分布力作用的强度用单位面积上力的大小 $q(\mathrm{N/m^2})$ 来度量，称为**荷载集度**。集中力在实际中是不存在的，它是分布力的理想化模型。

一个物体上受到的力常常不是一个，而是一群力，这一群力称为**力系**。若力系满足某些条件，使物体处于平衡状态，则这些条件称为**平衡条件**，而该力系则称为**平衡力系**。静力学研究物体的平衡规律，实际上就是研究作用于物体上力系的平衡规律。

如果一个力系作用于物体的效果与另一个力系作用于该物体的效果相同，则这两个力系称为**等效力系**。在工程实际中，作用于物体上的力系一般比较复杂，为了弄清它对物体的总效应，常用一个与其等效的简单力系来替代，这就是力系的简化。根据对简化结果分析，就可得到力系的平衡条件。

力偶是由两个大小相等、方向相反、作用线不重合的平行力组成的力系。两个等值反向平行力的矢量和等于零，但是由于它们不共线而不能相互平衡，它们能使物体改变转动状态。组成力偶的两个力，既不能合成一个力，也不能与一个力等效。力偶和力一样，是力学的基本要素。

综上所述，在静力学里着重研究以下三个问题。

1）物体的受力分析

物体的受力分析即分析物体共受几个力，以及每个力的作用位置、大小和方向。分析物体所受的力，画出它的受力图，是解决静力学问题的一个重要步骤，也是本课程的基本训练之一。

2）力系的等效替换

如前所述，力系的等效替换(或简化)，就是用一个与之等效的更为简单的力系来替代原力系。如果某个力系与一个力等效，则此力称为该力系的**合力**，而该力系的各力称为该力的**分力**。研究力系等效替换也是为动力学提供基础。

3）建立力系的平衡条件

当物体处于平衡状态时，作用在物体上的各种力系必须满足一定的条件。求得各种力系的平衡条件，阐明物体受力分析和求解的方法，是本课程的基本任务。

第1章 静力学公理和物体的受力分析

教学目标

本章主要介绍静力学的基本公理，研究工程中常见的约束和约束反力，最后介绍物体的受力分析。通过本章学习，应达到以下目标。

(1) 理解力、刚体、平衡和约束等重要概念。

(2) 深入理解静力学公理。

(3) 掌握约束的概念和各种约束的性质。

(4) 熟练地对单个物体与物体系进行受力分析。

引例

桥是架设在江河湖海上，使车辆行人等能顺利通行的建筑物。桥梁按照结构体系划分，有梁式桥、拱桥、刚架桥、悬索承重(悬索桥、斜拉桥)四种基本体系。

桥梁结构的受力分析直接关系到桥梁的稳固性，对桥梁的安全运行有着非常重要的意义，由于各种结构的桥梁受力的部位不同，重量分布的设计也不同，因此对于不同类型结构的桥梁也要分析不同的内容，不同结构的桥梁受力分析也具有自身的特点。设计离不开对桥梁的受力分析。

斜拉桥是将梁用若干根斜拉索拉在塔柱上的桥。它由梁、斜拉索和塔柱三部分组成。索塔的两侧是对称的斜拉索，通过斜拉索将索塔主梁连接在一起。桥梁的重力是如何传递到桥墩的？必须要对桥梁进行相应的受力分析。

斜拉索受到主梁的重力作用，对索塔产生对称的沿着斜拉索方向的拉力，根据受力分析，左边的力可以分解为水平向左的一个力和竖直向下的一个力；同样的右边的力可以分解为水平向右的一个力和竖直向下的一个力；由于这两个力是对称的，所以水平向左和水平向右的两个力互相抵消了，最终主梁的重力成为对索塔的竖直向下的两个力，这样，力又传给索塔下面的桥墩了。

静力学在工程技术中有着广泛的应用。例如，设计各种工程结构的构件(如梁、桥墩、屋架等)时，要用静力学的理论进行受力分析和计算。在机械工程设计中，常常也要应用静力学的知识分析机械零部件的受力情况，作为强度计算的依据。对于一些运转速度缓慢或其速度变化不大的零部件的受力分析，通常都可简化为平衡问题来处理。静力学中的力系简化理论和物体受力分析的方法在动力学和其他学科中也有应用。

静力学全部理论都可以由五个公理推证得到，这既能保证理论体系的完整性和严密性，又可以培养读者的逻辑思维能力。

§1-1 静力学公理

静力学的理论是建立在静力学公理基础之上的。这些公理是人们在长期生活和生产活动中积累的经验总结，并经过反复实践所证明是正确的。下面讲述这些公理。

公理1　二力平衡公理

作用于同一刚体上的两个力，使刚体处于平衡的充分与必要条件是：这两个力的大小相等、方向相反、作用线相同。

如图1-1所示，若 $\boldsymbol{F}_1$、$\boldsymbol{F}_2$ 沿 AB 线作用，且 $\boldsymbol{F}_1=-\boldsymbol{F}_2$，则此二力平衡。

该公理阐述了作用于刚体上最简单力系的平衡条件。应当指出，这个公理对于刚体来说是充分与必要的，但对于变形体就不是充分的。例如，软绳的两端受两个等值、反向的拉力可以平衡，而受两个等值反向的压力时就不能平衡。

根据二力平衡公理，受两个力作用处于平衡的杆件(构件)称为**二力杆(构件)**。

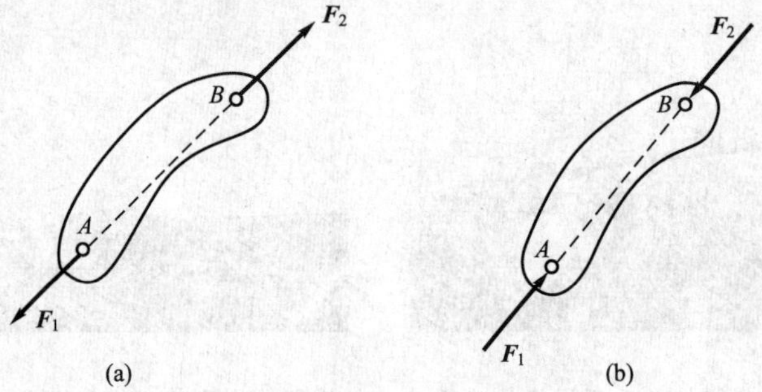

图1-1

公理2　加减平衡力系公理

在作用于刚体上的已知力系中，加上或减去任意一个平衡力系，并不改变原力系对刚体的作用效果。

这个公理是研究力系简化的重要依据，其正确性是显而易见的，因为平衡力系中各力对刚体作用的总效应等于零，它不能改变其平衡或运动状态。

推论1　力的可传性原理

作用在刚体上的力可沿其作用线移动到刚体内任意一点，而不改变该力对刚体的作用。

证明： 设力 $\boldsymbol{F}$ 作用于刚体上的 A 点，如图 1-2(a)所示。在力 $\boldsymbol{F}$ 的作用线上任取一点 B，根据加减平衡力系公理，在 B 点加上一对平衡力 $\boldsymbol{F}_1$ 和 $\boldsymbol{F}_2$，使 $\boldsymbol{F}=\boldsymbol{F}_1=-\boldsymbol{F}_2$，如图 1-2(b)所示。由于 $\boldsymbol{F}$ 和 $\boldsymbol{F}_2$ 也是一个平衡力系，可以将其减去，这样就只剩下一个作用于 B 点的力 $\boldsymbol{F}_1$。于是，原来作用在 A 点的力 $\boldsymbol{F}$ 与 B 点的力 $\boldsymbol{F}_1$ 等效。

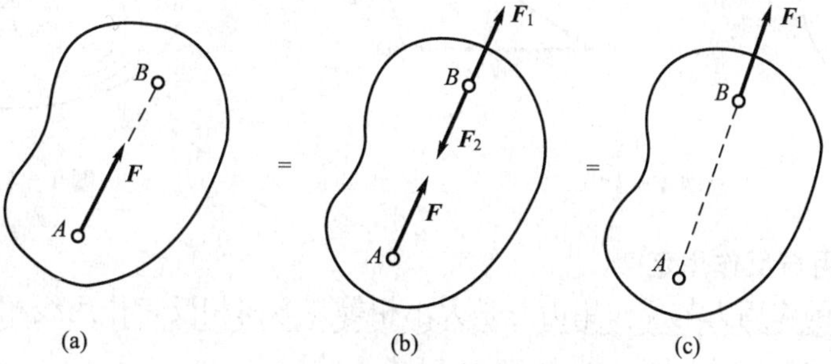

图 1-2

由此可见，对刚体而言，力的作用点不是决定力对物体作用效果的要素，其已被作用线所代替。故作用在刚体上的**力的三要素**是力的大小、方向和作用线。作用于刚体上的力可以沿其作用线移动，这种矢量称为**滑动矢量**。

应当指出，加减平衡力系公理只适用于刚体。对于需要考虑变形的物体则不再适用，因为加上或减去平衡力系后，物体的形状和内力都将发生变化。

公理 3　力的平行四边形公理

作用于物体同一点的两个力可以合成为作用于该点的一个合力，合力的大小和方向可由这两个力组成的平行四边形的对角线确定。

设在物体上 A 点作用两个力 $\boldsymbol{F}_1$ 和 $\boldsymbol{F}_2$，如图 1-3(a)所示。合力 $\boldsymbol{F}_R$ 可写成矢量和(几何和)的形式：

$$\boldsymbol{F}_R=\boldsymbol{F}_1+\boldsymbol{F}_2 \tag{1-1}$$

实际上只需画出平行四边形的一半，例如，只画出三角形 ACD 即可以了，如图 1-3(b)所示。从力 $\boldsymbol{F}_1$ 的矢量 $\boldsymbol{AD}$ 的终点 D，作力 $\boldsymbol{F}_2$ 的矢量 $\boldsymbol{DC}$，连接 A、C 两点，即得到合力的矢量 $\boldsymbol{AC}$。三角形 ADC 称为**力三角形**；而这种求两个共点力合力的方法称为力的三角形法则。

公理 3 是复杂力系简化的重要基础。

推论 2　三力平衡汇交定理

刚体在三力作用下处于平衡时，如其中两个力的作用线相交于一点，则第三个力的作用线必通过该交点，且三力共面。

证明： 设在刚体上 A、B、C 三点分别作用有力 $\boldsymbol{F}_1$、$\boldsymbol{F}_2$、$\boldsymbol{F}_3$(图 1-4)，其中 $\boldsymbol{F}_1$ 和 $\boldsymbol{F}_2$ 的作用线交于 O 点，刚体在此三力作用下平衡。根据力的可传性原理，可将 $\boldsymbol{F}_1$、$\boldsymbol{F}_2$ 分别从 A 点和 B 点移到 O 点，再根据力的平行四边形公理，将这两个力合成为 $\boldsymbol{F}_{12}$。显然，刚体在 $\boldsymbol{F}_{12}$ 和 $\boldsymbol{F}_3$ 作用下平衡。根据二力平衡公理，$\boldsymbol{F}_{12}$ 与 $\boldsymbol{F}_3$ 必共线，即 $\boldsymbol{F}_3$ 的作用线通过 O 点。另外，由 $\boldsymbol{F}_1$、$\boldsymbol{F}_2$、$\boldsymbol{F}_{12}$ 共面可看出，$\boldsymbol{F}_1$、$\boldsymbol{F}_2$ 和 $\boldsymbol{F}_3$ 共面。定理得证。

三力平衡汇交定理常常用来确定刚体在三个力作用下平衡时，其中未知力的方向。

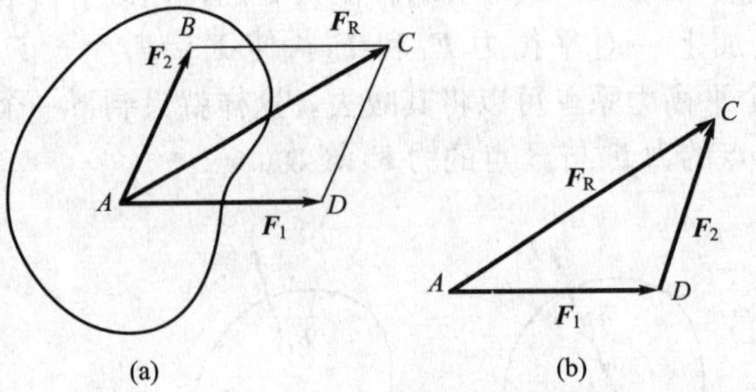

图 1-3

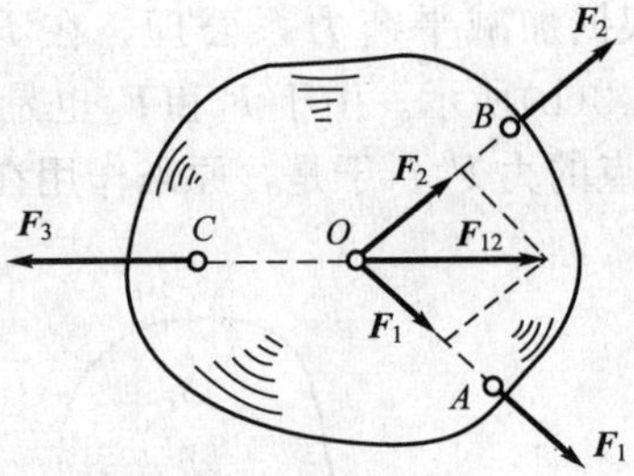

图 1-4

公理 4　作用与反作用定律

两个物体间的作用力与反作用力总是大小相等，方向相反，作用线相同，并分别作用在两个物体上。

这个公理概括了自然界中任何两物体间相互作用的关系，揭示了力总是成对出现，即有作用力必有反作用力这一普遍规律。它不仅适用于物体处于静止状态，也适用于物体处于各种运动状态的情况。

应该注意，尽管作用力与反作用力大小相等，方向相反，沿同一直线，但它们并不互成平衡，更不能把这个定律与二力平衡公理混淆起来。因为作用力和反作用力不是作用在同一物体上。

公理 5　刚化原理

变形体在某力系作用下处于平衡，如将此变形体刚化为刚体，其平衡状态不变。

这个公理提供了把变形体看作为刚体模型的条件，表明变形体平衡时其上作用力所满足的条件服从刚体的平衡条件。这样，可利用刚体的平衡条件来处理变形体的平衡问题。例如，柔性绳在两端的拉力 $\boldsymbol{F}_1$ 和 $\boldsymbol{F}_2$ 作用下处于平衡，根据刚化原理，将柔性绳刚化为刚性杆，该杆在原来的 $\boldsymbol{F}_1$ 和 $\boldsymbol{F}_2$ 作用下仍处于平衡［图 1-5(a)］。但是，柔性绳两端作用有等值、反向且共线的二力，如果二力是指向绳内的压力，则绳将失去平衡［图 1-5(b)］。

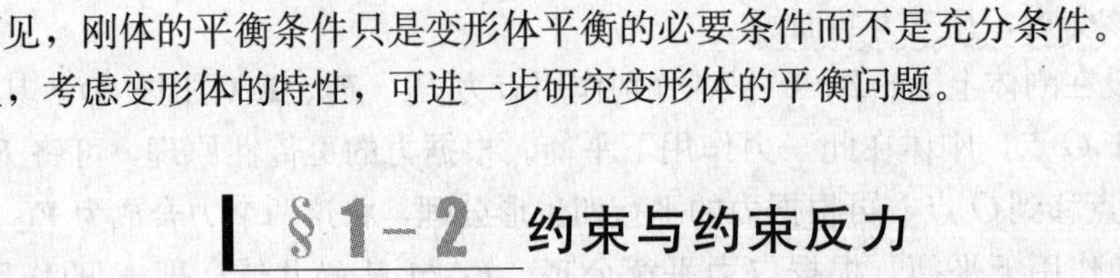

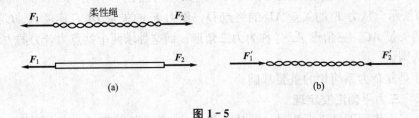

图 1-5

由此可见，刚体的平衡条件只是变形体平衡的必要条件而不是充分条件。在刚体静力学的基础上，考虑变形体的特性，可进一步研究变形体的平衡问题。

§1-2　约束与约束反力

力是物体间的相互机械作用，当分析某物体上作用的各个力时，需要了解该物体与周围其他物体相互作用的形式和连接方式。按照是否与其他物体有无直接接触而把物体分为两类。

(1) 自由体。凡是位移不受任何限制，可以在空间作任意运动的物体称为**自由体**。例如，在空中飞行的飞机、导弹、卫星等。

(2) 非自由体。位移受到限制的物体称为**非自由体**。在工程实际中，许多物体都是非自由体，如钻机的钻杆、机床的刀具、工程构架、起重机吊索上悬挂的重物等，在空间的位移都受到一定的限制。

凡是限制某物体位移的其他物体称为该物体的**约束**。在静力学中所遇到的约束都是由非自由体相互连接或直接接触而构成的。例如，车床的刀具受刀架的限制不能任意移动，吊索上的重物受钢索限制而不能下落，这里的刀架、吊索等对于车刀、重物都是约束。

既然约束限制了物体的运动，也就改变了物体的运动状态，所以约束对物体的作用实质上就是力的作用。约束作用于被约束物体上的力称为**约束反力**，简称反力。因此，约束反力的作用点是约束与物体的接触点，约束反力的方向必然与约束阻碍物体位移的方向相反，这是判断约束反力方向的基本方法。

至于约束反力的大小，一般是未知的，可以通过与物体上受到的其他力组成平衡力系，由平衡条件求出。除了约束反力外，作用在非自由体上的力还有重力、气体压力、电磁力等，这些力并不取决于物体上的其他力，称为**主动力**。约束反力多由主动力所引起，由于其取决于主动力，故又称为**被动力**。

无论在静力学还是在动力学中，对物体进行受力分析的重要内容之一是要正确地表示出约束反力的作用线或指向，它们都与约束的性质有关。工程实际中的约束类型是多种多样的，接触处的状况千差万别，但是可以将它们归纳为几类典型约束，通过分析每一类约束的特点，以掌握它们的约束反力的特征。下面介绍几种典型约束和确定其约束反力的方法。

1. 光滑面约束

物体与约束的接触面如果是光滑的，即它们的摩擦可以忽略时，约束不能阻止物体沿接触面切线方向的位移，而只是限制被约束物体沿接触面公法线趋向约束内部的位移，因此，光滑接触面的约束反力是作用在接触点处，沿着公法线而指向被约束物体。这种约束反力又称为法向反力。如图1-6(a)所示，光滑固定曲面和斜面给圆柱的法向反力 $\boldsymbol{F}_{NA}$ 和 $\boldsymbol{F}_{NB}$；在图1-6(b)中，板位于固定槽内，板与槽在 A、B、D 三点接触，如果接触处均是光滑的，它们的约束反力分别为 $\boldsymbol{F}_{NA}$、$\boldsymbol{F}_{NB}$、$\boldsymbol{F}_{ND}$。

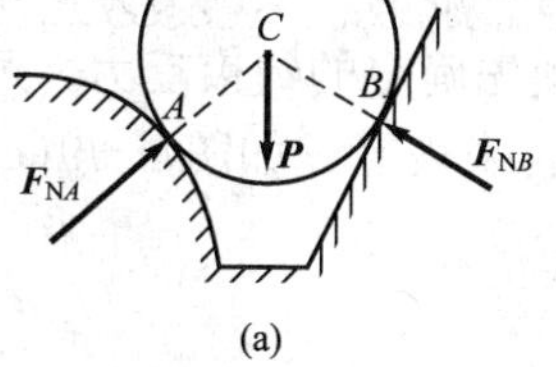

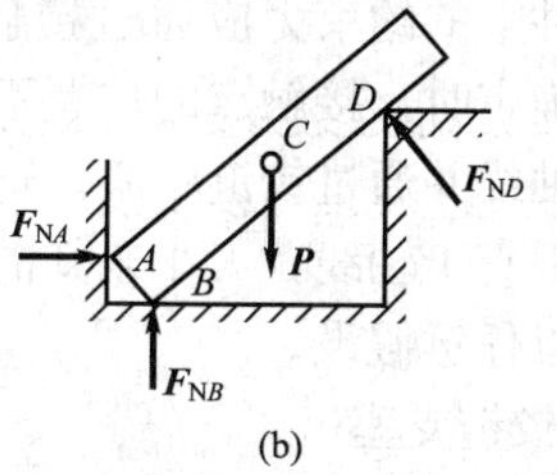

图1-6

2. 柔索约束

由绳索、链条、皮带、钢丝绳等所构成的约束统称为**柔索约束**。由于柔索本身只能承受拉力，即柔索只能限制物体沿柔索伸长方向的位移，因此，柔索约束对物体的约束反力作用在与物体的接触点上，沿着柔索背离物体。如图 1-7 所示，用链条 *AB* 和 *AC* 悬吊的重物，链条 *AB* 和 *AC*(都为重物的约束)给重物的拉力(即约束反力)分别为 $\boldsymbol{F}_B$ 和 $\boldsymbol{F}_C$ [图 1-7(b)]。又如图 1-8(a)所示的皮带轮传动系统，上、下两段皮带分别作用在两轮的拉力(约束反力)为 $\boldsymbol{F}_1$、$\boldsymbol{F}_2$ 和 $\boldsymbol{F}_1'$、$\boldsymbol{F}_2'$，它们的方向沿着皮带(与轮相切)而背离皮带轮 [图 1-8(b)]。

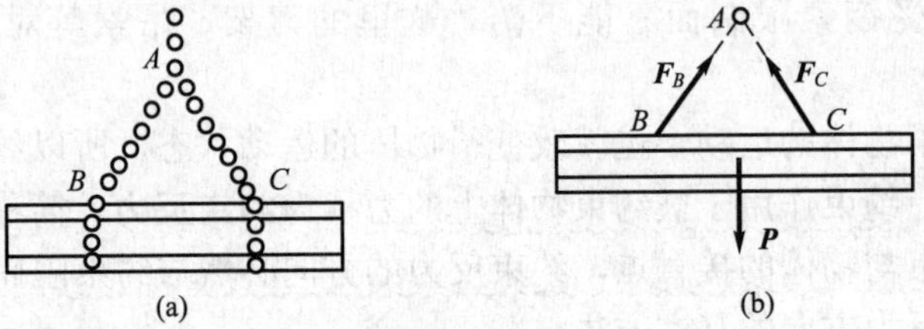

图 1-7

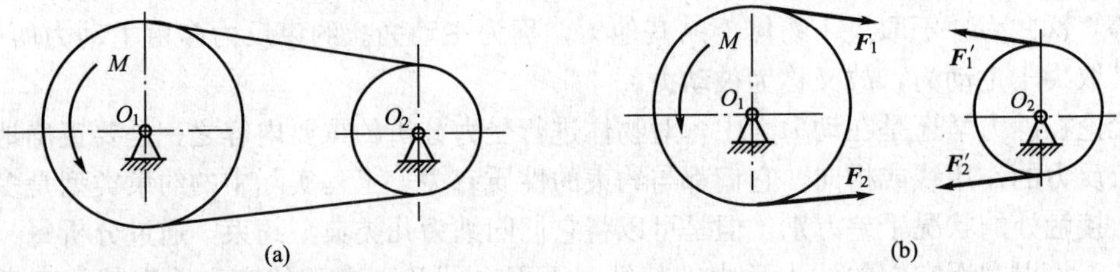

图 1-8

3. 光滑铰链约束

1) 光滑圆柱铰链

光滑圆柱铰链在工程结构和机械中通常用来连接构件或零部件。如图 1-9(a)所示，在物体 *A* 和物体 *B* 上各钻一直径相同的圆孔，用一圆柱销钉 *C* 将它们连接起来，如图 1-9(b)因此，此种装置称为**圆柱铰链**，简称**铰链**，并用简图 1-9(c)表示。

如果不计摩擦，销钉只能阻碍两构件在垂直于销钉轴线的平面内任意方向的相对移动，但不能阻碍两构件绕销钉轴作相对转动。当忽略摩擦时，销钉与构件光滑接触，则销钉作用在构件上的约束力应通过接触点，沿公法线指向构件，如图 1-9(d)中的 $\boldsymbol{F}_{NC}$。当主动力尚未确定时，接触点的位置不能事先确定，光滑铰链的约束反力方向不定，但作用线必垂直于轴线并通过铰链中心。这样一个方向不能预先确定的约束反力，可用两个通过销钉轴心并垂直于轴线，大小未知的正交分力 $\boldsymbol{F}_{Cx}$、$\boldsymbol{F}_{Cy}$ 来表示，如图 1-9(e)所示，两分力的指向可以任意假设。

2) 固定铰链支座

若将物体 *A* 用一铰链与支座 *B* 相连，而支座 *B* 固定在不动的支承面上，则这种约束称为**固定铰链支座**，简称为**铰支座**，如图 1-10(a)所示。

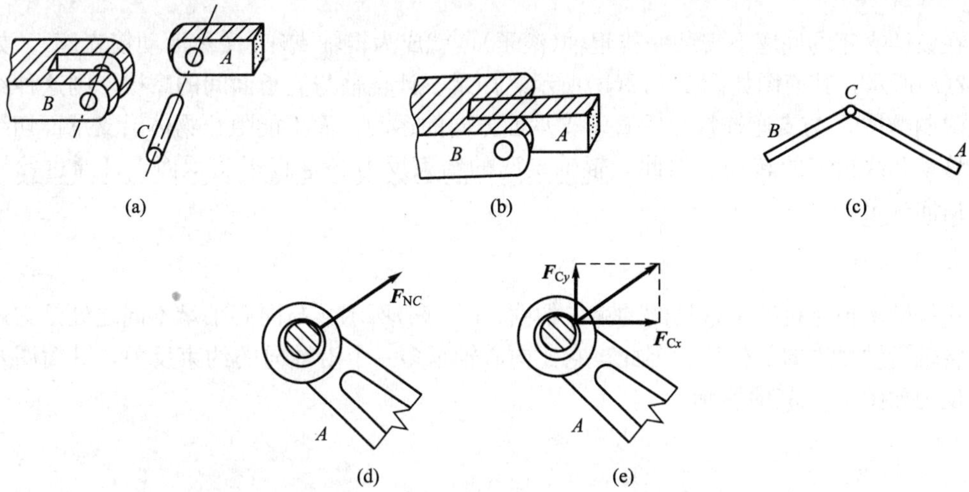

图 1－9

固定铰链支座与光滑圆柱铰链具有同样的约束，即接触点的位置不能预先确定，约束反力方向不定，但必通过铰链中心并垂直于销钉轴线。如图 1－10(b)、(c)所示，也可将反力 $\boldsymbol{F}_O$分解为互相垂直的两个分力 $\boldsymbol{F}_{Ox}$ 和 $\boldsymbol{F}_{Oy}$。

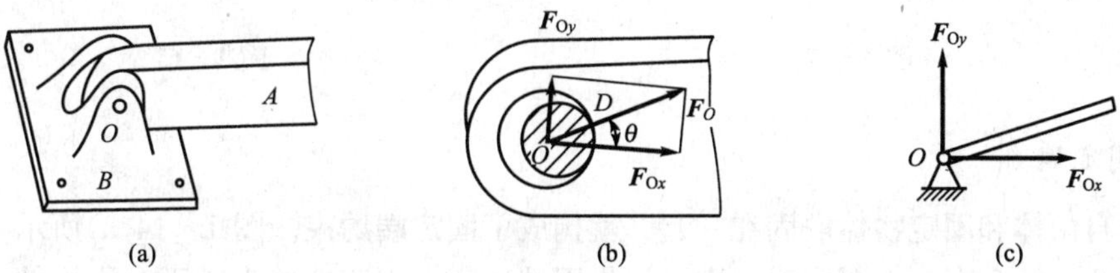

图 1－10

3）向心轴承

机器中的常见的向心轴承(也称为**径向轴承**)装置如图 1－11(a)、(b)所示，可画成如图 1－11(c)所示的简图。轴可以在孔内任意转动，但限制转轴在垂直于轴线平面内任何方向的移动。忽略摩擦时，向心轴承约束与光滑圆柱铰链也具有同样的约束，即接触点的位置不能预先确定，约束反力方向不定，但必通过轴心并垂直于轴线。约束力也可用通过轴心垂直于轴线的两个相互垂直的分力 $\boldsymbol{F}_{Ax}$、$\boldsymbol{F}_{Ay}$ 来表示，如图 1－11(b)、(c)所示。

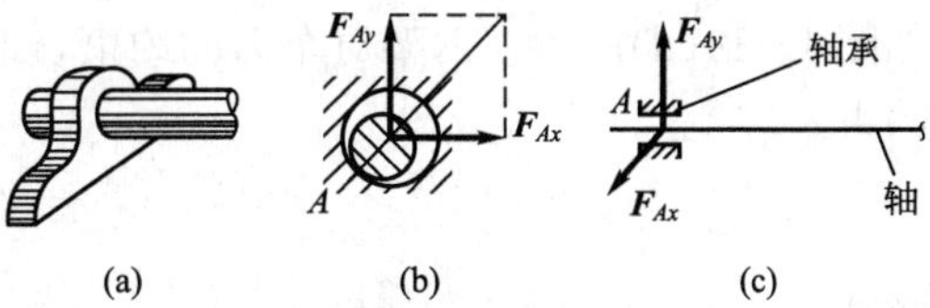

图 1－11

上述三种约束，它们的具体结构虽然不同，但构成约束的性质是相同的，一般通称为铰链约束，其特点是约束反力一般用两个大小未知的正交分力来表示。

4. 辊轴支座

在铰链支座的底座下安装一排辊轴(滚子)，就成为辊轴支座(又称活动铰支座)，如图1-12(a)所示，其简图如图1-12(b)所示。如果不计辊轴与支承面间的摩擦，则这种约束只能限制物体A与支座连接处垂直于支承面方向的运动，而不能阻止物体沿支承面切线方向的移动和绕销钉的转动。因此，辊轴支座的约束反力必垂直于支承面，且通过铰链中心，指向待定。

5. 止推轴承

止推轴承也是机器中常见的约束，如图1-13(a)所示，与向心轴承不同之处是它还能限制转轴沿轴线方向的位移。因此，它比向心轴承多一个沿轴向的约束反力，其简图及其约束反力如图1-13(b)所示。

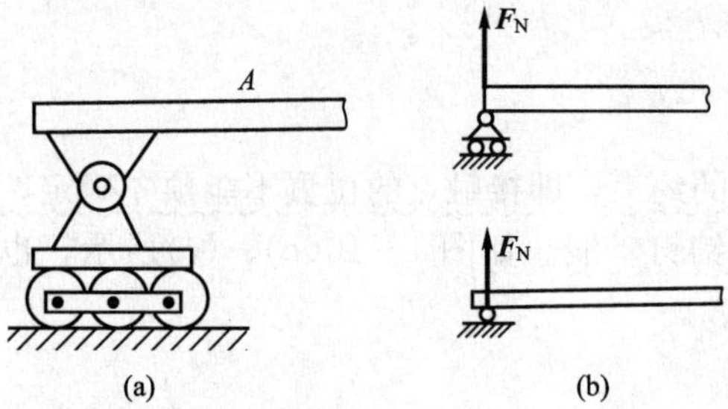

图 1-12

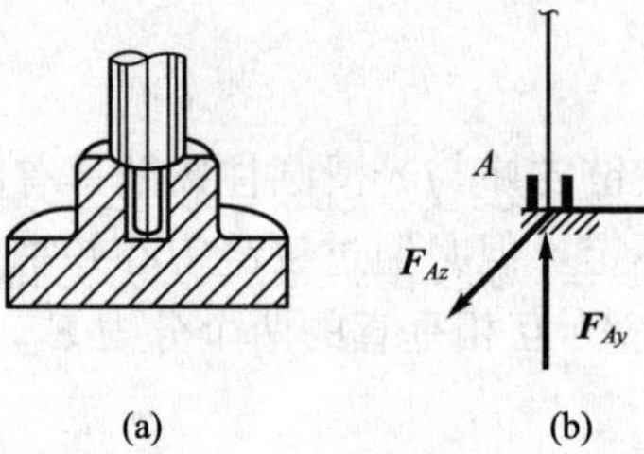

图 1-13

6. 固定端

将非自由体和固定物体嵌固在一起，就构成了**固定端约束**。图1-14(a)所示为一悬臂梁，当梁插入墙身有一定深度时，则可视作固端约束。固定端约束既不允许构件绕此端转动，也不允许此端沿任何方向移动，其约束反力的实际情况较为复杂，具体分析在第2章力系简化介绍之后叙述。对于平面问题，一般可用两个互相垂直的分力$\boldsymbol{F}_x$、$\boldsymbol{F}_y$和一个力偶M_A表示，如图1-14(b)所示。图1-14(c)为插入杯形基础的混凝土预制柱，杯口内由细石混凝土填实，当预制柱插入杯口足够深度时，则杯口面A处可视为固定端约束，其受力如图1-14(d)所示。刀架对车刀的约束，地面对埋在地下的电杆、烟筒的约束都属于这类约束。

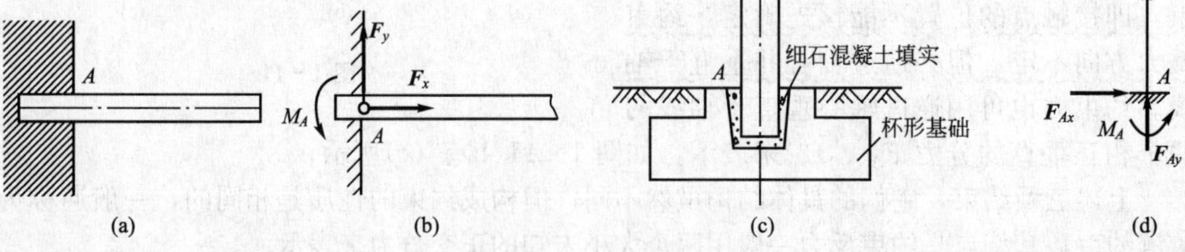

图 1-14

7. 其他约束

1) 二力杆

二力杆(或**二力构件**)是指两端用光滑铰链与其他物体相接，杆的自重不计，中间不受力作用的杆件(直杆或曲杆)。它在工程结构中常被用作拉杆或支撑，如图 1-15(a)、(b)所示的 CD 杆即为二力杆。在平衡条件下，二力杆的约束反力必沿着二力杆两端铰链的连线，但指向不定，如图 1-15(c)、(d)所示。

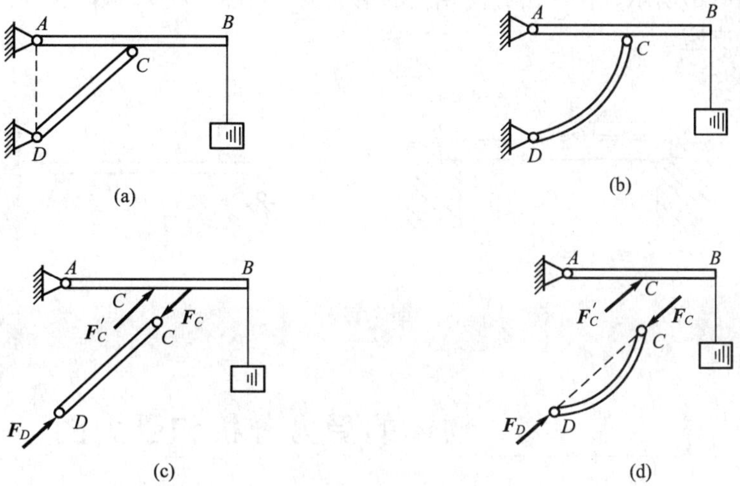

图 1-15

2) 球形铰链

如果构件的连接是由连在构件上的光滑圆球嵌入另一构件上的光滑球穴所构成，这种结构称为**球形铰链约束**(或称**空间铰链**)，如图 1-16 所示。机床照明灯的接头、汽车变速器的操纵杆等都属于这类约束。

球形铰链属于空间约束类型，它是在空间将构件固定于一点，构件可绕此点任意转动，因此，当不考虑摩擦时，约束反力 $\boldsymbol{F}_O$ 的作用线总是通过球穴中心，但其方向不能预先确定，一般用通过球穴中心 O 的三个互相垂直的分力来表示。

3) 定向支座

定向支座能限制结构的转动和沿一个方向上的移动，但允许结构在另一方向上有滑动的自由。图 1-17(a)所示的结构在支座处的转动和竖向移动将受到限制，但可沿水平方向滑动，可用两根竖向平行支杆来表示这类滑动支座的机动特征和受力特征，如图 1-17(b)所示。相应的支座反力有两个：限制竖直方向移动的反力 $\boldsymbol{F}_{Ay}$ 和限制转动的一个力偶 M_A。

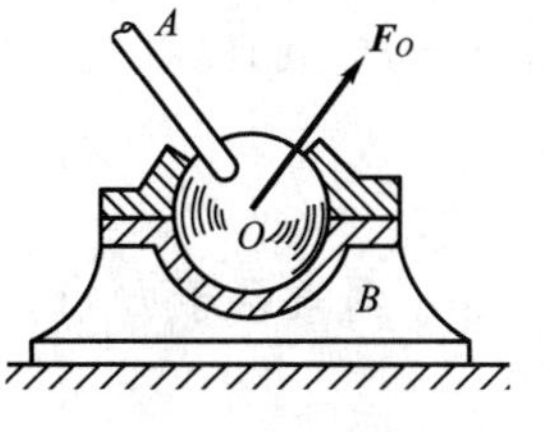

图 1-16

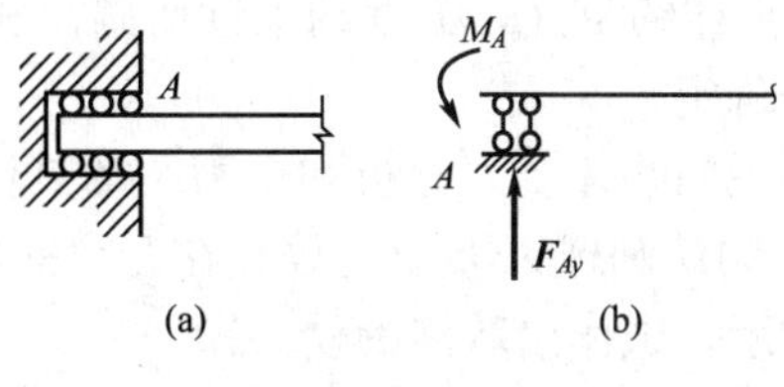

图 1-17

事实上，有些工程上的约束并不一定与上述的理想形式完全相同。但是，根据问题的性质以及约束在研究问题中所起的作用，抓住主要矛盾，略去次要因素，常可将实际约束近似地简化为上述某种类型的约束。如图 1－18(a)所示，小型桥梁的桥身直接搁置在桥台上，桥台可以阻止桥身两端向下运动，但不能阻止微小转动。此外，为了使桥身在不同温度条件下可以自由伸缩变形，通常在桥身与桥台之间预留一定间隙。当桥身受到向右的冲击时，B 端与桥台突高部分接触，从而阻止桥身水平运动，而 A 端却不能阻止桥身的水平运动(略去摩擦)。因此，B 端约束可简化为固定铰链支座，而 A 端约束则简化为辊轴支座，如图 1－18(b)所示；在冲击方向相反的情况下，自然应将 A 端简化为固定铰链支座，而 B 端为辊轴支座。

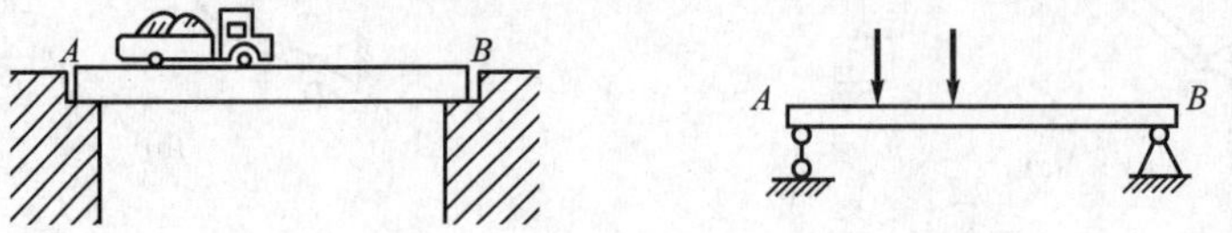

图 1－18

§1－3 物体的受力分析和受力图

在工程实际中，为了求得未知的约束力，需要根据已知力，应用平衡条件来求解。因此需要明确两个问题：①确定研究对象；②分析研究对象上受有哪些力的作用，每个力的作用位置和作用方向。这个分析过程称为物体的受力分析。

为了清晰地表示物体的受力情况，需要将物体(称为**受力体**)的约束解除，即需要把研究的物体从周围物体(称为**施力体**)中分离出来，单独画出其简图，这个步骤称为选取研究对象或取分离体。然后分析研究对象上作用的全部受力，包括主动力和约束反力，这种表示研究对象所受的全部力的简明图形，称为**受力图**。画物体的受力图是进行力学计算和工程设计中一个重要的步骤，是解决静力学(以及后面的动力学)问题的基础。

画受力图的一般步骤如下。

(1) 确定研究对象。根据需要，可以取单个物体为研究对象，也可以取几个物体组成的系统为研究对象。

(2) 取出分离体，即画出解除约束的研究对象简图。

(3) 在分离体轮廓简图上画出全部主动力(一般为已知力)。

(4) 在分离体约束处，根据约束性质画出相应的约束反力。如果有二力杆，按二力杆的受力特点先确定。

下面举例说明物体受力分析和受力图的具体画法。

例 1－1 匀质圆球 A 重 $\boldsymbol{P}$，放置在光滑的斜面上，并用绳索系于 B 点，以保持平衡，如图 1－19 所示。试作出球体的受力图。

解： 取球为研究对象，把它单独画出来。球 A 受三个力作用，主动力：铅直向下的重力$\boldsymbol{P}$，作用于球心A。约束反力：绳子BD的拉力$\boldsymbol{F}_B$，作用于绳的连接点B，并沿方向BD；光滑斜面的法向反力$\boldsymbol{F}_{\mathrm{N}}$，方向垂直于斜面，通过接触点$C$指向球心$A$。球的受力图如图1-19(b)所示。

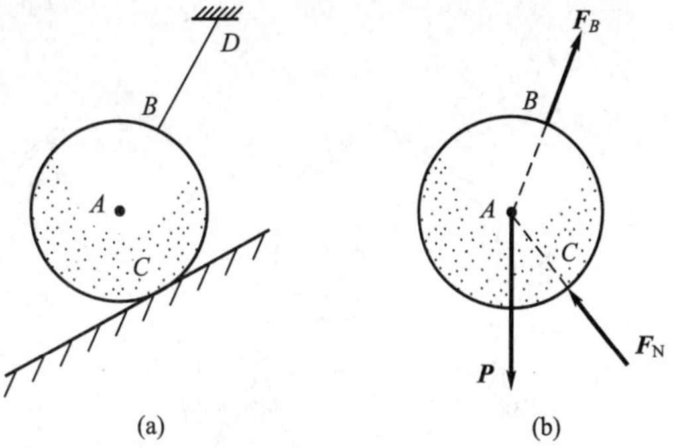

图1-19

例1-2 多跨梁用铰C连接，荷载和支座如图1-20(a)所示。试分别画出梁AC、CD和整体的受力图。

解：(1) 画出梁AC的受力图。

取梁AC为研究对象。画出主动力$\boldsymbol{F}_1$，作用于BC梁段的均布荷载，其荷载集度为q，固定铰支座A对梁AC的约束反力$\boldsymbol{F}_{Ax}$、$\boldsymbol{F}_{Ay}$；辊轴支座B对梁AC的约束反力$\boldsymbol{F}_B$；梁CD通过铰链C作用于梁AC的约束反力$\boldsymbol{F}_{Cx}$、$\boldsymbol{F}_{Cy}$，指向假设如图1-20(b)所示。

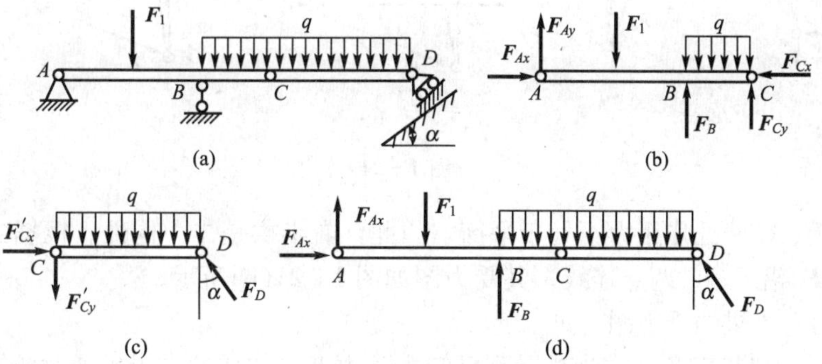

图1-20

(2) 画出梁CD的受力图。

取梁CD为研究对象。作用在梁CD上的力：主动力是荷载集度为q的均布荷载；辊轴支座D作用于梁CD的约束反力为$\boldsymbol{F}_D$，方位垂直于支承面，指向假设如图1-20(c)所示；梁AC通过铰链C作用于梁CD的约束反力$\boldsymbol{F}'_{Cx}$、$\boldsymbol{F}'_{Cy}$，它们和$\boldsymbol{F}_{Cx}$、$\boldsymbol{F}_{Cy}$互为作用力与反作用力，这两对力应分别等值、反向、共线，如图1-20(c)所示。

(3) 画出整体受力图。

取整体为研究对象。作用在整体上的力：主动力$\boldsymbol{F}_1$和作用于梁BD段的荷载集度为q的均布荷载；约束反力为$\boldsymbol{F}_{Ax}$、$\boldsymbol{F}_{Ay}$、$\boldsymbol{F}_B$和$\boldsymbol{F}_D$。受力图如图1-20(d)所示。

注意：对每一个力都要分清受力体和施力体。当有几个物体互相接触时，物体间的相互作用力，应按作用与反作用定律来分析。在画物体系统的受力图时，由于物体间的作用力(内力)成对出现，相互抵消，故不必画出。

例1-3 如图1-21(a)所示为三铰拱结构的简图。A、B为固定铰链支座，C为连接左、右半拱的中间铰链。设左半拱上受到已知荷载$\boldsymbol{F}$的作用，拱的自重不计。试分别作出左、右半拱及整体系统的受力图。

解：(1) 画出右半拱的受力图。

取右半拱为研究对象。右半拱在B处为固定铰支座，C处为铰链，并且它的重量不

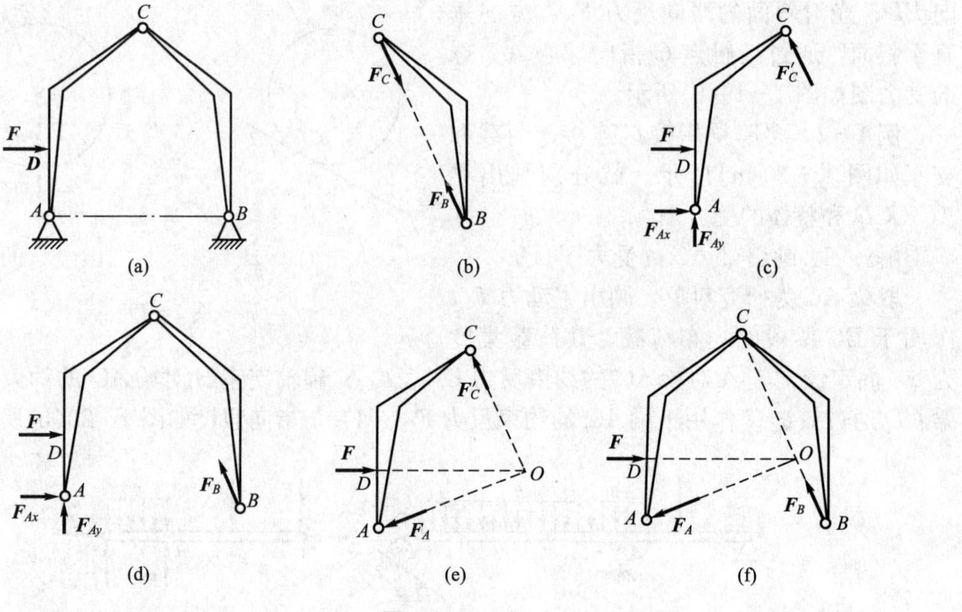

图 1-21

计，它只在 B、C 两处作用力下处于平衡，因此，右半拱是二力构件。根据二力构件受力特点，$\boldsymbol{F}_B$和$\boldsymbol{F}_C$沿 B、C 两点连线。其受力图如图 1-21(b)所示。

(2) 画出左半拱的受力图。

取左半拱为研究对象。左半拱受到已知主动力 $\boldsymbol{F}$ 的作用，右半拱通过铰链 C 对左半拱所作用的力是 $\boldsymbol{F}'_C$；力 $\boldsymbol{F}_C$ 和 $\boldsymbol{F}'_C$互为作用力与反作用力，故 $\boldsymbol{F}'_C=-\boldsymbol{F}_C$。$A$ 处为固定支座，约束反力可用正交分力表示，如图 1-21(c)所示。

另外，由于构件受的力只有三处，也可以根据三力平衡汇交定理确定支座 A 的反力的方向，三个力 $\boldsymbol{F}$、$\boldsymbol{F}'_C$和 $\boldsymbol{F}_A$汇交于 O 点，$\boldsymbol{F}_A$ 的方向可由力的三角形法则确定，如图 1-21(e)所示。

(3) 画出整个三铰拱的受力图。

取整个三铰拱为研究对象。$\boldsymbol{F}_C$、$\boldsymbol{F}'_C$属于系统内两部分之间的相互作用力，成为这个系统的内力。根据公理 4 可知，内力总是成对出现的，且彼此等值、反向、共线。对于整个系统来说，成对的内力互相抵消，对整个系统的平衡没有影响。因此，在作整个三铰拱的受力图时，只需画出全部外力，不必画出内力。三铰拱的受力图如图 1-21(d)所示；也可根据三力平衡汇交定理作出整体的受力图，如图 1-21(f)所示。

例 1-4 图 1-22(a)所示的结构由杆 AB、BE 与滑轮 C 铰链连接组成。重物 H 用绳子挂在滑轮上。如杆、滑轮及绳子的自重不计，并忽略各处的摩擦，分别画出滑轮 C、重物、杆 AB、BE 和杆 AB、滑轮 C 及重物 H 的受力图。

解： (1) 画出 BE 杆的受力图。

取杆 BE 为研究对象。BE 杆为二力杆，其所受约束力为 $\boldsymbol{F}'_{BE}$ 和 $\boldsymbol{F}_{EB}$，根据二力平衡原理有，$\boldsymbol{F}'_{BE}=-\boldsymbol{F}_{EB}$，受力图如图 1-22(e)所示。

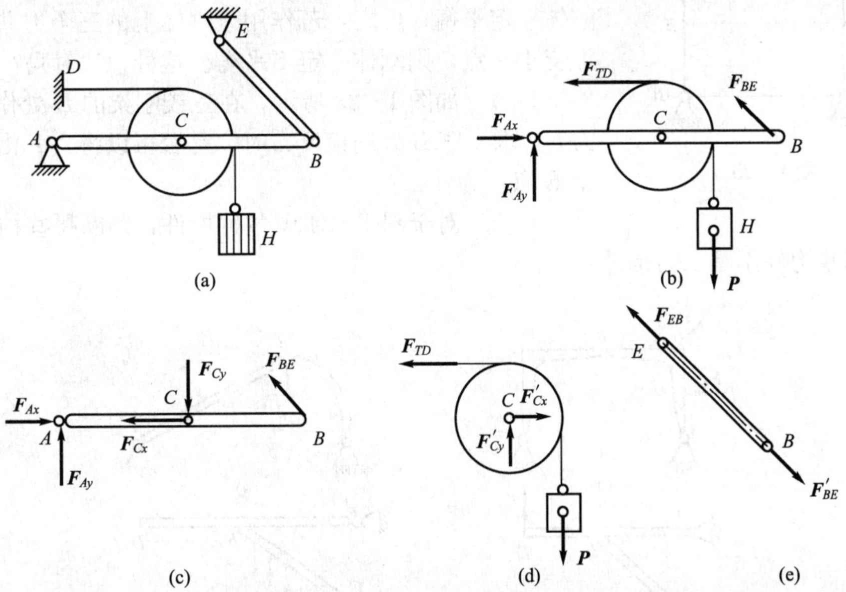

图 1-22

(2) 画出杆 AB 的受力图。

取杆 AB 为研究对象。杆上没有主动力作用。固定铰链 A 处及圆柱形铰链 C 处约束力用两个正交分力表示为 $\boldsymbol{F}_{Ax}$、$\boldsymbol{F}_{Ay}$ 和 $\boldsymbol{F}_{Cx}$、$\boldsymbol{F}_{Cy}$，铰链 B 处的约束力为 $\boldsymbol{F}_{BE}$，$\boldsymbol{F}_{BE}$ 与 $\boldsymbol{F}'_{BE}$ 互为作用力与反作用力，必须满足作用力与反作用力定律。受力图如图 1-22(c)所示。

(3) 画出滑轮 C 的受力图。

取轮为研究对象。滑轮受绳索约束力为 $\boldsymbol{F}_{TD}$ 和重物的重力 $\boldsymbol{P}$，铰链 C 处约束力为 $\boldsymbol{F}'_{Cx}$、$\boldsymbol{F}'_{Cy}$，这两个力分别与图 1-22(c)上的两个力 $\boldsymbol{F}_{Cx}$、$\boldsymbol{F}_{Cy}$ 互为作用力与反作用力。

(4) 画出杆 AB、滑轮 C 和重物 H 所组成的研究对象的受力图。

分离体上作用的主动力为重力 $\boldsymbol{P}$。A 处为固定铰支座，B 处受二力杆 BE 约束，与图 1-22(c)上 A、B 两处约束力的假定指向应一致。绳对滑轮 C 的约束力为 $\boldsymbol{F}_{TD}$，方位沿绳，指向背离滑轮 C。杆 AB 与滑轮 C 之间以及绳与滑轮之间的相互作用力均为内力，内力在受力图上不应画出，受力图如图 1-22(b)所示。

习　题

1-1　以下说法对吗？为什么？

(1) 处于平衡状态下的物体可以把它抽象为刚体。

(2) 当研究物体在力系作用下的平衡规律和运动规律时，物体可以视为刚体。

(3) 在微小变形的情况下，处于平衡状态下的变形体也可以视为刚体。

1-2　说明下列各式子的意义和区别。

(1) $F_1=F_2$；(2) $\boldsymbol{F}_1=\boldsymbol{F}_2$；(3) 力 $\boldsymbol{F}_1$ 等效于力 $\boldsymbol{F}_2$。

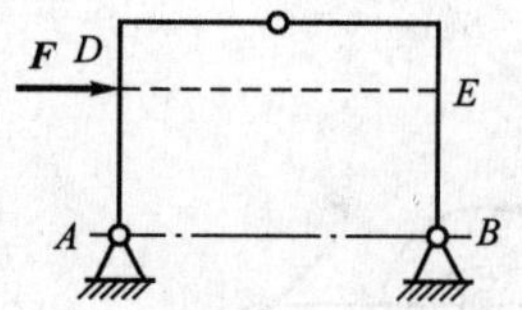

图 1-23

1-3　若作用于刚体上的三个力共面且汇交于一点，则刚体一定平衡；反之，若作用于刚体上的三个力共面，但不汇交于一点，则刚体一定不平衡。这种说法对吗？

1-4　如图 1-23 所示，在三铰刚架的 D 处作用一水平力 $\boldsymbol{F}$，求支座 B 处约束反力时，是否可以将力 $\boldsymbol{F}$ 沿作用线移至 E 点？为什么？

1-5　对于图 1-24 中各种构件，判断哪些构件是二力构件，哪些构件不是二力构件？

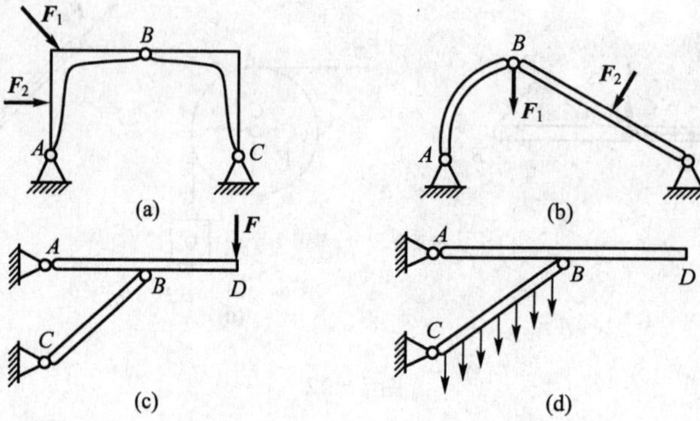

图 1-24

1-6　试画出图 1-25 所示物体的受力图。假设接触面都是光滑的，且杆和绳的重量不计。

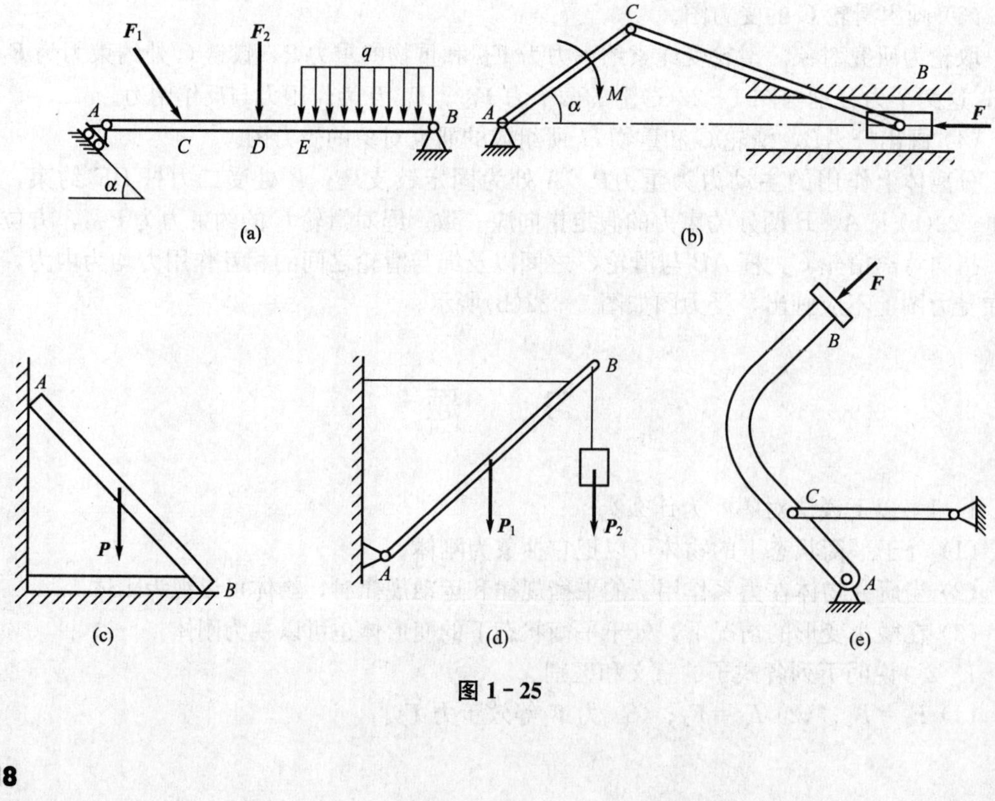

图 1-25

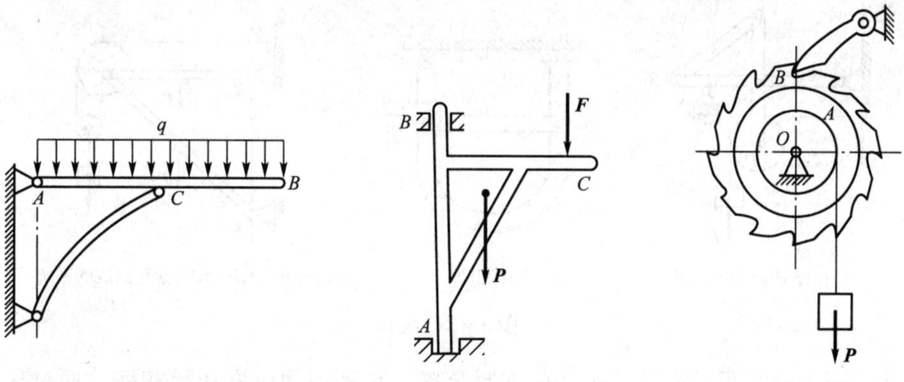

(f) (g) (h)

图 1-25(续)

1-7 如图 1-26 所示。画出下列指定物体的受力图，未画重力的物体的重量均不计，所有接触处均为光滑接触。

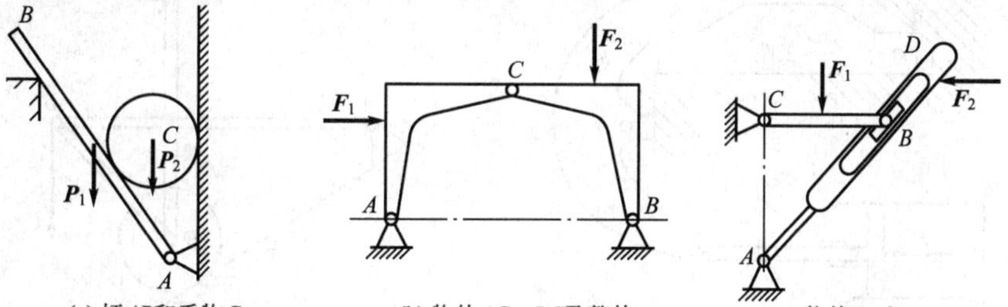

(a) 杆AB和重物C (b) 物体AC、BC及整体 (c) 物体AC和BC

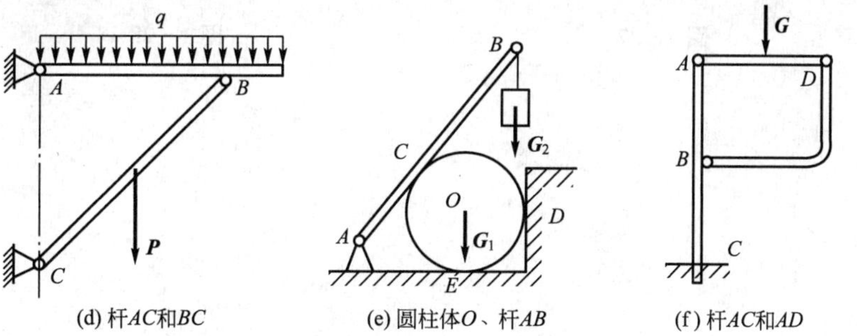

(d) 杆AC和BC (e) 圆柱体O、杆AB (f) 杆AC和AD

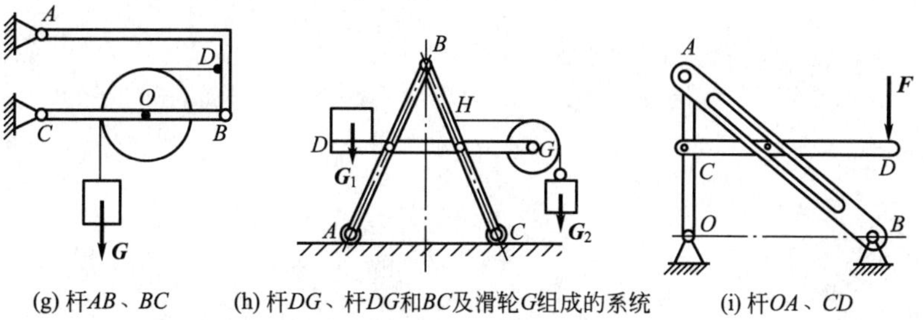

(g) 杆AB、BC (h) 杆DG、杆DG和BC及滑轮G组成的系统 (i) 杆OA、CD

图 1-26

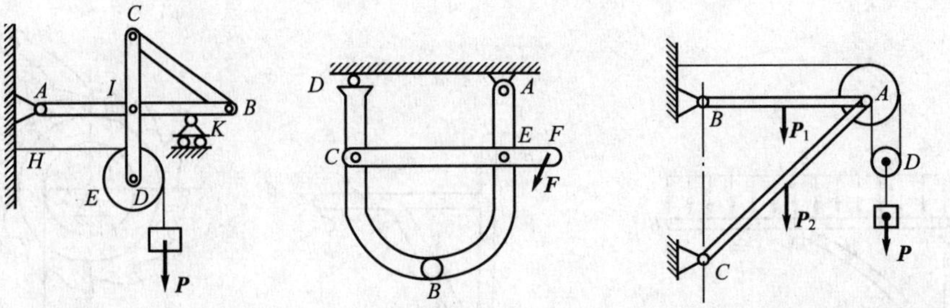

(j) 杆AB、CD以及滑轮　　(k) 杆AB和CE　　(l) 杆AB、AC和AB及滑轮组成的系统

图 1-26(续)

1-8　图 1-27 所示为某机床油压夹紧装置，是利用油压推动活塞杆，通过压板力将工件压紧。若不计压板及杆件的自重，各接触处视为光滑。试画出压板 AOB 及工件 BC 的受力图。

1-9　在图 1-28 所示的机构中，A、B、C、D 处均为铰链，D 处装一滚轮，设接触处是光滑的，不计各构件自重。试画杆 AB、DE(包括轮 D)和整体的受力图。

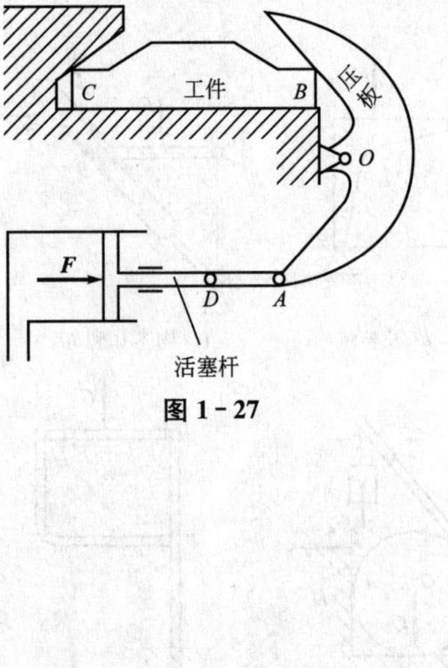

图 1-27

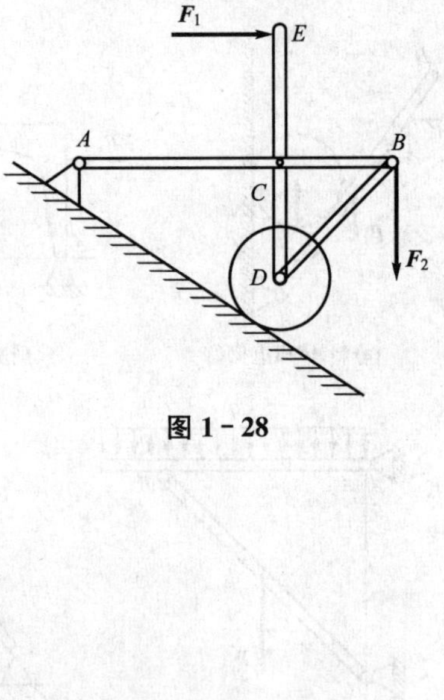

图 1-28

第2章 平面力系

教学目标

本章研究平面力系的简化、合成与平衡问题。通过本章学习，应达到以下目标。

(1) 掌握平面汇交力系合成的几何法和平衡的几何条件。

(2) 熟练掌握力在轴上的投影和力沿直角坐标轴的分解以及合力投影定理。

(3) 熟练掌握平面汇交力系合成的解析法、平衡的解析条件和平衡问题的解法。

(4) 对于力对点的矩应有清晰的理解，对于平面问题中力对点的矩应能熟练计算。

(5) 深入理解力偶和力偶矩的概念，明确力偶的性质和力偶的等效条件。

(6) 掌握力偶系的合成方法，能应用平衡条件求解力偶系的平衡问题。

(7) 掌握力的平移定理。

(8) 掌握平面任意力系向作用面内任一点简化的方法、力系的主矢和主矩计算、简化的结果分析以及合力矩定理。

(9) 熟练掌握平面任意力系的平衡条件和平衡方程的各种形式，并能灵活运用

(10) 掌握平面平行力系的平衡方程；理解静定和静不定的概念。

(11) 熟练掌握物体系统平衡问题的解法；掌握平面简单桁架的内力计算。

引例

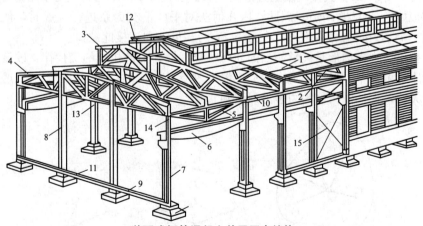

装配式钢筋混凝土单层厂房结构

1—屋面板；2—天沟板；3—天窗架；4—屋架；5—托架；6—吊车梁；
7—排架柱；8—抗风柱；9—基础；10—连系梁；11—基础梁；12—天窗架垂直支撑；
13—屋架下弦横向水平支撑；14—屋架端部垂直支撑；15—柱间支撑

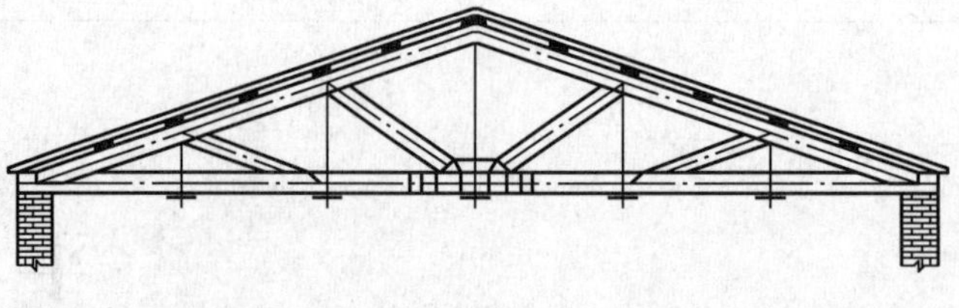

屋架受力图中，屋架的厚度相对于其余两个方向的尺寸小得多，这种结构称为平面结构。平面屋架上作用有主动载荷与支座反力。这些力都作用在结构平面内，构成平面力系。有的结构本身虽然不是平面结构，但具有结构对称、受力对称的特点，就可以把力简化到对称平面内，作为平面力系来处理。

当力系中各力都处于同一平面时，该力系为**平面力系**。平面力系又可分为平面汇交力系、平面力偶系、平面平行力系、平面任意力系等。

§2-1 平面汇交力系

平面汇交力系是指各力的作用线都在同一平面内且汇交于一点的力系。

1. 平面汇交力系合成的几何法——力多边形法则

设刚体受到平面汇交力系 $\boldsymbol{F}_1$、$\boldsymbol{F}_2$、$\boldsymbol{F}_3$、$\boldsymbol{F}_4$ 的作用，各力作用线汇交于 A 点，根据力的可传性原理，可将各力沿其作用线移至汇交点 A，如图 2-1(a)所示。

为合成此力系，可根据平行四边形法则，逐步两两合成各力，最后求得一个通过汇交点 A 的合力 $\boldsymbol{F}_R$。也可运用力的三角形法则，任取一点 a，先作力三角形 abc，求出 $\boldsymbol{F}_1$ 和 $\boldsymbol{F}_2$ 的合力 $\boldsymbol{F}_{R1}$，再作力三角形 acd，求出 $\boldsymbol{F}_{R1}$ 和 $\boldsymbol{F}_3$ 的合力 $\boldsymbol{F}_{R2}$，最后合成 $\boldsymbol{F}_{R2}$ 和 $\boldsymbol{F}_4$ 得 $\boldsymbol{F}_R$，如图 2-1(b)所示。在作图时，可不把中间分析过程中的 $\boldsymbol{F}_{R1}$ 和 $\boldsymbol{F}_{R2}$ 画出来，只需四个力 $\boldsymbol{F}_1$、$\boldsymbol{F}_2$、$\boldsymbol{F}_3$、$\boldsymbol{F}_4$ 首尾相连地依次画出，则由第一个力的起点 a 向最末一个力的终点 e 作矢径，合力矢 $\boldsymbol{F}_R=\boldsymbol{ae}$，其作用线通过汇交点 A。多边形 $abcde$ 称为此力系的**力多边形**，矢量 $\boldsymbol{ae}$ 称为力多边形的封闭边。因此，用几何法对平面汇交力系进行合成时，使各力首尾相连得到一个不封闭的力多边形，合力矢 $\boldsymbol{F}_R$ 沿相反方向连接此缺口。

应当指出，力多边形是矢量相加的几何解释，根据矢量相加的交换律，改变各分力矢的合成顺序，可得不同形状的力多变形，但不改变其合成的结果，如图 2-1(c)所示。这种求合力矢的几何作图法称为**力多边形法则**。

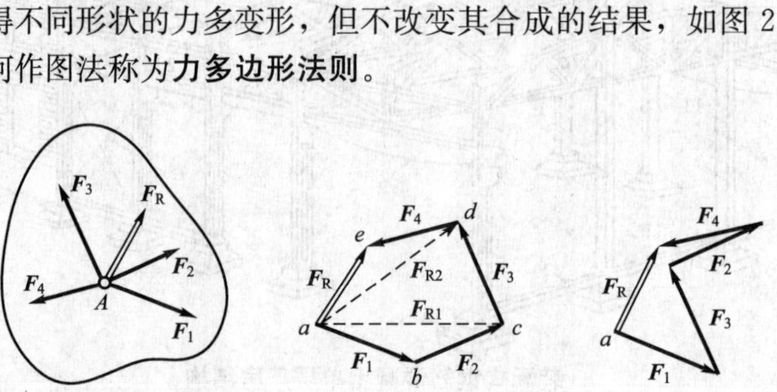

图 2-1

推广到 n 个力组成的平面汇交力系，可得到如下结论：平面汇交力系可简化为一合力，合力的大小和方向可由力多边形的封闭边来表示，即等于各分力的矢量和(几何和)，合力的作用线通过汇交点。即

$$\boldsymbol{F}_R = \boldsymbol{F}_1 + \boldsymbol{F}_2 + \cdots + \boldsymbol{F}_n = \sum_{i=1}^{n} \boldsymbol{F}_i \tag{2-1}$$

合力 $\boldsymbol{F}_R$ 对刚体的作用与原力系对刚体的作用等效。如果一力与某一力系等效，则此力称为该力系的**合力**。在理论力学教材中，常常略去式(2-1)的求和符号中的 $i=1$ 和 n。

2. 平面汇交力系平衡的几何条件

平面汇交力系可简化为一合力，显然，平面汇交力系平衡的充分与必要条件是：该力系的合力等于零。以矢量形式表示为

$$\sum \boldsymbol{F}_i = 0 \tag{2-2}$$

在平衡的情形下，其力多边形中最后一个力的终点与第一个力的起点重合，这样的力多边形称为自行封闭的力多边形。于是，得出结论：平面汇交力系平衡的充分与必要条件是：该力系的力多边形自行封闭。这是平衡的几何条件。

用**几何法**求解平面汇交力系的平衡问题时，可按如下步骤进行。

(1) 选取研究对象。

(2) 进行受力分析，画出受力图；若光滑铰链约束处约束反力作用线不能直接确定，而物体只受三个力作用，则可根据三力平衡汇交定理确定约束反力的作用线。

(3) 作力多边形；根据力多边形矢序规则和封闭特点选择适当的比例尺作图，作图时从已知力开始。

(4) 求出未知量。未知量用比例尺和量角器在图中量出，或者用三角公式计算出来。

例 2-1 梁 AB 如图 2-2(a)所示，在梁的中点 C 处作用一力 $F=20\text{kN}$，不计梁重。求支座 A 和 B 的反力。

解： (1) 以梁 AB 为研究对象。

(2) 受力分析：梁受到主动力 $\boldsymbol{F}$，支座反力 $\boldsymbol{F}_B$、$\boldsymbol{F}_A$ 作用，各力汇交于 D 点，如图 2-2(a)所示。

(3) 画力三角形：先以一定比例画已知力矢 $\boldsymbol{F}$，分别过 a、b 点作 $\boldsymbol{F}_B$、$\boldsymbol{F}_A$ 的平行线相交于 c 点，将各力首尾相连组成一自行封闭的力三角形，如图 2-2(b)所示。

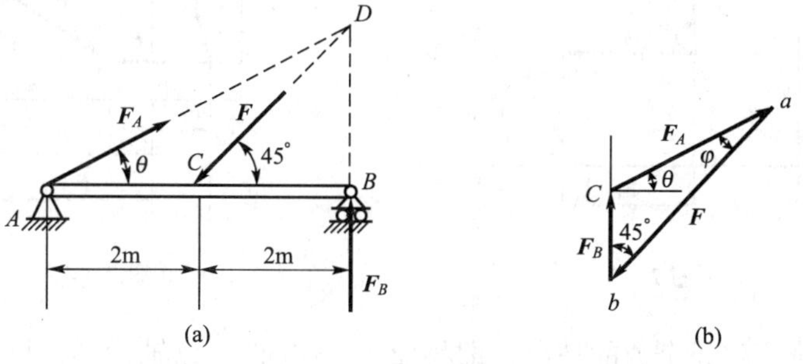

图 2-2

(4) 由几何关系，解力三角形。由正弦定理得

$$\frac{F}{\sin(90°+\theta)}=\frac{F_A}{\sin45°}=\frac{F_B}{\sin\varphi}$$

其中，$\theta=\arctan\frac{1}{2}=26.6°$，$\varphi=180°-45°-90°-\theta=18.4°$。解得

$$F_A=\frac{F\sin45°}{\cos26.6°}\approx15.82\text{kN}，F_B=\frac{F\sin15°}{\cos26.6°}\approx7.07\text{kN}$$

3. 平面汇交力系合成的解析法

如图 2-3 所示，已知 $\boldsymbol{F}$ 与所在平面内正交轴的正向夹角分别为 α、β，则力 $\boldsymbol{F}$ 在 x、y 轴上的投影分别为

$$\left.\begin{aligned}F_x=F\cos\alpha\\F_y=F\cos\beta\end{aligned}\right\}\tag{2-3}$$

上式表明，力在某轴上的投影等于力的大小乘以力与投影轴正向夹角的余弦。力在轴上的投影是代数量，当力与轴正向夹角为锐角时，其值为正；当夹角为钝角时，其值为负。

由图 2-3 可知，力 $\boldsymbol{F}$ 沿直角坐标轴 Ox、Oy 分解为两个分力 $\boldsymbol{F}_x$、$\boldsymbol{F}_y$ 时，其分力与力的投影之间有下列关系：

$$\boldsymbol{F}_x=F_x\boldsymbol{i}，\boldsymbol{F}_y=F_y\boldsymbol{j}$$

由此，力 $\boldsymbol{F}$ 又可表述为

$$\boldsymbol{F}=F_x\boldsymbol{i}+F_y\boldsymbol{j}\tag{2-4}$$

式中，$\boldsymbol{i}$、$\boldsymbol{j}$ 分别为 x、y 轴的单位矢量。

设刚体的 A 点作用一平面汇交力系 $\boldsymbol{F}_1$、$\boldsymbol{F}_2$、$\boldsymbol{F}_3$，合力为 $\boldsymbol{F}_R$，其力多边形如图 2-4 所示。将 $\boldsymbol{F}_R$、$\boldsymbol{F}_1$、$\boldsymbol{F}_2$、$\boldsymbol{F}_3$ 分别在 x 轴上投影得到 F_{Rx}、F_{1x}、F_{2x}、F_{3x}，由投影关系，并注意到图中 $\boldsymbol{F}_3$ 的投影 F_{3x} 应为负值，得 $F_{Rx}=F_{1x}+F_{2x}+F_{3x}$。同理有 $F_{Ry}=F_{1y}+F_{2y}+F_{3y}$。

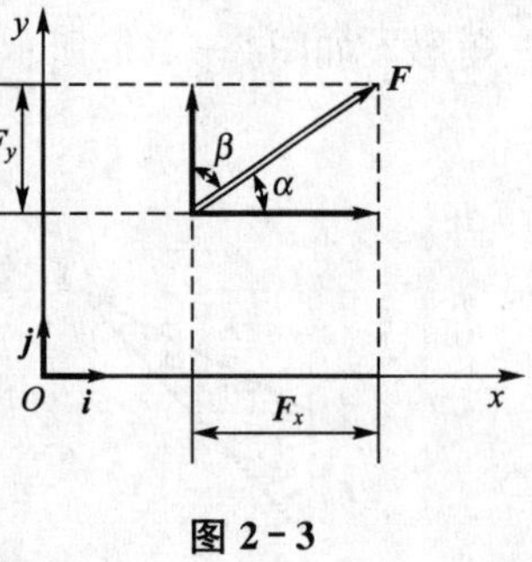

图 2-3

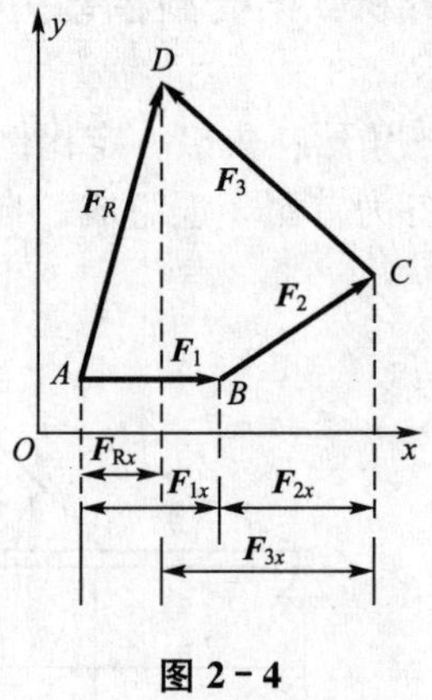

图 2-4

上述结果可推广到 n 个力的情况，即将(2-1)式向 x、y 轴投影，可得

$$\left.\begin{aligned}F_{Rx}=F_{1x}+F_{2x}+\cdots+F_{nx}=\sum F_{ix}\\F_{Ry}=F_{1y}+F_{2y}+\cdots+F_{ny}=\sum F_{iy}\end{aligned}\right\}\tag{2-5}$$

上式表明，合力在任一轴上的投影等于它的各个分力在同一轴上投影的代数和。这就

是**合力投影定理**。合力投影定理阐明了合力投影与分力投影之间的关系，是用解析法求解平面汇交力系合成问题的依据。

根据式(2-5)可求得合力 $\boldsymbol{F}_R$ 的大小和方向余弦，即

$$F_R=\sqrt{F_{Rx}^2+F_{Ry}^2}=\sqrt{(\sum F_{ix})^2+(\sum F_{iy})^2}$$
$$\cos(\boldsymbol{F}_R,\boldsymbol{i})=\frac{F_{Rx}}{F_R}=\frac{\sum F_{ix}}{F_R},\quad \cos(\boldsymbol{F}_R,\boldsymbol{j})=\frac{F_{Ry}}{F_R}=\frac{\sum F_{iy}}{F_R} \tag{2-6}$$

4. 平面汇交力系的平衡方程式

由式(2-2)知，平面汇交力系平衡的充分与必要条件是：该力系的合力等于零。由式(2-6)有

$$\sum F_{ix}=0,\quad \sum F_{iy}=0 \tag{2-7}$$

上式表明，平面汇交力系平衡的充分与必要的解析条件是：力系中所有分力在两坐标轴 x、y 上的投影的代数和分别等于零。式(2-7)称为平面汇交力系的**平衡方程式**。这是两个独立的方程，运用该平衡方程式只能求解两个未知量。

利用解析法求解平面汇交力系平衡问题时，其分析步骤如下。

(1) 选取研究对象。

(2) 进行受力分析，画出受力图；受力图中的未知力的指向如果事先无法确定，可以先任意假设。若最终计算结果为正值，则表示假设的指向与实际指向相同；若计算结果为负值，则说明假设指向与实际指向相反。

(3) 选取适当的坐标系。

(4) 列出平衡方程式，求出未知量。

下面举例说明平面汇交力系平衡方程的实际应用。

例 2-2 简易起重装置如图 2-5(a)所示。重物吊在钢丝绳的一端，绳的另一端跨过光滑定滑轮 A，缠绕在绞车 D 的鼓轮上。滑轮用直杆 AB、AC 支承，A、B、C 三处均可当作光滑铰链。杆 AB 成水平，其他尺寸如图所示。设重物重量 $P=2$kN，不计滑轮和直杆重量，并忽略滑轮大小。试求重物铅直匀速提升时杆 AB 和 AC 作用于滑轮的力。

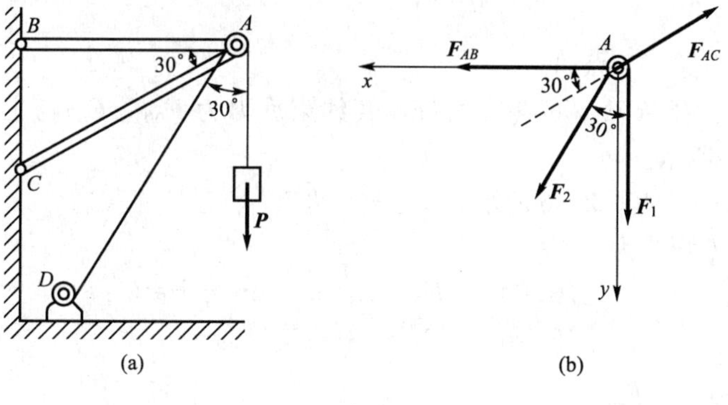

图 2-5

解：(1) 以滑轮为研究对象。

(2) 进行受力分析：AB、AC 杆均为二力杆，其约束反力分别为 $\boldsymbol{F}_{AB}$、$\boldsymbol{F}_{AC}$，滑轮受到钢丝绳的拉力为 $\boldsymbol{F}_1$、$\boldsymbol{F}_2$，在重物处于平衡的情况下 $F_1=F_2$，由于忽略滑轮大小，各力汇

交于 A 点，如图 2-5(b)所示。

(3) 取坐标 Axy。

(4) 列平衡方程式：

$$\sum F_x=0,\ F_{AB}-F_{AC}\cos30°+F_2\sin30°=0$$

$$\sum F_y=0,\ F_1+F_2\cos30°-F_{AC}\sin30°=0$$

注意，$F_1=F_2=P$，解方程得

$$F_{AB}=5.464\text{kN},\ F_{AC}=7.464\text{kN}$$

例 2-3 如图 2-6(a)所示的压榨机中，杆 AB 和 BC 的长度相等，自重忽略不计。A、B、C 处为铰链连接。已知铰链 A 处作用一水平力 $\boldsymbol{F}$，求压块 C 作用于工件的压力。

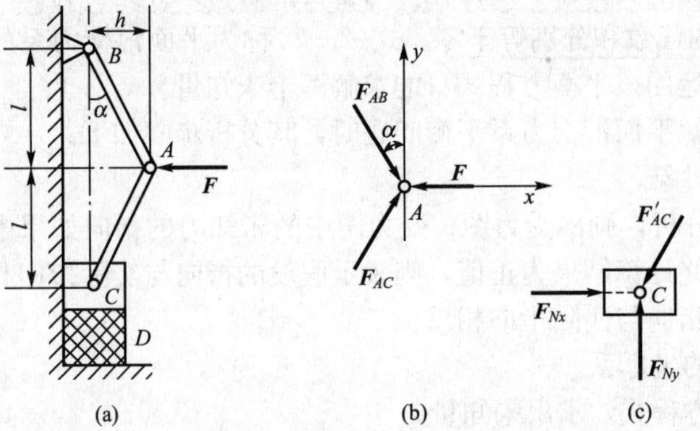

图 2-6

解：要求压块 C 对工件的压力，根据作用与反作用定律，可求工件对压块 C 的反力。为此必须先求出杆 AC 的约束反力。因此，可以先研究铰链 A(又可称为节点 A)，再研究压块 C 而求得。

(1) 研究铰链 A。

① 选择研究对象：节点 A。

② 受力分析：杆 AB、AC 为二力杆，其约束反力为 $\boldsymbol{F}_{AB}$、$\boldsymbol{F}_{AC}$ 与主动力 $\boldsymbol{F}$ 汇交于 A 点，如图 2-6(b)所示。

③ 取坐标 Axy，如图 2-6 所示。

④ 列出平衡方程式为

$$\sum F_x=0,\quad F_{AB}\sin\alpha+F_{AC}\sin\alpha-F=0$$

$$\sum F_y=0,\quad F_{AC}\cos\alpha-F_{AB}\cos\alpha=0$$

解得 $F_{AC}=F_{AB}=\dfrac{F}{2\sin\alpha}$。

(2) 研究压块 C。

压块 C 受力如图 2-6(c)所示。

列平衡方程式为

$$\sum F_y=0,\ F_{Ny}-F'_{AC}\cos\alpha=0$$

其中，$F'_{AC}=F_{AC}$，$\sin\alpha=\dfrac{h}{\sqrt{l^2+h^2}}$，$\cos\alpha=\dfrac{l}{\sqrt{l^2+h^2}}$，解得

$$F_{Ny}=F_{AC}\cot\alpha=\frac{l}{2h}F$$

压块 C 对工件的压力为$\dfrac{l}{2h}F$，方向与 $\boldsymbol{F}_{Ny}$ 相反。

§2-2 平面力对点的矩及平面力偶系

1. 力对点的矩

力对刚体的作用效应是使刚体的运动状态发生改变(包括移动和转动)，其中力对刚体的转动效应可用力对点的矩来度量，即力对点的矩是度量力对刚体转动效应的物理量。由经验可知，力使物体绕某点 O 的转动效应不仅与力的大小有关，还与力到点 O 的距离有关。

如图 2-7 所示，平面内作用一力 $\boldsymbol{F}$，在平面内任取一点 O 称为**矩心**，点 O 到力 $\boldsymbol{F}$ 作用线的垂直距离 d 称为**力臂**，则力 $\boldsymbol{F}$ 对 O 点的矩可定义为：力的大小与力到矩心的垂直距离的乘积，并冠以适当的正负号，称为**力 $\boldsymbol{F}$ 对 O 点的矩**，简称为**力矩**。用符号 $M_O(\boldsymbol{F})$ 表示，即

$$M_O(\boldsymbol{F})=\pm Fd \tag{2-8}$$

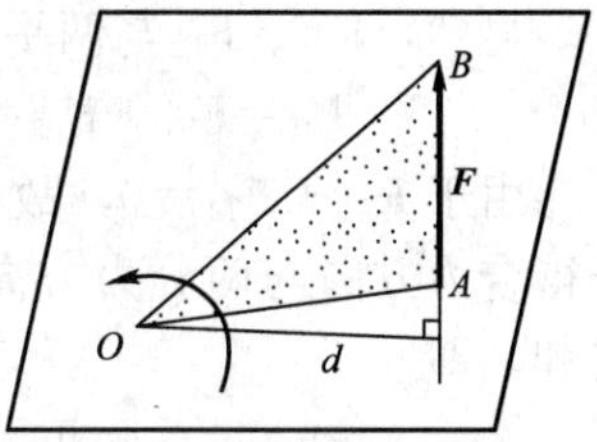

图 2-7

若力的单位用牛顿(N)，力臂的单位用米(m)，则力矩的单位为牛顿·米(N·m)。显然，当力的作用线通过矩心，即力臂为零时，它对矩心的力矩等于零。

力 $\boldsymbol{F}$ 对 O 点的矩也可以用三角形 OAB(图 2-7)面积的两倍来表示，即

$$M_O(\boldsymbol{F})=\pm 2S_{\triangle OAB}$$

力矩是代数量，其正负号规定：力使物体绕矩心逆时针转向转动时，取正号；反之，取负号。

2. 合力矩定理

合力矩定理：平面汇交力系的合力对平面内任一点的矩等于力系中各分力对同一点的矩的代数和，即

$$M_O(\boldsymbol{F}_R)=\sum M_O(\boldsymbol{F}_i) \tag{2-9}$$

合力矩定理建立了合力对点的矩与分力对同一点的矩的关系。按力系等效的概念，式(2-9)应适用于任何有合力存在的力系。

如图 2-8 所示，力 $\boldsymbol{F}$ 作用点 A 的坐标为(x、y)，与 x 轴的夹角为 θ，由于力臂未明确给定，若按定义直接求力 $\boldsymbol{F}$ 对坐标原点 O 的矩比较麻烦，用合力矩定理则比较简单。将力 $\boldsymbol{F}$ 分解为正交分力 $\boldsymbol{F}_x$、$\boldsymbol{F}_y$，则 $F_x=F\cos\theta$，$F_y=F\sin\theta$，由合力矩定理得

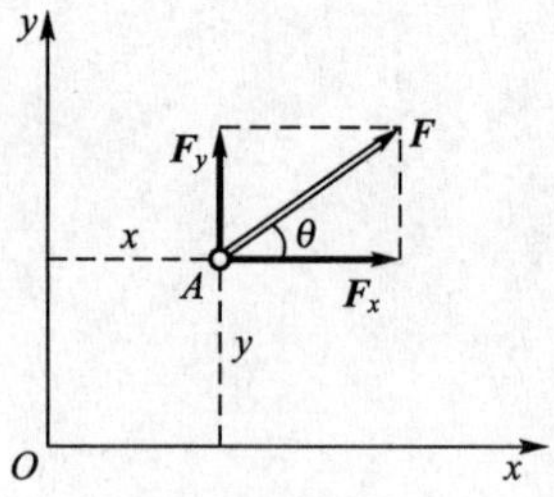

图 2-8

$$M_O(\boldsymbol{F})=M_O(\boldsymbol{F}_y)+M_O(\boldsymbol{F}_x)=xF\sin\theta-yF\cos\theta$$

或

$$M_O(\boldsymbol{F})=F_y x-F_x y \tag{2-10}$$

式(2-10)为平面内力矩的解析表达式。其中 x、y 为力 $\boldsymbol{F}$ 的作用点在坐标系中的坐标，该坐标系是以 O 为圆心，x、y 轴为坐标轴，F_x、F_y 为力 $\boldsymbol{F}$ 在 x、y 轴的投影。

结合式(2-9)和式(2-10)，即可得合力对坐标原点的矩的解析表达式为

$$M_O(\boldsymbol{F}_R)=\sum(x_i F_{iy}-y_i F_{ix}) \tag{2-11}$$

3. 两个平行力的合成

1) 两个同向平行力的合成

设在刚体上的 A、B 点分别作用两个平行力 $\boldsymbol{F}_1$ 和 $\boldsymbol{F}_2$，当 $\boldsymbol{F}_1$、$\boldsymbol{F}_2$ 方向相同时，称为两同向平行力，如图 2-9 所示。由于 $\boldsymbol{F}_1$ 和 $\boldsymbol{F}_2$ 平行，所以不能直接用力的平行四边形法则求其合力。为此，连接 A、B 两点，并分别在 A 点和 B 点沿 AB 连线方向加一对大小相等、方向相反的平衡力 $\boldsymbol{F}_{T1}$ 和 $\boldsymbol{F}_{T2}$。将 $\boldsymbol{F}_1$ 和 $\boldsymbol{F}_{T1}$ 合成为 $\boldsymbol{F}_{R1}$，$\boldsymbol{F}_2$ 和 $\boldsymbol{F}_{T2}$ 合成为 $\boldsymbol{F}_{R2}$，即

$$\boldsymbol{F}_{R1}=\boldsymbol{F}_1+\boldsymbol{F}_{T1},\ \boldsymbol{F}_{R2}=\boldsymbol{F}_2+\boldsymbol{F}_{T2}$$

显然，$\boldsymbol{F}_{R1}$、$\boldsymbol{F}_{R2}$ 与两平行力 $\boldsymbol{F}_1$、$\boldsymbol{F}_2$ 等效。而 $\boldsymbol{F}_{R1}$ 和 $\boldsymbol{F}_{R2}$ 又可合成合力 $\boldsymbol{F}_R$，即

$$\boldsymbol{F}_R=\boldsymbol{F}_{R1}+\boldsymbol{F}_{R2}=\boldsymbol{F}_1+\boldsymbol{F}_{T1}+\boldsymbol{F}_2+\boldsymbol{F}_{T2}$$

由于 $\boldsymbol{F}_{T1}+\boldsymbol{F}_{T2}=0$，故 $\boldsymbol{F}_R=\boldsymbol{F}_1+\boldsymbol{F}_2$，由几何关系容易证得合力方向与两分力方向相同，大小等于此两力的大小之和，即

$$F_R=F_1+F_2 \tag{2-12}$$

合力作用线的位置，可由合力矩定理来确定。设合力 $\boldsymbol{F}_R$ 的作用线与 AB 线段相交于 C 点，由合力矩定理得

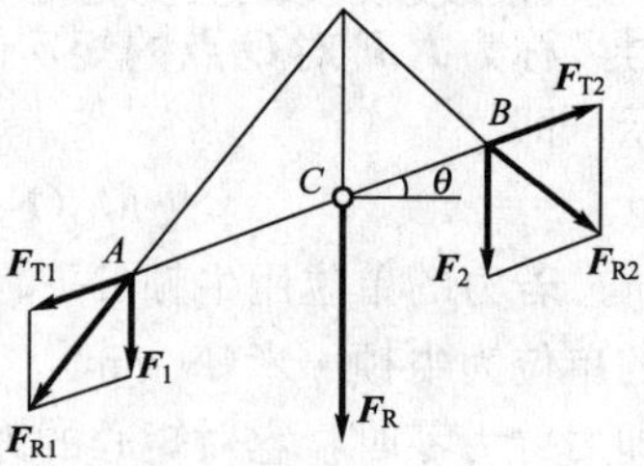

图 2-9

$$\begin{aligned}M_C(\boldsymbol{F}_R)&=M_C(\boldsymbol{F}_{R1})+M_C(\boldsymbol{F}_{R2})\\&=M_C(\boldsymbol{F}_1)+M_C(\boldsymbol{F}_{T1})+M_C(\boldsymbol{F}_2)+M_C(\boldsymbol{F}_{T2})\end{aligned}$$

因为，$\boldsymbol{F}_{T1}$、$\boldsymbol{F}_{T2}$、$\boldsymbol{F}_R$ 作用线通过 C 点，它们对 C 点的矩均为零。于是有

$$0=M_C(\boldsymbol{F}_1)+M_C(\boldsymbol{F}_2)$$

即

$$F_1\cdot AC\cos\theta-F_2\cdot BC\cos\theta=0$$

于是，得到

$$F_1\cdot AC=F_2\cdot BC$$

上式表明，两同向平行力的合力作用线内分两力作用线间的线段，内分比与两力大小成反比，且与两力的方向无关。

2) 两个反向平行力的合成

当 $\boldsymbol{F}_1$、$\boldsymbol{F}_2$ 方向相反时(图 2-10)，称为两反向平行力。若 $F_1>F_2$，则其合力等于两力大小之差，方向与 $\boldsymbol{F}_1$ 相同。合力的大小为 $F_R=F_1-F_2$。合力作用线的位置仍可用合力矩定理，由 $M_C(\boldsymbol{F}_R)=M_C(\boldsymbol{F}_1)+M_C(\boldsymbol{F}_2)$，得到

$$F_1\cdot AC=F_2\cdot BC$$

因为，$BC>AC$，合力作用线与 AB 线段交点 C 位于 AB 线段的外侧，即较大的力 $\boldsymbol{F}_1$ 的外侧。上式表明，两反向平行力的合力作用线外分两力作用线间的线段，外分比与两力大小成反比，且与两力的方向无关。

例 2-4 水平梁 AB 受按三角形分布的荷载作用，如图 2-11 所示。荷载的最大值为 q，梁长 l。试求合力作用线的位置。

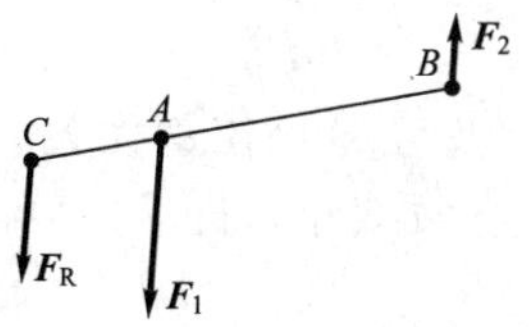

图 2-10

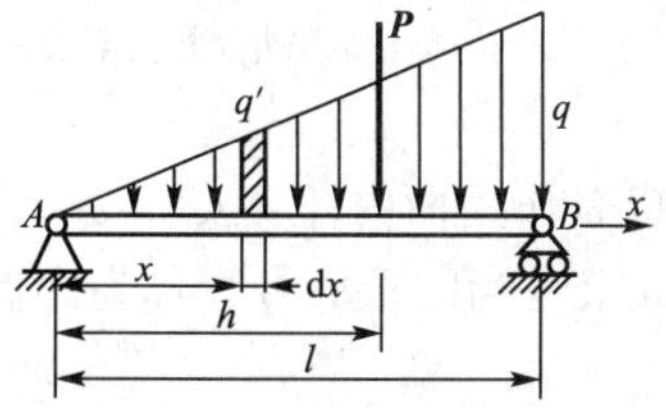

图 2-11

解：在梁上距 A 端为 x 的微段 $\mathrm{d}x$ 上，作用力的大小为 $q'\mathrm{d}x$，其中 q' 为该处的荷载强度。由图 2-11 可知，$q'=\dfrac{x}{l}q$。因此分布荷载合力的大小为

$$P=\int_0^l q'\mathrm{d}x=\int_0^l \frac{x}{l}q\mathrm{d}x=\frac{qx^2}{2l}\bigg|_0^l=\frac{ql}{2}$$

设合力 $\boldsymbol{P}$ 的作用线距 A 端的距离为 h，在微段 $\mathrm{d}x$ 上的作用力对点 A 的矩为 $q'\mathrm{d}x\cdot x$，全部荷载对点 A 的矩的代数和可用积分求出，根据合力矩定理可写成：

$$Ph=\frac{ql}{2}h=\int_0^l q'x\mathrm{d}x=\int_0^l \frac{x}{l}xq\mathrm{d}x=\frac{qx^3}{3l}\bigg|_0^l=\frac{ql^2}{3}$$

求得 $h=2l/3$。

计算结果说明，合力大小等于三角形线分布荷载的面积，合力作用线通过该三角形的几何中心。

4. 力偶与力偶矩

在实践中，汽车司机用双手转动转向盘［图 2-12(a)］，钳工用丝锥攻螺纹［图 2-12(b)］等，都作用了成对的大小相等、方向相反、作用线不重合的平行力。等值反向平行力的矢量和显然等于零，但由于它们不共线而不能互相平衡，能使物体改变转动状态。这种由两个大小相等、方向相反、作用线不重合的平行力组成的力系，称为**力偶**，记作$(\boldsymbol{F},\boldsymbol{F}')$。

如图 2-13 所示，力偶中两个力作用线之间的垂直距离 d 称为**力偶臂**。力偶所在平面称为**力偶的作用面**，如果作用面不同，力偶的作用效应是不一样的。

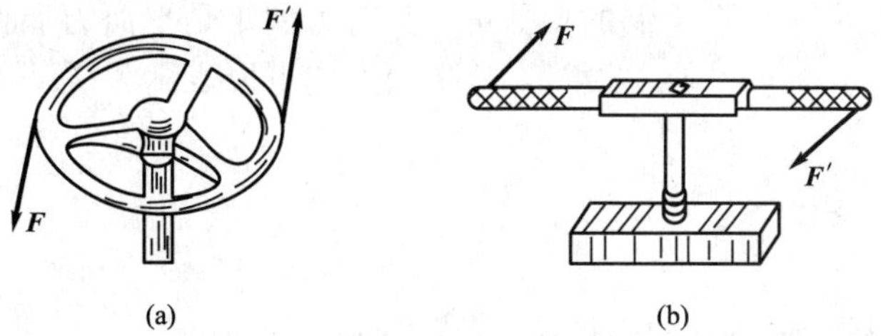

图 2-12

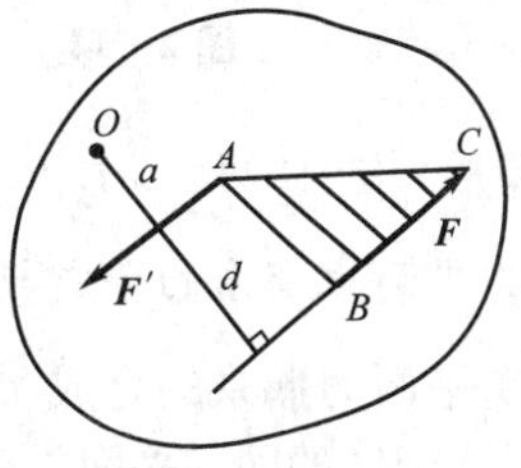

图 2-13

组成力偶的两个力等值反向平行，其矢量和等于零，但是由于它们不共线而不能相互平衡，它们能使物体改变转动状态。因此，组成力偶的两个力，既不能合成一个力，也不能与一个力等效，它和力一样，是力学的基本要素。

力偶是由两个力组成的特殊力系，对物体的作用只能产生转动效应。由图 2－13 并注意到 $\boldsymbol{F}'=\boldsymbol{F}$，力偶对任意一点 O 的矩为

$$\begin{aligned} M_O(\boldsymbol{F},\ \boldsymbol{F}') &= M_O(\boldsymbol{F})+M_O(\boldsymbol{F}') \\ &= F(a+d)-F'a=Fd \end{aligned}$$

由于矩心 O 是作用面内任一点，力偶矩的计算结果与 O 点位置无关。我们把力与力偶臂的乘积，加上适当的正负号，称为**力偶矩**，用符号 M 表示，即

$$M=\pm Fd \tag{2-13}$$

于是，力偶对物体的转动效应，可用力偶矩来度量，取决于下列两个要素。

(1) 力偶矩的大小。

(2) 力偶在作用面内的转向。

因此，平面力偶矩是一个代数量，其大小等于力的大小与力偶臂的乘积，正负号表示力偶的转向：一般以逆时针转向为正，反之为负。

也可以用三角形 ABC 的面积表示力偶矩的大小，即

$$M=\pm 2S_{\triangle ABC} \tag{2-14}$$

力偶矩的单位与力矩相同，也是牛顿·米(N·m)。

5. 平面力偶的等效定理

根据力偶及力偶矩的定义，我们可以将平面力偶的性质归纳如下。

(1) 力偶中两个力向任意轴的投影之和等于零，即力偶的合力等于零。

(2) 力偶对作用面内任一点的矩是常量，并等于力偶矩。

(3) 力偶可以在其作用面内任意移转，而不改变它对刚体的作用。因为力偶在作用面任意移转后，虽然其位置发生了改变，但力偶的作用面不变，度量其转动效果的力偶矩的大小和转向并未改变。因此，力偶对刚体的作用与力偶在其作用面内的位置无关。

(4) 只要保持力偶矩的大小和转向不变，可以同时改变力偶中力的大小和力偶臂的长短，而不会改变力偶对刚体的作用。

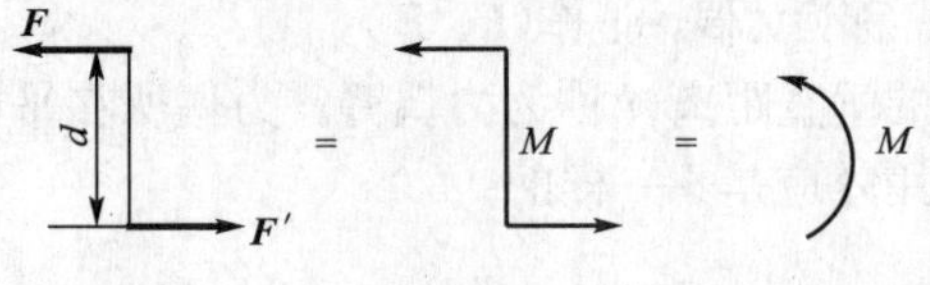

图 2－14

上述性质揭示了平面力偶的等效变换条件，即在同平面内的两个力偶，如果两力偶矩相等，则两力偶彼此等效，这就是同平面内**力偶的等效定理**。由此可见，力偶臂和力的大小都不是力偶的特征量，只有力偶矩是平面力偶作用的唯一度量，故平面力偶可以表示为图 2－14 所示的情形，图中 $M=Fd$。

6. 平面力偶系的合成与平衡条件

1) 平面力偶系的合成

设在刚体的同一平面内有两个力偶($\boldsymbol{F}_1$，$\boldsymbol{F}_1'$)和($\boldsymbol{F}_2$，$\boldsymbol{F}_2'$)，它们的力偶臂分别为 d_1 和 d_2，如图 2－15(a)所示。这两个力偶矩大小分别为 M_1 和 M_2，且 $M_1=F_1d_1$，$M_2=-F_2d_2$，求它

们的合成结果。为此，在保持力偶矩不变的情况下，同时改变这两个力偶中力的大小和力偶臂的长短，使其具有相同的力偶臂 d，并将它们在平面内移转，使力的作用线重合，如图 2-15(b)所示。于是得到两个新力偶($\boldsymbol{F}_3$，$\boldsymbol{F}_3'$)和($\boldsymbol{F}_4$，$\boldsymbol{F}_4'$)与原力偶系等效，即

$$M_1=F_3d，M_2=-F_4d$$

分别将作用在 A 和 B 点的力合成，得

$$F=F_3-F_4，F'=F_3'-F_4'$$

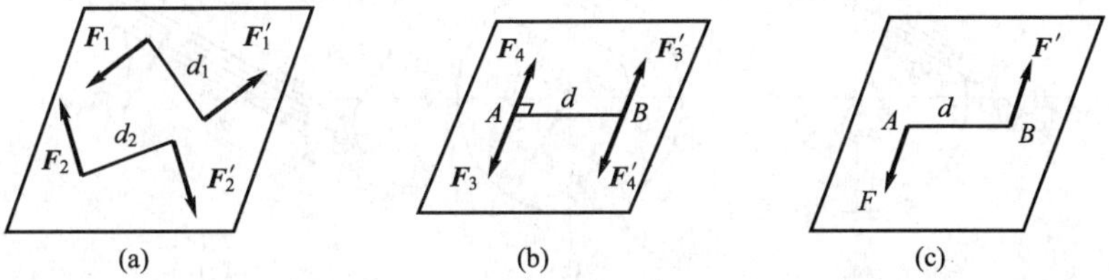

图 2-15

由于力 $\boldsymbol{F}$ 与 $\boldsymbol{F}'$ 大小相等，方向相反，组成一合力偶($\boldsymbol{F}$，$\boldsymbol{F}'$)与原力偶系等效，如图 2-15(c)所示。用 M 表示合力偶矩，则

$$M=Fd=(F_3-F_4)d=F_3d-F_4d=M_1+M_2$$

推广到 n 个力偶组成的力偶系，则有

$$M=\sum_{i=1}^{n}M_i \tag{2-15}$$

式(2-15)表示，平面力偶系合成的结果为一个合力偶，合力偶矩等于各力偶矩的代数和。

2) 平面力偶系的平衡条件

如果作用于刚体上的平面力偶系的合力偶矩等于零，则此力偶系中各力偶对刚体的转动效应相互抵消，刚体必处于平衡状态。由此可知，平面力偶系平衡的必要与充分条件是：该力偶系中各力偶矩的代数和为零。即

$$\sum_{i=1}^{n}M_i=0 \tag{2-16}$$

式(2-16)称为平面力偶系的平衡方程。

例 2-5 如图 2-16 所示，不计重量的杆 AB 受到支座 A 和二力杆 DC 的约束，其 B 端受到一力偶的作用，力偶矩为 $M=100\text{N}\cdot\text{m}$。试求支座 A 和杆 DC 的约束反力。

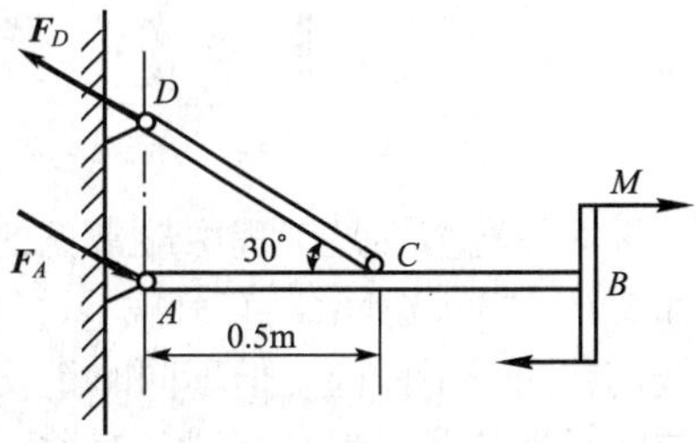

图 2-16

解：(1) 选择研究对象：整体。

(2) 受力分析：有主动力偶 M，支座 A、D 的反力 $\boldsymbol{F}_A$、$\boldsymbol{F}_D$ 必组成一力偶与之平衡，如图 2-16 所示。

(3) 列平衡方程。

$$\sum M_i=0$$

$$\sum M=0，-M+F_A\cdot AC\sin30°=0$$

(4) 代入数据后得。

$$F_A=F_D=400\text{N}$$

例 2-6 图 2-17 所示的构件由圆盘和斜杆 AB 组成，圆盘上有一销钉 C 套在摇杆 AB 的光滑槽内带动摇杆往复运动。圆盘上作用一力偶 M_1，力偶矩为 100N·m，摇杆上作用一力偶 M_2。已知 $OC=20$cm，A、O 处为光滑铰链连接，圆盘和摇杆的重量均不计。求：构件在图示位置平衡时力偶 M_2 的力偶矩。

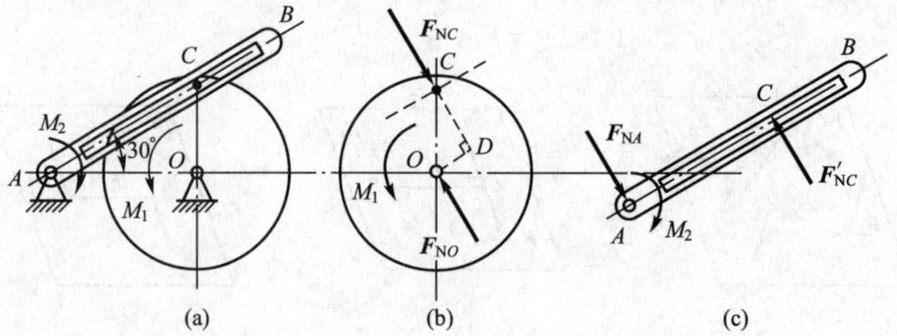

图 2-17

解： 求力偶矩 M_2 的大小，必须先确定轴承 O 和支座 A 的约束力。由于力偶 M_1 的力偶矩已知，首先取圆盘为研究对象，受力图如图 2-17(b)所示，C 处为销钉与滑槽间为光滑面约束，约束力为 $\boldsymbol{F}_{NC}$，根据力偶的性质，O 处的约束力 $\boldsymbol{F}_{NO}$ 与 $\boldsymbol{F}_{NC}$ 构成一对力偶。

由平衡方程

$$\sum M_i=0,\quad M_1-F_{NC}\cdot OD=M_1-F_{NC}\cdot OC\cdot\sin 30^\circ=0$$

求得 $F_{NC}=1000$N。

再以摇杆为研究对象，受力图如图 2-17(c)所示，根据作用力和反作用力的关系得 $\boldsymbol{F}'_{NC}=-\boldsymbol{F}_{NC}$，由力偶的性质知，$\boldsymbol{F}'_{NC}$ 与 $\boldsymbol{F}_{NA}$ 构成一对力偶。

由平衡方程

$$\sum M_i=0,\quad M_2-F'_{NC}\cdot AC=M_2-F'_{NC}\cdot\frac{OC}{\sin 30^\circ}=0$$

求得 $M_2=400$N·m。

§2-3 平面任意力系的简化

平面任意力系是工程中最常见的一种力系。图 2-18(a)所示为悬臂吊车的横梁，其受力如图 2-18(b)所示，有荷载 $\boldsymbol{Q}$、重力 $\boldsymbol{P}$、支座反力 $\boldsymbol{F}_{Ax}$、$\boldsymbol{F}_{Ay}$ 和拉杆拉力 $\boldsymbol{F}_D$，各力的作用线均在同一平面内，但不同时汇交。此外，工程中的某些结构如图 2-18(c)所示，其结构与所承受的荷载都具有同一对称面，作用在结构上的力系就可以简化为在这对称面内的平面力系，如图 2-18(d)所示。

当力系中各力的作用线都分布或近似地分布在同一平面内，且呈任意分布状态，这种力系称为**平面任意力系**。平面任意力系向一点简化的理论依据是力的平移定理。

1. 力的平移定理

定理 可将作用在刚体上 A 点的力 $\boldsymbol{F}$ 平移到刚体内的任何一点 O，但必须同时附加一

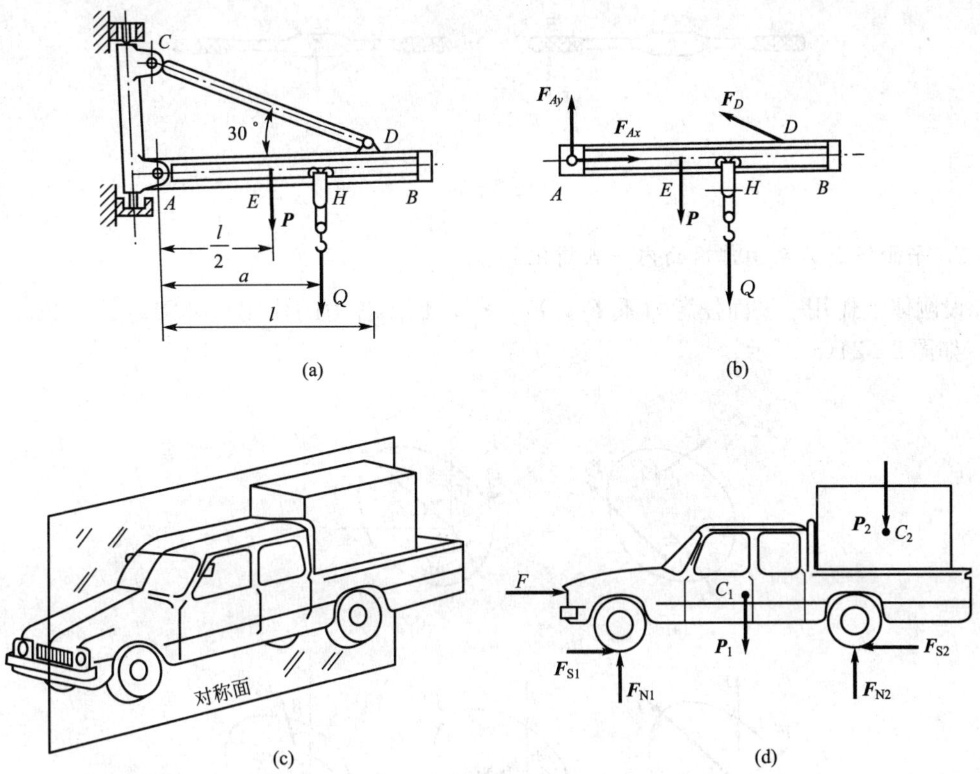

图 2-18

个力偶，该力偶矩等于原力 $\boldsymbol{F}$ 对新作用点 O 的矩。

证明：刚体的 A 点作用有力 $\boldsymbol{F}$［图 2-19(a)］。在刚体上任取一点 O，在 O 点加上两个等值反向的力 $\boldsymbol{F}'$ 和 $\boldsymbol{F}''$，令它们与力 $\boldsymbol{F}$ 平行，且有 $\boldsymbol{F}=\boldsymbol{F}'=-\boldsymbol{F}''$［图 2-19(b)］。根据加减平衡力系公理知，新力系 $\boldsymbol{F}$、$\boldsymbol{F}'$、$\boldsymbol{F}''$ 与原力 $\boldsymbol{F}$ 等效。新力系可看成是由力 $\boldsymbol{F}'$ 及力偶($\boldsymbol{F}$，$\boldsymbol{F}''$)所组成。也就是说，可以把作用在 A 点的力 $\boldsymbol{F}$ 平移到刚体上的任意一点，如 O 点，只是须同时附加一个相应的力偶，这个力偶称为附加力偶［图 2-19(c)］。显然，附加力偶矩等于力 $\boldsymbol{F}$ 对 O 点的矩，即

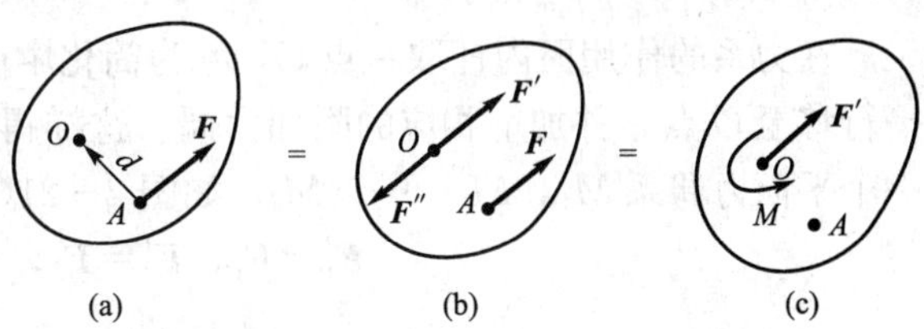

图 2-19

$$M=M_O(\boldsymbol{F})=Fd$$

式中，d 为附加力偶的力臂，即 O 点到力 $\boldsymbol{F}$ 的作用线的垂直距离。于是定理得证。

力的平移定理不仅是平面任意力系向一点简化的依据，而且也可用于解释一些实际问题。例如，攻螺纹时，必须用双手握手柄，且要同时加相等的力，而不允许用一只手扳动扳手，如图 2-20(a)所示。这是因为作用在扳手 B 端的力 $\boldsymbol{F}$ 与作用在点 O 的一个力 $\boldsymbol{F}'$ 和一个力偶($\boldsymbol{F}$，$\boldsymbol{F}''$)等效，如图 2-20(b)所示，虽然这个力偶将使丝锥转动，但力 $\boldsymbol{F}'$ 却往往造成丝锥折断。

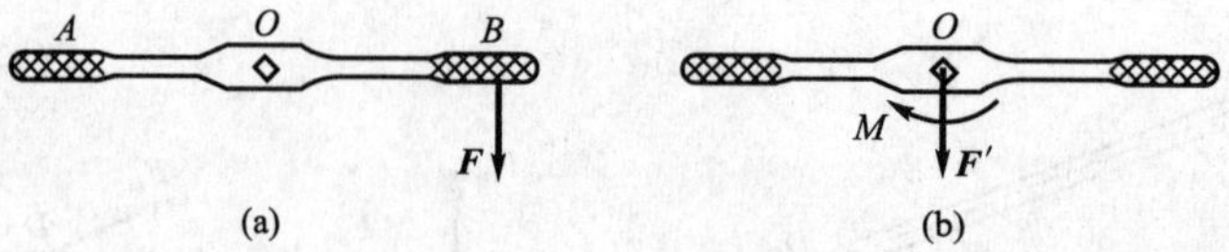

图 2-20

2. 平面任意力系向作用面内一点简化

设刚体上作用一平面任意力系 $\boldsymbol{F}_1$，$\boldsymbol{F}_2$，…，$\boldsymbol{F}_n$。各力的作用点分别为 A_1，A_2，…，A_n，如图 2-21(a)所示。

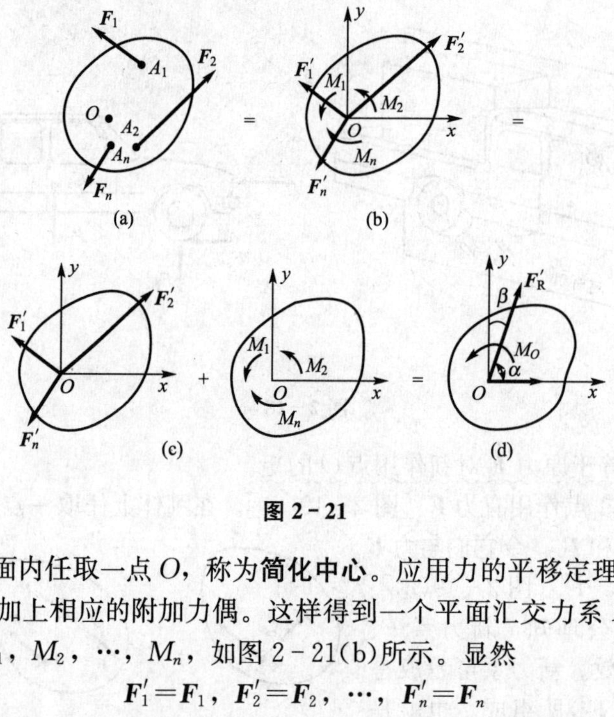

图 2-21

在力系的作用面内任取一点 O，称为**简化中心**。应用力的平移定理，将力系中的各力平行移至 O 点，并加上相应的附加力偶。这样得到一个平面汇交力系 $\boldsymbol{F}'_1$，$\boldsymbol{F}'_2$，…，$\boldsymbol{F}'_n$ 和一个平面力偶系 M_1，M_2，…，M_n，如图 2-21(b)所示。显然

$$\boldsymbol{F}'_1=\boldsymbol{F}_1,\ \boldsymbol{F}'_2=\boldsymbol{F}_2,\ \cdots,\ \boldsymbol{F}'_n=\boldsymbol{F}_n$$

$$M_1=M_O(\boldsymbol{F}_1),\ M_2=M_O(\boldsymbol{F}_2),\ \cdots,\ M_n=M_O(\boldsymbol{F}_n)$$

这样，原平面任意力系等效替换为两个简单力系：平面汇交力系和平面力偶系，如图 2-21(c)所示。

平面汇交力系 $\boldsymbol{F}'_1$，$\boldsymbol{F}'_2$，…，$\boldsymbol{F}'_n$ 可合成为通过 O 点的一个力 $\boldsymbol{F}'_R$，于是有

$$\boldsymbol{F}'_R=\boldsymbol{F}'_1+\boldsymbol{F}'_2+\cdots+\boldsymbol{F}'_n=\boldsymbol{F}_1+\boldsymbol{F}_2+\cdots+\boldsymbol{F}_n$$

或

$$\boldsymbol{F}'_R=\sum_{i=1}^{n}\boldsymbol{F}_i \tag{2-17}$$

附加的平面力偶系 M_1，M_2，…，M_n 可合成一个力偶 M_O，该力偶矩等于各附加力偶矩的代数和。即

$$M_O=M_1+M_2+\cdots+M_n=M_O(\boldsymbol{F}_1)+M_O(\boldsymbol{F}_2)+\cdots+M_O(\boldsymbol{F}_n)$$

或

$$M_O=\sum_{i=1}^{n}M_O(\boldsymbol{F}_i) \tag{2-18}$$

$\boldsymbol{F}'_R$是平面任意力系中各力的矢量和，称为该力系的**主矢**。M_O是平面任意力系中各力对简化中心O的矩的代数和，称为该力系对于简化中心的**主矩**。如图2-21(d)所示，显然，主矢与简化中心的选择无关，而主矩一般与简化中心的选择有关。以后在说到主矩时，必须指出是力系对于哪一点的主矩。

在一般情形下，平面任意力系向作用面内任一点O简化，可得到一个力和一个力偶。这个力等于该力系的主矢，作用线通过简化中心O。这个力偶的矩等于该力系对简化中心O的主矩。

主矢$\boldsymbol{F}'_R$的大小和方向可用解析法来确定。如图2-21(b)所示，过O点建立直角坐标系Oxy，根据矢量投影定理，由式(2-5)可得

$$\left.\begin{aligned}F'_{Rx}&=F_{1x}+F_{2x}+\cdots+F_{nx}=\sum_{i=1}^{n}F_{ix}\\F'_{Ry}&=F_{1y}+F_{2y}+\cdots+F_{ny}=\sum_{i=1}^{n}F_{iy}\end{aligned}\right\} \tag{2-19}$$

式中，F'_{Rx}、F'_{Ry}、F_{ix}、F_{iy}分别为主矢$\boldsymbol{F}'_R$和力系中各力$\boldsymbol{F}_i$在x、y轴上的投影。

于是，主矢F'_R的大小和方向分别由下列二式确定：

$$F'_R=\sqrt{(\sum F_{ix})^2+(\sum F_{iy})^2}$$

$$\cos(\boldsymbol{F}'_R,\ \boldsymbol{i})=\frac{\sum F_{ix}}{F'_R},\quad \cos(\boldsymbol{F}'_R,\ \boldsymbol{j})=\frac{\sum F_{iy}}{F'_R}$$

力系对点O的主矩的解析表达式为

$$M_O=M_O(\boldsymbol{F}_i)=\sum(x_iF_{iy}-y_iF_{ix}) \tag{2-20}$$

下面利用力系向一点简化的方法，分析固定端约束的约束反力。

在工程实际中，常会遇到物体或构件受到固定端形式的约束。例如，紧夹在刀架上的车刀［图2-22(a)］、嵌入墙内的悬臂梁［图2-22(b)］、插入地基中的电线杆等。固定端约束的特点是构件的一端固定，既不能移动也不能转动。其计算简图如图2-22(c)所示。

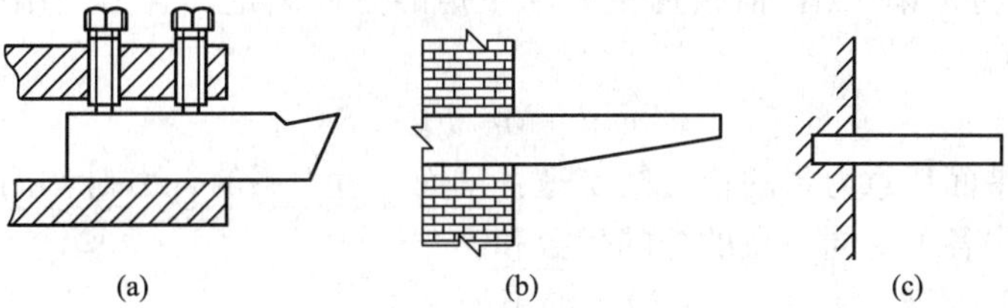

图2-22

固定端对物体的约束作用是在接触面上作用了一群约束反力。在平面问题中，这些力为一平面任意力系，如图2-23(a)所示。将这群力向作用平面内的A点简化，得到一个力和一个力偶，如图2-23(b)所示。一般情况下，这个力的大小和方向均是未知量，可用

两个正交分力来代替。因此，在平面力系情况下，固定端 A 处的约束反力可简化为两个约束反力 $\boldsymbol{F}_{Ax}$、$\boldsymbol{F}_{Ay}$ 和一个矩为 M_A 的约束反力偶，如图 2-23(c)所示。

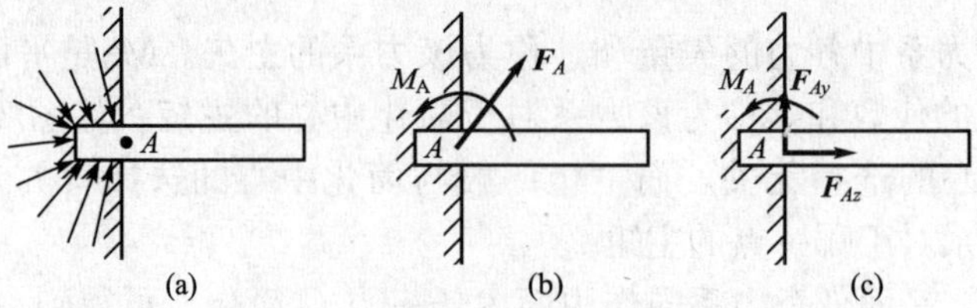

图 2-23

3. 平面任意力系简化结果分析

平面任意力系向一点简化的结果，可能出现以下四种情况：①$\boldsymbol{F}'_R \neq 0$，$M_O=0$；②$\boldsymbol{F}'_R \neq 0$，$M_O \neq 0$；③$\boldsymbol{F}'_R=0$，$M_O \neq 0$；④$\boldsymbol{F}'_R=0$，$M_O=0$。下面对这四种情况进行进一步的分析讨论。

1）平面任意力系简化为一个合力的情形

若平面任意力系向 O 点简化的结果为主矢不为零，而主矩为零，即

$$\boldsymbol{F}'_R \neq 0，M_O=0$$

此时附加力偶系相互平衡，只有一个与原力系等效的力 $\boldsymbol{F}'_R$。显然，$\boldsymbol{F}'_R$就是原力系的合力，而合力的作用线恰好通过简化中心 O。

若平面任意力系向 O 点简化的结果为主矢、主矩均不为零，如图 2-24(a)所示，即

$$\boldsymbol{F}'_R \neq 0，M_O \neq 0$$

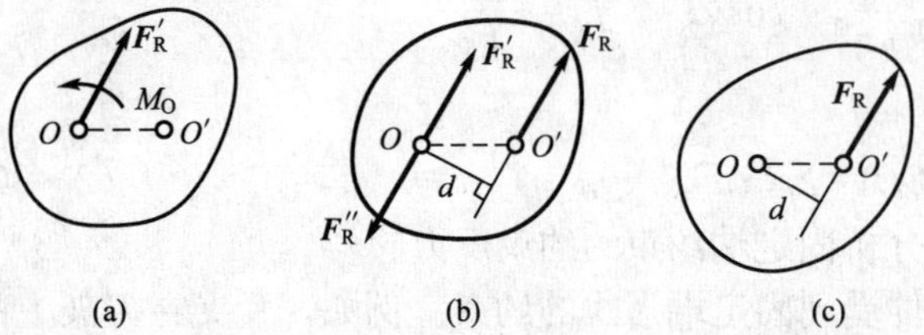

图 2-24

现将矩为 M_O 的力偶用两个力 $\boldsymbol{F}_R$、$\boldsymbol{F}''_R$ 表示，并令 $\boldsymbol{F}'_R=\boldsymbol{F}_R=-\boldsymbol{F}''_R$[图 2-24(b)]。根据加减平衡力系公理，去掉平衡力系($\boldsymbol{F}'_R$，$\boldsymbol{F}''_R$)，于是就将作用于 O 点的力 $\boldsymbol{F}'_R$ 和力偶($\boldsymbol{F}_R$，$\boldsymbol{F}''_R$)合成为一个作用在 O' 点的力 $\boldsymbol{F}_R$，如图 2-24(c)所示。这个力 $\boldsymbol{F}_R$ 就是原力系的合力，合力的大小和方向等于主矢。至于合力的作用线在 O 点的哪一侧，需根据主矢和主矩的方向确定。合力作用线到 O 点的距离 d，可按下式计算。

$$d=M_O/F_R$$

下面证明，平面任意力系的**合力矩定理**：平面任意力系的合力对作用面内任意一点的矩，等于该力系中各力对同一点的矩的代数和。

由图 2-24(b)易见，合力 $\boldsymbol{F}_R$ 对 O 点的矩为

$$M_O(\boldsymbol{F}_R)=F_R \cdot d=M_O$$

由式(2-17)有

$$M_O=\sum_{i=1}^{n} M_O(\boldsymbol{F}_i)$$

故得证

$$M_O(\boldsymbol{F}_R) = \sum_{i=1}^{n} M_O(\boldsymbol{F}_i) \tag{2-21}$$

由于简化中心 O 是任意选取的，故上式具有普遍意义。实际上，在本章 2-2 节已经提及，合力矩定理对任意力系都是成立的，这是由于合力与力系等效，因此合力对任意一点的矩必等于力系中各力对同一点的矩的代数和。

2）平面任意力系简化为一个力偶的情形

若平面任意力系向 O 点简化的结果为主矢为零，主矩不为零，即

$$\boldsymbol{F}'_R=0，M_O\neq 0$$

此时，作用于简化中心 O 的力 $\boldsymbol{F}'_1$，$\boldsymbol{F}'_2$，…，$\boldsymbol{F}'_n$ 相互平衡，则原力系可合成为一个力偶，其合力偶的矩为

$$M_O = \sum_{i=1}^{n} M_O(\boldsymbol{F}_i)$$

因为力偶对平面内任意一点的矩都相同，且恒等于其力偶矩，因此当力系合成为一个力偶时，主矩与简化中心的选择无关。

3）平面任意力系平衡的情形

若平面任意力系向 O 点简化的结果为主矢、主矩均为零，即

$$\boldsymbol{F}'_R=0，M_O=0$$

此时说明原力系是一平衡力系，刚体必处于平衡状态，这种情形将在 2-4 节中详细讨论。

综上所述，平面任意力系向平面内任一点简化时，其简化结果可归纳为表 2-1 中情形。

表 2-1　平面任意力系简化结果

主矢	主矩	最后合成结果
$\boldsymbol{F}'_R\neq 0$	$M_O=0$	合力
	$M_O\neq 0$	
$\boldsymbol{F}'_R=0$	$M_O\neq 0$	力偶
	$M_O=0$	平衡

例 2-7　将图 2-25(a)所示的平面任意力系向 O 点简化，并求力系合力的大小、方向以及合力到 O 点的距离 d。其中：$F_1=15\text{N}$，$F_2=20\text{N}$，$F_3=30\text{N}$，$M=160\text{N}\cdot\text{cm}$；各力的方向及位置如图 2-25 所示。

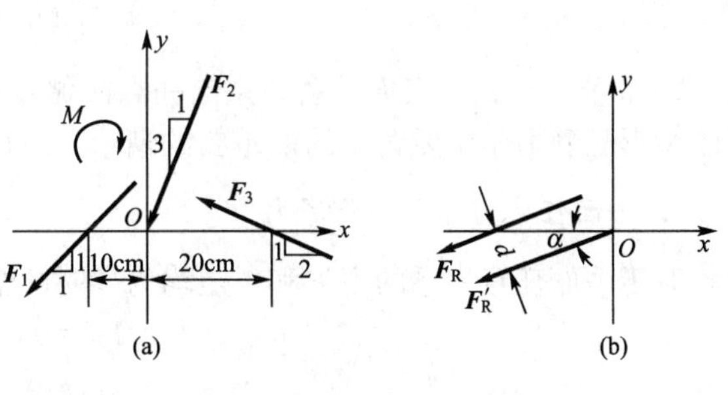

图 2-25

解：(1) 将各力向 O 点简化，求得其主矢 $\boldsymbol{F}'_R$ 和主矩 M_O。

求主矢 $\boldsymbol{F}'_R$ 的大小：

$$F'_{Rx}=\sum F_{ix}=-F_1\cdot\frac{1}{\sqrt{2}}-F_2\cdot\frac{1}{\sqrt{10}}-F_3\cdot\frac{2}{\sqrt{5}}$$

$$=\left(-\frac{15}{\sqrt{2}}-\frac{20}{\sqrt{10}}-\frac{30\times 2}{\sqrt{5}}\right)\text{N}\approx -43.76\text{N}$$

$$F'_{Ry}=\sum F_{iy}=-F_1\cdot\frac{1}{\sqrt{2}}-F_2\cdot\frac{1}{\sqrt{10}}+F_3\cdot\frac{1}{\sqrt{5}}$$

$$=\left(-\frac{15}{\sqrt{2}}-\frac{60}{\sqrt{10}}+\frac{30}{\sqrt{5}}\right)\text{N}\approx -16.16\text{N}$$

得 $$F'_R=\sqrt{(\sum F_{ix})^2+(\sum F_{iy})^2}=\sqrt{(-43.76)^2+(-16.16)^2}\text{N}$$

$$\approx 46.65\text{N}$$

$\boldsymbol{F}'_R$的方向：

$$\cos\alpha=\frac{|F'_{Rx}|}{F'_R}=\frac{43.76}{46.65}\approx 0.938$$

得 $\alpha=20°10'$。

求主矩：

$$M_O=\sum M_O(\boldsymbol{F}_i)=M_O(\boldsymbol{F}_1)+M_O(\boldsymbol{F}_2)+M_O(\boldsymbol{F}_3)-M$$

$$=\left(F_1\times\frac{10}{\sqrt{2}}+0+F_3\times\frac{20}{\sqrt{5}}-160\right)\text{N}\cdot\text{cm}$$

$$=\left(15\times\frac{10}{\sqrt{2}}+0+30\times\frac{20}{\sqrt{5}}-160\right)\text{N}\cdot\text{cm}$$

$$\approx 214.39(\text{N}\cdot\text{cm})$$

(2) 合力 $\boldsymbol{F}_R$的大小及方向与主矢相同，作用线的位置距简化中心 O 的距离 d 可由合力矩定理求得

$$d=M_O/F_R=(214.39/46.65)\text{cm}=4.596\text{cm}$$

如图 2-25(b)所示。

§2-4 平面任意力系的平衡条件及平衡方程

2-3 节已讨论了平面任意力系向一点简化可能碰到的四种情形，其中主矢和主矩均为零的情形是静力学中要讨论的最重要的情形，下面对此情形进行更深一步的讨论。

1. 平面任意力系的平衡条件

对于平面任意力系的主矢和主矩均为零时的情形：

$$\left.\begin{aligned}\boldsymbol{F}'_R&=0\\M_O&=0\end{aligned}\right\}\qquad(2-22)$$

主矢为零，说明作用于简化中心的汇交力系为平衡力系；主矩为零，说明附加力偶系也平衡，所以，原力系必为平衡力系，且式(2-22)必为平面任意力系平衡的必要与充分条件。

于是，平面任意力系平衡的必要与充分条件是：力系的主矢和力系对任一点的主矩都等于零。

2. 平面任意力系的平衡方程

1) 基本形式

式(2-22)所示的平衡条件也可用解析式表示。将式(2-19)代入式(2-22)，可得

$$\sum F_x=0,\quad \sum F_y=0,\quad \sum M_O(\boldsymbol{F}_i)=0 \tag{2-23}$$

由此可得结论，平面任意力系平衡的解析条件是：所有各力在两个任选的坐标轴上的投影的代数和分别等于零，以及各力对于任意一点的矩的代数和也为零。式(2-23)称为平面任意力系的平衡方程。这是三个独立的方程，可以求解三个未知量。

2) 二力矩形式

在计算某些问题时，采用力矩方程往往比采用投影方程更为简便。将基本形式中的三个方程变为一个投影式方程、两个力矩式方程(又称二力矩形式)，可写为

$$\sum F_x=0,\quad \sum M_A(\boldsymbol{F}_i)=0,\quad \sum M_B(\boldsymbol{F}_i)=0 \tag{2-24}$$

式中，所选矩心 A、B 两点的连线不能与投影轴 x 垂直，否则，三个方程不是相互独立的。这是因为，如果力系对点 A 的矩等于零，则这个力系不可能简化为一个力偶；但可能有两种情形：这个力系是简化为经过 A 点的一个力，或者平衡。如果力系对 B 点的矩也等于零，则这个力系或有一合力沿 A、B 两点的连线，或者平衡。如果再加上 $\sum F_x=0$，那么力系若有合力，则此合力必与 x 轴垂直。而附加条件(矩心 A、B 两点的连线不能与投影轴 x 垂直)完全排除了力系简化为一个合力的可能性，故力系必为平衡力系。

3) 三力矩形式

同理，也可以写为三个平衡方程均为力矩方程的形式，即三力矩形式的平衡方程：

$$\sum M_A(\boldsymbol{F}_i)=0,\quad \sum M_B(\boldsymbol{F}_i)=0,\quad \sum M_C(\boldsymbol{F}_i)=0 \tag{2-25}$$

式中，所选矩心 A、B、C 不能在同一直线上，否则，三个方程不是相互独立的。为什么必须有这个附件条件，读者可以自行证明。

上述三组方程，究竟选用哪一组，须根据具体条件确定。当研究物体在平面任意力系作用下的平衡问题时，不论采用哪种形式的平衡方程，都只能最多有三个独立的平衡方程，求解三个未知量。任何形式的第四个平衡方程都不是新的独立方程。

3. 平面平行力系的平衡方程

力系中各力作用线相互平行，并处于同一平面，称为**平面平行力系**。它是平面任意力系的一种特殊情况，因此，可利用平面任意力系的平衡方程导出平面平行力系的平衡方程。

设刚体上作用一平面平行力系 $\boldsymbol{F}_1$，$\boldsymbol{F}_2$，…，$\boldsymbol{F}_n$，在力系作用面内建立直角坐标系 Oxy，令 y 轴平行于各力的作用线，如图 2-26 所示，于是，各力在 x 轴上的投影恒等于零，即自动满足 $\sum F_x=0$，因此，由式(2-21)可得

$$\sum F_y=0,\quad \sum M_O(\boldsymbol{F}_i)=0 \tag{2-26}$$

亦可由式(2-24)得

$$\sum M_A(\boldsymbol{F}_i)=0,\quad \sum M_B(\boldsymbol{F}_i)=0 \tag{2-27}$$

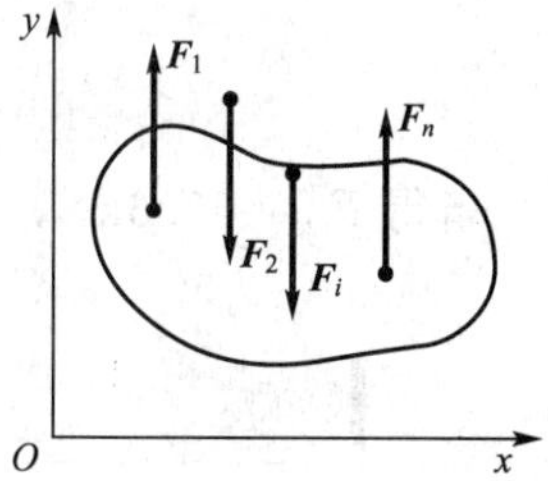

图 2-26

应注意式(2-26)中两个矩心 A、B 的连线不能与各力平行，否则，所得的两个方程不能相互独立。

最后应指出，在实际解题时，适当选择投影轴和矩心，常可以简化计算。一般来说，投影轴的选择应尽可能与力系中多数力的作用线平行或垂直；矩心应尽可能选在未知力的交点上，使所列平衡方程中包含尽可能少的未知量数目。

4. 平面任意力系的平衡问题

求解平面任意力系的平衡问题时，其解题步骤一般为：①分析题意，确定研究对象；②对研究对象进行受力分析，画出正确的受力图；③建立适当的坐标系；④准确地列出平衡方程式，求出未知量。

例 2-8 在图 2-27(a)所示的挡土墙中，墙身可看作一端固定在底板上，另一端为悬臂的梁。墙身所承受的侧向土压力可视为沿墙高 h 按三角形分布的荷载，图 2-27(b)所示为挡土墙及其荷载的计算简图。已知墙身重 $\boldsymbol{G}=13.8\text{kN}$，三角形分布荷载的最大集度 $q=13\text{kN/m}$，墙高 $h=2.7\text{m}$。求墙身与底板连接处 O 的约束力。

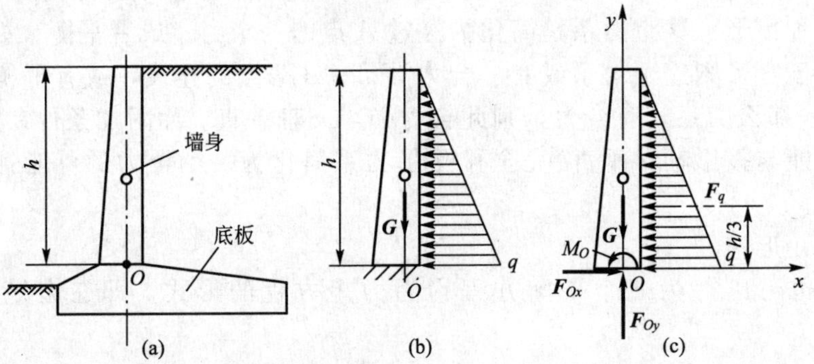

图 2-27

解：取墙身为研究对象，它与底板的连接处 O 相当于固定端，受力图如图 2-27(c)所示。

墙身承受的分布荷载的最大集度为 q，三角形分布荷载的合力大小 $F_q=qh/2$，作用线通过荷载图形的形心，在图 2-27(c)中用虚线表示。于是，三角形分布荷载可用它的合力 $\boldsymbol{F}_q$ 等效替换。

选图示坐标系 Oxy，列平衡方程：

$$\sum F_x=0,\quad F_{Ox}-F_q=0$$
$$\sum F_y=0,\quad F_{Oy}-G=0$$
$$\sum M_O(\boldsymbol{F})=0,\quad M_O+F_q\cdot\frac{h}{3}=0$$

解得 $F_{Ox}=17.6\text{kN}$，$F_{Oy}=13.8\text{kN}$，$M_O=-15.8\text{kN}\cdot\text{m}$。

§2-5 物体系统的平衡、静定与超静定问题

在工程实际中，诸如三铰拱、组合构架、桁架等结构，都是由若干个物体组成的系

统，我们把由多个物体组成的系统称为**物体系统**或**物体系**。研究物体系的平衡问题，不仅要求出系统所受的未知外力，有时还要求出组成系统的各物体之间互相作用的内力，这就需要将系统中某些物体“取出”单独研究，才能求出全部未知力。当物体系平衡时(即整体平衡)，组成系统的每个物体显然也是平衡的(即部分平衡)。若物体系由 n 个物体组成，则每个受平面任意力系作用的物体，至多可列出三个独立的平衡方程，整个物体系总共有不超过 $3n$ 个独立的平衡方程。如果有的研究对象是受平面汇交力系或平面平行力系作用时，则系统的平衡方程数目相应减少。若系统中未知量的数目等于或少于能列出的独立平衡方程数目时，则全部未知量都可由平衡方程求出，这样的问题称为**静定问题**。如前面所述各例题都是静定问题。但是，在工程实际问题中，有很多结构或构件为了提高其刚度和坚固性，往往需要增加更多的约束，因而这些结构或构件上的未知量的数目多于平衡方程的数目，未知量就不能全部由平衡方程求出，这样的问题称为**超静定问题**。如图 2-28(a)所示，两铰拱所受的力是一平面任意力系，独立的平衡方程有三个，而其未知量有四个，是超静定问题。如图 2-28(b)所示的加固梁也是超静定问题。对于超静定问题，必须考虑物体因受力作用而产生的变形，从而列出补充方程后，才能使方程的数目等于未知量的数目。超静定问题已经超出刚体静力学的范围，将在材料力学和结构力学中进行研究。

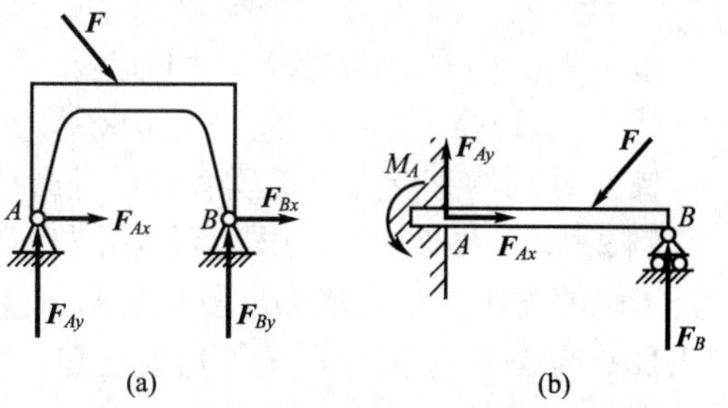

图 2-28

求解物体系平衡问题与求解单个刚体的平衡问题并无本质的差别。在求解静定物体系的平衡问题时，可以选每个物体为研究对象，列出全部平衡方程，然后求解；也可先取整个系统为研究对象，列出平衡方程，解出部分未知量后，再从系统中选取某个或某些物体为研究对象，列出另外的平衡方程，直至求出所有的未知量为止。在选择研究对象和列平衡方程时，应使每个平衡方程中的未知量个数尽可能少，最好只含有一个未知量，以避免求解联立方程。在对物体系进行受力分析时，要分清内力和外力。研究对象以外的物体作用于研究对象上的力称为**外力**；研究对象内部各部分间的相互作用力称为**内力**。取整体为研究对象时，由于物体间的相互作用力(内力)成对出现，相互抵消，故不用考虑。但是物体拆开后，原来的内力变成外力，必须考虑这些力，并且注意作用力和反作用力之间关系的应用。下面举例说明物体系平衡问题的解法。

例 2-9 三铰拱尺寸如图 2-29(a)所示。试求在均布荷载 $q=20\text{kN/m}$ 作用下的支座反力。

解：(1) 以整体为研究对象。

受力分析：有均布荷载 q，支座 A、B 的反力 $\boldsymbol{F}_{Ax}$、$\boldsymbol{F}_{Ay}$ 和 $\boldsymbol{F}_{Bx}$、$\boldsymbol{F}_{By}$ 如图 2-29(a)所示。

建立如图 2-29(a)所示的坐标系 A_{xy}，列出平衡方程式：

$$\sum F_x=0,\quad F_{Ax}+F_{Bx}=0 \tag{1}$$
$$\sum F_y=0,\quad F_{Ay}+F_{By}-4q=0 \tag{2}$$
$$\sum M_A(\boldsymbol{F})=0,\quad 4F_{By}-4q\times 2=0 \tag{3}$$

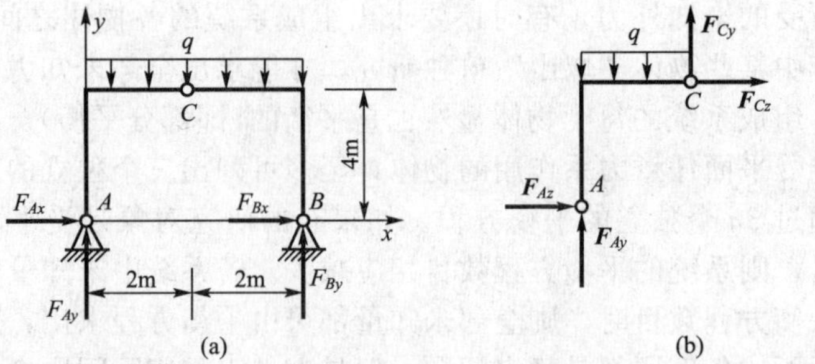

图 2-29

由式(3)和式(2)得，$F_{By}=\frac{8q}{4}=40\text{kN}$，$F_{Ay}=4q-F_{By}=40\text{kN}$。

(2) 以左半拱为研究对象。

受力分析：有均布荷载 q，支座 A 的反力 $\boldsymbol{F}_{Ax}$、$\boldsymbol{F}_{Ay}$ 及铰链 C 的反力 $\boldsymbol{F}_{Cx}$、$\boldsymbol{F}_{Cy}$，如图 2-29(b)所示。

列平衡方程：

$$\sum M_C(\boldsymbol{F})=0,\quad 4F_{Ax}-2F_{Ay}+2q\times1=0$$

解得 $F_{Ax}=(F_{Ay}-q\times1)/2=10\text{kN}$。

代入式(1)得 $F_{Bx}=-F_{Ax}=-10\text{kN}$。

铰 C 处的约束反力，请读者自己进行计算。

例 2-10 图 2-30(a)图示结构由杆 AB 与 BC 在 B 处铰接而成。结构 A 处为固定端，C 处为辊轴支座。结构在 DE 段承受均布荷载作用，荷载集度为 q；E 处作用有外加力偶，其力偶矩为 M。若 q、M、l 等均为已知，试求 A、C 处约束力。梁的自重不计。

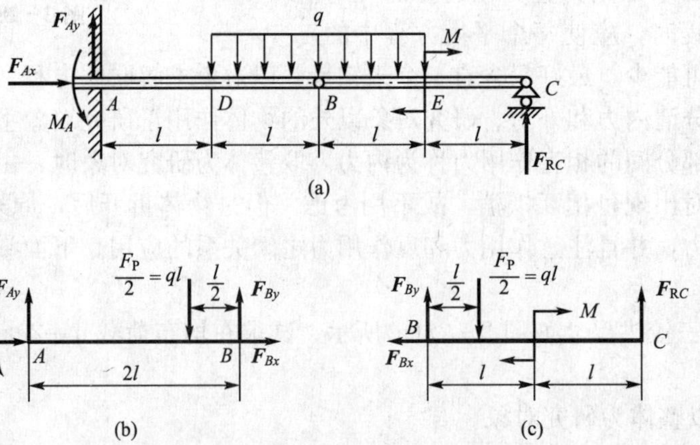

图 2-30

分析：整体系统、杆 AB 和杆 BC 所受的力都是平面任意力系，但整体系统共有四个未知约束力，杆 AB 共作用五个约束力，都不能直接由平衡方程求解所有未知量。而杆 BC 共有三个未知约束力，可直接由平衡方程求出，避免联立求解。

解：先取 BC 杆为研究对象，受力情况如图 2-30(c)所示，因只要求出 A、C 处约束，

对 B 点取矩，列平衡方程：

$$\sum M_B(\boldsymbol{F})=0,\quad F_{RC}\times 2l-M-ql\times\frac{l}{2}=0$$

再取整体为研究对象，受力图如图 2-30(a)所示，列平衡方程：

$$\sum F_x=0,\quad F_{Ax}=0$$

$$\sum F_y=0,\quad F_{Ay}-2ql+F_{RC}=0$$

$$\sum M_A(\boldsymbol{F})=0,\quad M_A-2ql\times 2l-M+F_{RC}\times 4l=0$$

联立方程求解，得

$$F_{Ax}=0,\quad F_{By}=\frac{7}{4}ql-\frac{M}{2l},\quad M_A=3ql^2-M,\quad F_{RC}=\frac{M}{2l}+\frac{ql}{4}$$

例 2-11 物体重 $P=1200$kN，由三杆 AB、BC、CE 所组成的构架与滑轮 E 支持，如图 2-31(a)所示。已知 $AD=DB=2$m，$CD=DE=1.5$m，不计杆和滑轮的重量，求 A、B 两处的约束反力以及 BC 杆的内力 F_{BC}。

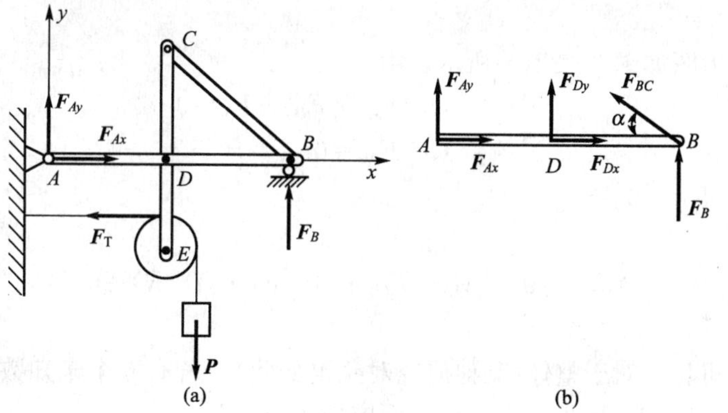

图 2-31

解：取整体为研究对象，建立坐标系，受力图如图 2-31(a)所示。设滑轮半径为 r，且有 $\boldsymbol{F}_T=P$，列平衡方程：

$$\sum F_x=0,\quad F_{Ax}+F_T=0$$

$$\sum M_B(\boldsymbol{F})=0,\quad -F_{Ay}\times 4+P(2-r)-F_T(1.5-r)=0$$

$$\sum F_y=0,\quad F_{Ay}+F_B-P=0$$

联立方程求解，得 $F_{Ax}=1200$kN，$F_{Ay}=150$kN，$F_B=1050$kN。

取 AB 为研究对象，受力图如图 2-31(b)所示。列平衡方程：

$$\sum M_D(\boldsymbol{F})=0,\quad F_B\times 2-F_{Ay}\times 2+F_{BC}\times\sin\alpha\times 2=0$$

解得 $F_{BC}=-1500$kN，负号说明 BC 杆受到压力作用。

例 2-12 不计图 2-32(a)所示构架中各构件自重，P、l、R 为已知。求固定端 A 处的约束力。

分析：整体为五个未知力，一个未知力也求不出，注意到杆 BC 为二力杆，而绳给杆 AB 的力为已知，若求得杆 BC 受力，则由杆 AB 可求出 A 处三个未知力。为求杆 BC 受力，考虑杆 CD(带滑轮)，可看到对点 D 取矩可求出杆 BC 受力。

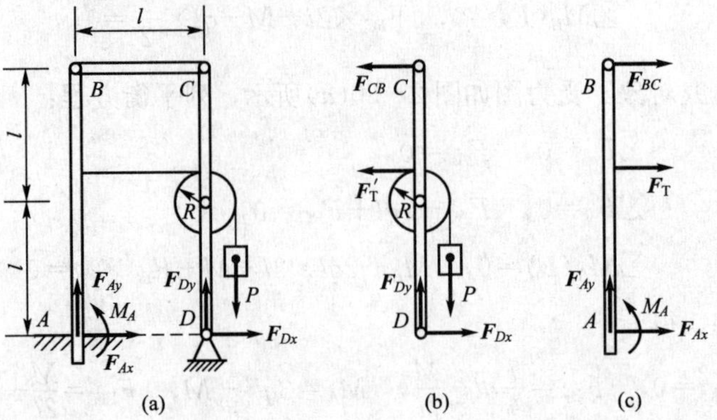

图 2-32

解：取杆 CD(带滑轮)，其受力图如图 2-32(b)所示，由

$$\sum M_D=0,\quad F_{CB}\cdot 2l+F'_T\cdot(l+R)-PR=0$$

得 $F_{CB}=P/2$。

取杆 A B，其受力图如图 2-32(c)所示，由

$$\sum F_x=0,\quad F_{Ax}+F_{BC}+F_T=0$$
$$\sum F_y=0,\quad F_{Ay}=0$$

得 $F_{Ax}=-P/2$，$F_{Ay}=0$。

由

$$\sum M_A=0,\quad M_A-F_{CB}\cdot 2l-F'_T\cdot(l+R)=0$$

得 $M_A=PR$。

从例 2-12 可见，对于整体(其他研究对象也如此)，若有五个未知数，则一般一个未知数也求不出，这时就不要先考虑整体，而应先考虑拆开。

§2-6 平面简单桁架的内力计算

在工程中，起重机、油田井架、高压输电线塔、房屋建筑、桥梁等结构物常用桁架结构。如图 2-33 所示的房屋和建筑桥梁采用的就是桁架结构。

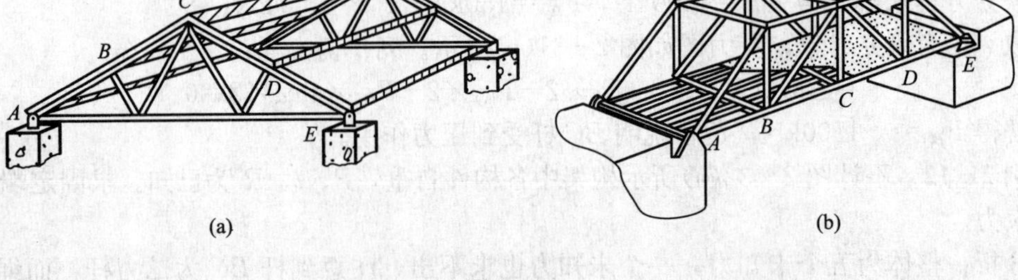

图 2-33

桁架是一种由杆件彼此在两端用铰链连接而成的几何形状不变的结构。若这些杆件都处于同一平面，则这种桁架称为**平面桁架**。桁架中杆件的铰链接头称为**节点**。

实际工程中桁架的受力情况比较复杂，在计算中对实际桁架采用了必要的简化。通常在桁架的内力计算中，采用下列假定：

(1) 桁架的节点都是光滑的铰节点。

(2) 各杆件的轴线都是直线并通过铰的中心。

(3) 所有的荷载都作用在节点上，并且在桁架的平面内。

(4) 桁架杆件的重量忽略不计，或平均分配在杆件两端的节点上。

这样的桁架称为理想桁架。按上述假定可知，桁架内所有杆件均为二力杆。根据二力杆的约束特点可知，所有杆件都只受轴向拉力或压力，这是桁架的基本特征，也是它的优点。因为受轴向拉压的杆件，横截面上受力均匀(在材料力学里对此将有详细说明)，可以比较充分地发挥材料的作用，达到节约材料、减轻结构重量的目的。工程上常采用这种结构形式做出大而轻的结构。

但应注意，这些假设是实际桁架的简化，与实际情况并不完全相符。首先，除木桁架的榫接节点比较接近于铰结点外，钢桁架和钢筋混凝土桁架的节点都有很大的刚性。有些杆件在节点处是连续不断的，即使采用铰接，铰与杆件之间也总有些摩擦。其次，使外力集中于节点也并不完全可能。例如，杆件本身的重量就无法使其集中于两端。再次，使杆件的轴线准确地通过节点，在施工上也有困难。此外，在以上讨论中，都没有考虑杆件的变形。事实上，杆件并非刚体，受力后必将发生变形。所有这些因素都在不同程度上影响分析结果的精确性。但是，实践结果和进一步的分析表明，对于一般结构物用的桁架，不考虑杆件变形，并根据前述假设进行分析计算，所得结果已能满足设计要求。至于重要结构物用的桁架，用这里讲述的方法得到的结果，则可作为初步设计的依据，待完成初步设计后再作进一步的分析。所以，尽管这里讲述的方法有不足之处，却并不失其在生产实践上的实用价值。

本节我们仅研究理想平面桁架中的静定桁架。如果从桁架中任意去掉一杆件，桁架就会活动变形，这种无多余杆件的桁架就称为静定桁架，如图 2-34(a)所示。此桁架是以三角形框架为基础，每增加一个节点需增加两根杆件，按这种形式繁衍而成的桁架称为平面简单桁架。按这种规律组成的桁架肯定是静定的。如果从桁架中去掉一杆或去掉多杆，桁架仍不会活动变形，则这种桁架为有多余杆件的桁架，即超静定桁架，如图 2-34(b)所示。

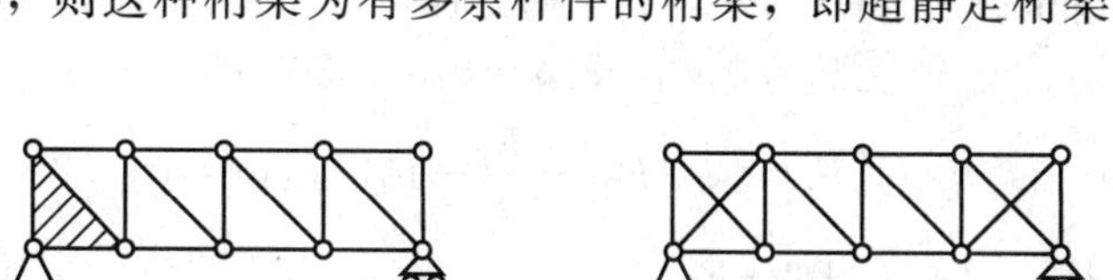

图 2-34

下面介绍两种计算桁架杆件内力的方法：**节点法**和**截面法**。

1. 节点法

桁架受到外力(荷载及支座)作用时，整个桁架保持平衡，如截取桁架的任一部分来考察，该部分也必然处于平衡。为了求得各杆件的内力，可以逐个地取节点为研究对象，分别列出平衡方程，由已知力求出全部杆件的内力，这种方法称为**节点法**。由于桁架中各杆都是二力杆，故每个节点都是受一平面汇交力系的作用。应用节点法计算杆件内力时，应从只含有两个未知力的节点开始计算。下面举例说明。

例 2－13 平面桁架所受荷载及尺寸如图 2－35(a)所示，试求各杆内力。

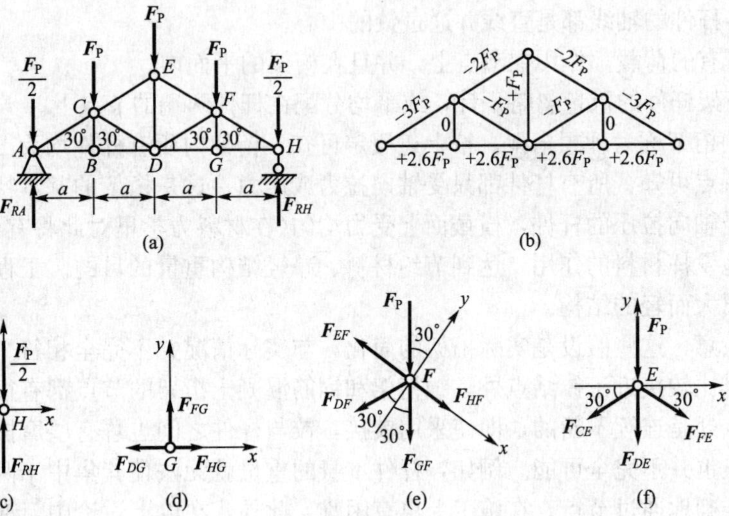

图 2－35

解： 首先考虑整体平衡，求约束反力。因为所有荷载及 H 处的约束力都是铅直的，所以 A 处的约束力也必定是铅直的。

$$\sum M_H(\boldsymbol{F})=0,\quad F_P\times a+F_P\times 2a+\frac{F_P}{2}\times 3a+F_P\times 4a-F_{RA}\times 4a=0$$

$$\sum F_y=0,\quad F_{RA}+F_{RH}-4F_P=0$$

解得 $F_{RA}=+2F_P$，$F_{RH}=+2F_P$。

既然桁架结构及所受外力(包括荷载和约束力)都对称于中线，对称杆件中的内力必定相同，所以只需计算右边(或左边)各杆的内力。

先取节点 H，如图 2－35(c)所示，列平衡方程

$$\sum F_x=0,\quad -F_{GH}-F_{FH}\cos 30^\circ=0$$

$$\sum F_y=0,\quad F_{RH}-\frac{F_P}{2}+F_{FH}\sin 30^\circ=0$$

解得 $F_{FH}=-3F_P$，$F_{GH}=+2.6F_P$。

取节点 G，如图 2－35(d)所示，列平衡方程得

$$\sum F_x=0,\quad F_{HG}-F_{DG}=0$$

$$\sum F_y=0,\quad F_{FG}=0$$

解得 $F_{DG}=+2.6F_P$，$F_{FG}=0$。

取节点 F，如图 2－35(e)所示，列平衡方程得

$$\sum F_x=0,\quad F_{HF}-F_{EF}-F_{DF}\sin 30^\circ+F_{GF}\sin 30^\circ+F_P\sin 30^\circ=0$$

$$\sum F_y=0,\quad -F_{DF}\cos 30^\circ-F_{GF}\cos 30^\circ-F_P\cos 30^\circ=0$$

解得 $F_{DF}=-F_P$，$F_{EF}=-2F_P$。

取节点 E，如图 2-35(f)所示，列平衡方程得

$$\sum F_x=0,\quad F_{FE}\cos30°-F_{CE}\cos30°=0$$

$$\sum F_y=0,\quad -F_P-F_{DE}-F_{FE}\sin30°-F_{CE}\sin30°=0$$

解得 $F_{CE}=F_{FE}=-2F_P$，$F_{DE}=+F_P$。

一般地，各杆内力均作为拉力来建立平衡方程，如果算得某杆件内力为负值，表明该杆内力为压力，在考察该杆件另一端的节点时，仍将该杆内力当作拉力来建立平衡方程，并在计算时连同负号一起代入。

在例 2-13 中，BC 和 FG 的内力为零，在结构上内力为零的杆件称为**零杆**。杆在下列情况下可直接确定而无需计算。

(1) 节点只连接两根不共线的杆件，而且在此节点上无外荷载，则此两根杆均为零杆，如图 2-36(a)中的 1 杆和 2 杆。

(2) 节点只连接两根不共线的杆件，而外荷载作用线沿某一根杆件，则另一根杆件为零杆，如图 2-36(b)中的 2 杆。

(3) 节点连接三根杆，其中两根共线，并且在此节点上无外荷载，则第三根杆件为零杆，如图 2-36(c)中的 3 杆。

既然桁架中有些杆件内力为零，是否可以认为这些杆件不起作用，可以从桁架中去掉呢？实际上，零杆不是桁架中的多余杆，去掉这些零杆，桁架不能保持其几何形状不变。而且这些零杆的内力实际上也不为零，因为在计算桁架内力时是对桁架作了简化和假设的，只有在这些假设的条件下，这些杆件的内力才等于零。精确的计算结果在一定荷载作用下，零杆中存在着较小的内力。

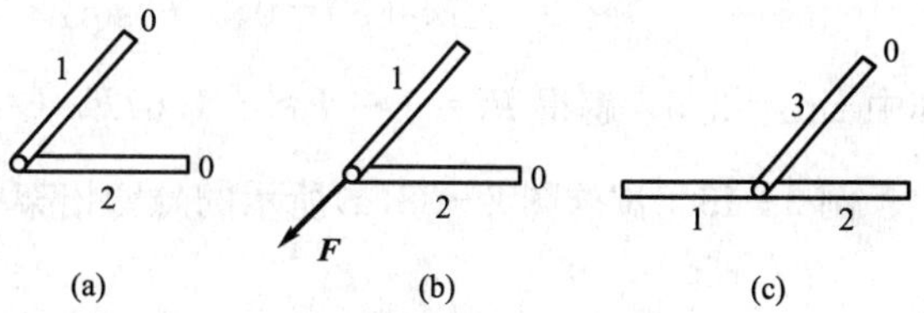

图 2-36

2. *截面法*

如只要求计算桁架内某几个杆件所受的力，可以适当地选取一截面，假想地把桁架的某些杆件截断，再考虑其中某一部分在外力和被截断的杆件的内力作用下的平衡，求出这些被截杆件的内力，这就是**截面法**。下面举例说明。

例 2-14 平面悬臂桁架所受的荷载及尺寸如图 2-37(a)所示。用截面法求 1、2、3 三个杆的内力。

解：用截面 a—a 截割桁架，取右侧部分为研究对象，受力图如图 2-37(b)所示。列出平衡方程：

$$\sum M_A(\boldsymbol{F})=0,\quad -F_1\times\frac{9}{4}-F\times4-F\times6=0$$

解得 $F_1=-\dfrac{40}{9}F\approx-4.44F$。

$$\sum M_D(\boldsymbol{F})=0,\quad -F_2\times2-F_1\times\frac{3}{2}+F\times2-F\times4-F\times2=0$$

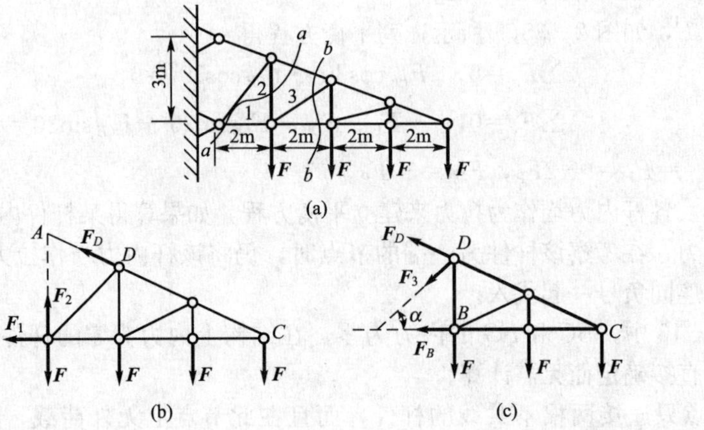

图 2-37

解得　$F_2=\frac{4}{3}F$。

再用截面 b—b 截割桁架，取右侧部分为研究对象，其受力图如图 2-37(c)所示。列平衡方程：

$$\sum M_C(\boldsymbol{F})=0,\quad F_3\sin\alpha\times6+F\times4+F\times2=0$$

其中 $\sin\alpha=3/5$，解得 $F_3=-\frac{5}{3}F\approx-1.67F$。

例 2-15　试求图 2-38(a)所示的悬臂桁架中杆 DG 的内力。

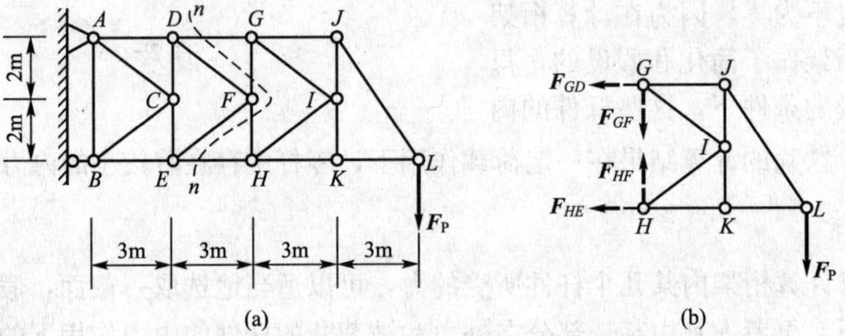

图 2-38

解：对于悬臂桁架不必先求反力，而用截面 n—n 将 DG 及 FG、FH、EH 各杆截断，取右边部分作为考察对象，如图 2-38(b)所示。这里未知量有四个，但是 $\boldsymbol{F}_{GF}$、$\boldsymbol{F}_{HF}$、$\boldsymbol{F}_{HE}$ 交于 H 点。

$$\sum M_H=0,\quad 4F_{GD}-6F_P=0$$

解得 $F_{GD}=+1.5F_P$。

由此可见，采用截面法时，研究对象所受的力一般组成一平面任意力系，平面任意力系中可有三个独立的平衡方程，所以作截面时，每次最多只能截断三根内力未知的杆件。在特殊情况下多于三个未知内力时，可以通过选择适当的力矩式平衡方程，常可较快地求得某些指定杆件的内力。

习 题

2-1 试判断下列叙述是否正确？为什么？

(1) 一个力在某坐标轴上的投影就是该力沿此轴分解的分力。

(2) 一个力在某轴上的投影的绝对值一定等于此力沿该轴分解的分力的大小。

(3) 合力一定大于分力。

(4) 作用于刚体上的三个力，若汇交于一点，则刚体处于平衡状态。

(5) 若力 $\boldsymbol{P}$ 与 x 轴正向间的夹角为 45°，则有下式成立：

① 投影 $P_x = P\cos45° = \frac{\sqrt{2}}{2}P$；　　② 分力 $P_x = P\cos45° = \frac{\sqrt{2}}{2}P$。

2-2 如图 2-39 所示平面汇交力系的各力多边形，三个力的关系是否相同？

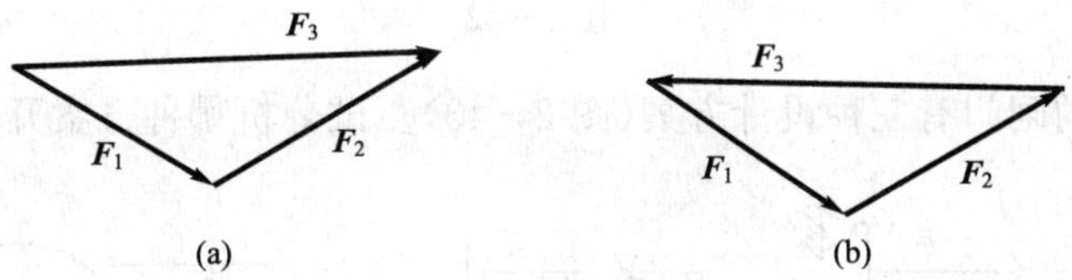

图 2-39

2-3 用解析法求平面汇交力系合力时，如何确定合力的方向？

2-4 两电线杆之间的电线总是下垂，能否将电线拉成直线？电线跨度 l 相同时，电线下垂 h 越小，电线越容易拉断，为什么？

2-5 力矩和力偶矩有什么相同之处？又有什么区别？

2-6 力偶能否用一个力来平衡？能否用两个力平衡？为什么？

2-7 如图 2-40 所示，两匀质圆轮重量不计，分别受一力 $\boldsymbol{F}$ 和一力偶 $M(\boldsymbol{F}_1, \boldsymbol{F}_1')$ 作用。已知 $F_1 = 0.5F$，轮的半径为 r。试用力平移定理说明：

(1) 若两轮不受任何约束(即两轮均为自由刚体)，力和力偶对轮的效应有何不同？

(2) 若在两轮的轮心用轴承支承(不计轴承处的摩擦)，那么轴承 A、B 处的约束力有何不同？

2-8 如图 2-41 中所示的四个力作用在刚体的 A、B、C、D 四点($ABCD$ 为一矩形)，这四个力的力矢恰好首尾相接，此刚体是否平衡？若 $\boldsymbol{F}_1$ 和 $\boldsymbol{F}_1'$ 都改变方向，此刚体是否平衡？

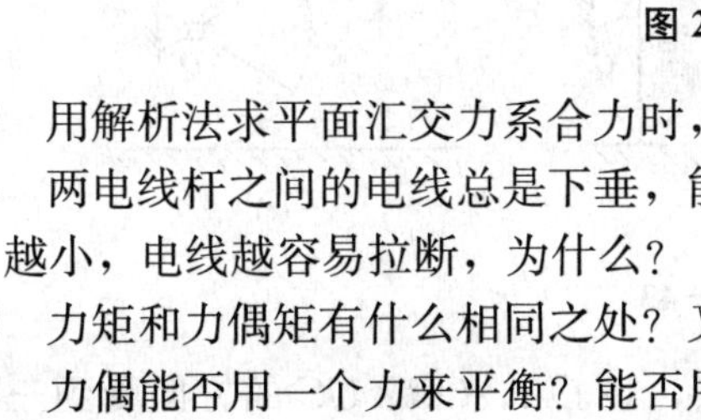

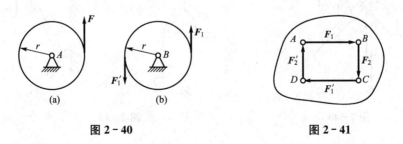

图 2-40

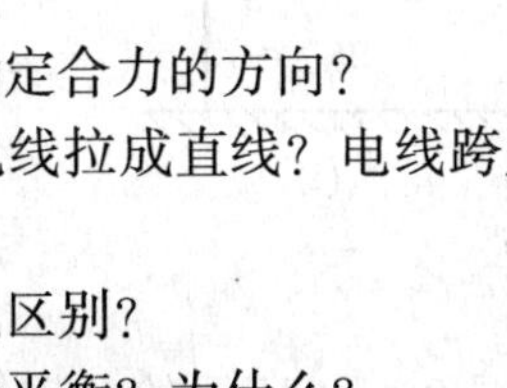

图 2-41

2-9　指出图 2-42 所示各简支梁中哪些图的支座反力是相同的？

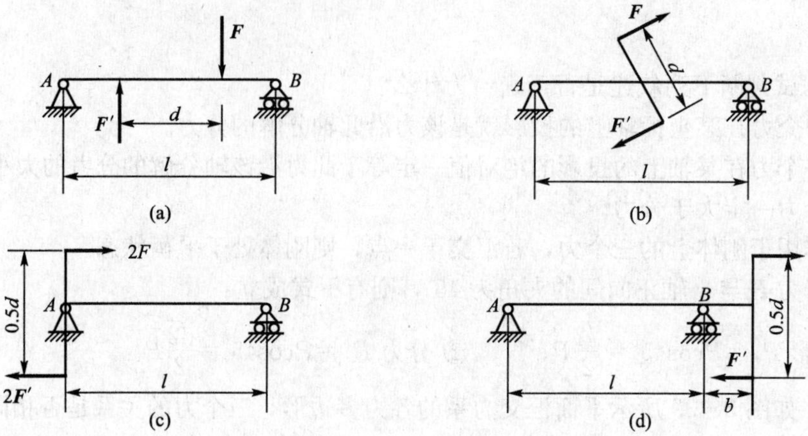

图 2-42

2-10　水渠的闸门有三种设计方案(图 2-43)。试分析哪种方案开关闸门时最省力？

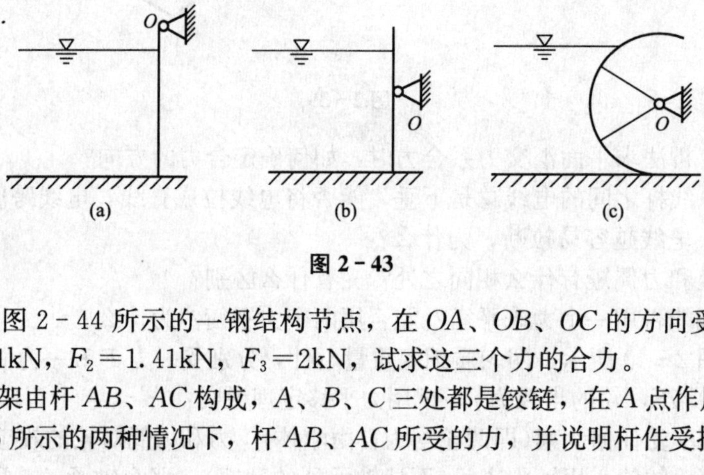

图 2-43

2-11　如图 2-44 所示的一钢结构节点，在 OA、OB、OC 的方向受到三个力的作用，已知 $F_1=1\text{kN}$，$F_2=1.41\text{kN}$，$F_3=2\text{kN}$，试求这三个力的合力。

2-12　支架由杆 AB、AC 构成，A、B、C 三处都是铰链，在 A 点作用铅垂力 $\boldsymbol{P}$。试求：在图 2-45 所示的两种情况下，杆 AB、AC 所受的力，并说明杆件受拉还是受压。杆自重不计。

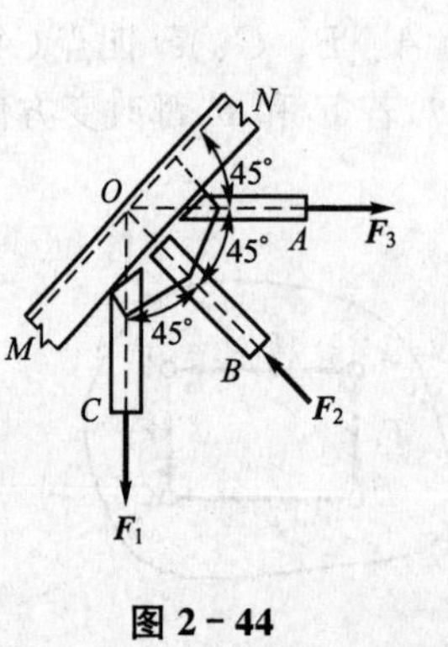

图 2-44

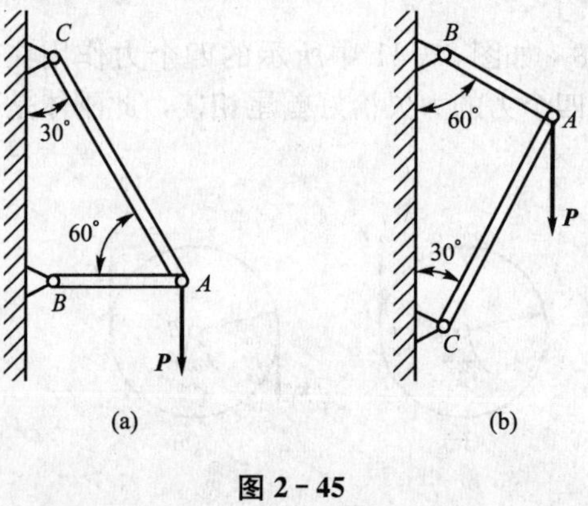

图 2-45

2-13　如图 2-46 所示，刚架在 D 点作用水平力 $\boldsymbol{F}$，若刚架自重不计，试求支座 A、B 处的约束反力。

2-14　有一简易起重机如图 2-47 所示，各杆自重不计，当起吊重为 $\boldsymbol{P}=1\text{kN}$ 的物体时，试求杆 AB、AC 的反力。

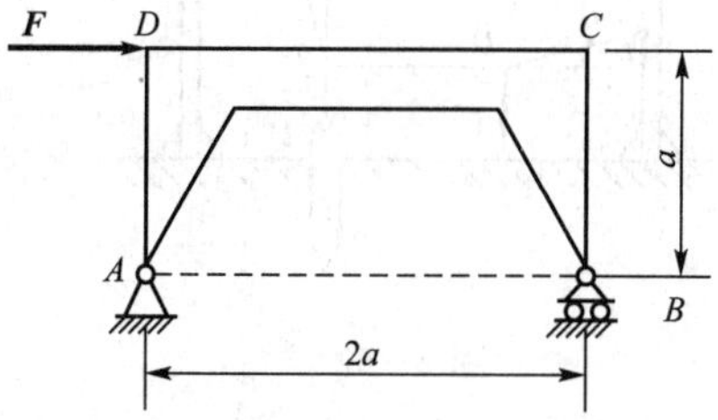

图 2-46

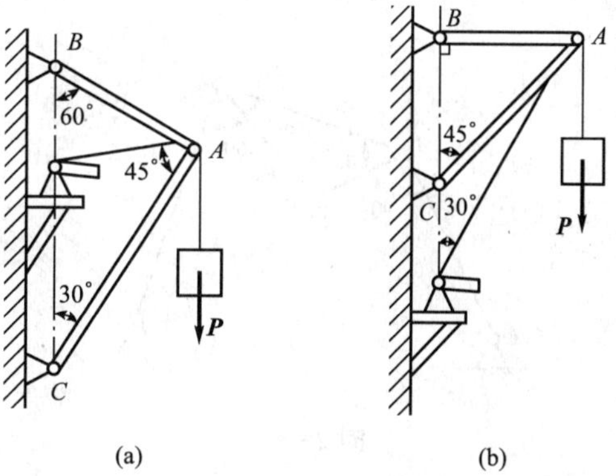

图 2-47

2-15　如图 2-48 所示，均质杆 AB 长 l，重为 $\boldsymbol{P}_1$，在 B 端用跨过滑轮 C 的绳索吊起，绳索末端挂有重物 $\boldsymbol{P}_2$，设 A、C 两点在同一铅垂线上，且 $AC=AB$。试求杆 AB 保持平衡时角 θ 的大小。

2-16　图 2-49 所示为弯管机的夹紧机构的示意图。已知：压力缸直径 $D=120\text{mm}$，压强 $p=6\text{MPa}$。设各杆重量和各处摩擦不计，试求在 $\alpha=30°$ 位置时所能产生的夹紧力 $\boldsymbol{F}$。

2-17　在图 2-50 所示液压夹紧机构中，D 为固定铰链，B、C、E 为活动铰链。已知力 $\boldsymbol{F}$，机构平衡时角度如图 2-50 所示，求此时工件 H 所受的压紧力。

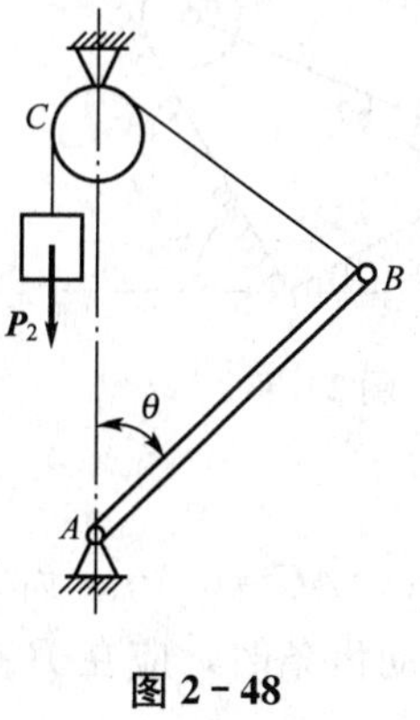

图 2-48

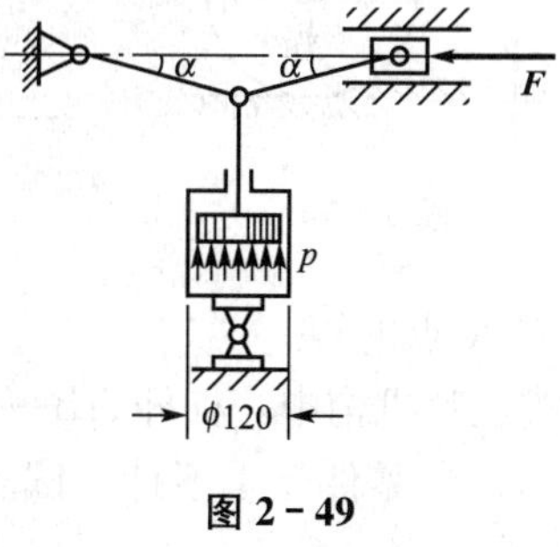

图 2-49

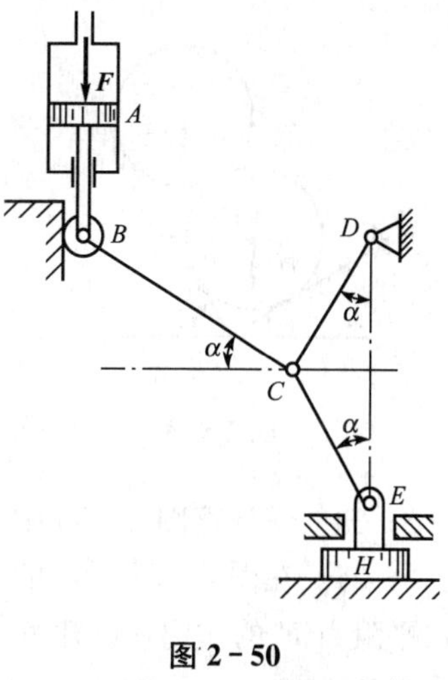

图 2-50

2-18　铰链四杆机构 $CABD$ 的 CD 边固定，在铰链 A、B 处有力 $\boldsymbol{F}_1$、$\boldsymbol{F}_2$ 作用，如图 2-51所示。该机构在图示位置平衡，杆重略去不计。求力 $\boldsymbol{F}_1$ 与 $\boldsymbol{F}_2$ 的关系。

2-19　图 2-52 所示为一拔桩装置。在木桩的点 A 上系一绳，将绳的另一端固定在点 C，在绳的点 B 系另一绳 BE，将它的另一端固定在点 E。然后在绳的点 D 用力向下拉，并使绳的 BD 段水平，AB 段铅直，DE 段与水平线、CB 段与铅直线间成等角 θ=0.1rad(弧度)(当 θ 很小时，$\tan\theta \approx \theta$)。如向下的拉力 $\boldsymbol{F}$=800N，求绳 AB 作用于桩上的拉力。

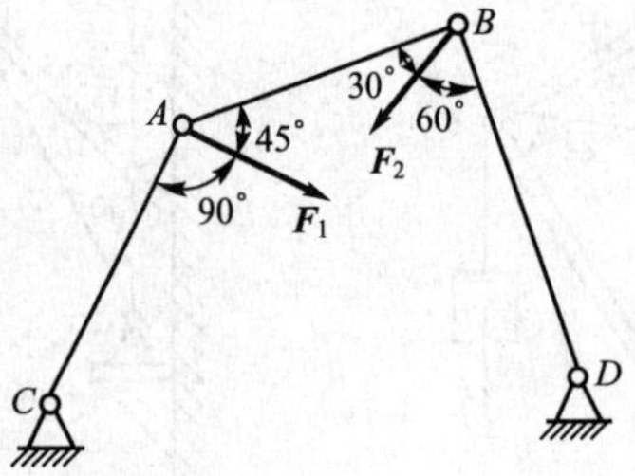

图 2-51

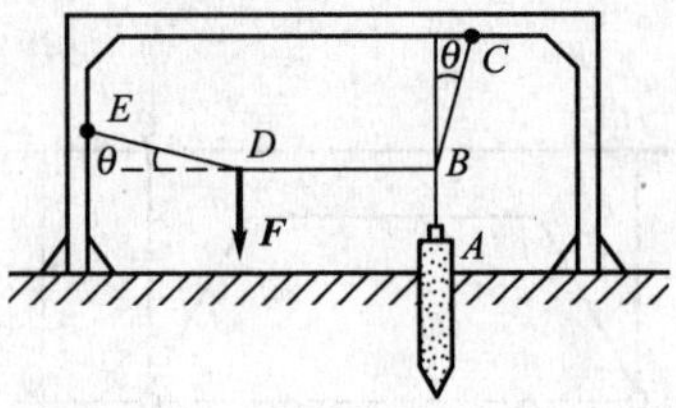

图 2-52

2-20　如图 2-53 所示，直径相等的两均质混凝土圆柱放在斜面 AB 与 BC 之间，柱重 $W_1=W_2$=40kN。设圆柱与斜面接触处是光滑的，试用几何法求圆柱对斜面 D、E、G 处的压力。

2-21　如图 2-54 所示，压路机碾子重 W=20kN，半径 R=400mm，若用水平力 $\boldsymbol{F}$ 拉碾子越过高 h=80mm 的石坎，问 $\boldsymbol{F}$ 应多大？若要使 $\boldsymbol{F}$ 为最小，力 $\boldsymbol{F}$ 与水平线的夹角 α 应为多大？此时，$\boldsymbol{F}$ 等于多少？

2-22　如图 2-55 所示。在杆 AB 的两端用光滑铰与两轮中心 A、B 连接，并将它们置于互相垂直的两光滑斜面上。设两轮重量均为 $\boldsymbol{P}$，杆 AB 重量不计，试求平衡时角 θ。如轮 A 重量 $\boldsymbol{P}$=300N，欲使平衡时杆 AB 在水平位置(θ=0°)，轮 B 重量 $\boldsymbol{P}_B$ 应为多少？

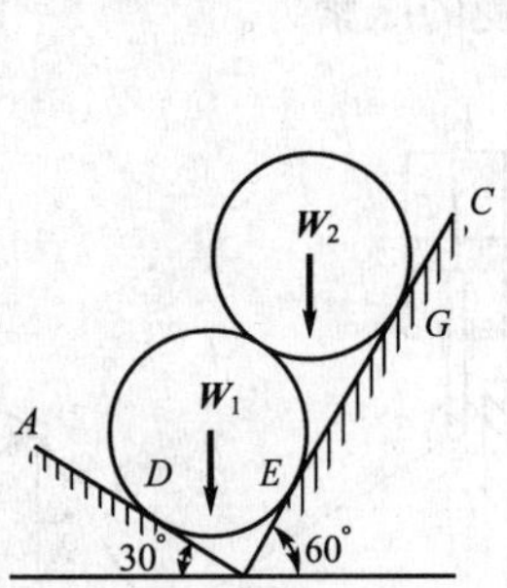

图 2-53

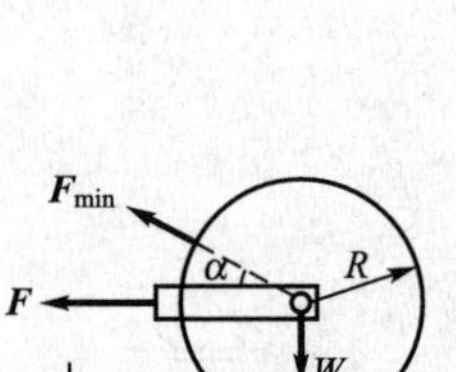

图 2-54

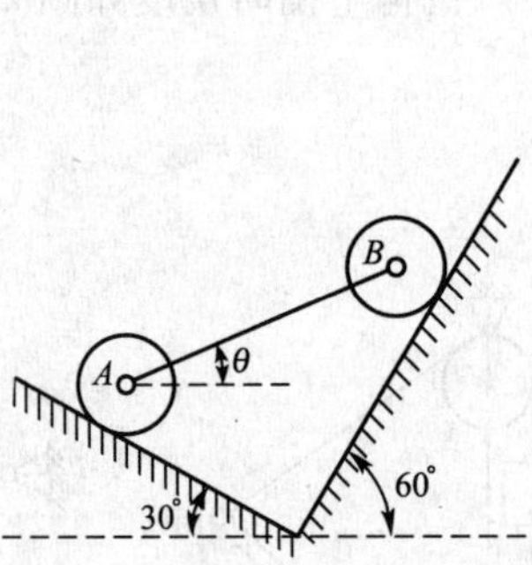

图 2-55

2-23　试计算图 2-56 中力 $\boldsymbol{F}$ 对 A 点的矩。

2-24　在图 2-57 所示的齿条式送料机构中，杠杆 AB=0.5m，AC=0.1m，齿条受到水平阻力 $\boldsymbol{F}_1$ 的作用，已知 $\boldsymbol{F}_1$=5kN，各零件自重不计。试求移动齿条时，应在 B 点作用多大的力 $\boldsymbol{F}_2$？

2-25　四块相同的均质板，各重 P，长 $2b$，叠放如图 2-58 所示。在板 I 右端点 A 挂着重物 B，其重为 $2P$。欲使各板都平衡，求每块板可伸出的最大距离。

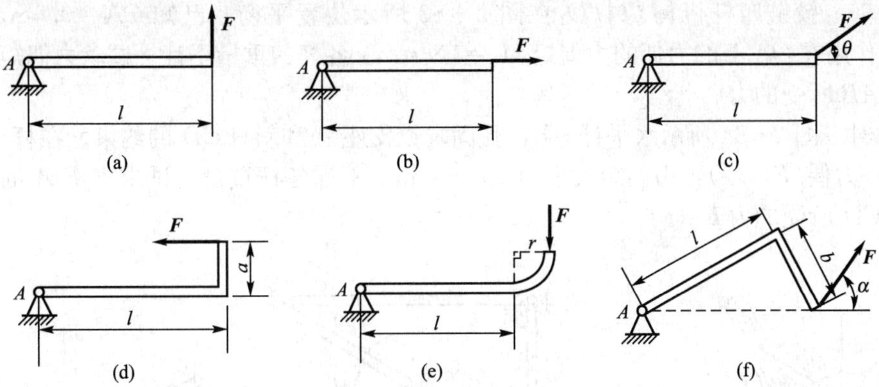

图 2-56

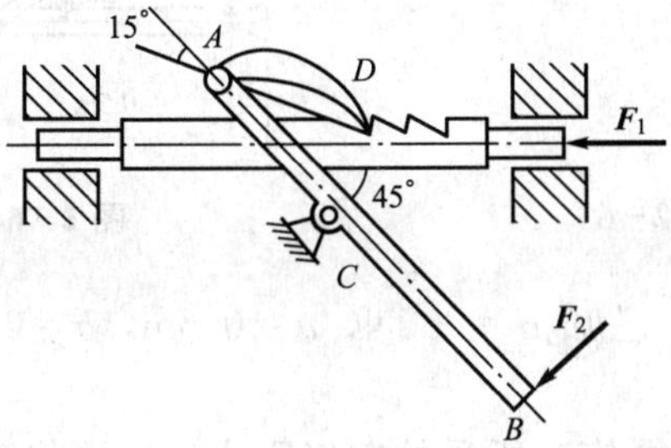

图 2-57

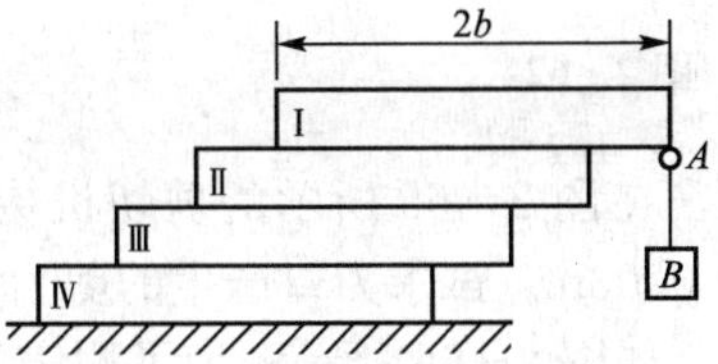

图 2-58

2-26　多轴钻床在水平工件上钻孔时，每个钻头的切削力作用于工件的力在水平面内构成一力偶。已知切削力偶矩的大小分别为 $M_1=M_2=10\mathrm{kN\cdot m}$，$M_3=20\mathrm{kN\cdot m}$，转向如图 2-59 所示。求工件受到的总力偶矩；若工件在 A、B 两处用螺栓固定，两螺栓间距为 200mm，求两螺栓所受的水平力。

2-27　锻锤工作时，若已知作用于锤头上的力如图 2-60 所示，$\boldsymbol{F}=\boldsymbol{F}'=1000\mathrm{kN}$，偏心距 $e=20\mathrm{mm}$，锤头高度 $h=200\mathrm{mm}$，求锤头加在两侧导轨的压力。

2-28　在图 2-61 所示的结构中，各构件的自重略去不计。在构件 AB 上作用一力偶矩为 M 的力偶，求支座 A 和 C 的约束反力。

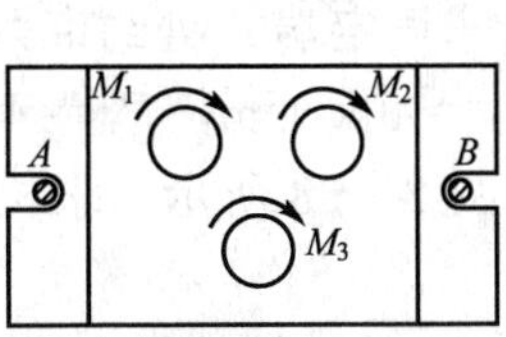

图 2-59

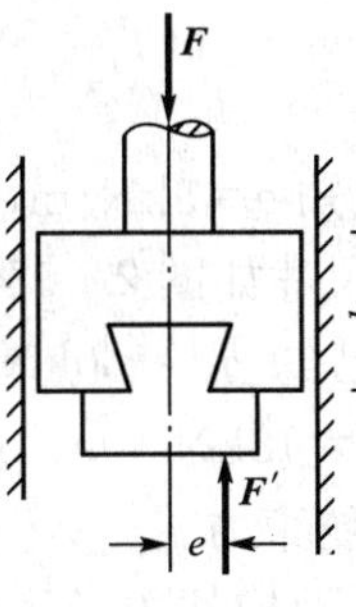

图 2-60

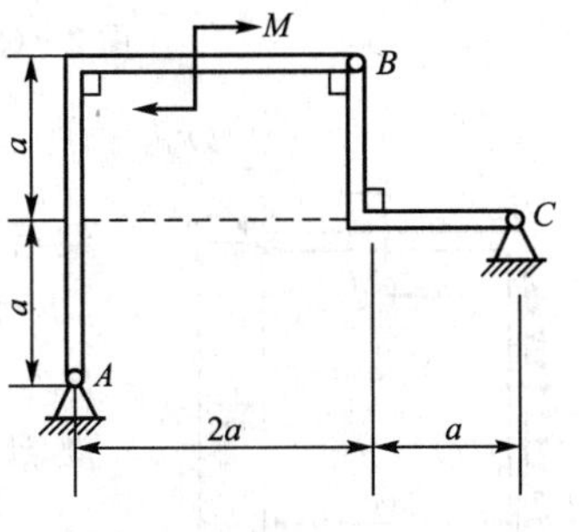

图 2-61

2-29　滑道摇杆机构受两力偶作用，在图 2-62 所示位置平衡。已知 $OO_1=OA=0.2\mathrm{m}$，$M_1=200\mathrm{N\cdot m}$，求另一力偶矩 M_2(摩擦不计)。

2-30 铰链四杆机构 $OABO_1$ 在图 2-63 所示位置平衡。已知 $OA=0.4\text{m}$，$O_1B=0.6\text{m}$，作用在 OA 上的力偶的力偶矩 $M_1=1\text{N}\cdot\text{m}$。各杆的重量不计。试求力偶矩 M_2 的大小和杆 AB 所受的力。

2-31 图 2-64 所示水平杆 AB，受固定铰支座 A 和斜杆 CD 的约束。在杆 AB 的 B 端作用一力偶（$\boldsymbol{F}$，$\boldsymbol{F}'$），力偶矩大小为 $100\text{N}\cdot\text{m}$，不计各杆重量。试求支座 A 的反力 $\boldsymbol{F}_A$ 和斜杆 CD 所受的力 $\boldsymbol{F}_{CD}$。

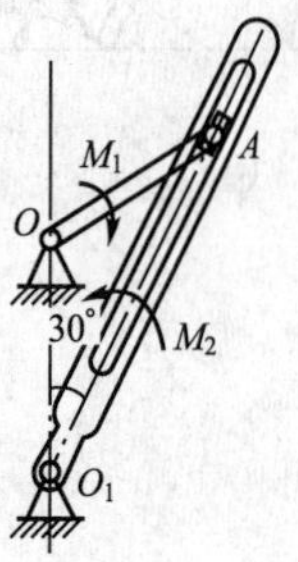

图 2-62

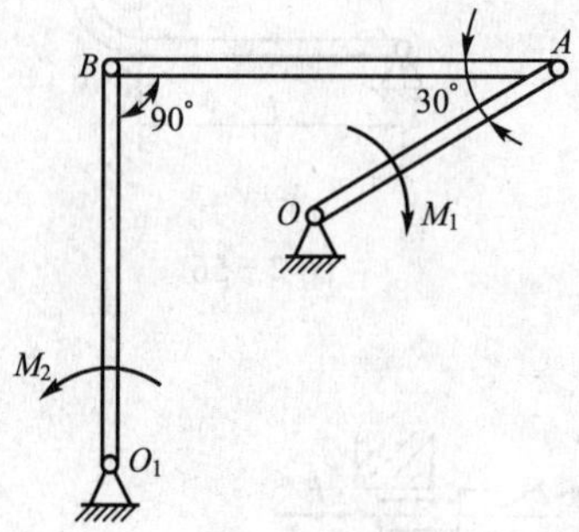

图 2-63

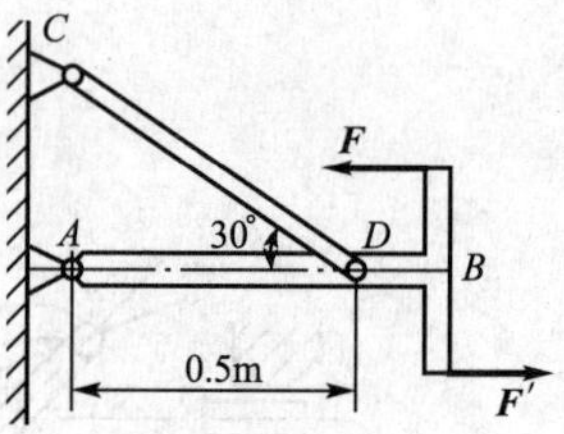

图 2-64

2-32 在图 2-65 所示的剪切机构中，已知 $F=200\text{N}$，$a=0.6\text{m}$，$b=0.05\text{m}$，$c=0.1\text{m}$，$d=0.03\text{m}$。试求刀口产生的剪力。

2-33 如图 2-66 所示，为了测定飞机螺旋桨所受的空气阻力偶。可将飞机水平放置，一轮搁置在地秤上。当螺旋桨未转动时，测得地秤所受的压力为 4.6kN；当螺旋桨转动时，测得地秤所受的压力为 6.4kN。已知两轮之间距离 $d=2.5\text{m}$，求螺旋桨所受的空气阻力偶的矩 M。

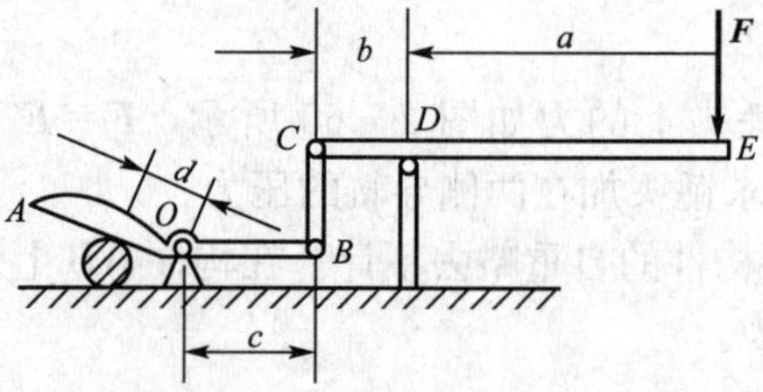

图 2-65

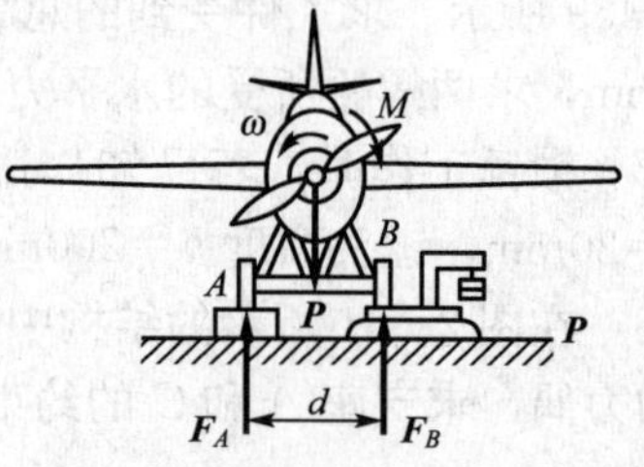

图 2-66

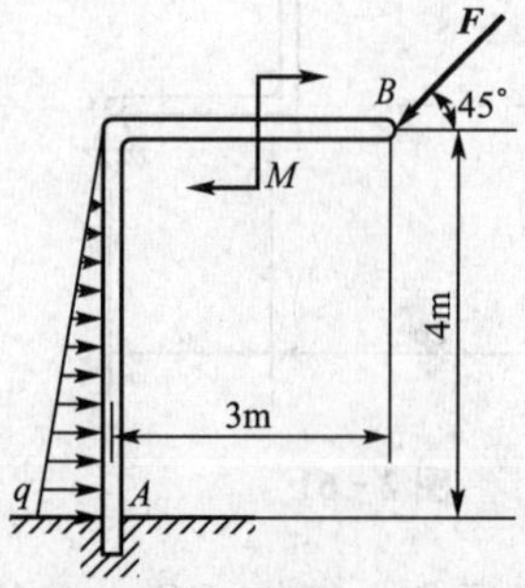

图 2-67

2-34 已知 $q=3\text{kN/m}$，$F=6\sqrt{2}\text{kN}$，$M=10\text{kN}\cdot\text{m}$，刚架自重不计，尺寸如图 2-67 所示。求固定端 A 处约束力。

2-35 已知 $q_1=60\text{kN/m}$，$q_2=40\text{kN/m}$，$P_1=45\text{kN}$，$P_2=20\text{kN}$，$M=18\text{kN}\cdot\text{m}$，尺寸如图 2-68 所示。求机翼根部固定端 O 处约束力。

2-36 平面构架由 AB、BC、CD 三杆用铰链 B 和 C 连接，其他支承及荷载如图 2-69 所示。力 F 作用在杆 CD 的中点 E。已知 $F=8\text{kN}$，$q=4\text{kN/m}$，$a=1\text{m}$，各杆自重不计。求固定端 A 处的约束反力。

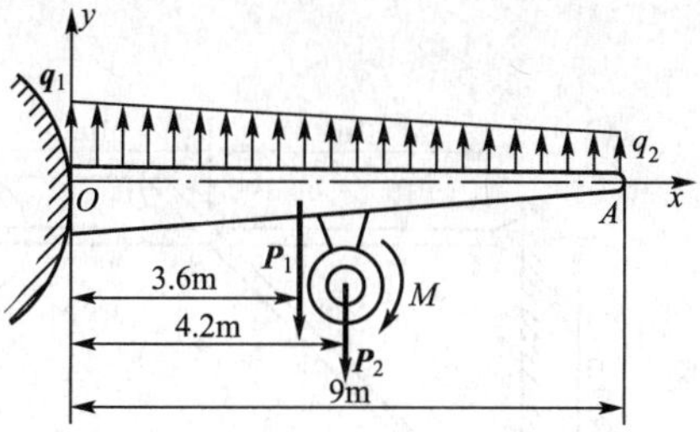

图 2－68

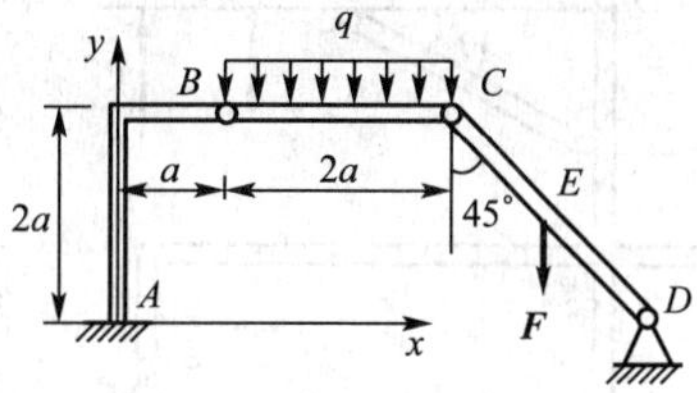

图 2－69

2－37　在图 2－70 所示的结构中，A 处为固定端约束，C 处为光滑接触，D 处为铰链连接。已知 $F_1=F_2=400\text{N}$，$M=300\text{N}\cdot\text{m}$，$AB=BC=400\text{mm}$，$CD=CE=300\text{mm}$，$\theta=45°$，不计各构件自重，求 A 和 D 处的约束反力。

2－38　已知系统 E 处为光滑接触，P、a、b 均为已知，其他尺寸如图 2－71 所示，各杆重不计，求 BCD 杆在 C 处给 ACE 杆的力。

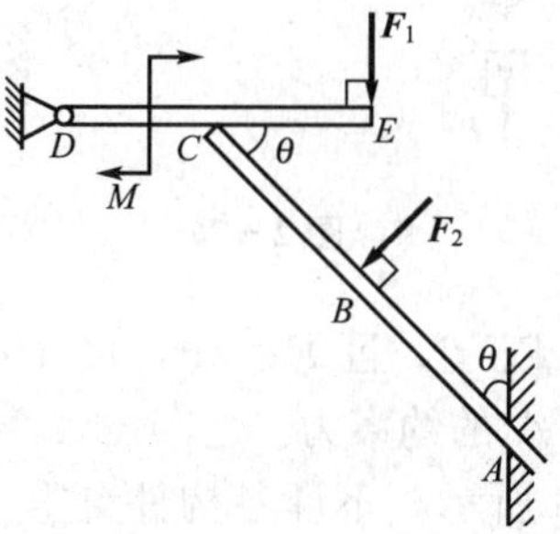

图 2－70

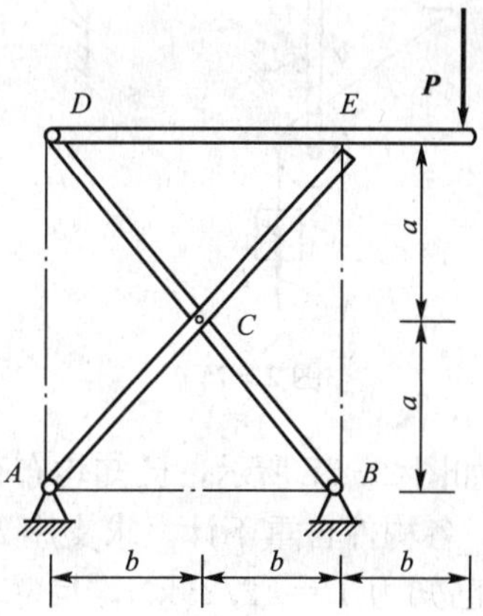

图 2－71

2－39　已知 $AB=2BC=2CD=2\text{m}$，$q=2000\text{N/m}$，$M=500\text{N}\cdot\text{m}$，各杆自重不计，单位长度的重量为 500N/m，如图 2－72 所示。求 A 处的约束反力。

2－40　已知 $P=P'=12\text{kN}$，$F=10\sqrt{2}\ \text{kN}$，尺寸如图 2－73 所示，各杆重不计，求 A、B 处约束反力。

2－41　图 2－74 所示支架由杆 AC、ED 和滑轮组成，各处均由铰链连接。滑轮半径 $r=30\text{cm}$，上面吊着重 $P=1000\text{N}$ 的物体。试求 A、E 处的约束反力。

2－42　已知 $AB=2BC=2b$，$BD=DE=a$，$\alpha=60°$，重物重 P，各构件与滑轮自重不计，如图 2－75 所示。求 A 处的约束反力。

2－43　已知图 2－76 所示各构件与滑轮自重不计，重物重 $P=2000\text{N}$，$M=200\text{N}\cdot\text{m}$，$R=20\text{cm}$，销子 E 固连于杆 AB 上，E 处为光滑接触，求 A、D 处的约束反力。

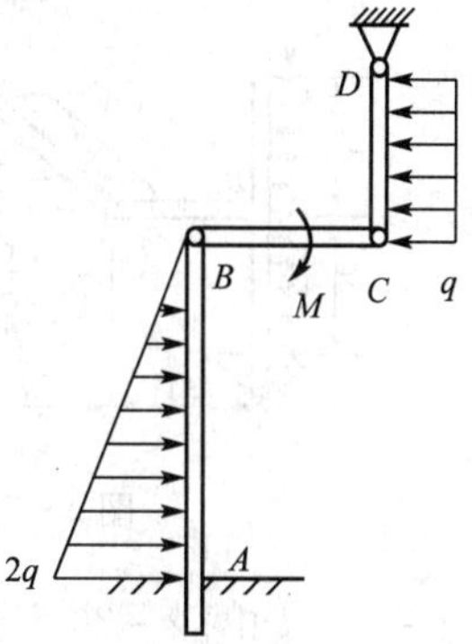

图 2－72

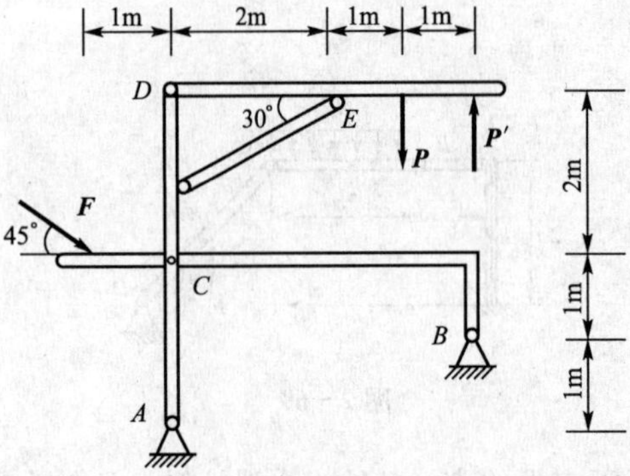

图 2-73

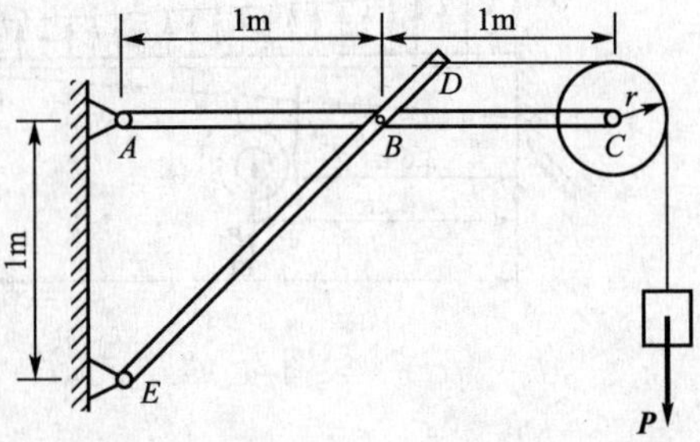

图 2-74

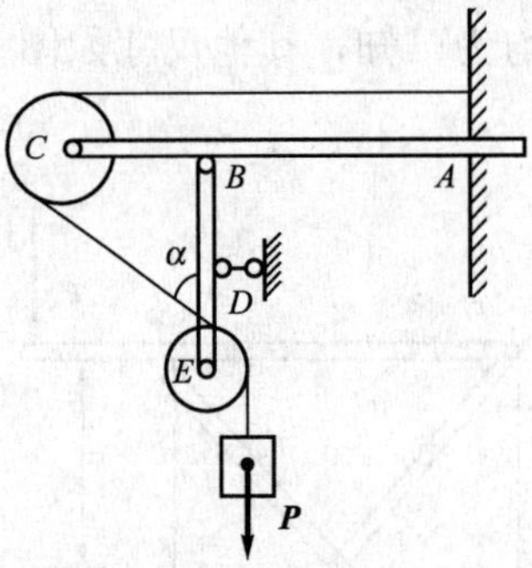

图 2-75

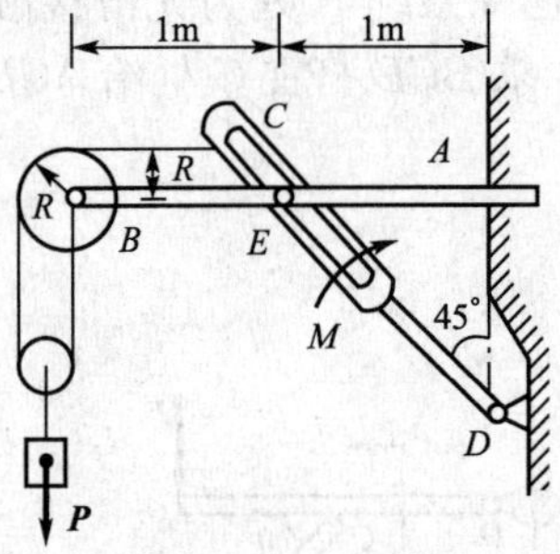

图 2-76

2-44　如图 2-77 所示，已知均布荷载 ***q***，力 ***F***、***P***，且 $P=2F$，尺寸 a、r，且 $a=r$，$OC=OD$，各构件自重不计。求支座 E 和固定端 A 的约束力。

2-45　已知力 $P=12.25\text{kN}$，尺寸如图 2-78 所示，不计各构件自重。求杆 EF 和 AD 受力。

图 2-77

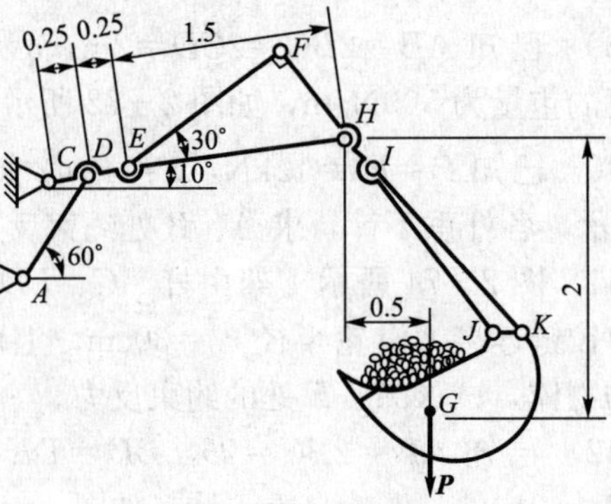

图 2-78

2-46　如图 2-79 所示，已知力 ***F***，三角形 ABC 为等边三角形，$AD=DB$，E、F 为两腰中点。求杆 CD 的内力。

2-47 已知荷载 $F_1=240\text{kN}$，$F_2=720\text{kN}$，尺寸如图 2-80 所示。求杆 BD 和 BE 的内力。

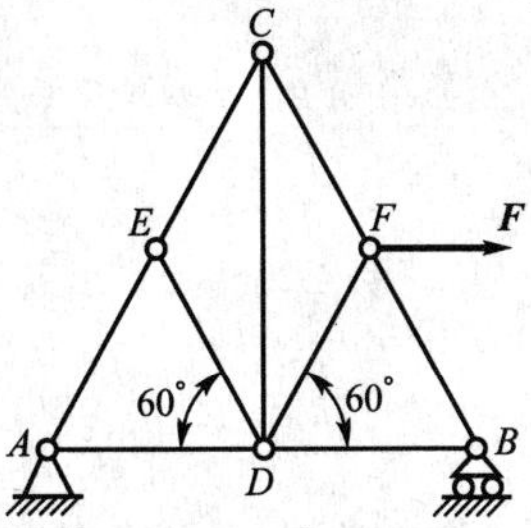

图 2-79

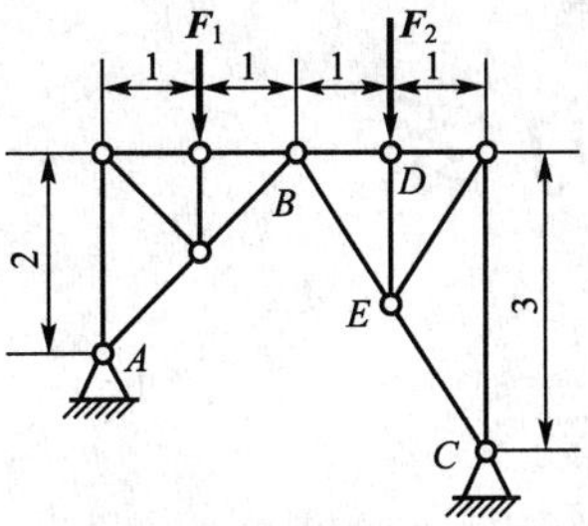

图 2-80

第3章 空间力系

教学目标

本章研究空间力系的简化、合成与平衡问题。通过本章学习，应达到以下目标：

(1) 熟练地计算力在空间直角坐标轴上的投影。

(2) 理解空间力对点的矩和力对轴的矩，熟练计算空间力对轴的矩。

(3) 了解空间任意力系向一点的简化、力系的主矢和主矩。

(4) 掌握空间力偶系、空间任意力系、空间平行力系的平衡条件和平衡方程及其平衡问题的求解。

(5) 掌握重心的概念、计算物体重心的各种方法。

引例

飞机在飞行过程中要克服大气层的阻力，要承受自身的重力、风力，以及发动机产生的推力，还有因气体运动产生的升力，可见飞机处于复杂的空间力系中。

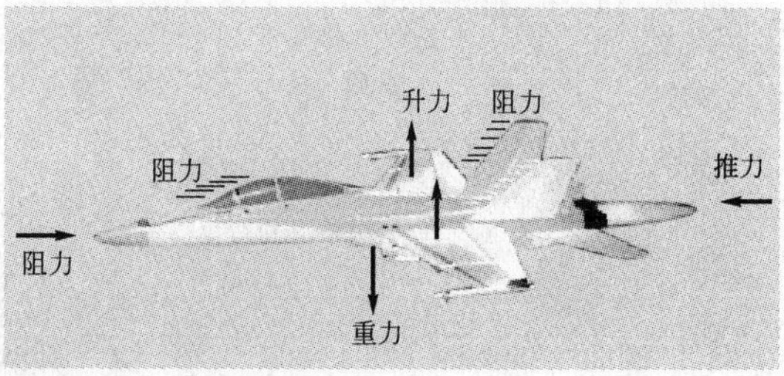

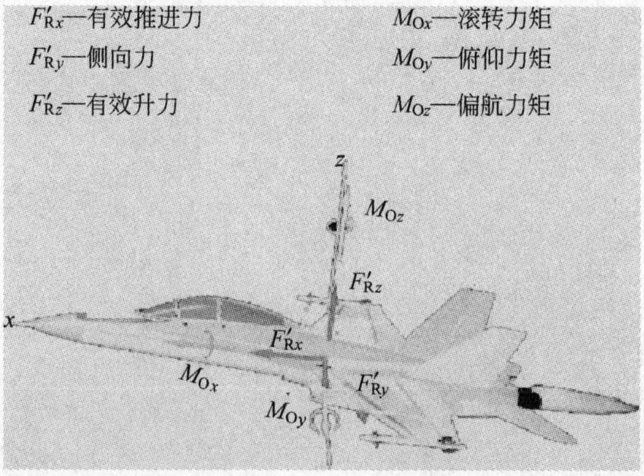

将飞机所受的空间力系进行简化并投影可以得出有效的推进力使飞机向前飞行，有效升力使飞机上升，侧向力使飞机侧移，滚转力矩使飞机可以使飞机绕纵轴滚转，偏航力矩使飞机转弯，俯仰力矩使飞机仰头或俯冲。于是飞行员可以根据飞行情况作出前行、上升、侧移、滚转、转弯、仰头或俯仰等动作。

各力作用线不在同一平面内的力系称为空间力系。与平面力系一样，空间力系可分为空间汇交力系、空间力偶系、空间任意力系。

§3-1 空间汇交力系

当空间力系中各力的作用线汇交于一点时，称其为空间汇交力系。

1. 力在直角坐标轴上的投影

设力 $\boldsymbol{F}$ 与直角坐标系 $Oxyz$ 三轴的夹角分别为 α、β、γ，如图 3-1(a)所示，则可用直接投影法，得力 $\boldsymbol{F}$ 在三坐标轴上的投影分别为

$$F_x = F\cos\alpha,\ F_y = F\cos\beta,\ F_z = F\cos\gamma \tag{3-1}$$

当力 $\boldsymbol{F}$ 与直角坐标轴 Ox、Oy 间的夹角不易确定时，可先将力 $\boldsymbol{F}$ 投影到 Oxy 平面上，得到力 $\boldsymbol{F}_{xy}$，然后再投影到 x、y 轴上。如图 3-1(b)所示，已知角 γ 和 φ，则力在三坐标轴上的投影分别为

$$F_x = F\sin\gamma\cos\varphi,\ F_y = F\sin\gamma\cos\varphi,\ F_z = F\cos\gamma \tag{3-2}$$

当力 $\boldsymbol{F}$ 在三坐标轴上的投影 F_x、F_y、F_z 已知时，则可以由下式求得该力的大小和方向，即

$$\left.\begin{aligned} &F = \sqrt{F_x^2 + F_y^2 + F_z^2} \\ &\cos\alpha = \frac{F_x}{F},\ \cos\beta = \frac{F_y}{F},\ \cos\gamma = \frac{F_z}{F} \end{aligned}\right\} \tag{3-3}$$

若以 $\boldsymbol{F}_x$、$\boldsymbol{F}_y$、$\boldsymbol{F}_z$ 表示力 $\boldsymbol{F}$ 沿三直角坐标轴的正交分力，$\boldsymbol{i}$、$\boldsymbol{j}$、$\boldsymbol{k}$ 表示三坐标轴的单位矢量，如图 3-2 所示。则力 $\boldsymbol{F}$ 可表示为

$$\boldsymbol{F} = \boldsymbol{F}_x + \boldsymbol{F}_y + \boldsymbol{F}_z = F_x\boldsymbol{i} + F_y\boldsymbol{j} + F_z\boldsymbol{k} \tag{3-4}$$

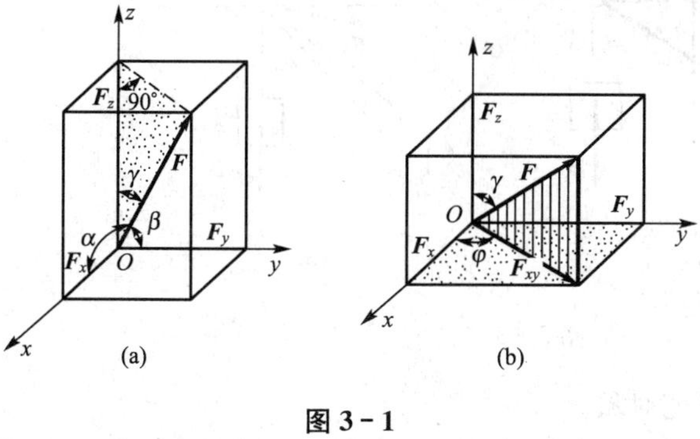

图 3-1

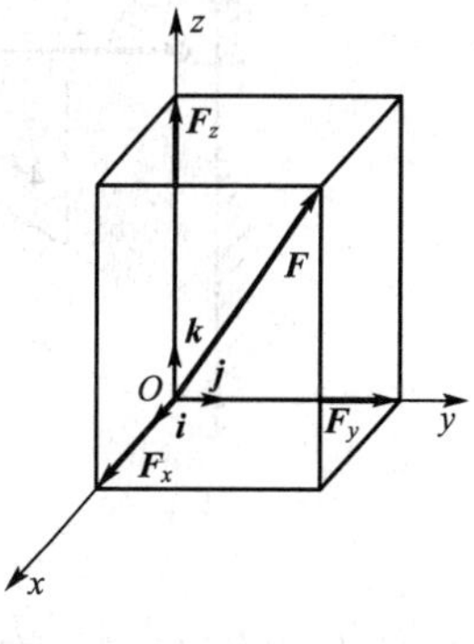

图 3-2

2. 空间汇交力系的合成

将平面汇交力系的合成法则扩展到空间，空间汇交力系可简化为一合力，合力等于各

分力的矢量和，合力的作用线通过汇交点。合力矢为

$$\boldsymbol{F}_{\mathrm{R}}=\boldsymbol{F}_1+\boldsymbol{F}_2+\cdots+\boldsymbol{F}_n=\sum\boldsymbol{F}_i \tag{3-5}$$

由式(3-4)，可得

$$\boldsymbol{F}_R=\sum F_x\boldsymbol{i}+\sum F_y\boldsymbol{j}+\sum F_z\boldsymbol{k} \tag{3-6}$$

式中，$\sum F_x$、$\sum F_y$、$\sum F_z$为合力$\boldsymbol{F}_{\mathrm{R}}$在三坐标轴 x、y、z 上的投影。合力的大小和方向可由下式求得，即

$$\left.\begin{aligned}&F_{\mathrm{R}}=\sqrt{(\sum F_x)^2+(\sum F_y)^2+(\sum F_z)^2}\\&\cos\alpha=\frac{\sum F_x}{F_{\mathrm{R}}},\ \cos\beta=\frac{\sum F_y}{F_{\mathrm{R}}},\ \cos\gamma=\frac{\sum F_z}{F_{\mathrm{R}}}\end{aligned}\right\} \tag{3-7}$$

3. 空间汇交力系的平衡方程

如前所述，空间汇交力系可以合成一合力，因此，空间汇交力系平衡的必要与充分条件是该力系的合力等于零。即

$$\boldsymbol{F}_R=\sum\boldsymbol{F}_{\mathrm{i}}=0 \tag{3-8}$$

由式(3-7)可知，要使合力 F_{R}等于零，必须满足：

$$\sum F_x=0,\quad \sum F_y=0,\quad \sum F_z=0 \tag{3-9}$$

式(3-9)表明：空间汇交力系平衡的必要与充分条件是：该力系中所有各力在三个坐标轴上的投影的代数和分别等于零。式(3-9)称为空间汇交力系的平衡方程。

应用解析法求解空间汇交力系平衡问题的步骤，与求解平面汇交力系平衡问题的步骤相同。只不过可列出三个平衡方程，解三个未知量。

例 3-1 起重构架如图 3-3(a)所示。不计三杆重量，三杆用铰链连接于 O 点，平面 BOA 是水平的，且 $OA=OB$，重物重 $P=2$kN。试求 AO、BO、CO 三杆所受的力。

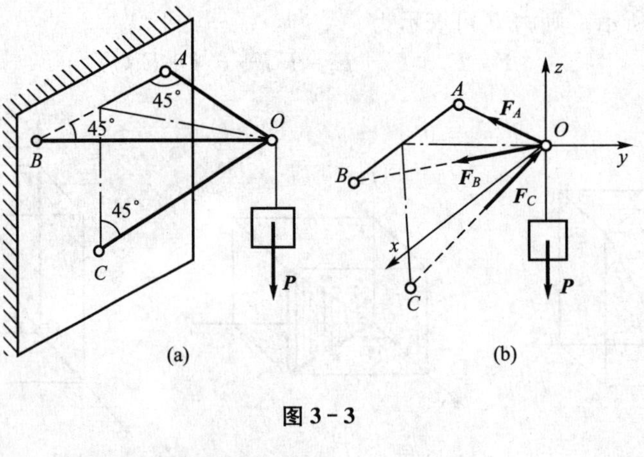

图 3-3

解： (1) 取销钉 O 和重物为研究对象。

(2) 受力分析：主动力 $\boldsymbol{P}$、三杆的约束反力 $\boldsymbol{F}_A$、$\boldsymbol{F}_B$、$\boldsymbol{F}_C$ 四个力汇交于点 O，如图 3-3(b)所示，为空间汇交力系。

(3) 取坐标系 $Oxyz$。

(4) 列平衡方程：

$$\sum F_x=0,\quad -F_A\cos45°+F_B\cos45°=0$$

$$\sum F_y=0,\quad -F_A\sin45°-F_B\sin45°+F_C\sin45°=0$$

$$\sum F_z=0,\quad F_C\cos45°-P=0$$

联立解得 $F_A=F_B\approx1.41\text{kN}$，$F_C\approx2.82\text{kN}$。

所求结果均为正值，说明三个力的假设方向与实际方向相同。

§3-2 力对轴的矩与力对点的矩

1. 力对点的矩用矢量表示——力矩矢

对于平面力系，由于各力与矩心共面，因此用一代数量来描述力对点的矩已足够。但对于空间力系，不仅要考虑力矩的大小和转向，而且还需考虑力与矩心所组成的平面的方位，若方位不同，即使力矩的大小一样，作用效果也将完全不同。因此，在空间的情形下，必须将力对点的矩的要素加以扩展，除了包括力矩的大小、转向外，还应包括力的作用线与矩心所组成的平面在空间的方位。这三个因素可用一个矢量来表示，如图 3-4 所示，力 $\boldsymbol{F}$ 对 O 点的矩可记作

$$\boldsymbol{M}_O(\boldsymbol{F})=\boldsymbol{r}\times\boldsymbol{F} \tag{3-10}$$

式中，$\boldsymbol{r}$ 为矩心到力 $\boldsymbol{F}$ 作用点的矢径。力对点的矩矢等于矩心到该力作用点的矢径与该力的矢量积，即为力矩矢。矢量的模等于力矩的大小 $|\boldsymbol{M}_O(\boldsymbol{F})|=Fh=2S_{\triangle OAB}$，$h$ 为矩心到力的作用线的距离(力臂)。矢量的方位与该力与矩心所组成的平面的法线的方位相同，矢量的指向可由右手螺旋法则确定。由于力矩矢 $\boldsymbol{M}_O(\boldsymbol{F})$ 的大小和方向都与矩心 O 的位置有关，故力矩矢的始端必须在矩心，不可任意挪动，这种矢量称为定位矢量。

若以矩心 O 为原点，作空间直角坐标系 $Oxyz$，如图 3-4 所示。设力作用点 A 的坐标为 $A(x, y, z)$，力在三个坐标轴上的投影分别为 F_x、F_y、F_z，则

$$\boldsymbol{r}=x\boldsymbol{i}+y\boldsymbol{j}+z\boldsymbol{k}$$

$$\boldsymbol{F}=F_x\boldsymbol{i}+F_y\boldsymbol{j}+F_z\boldsymbol{k}$$

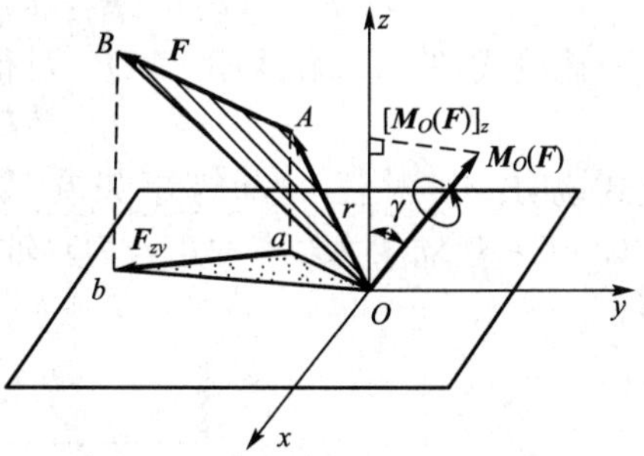

图 3-4

代入式(3-10)，得

$$\boldsymbol{M}_O(\boldsymbol{F})=\boldsymbol{r}\times\boldsymbol{F}=\begin{vmatrix}\boldsymbol{i} & \boldsymbol{j} & \boldsymbol{k}\\ x & y & z\\ F_x & F_y & F_z\end{vmatrix}$$

$$=(yF_z-zF_y)\boldsymbol{i}+(zF_x-xF_z)\boldsymbol{j}+(xF_y-yF_x)\boldsymbol{k} \tag{3-11}$$

由式(3-11)可知，力矩矢在三个坐标轴上的投影应等于单位矢量 $\boldsymbol{i}$、$\boldsymbol{j}$、$\boldsymbol{k}$ 前面的三个系数，即

$$[\boldsymbol{M}_O(\boldsymbol{F})]_x=yF_z-zF_y,\ [\boldsymbol{M}_O(\boldsymbol{F})]_y=zF_x-xF_z,\ [\boldsymbol{M}_O(\boldsymbol{F})]_z=xF_y-yF_x \tag{3-12}$$

2. 力对轴的矩

在工程中，经常遇到刚体绕定轴转动的情形，力对轴的矩就是力使刚体绕轴转动效果的度量。下面以门的转动为例说明力对轴的矩的概念。

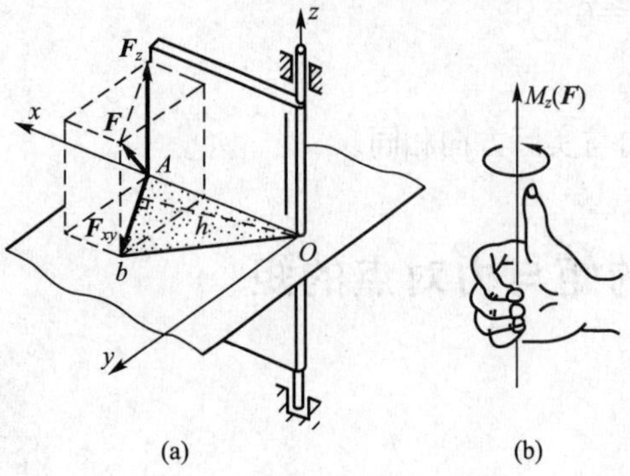

图 3-5

如图 3-5(a)所示，门上作用一力 $\boldsymbol{F}$，使门绕 z 轴转动。根据合力矩定理，将力 $\boldsymbol{F}$ 分解为平行于 z 轴的分力 $\boldsymbol{F}_z$ 和垂直于 z 轴的分力 $\boldsymbol{F}_{xy}$(即力 F 在垂直于 z 轴的平面 Oxy 上的投影)，分力 $\boldsymbol{F}_z$ 不能使门绕 z 轴转动，故它对 z 轴的矩等于零；只有分力 $\boldsymbol{F}_{xy}$ 能使门绕 z 轴转动。一般情况下，可将 $\boldsymbol{F}_{xy}$ 对平面与轴的交点 O 取矩。以符号 $M_z(\boldsymbol{F})$ 表示力对 z 轴的矩，则有

$$M_z(\boldsymbol{F})=M_z(\boldsymbol{F}_{xy})=M_O(\boldsymbol{F}_{xy})=\pm F_{xy}h=\pm 2S_{\triangle OAb} \tag{3-13}$$

式中，h 为点 O 到分力 $\boldsymbol{F}_{xy}$ 的垂直距离。因此力对轴的矩可定义为：力对某轴的矩是力使刚体绕该轴转动效果的度量，是一个代数量，其绝对值等于力在垂直于该轴的平面上的投影对此平面与该轴的交点的矩。其正负号通常按照右手螺旋法则确定，拇指指向与 z 轴一致取正号，反之取负号；或从该轴正向看去，如力使刚体绕此轴逆时针转动取正号，反之取负号。如图 3-8(b)所示。

显然，力与轴平行或相交时，力对轴的矩为零。或者说，当力与轴在同一平面时，力对该轴的矩等于零。

力对轴的矩也可用解析式表示。设力作用点 A 的坐标为 $A(x, y, z)$，力在三个坐标轴上的投影分别为 F_x、F_y、F_z，则根据式(3-13)和式(2-10)，得

$$M_z(\boldsymbol{F})=M_O(\boldsymbol{F}_{xy})=M_O(F_x)+M_O(F_y)=xF_y-yF_x$$

同理，可得其余两式，即

$$M_x(\boldsymbol{F})=yF_z-zF_y,\ M_y(\boldsymbol{F})=zF_x-xF_z,\ M_z(\boldsymbol{F})=xF_y-yF_x \tag{3-14}$$

比较式(3-12)和式(3-14)，可得

$$M_z(\boldsymbol{F})=[\boldsymbol{M}_O(\boldsymbol{F})]_z \tag{3-15}$$

上式说明：力对任一点的矩矢在通过该点的任一轴上的投影等于力对该轴的矩。式(3-15)建立了力对点的矩与力对轴的矩之间的关系。

§3-3 空间力偶理论

1. 力偶矩矢

设有空间力偶($\boldsymbol{F}$, $\boldsymbol{F}'$)，其力偶臂为 d，如图 3-6 所示。力偶对空间任意点 O 的矩矢为

$$\boldsymbol{M}_O(\boldsymbol{F}, \boldsymbol{F}')=\boldsymbol{M}_O(\boldsymbol{F})+\boldsymbol{M}_O(\boldsymbol{F}')=\boldsymbol{r}_A\times\boldsymbol{F}+\boldsymbol{r}_B\times\boldsymbol{F}'=(\boldsymbol{r}_A-\boldsymbol{r}_B)\times\boldsymbol{F}=\boldsymbol{r}_{BA}\times\boldsymbol{F}$$

计算表明，力偶对空间任意点的矩矢与矩心无关，以符号 $\boldsymbol{M}(\boldsymbol{F}, \boldsymbol{F}')$ 或 $\boldsymbol{M}$ 表示，称为

力偶矩矢，即力偶中的两个力对空间某点的矩的矢量和。由于力偶矩矢 $\boldsymbol{M}$ 无需确定矢量的初端位置，这样的矢量称为**自由矢量**。

力偶矩矢是空间力偶对刚体的作用效应的度量，取决于三个因素。

(1) 力偶矩矢的大小，$M=Fd$。

(2) 力偶矩矢的方位，与力偶作用面相垂直。

(3) 力偶矩矢的指向，与力偶的转向关系服从右手螺旋法则，如图 3-7 所示。

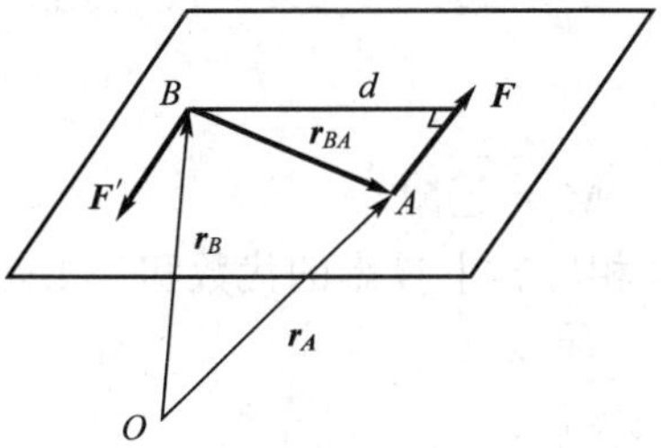

图 3-6

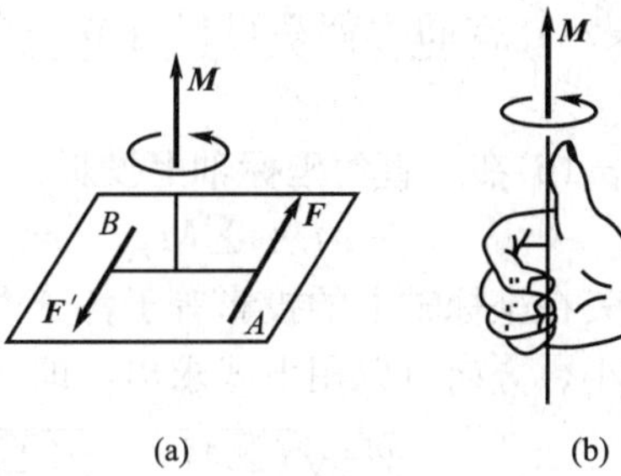

图 3-7

2. 空间力偶的等效定理

空间力偶对刚体的作用效应完全由力偶矩矢来确定，而力偶矩矢是自由矢量。如图 3-8 所示的三个力偶，分别作用在三个同样的物块上，力偶矩大小均为 100N·m。前两个力偶不仅力偶矩大小相同，而且转向相同，作用面又相互平行，故它们对物块作用效果相同，均使物块平行于 x 轴转动［图 3-4(a)、(b)］。而图 3-4(c)所示的力偶，虽然其力偶矩大小与前两个力偶相同，但其作用面为平面Ⅱ，它使物块绕平行 y 轴的轴转动，作用效果显然与前者不同。

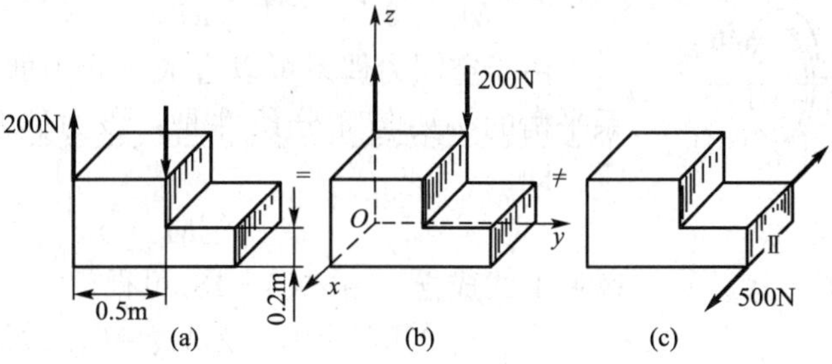

图 3-8

可见，只要保证作用在同一刚体上的两个空间力偶的力偶矩矢相等，即不改变空间力偶矩的大小和转向，及作用面的方位，就不会改变两个力偶对刚体的作用效果。这就是**空间力偶的等效定理**：作用在同一刚体上的两力偶，若它们的力偶矩矢相同，则这两力偶彼此等效。

这一定理表明：空间力偶可以在其作用平面内任意移转；也可以平移到与其作用面平行的任意平面上；还可以同时改变力与力偶臂的大小，只要力偶矢的大小、方向不变，其对刚体的作用效果就不变。

3. 空间力偶系的合成与平衡条件

既然空间力偶是一个矢量，那么，空间力偶的合成就可用矢量的运算法则来进行。设空间力偶系由 n 个力偶 $\boldsymbol{M}_1$，$\boldsymbol{M}_2$，…，$\boldsymbol{M}_n$所组成，根据力偶矩矢是自由矢量的特点，把各力偶矩矢平移，使其汇交于一点，然后根据矢量加法进行合成，得到合力偶矩矢 $\boldsymbol{M}$。即

$$\boldsymbol{M}=\boldsymbol{M}_1+\boldsymbol{M}_2+\cdots+\boldsymbol{M}_n=\sum \boldsymbol{M}_i \tag{3-16}$$

式(3-16)表示：空间力偶系可以合成一个合力偶，合力偶矩矢等于各分力偶矩矢的矢量和。

将式(3-16)在三直角坐标轴上投影，有

$$M_x=\sum M_{ix},\quad M_y=\sum M_{iy},\quad M_z=\sum M_{iz} \tag{3-17}$$

即合力偶矩矢在坐标轴上的投影等于各分力偶矩矢在相应轴上投影的代数和。于是，合力偶矩矢的大小、方向可以用下式求出，即

$$\left.\begin{aligned}&M=\sqrt{(\sum M_{ix})^2+(\sum M_{iy})^2+(\sum M_{iz})^2}\\&\cos\alpha=\frac{\sum M_{ix}}{M},\quad \cos\beta=\frac{\sum M_{iy}}{M},\quad \cos\gamma=\frac{\sum M_{iz}}{M}\end{aligned}\right\} \tag{3-18}$$

例 3-2 如图 3-9 所示，刚体的三个圆盘上分别作用力偶 $\boldsymbol{M}_1$、$\boldsymbol{M}_2$、$\boldsymbol{M}_3$，其中 $M_1=M_0$，$M_2=2M_0$，$M_3=M_0$。求作用在刚体上合力偶矩矢的大小和方向。

解： 首先将各力偶用力偶矩矢表示，并将它们平行移至 O 点，对于给定的坐标系 $Oxyz$，则有

$$M_x=\sum M_{xi}=M_0,\quad M_y=\sum M_{yi}=-2M_0,\quad M_z=\sum M_{zi}=-M_0$$

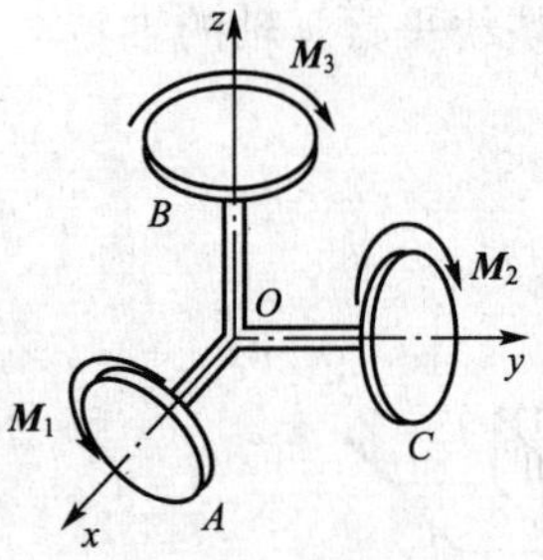

图 3-9

于是合力偶矩矢的大小和方向分别为

$$M=\sqrt{M_x^2+M_y^2+M_z^2}=\sqrt{6}M_0$$

$$\cos\alpha=\frac{M_x}{M}=\frac{\sqrt{6}}{6},\quad \cos\beta=\frac{M_y}{M}=-\frac{\sqrt{6}}{3},\quad \cos\gamma=\frac{M_z}{M}=-\frac{\sqrt{6}}{6}$$

由于空间力偶系可以合成一合力偶，因此，空间力偶系平衡的必要与充分条件是：该力偶系的合力偶矩等于零。即

$$\sum \boldsymbol{M}_i=0 \tag{3-19}$$

欲使上式成立，由式(3-18)可得

$$\sum M_{ix}=0,\quad \sum M_{iy}=0,\quad \sum M_{iz}=0 \tag{3-20}$$

式(3-20)称为空间力偶系的平衡方程，即空间力偶系平衡的必要与充分条件为：该力偶系中各力偶矩矢在三个坐标轴上投影的代数和分别等于零。由上述三个独立的平衡方程可以求解三个未知量。

§3-4 空间任意力系的简化

当空间力系中各力的作用线是在空间任意分布时，称其为空间任意力系。

1. 空间任意力系向一点简化

设有一空间任意力系 $\boldsymbol{F}_1$，$\boldsymbol{F}_2$，…，$\boldsymbol{F}_n$分别作用在刚体上的A_1，A_2，…，A_n点，如图 3－10(a)所示。为简化此空间任意力系，可仿照平面任意力系的简化方法，在刚体上任取一点 O 为简化中心，应用力的平移定理，将各力平移到 O 点，得到一空间汇交力系 $\boldsymbol{F}_1'=\boldsymbol{F}_1,\boldsymbol{F}_2'=\boldsymbol{F}_2$，…，$\boldsymbol{F}_n'=\boldsymbol{F}_n$和附加力偶系 $\boldsymbol{M}_1=\boldsymbol{M}_O(\boldsymbol{F}_1)$，$\boldsymbol{M}_2=\boldsymbol{M}_O(\boldsymbol{F}_2)$，…，$\boldsymbol{M}_n=\boldsymbol{M}_O(\boldsymbol{F}_n)$，如图 3－10(b)所示。

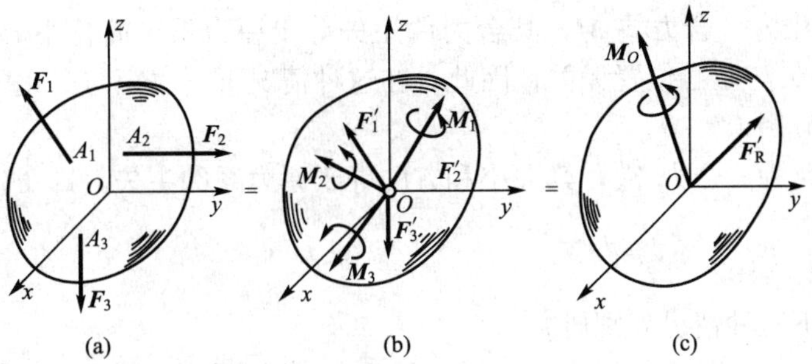

图 3－10

如图 3－10(c)所示，将空间汇交力系 $\boldsymbol{F}_1'$，$\boldsymbol{F}_2'$，…，$\boldsymbol{F}_n'$合成，得到一作用于 O 点的力 $\boldsymbol{F}_R'$，称为原力系的主矢，即

$$\boldsymbol{F}_R'=\sum\boldsymbol{F}_i'=\sum\boldsymbol{F}_i \tag{3-21}$$

附加力偶系可合成一合力偶 $\boldsymbol{M}_O$，称为原力系对简化中心的主矩，即

$$\boldsymbol{M}_O=\sum\boldsymbol{M}_i=\sum\boldsymbol{M}_O(\boldsymbol{F}_i) \tag{3-22}$$

可见，空间任意力系向任一点 O 简化，可以得到一力和一力偶。这个力的大小和方向等于该力系的**主矢**，其作用线通过简化中心；这个力偶的力偶矩矢等于该力系对简化中心的**主矩**。与平面任意力系一样，主矢 $\boldsymbol{F}_R'$与简化中心的位置无关，而主矩 $\boldsymbol{M}_O$一般与简化中心的位置有关。

为计算主矢 $\boldsymbol{F}_R'$和主矩 $\boldsymbol{M}_O$，可过简化中心 O 建立直角坐标系Oxy，则主矢在三坐标轴上的投影，由合力投影定理，得

$$F_{Rx}'=\sum F_x,\quad F_{Ry}'=\sum F_y,\quad F_{Rz}'=\sum F_z \tag{3-23}$$

主矢 $\boldsymbol{F}_R'$的大小和方向由下式确定：

$$\left.\begin{aligned}&F_R'=\sqrt{(\sum F_x)^2+(\sum F_y)^2+(\sum F_z)^2}\\&\cos\alpha=\frac{\sum F_x}{F_R'},\quad \cos\beta=\frac{\sum F_y}{F_R'},\quad \cos\gamma=\frac{\sum F_z}{F_R'}\end{aligned}\right\} \tag{3-24}$$

式中，α、β、γ 分别表示主矢 $\boldsymbol{F}_R'$与轴 x、y、z 正向间所夹的角。

同理，主矩 $\boldsymbol{M}_O$在三坐标轴的投影，注意到力对点的矩与力对通过该点的轴的矩的关系，于是有

$$M_x=\sum M_x(\boldsymbol{F})\quad M_y=\sum M_y(\boldsymbol{F})\quad M_z=\sum M_z(\boldsymbol{F}) \tag{3-25}$$

主矩 $\boldsymbol{M}_O$的大小和方向由下式确定：

$$\left.\begin{aligned}&M_O=\sqrt{[\sum M_x(\boldsymbol{F})]^2+[\sum M_y(\boldsymbol{F})]^2+[\sum M_z(\boldsymbol{F})]^2}\\&\cos\alpha'=\frac{M_x}{M_O},\quad \cos\beta'=\frac{M_y}{M_O},\quad \cos\gamma'=\frac{M_z}{M_O}\end{aligned}\right\}\tag{3-26}$$

式中α'、β'、γ'为主矩$\boldsymbol{M}_O$与x、y、z轴的正向间所成的夹角。

2. 空间任意力系的简化结果分析

空间任意力系向一点简化可能出现下述四种情况。

1）$\boldsymbol{F}'_R=0$，$\boldsymbol{M}_O\neq0$

这时力系简化为一合力偶$\boldsymbol{M}$，其合力偶矩矢等于原力系对简化中心的主矩，即$\boldsymbol{M}=\boldsymbol{M}_O$。由于力偶矩矢与矩心位置无关，因此，在这种情况下，主矩与简化中心的位置无关。

2）$\boldsymbol{F}'_R\neq0$，$\boldsymbol{M}_O=0$

这时力系简化为一合力$\boldsymbol{F}'_R$，其大小和方向等于原力系的主矢，即$\boldsymbol{F}_R=\boldsymbol{F}'_R$，其作用线通过简化中心$O$。

3）$\boldsymbol{F}'_R\neq0$，$\boldsymbol{M}_O\neq0$

这时可按以下三种情况分别研究。

(1) $\boldsymbol{F}'_R\perp\boldsymbol{M}_O$，如图 3-11(a)所示。这时，简化后的力矢和力偶矩作用面平行[图 3-11(b)]，可进一步合成为一合力$\boldsymbol{F}_R$ [图 3-11(c)]，其作用线到原简化中心O的距离为

$$d=\frac{|\boldsymbol{M}_O|}{F'_R}\tag{3-27}$$

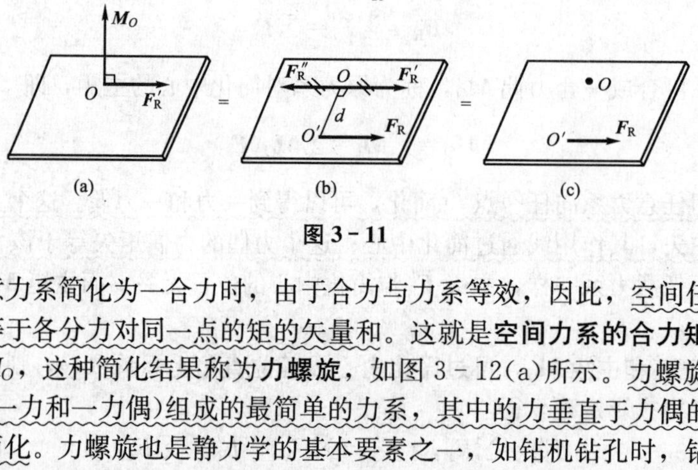

图 3-11

当空间任意力系简化为一合力时，由于合力与力系等效，因此，空间任意力系的合力对任一点的矩等于各分力对同一点的矩的矢量和。这就是**空间力系的合力矩定理**。

(2) $\boldsymbol{F}'_R/\!/\boldsymbol{M}_O$，这种简化结果称为**力螺旋**，如图 3-12(a)所示。力螺旋是由静力学的两个基本要素(一力和一力偶)组成的最简单的力系，其中的力垂直于力偶的作用面，再无法作进一步的简化。力螺旋也是静力学的基本要素之一，如钻机钻孔时，钻头对工件的作用以及拧螺钉时螺钉旋具对螺钉的作用都是力螺旋。当力偶转向和力的指向符合右手螺旋法则的称为右螺旋 [图 3-12(a)]，符合左手螺旋法则的称为左螺旋 [图 3-12(b)]。力螺旋的力作用线称为该力螺旋的中心轴。在上述情形下，中心轴通过简化中心。

(3) $\boldsymbol{F}'_R$与$\boldsymbol{M}_O$成任意角度α，即$\boldsymbol{F}'_R$与$\boldsymbol{M}_O$既不平行，也不垂直。这时，可将$\boldsymbol{M}_O$分解成两个分量，即$\boldsymbol{M}_O=\boldsymbol{M}'_O+\boldsymbol{M}''_O$，其中一个$\boldsymbol{M}'_O/\!/\boldsymbol{F}'_R$，另一个$\boldsymbol{M}''_O\perp\boldsymbol{F}'_R$。显然，可按(1)和(2)两种情况进行处理，$\boldsymbol{M}''_O$和$\boldsymbol{F}'_R$可用作用于点$O'$的力$\boldsymbol{F}_R$来代替。由于力偶矩矢是自由矢量，故可将$\boldsymbol{M}'_O$平行移动使之与$\boldsymbol{F}_R$共线。于是，原力系同样也简化为力螺旋，只是其中心轴不在简化中心O，而是通过另一点O'，O与O'两点间的距离为

$$d=\frac{|\boldsymbol{M}''_O|}{F'_R}=\frac{M_O\sin\alpha}{F'_R}\tag{3-28}$$

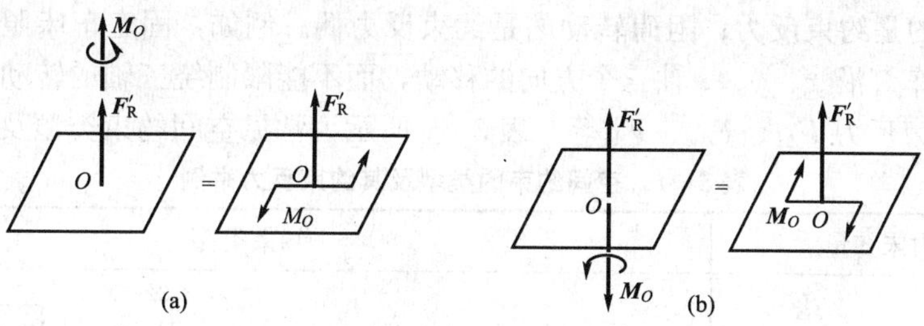

图 3-12

可见，一般情形下，空间任意力系可合成为力螺旋。

4) $F'_R=0$，$M_O=0$

这是空间任意力系的平衡情况，将在 3-5 节中详细讨论。

§3-5 空间任意力系平衡方程及其应用

1. 空间任意力系的平衡方程

空间任意力系平衡的必要与充分条件是：力系的主矢和对任一点的主矩都等于零，即

$$F'_R=0,\quad M_O=0 \tag{3-29}$$

根据式(3-24)和式(3-26)，可将上述条件写成空间任意力系的平衡方程

$$\left.\begin{aligned}&\sum F_x=0,\quad \sum F_y=0,\quad \sum F_z=0\\&\sum M_x(F)=0,\quad \sum M_y(F)=0,\quad \sum M_z(F)=0\end{aligned}\right\} \tag{3-30}$$

表明：空间任意力系平衡的必要与充分条件是：力系中所有各力在三个坐标轴上的投影的代数和分别等于零，所有各力对三个坐标轴的矩的代数和也分别等于零。

显然，可以根据式(3-30)表示的空间任意力系的普遍平衡规律导出特殊情况的平衡规律，如空间平行力系、空间汇交力系和平面任意力系等情况的平衡方程。现以空间平行力系为例。

若空间力系各力作用线互相平行，称为空间平行力系。如图 3-13 所示，设各力均平行于 z 轴，则各力在 x、y 轴上的投影及对 z 轴的矩恒等于零，即式(3-30)中 $\sum F_x=0$，$\sum F_y=0$，$\sum M_z(F)=0$ 恒成立。因此，空间平行力系只有三个平衡方程，即

$$\sum F_z=0,\quad \sum M_x(F)=0,\quad \sum M_y(F)=0 \tag{3-31}$$

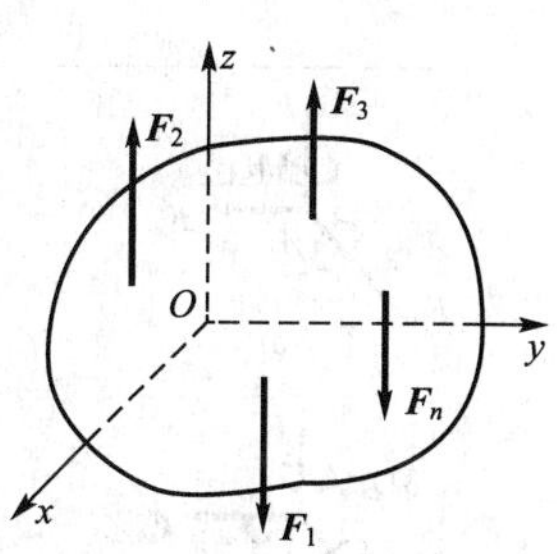

图 3-13

2. 常见空间约束类型及其约束反力的确定

一般情况下，刚体受空间任意力系作用时，各种约束的约束反力，其未知量可能有1～6 个。确定每种约束的约束反力未知量个数的基本方法是：观察被约束物体在空间可能的 6 种独立位移中(沿 x、y、z 三轴的移动和绕此三轴的转动)，有哪几种位移被约束所阻

碍。阻碍移动的是约束反力；阻碍转动的是约束反力偶。例如，固定车床照明灯的球形铰链，它能限制车灯沿 x、y、z 轴三个方向的移动，而不能限制绕三轴的转动，故球形铰链约束有三个约束反力 $\boldsymbol{F}_{Ax}$、$\boldsymbol{F}_{Ay}$、$\boldsymbol{F}_{Az}$ 等。表 3-1 所示为常见空间约束类型及其约束反力。

表 3-1　空间约束的类型及其约束反力举例

约束反力未知量		约束类型
1	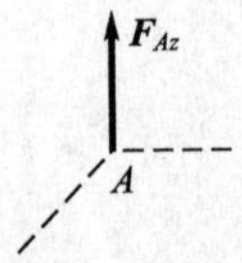	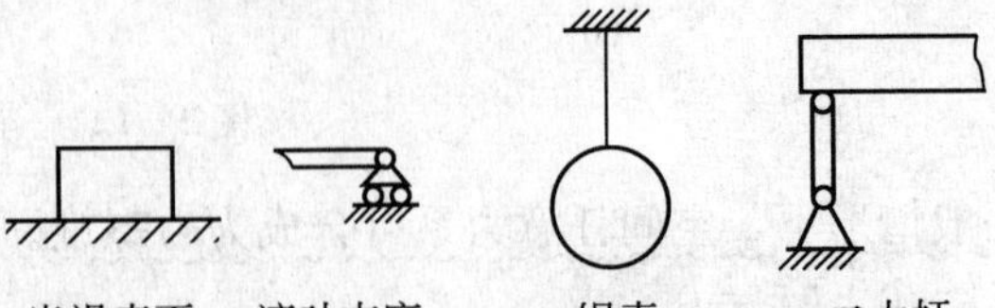 光滑表面　滚动支座　绳索　二力杆
2	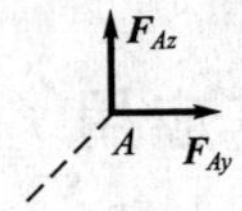	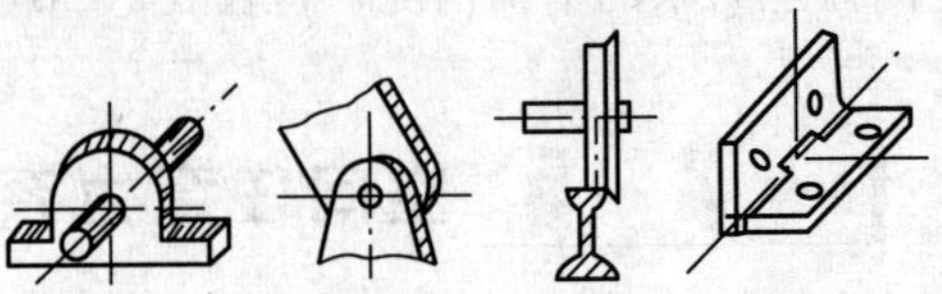 向心轴承　圆柱铰链　铁轨　蝶铰链
3	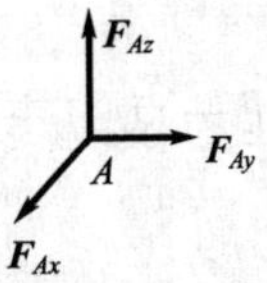	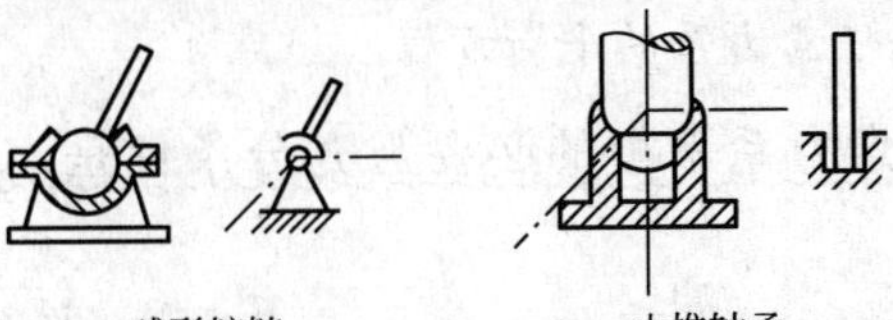 球形铰链　止推轴承
4	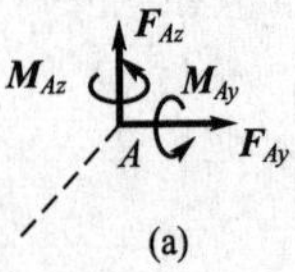 (a) 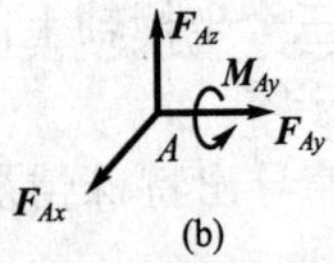 (b)	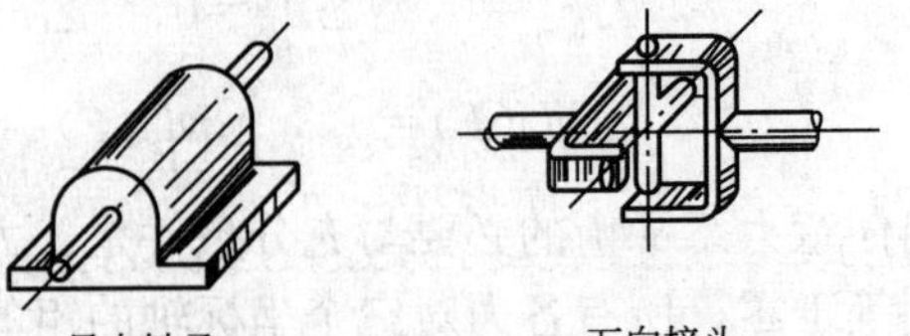 导向轴承　万向接头
5	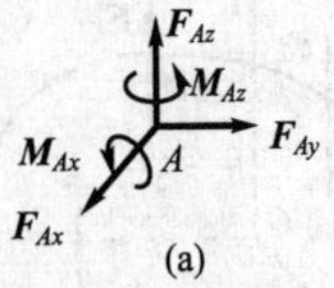 (a) 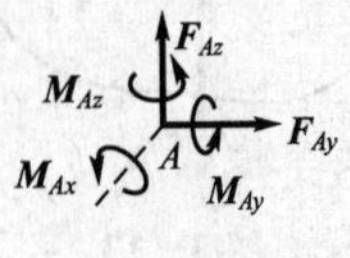 (b)	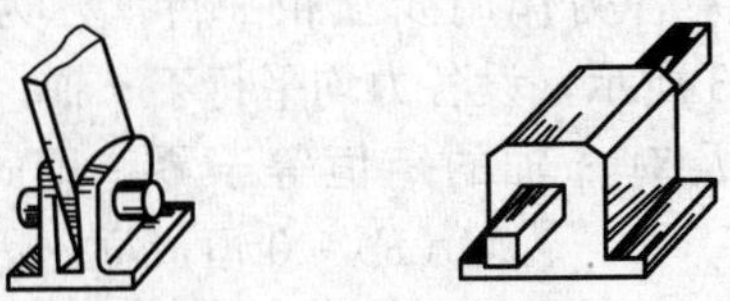 带有销子的夹板　导轨
6	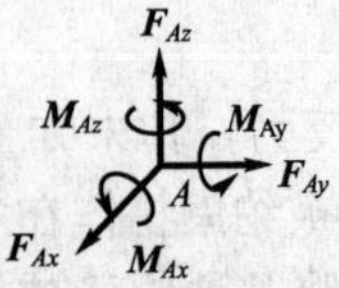	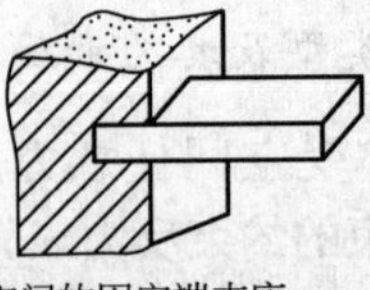 空间的固定端支座

如果刚体只受平面力系的作用，则绕该平面内两轴的约束力偶和垂直于该平面的约束力都应为零。例如，在空间力系作用下，固定端的约束力共有六个，即 $\boldsymbol{F}_{Ax}$、$\boldsymbol{F}_{Ay}$、$\boldsymbol{F}_{Az}$、$\boldsymbol{M}_{Ax}$、$\boldsymbol{M}_{Ay}$ 和 $\boldsymbol{M}_{Az}$；而在平面力系作用下，固定端的约束力只有三个，即 $\boldsymbol{F}_{Ax}$、$\boldsymbol{F}_{Ay}$ 和 $\boldsymbol{M}_{Az}$。

分析实际约束时，有时要忽略一些次要因素，抓住主要因素，进行一些合理的简化。例如，一般门轴都装有两个合页，单个合页形如表 3-1 中的蝶铰链，主要限制物体沿 y 轴和 z 轴的移动，对绕 y 轴和 z 轴的转动限制作用很小，因而视为没有约束力偶，只有两个约束力 $\boldsymbol{F}_{Ay}$ 和 $\boldsymbol{F}_{Az}$。而当门框受到沿合页轴向力作用时，则两个合页中的一个将限制门框沿轴向移动，这时，该合页应视为止推轴承约束。又如，导向轴承能阻碍轴沿 y 轴和 z 轴的移动、绕 y 轴和 z 轴的转动，所以有四个约束作用力，即 $\boldsymbol{F}_{Ay}$、$\boldsymbol{F}_{Az}$、$\boldsymbol{M}_{Ay}$ 和 $\boldsymbol{M}_{Az}$；径向轴承能阻碍轴沿 y 轴和 z 轴的移动，而限制绕 y 轴和 z 轴的转动作用很小，故 $\boldsymbol{M}_{Ay}$ 和 $\boldsymbol{M}_{Az}$ 可忽略不计，所以只有 $\boldsymbol{F}_{Ay}$ 和 $\boldsymbol{F}_{Az}$ 两个约束力。

3. 空间力系平衡问题的解法

空间任意力系有六个独立的平衡方程，可以求解六个未知量，但平衡方程不局限于式(3-30)表示的形式。为使解题简便，每个方程中最好只包含一个未知量，可灵活地选择力矩式方程形式。与平面物体系平衡问题一样，当未知量数目不超过独立方程数目时，为静定问题，否则为超静定问题。

求解空间力系平衡问题的一般步骤为：①选取研究对象；②受力分析，画出受力图；③选取适当的空间直角坐标系；④根据作用于研究对象上力系的特点，列出相应的平衡方程；⑤解平衡方程，求出未知量。下面举例说明。

例 3-3 图 3-14 所示为三轮汽车底板的示意图，E 点放一货物，重 $P=1500\text{N}$，已知 $EF=0.5\text{m}$，$EG=AF=0.4\text{m}$，$AD=BD=0.5\text{m}$，$CD=1.5\text{m}$。试求 A、B、C 三轮所受的地面反力。

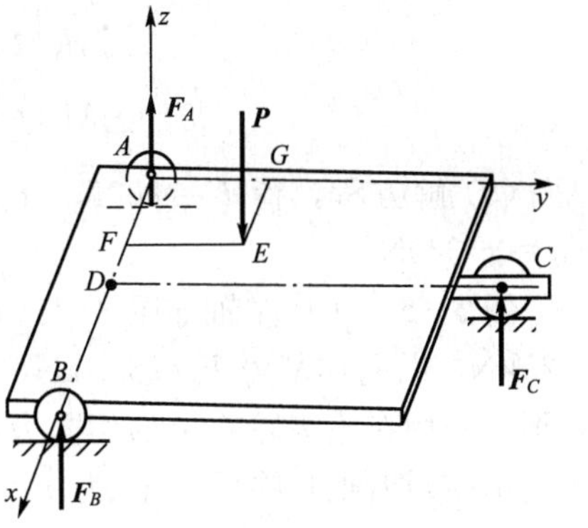

图 3-14

解：(1) 以三轮汽车底板为研究对象。

(2) 受力分析：有重力 $\boldsymbol{P}$，地面反力 $\boldsymbol{F}_A$、$\boldsymbol{F}_B$、$\boldsymbol{F}_C$，各力组成一空间平行力系，如图 3-14 所示。

(3) 建立直角坐标系 $Axyz$。

(4) 列平衡方程：

$$\sum F_z=0,\quad F_A+F_B+F_C-P=0$$

$$\sum M_x(\boldsymbol{F})=0,\quad F_C\cdot CD-P\cdot EF=0$$

$$\sum M_y(\boldsymbol{F})=0,\quad -N_B\cdot AB-N_C\cdot AD+P\cdot AF=0$$

即

$$F_A+F_B+F_C-P=0 \tag{1}$$

$$1.5F_C-0.5P=0 \tag{2}$$

$$-F_B-0.5F_C+0.4P=0 \tag{3}$$

由(1)～(3)式解得 $F_A=650\text{N}$，$F_B=350\text{N}$，$F_C=500\text{N}$。

例 3-4 图 3-15 所示的水平传动轴上装有两个凸轮，凸轮上分别作用已知力 $F_1=$

800N，和未知力 $\boldsymbol{F}$。若轴处于平衡状态，试求力 $\boldsymbol{F}$ 和轴承的反力。

解：(1) 以整体为研究对象。

(2) 受力分析：有已知力 $\boldsymbol{F}_1$、未知力 $\boldsymbol{F}$ 及轴承反力 $\boldsymbol{F}_{Ax}$、$\boldsymbol{F}_{Ay}$、$\boldsymbol{F}_{Az}$、$\boldsymbol{F}_{By}$、$\boldsymbol{F}_{Bz}$，如图 3-15所示。

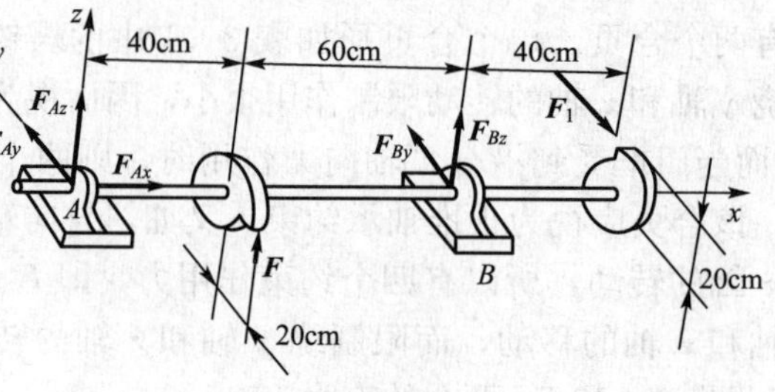

图 3-15

(3) 取坐标系 $Axyz$。

(4) 列平衡方程：

$$\sum F_x=0,\quad F_{Ax}=0$$

$$\sum F_y=0,\quad F_{Ay}+F_{By}-F_1=0$$

$$\sum F_z=0,\quad F_{Az}+F_{Bz}+F=0$$

$$\sum M_x(\boldsymbol{F})=0,\quad 20F_1-20F=0$$

$$\sum M_y(\boldsymbol{F})=0,\quad -40F-100F_{Bz}=0$$

$$\sum M_z(\boldsymbol{F})=0,\quad 100F_{By}-140F_1=0$$

(5) 解方程，得 $F=800\text{N}$，$F_{Ax}=0$，$F_{Ay}=-320\text{N}$，$F_{Az}=-480\text{N}$，$F_{By}=1120\text{N}$，$F_{Bz}=-320\text{N}$。

例 3-5 车床主轴如图 3-16 所示。已知车刀对工件的切削力为：径向切削力 $F_x=4.25\text{kN}$，纵向切削力 $F_y=6.8\text{kN}$，主切削力 $F_z=17\text{kN}$，方向如图 3-16 所示。$\boldsymbol{F}_\tau$ 与 $\boldsymbol{F}_r$ 分别为作用在直齿轮 C 上的切向力和径向力，且 $F_r=0.36\boldsymbol{F}_\tau$。齿轮 C 的节圆半径为 $R=50\text{mm}$，被切削工件的半径为 $r=30\text{mm}$。卡盘及工件自重不计，图中尺寸单位为 mm。求：

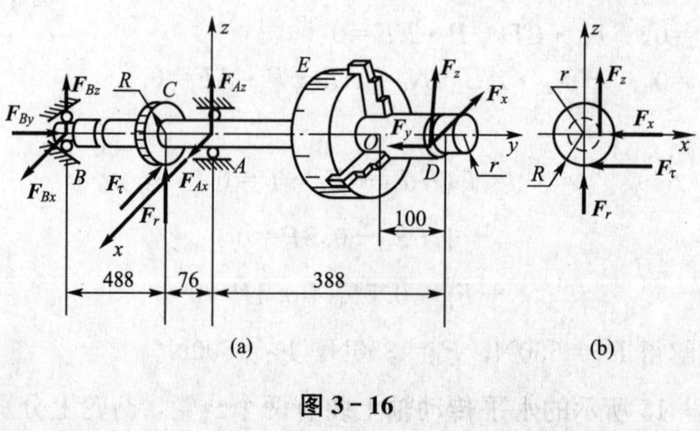

图 3-16

(1) 齿轮的啮合力 $\boldsymbol{F}_\tau$及 $\boldsymbol{F}_r$。

(2) 向心轴承 A 和止推轴承 B 的约束反力。

解：(1) 以整体为研究对象。

(2) 受力分析：有主动力 $\boldsymbol{F}_x$、$\boldsymbol{F}_y$、$\boldsymbol{F}_z$，啮合力 $\boldsymbol{F}_\tau$、$\boldsymbol{F}_r$，轴承 A、B 的约束反力 $\boldsymbol{F}_{Ax}$、$\boldsymbol{F}_{Az}$和 $\boldsymbol{F}_{Bx}$、$\boldsymbol{F}_{By}$、$\boldsymbol{F}_{Bz}$，如图 3-16(a)所示。

(3) 取坐标 $Axyz$，如图 3-16 所示。

(4) 列平衡方程：

$$\sum F_x=0,\quad F_{Bx}-F_\tau+F_{Ax}-F_x=0$$

$$\sum F_y=0,\quad F_{By}-F_y=0$$

$$\sum F_z=0,\quad F_{Bz}+F_r+F_{Az}+F_z=0$$

$$\sum M_x(\boldsymbol{F})=0,\quad -(488+76)F_{Bz}-76F_r+388F_z=0$$

$$\sum M_y(\boldsymbol{F})=0,\quad F_\tau R-F_z r=0$$

$$\sum M_z(\boldsymbol{F})=0,\quad (488+76)F_{Bx}-76F_\tau-30F_y+388F_x=0$$

(5) 解方程，注意 $F_r=0.36F_\tau$，得 $F_\tau=10.2\text{kN}$，$F_r=3.67\text{kN}$；$F_{Ax}=15.64\text{kN}$，$F_{Az}=-31.87\text{kN}$，$F_{Bx}=-1.19\text{kN}$，$F_{By}=6.8\text{kN}$，$F_{Bz}=11.2\text{kN}$。

例 3-6 均质直角三棱柱 $ABCDEF$ 重 $P=1500\text{N}$，$\angle ABE=30°$，在 $BCEF$ 平面作用一力偶，其力偶矩 $M=500\text{N}\cdot\text{m}$，由六根无重杆以球铰链连接，如图 3-17(a)所示，其中 $a=1\text{m}$。求每根杆受力。

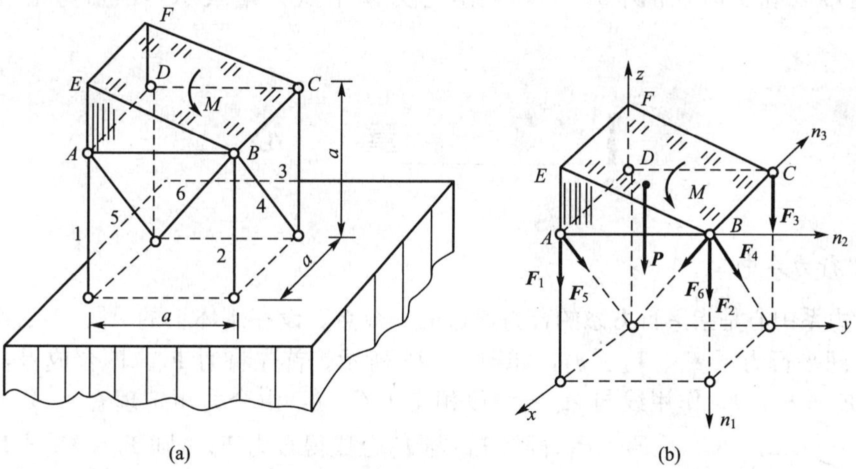

图 3-17

解：取三棱柱为研究对象，其受力如图 3-17(b)所示。

由

$$\sum F_y=0,\quad -F_6\cdot\frac{\sqrt{2}}{\sqrt{3}}\cos 45°=0$$

得 $F_6=0$。

由

$$\sum M_z=0,\quad F_4\cos45°\cdot a+M\sin60°=0$$

得 $F_4=-250\sqrt{6}$N(压)。

由

$$\sum M_{n1}=0,\quad F_5\cos45°\cdot a-M\sin60°=0$$

得 $F_5=250\sqrt{6}$N(拉)。

由

$$\sum M_{n2}=0,\quad -F_3\cdot a-P\cdot\frac{a}{2}+M\cos60°=0$$

得 $F_3=-500$N(压)。

由

$$\sum M_{n3}=0,\quad -F_1\cdot a-F_5\cos45°\cdot a-P\cdot\frac{2a}{3}=0$$

得 $F_1=-(500+250\sqrt{3})$N(压)。

由

$$\sum M_x=0,\quad -F_2\cdot a-F_4\cos45°\cdot a-F_3\cdot a-P\cdot\frac{a}{3}=0$$

得 $F_2=-(500-250\sqrt{3})$N(压)。

当在空间问题中遇到力偶时，若对轴的矩容易计算，则不一定用矢量表示。但当对轴的矩难以确定时(如例 3-6)，则应把力偶矩以矢量表示，然后考虑在轴上的投影。

§3-6 重　心

1. 平行力系中心

平行力系中心是指平行力系的合力通过的一个点。设在刚体上的 A_1、A_2、A_3 三点上作用一空间平行力系 $\boldsymbol{F}_1$、$\boldsymbol{F}_2$、$\boldsymbol{F}_3$，如图 3-18 所示。首先将力 $\boldsymbol{F}_1$、$\boldsymbol{F}_2$ 合成得合力 $\boldsymbol{F}_{R1}$，则 $\boldsymbol{F}_{R1}=\boldsymbol{F}_1+\boldsymbol{F}_2$，$\boldsymbol{F}_{R1}$ 作用线与 A_1A_2 线段相交于 C_1 点，由合力矩定理有 $C_1A_1:C_1A_2=F_2:F_1$。再将 $\boldsymbol{F}_{R1}$ 与 $\boldsymbol{F}_3$ 合成得合力 $\boldsymbol{F}_R$，则 $\boldsymbol{F}_R=\boldsymbol{F}_{R1}+\boldsymbol{F}_3=\boldsymbol{F}_1+\boldsymbol{F}_2+\boldsymbol{F}_3$，其作用线与 C_1A_3 线段相交于 C 点，由合力矩定理得 $CC_1:CA_3=F_3:\boldsymbol{F}_{R1}$。

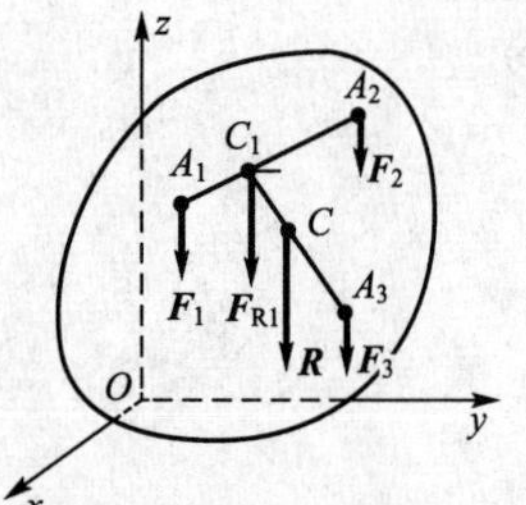

图 3-18

可以证明，若将原有各力绕其作用点转过同一角度，使它们仍保持相互平行，则合力 $\boldsymbol{F}_R$ 仍与各力平行，且合力的作用点 C 不变，也绕点 C 转过相同的角度。此分析结论对反向平行力系也适用。由此可知，平行力系合力作用点 C 的位置只与各平行力的大小及作用点位置有关，而与各平行力的方向无关，该点称为此平行力系的中心。

推广到 n 个平行力组成的平行力系，设第 i 个力 $\boldsymbol{F}_i$ 的矢径为 $\boldsymbol{r}_i$，坐标为 x_i、y_i、z_i，平行力系的合力作用点 C 的矢径为 $\boldsymbol{r}_C$，坐标为 x_C、y_C、z_C。则由合力矩定理，得

$$\boldsymbol{r}_C\times\boldsymbol{F}_{\mathrm{R}}=\sum\boldsymbol{r}_i\times\boldsymbol{F}_i$$

设力作用线方向的单位矢量为 $\boldsymbol{F}_0$，则上式变为

$$\boldsymbol{r}_C\times F_{\mathrm{R}}\boldsymbol{F}_0=\sum\boldsymbol{r}_i\times F_i\boldsymbol{F}_0$$

于是，得平行力系中心 C 的矢径公式和坐标公式分别为

$$\boldsymbol{r}_{\mathrm{C}}=\frac{\sum F_i\boldsymbol{r}_i}{\sum F_i} \tag{3-32}$$

$$x_C=\frac{\sum F_ix_i}{\sum F_i},\quad y_C=\frac{\sum F_iy_i}{\sum F_i},\quad z_C=\frac{\sum F_iz_i}{\sum F_i} \tag{3-33}$$

2. 重心的坐标公式

在地球表面附近的物体都受到地球引力(重力)的作用，对于物体内每一微小部分，地球引力是一分布力系，汇交于地心。但由于物体的尺寸远小于地球半径，故可以认为物体的重力为一空间同向平行力系，此平行力系的中心称为物体的**重心**。由平行力系中心的特性易知，物体的中心有确定的位置，与物体在空间的位置无关。

设物体由若干部分组成，其第 i 部分重为 P_i，重心为(x_i，y_i，z_i)，则由式(3-33)，可得物体重心的坐标公式为

$$x_C=\frac{\sum P_ix_i}{P},\quad y_C=\frac{\sum P_iy_i}{P},\quad z_C=\frac{\sum P_iz_i}{P} \tag{3-34}$$

若物体是均质的，单位体积的重量 γ 为常量，设其任一微小部分体积为 V_i，整个物体的体积为 $V=\sum V_i$，代入式(3-34)，得

$$x_C=\frac{\sum x_iV_i}{V},\quad y_C=\frac{\sum y_iV_i}{V},\quad z_C=\frac{\sum z_iV_i}{V} \tag{3-35}$$

或将上式写成积分形式为

$$x_C=\frac{\int_V x\,\mathrm{d}V}{V},\quad y_C=\frac{\int_V y\,\mathrm{d}V}{V},\quad z_C=\frac{\int_V z\,\mathrm{d}V}{V} \tag{3-36}$$

可见，均质物体的重心与物体的重量无关，它只取决于物体的几何形状和尺寸。这个由物体几何形状和尺寸所确定的点是物体的几何中心，称为物体几何形状的**形心**。显然，均质物体的重心就是形心。应当指出，重心和形心是两个不同的概念，前者是物理概念，后者是几何概念。对于非均质物体，其重心与形心并不重合。

3. 求重心的几种方法

1) 简单几何形状物体的重心

求物体的重心，原则上可用重心坐标公式进行积分运算而求出。若均质物体具有对称

面、对称轴或对称中心，不难看出，它们的重心必在对称面、对称轴或对称中心上。例如，圆形截面、矩形截面、工字形截面等，其重心都与对称中心重合，平行四边形的重心在其对角线的交点上，等等。简单形状物体的重心可从工程手册上查到，表 3－2 列出了几种常见简单形状物体的重心。

表 3－2　简单形体重心表(均质物体)

图形	重心位置
三角形 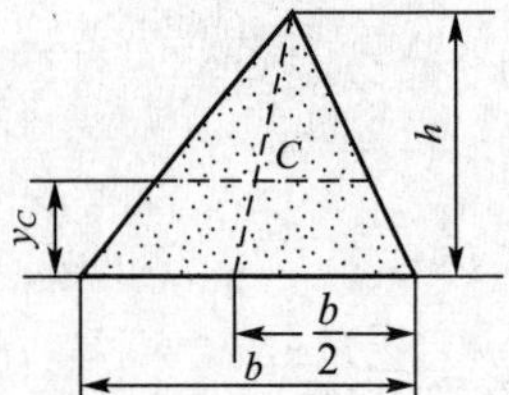	在中线的交点 $y_C=\frac{1}{3}h$
梯形 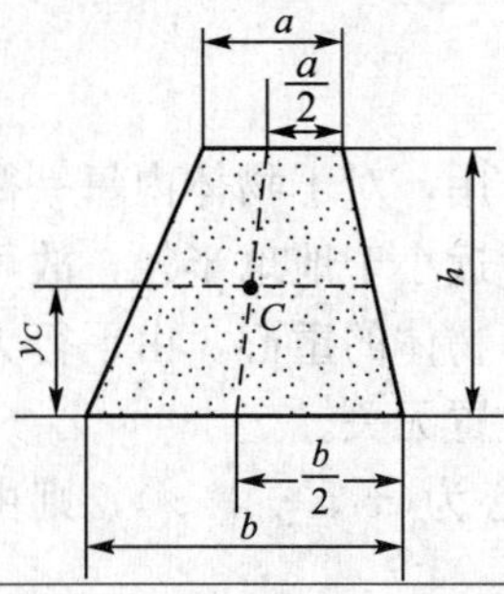	$y_C=\frac{h(2a+b)}{3(a+b)}$
圆弧 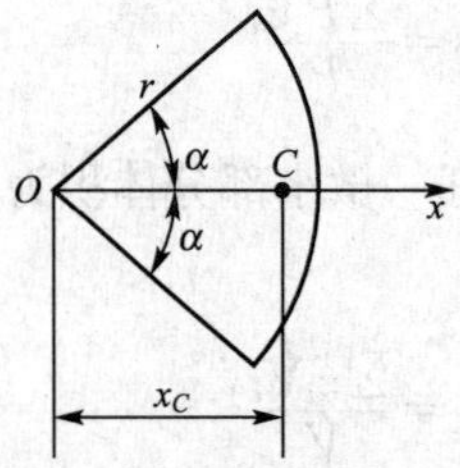	$x_C=\frac{r\sin\alpha}{\alpha}$ 对于半圆弧 $\alpha=\frac{\pi}{2}$，则 $x_C=\frac{2r}{\pi}$
弓形 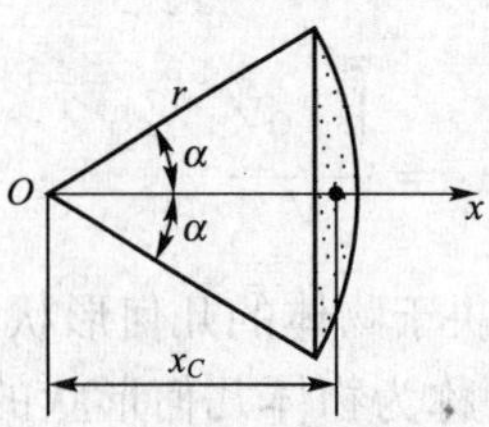	$x_C=\frac{2}{3}\frac{r^3\sin^3\alpha}{S}$ $\left[面积 S=\frac{r^2(2\alpha-\sin2\alpha)}{2}\right]$
扇形 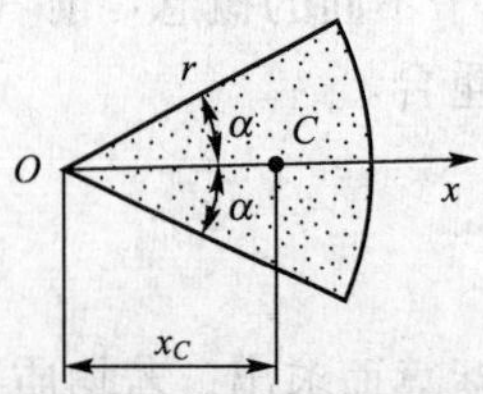	$x_C=\frac{2}{3}\frac{r\sin\alpha}{\alpha}$ 对于半圆 $\alpha=\frac{\pi}{2}$，则 $x_C=\frac{4r}{3\pi}$

（续）

图形	重心位置
部分圆环 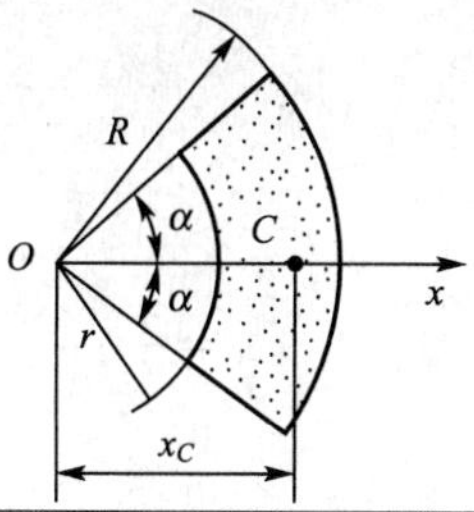	$x_C=\frac{2}{3}\cdot\frac{R^3-r^3}{R_2-r^2}\cdot\frac{\sin\alpha}{\alpha}$
抛物线面 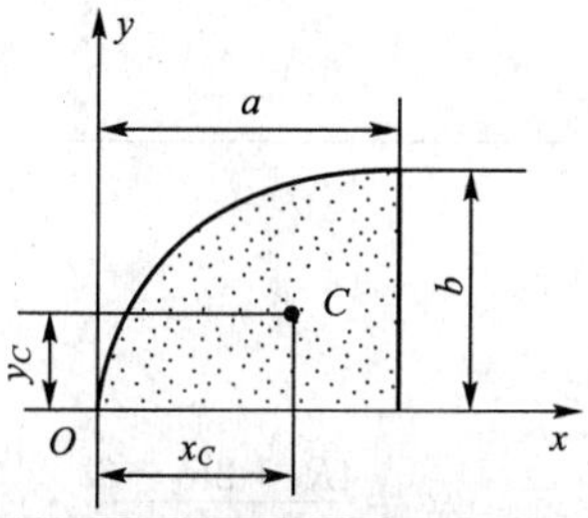	$x_C=\frac{3}{5}a$ $y_C=\frac{3}{8}b$
抛物线面 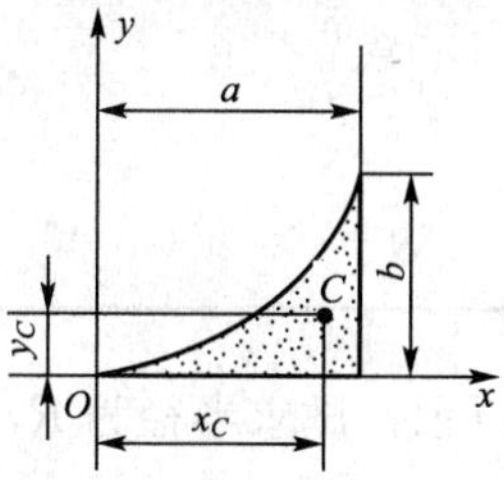	$x_C=\frac{3}{4}a$ $y_C=\frac{3}{10}b$
半圆球 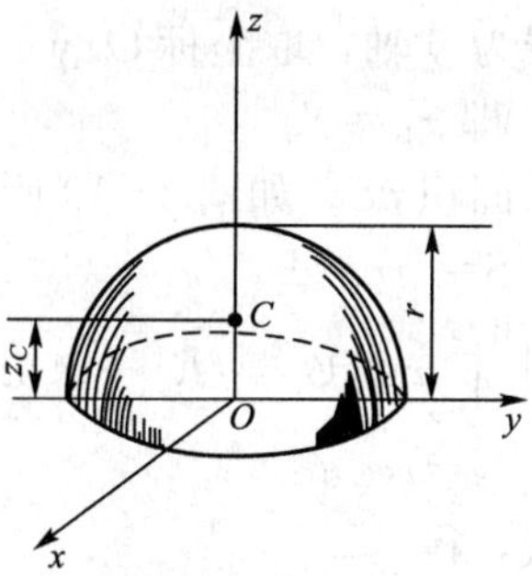	$z_C=\frac{3}{8}r$
正圆锥体 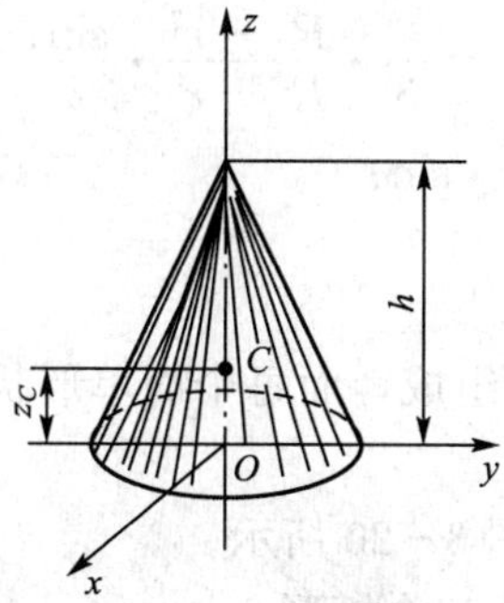	$z_C=\frac{1}{4}h$

（续）

图 形	重心位置
正角锥体 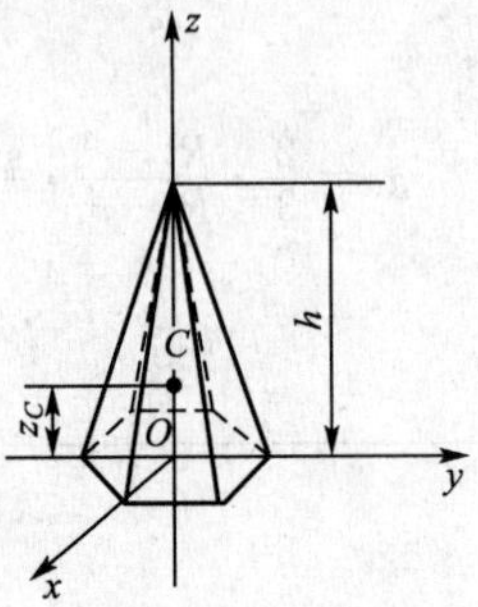	$z_C=\frac{1}{4}h$
锥形筒体 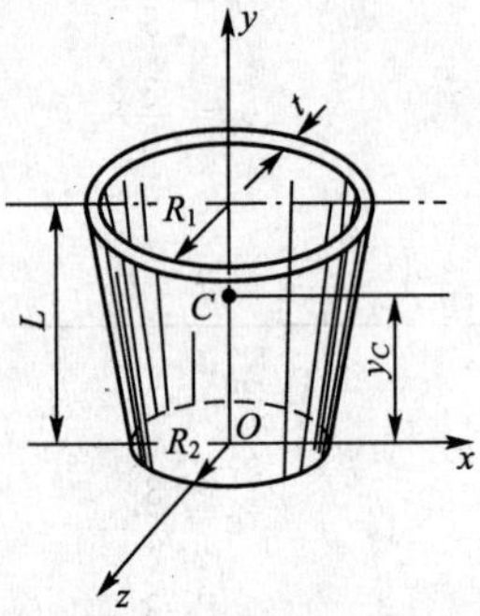	$y_C=\frac{4R_1+2R_2-3t}{6(R_1+R_2-t)}\cdot L$

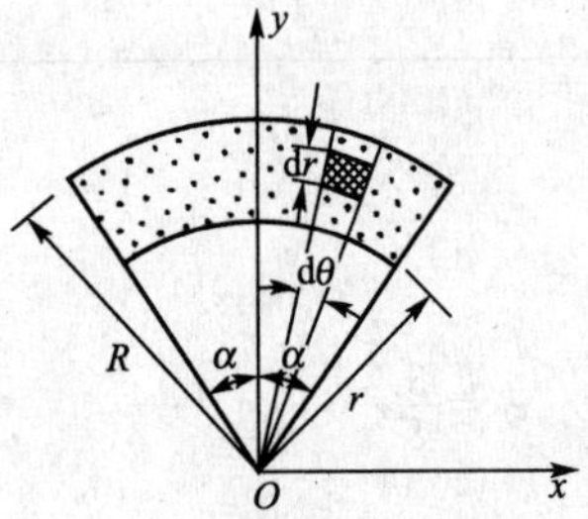

图 3-19

例 3-7 如图 3-19 所示，试求半径为 R，圆心角为 2α 的部分圆环的重心。

解： 取圆心角平分线为 y 轴，取坐标 Oxy。由对称关系可知，重心 C 在 y 轴上，即 $x_C=0$。

将圆环分成无数微小面积 dS，如图 3-19 所示。则

$$dS=(r d\theta)dr$$

$$S=\int_S dS=\int_r^R\int_{-\alpha}^{\alpha} r\,dr\,d\theta=(R^2-r^2)\alpha$$

$$y=r\cos\theta$$

由面积形心坐标公式，得

$$y_C=\frac{\int_S y\,dS}{S}=\frac{1}{(R^2-r^2)\alpha}\int_r^R\int_{-\alpha}^{\alpha} r^2\cos\theta\,dr\,d\theta=\frac{2}{3}\cdot\frac{R^3-r^3}{R^2-r^2}\cdot\frac{\sin\alpha}{\alpha}$$

此部分圆环的重心坐标为 $x_C=0$，$y_C=\frac{2}{3}\cdot\frac{R^3-r^3}{R^2-r^2}\cdot\frac{\sin\alpha}{\alpha}$。

2）用组合法求重心

（1）**分割法**。若一个物体由几个简单形状的物体所组成，而每个简单形状物体的重心是已知的，那么整个物体的重心可用式(3-34)求出。

例 3-8 试求 Z 字形截面重心的位置，其尺寸如图 3-20 所示。

解： 取坐标 Oxy 如图 3-20 所示。将该图形分割为三个矩形。

以 C_1、C_2、C_3 表示这些矩形的重心，而以 S_1、S_2、S_3 表示其面积，以 x_1、y_1，x_2、y_2，x_3、y_3 分别表示 C_1、C_2、C_3 点的坐标。则

$$x_1=-15\text{mm},\quad y_1=45\text{mm},\quad S_1=300\text{mm}^2$$

$$x_2=5\text{mm},\quad y_2=30\text{mm},\quad S_2=400\text{mm}^2$$

$$x_3=15\text{mm},\quad y_3=5\text{mm},\quad S_3=300\text{mm}^2$$

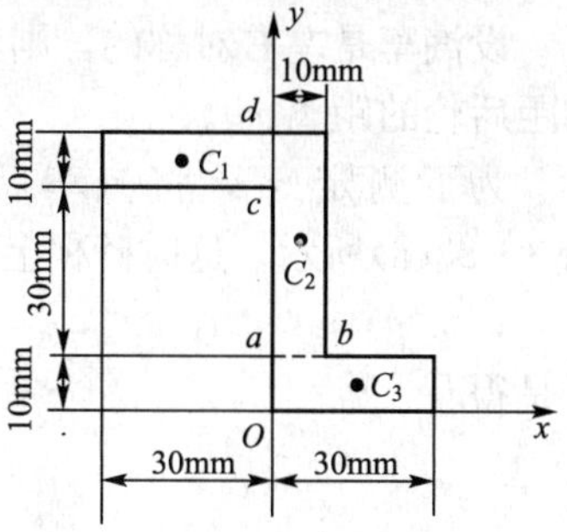

图 3-20

按式(3-35)求得 Z 形截面的重心坐标为

$$x_C=\frac{x_1S_1+x_2S_2+x_3S_3}{S_1+S_2+S_3}=2\text{mm}$$

$$y_C=\frac{y_1S_1+y_2S_2+y_3S_3}{S_1+S_2+S_3}=27\text{mm}$$

(2) **负面积法(或负体积法)**。若在物体或薄板内切去某些部分，则这类物体的重心仍可按与分割法相同的公式计算，但切去部分的面积(或体积)在计算中应取负值。

例 3-9 试求图 3-21 所示振动沉桩器中的偏心块的重心。已知 $R=100\text{mm}$，$r=17\text{mm}$，$b=13\text{mm}$。

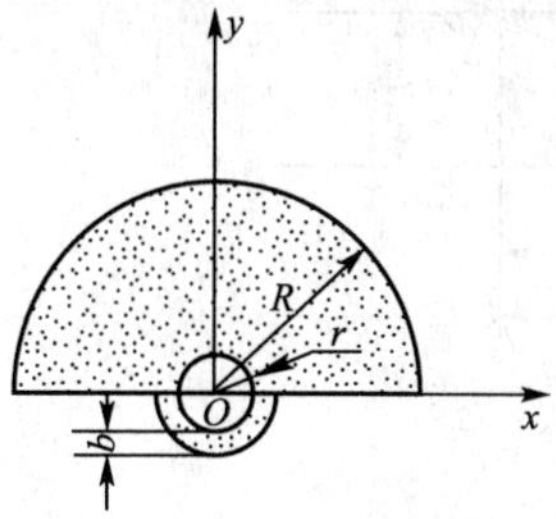

图 3-21

解： 取坐标 Oxy，将偏心块看成由三部分组成，即半径为 R 的半圆 S_1，半径为 $r+b$ 的半圆 S_2，和半径为 r 的小圆 S_3。则偏心块的对称轴为 y 轴，即 $x_C=0$。设 y_1、y_2、y_3 是 S_1、S_2、S_3 的重心坐标，则有

$$y_1=\frac{4R}{3\pi}=\frac{400}{3\pi},\quad S_1=\frac{1}{2}\pi R^2=5000\pi$$

$$y_2=-\frac{4(r+b)}{3\pi}=-\frac{40}{\pi},\quad S_2=\frac{1}{2}\pi(r+b)^2=450\pi$$

$$y_3=0,\quad S_3=-\pi r^2=-289^2\pi$$

于是，偏心块的重心坐标为

$$y_C=\frac{S_1y_1+S_2y_2+S_3y_3}{S_1+S_2+S_3}\approx 40.01\text{mm}$$

3) 用实验法测定物体的重心

在工程实际中，有些物体外形较复杂或质量不均匀，很难用计算方法求其重心，此时可用实验方法测定其重心位置。一般多采用悬挂法和称重法来测定。

(1) 下面简单介绍悬挂法。图 3-22 所示为一待求重心的薄板零件，可将待测零件悬挂于点 A，如图 3-22(a)所示，由二力平衡条件可知，该零件的重心必在悬挂点的铅垂线上，于是，可在零件上画出此线。然后，再将零件悬挂于点 B，同理可画出另一铅垂线必过 B 点，重心也必在这条直线上。因而这两条直线的交点 C，就是待求薄板零件的重心，如图 3-22(b)所示。为准确起见，也可作第三次悬挂以对重心位置进行校正。

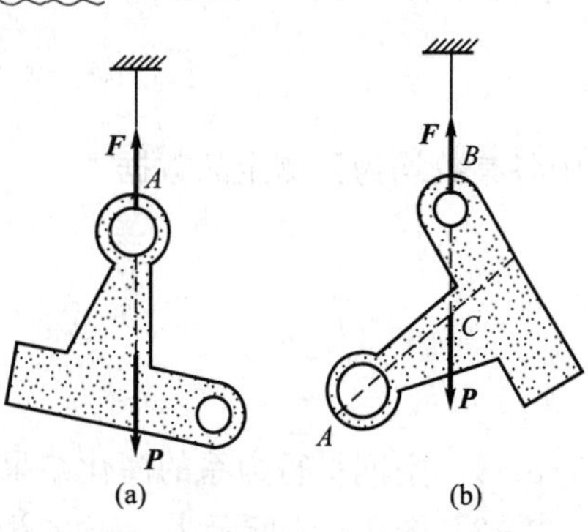

图 3-22

(2) 下面以汽车为例简述称重法测定重心的方

法。如图 3－23 所示，首先称量出汽车的重量 P，测量出前后轮距 l 和车轮半径 r。

设汽车是左右对称的，则重心必在对称面内，我们只需测定重心 C 距地面的高度 z_C 和距后轮的距离 x_C。

为了测定 x_C，将汽车后轮放在地面上，前轮放在磅秤上，车身保持水平，如图 3－23(a)所示。这时磅秤上的读数为 F_1。因车身是平衡的，故

$$Px_C=F_1 l$$

于是得

$$x_C=\frac{F_1}{P}l \tag{1}$$

欲测定 z_C，需将车的后轮抬到任意高度 H，如图 3－23b 所示。这时磅秤的读数为 F_2。同理得

$$x_C'=\frac{F_2}{P}l' \tag{2}$$

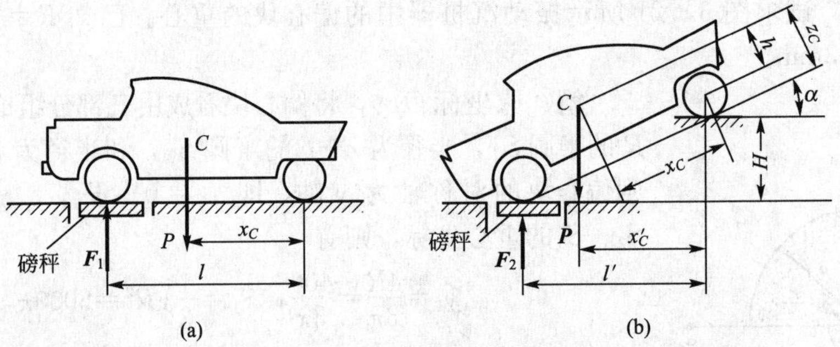

图 3－23

由图中的几何关系知：

$$l'=l\cos\alpha,\quad x_C'=x_C\cos\alpha+h\sin\alpha,\quad \sin\alpha=\frac{H}{l},\quad \cos\alpha=\frac{\sqrt{l^2-H^2}}{l}$$

其中 h 为重心与后轮中心的高度差，则

$$h=z_C-r$$

把以上各关系式代人式(2)中，经整理后即得计算高度 z_C 的公式，即

$$z_C=r+\frac{F_2-F_1}{P}\cdot\frac{1}{H}\cdot\sqrt{l^2-H^2}$$

式中各参数均为已测定的数据。

习　题

3－1　空间平行力系的简化结果如何？能否合成为力螺旋的情况？

3－2　图 3－24 所示为一正立方体，在 A、B 处分别作用力 $\boldsymbol{F}_1$、$\boldsymbol{F}_2$，试求此二力在 x、y、z 轴上的投影和对 x、y、z 轴的矩。

3-3 水平圆盘的半径为 r，外缘 C 处作用已知力 $\boldsymbol{F}$。力 $\boldsymbol{F}$ 位于铅垂平面内，且与 C 处圆盘切线夹角为 60°，其他尺寸如图 3-25 所示。求力 $\boldsymbol{F}$ 对 x、y、z 轴的矩。

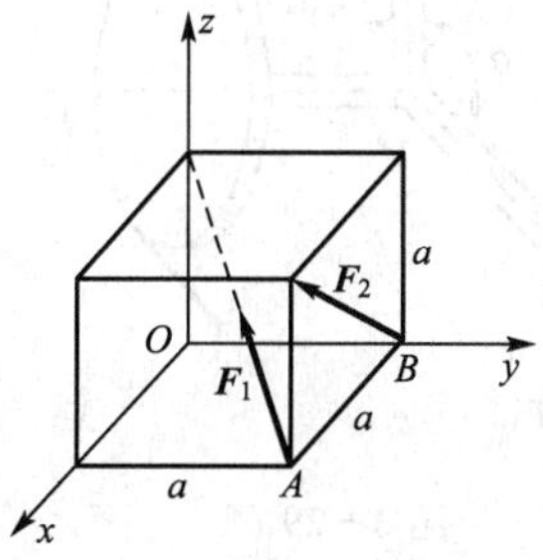

图 3-24

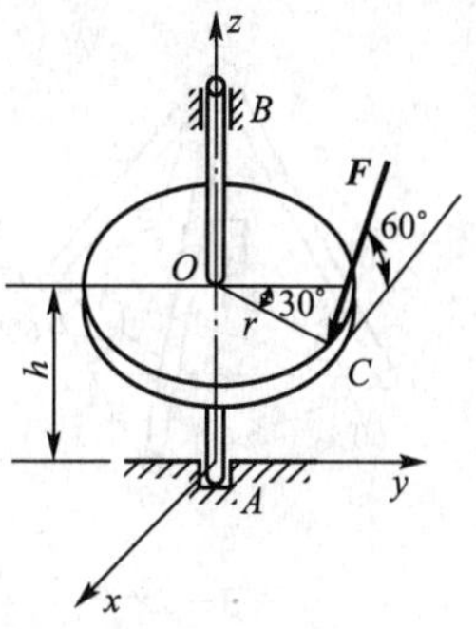

图 3-25

3-4 求图 3-26 所示力 F=1000N 对 z 轴的力矩 $\boldsymbol{M}_z$。

3-5 空间构架由三根直杆组成，在 D 端用球铰链连接，如图 3-27 所示。A、B、C 处用球铰链固定在水平地板上，在 D 端悬挂重物重 P=10kN，试求铰链 A、B、C 处的反力，不计各杆自重。

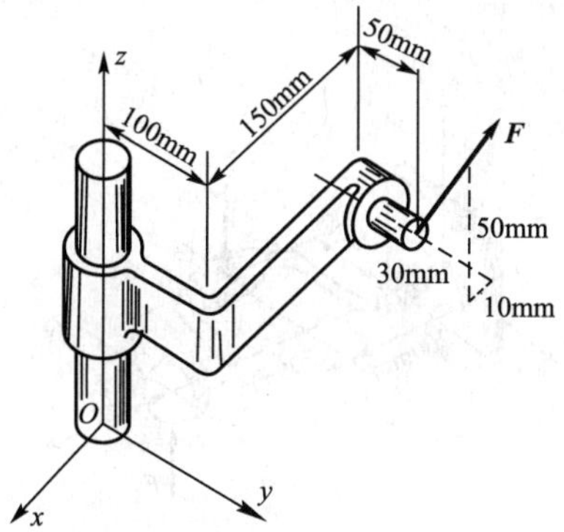

图 3-26

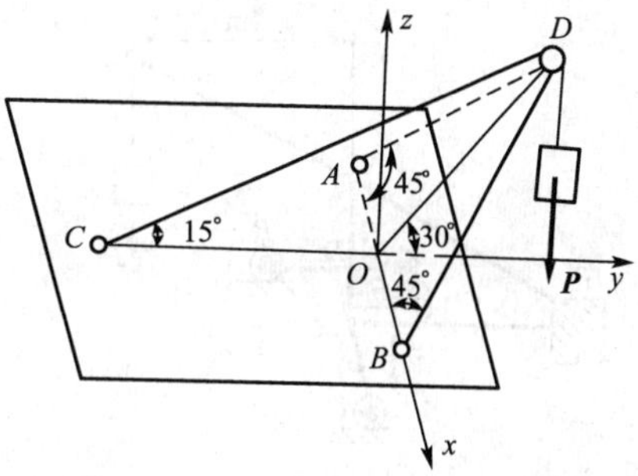

图 3-27

3-6 三脚架如图 3-28 所示，AD、BD、CD 三只脚以铰链固定在地面上，它们均与水平面成 60°角，且 AB=BC=AC，如用绳索跨过 D 点的小滑轮匀速提升重物 P=30kN。试求各脚所受之力，不计各杆自重。

3-7 如图 3-29 所示，三圆盘 A、B 和 C 的半径分别为 150mm、100mm 和 50mm。三轴 OA、OB 和 OC 在同一平面内，$\angle AOB$ 为直角。在这三圆盘上分别作用力偶，组成各力偶的力作用在轮缘上，它们的大小分别等于 10N、20N 和 F。如这三圆盘所构成的物系是自由的，不计物系重量，求能使此物系平衡的力 $\boldsymbol{F}$ 的大小和角 α。

3-8 起重机装在三轮小车 ABC 上。已知起重机的尺寸为 AD=DB=1m，CD=1.5m，CM=1m，KL=4m。机身连同平衡锤 F 共重 P_1=100kN，作用在 G 点，G 点在平面 $LNFM$ 之内，G 到机身轴线 MN 的距离 GH=0.5m，如图 3-30 所示。所举重物 P_2=30kN。求当起重机的平面 LMN 平行于 AB 时车轮对轨道的压力。

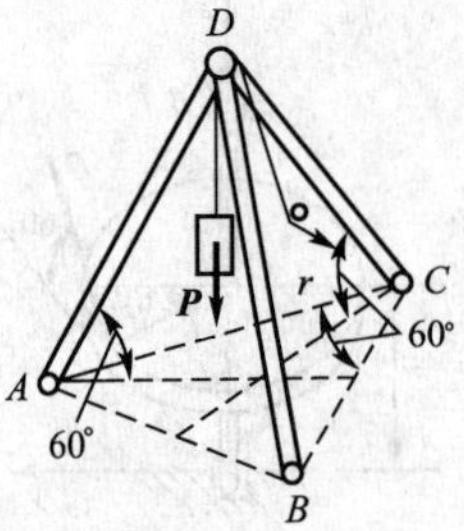

图 3-28

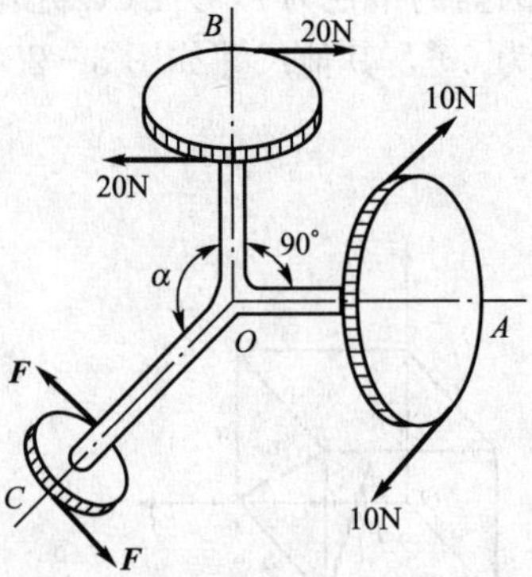

图 3-29

3-9　如图 3-31 所示，手摇钻由支点 B、钻头 A 和一个弯曲的手柄组成。当支点 B 处加压力 $\boldsymbol{F}_x$、$\boldsymbol{F}_y$ 和 $\boldsymbol{F}_z$ 以及手柄上加力 $\boldsymbol{F}$ 后，即可带动钻头绕轴 AB 转动而钻孔，已知 $F_z=50\text{N}$，$F=150\text{N}$。求：

(1) 钻头受到的阻抗力偶矩 M。

(2) 材料给钻头的反力 $\boldsymbol{F}_{Ax}$、$\boldsymbol{F}_{Ay}$ 和 $\boldsymbol{F}_{Az}$ 的值。

(3) 压力 $\boldsymbol{F}_x$ 和 $\boldsymbol{F}_y$ 的值。

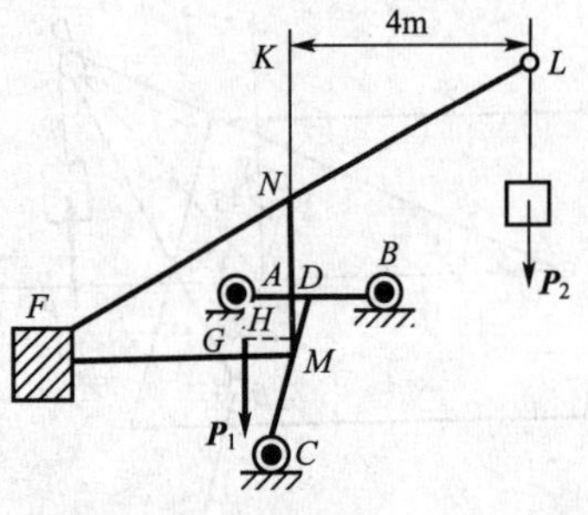

图 3-30

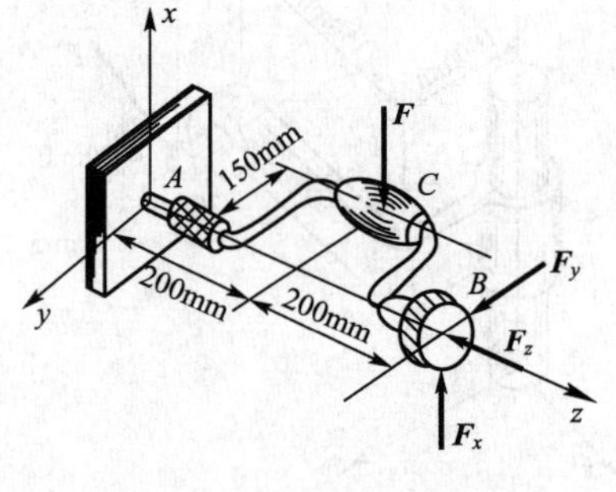

图 3-31

3-10　某传动轴如图 3-32 所示。传动带轮半径 $r_1=200\text{mm}$，传动带拉力为 $F_1=2F_2=2000\text{N}$，方向与水平线成 15°角。圆柱齿轮节圆半径 $r_2=100\text{mm}$，齿轮压力 F_{N} 与铅直线成 20°角，不计齿轮、皮带轮及轴的自重。试求轴承 A、B 处反力及齿轮压力 F_{N} 的大小。

3-11　如图 3-33 所示，电动机以转矩 M 通过链条传动将重物 $\boldsymbol{P}$ 等速提起，链条与水平线成 30°角(直线 O_1x_1 平行于直线 Ax)。已知 $r=100\text{mm}$，$R=200\text{mm}$，$P=10\text{kN}$，链条主动边(下边)的拉力为从动边拉力的两倍。轴及轮重不计，求支座 A 和 B 的反力以及链条的拉力。

3-12　使水涡轮转动的力偶矩为 $M_z=1200\text{N}\cdot\text{m}$。在锥齿轮 B 处受到的力分解为三个分力：圆周力 $\boldsymbol{F}_\tau$，轴向力 $\boldsymbol{F}_a$ 和径向力 $\boldsymbol{F}_r$。这些力的比例为 $F_\tau : F_a : F_r = 1 : 0.32 : 0.17$。已知水涡轮连同轴和锥齿轮的总重为 $P=12\text{kN}$，其作用线沿 Cz 轴，锥齿轮的平均半径 $OB=0.6\text{m}$，其余尺寸如图 3-34 所示。试求止推轴承 C 和轴承 A 的反力。

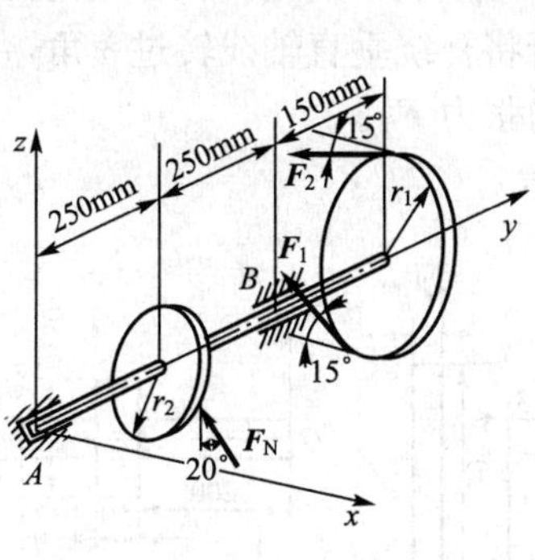

图 3 - 32

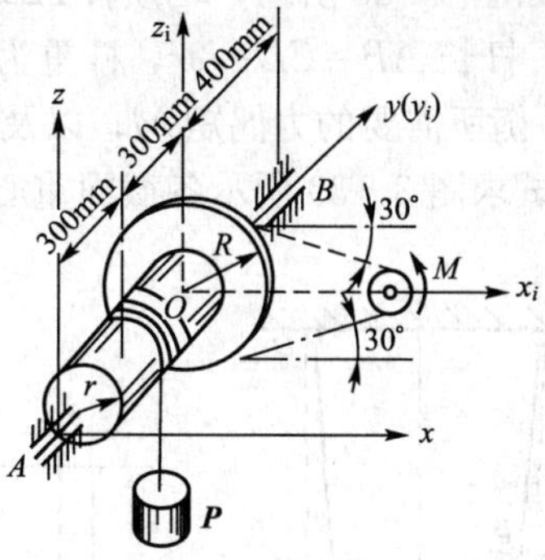

图 3 - 33

3 - 13　六杆支撑一水平板，如图 3 - 35 所示。在 A 点作用一水平力 $F_1=1000\text{N}$，在 B 处作用一铅垂力 $F_2=2000\text{N}$，尺寸如图 3 - 35 所示。不计板与杆的自重，试求各杆内力。

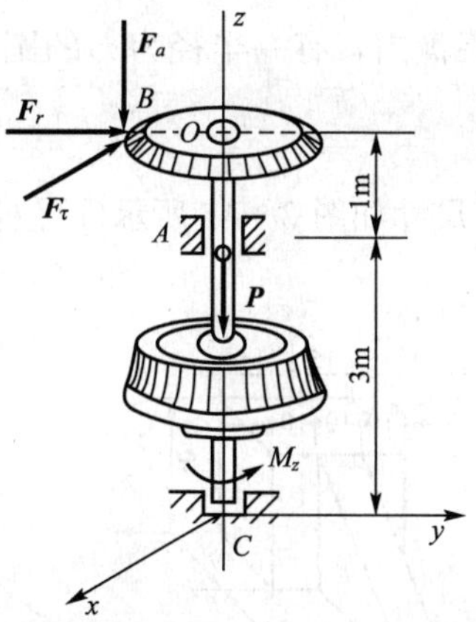

图 3 - 34

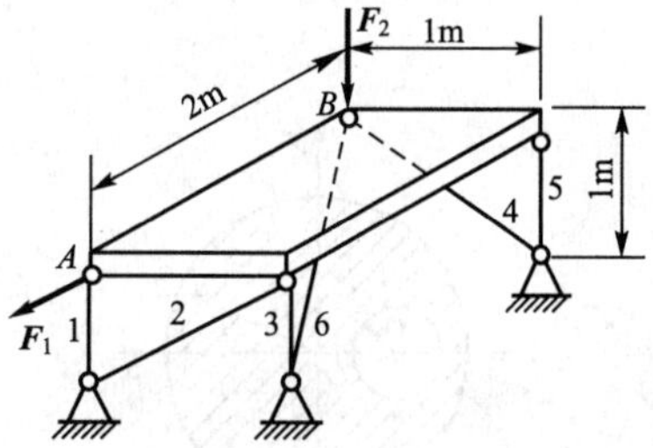

图 3 - 35

3 - 14　如图 3 - 36 所示，均质长方形薄板重 $P=200\text{N}$，用球铰链 A 和蝶铰链 B 固定在墙上，并用绳子 CE 维持在水平位置。求绳子的拉力和支座反力。

3 - 15　两根均质杆 AB 和 BC 分别重为 $\boldsymbol{P}_1$ 和 $\boldsymbol{P}_2$，如图 3 - 37 所示。杆端点 A、C 固定铰支在水平面上，另一端 B 用铰链连接，靠在光滑的铅垂墙面上，AB 与水平线成 45°，$\angle BAC=90°$。试求 A 和 C 的支座反力以及 B 点处的反力。

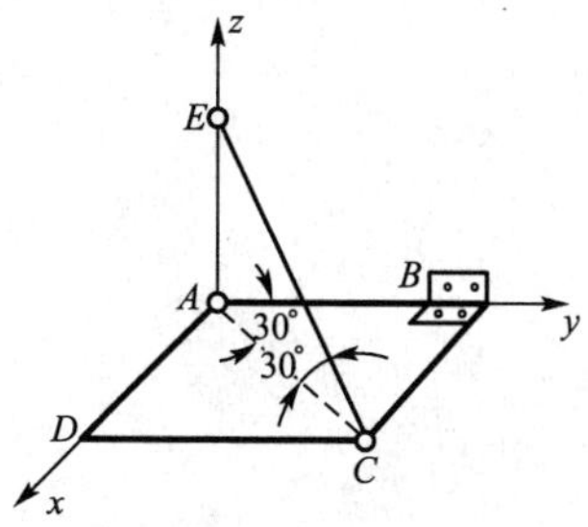

图 3 - 36

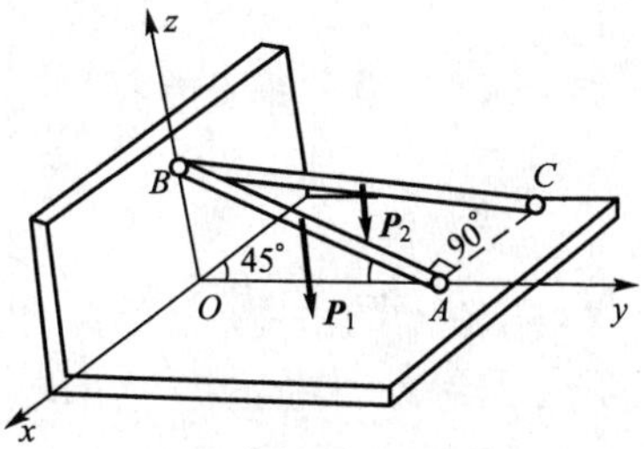

图 3 - 37

3-16　如图 3-38 所示，均质杆 AB 两端各用长为 l 的绳吊住，绳的另端分别系在 C 和 D 两点上。杆长 $AB=CD=2r$，杆重为 $\boldsymbol{P}$。若将杆绕垂直轴线转过 α 角，试求使杆在此位置保持其平衡所需要的力偶矩 M，以及绳内的张力 $\boldsymbol{F}_{\mathrm{T}}$。

3-17　试求图 3-39 所示各截面重心的位置。

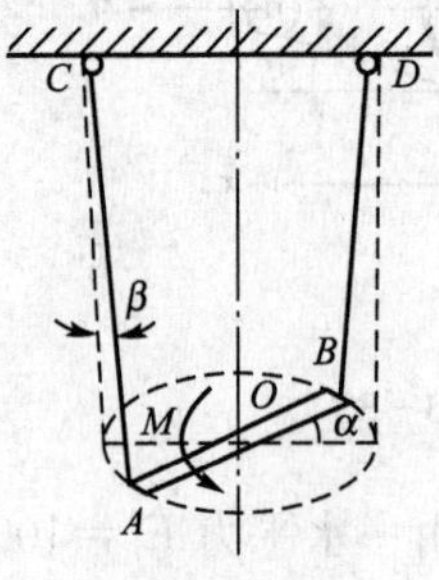

图 3-38

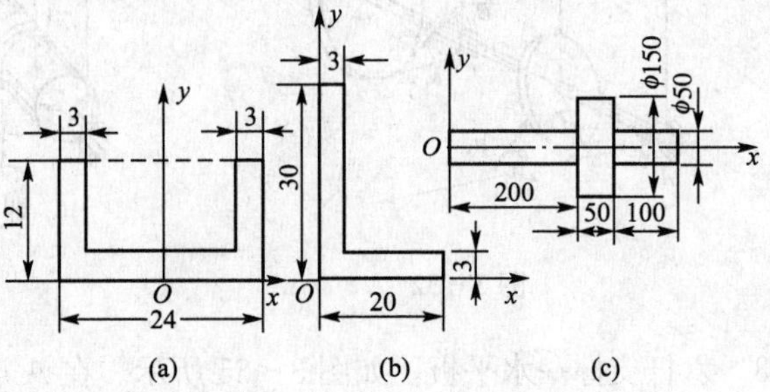

图 3-39

3-18　如图 3-40 所示，在半径为 r_1 的均质圆盘内，有一半径为 r_2 的圆孔，两圆的中心相距 $\frac{r_1}{2}$，求此圆盘重心的位置。

3-19　求图 3-41 所示均质物体重心的位置，尺寸如图 3-41 所示(单位：cm)。

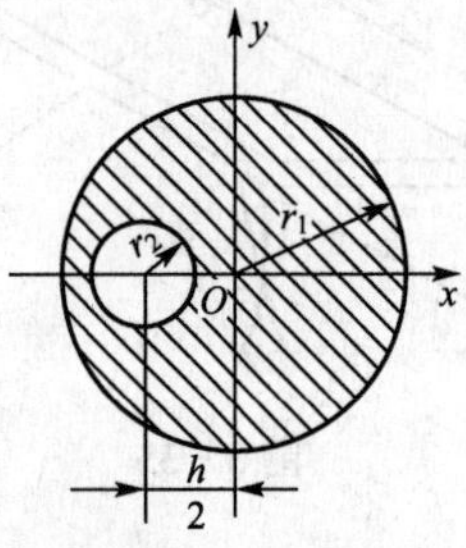

图 3-40

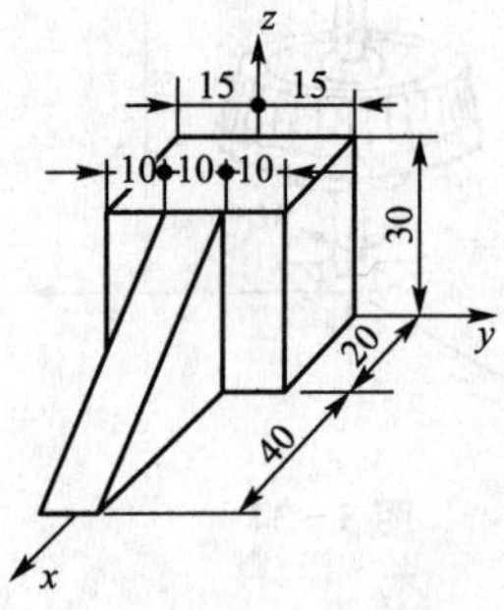

图 3-41

第4章 摩 擦

教学目标

本章研究滑动摩擦在工程中常用的简单近似理论，重点研究有摩擦存在时物体的平衡问题，对滚动摩擦只介绍基本概念。通过本章学习，应达到以下目标：

(1) 掌握滑动摩擦、摩擦力和摩擦角的概念。

(2) 熟练地求解考虑滑动摩擦时简单刚体系的平衡问题。

(3) 了解滚动摩阻的概念。

引例

皮带输送机是一种摩擦驱动以连续方式运输物料的机械。主要由机架、输送带、托辊、滚筒、张紧装置、传动装置等组成。它可以将物料在一定的输送线上，从最初的供料点到最终的卸料点间形成一种物料的输送流程。它既可以进行碎散物料的输送，也可以进行成件物品的输送。除进行纯粹的物料输送外，还可以与各工业企业生产流程中的工艺过程的要求相配合，形成有节奏的流水作业运输线。

皮带输送机如何能把物体从低处运到高处，物体与皮带之间的存在什么样的力呢？

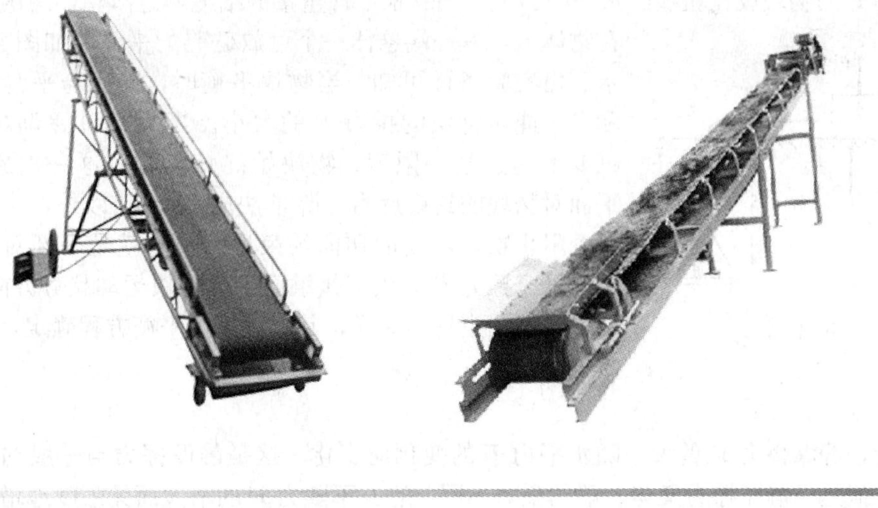

摩擦是机械运动中普遍存在的一种自然现象。在前几章的讨论中，我们忽略了摩擦的影响，而将物体之间的接触表面以及铰链约束处均视为绝对光滑的。但在生活实际和工程实践中，摩擦总是存在的，有时还起着主要作用，也就必须考虑摩擦作用的影响。例如，摩擦轮传动、带传动(靠摩擦传递运动)、车床上的卡盘(靠摩擦夹紧工件)、行走机械(靠摩擦制动)等。如果摩擦在工程实际问题中不起主要作用，就可以在初步计算中略去摩擦的作用，使问题大为简化。

摩擦对生活及生产有其有利的一面，也有其不利的一面。例如，由于摩擦的存在给各种机械带来多余的阻力，从而消耗能量、降低效率、使机件磨损等。我们研究摩擦的目的在于掌握摩擦的规律，利用它的有利面，减少或避免它的不利面。

摩擦的种类很多，按照接触物体之间可能会相对滑动或相对滚动，摩擦可分为滑动摩擦和滚动摩擦；根据物体之间是否有良好的润滑剂，滑动摩擦又可分为干摩擦和湿摩擦。

由于摩擦是一种极其复杂的物理—力学现象，关于其机理的研究，目前已形成了一门学科——摩擦学。

§4-1 滑动摩擦

滑动摩擦是两物体接触面具有相对滑动趋势或作相对滑动时的摩擦。对于多数工程问题而言，滑动摩擦产生的原因主要是由于接触面粗糙，在凸凹不平处相互交错啮合，形成对运动的阻碍。另外，接触面间也存在着分子凝聚力，但是凝聚力只有在接触面非常光洁，接触面间的距离与分子本身的尺寸接近时才起作用，在一般问题中可以忽略不计。根据相对运动情况，滑动摩擦可分为静滑动摩擦和动滑动摩擦两种情况。

1. 静滑动摩擦定律

两个相互接触的物体，当其接触面之间有相对滑动的趋势，但仍保持相对静止时，互相作用着阻碍相对滑动的阻力，即**静滑动摩擦力**，简称**静摩擦力**。下面通过一个实验来说明静摩擦力的特点。

重为 $\boldsymbol{P}$ 的物块放在粗糙的水平平面上，用一根不计重量的细绳跨过滑轮，绳的一端系在物体上，另一端悬挂一个可放砝码的平盘，如图 4-1 所示。由实验条件可知，当物块平衡时，砝码与平盘重量之和等于绳对物块的拉力 $\boldsymbol{F}$ 的大小。当 $\boldsymbol{F}$ 由 0 逐渐增大时，只要不超过某一限度，物块始终持静止。这一现象说明，平面对物块的约束反力，除了法向反力 $\boldsymbol{F}_N$ 以外，一定还有一个阻止物块滑动的切向约束反力，它就是平面对物块作用的静摩擦力 $\boldsymbol{F}_s$，沿着接触面且与物块运动趋势方向相反。$\boldsymbol{F}_s$ 和一般约束反力一样，其大小需用平衡方程确定，即

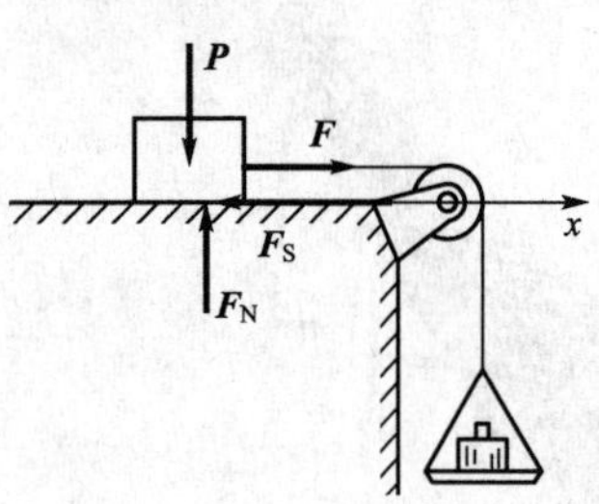

图 4-1

$$\sum F_x = 0$$

得 $F_s = F$。

上式说明，静摩擦力 $\boldsymbol{F}_s$ 的大小随水平力 $\boldsymbol{F}$ 的变化而变化。这是静摩擦力与一般约束反力的共性。但是，静摩擦力又与一般约束力不同，它并不随力 $\boldsymbol{F}$ 的增大而无限度地增大。当力 $\boldsymbol{F}$ 的大小达到一定数值时，物块处于将要动而未动的临界状态，这时，静摩擦力达到最大值，即为最大静滑动摩擦力，简称最大静摩擦力，以 $\boldsymbol{F}_{max}$ 表示。此后，随着力 $\boldsymbol{F}$ 的增大，静摩擦力不再增大，物块将失去平衡而滑动。

综上可知，静摩擦力的大小随主动力的情况而变化，但介于零与最大值之间，即

$$0 \leqslant F_s \leqslant F_{max}$$

实验证明：最大静摩擦力的大小与两物体间的正压力(即法向约束反力)成正比，即

$$F_{max}=f_s \cdot F_N \tag{4-1}$$

式中，f_s称为**静摩擦系数**，是无量纲的比例常数。式(4-1)称为**静摩擦定律**或**库仑摩擦定律**。

静摩擦系数f_s的大小需由实验测定。它与接触物体的材料和表面情况(如粗糙度、温度和湿度等)有关，而与接触面积的大小无关。静摩擦系数的数值可在工程手册中查到，表4-1中列出了部分常用材料的摩擦系数。

表4-1 常用材料的滑动摩擦系数

材料名称	静摩擦系数		动摩擦系数	
	无润滑	有润滑	无润滑	有润滑
钢-钢	0.15	0.1～0.12	0.15	0.05～0.1
钢-软钢			0.2	0.1～0.2
钢-铸铁	0.3		0.18	0.05～0.15
钢-青铜	0.15	0.1～0.15	0.15	0.1～0.15
软钢-铸铁	0.2		0.18	0.05～0.15
软钢-青铜	0.2		0.18	0.07～0.15
铸铁-青铜			0.15～0.2	0.07～0.15
铸铁-铸铁		0.18	0.15	0.07～0.12
青铜-青铜		0.1	0.2	0.07～0.1
皮革-铸铁	0.35～0.5	0.15	0.6	0.15
橡皮-铸铁			0.8	0.5
术材-木材	0.4～0.6	0.1	0.2～0.5	0.07～0.15

应当指出，影响静摩擦系数的因素很复杂，现代摩擦理论已指出，f_s不仅与物体的材料、接触情况有关，而且还与正压力作用时间的长短等因素有关。对于确定的材料而言，f_s并不是常数，只是在一般情况下，与常数接近。因此，式(4-1)只是个近似结果。但是，由于公式简单，计算方便，并且又有足够的准确性，故在一般工程实际中，仍被广泛地应用。如果需用比较准确的数值时，必须在具体条件下由实验测定。

2. *动滑动摩擦定律*

当图4-1中的$\boldsymbol{F}$继续增大超过最大静摩擦力时，物块即开始向右滑动，此时接触面之间作用着阻碍物块滑动的动滑动摩擦力，简称**动摩擦力**，以$\boldsymbol{F}_d$表示。动摩擦力与静摩擦力不同，它没有变化范围。实验表明：动摩擦力的大小与接触面间的正压力成正比，即

$$F_d=f \cdot F_N \tag{4-2}$$

式中，f是**动摩擦系数**，它与接触物体的材料和表面情况有关。一般情况下，动摩擦系数小于静摩擦系数，即$f<f_s$。

实际上，动摩擦系数还与接触物体间相对滑动的速度大小有关。对于不同材料的物体，动摩擦系数随相对滑动的速度变化而变化。多数情况下，f 随相对滑动速度的增大而稍有减小。但当相对滑动速度不大时，f 的值可近似认为是个常数，参阅表 4-1。

在机器中，往往用降低接触表面的粗糙度或加入润滑剂等方法，使动摩擦系数 f 降低，以减小摩擦和磨损。

§4-2 摩擦角和自锁现象

1. 摩擦角

考虑摩擦时，支承面对平衡物体的约束反力包含两个分量：法向反力 $\boldsymbol{F}_N$ 及切向反力 $\boldsymbol{F}_s$(即静摩擦力)。这两个分力的合力 $\boldsymbol{F}_R$ 称为支承面的**全约束反力**，简称**全反力**，它的作用线与接触面的公法线成一偏角 α，如图 4-2(a)所示。当物块处于平衡的临界状态时，静摩擦力达到最大值 $\boldsymbol{F}_{max}$，偏角 α 也达到最大值 φ，如图 4-2(b)所示。全反力与法线间夹角的最大值 φ 称为**摩擦角**。由图 4-2(b)知，

$$\tan\varphi=\frac{F_{max}}{F_N}=\frac{f\cdot F_N}{F_N}=f_s \tag{4-3}$$

即摩擦角的正切等于静摩擦系数。可见，摩擦角也是研究滑动摩擦的重要物理量。

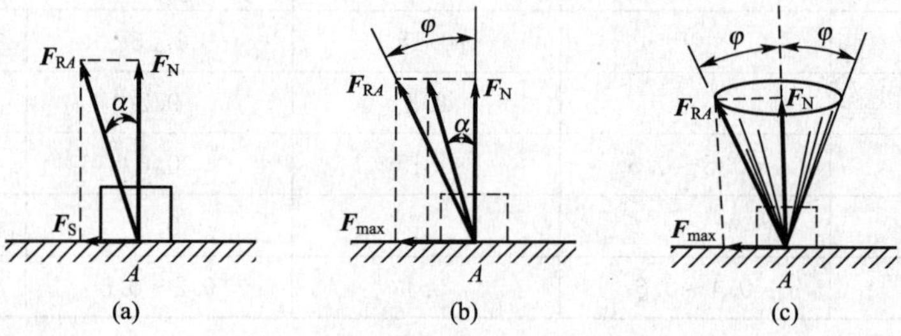

图 4-2

当物块的滑动趋势方向改变时，全反力作用线的方向也随之改变。在临界状态下，$\boldsymbol{F}_{RA}$ 的作用线将画出一个以接触点 A 为顶点的锥面，如图 4-2(c)所示，称为**摩擦锥**。若物块与支承面间沿任何方向的摩擦系数均相同，即摩擦角都相等，则摩擦锥将是一个顶角为 2φ 的圆锥。

利用摩擦角的概念，可用简单的实验方法测定静摩擦系数。如图 4-3(a)所示，将要测定的两种材料分别做成斜面和物块，把物块放在斜面上，并逐渐从零开始增大斜面的倾角 α，直到物块刚出现下滑时为止。这时的 α 角就是要测定的摩擦角 φ，其正切值就是要求的静摩擦系数 f_s。因为物块仅受重力 $\boldsymbol{P}$ 和全反力 $\boldsymbol{F}_{RA}$ 作用而平衡，故 $\boldsymbol{F}_{RA}$ 与 $\boldsymbol{P}$ 等值、反向、共线，因此 $\boldsymbol{F}_{RA}$ 必沿铅直线，$\boldsymbol{F}_{RA}$ 与斜面法线的夹角等于斜面倾角 α，如图 4-3(b)所示。当物块处于临界平衡状态且 $F_s=F_{max}$ 时，全反力 F_{RA} 与法线间的夹角等于摩擦角 φ，即 $\alpha=\varphi$，如图 4-3(c)所示。由式(4-3)求得摩擦系数，即

$$f_s=\tan\varphi=\tan\alpha$$

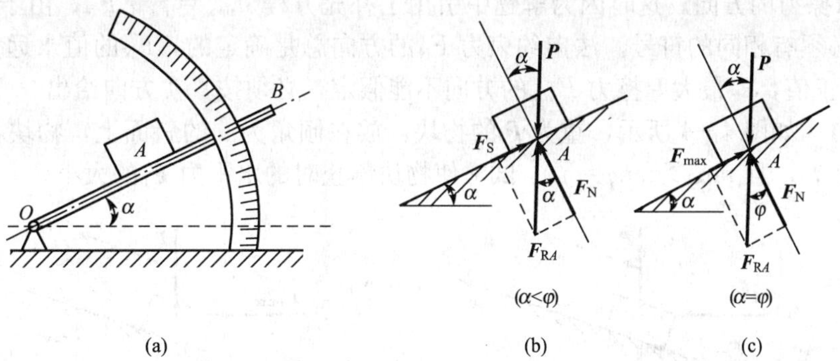

图 4-3

2. 自锁现象

物体平衡时，静摩擦力总是小于或等于最大静摩擦力，即 $F_s \leqslant F_{max}$，因而全反力 $\boldsymbol{F}_R$ 与接触面公法线间夹角 α 也总是小于或等于摩擦角 φ，即

$$\alpha \leqslant \varphi \tag{4-4}$$

因此，当物体平衡时，全反力 $\boldsymbol{F}_{RA}$ 的作用线一定在摩擦角(锥)之内。

由此可知：如果全部主动力的合力 $\boldsymbol{F}_R$ 的作用线位于摩擦角(锥)之内，则无论主动力的合力数值多大，物体必处于平衡状态，这种现象称为**自锁现象**。因为在这种情况下，主动力的合力在沿接触面公切线方向的分力不会大于最大静摩擦力，支承面总可以产生一个全反力 $\boldsymbol{F}_{RA}$ 与主动力的合力 $\boldsymbol{F}_R$ 相平衡，这种与主动力大小无关，而只与摩擦角有关的平衡条件称为自锁条件。在工程实际中，常应用自锁条件设计某些机构和夹具，如使螺旋千斤顶在被升起重物的重量作用下不会自动下降，则千斤顶的螺旋升角必须小于摩擦角(自锁条件)。还有压榨机、圆锥销等，都是使它们始终保持在平衡状态下工作。

如果主动力的合力作用线在摩擦角(锥)之外时，则无论主动力的合力数值多小，物体都将产生滑动。因为在这种情况下，支承面的全反力 $\boldsymbol{F}_{RA}$ 和主动力的合力 $\boldsymbol{F}_R$ 不能满足二力平衡条件。在工程实际中，为了防止“卡住”现象的发生，也要设法避免出现自锁现象，如变速器中的滑动齿轮产生自锁，变速器就不能起变速作用。

§4-3 考虑摩擦时物体的平衡问题

求解考虑摩擦时物体的平衡问题时，其方法与前几章基本一样，但是，在受力分析中必须考虑摩擦力。要注意，摩擦力的方向是沿接触面的切线且与物体相对滑动趋势的方向相反，它的大小常是未知量。这时，通常就新增加了未知量，需列出补充方程，即 $F_s \leqslant f_s \cdot F_N$，补充方程的数目与新增摩擦力的数目相同。由于物体平衡时摩擦力 $\boldsymbol{F}_s$ 可以在 0～F_{max} 之间变化，所以有摩擦时，平衡问题的解不是一个确定的值，而是一个区间。工程实际中有些问题只需分析平衡的临界状态，这时，补充方程可取等号，即 $F_s = f_s \cdot F_N$。有时为了求解方面，也先在临界状态下进行计算分析，求得结果后再讨论其平衡解的范围。

应该强调指出，在临界状态下求解有摩擦的平衡问题时，必须根据相对滑动的趋势，正确判断摩擦力的方向。这时因为解题中引用了补充方程 $F_{max}=f_s\cdot F_N$，由于 f_s为正值，F_{max}和 F_N必须有相同的符号。法向约束力 F_N的方向总是确定的，F_N的值永远为正，因而 F_{max}也应为正值，即最大摩擦力 F_{max}的方向不能假定，必须按真实方向给出。

例 4-1 如图 4-4 所示，重为 $\boldsymbol{P}$ 的物块，放在倾角为 α 的斜面上，物块与斜面间的摩擦系数为 f_s，且 $\tan\alpha>\tan\varphi=f_s$。试求使物块静止时的水平力 $\boldsymbol{F}_1$的大小。

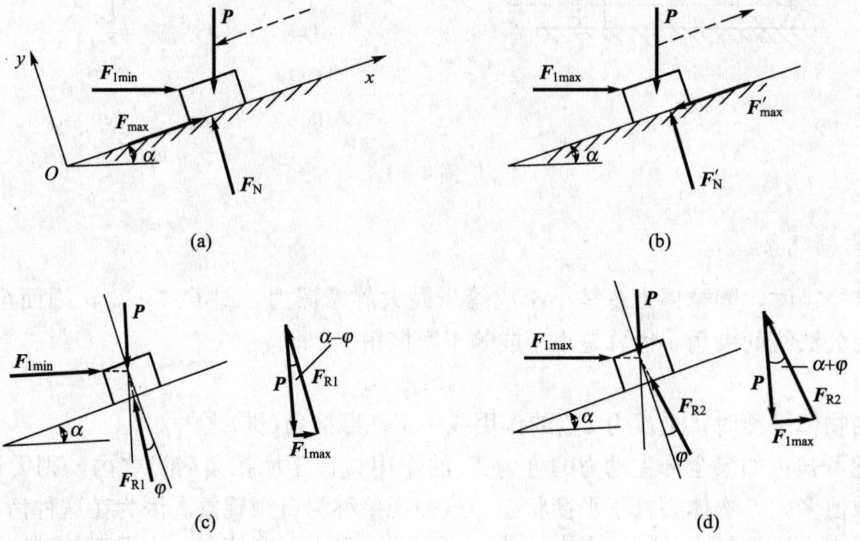

图 4-4

解：由经验易知，$\boldsymbol{F}_1$值过大，物块将向上滑动；$\boldsymbol{F}_1$值过小，物块将向下滑动。因此，$\boldsymbol{F}_1$值必在某一范围内，下面分别按两种极限情况分析。

(1) 保持物块不致下滑的 $\boldsymbol{F}_{1min}$值。

当物块处于有向下滑动趋势的临界平衡状态时，它受沿斜面向上的 $\boldsymbol{F}_{max}$作用，如图 4-4(a)所示，按图示坐标系列平衡方程及补充方程：

$$\sum F_x=0,\quad F_{1min}\cos\alpha-P\sin\alpha+F_{max}=0$$

$$\sum F_y=0,\quad F_N-F_{1min}\sin\alpha-P\cos\alpha=0$$

$$F_{1min}=f_sF_N$$

解得 $F_{1min}=\dfrac{\sin\alpha-f_s\cos\alpha}{\cos\alpha+f_s\sin\alpha}P$。

(2) 保持物块不致上滑的 $\boldsymbol{F}_{1max}$值。

当物块处于有向上滑动趋势的临界平衡状态时，它受沿斜面向下的 $\boldsymbol{F}'_{max}$作用，如图 4-4(b)所示，按图示坐标系列平衡方程及补充方程：

$$\sum F_x=0,\quad F_{1max}\cos\alpha-P\sin\alpha-F'_{max}=0$$

$$\sum F_y=0,\quad F'_N-F_{1max}\sin\alpha-P\cos\alpha=0$$

$$F'_{max}=f_sF'_N$$

解得 $F_{1max}=\dfrac{\sin\alpha+f_s\cos\alpha}{\cos\alpha-f_s\sin\alpha}P$。

(3) 综合上述两个结果可知，使物块保持平衡的水平力 F_1 的值，应满足下式：

$$\frac{\sin\alpha - f_s\cos\alpha}{\cos\alpha + f_s\sin\alpha}P \leqslant F_1 \leqslant \frac{\sin\alpha + f_s\cos\alpha}{\cos\alpha - f_s\sin\alpha}P$$

从上式可看出，使物块保持静止的力 **P** 可在某一范围内变化，这类问题也称平衡范围问题。若不计摩擦($f_s=0$)，则平衡时有 $F_1=F_{1\min}=F_{1\max}=P\tan\alpha$，其结果是唯一的。

本题还可以利用摩擦角的概念用几何法求解，这时受力分析必须在临界状态下进行。

(1) 当物块处于即将下滑的临界状态时，物块受到 $\boldsymbol{F}_{1\min}$、全反力 $\boldsymbol{F}_{R1}$ 和重力 **P** 作用而处于临界平衡状态，三力构成一平面汇交力系，画出力三角形。受力图和力三角形如图 4-4(c)所示。其中，φ 为摩擦角。解力三角形得，

$$F_{1\min}=P\tan(\alpha-\varphi)=\frac{\sin\alpha - f_s\cos\alpha}{\cos\alpha + f_s\sin\alpha}P$$

(2) 当物块处于即将上滑临界状态时，物块受到 $\boldsymbol{F}_{1\max}$、全反力 $\boldsymbol{F}_{R2}$ 和重力 **P** 作用，画出力三角形。受力图和力三角形如图 4-4(d)所示。可解得，

$$F_{1\max}=P\tan(\alpha+\varphi)=\frac{\sin\alpha + f_s\cos\alpha}{\cos\alpha - f_s\sin\alpha}P$$

其结果与解析法完全相同。

在此例题中，如斜面的倾角小于摩擦角，即 $\alpha<\varphi$ 时，水平推力 $\boldsymbol{F}_{1\min}$ 为负值。这说明，此时物块不需要力 $\boldsymbol{F}_1$ 的支持就能静止于斜面上；而且无论重力 **P** 值为多大，物块也不会下滑，这就是自锁现象。

例 4-2 图 4-5(a)所示为挡土墙，其自重为 **P**，并受一水平土压力 $\boldsymbol{F}_P$ 的作用，力 $\boldsymbol{F}_P$ 距地面的距离为 d，其他尺寸如图 4-5 所示。设墙与地面间的摩擦系数为 f_s，试求致使墙既不滑动又不倾覆，力 $\boldsymbol{F}_P$ 的大小应满足什么条件。

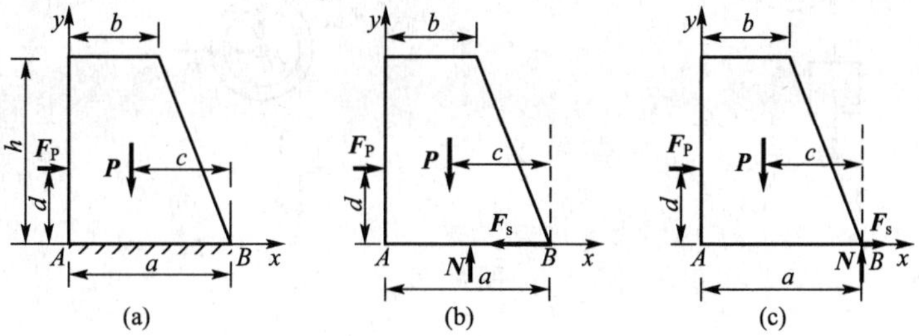

图 4-5

解： 1) 挡土墙不滑动的条件

取挡土墙为研究对象。在土压力 $\boldsymbol{F}_P$ 的作用下，墙体有向右滑动的趋势，地基对挡土墙的摩擦力 $\boldsymbol{F}_s$ 向左，挡土墙在力 $\boldsymbol{F}_P$、**P**、$\boldsymbol{F}_s$ 和 $\boldsymbol{F}_N$ 作用下处于平衡状态［图 4-5(b)］。取直角坐标系 Axy，列出平衡方程为

$$\sum F_x=0,\quad F_P-F_s=0$$
$$\sum F_y=0,\quad F_N-P=0$$

解得 $F_s=F_P$，$F_N=P$。

根据静摩擦力的特点可知

$$F_s\leqslant f_sF_N$$

因此，为了保证墙不滑动，力 $\boldsymbol{F}_P$ 的大小应满足的条件为

$$F_P \leqslant f_s P$$

2) 挡土墙不倾覆的条件

仍然取挡土墙为研究对象。显然，当挡土墙即将开始倾覆时，力 $\boldsymbol{F}_N$ 和 $\boldsymbol{F}_s$ 将作用于 B 点，如图 4-5(c)所示。力 $\boldsymbol{F}_P$ 使墙绕 B 点倾覆的力矩称为倾覆力矩，其值为 $F_P d$；同时重力 $\boldsymbol{P}$ 则阻止墙绕 B 点倾覆，力 $\boldsymbol{P}$ 对 B 点的力矩称为稳定力矩，其值为 M_c。要使墙不倾覆，稳定力矩必须大于倾覆力矩，即

$$M_c \geqslant F_P d$$

故墙不倾覆的条件为

$$F_P \leqslant \frac{M_c}{d}$$

因此要使挡土墙既不滑动又不倾覆，力 $\boldsymbol{F}_P$ 的大小应同时满足上述两个条件，取其中数值较小者的即可。

例 4-3 起重铰车的制动器由带制动块的手柄 AB 和制动轮 O 所构成，如图 4-6(a)所示。已知 $R=50\text{cm}$，$r=30\text{cm}$，制动轮和制动块间的摩擦系数 $f_s=0.4$，提升的物重 $P=1000\text{N}$，$l=300\text{cm}$，$a=60\text{cm}$，$b=10\text{cm}$，不计手柄、制动轮等的自重，试求制动时所加力 $\boldsymbol{F}_1$ 的最小值 $F_{1\min}$。

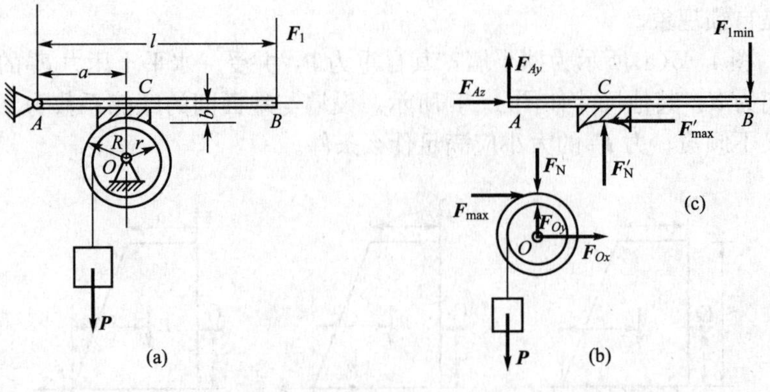

图 4-6

解： 当 $F_1=F_{1\min}$ 时，制动轮处于临界平衡状态，此时制动轮与制动块间的静摩擦力达到最大值 $F_{\max}$。

(1) 以轮 O 为研究对象，受力如图 4-6(b)所示，列平衡方程及摩擦补充方程如下。

$$\sum M_O(\boldsymbol{F})=0,\quad Pr-F_{\max}R=0$$

$$F_{\max}=f_s F_N$$

解得 $F_{\max}=600\text{N}$，$F_N=1500\text{N}$。

(2) 以手柄 AB 为研究对象，其受力如图 4-6(c)所示，列平衡方程如下。

$$\sum M_A(\boldsymbol{F})=0,\quad F'_N a-F'_{\max}b-F_{1\min}l=0$$

由于

$$F'_N=F_N=1500\text{N},\quad F'_{\max}=F_{\max}=600\text{N}$$

故解得

$$F_{1\min}=\frac{1}{l}(F'_{\mathrm{N}}a-F'_{\max}b)=280\mathrm{N}$$

例 4-4 图 4-7(a)所示为凸轮机构。已知推杆与滑道间的摩擦系数为 f_s，滑道宽度为 b。设凸轮与推杆接触处的摩擦不计。问 a 为多大时，推杆才不致被卡住。

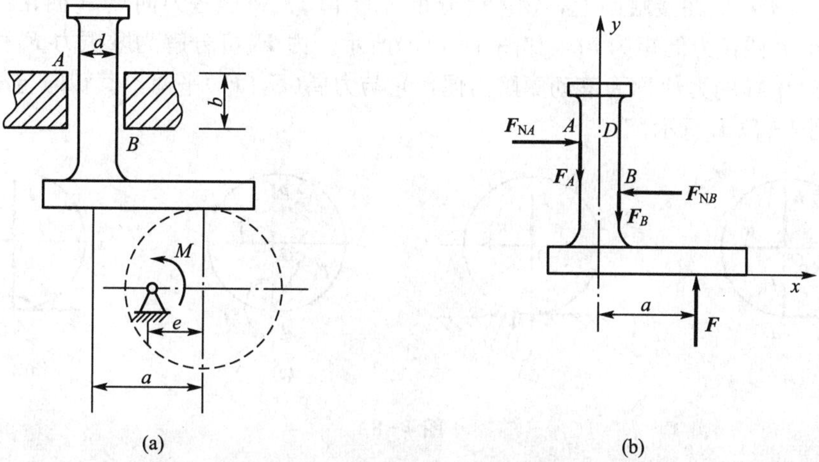

图 4-7

解：以推杆为研究对象，其受力如图 4-7(b)所示。在图示坐标系下列平衡方程：

$$\sum F_x=0,\ F_{NA}-F_{NB}=0 \tag{1}$$

$$\sum F_y=0,\ -F_A-F_B+F=0 \tag{2}$$

$$\sum M_D(\boldsymbol{F})=0,\ Fa-F_{NB}b-F_B\cdot\frac{d}{2}+F_A\cdot\frac{d}{2}=0 \tag{3}$$

考虑推杆处于平衡临界状态下的补充方程：

$$F_A=f_sF_{NA},\ F_B=f_sF_{NB} \tag{4}$$

解得 $F_{NA}=F_{NB}=F_N$, $F_A=F_B=F_{\max}=f_sF_N$，$F=2F_{\max}$。

$$a=\frac{b}{2f_s}$$

根据计算结果，在 $\boldsymbol{F}$ 和 b 不变情况下，由(3)式可见，当 a 减小时，$F_{NB}(=F_{NA})$亦减小，因而最大静摩擦力减小。而由(2)式可见，如推杆平衡，F_A、F_B之和仍须保持原值，将出现摩擦力大于最大静摩擦力的不合理结果。因而当 $a<b/2f_s$时，推杆不能平衡，即推杆不会被卡住。

§4-4 滚动摩阻

实践告诉我们，使滚子滚动比使它滑动省力。所以在工程实际中，为了提高效率，减轻劳动强度，常利用物体的滚动代替物体的滑动。

下面通过一个简单实例来说明滚动摩阻的概念。

设在水平面上有一滚子，重为 $\boldsymbol{P}$，半径为 r，在其中心 O 上作用一水平力 $\boldsymbol{F}$，如

图 4-8(a)所示。当力 $\boldsymbol{F}$ 不大时，滚子既不滑动，也不滚动。分析滚子的受力可知，接触点 A 处的法向反力 $\boldsymbol{F}_N$ 与 $\boldsymbol{P}$ 等值、反向且共线；静摩擦力 $\boldsymbol{F}_s$ 与力 $\boldsymbol{F}$ 等值、反向，但不共线，此二力组成一不为零的力偶矩，该力偶矩将使滚子滚动。但实际上，在 $\boldsymbol{F}$ 不大时，滚子并没有滚动。这是因为滚子和平面都不是刚体，在接触的地方属于面接触而非点接触，如图 4-8(b)所示。在接触面上，物体受分布力的作用，将这些力向点 A 简化，得到一个力 $\boldsymbol{F}_R$ 和一个力偶，力偶矩为 $\boldsymbol{M}$，如图 4-8(c)所示。力 $\boldsymbol{F}_R$ 可分解为摩擦力 $\boldsymbol{F}_s$ 和法向反力 $\boldsymbol{F}_N$，这个矩为 M 的力偶称为**滚动摩阻力偶**，它与力偶($\boldsymbol{F}$，$\boldsymbol{F}_s$)平衡，其转向与滚动的趋向相反，如图 4-8(d)所示。

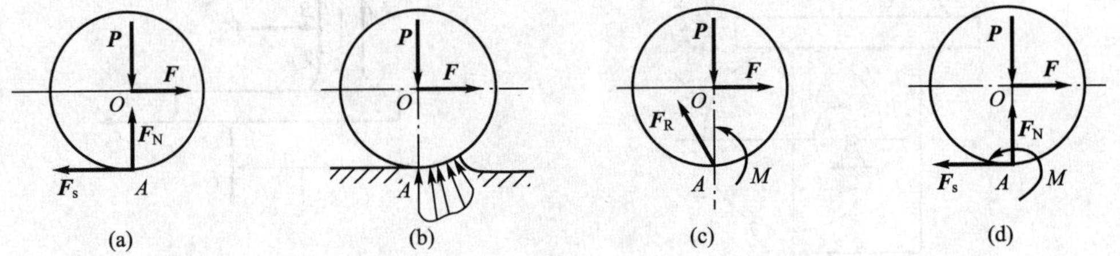

图 4-8

当一物体沿另一物体表面滚动或有滚动趋势时，相互接触处由于变形而产生对滚动的阻碍作用，称为**滚动摩阻**。同静摩擦力一样，在滚子保持平衡状态下，滚动摩阻力偶矩 M 随力偶($\boldsymbol{F}$，$\boldsymbol{F}_s$)的力偶矩增大而增大，当滚子处于平衡临界状态时，M 达到最大值 M_{max}，称为**最大滚动摩阻力偶矩**。若力 $\boldsymbol{F}$ 再增大一点，滚子就会滚动。在滚动过程中，滚动摩阻力偶矩近似等于 M_{max}。因此，M 的大小介于零与最大值之间，即

$$0 \leqslant M \leqslant M_{max}$$

实验表明：最大滚动摩阻力偶矩 M_{max} 与滚子半径无关，而与支承面的正压力 $\boldsymbol{F}_N$ 的大小成正比，即

$$M_{max} = \delta \cdot F_N \tag{4-5}$$

这就是**滚动摩阻定律**，其中 δ 是比例常数，称为**滚动摩阻系数**(简称滚阻系数)，它具有长度的量纲，单位一般为 mm。δ 值与接触面材料的硬度和湿度有关，可由实验测定或查有关工程手册得到。

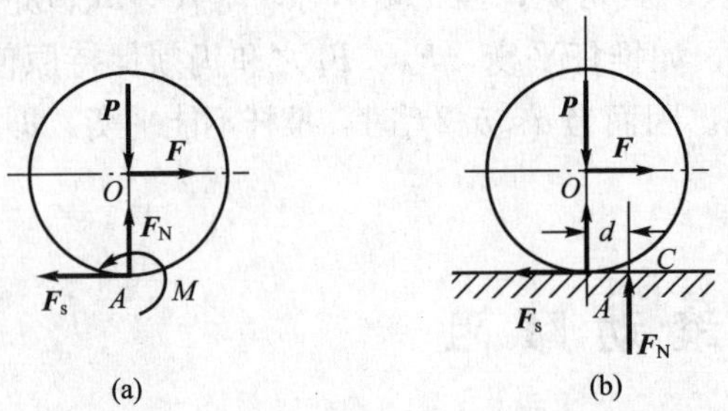

图 4-9

滚阻系数的物理意义如下。在研究滚子即将滚动的临界平衡状态时，设滚子受力如图 4-9(a)所示。根据力的平移定理，将法向约束力 $\boldsymbol{F}_N$ 作用点由 A 前移至 C 点，如图 4-9(b)所示，其附加力偶矩 M 与滚动摩阻力偶矩平衡，即

$$M = F_N d$$

与式(4-5)比较，得 $\delta = d$。

可见，滚阻系数 δ 可看成滚子在即将滚动时，法向约束反力 $\boldsymbol{F}_N$ 离中心线的最远距离，也就是最大滚动摩阻力偶($\boldsymbol{F}_N$，$\boldsymbol{P}$)的力偶臂。

根据经验可知，车轮在坚硬的路面上滚动，阻力小些；轮胎气压不足时，阻力就大

些。这些现象说明了滚动摩阻与接触物间的变形有关。下面分析使圆轮滚动比滑动省力的原因。

当圆轮处于临界滚动状态，轮心拉力为 $\boldsymbol{F}_1$，则

$$M_{\max}=\delta F_N=F_1R$$

即 $F_1=\dfrac{\delta}{R}F_N$。

当圆轮处于临界滑动状态，轮心拉力为 $\boldsymbol{F}_2$，则

$$F_{\max}=f_sF_N=F_2$$

即 $F_2=f_sF_N$。

一般情况下，$\delta/R\ll f_s$，则 $F_1\ll F_2$。

例如，某车轮半径 $R=450\text{mm}$，混凝土路面 $\delta=3.15\text{mm}$，$f_s=0.7$，则有

$$\frac{F_2}{F_1}=\frac{f_sR}{\delta}=\frac{0.7\times450\text{mm}}{3.15\text{mm}}=100$$

由以上分析可知，圆轮滚动比滑动省力。

一般情况下，由于滚阻系数小，在大多数情况下，滚动摩阻是可以忽略不计的。

例 4-5 半径为 R 的滑轮 B 上作用有力偶，轮上绕有细绳拉住半径为 R、重量为 $\boldsymbol{P}$ 的圆柱，如图 4-10(a)所示。斜面倾角为 θ，圆柱与斜面间的滚阻系数为 δ。求保持圆柱平衡时，力偶矩 M_B 的最大与最小值；并求能使圆柱匀速滚动而不滑动时，静滑动摩擦系数的最小值。

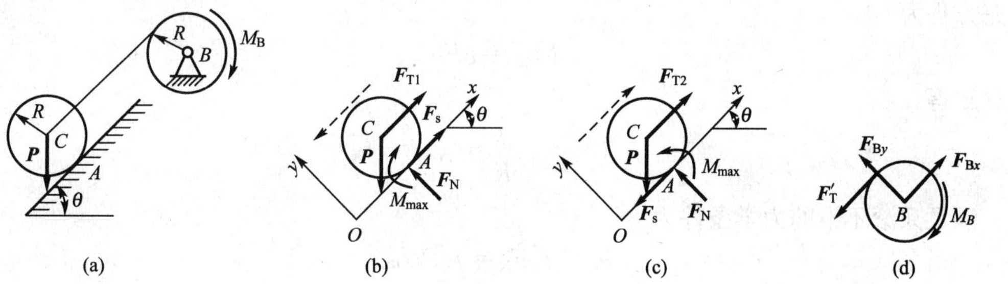

图 4-10

解： 取圆柱为研究对象，先求绳子拉力。圆柱在即将滚动的临界状态下，滚动摩阻力偶达最大值，即 $M_{\max}=\delta F_N$，转向与滚动趋势相反。当绳拉力为最小值时，圆柱有向下滚动的趋势；当绳拉力为最大值时，圆柱有向上滚动的趋势。

(1) 求最小拉力 $\boldsymbol{F}_{T1}$，受力如图 4-10(b)所示，列平衡方程：

$$\sum M_A(\boldsymbol{F})=0,\quad P\sin\theta\cdot R-F_{T1}R-M_{\max}=0 \tag{1}$$

$$\sum F_y=0,\quad F_N-P\cos\theta=0 \tag{2}$$

临界状态下，列出补充方程：

$$M_{\max}=\delta F_N \tag{3}$$

联立解得最小拉力为

$$F_{T1}=P\left(\sin\theta-\frac{\delta}{R}\cos\theta\right)$$

(2) 求最大拉力 $\boldsymbol{F}_{T2}$，受力如图 4-10(c)所示，列平衡方程：

$$\sum M_A(\boldsymbol{F})=0,\quad P\sin\theta\cdot R-F_{T2}R+M_{max}=0 \tag{4}$$

$$\sum F_y=0,\quad F_N-P\cos\theta=0 \tag{5}$$

列出补充方程：

$$M_{max}=\delta F_N \tag{6}$$

联立解得最大拉力为

$$F_{T2}=P\left(\sin\theta+\frac{\delta}{R}\cos\theta\right)$$

(3) 以滑轮 B 为研究对象，受力如图 4-10(d)所示，列平衡方程：

$$\sum M_B(\boldsymbol{F})=0,\quad F_T'R-M_B=0$$

当绳拉力分别为 $\boldsymbol{F}_{T2}$ 或 $\boldsymbol{F}_{T1}$ 时，得力偶矩的最大值与最小值为

$$M_{Bmax}=F_{T2}R=P(R\sin\theta+\delta\cos\theta)$$

$$M_{Bmin}=F_{T1}R=P(R\sin\theta-\delta\cos\theta)$$

即 M_B 的平衡范围为

$$P(R\sin\theta-\delta\cos\theta)\leqslant M_B\leqslant P(R\sin\theta+\delta\cos\theta)$$

(4) 求圆柱只滚不滑时，静摩擦系数 f_s 的最小值。

取圆柱为研究对象，当它能向上滚动时，受力如图 4-10(c)所示。列平衡方程：

$$\sum M_O(\boldsymbol{F})=0,\quad F_sR-M_{max}=0$$

$$\sum F_y=0,\quad F_N-P\cos\theta=0$$

补充方程为

$$M_{max}=\delta F_N$$

联立解得

$$F_s=\frac{\delta}{R}P\cos\theta$$

满足只滚不滑的力学条件为

$$F_s\leqslant f_sF_N=f_sP\cos\theta$$

比较上述结果，可得

$$f_s\geqslant\frac{\delta}{R}$$

即圆柱能滚动而不滑动时，静摩擦系数的最小值应为 δ/R。

当圆柱能向下滚动时，由图 4-10(b)可得到同样的结果，读者可自行验算。

习　题

4-1　物块重 $\boldsymbol{P}$，放置在粗糙的水平面上，接触处的摩擦系数为 f_s。要使物块沿水平面向右滑动，可沿 OA 方向施加拉力 $\boldsymbol{F}_1$ [图 4-11(a)]，也可沿 BO 方间施加推力 $\boldsymbol{F}_2$ [图 4-11(b)]，试问哪种方法省力。

4-2　如图 4-12 所示，汽车行驶时，前轮受到汽车车体施加的一个向前推力 $\boldsymbol{F}$，而后轮作用一主动力偶矩 $\boldsymbol{M}$。试画出前、后车轮的受力图。

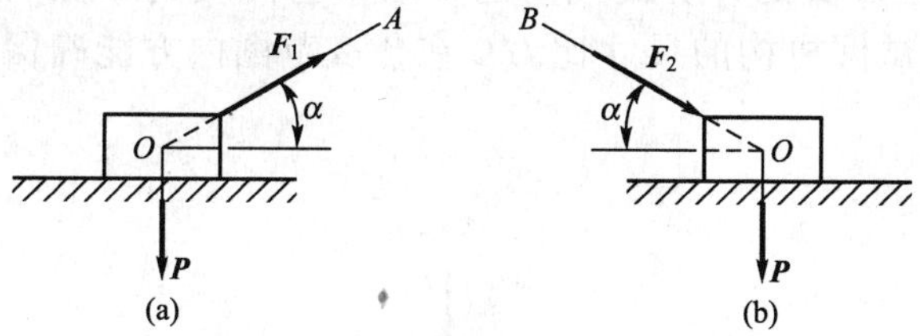

图 4-11

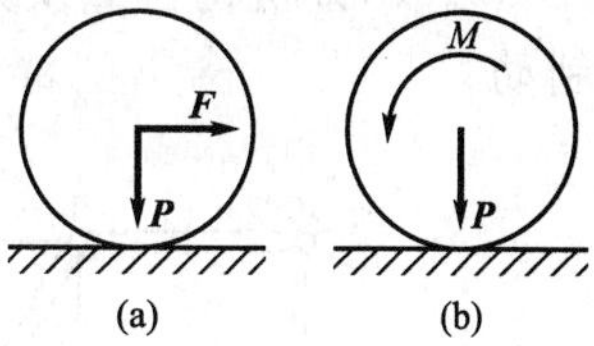

图 4-12

4-3 如图 4-13 所示，物块重 $P=100\text{N}$，在水平力 $F=500\text{N}$ 作用下处于平衡状态，已知物块与铅垂墙壁间的摩擦系数 $f_s=0.3$，试问：此时物块与墙壁间的摩擦力多大？

4-4 如图 4-14(a)所示，重为 $P=1000\text{N}$ 的物块放在平板上，其摩擦系数 $f_s=0.1$，$\alpha=60°$。试求：

(1) 图 4-14(b)中使物块保持平衡时 $\boldsymbol{F}_{1\max}$的大小。

(2) 图 4-14(c)中当 $F_1=100\text{N}$ 时，物块所受法向反力 $\boldsymbol{F}_\text{N}$与摩擦力 $\boldsymbol{F}_s$的大小。

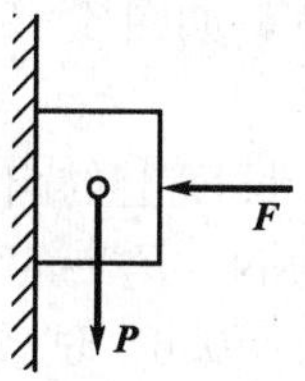

图 4-13

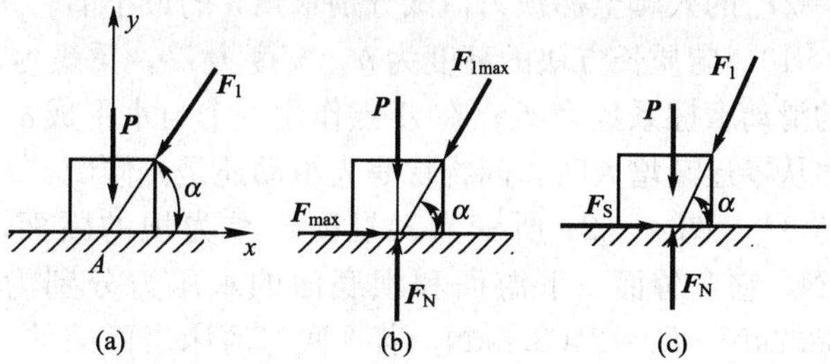

图 4-14

4-5 如图 4-15 所示。两物块 A 和 B 重叠放在水平面上，已知物块 A 重 $P_1=500\text{N}$，物块 B 重 $P_2=200\text{N}$，A、B 间摩擦系数 $f_{s1}=0.25$，物块 B 与水平面间的摩擦系数 $f_{s2}=0.20$。试求：拉动物块 B 的最小水平力 $\boldsymbol{F}_{\min}$的大小。

4-6 简易升降混凝土吊筒装置如图 4-16 所示。混凝土和吊筒共重 30kN，吊筒与滑道间的摩擦系数 $f_s=0.2$。试分别求出重物匀速上升和下降时绳子的拉力。

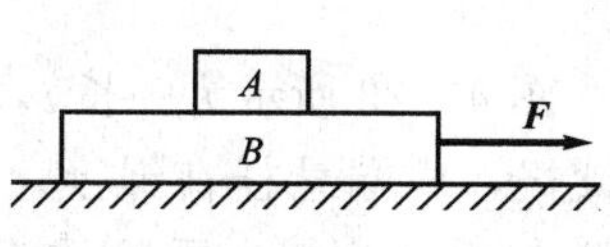

图 4-15

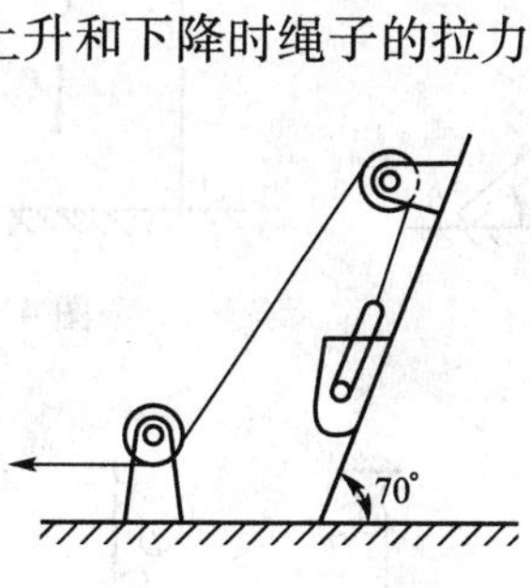

图 4-16

4-7 均质杆 AB、BC 重分别为 $P_1=5000\text{N}$、$P_2=2000\text{N}$，A 为固定铰支座，B 为铰链。BC 搁置在重为 $P_3=500\text{N}$ 的物块 D 上。设 C 与 D、D 与水平面间的静摩擦系数分别为 0.3 和 0.25。试求系统在图示位置平衡时，力 $\boldsymbol{F}$ 的最大值。相关几何尺寸如图 4-17 所示。

4-8　图 4-18 所示为升降机安全装置的计算简图。已知墙壁与闸块间摩擦系数 $f_s=0.5$。不计机构自重及其他摩擦，试问机构的尺寸比 l/L 在什么范围内方能确保安全制动。

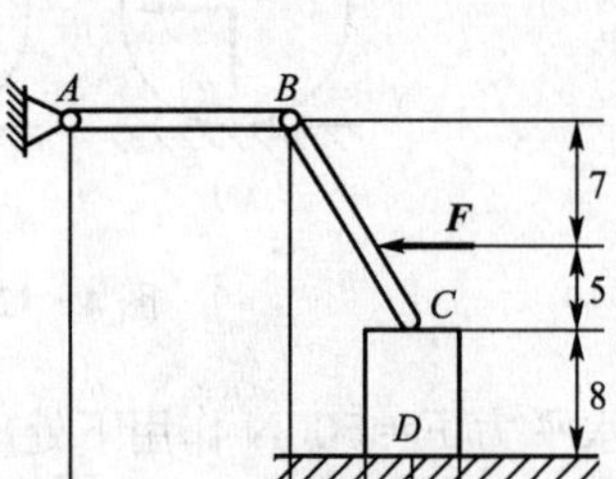

图 4-17

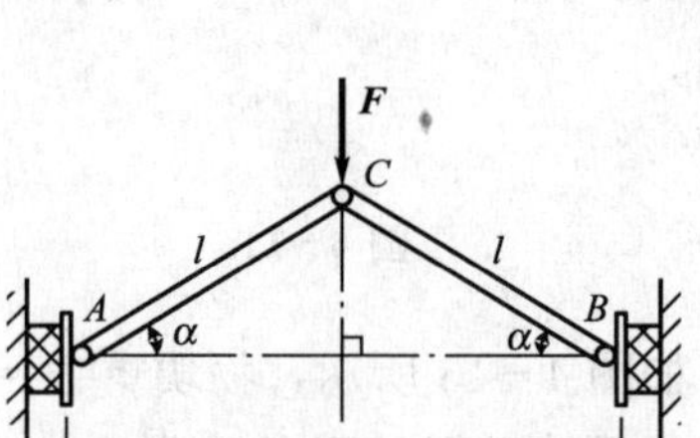

图 4-18

4-9　如图 4-19 所示，匀质梯 AB 重 $\boldsymbol{P}_1$，靠在铅直墙壁上，B 端与地面的摩擦系数 $f_{sB}=0.3$，在 A 端：(1)假定墙面光滑；(2)若梯与墙面间的摩擦系数 $f_{sA}=0.2$。要保证重为 $P_2=2P_1$ 的人爬至梯顶 A，试分别求角 α 的最小值。

4-10　匀质长方块的高度为 h，宽度为 $2b$，重量为 $\boldsymbol{P}$，放在粗糙的水平地面上。它与地面的滑动摩擦系数为 f_s；在 A 点作用一个与水平成 α 角的倾斜力 $\boldsymbol{F}$，如图 4-20 所示。当该力从零逐渐增大时，问物块是先滑动还是先倾倒？

4-11　图 4-21 所示为某混凝土重力坝的断面，该坝在 1m 长度上的自重 $P=6048\text{kN}$，它上游面、下游面和坝底面的水压力分别为 $F_1=3312.4\text{kN}$，$F_2=176.4\text{kN}$，$F_3=88.2\text{kN}$，$F_4=2408.8\text{kN}$，若坝底与河床岩面间的静摩擦系数 $f_s=0.6$，试校核此坝是否可能滑动。

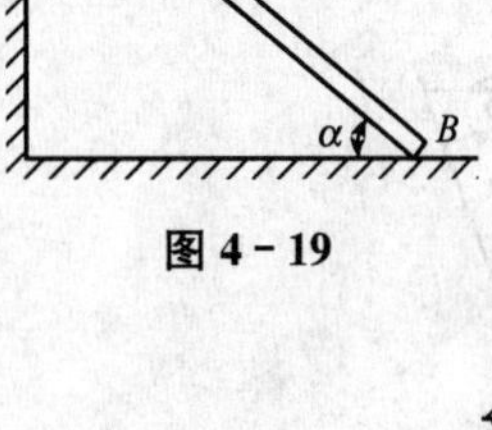

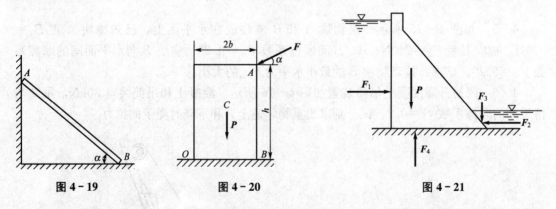

图 4-19

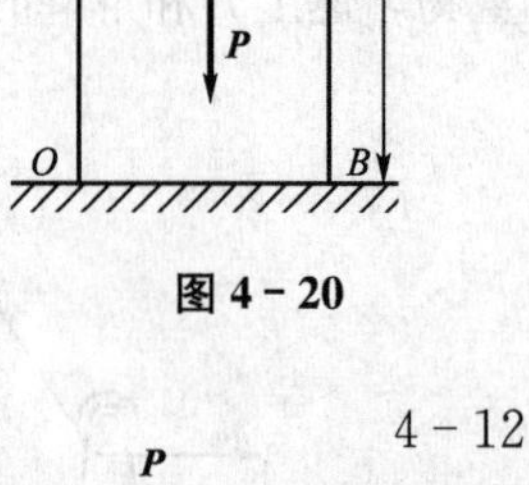

图 4-20

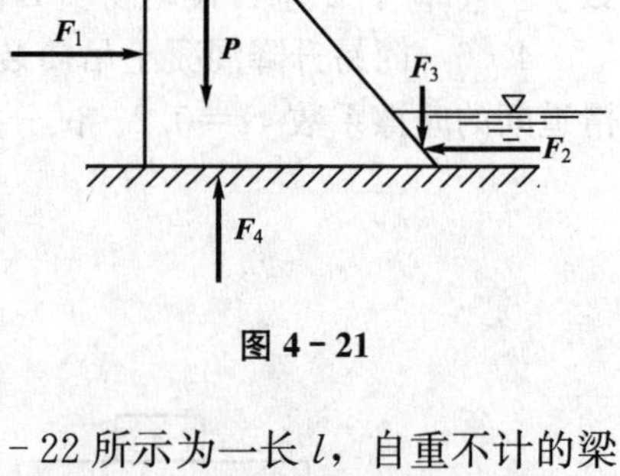

图 4-21

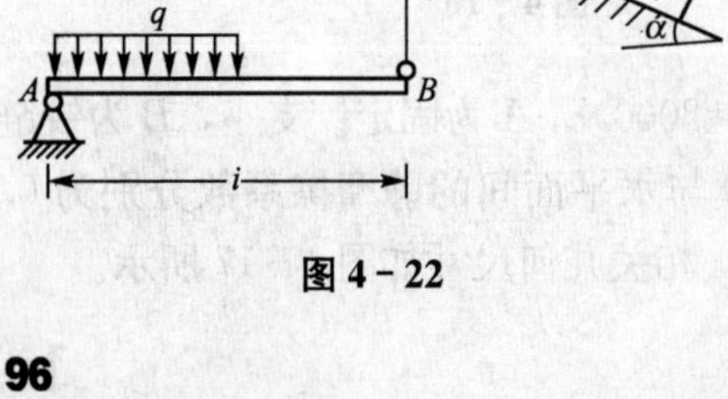

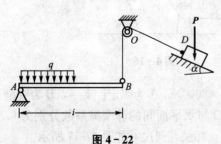

图 4-22

4-12　图 4-22 所示为一长 l，自重不计的梁 AB，A 端铰接，B 端悬挂在绳上，绳子绕过定滑轮 O 在 D 端与重物相接。重物重为 $\boldsymbol{P}$，放在倾角为 α 的斜面上，重物与斜面间的静摩擦系数为 f_s。试求梁平衡于水平位置时，均布荷载 q 的分布长度范围。设 $\alpha=30°$，$f_s=0.2$，$l=2\text{m}$，$P=5\text{kN}$，$q=2\text{kN/m}$。

4-13 图4-23所示楔形块放在V形槽内，槽面夹角是2α，受竖向荷载$\boldsymbol{F}_1$和水平推力$\boldsymbol{F}_2$作用，两侧面的摩擦系数均为f_s。求沿槽推动楔块所需的最小水平力$F_{2\min}$。

4-14 图4-24所示石块A重20kN，由两个楔块B和C垂直支撑着，A与B及A与C之间的摩擦系数均为$f_{s1}=0.2$，B、C与水平面之间的摩擦系数均为$f_{s2}=0.25$。求平衡时力$\boldsymbol{F}$的范围。

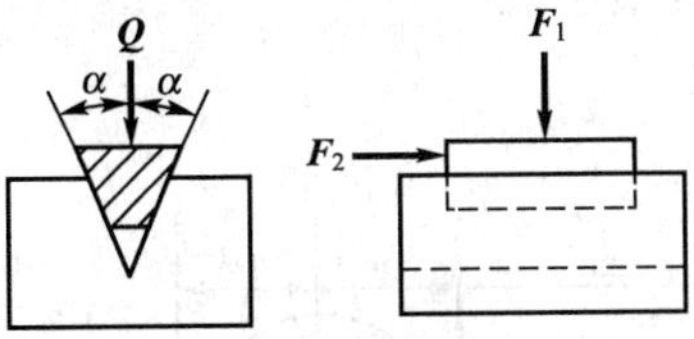

图4-23

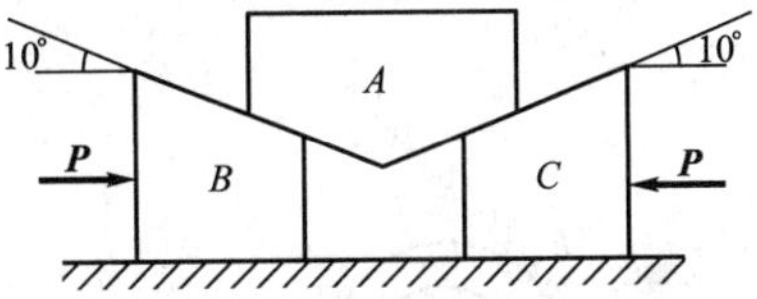

图4-24

4-15 悬臂架的端部A和C处有套环，活套在铅直圆柱上，可以上下移动，如图4-25所示。设套环与圆柱间的摩擦角皆为φ，不计架子重。试求架子不致被卡住时，力$\boldsymbol{F}$离开圆柱的水平距离。

4-16 砖夹的宽度为250mm，曲杆AGB与$GCED$在G点铰接，尺寸如图4-26所示。设砖重$P=120$N，提起砖的力$\boldsymbol{F}$作用在砖夹的中心线上，砖夹与砖间的摩擦系数$f_s=0.5$，试求距离b为多大才能把砖夹起。

4-17 如图4-27所示，两无重杆在B处用套筒式无重滑块连接，在AB杆上作用一力偶，其力偶矩$M_A=40\text{N}\cdot\text{m}$，滑块和$AD$杆间的摩擦系数$f_s=0.3$，求保持系统平衡时力偶矩$M_C$的范围。

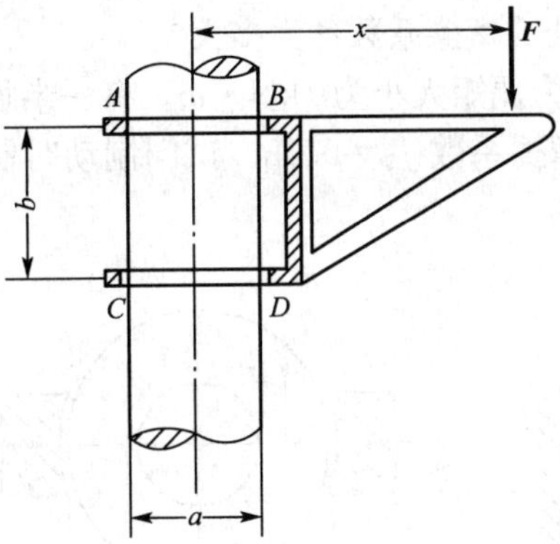

图4-25

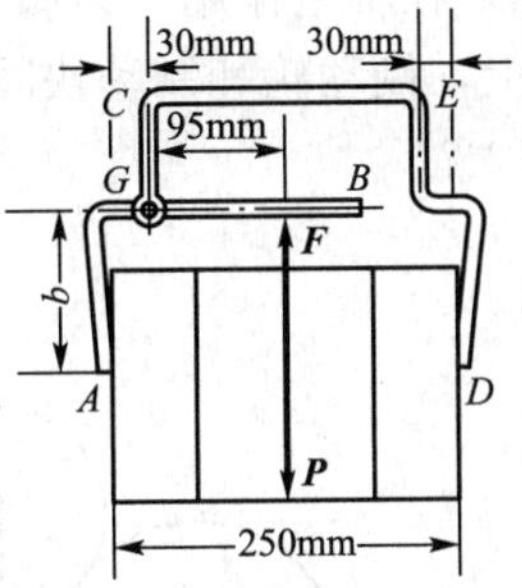

图4-26

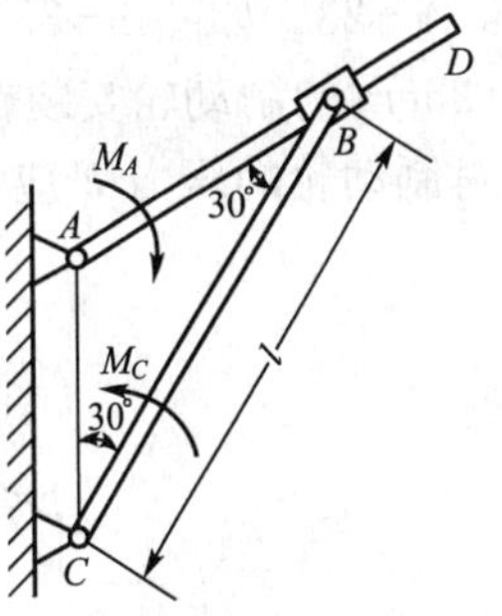

图4-27

4-18 如图4-28所示，鼓轮O重600N，放在墙角里，已知鼓轮与水平地板间的摩擦系数$f_s=0.2$，而铅直墙壁假定是光滑的。鼓轮上的绳索下端挂着重物A。若半径$R=20$cm，$r=10$cm，试求平衡时，重物A的最大重量。

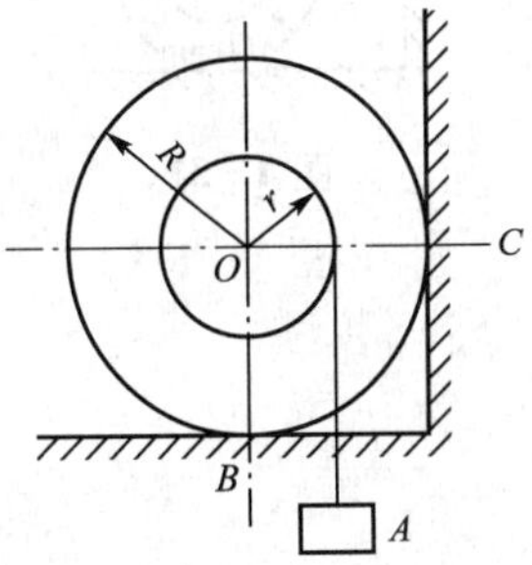

图4-28

4-19 均质圆柱重$\boldsymbol{P}$、半径为r，搁在不计自重的水平杆和固定斜面之间。杆端A为光滑铰链，D端受一铅垂向上的力$\boldsymbol{F}$，圆柱上作用一力偶，如图4-29所示。已知$F=P$，圆柱与杆和斜面间的静摩擦系数皆为$f_s=0.3$，不计滚动摩擦，当$\alpha=45°$时，

$AB=BD$。求此时能保持系统静止的力偶矩 M 的最小值。

4-20　如图 4-30 所示，重量为 $P_1=196\text{N}$ 的均质梁 AB，受到力 $\boldsymbol{F}_1=254\text{N}$ 的作用。梁的 A 端为固定铰支座，另一端搁置在重 $P_2=343\text{N}$ 的线圈架的芯轴上，轮心 C 为线圈架的重心。线圈架与 AB 梁和地面间的静摩擦系数分别为 $f_{s1}=0.4$，$f_{s2}=0.2$，不计滚动摩擦，线圈架的半径 $R=0.3\text{m}$，芯轴的半径 $r=0.1\text{m}$。今在线圈架的芯轴上绕一不计重量的软绳，求使线圈架由静止而开始运动的水平拉力 $\boldsymbol{F}_2$ 的最小值。

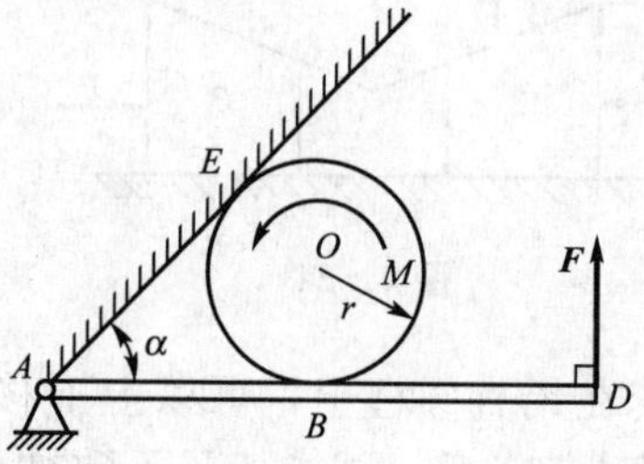

图 4-29

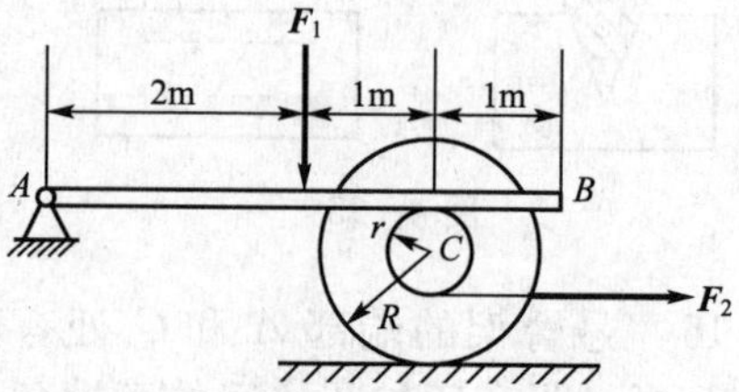

图 4-30

4-21　如图 4-31 所示，A 块重 500N，轮轴 B 重 1000N，A 块与轮轴的轴以水平绳连接。在轮轴外绕以细绳，此绳跨过一光滑的滑轮 D，在绳的端点系一重物 C。如 A 块与平面间的摩擦系数为 0.5，轮轴与平面间的摩擦系数为 0.2，不计滚动摩阻，试求使物体系平衡时物体 C 的重量 $\boldsymbol{P}$ 的最大值。

4-22　如图 4-32 所示的两球，半径分别为 R_1 和 R_2，重为 $P_1=60\text{N}$，$P_2=100\text{N}$，设 O_2 球与地面接触处摩擦系数为 $f_{s1}=0.123$。试求两球平衡时，球心 O_1 与 O_2 的连线与水平面间的夹角 φ 为何值？O_1 球与墙壁和 O_2 球接触处的摩擦系数各为多大？

4-23　如图 4-33 所示，在轴上作用一力偶，其力偶矩大小为 1kN·m。有一半径为 $r=25\text{cm}$ 的制动轮安装在轴上，制动轮和制动块间的摩擦系数 $f_s=0.25$。试问制动时制动块对制动轮的压力 $\boldsymbol{F}$ 应为多大？

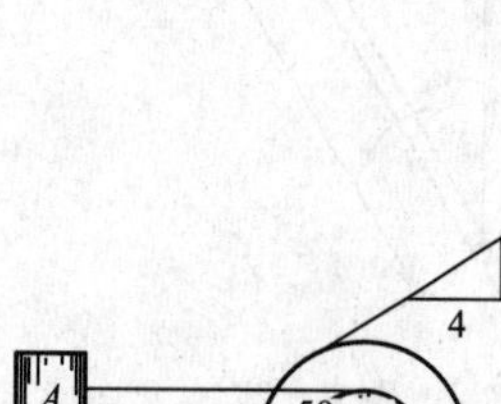

图 4-31

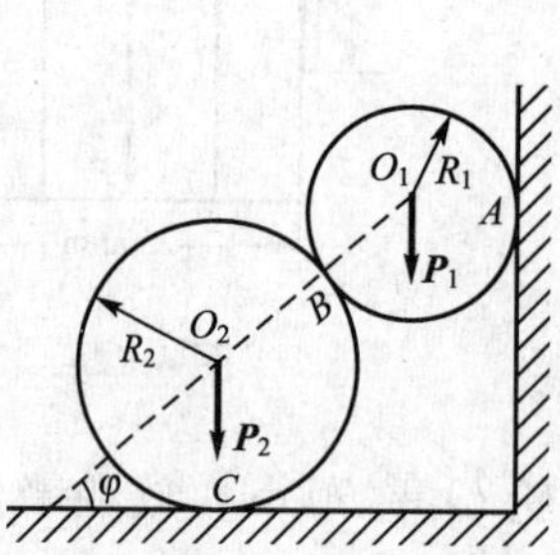

图 4-32

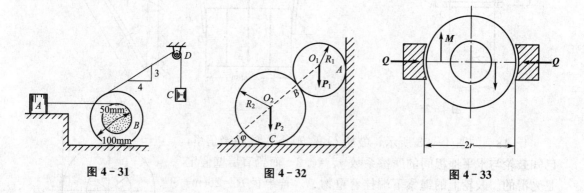

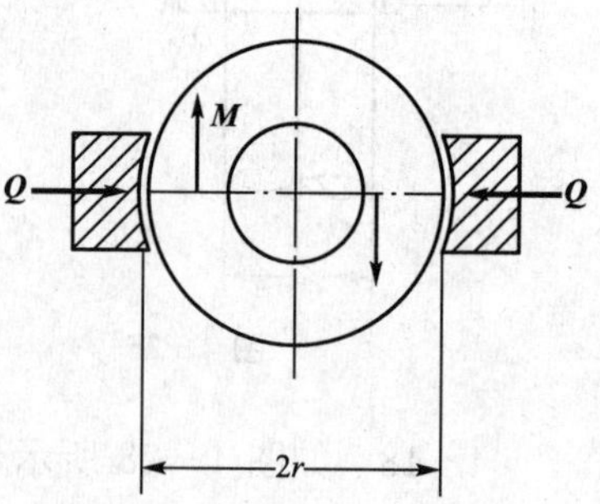

图 4-33

第二篇

运　动　学

引　言

运动学是研究物体运动几何性质的科学。

静力学是研究作用在物体上力系的平衡条件。如果作用在物体上的力系不平衡，则物体的运动状态将发生变化。至于物体的运动规律与作用力之间的关系将在动力学中研究。为了学习的循序渐进，本篇内容暂不考虑影响物体运动的物理原因，只从几何的角度来研究物体的运动，亦即研究物体运动的几何特征(运动方程、速度、加速度等)，这部分内容称为运动学。

学习运动学不仅为了研究动力学打基础，也为了学习机械学提供理论基础。在许多工程技术问题中，运动学的内容也有直接应用。例如，在自动化机构、运输传动机构中，就需要应用运动学的理论对机构进行运动分析，以实现预期的运动要求。在土建结构设计中，也必须运用运动学知识，对结构进行几何构造分析，探讨几何不变体系的组成规律，确保结构的几何不变形。因此，运动学作为理论力学一个独立分支也具有重要的意义。

研究物体的运动就是研究物体在空间的位置随时间的变化的规律。而物体在空间的位置只能从它相对于周围某给定的物体的相互关系中来确定，这个给定的物体称为参考体，而与参考体固连的整个延伸空间称为参考系。在日常生活和一般的工程实际中，如未特别说明，都将固连于地球上的坐标系作为参考系。

在运动学中，度量时间时要区别两个概念："时间间隔"和"瞬时"。时间间隔是指物体在不间断的运动中从一个位置运动到另外一个位置所经历的时间，对应于运动的某一个过程。瞬时是时间间隔趋近于零的一刹那，对应于物体在运动过程中的某一位置或状态。

同一物体在不同的问题中可以抽象成不同的力学模型。运动学是以研究点和刚体的运动为基础的。点是指不计大小、没有质量但在空间占有确定位置的几何点。刚体则是指由无数点组成的不可变形的系统。选取点还是刚体模型，主要取决于所研究的问题的性质，而不取决于物体本身的大小和形状。当物体的几何尺寸和形状在运动过程中不起主要作用时，物体的运动可以简化为一个点的运动。例如，研究宇宙飞船在空间的飞行轨迹问题，可以不考虑飞船的大小，而把飞船看作一几何点。如果研究控制飞船在空间的飞行姿态问题时，则需将飞船看成一刚体。

点的运动学研究点的运动方程、轨迹、位移、速度、加速度等。而刚体的运动还要研究刚体本身的转动过程、角速度和角加速度等更复杂的运动特征。刚体的运动按运动的特征又可分为刚体的平动、刚体定轴转动、刚体平面运动、刚体定点转动和刚体的一般运动。掌握了这两类基本运动，才能进一步研究变形体(弹性体、流体等)的运动。我们先研究点的运动，然后研究刚体的运动。在研究点的运动时，先研究点对一个坐标系的运动，再研究点对不同坐标系的运动，即点的合成运动。研究刚体运动也是如此。

第5章 点的运动学

教学目标

通过本章学习，应达到以下目标：

(1) 能用矢量法建立点的运动方程，求点的速度和加速度。

(2) 能熟练地应用直角坐标法建立点的运动方程，求点的轨迹、速度和加速度。

(3) 能熟练地应用自然法求点在平面上做曲线运动时的运动方程、速度和加速度，并正确理解切向加速度和法向加速度的物理意义。

引例

F1 赛车是世界上最昂贵、速度最快、科技含量最高的运动，是商业价值最高，魅力最大，最吸引人观看的体育赛事。

上海 F1 赛道的总长度为 5451.24 米，具有 7 处左转弯道及 7 处右转弯道。赛道整体造型犹如一个翩翩起舞的“上”字。平均时速 205 公里。最长的直道长度为 1175 米，位于弯道 T13 和 T14 之间。赛道的宽度在 13～15 米之间，一般为 14 米，在弯道处加宽到最大 20 米。其有特色的赛道设计为：螺线型收缩的弯道，其半径从 93.90 米变为 31.8 米，故进弯有多条赛车线，舒马赫曾于 2006 年，在这里利用不同的赛车线，超越阿隆索，并获得了他最后一个分站冠军；螺线型展宽的弯道，其半径从 8.80 米增加到 120.55 米；还有两处急转弯道，曲线半径分别为 18.70 米和 10.07 米。整个赛道是由弯道、直道和一些上下坡道组成，其在最长直道上的最高允许时速为 327 公里/小时，并且在窄弯道处要求制动到 87 公里/小时的时速，给观众带来一种赛车运动所特有的激烈、紧张和刺激的感受。

那么赛车手过弯道时的速度和加速度是多少呢？采用什么方法进行描述呢？

本章将分别用矢量法、直角坐标法和自然法研究点的运动规律，也就是确定动点在任一瞬时相对于某一个参考系的几何位置随时间变化的规律，包括点的运动方程、运动轨迹、速度和加速度。

§5-1 用矢量法研究点的运动

为了确定动点M在任一瞬时的位置，可选取参考系上某确定点O作为坐标的原点，自点O向动点M作一矢量$\boldsymbol{OM}$且以$\boldsymbol{r}$表示，称之为动点M相对于O点的位置矢量，简称**矢径**。当动点M运动时，矢径$\boldsymbol{r}$随时间不断改变其大小和方向，并是时间的单值连续函数，即

$$\boldsymbol{r}=\boldsymbol{r}(t) \tag{5-1}$$

上式称为以矢量表示的点的运动方程，它表明了点的位置随时间变化的规律。

动点M在运动的过程中，其矢径$\boldsymbol{r}$的末端在空间描绘出一条连续曲线，称为矢端曲线。显然，矢径$\boldsymbol{r}$的矢端曲线就是动点M的**运动轨迹**，如图5-1所示。

设从某瞬时t到瞬时$t+\Delta t$，动点的位置由M改变到M'，其矢径也由$\boldsymbol{r}$变为$\boldsymbol{r}'$，如图5-2所示。矢径$\boldsymbol{r}$的改变量$\Delta\boldsymbol{r}=\boldsymbol{r}'-\boldsymbol{r}$就是动点在$\Delta t$时间内的**位移**。当$\Delta t$很小时，此位移$\Delta\boldsymbol{r}$可用来近似表示动点在相应时间间隔内沿其轨迹所走过的弧长MM'及其运动方向。故比值$\dfrac{\Delta\boldsymbol{r}}{\Delta t}$称为动点在$\Delta t$时间内的**平均速度**，以$\boldsymbol{v}^*$表示，有

$$\boldsymbol{v}^*=\frac{\Delta\boldsymbol{r}}{\Delta t} \tag{5-2}$$

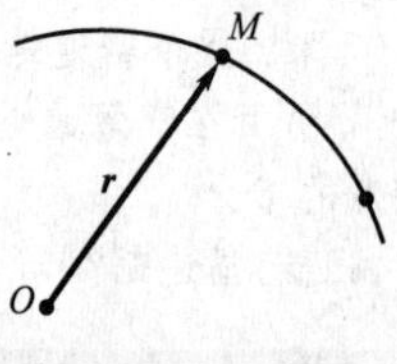

图5-1

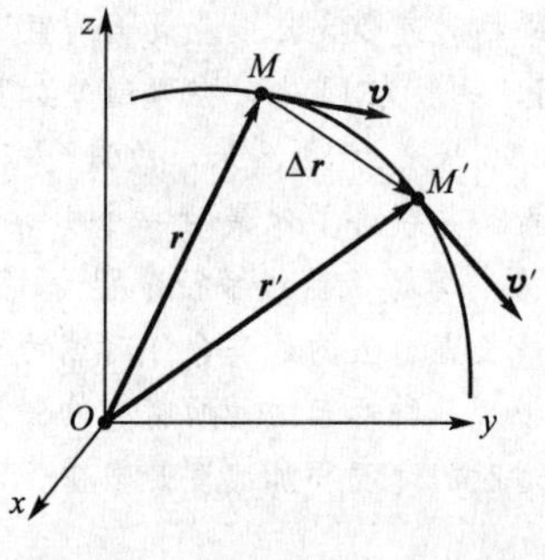

图5-2

显然$\boldsymbol{v}^*$与$\Delta\boldsymbol{r}$同方向。当$\Delta t\to 0$时，平均速度$\boldsymbol{v}^*$的极限称为动点在瞬时t的**速度**，以$\boldsymbol{v}$表示，有

$$\boldsymbol{v}=\lim_{\Delta t\to 0}\boldsymbol{v}^*=\lim_{\Delta t\to 0}\frac{\Delta\boldsymbol{r}}{\Delta t}=\frac{\mathrm{d}\boldsymbol{r}}{\mathrm{d}t}=\dot{\boldsymbol{r}} \tag{5-3}$$

上式表明，动点的**速度**等于其矢径对时间的一阶导数。

由矢量导数的性质可知，速度$\boldsymbol{v}$是矢量，它大小为$|\boldsymbol{v}|=\left|\dfrac{\mathrm{d}\boldsymbol{r}}{\mathrm{d}t}\right|$，表明动点在瞬时$t$运动的快慢，常称为速率；其方向沿轨迹在$M$点处的切线并指向动点前进的一方，如图5-2所示。在国际单位制中，速度的单位为m/s。

动点做曲线运动时，在不同的瞬时具有不同的速度。设动点从瞬时t到瞬时$t+\Delta t$，

其速度 $\boldsymbol{v}$ 变为 $\boldsymbol{v}'$，如图 5－3 所示。动点在 Δt 时间内速度的改变量为 $\Delta\boldsymbol{v}=\boldsymbol{v}'-\boldsymbol{v}$，比值 $\frac{\Delta\boldsymbol{v}}{\Delta t}$ 称为动点在 Δt 时间间隔内的**平均加速度**，以 $\boldsymbol{a}^*$ 表示，有

$$\boldsymbol{a}^*=\frac{\Delta\boldsymbol{v}}{\Delta t} \tag{5-4}$$

当 $\Delta t\to 0$ 时，平均加速度 $\boldsymbol{a}^*$ 的极限称为动点在瞬时 t 的**加速度**，以 $\boldsymbol{a}$ 表示，有

$$\boldsymbol{a}=\lim_{\Delta t\to 0}\boldsymbol{a}^*=\lim_{\Delta t\to 0}\frac{\Delta\boldsymbol{v}}{\Delta t}=\frac{\mathrm{d}\boldsymbol{v}}{\mathrm{d}t}=\dot{\boldsymbol{v}}=\ddot{\boldsymbol{r}} \tag{5-5}$$

即动点的**加速度**等于其速度对时间的一阶导数，或等于其矢径对时间的二阶导数。

显然，加速度 $\boldsymbol{a}$ 也是矢量，它表明了在瞬时 t 速度 $\boldsymbol{v}$ 的变化情况。又加速度的方向沿 $\Delta t\to 0$ 时 $\Delta\boldsymbol{v}$ 的极限方向，由图 5－3 知，加速度 $\boldsymbol{a}$ 恒指向轨迹凹的一侧，其大小 $|\boldsymbol{a}|=\left|\frac{\mathrm{d}\boldsymbol{v}}{\mathrm{d}t}\right|$。在国际单位制中，加速度的单位为 $\mathrm{m/s^2}$。

当动点沿其轨迹运动时，其速度大小和方向都随时间变化，与描绘矢径的矢端曲线相似，若自空间任选一固定点 O，画出动点 M 在不同瞬时的速度矢量 $\boldsymbol{v}_0$，$\boldsymbol{v}_1$，…，$\boldsymbol{v}$，$\boldsymbol{v}'$，…，$\boldsymbol{v}_2$，连接这些矢量的末端，所得曲线称为**速度矢端曲线**，如图 5－4 所示。由图中可以看出，加速度 $\boldsymbol{a}$ 应沿速度矢端曲线上相应点的切线方向。

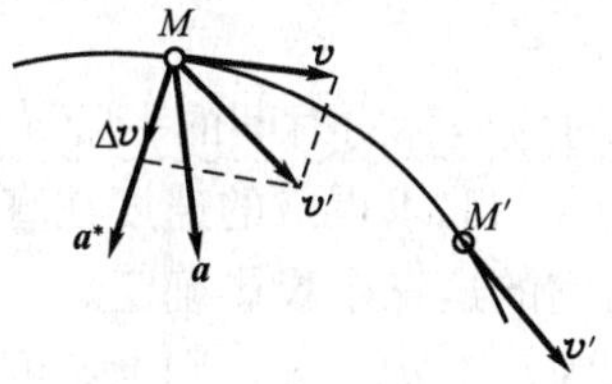

图 5－3

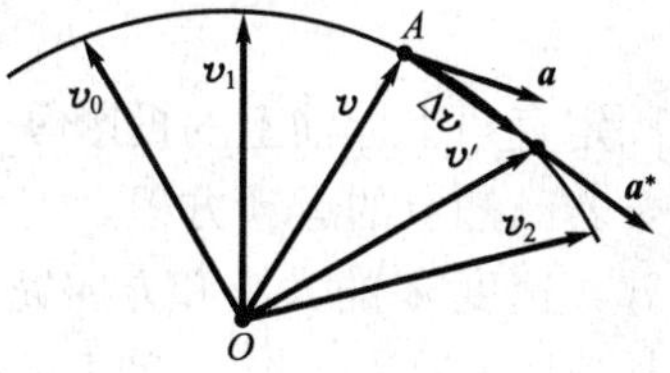

图 5－4

用矢量法描述点的运动，概念清楚，表达式简单，常用于理论推导，但在解决实际问题时，还必须采用数学分析的方法。

§5－2 用直角坐标法研究点的运动

取一固定的直角坐标系 $Oxyz$，则动点 M 在任一瞬时的空间位置即可以用它相对于坐标原点 O 的矢径 $\boldsymbol{r}$ 表示，也可以用它的三个直角坐标 x、y、z 表示，如图 5－5 所示。

由于矢径的原点与直角坐标系的原点相重合，因此有

$$\boldsymbol{r}=x\boldsymbol{i}+y\boldsymbol{j}+z\boldsymbol{k} \tag{5-6}$$

式中，$\boldsymbol{i}$、$\boldsymbol{j}$、$\boldsymbol{k}$ 分别为沿三个定坐标轴的单位矢量，如图 5－5所示。当动点 M 在空间运动时，三个坐标 x、y、z 都为时间的单值连续函数，即

$$x=f_1(t),\quad y=f_2(t),\quad z=f_3(t) \tag{5-7}$$

这些方程称为以直角坐标法表示的点的运动方程。

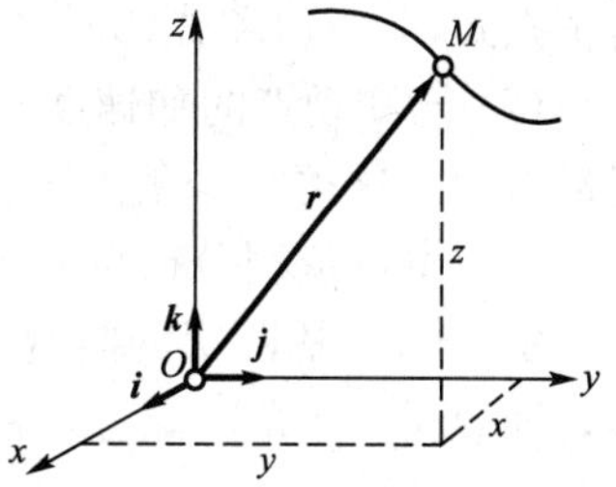

图 5－5

式(5－7)也是以时间 t 为参变量的点的轨迹的参数方

程。由于点的轨迹与时间无关，如果需要求点的轨迹方程，则可以从运动方程中消去时间 t 而得到，这样就可以写成下列三个方程组中的任一组：

$$\left.\begin{aligned}F_1(y,\ z)=0\\F_2(z,\ x)=0\end{aligned}\right\}\quad\left.\begin{aligned}F_2(z,\ x)=0\\F_3(x,\ y)=0\end{aligned}\right\}\quad\left.\begin{aligned}F_3(x,\ y)=0\\F_1(y,\ z)=0\end{aligned}\right\}\tag{5-8}$$

以上任一组方程中的每一方程均表示一空间曲面，二曲面的交线就是动点的运动轨迹。在工程中，经常遇到点在某平面内运动的情况，此时点的轨迹为一平面曲线。取轨迹所在的平面为坐标平面 Oxy，则点的运动方程为

$$x=f_1(t),\ y=f_2(t)\tag{5-9}$$

从上式中消去时间 t，得平面轨迹方程

$$F(x,\ y)=0\tag{5-10}$$

将式(5-6)代入式(5-3)，并注意到单位矢量 $\boldsymbol{i}$、$\boldsymbol{j}$、$\boldsymbol{k}$ 均为大小、方向不变的常矢量，它们对时间的导数为零，即

$$\boldsymbol{v}=\frac{\mathrm{d}\boldsymbol{r}}{\mathrm{d}t}=\frac{\mathrm{d}}{\mathrm{d}t}(x\boldsymbol{i}+y\boldsymbol{j}+z\boldsymbol{k})=\dot{x}\boldsymbol{i}+\dot{y}\boldsymbol{j}+\dot{z}\boldsymbol{k}\tag{5-11}$$

设速度 $\boldsymbol{v}$ 在 x、y、z 轴上的投影分别为 v_x、v_y、v_z，则上式为

$$\boldsymbol{v}=v_x\boldsymbol{i}+v_y\boldsymbol{j}+v_z\boldsymbol{k}\tag{5-12}$$

比较式(5-11)和式(5-12)，得

$$v_x=\dot{x},\ v_y=\dot{y},\ v_z=\dot{z}\tag{5-13}$$

即点的速度在固定直角坐标轴上的投影等于点的各对应坐标对时间的一阶导数。

由此可见，若已知点的运动方程，则可根据式(5-13)求得点的速度在直角坐标轴上的投影 v_x、v_y、v_z，速度 $\boldsymbol{v}$ 的大小和方向完全可以由它的这三个投影确定。

同理，设加速度 $\boldsymbol{a}$ 在 x、y、z 轴上的投影分别为 a_x、a_y、a_z，则加速度 $\boldsymbol{a}$ 可表示为

$$\boldsymbol{a}=a_x\boldsymbol{i}+a_y\boldsymbol{j}+a_z\boldsymbol{k}\tag{5-14}$$

则

$$a_x=\dot{v}_x=\ddot{x},\ a_y=\dot{v}_y=\ddot{y},\quad a_z=\dot{v}_z=\ddot{z}\tag{5-15}$$

即点的加速度在固定直角坐标轴上的投影，等于该点的速度的相应投影对时间的一阶导数，也等于该点的各对应坐标对时间的二阶导数。

加速度 $\boldsymbol{a}$ 的大小和方向由它在直角坐标轴上的投影 a_x、a_y 和 a_z 完全确定。

应用分析点的运动的直角坐标法求解实际问题，通常有以下两种类型。

(1) 已知动点运动的某些条件，求动点的运动方程、轨迹、速度和加速度；或已知机构主动件的运动规律，求从动件某一点的运动规律。解这类问题需要先根据动点在任一瞬时 t 的位置和已知条件，建立其运动方程，从运动方程中消去时间 t 即得点的轨迹方程，再根据式(5-13)和式(5-14)便可求得点的速度及加速度的大小和方向。

(2) 已知动点的加速度及其运动条件(即在 $t=0$ 时动点的位置坐标和速度)，求动点的运动方程。这类问题在数学上是求已知函数的积分问题。

下面举例说明分析点的运动的直角坐标法的应用。

例 5-1 椭圆规的曲柄 OC 可绕定轴 O 转动，其端点 C 与规尺 AB 的中点以铰链相连接，而规尺 A、B 两端分别在相互垂直的滑槽中运动，如图 5-6 所示。已知 $OC=AC=BC=l$，$MC=b$，$\varphi=\omega t$。试求规尺上点 M 的运动方程、运动轨迹、速度和加速度。

解：欲求点 M 的运动轨迹，可以先用直角坐标法给出它的运动方程，然后从运动方

程中消去时间 t，得到轨迹方程。为此，取坐标系 Oxy，如图 5－6 所示，点 M 的运动方程为

$$x=(OC+CM)\cos\varphi=(l+b)\cos\omega t$$

$$y=AM\cdot\sin\varphi=(l-b)\sin\omega t$$

消去时间 t，得轨迹方程

$$\frac{x^2}{(l+b)^2}+\frac{y^2}{(l-b)^2}=1$$

由此可见，点 M 的轨迹是一个椭圆，长轴与 x 轴重合，短轴与 y 轴重合。

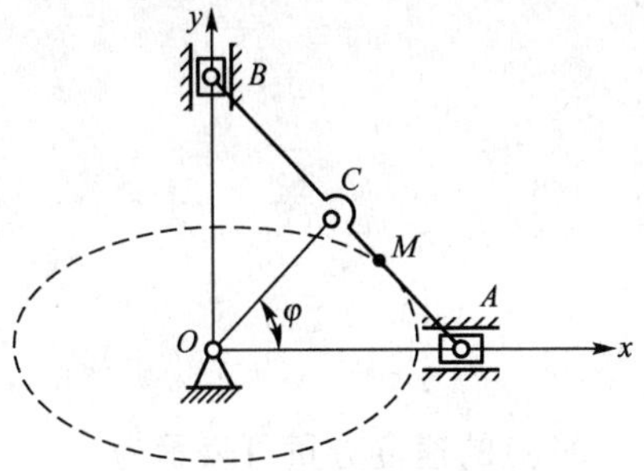

图 5－6

为求点的速度，应将点的坐标对时间求一阶导数，得

$$v_x=\frac{\mathrm{d}x}{\mathrm{d}t}=-\omega(l+b)\sin\omega t,\qquad v_y=\frac{\mathrm{d}y}{\mathrm{d}t}=\omega(l-b)\cos\omega t$$

故 M 点的速度大小为

$$v=\sqrt{v_x^2+v_y^2}=\sqrt{\omega^2(l+b)^2\sin^2\omega t+\omega^2(l-b)^2\cos^2\omega t}$$
$$=\omega\sqrt{l^2+b^2-2bl\cos2\omega t}$$

其方向余弦为

$$\cos(\boldsymbol{v},\ \boldsymbol{i})=\frac{v_x}{v}=\frac{-(l+b)\sin\omega t}{\sqrt{l^2+b^2-2bl\cos2\omega t}},\qquad \cos(\boldsymbol{v},\ \boldsymbol{j})=\frac{v_y}{v}=\frac{(l-b)\cos\omega t}{\sqrt{l^2+b^2-2bl\cos2\omega t}}$$

为求点的加速度，应将点的坐标对时间取二阶导数，得

$$a_x=\frac{\mathrm{d}v_x}{\mathrm{d}t}=\frac{\mathrm{d}^2x}{\mathrm{d}t^2}=-\omega^2(l+b)\cos\omega t,\qquad a_y=\frac{\mathrm{d}v_y}{\mathrm{d}t}=\frac{\mathrm{d}^2y}{\mathrm{d}t^2}=-\omega^2(l-b)\sin\omega t$$

故 M 点的加速度大小为

$$a=\sqrt{a_x{}^2+a_y{}^2}=\sqrt{\omega^4(l+b)^2\cos^2\omega t+\omega^4(l-b)^2\sin^2\omega t}$$
$$=\omega^2\sqrt{l^2+b^2+2bl\cos2\omega t}$$

其方向余弦为

$$\cos(\boldsymbol{a},\ \boldsymbol{i})=\frac{a_x}{a}=\frac{-(l+b)\cos\omega t}{\sqrt{l^2+b^2+2bl\cos2\omega t}},\qquad \cos(\boldsymbol{a},\ \boldsymbol{j})=\frac{a_y}{a}=\frac{-(l-b)\sin\omega t}{\sqrt{l^2+b^2+2bl\cos2\omega t}}$$

例 5－2 半径为 R 的圆盘沿直线轨道无滑动地滚动(称为纯滚动)，如图 5－7 所示。设圆盘在铅垂面内运动，且轮心 O 的速度为 $u(t)$。分析圆盘边缘一 M 点的运动，并求当 M 点与地面接触时的速度和加速度。

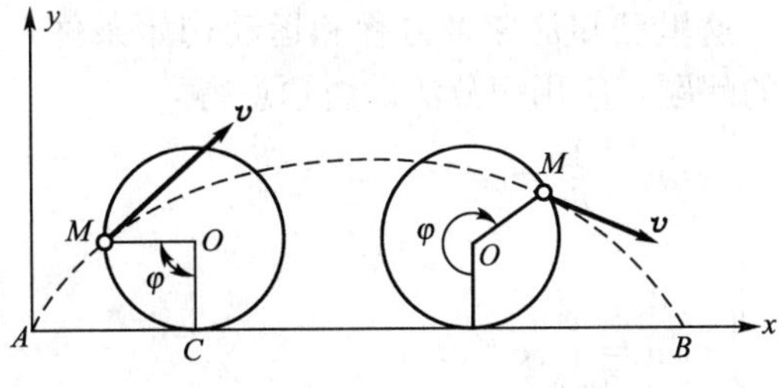

图 5－7

解： 建立坐标系 Axy，如图 5－7 所示。取 M 点所在的一个最低位置为原点 A，设在任意时刻 t，圆盘的转角 $\angle COM=\varphi$，它是时间 t 的函数，C 是圆盘与轨道的接触点，由于圆盘是纯滚动，所以 $AC=\overset{\frown}{CM}=$

$R\varphi$，于是 M 点的运动方程为

$$x=AC-OM\cdot\sin\varphi$$
$$y=OC-OM\cdot\cos\varphi$$

即

$$\left.\begin{aligned}x&=R(\varphi-\sin\varphi)\\y&=R(1-\cos\varphi)\end{aligned}\right\}$$

M 点的速度分量可表示为

$$\begin{cases}\dot{x}=R\dot{\varphi}(1-\cos\varphi)\\\dot{y}=R\dot{\varphi}\sin\varphi\end{cases}$$

也可以表示为

$$v=v_x\boldsymbol{i}+v_y\boldsymbol{j}=R\dot{\varphi}(1-\cos\varphi)\boldsymbol{i}+R\dot{\varphi}\sin\varphi\boldsymbol{j} \tag{1}$$

M 点的加速度分量可表示为

$$\begin{cases}\ddot{x}=R\ddot{\varphi}(1-\cos\varphi)+R\dot{\varphi}^2\sin\varphi\\\ddot{y}=R\ddot{\varphi}\sin\varphi+R\dot{\varphi}^2\cos\varphi\end{cases}$$

也可以表示为

$$a=a_x\boldsymbol{i}+a_y\boldsymbol{j}=[R\ddot{\varphi}(1-\cos\varphi)+R\dot{\varphi}^2\sin\varphi]\boldsymbol{i}+[R\ddot{\varphi}\sin\varphi+R\dot{\varphi}^2\cos\varphi]\boldsymbol{j} \tag{2}$$

式中的 $\dot{\varphi}$ 和 $\ddot{\varphi}$ 与圆盘中心 O 的速度 $u(t)$ 的关系可分析如下：因为 O 点作直线运动，有 $x_O=AC=R\varphi$，将其对 t 求一阶导数，可得 $\dot{x}_O=R\dot{\varphi}=u$，再求一阶导数，可得 $\ddot{x}_O=R\ddot{\varphi}=\dot{u}$，其中 $\dot{u}$ 为 O 点的加速度大小，所以 $\dot{\varphi}=u/R$，$\ddot{\varphi}=\dot{u}/R$。

M 点的速度大小为

$$v=\sqrt{\dot{x}^2+\dot{y}^2}=R|\dot{\varphi}|\sqrt{2(1-\cos\varphi)}=\left|2u\sin\frac{\varphi}{2}\right|$$

从上式可得，当 $\varphi=0$ 和 2π 时，M 点与地面接触，此时 M 点的速度为零。此时 M 点加速度的大小可由(2)式求得

$$\boldsymbol{a}=R\dot{\varphi}^2\boldsymbol{j}$$

可见，当 M 点与地面接触时，其加速度大小不等于零，方向垂直于地面向上。

例 5-3 如图 5-8 所示，一火箭沿直线飞行，它的加速度方程为 $a=ce^{-\alpha t}$，其中 c 和 α 均为常数。设初速度为 v_0，初位置坐标为 x_0，求火箭的速度方程和运动方程。

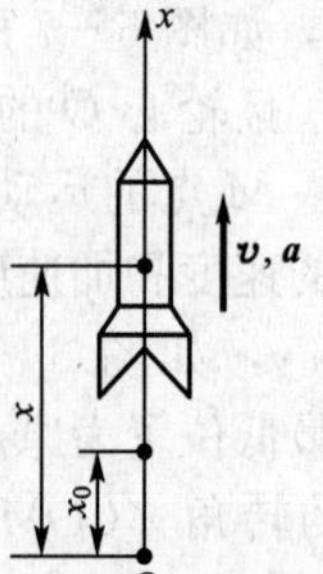

图 5-8

解： 以火箭为动点。这里已知加速度方程和运动初始条件，要求速度方程和运动方程的问题，应用积分法。由题意得

$$a=a_x=\frac{dv}{dt}=ce^{-\alpha t}$$

所以

$$\int_{v_0}^{v}dv=\int_0^t ce^{-\alpha t}dt$$

即

$$v = v_0 + \int_0^t c\mathrm{e}^{-\alpha t}\,\mathrm{d}t = v_0 - \frac{c}{\alpha}(\mathrm{e}^{-\alpha t} - 1)$$

这就是要求的火箭的速度方程。

又 $v=\mathrm{d}x/\mathrm{d}t$，

$$\int_{x_0}^{x}\mathrm{d}x = \int_0^t v_0\,\mathrm{d}t - \int_0^t \frac{c}{\alpha}(\mathrm{e}^{-\alpha t} - 1)\,\mathrm{d}t$$

即

$$x = x_0 + v_0 t + \frac{c}{\alpha}\left(t + \frac{1}{\alpha}\mathrm{e}^{-\alpha t} - \frac{1}{\alpha}\right)$$

这就是要求的火箭的运动方程。

§5-3 用自然法研究点的运动

利用已知的动点的运动轨迹建立弧坐标及自然轴系，并用它们来描述动点的方法，称为**自然法**。

1. 弧坐标

设动点 M 运动轨迹曲线 AB 为已知，为确定动点任一瞬时在轨迹上的位置，在曲线上选定一固定点 O 作为原点，如图 5-9 所示。规定从原点 O 沿轨迹曲线向某一边量取的弧长 s 为正值，向另一边量取的弧长 s 为负值，则可以利用从原点 O 到动点 M 量取弧长 s 这一代数量来确定 M 的位置，弧长 s 称为动点 M 的**弧坐标**。当动点沿轨迹运动时，其弧坐标 s 随时间 t 不断变化，显然 s 是时间 t 的单值连续函数，可表示为

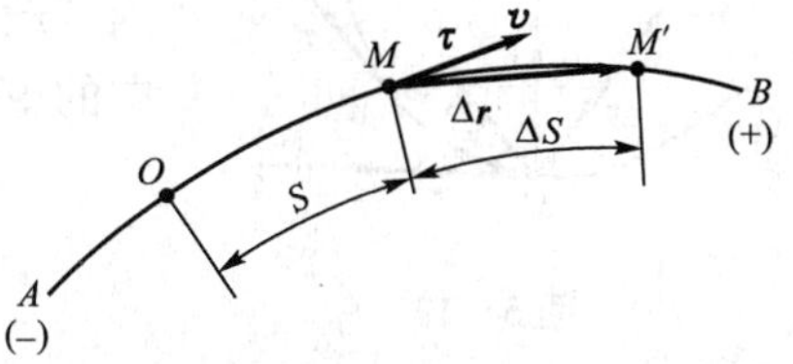

图 5-9

$$s = f(t) \tag{5-16}$$

这就是点沿已知轨迹的运动方程。如果已知点的运动方程式(5-16)，就可以确定任意瞬时点的弧坐标 s 的值，也就确定了该瞬时动点在轨迹上的位置。

2. 自然轴系

在用自然法研究点的运动时，需先引入自然轴系。如图 5-10 所示，在动点的轨迹曲线 AB 上取邻近的两点 M 与 M'，分别作曲线在该两点的切线 MT 与 $M'T'$。再过 M 点作直线 MQ 平行于 $M'T'$。直线 MQ 与 MT 构成一平面 P'。当 M' 向 M 趋近时，$M'T'$ 的方位不断改变，相应地，MQ 的方位也不断改变，从而平面 P' 不断绕 MT 转动，其在空间的方位也不断改变。当 M' 无限趋近于 M，即 $\widehat{MM'}\to 0$(MM 为弧度)时，平面 P' 趋近于一极限位置 P，则极限位置的平面 P 称为曲线在 M 点的**密切面**。通过 M 点并垂直于切线 MT 的平面，称为曲线在 M 点的**法平面**(简称法面)，如图 5-11 所示。显然所有通过 M 点并在该法面内的直线都是曲线在 M 点的法线。我们把法面与密切面的交线 MN 称为称为**主法线**，令主法线的单位矢量为 $\boldsymbol{n}$，指向曲线内凹一侧。把法面上通过 M 点而与主法线垂直的直线 MB 称为**副法线**。使切线的正方向与规定的弧坐标的正向一致，单位矢量为 $\boldsymbol{\tau}$，则副

法线的正方向按右手法则确定：使切线、主法线与副法线形成一右手正交坐标系，令其单位矢量为 $\boldsymbol{b}$，即 $\boldsymbol{\tau}\times\boldsymbol{n}=\boldsymbol{b}$。以 M 点为原点，曲线在 M 点的切线、主法线和副法线为坐标轴的一组正交轴系称为**自然轴系**。

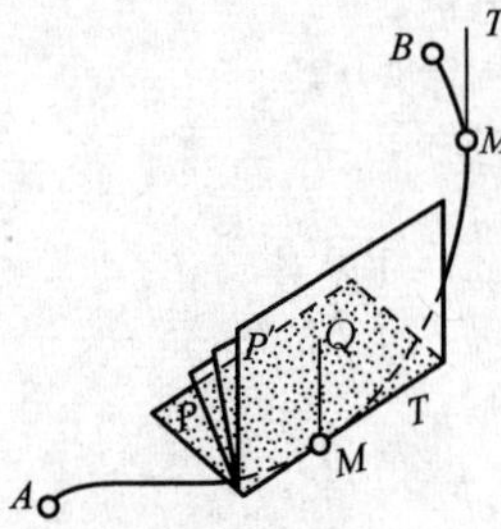

图 5-10

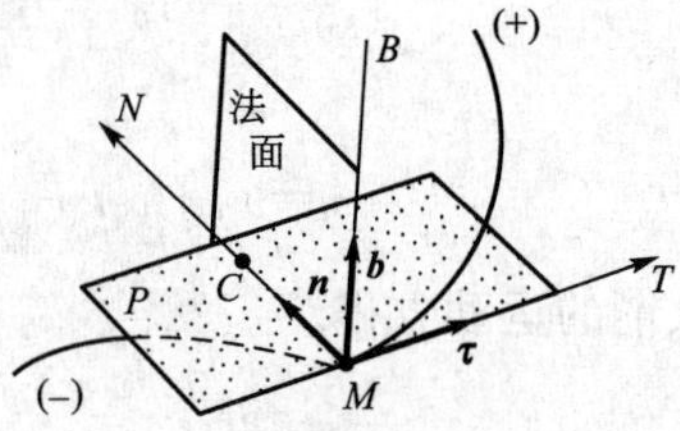

图 5-11

必须指出，随着点的运动，自然轴系的原点和各轴均分别不断改变各自的位置或方向，故自然轴系是动坐标系，且其各轴单位矢量 $\boldsymbol{\tau}$、$\boldsymbol{n}$ 和 $\boldsymbol{b}$ 均为变量。

在曲线运动中，轨迹的曲率或曲率半径是一个重要参数，表示曲线的弯曲程度。曲率定义为曲线切线的转角对弧长的一阶导数的绝对值。曲率的倒数称为**曲率半径**，常以 ρ 表示。设在瞬时 t 和 $t+\Delta t$，动点分别位于其轨迹上 M 处和 M' 处，其相应的切线单位矢量分别为 $\boldsymbol{\tau}$ 和 $\boldsymbol{\tau}'$。在此时间间隔 Δt 内，动点的弧坐标改变量为 Δs，其切线的转角 $\Delta\varphi$，切线方向的单位矢量改变量为 $\Delta\boldsymbol{\tau}$，如图 5-12 所示，则有

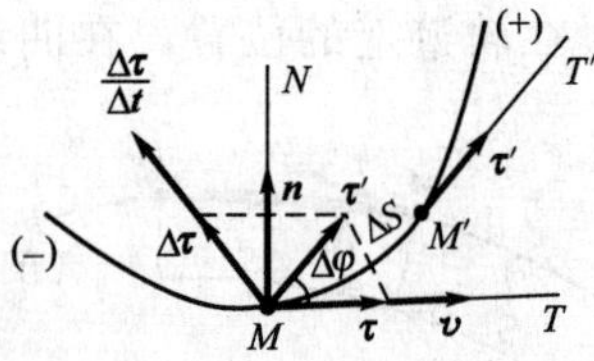

图 5-12

$$\frac{1}{\rho}=\lim_{\Delta s\to 0}\left|\frac{\Delta\varphi}{\Delta s}\right|=\frac{\mathrm{d}\varphi}{\mathrm{d}s} \tag{5-17}$$

$$|\Delta\boldsymbol{\tau}|=2\cdot|\boldsymbol{\tau}|\cdot\sin\frac{\Delta\varphi}{2}$$

当 $\Delta s\to 0$ 时，$\Delta\varphi\to 0$，且有 $|\boldsymbol{\tau}|=1$，由此可得

$$|\Delta\boldsymbol{\tau}|\approx\Delta\varphi$$

注意到 Δs 为正时，点沿切向 $\boldsymbol{\tau}$ 的正方向运动，$\Delta\boldsymbol{\tau}$ 指向轨迹凹一侧；Δs 为负时，点沿切向 $\boldsymbol{\tau}$ 的负方向运动，$\Delta\boldsymbol{\tau}$ 指向轨迹凸一侧。因此结合上式和式(5-17)有

$$\frac{\mathrm{d}\boldsymbol{\tau}}{\mathrm{d}s}=\lim_{\Delta s\to 0}\frac{\Delta\boldsymbol{\tau}}{\Delta s}=\lim_{\Delta s\to 0}\frac{\Delta\varphi}{\Delta s}\boldsymbol{n}=\frac{1}{\rho}\boldsymbol{n} \tag{5-18}$$

上式将用于法向加速度的推导。

3. 点的速度

动点沿其轨迹运动时，设由瞬时 t 到瞬时 $t+\Delta t$，动点位置由 M 改变到 M'(图 5-12)，在 Δt 时间内弧坐标的增量为 $\Delta s=\widehat{MM'}$（MM 为弧度），位移为 $\Delta r=\overline{MM'}$。由矢量表示法可知，点的速度为

$$\boldsymbol{v}=\frac{\mathrm{d}\boldsymbol{r}}{\mathrm{d}t}=\lim_{\Delta t\to 0}\frac{\Delta\boldsymbol{r}}{\Delta t}$$

当 $\Delta t\to 0$ 时，弦长 $\overline{MM'}$ 与对应的弧长 $|\Delta s|$ 之比趋近于 1，即

$$\lim_{\Delta t\to 0}\left|\frac{\Delta\boldsymbol{r}}{\Delta s}\right|=1$$

于是有

$$|\boldsymbol{v}|=\lim_{\Delta t\to 0}\left|\frac{\Delta \boldsymbol{r}}{\Delta t}\right|=\lim_{\Delta t\to 0}\left|\frac{\Delta \boldsymbol{r}}{\Delta s}\cdot\frac{\Delta s}{\Delta t}\right|=\lim_{\Delta t\to 0}\left|\frac{\Delta \boldsymbol{r}}{\Delta s}\right|\cdot\left|\frac{\Delta s}{\Delta t}\right|=\lim_{\Delta t\to 0}\left|\frac{\Delta s}{\Delta t}\right|=\left|\frac{\mathrm{d}s}{\mathrm{d}t}\right|$$

把 $\boldsymbol{v}$ 看作代数值，则有

$$v=\frac{\mathrm{d}s}{\mathrm{d}t}=\dot{s} \tag{5-19}$$

这就是说，速度的大小等于弧坐标对时间的一阶导数。当 v 为正时，表示弧坐标的代数值随时间增大，动点沿弧坐标正向运动；v 为负时，则相反。

在轨迹切线上顺着轨迹的正向取单位矢量 $\boldsymbol{\tau}$，则速度 $\boldsymbol{v}$ 可表示成

$$\boldsymbol{v}=v\boldsymbol{\tau}=\dot{s}\boldsymbol{\tau} \tag{5-20}$$

4. 点的加速度

将式(5-20)对时间取一阶导数，注意到 v、$\boldsymbol{\tau}$ 都是变量，得

$$\boldsymbol{a}=\frac{\mathrm{d}\boldsymbol{v}}{\mathrm{d}t}=\frac{\mathrm{d}}{\mathrm{d}t}(v\boldsymbol{\tau})=\frac{\mathrm{d}v}{\mathrm{d}t}\boldsymbol{\tau}+v\frac{\mathrm{d}\boldsymbol{\tau}}{\mathrm{d}t} \tag{5-21}$$

上式右端两项都是矢量，第一项是反映速度大小变化的加速度，记为 $\boldsymbol{a}_\tau$；第二项是反映速度方向变化的加速度，记为 $\boldsymbol{a}_n$。

1) 反映速度大小变化的加速度 $\boldsymbol{a}_\tau$

$$\boldsymbol{a}_\tau=\frac{\mathrm{d}v}{\mathrm{d}t}\boldsymbol{\tau}=\dot{v}\boldsymbol{\tau}=\ddot{s}\boldsymbol{\tau}=a_\tau\boldsymbol{\tau} \tag{5-22}$$

显然，$\boldsymbol{a}_\tau$是一个沿轨迹切线的矢量，故称为**切向加速度**。切向加速度反映点的速度值对时间的变化率，它的代数值等于速度的代数值对时间的一阶导数，或弧坐标对时间的二阶导数，它的方向沿轨迹切线。因此，当速度 $\boldsymbol{v}$ 与切向加速度 $\boldsymbol{a}_\tau$的指向相同时，速度的绝对值不断增加，点作加速运动；当速度 $\boldsymbol{v}$ 与切向加速度 $\boldsymbol{a}_\tau$的指向相反时，速度的绝对值不断减小，点作减速运动。

2) 反映速度大小变化的加速度 $\boldsymbol{a}_n$

$$\boldsymbol{a}_n=v\frac{\mathrm{d}\boldsymbol{\tau}}{\mathrm{d}t}=v\frac{\mathrm{d}\boldsymbol{\tau}}{\mathrm{d}s}\cdot\frac{\mathrm{d}s}{\mathrm{d}t}$$

将式(5-18)和式(5-19)代入上式，得

$$\boldsymbol{a}_n=\frac{v^2}{\rho}\boldsymbol{n}=a_n\boldsymbol{n} \tag{5-23}$$

可见，$\boldsymbol{a}_n$是一个沿主法线的矢量，故称为**法向加速度**。法向加速度反映点的速度方向改变的快慢，它的代数值等于速度平方除以曲率半径，它的方向沿主法线，指向曲率中心。

将式(5-22)和式(5-23)代入式(5-21)，有

$$\boldsymbol{a}=\frac{\mathrm{d}v}{\mathrm{d}t}\boldsymbol{\tau}+\frac{v^2}{\rho}\boldsymbol{n} \tag{5-24}$$

或

$$\boldsymbol{a}=\boldsymbol{a}_\tau+\boldsymbol{a}_n=a_\tau\boldsymbol{\tau}+a_n\boldsymbol{n}$$

即全加速度等于切向加速度与法向加速度的矢量和。

由于 $\boldsymbol{a}_\tau$、$\boldsymbol{a}_n$均在密切面内，因此全加速度 $\boldsymbol{a}$ 也必在密切面内。这表明加速度沿副法线上的分量为零，即

$$\boldsymbol{a}_b=0 \tag{5-25}$$

若以 a_τ、a_n和 a_b分别表示加速度在切线、主法线和次法线上的投影，则有

$$\left.\begin{aligned} a_\tau&=\frac{\mathrm{d}v}{\mathrm{d}t}=\frac{\mathrm{d}^2s}{\mathrm{d}t^2}\\ a_n&=\frac{v^2}{\rho}\\ a_b&=0 \end{aligned}\right\} \tag{5-26}$$

已知加速度 $\boldsymbol{a}$ 在切线和主法线上的投影，全加速度的大小及方向可由下式求出。

$$\left.\begin{aligned} a&=\sqrt{a_\tau^2+a_n^2}=\sqrt{\left(\frac{\mathrm{d}v}{\mathrm{d}t}\right)^2+\left(\frac{v^2}{\rho}\right)^2}\\ \tan\theta&=\frac{a_\tau}{a_n} \end{aligned}\right\} \tag{5-27}$$

式中，θ 表示全加速度 $\boldsymbol{a}$ 与主法线正向的夹角，如图 5-13 所示。当 $\boldsymbol{a}_\tau$是正值时，$\boldsymbol{a}$ 偏向 $\boldsymbol{\tau}$ 的正向；当 $\boldsymbol{a}_\tau$是负值时，$\boldsymbol{a}$ 偏向 $\boldsymbol{\tau}$ 的负向。

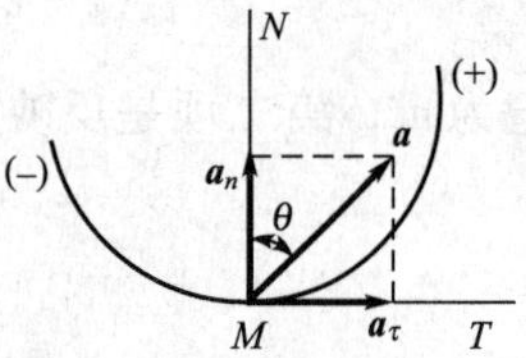

图 5-13

当切向加速度 $a_\tau=\dot{v}$ 是常量时，动点的运动称为曲线匀变速运动。由积分可得

$$v=v_0+a_\tau t \tag{5-28}$$

$$s=s_0+v_0t+\frac{1}{2}a_\tau t^2 \tag{5-29}$$

式中，s_0和 v_0分别为弧坐标和速度在初瞬时 $t=0$ 的值。从以上两式中消去时间 t，则得

$$v^2-{v_0}^2=2a_\tau(s-s_0) \tag{5-30}$$

当速度 $v=\dot{s}$ 是常量时，$a_\tau=0$，$a_n=\dfrac{v^2}{\rho}n=a$，动点的运动称为曲线匀速运动，点沿轨迹的运动方程为

$$s=s_0+vt \tag{5-31}$$

当曲线的 $\rho=\infty$ 时，从而 $a_n=0$，$a=a_\tau=\dfrac{\mathrm{d}v}{\mathrm{d}t}$，动点的运动称为匀变速直线运动，只需将式(5-28)～式(5-30)中的 a_τ换为 a，对应的各公式为

$$\left.\begin{aligned} v&=v_0+at\\ s&=s_0+v_0t+\frac{1}{2}at^2\\ v^2-v_0^2&=2a(s-s_0) \end{aligned}\right\} \tag{5-32}$$

可见，直线运动为曲线运动的一种特殊情况。应注意，在一般曲线运动中，除 $v=0$ 的瞬时外，点的法向加速度 $\boldsymbol{a}_n$总不等于零。

例 5-4 如图 5-14 所示，摇杆机构的滑杆 AB 在某段时间内以等速 u 向上运动，试建立摇杆上 C 点的运动方程(分别用直角坐标法及自然法)，并求此点在 $\varphi=\pi/4$ 时速度的大小(假定初瞬时 $\varphi=0$，摇杆长 $OC_0=a$)。

解： 1) 直角坐标法

取直角坐标系 Oxy，如图 5-14 所示，则

$$x_C=a\cos\varphi$$
$$y_C=a\sin\varphi$$

在直角三角形 OAB 中，$OB=l$，$AB=ut$，$AO=\sqrt{l^2+(ut)^2}$。

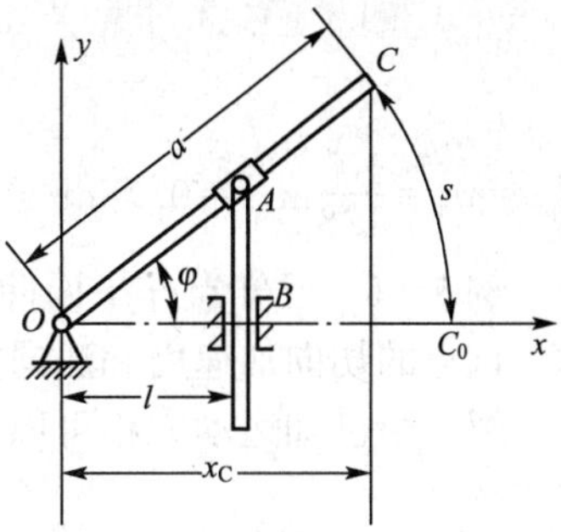

图 5-14

C 点的运动方程为

$$x_C=\frac{al}{\sqrt{l^2+(ut)^2}}$$

$$y_C=\frac{aut}{\sqrt{l^2+(ut)^2}}$$

2）自然法

取弧坐标如图 5-14 所示，则

$$s=a\varphi,\quad \varphi=\arctan\frac{ut}{l}$$

C 点的运动方程为

$$s=a\arctan\frac{ut}{l}$$

C 点的速度为

$$v_C=\frac{\mathrm{d}s}{\mathrm{d}t}=\frac{\mathrm{d}}{\mathrm{d}t}\left(a\arctan\frac{ut}{l}\right)=\frac{au}{l(1+\varphi^2)}$$

当 $\varphi=\pi/4$ 时，$v_C=au/2l$。

例 5-5 汽车以 36km/h 的匀速经过一桥，如图 5-15 所示。设桥面形状为抛物线

$$y=\frac{4f}{l^2}x(1-x)$$

其中，x、y 均以 m 计，$f=1\mathrm{m}$，$l=32\mathrm{m}$。求汽车经过桥面最高点 A 时的加速度。

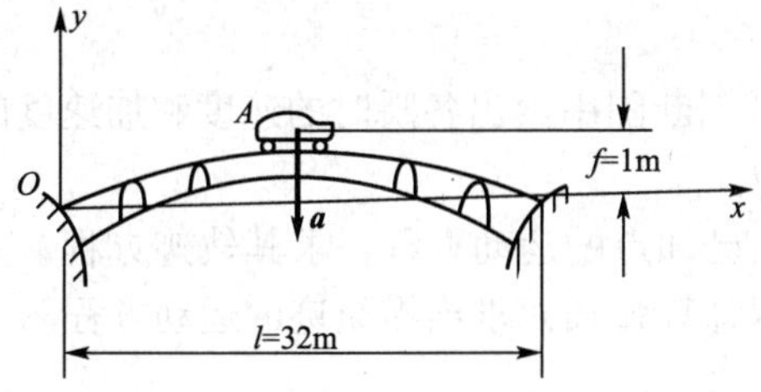

图 5-15

解： 汽车作匀速率曲线运动，且轨迹已知，所以可用自然法求解。汽车速度大小为

$$v=36\mathrm{km/h}=\frac{36\times1000}{3600}\mathrm{m/s}=10\mathrm{m/s}$$

既然速度大小不变，显然切向加速度 $a_\tau=\frac{\mathrm{d}v}{\mathrm{d}t}=0$，因而总加速度就等于法向加速度，即

$$a=a_n=\frac{v^2}{\rho}$$

根据高等数学知识有

$$\rho=\frac{\left[1+\left(\frac{\mathrm{d}y}{\mathrm{d}x}\right)^2\right]^{3/2}}{\left|\frac{\mathrm{d}^2y}{\mathrm{d}x^2}\right|}$$

其中，

$$\frac{\mathrm{d}y}{\mathrm{d}x}=\frac{4f}{l^2}(l-2x),\quad \frac{\mathrm{d}^2y}{\mathrm{d}x^2}=-\frac{8f}{l^2}$$

在最高点 A 处，$\frac{\mathrm{d}y}{\mathrm{d}x}=0$，因此

$$\rho=\frac{1}{\left|\frac{\mathrm{d}^2 y}{\mathrm{d}x^2}\right|}=\frac{l^2}{8f}=\frac{32^2}{8\times 1}\mathrm{m}=128\mathrm{m}$$

而 $a=a_n=\frac{10^2}{128}\mathrm{m/s}=0.78\mathrm{m/s^2}$，$\boldsymbol{a}$ 的方向同 $\boldsymbol{a}_n$ 的方向，向下。

例 5-6 已知点作平面曲线运动，其运动方程为 $x=x(t)$，$y=y(t)$，试求在任一瞬时，该点的切向加速度和法向加速度的大小及轨迹曲线的曲率半径。

解： 由已知运动方程可以求出该点在任一瞬时的速度及加速度的大小为

$$v=\sqrt{\dot{x}^2+\dot{y}^2} \tag{1}$$

$$a=\sqrt{\ddot{x}^2+\ddot{y}^2} \tag{2}$$

根据 $a_\tau=\frac{\mathrm{d}v}{\mathrm{d}t}$，由(1)式可求出切向加速度的大小为

$$a_\tau=\frac{\dot{x}\ddot{x}+\dot{y}\ddot{y}}{\sqrt{\dot{x}^2+\dot{y}^2}} \tag{3}$$

因 $a^2=a_\tau^2+a_n^2$，故

$$a_n=\sqrt{a^2-a_\tau^2} \tag{4}$$

将式(2)、式(3)代入式(4)后，便求得 a_n。

再根据 $a_n=v^2/\rho$ 可求出曲率半径为

$$\rho=\frac{v^2}{a_n} \tag{5}$$

习　题

5-1　动点 M 沿图 5-16 所示的轨迹运动，试判断图中给出各瞬时的速度和加速度的方向是否可能？如果可能，试指出动点作何种运动。

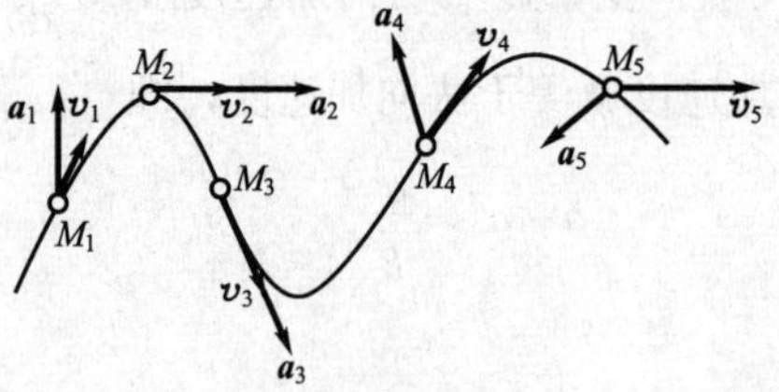

图 5-16

5-2　已知点的运动方程，求其轨迹方程，并自起始位置计算弧长而求出沿轨迹的运动方程。

(1) $x=5-2\cos\frac{\pi}{3}t$，$y=-2+3\sin\frac{\pi}{3}t$；

(2) $x=\frac{a}{2}(\mathrm{e}^{t}+\mathrm{e}^{-t})$，$y=\frac{a}{2}(\mathrm{e}^{t}-\mathrm{e}^{-t})$；

(3) $x=4\cos^2 t$，$y=3\sin^2 t$；

(4) $x=t^2$，$y=2t$。

5-3　如图 5-17 所示，已知 $OA=R$，$AB=l$，$\theta=\omega t$（ω 为常量），试建立 AB 上 P 点（$AP=l_1$）的运动方程、速度方程、加速度方程，并分析当 R、l 为什么关系时，P 点的轨迹为椭圆。

5-4　如图 5-18 所示，半径为 r 的金属圆圈固定不动，OA 杆绕 O 轴转动，且有 $\varphi=t^2/2$。小环 M 套在杆和大环上，由杆带动，使其沿大环运动。试建立 M 点的直角坐标形式运动方程和弧坐标形式运动方程。

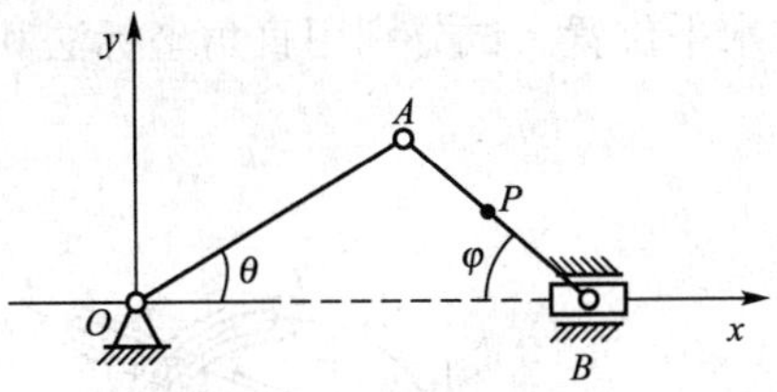

图 5-17

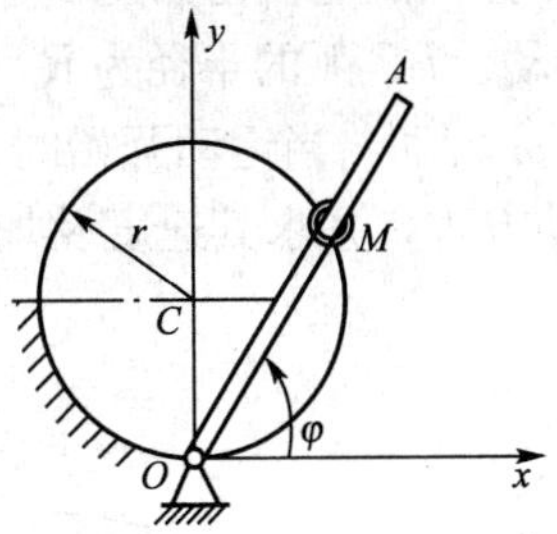

图 5-18

5-5 如图 5-19 所示，半圆形凸轮以匀速 $v=10\text{mm/s}$ 沿水平方向向左运动，活塞杆 AB 长 l，沿铅直方向运动。当运动开始时，活塞杆 A 端在凸轮的最高点上。如凸轮的半径 $R=80\text{mm}$，求活塞 B 的运动方程、速度和加速度方程。

5-6 如图 5-20 所示，岸边的滑轮 A 距水面高为 h，缆绳绕过滑轮牵引小船 M，岸上牵引的速度 $\boldsymbol{u}$ 为常量，若初始船距岸边距离为 l，试求小船的速度和加速度。

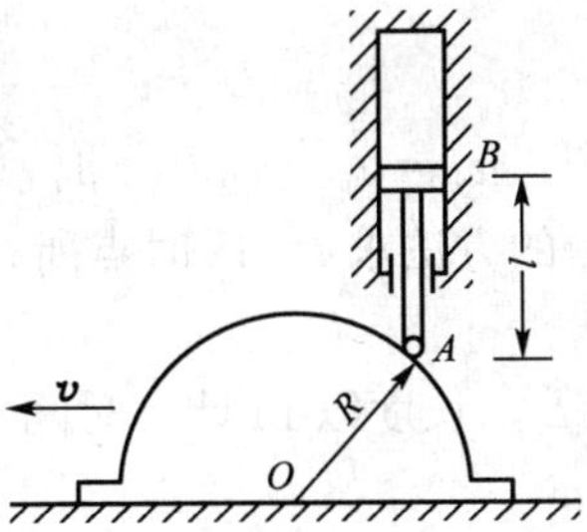

图 5-19

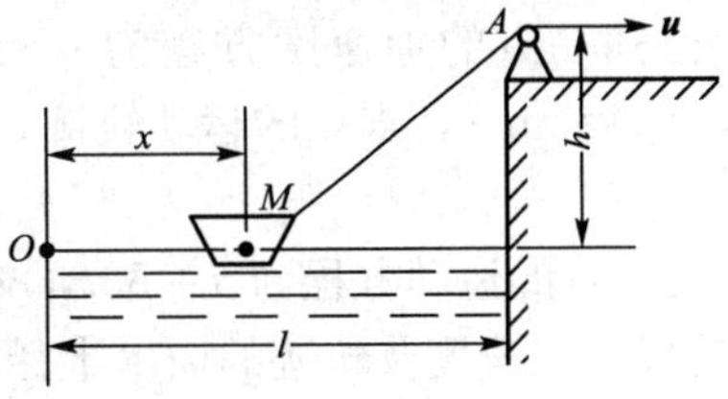

图 5-20

5-7 如图 5-21 所示，已知雷达在距离火箭发射台为 l 的 O 处观察铅直上升的火箭发射，测得角 θ 的规律为 $\theta=kt$（k 为常数）。试求：火箭的运动方程并计算当 $\theta=\frac{\pi}{6}$ 和 $\frac{\pi}{3}$ 时，火箭的速度和加速度。

5-8 如图 5-22 所示，重力坝溢流段用鼻坎挑流。鼻坎与下游水位高差为 H，设挑流角为 α，水流射出鼻坎的速度为 $\boldsymbol{v}$，试求射程 L。

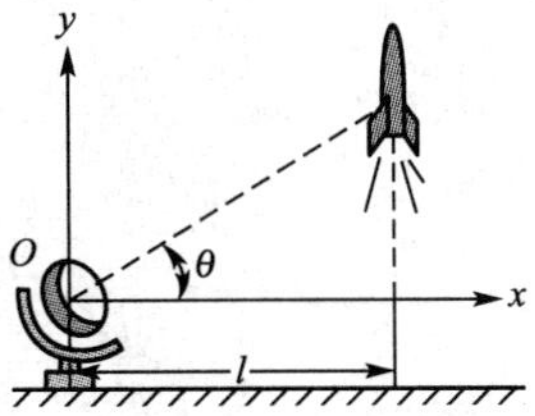

图 5-21

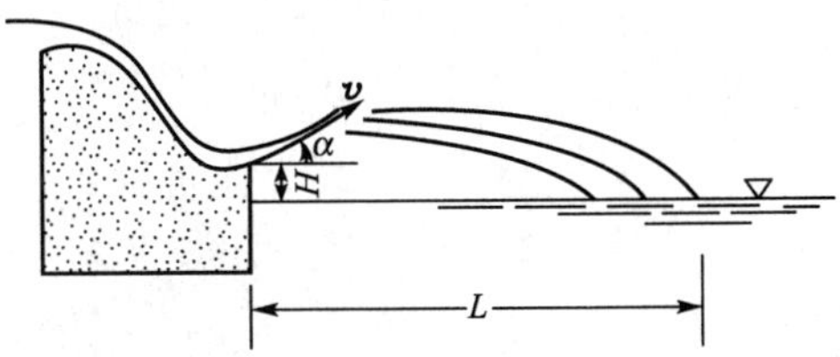

图 5-22

5-9 如图 5-23 所示，喷水枪的仰角 $\varphi=45°$，水流以 20m/s 的速度射至倾角为 60° 的斜坡上，欲使水流射到斜坡上的速度与斜面垂直，试求水流喷射在斜坡上的高度 h 及水枪放置的位置 O 与坡脚 A 的距离 s。

5-10 摇杆滑道机构如图5-24所示，滑块M同时在固定圆弧槽BC中和在摇杆OA的滑道中滑动。BC弧的半径为R，摇杆OA的转轴在BC弧所在的圆周上。摇杆绕O轴以匀角速度ω转动，当运动开始时，摇杆在水平位置。试分别用直角坐标法和自然法求滑块M的运动方程，并求其速度及加速度。

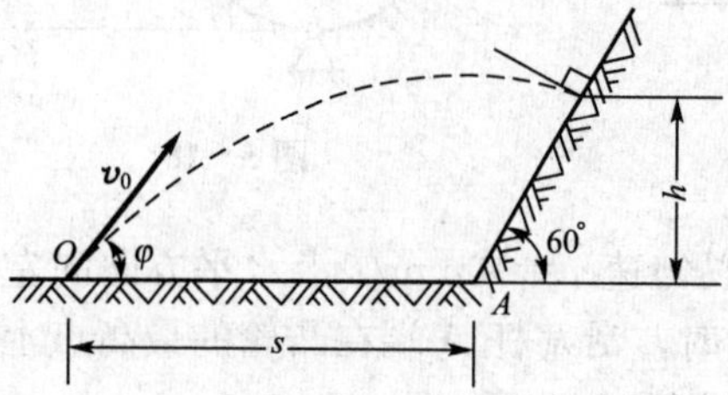

图5-23

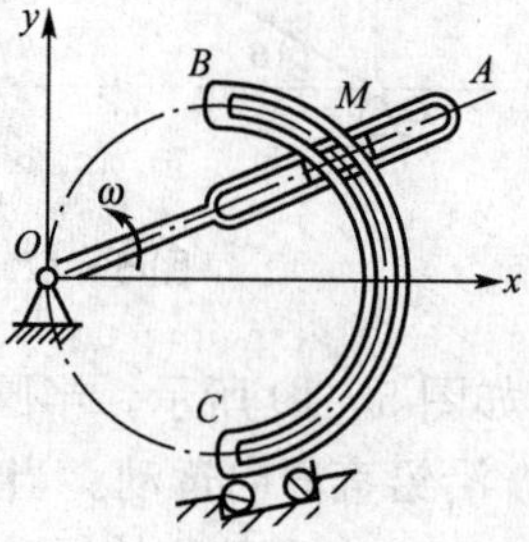

图5-24

5-11 一作匀加速度曲线运动的物体分别以时间间隔t_1和t_2通过两长度均为s且相邻接的路程。试证明其切向加速度为$\dfrac{2s(t_1-t_2)}{t_1t_2(t_1+t_2)}$。

5-12 已知一点的加速度方程为$a_x=-6\text{m/s}^2$，$a_y=0$。当$t=0$时，$x_0=y_0=0$，$v_{0x}=10\text{m/s}$，$v_{0y}=3\text{m/s}$，求点的运动轨迹，并用简捷的方法求$t=1\text{s}$时点所在处轨迹的曲率半径。

5-13 已知点的运动方程为$x=50t$，$y=500-5t^2$，长度以m计，时间t以s计，求$t=0$时点的速度、加速度及轨迹的曲率半径。

第6章 刚体的简单运动

教学目标

通过本章学习，应达到以下目标：

(1) 明确刚体平行移动(平移)和刚体绕定轴转动的特征，能正确地判断作平动的刚体和定轴转动的刚体。

(2) 对刚体定轴转动时的转动方程、角速度和角加速度及它们之间的关系要清晰地理解，熟知匀速和匀变速转动的定义与公式。

(3) 能熟练地计算定轴转动刚体上任一点的速度和加速度。

(4) 掌握传动比的概念及其公式的应用。

(5) 初步了解对角速度矢、角加速度矢以及用矢积表示定轴转动刚体上任一点的速度和加速度。

引例

摩天轮是一种大型转轮状的机械建筑设施，上面挂在轮边缘的是供乘客乘搭的座舱。乘客坐在摩天轮慢慢地往上转，可以从高处俯瞰四周景色。

那么摩天轮的转轮与座舱各是什么样运动形式呢？它们的运动有什么样的特点呢？

刚体是由无数点组成的，在点的运动学基础上可研究刚体的运动，研究刚体整体的运动及其与刚体上各点运动之间的关系。

本章将研究刚体的两种简单运动——平动和定轴转动，这是工程中最常见的运动，也是研究刚体复杂运动的基础。

§6-1 刚体的平行移动

刚体运动时，如其上任一直线始终保持与其初始位置平行，则这种运动称为平行移动，简称**平动**或**平移**。例如，在水平轨道上行驶的车厢［图 6-1(a)］及机车上的平行连杆［图 6-1(b)］运动都具有以上的特征，都是平动。刚体平动又分为直线平动和曲线平动两种。刚体平动时，若其各点的轨迹为直线，称为直线平动；若为曲线，则称为曲线平动。上面所举的车厢的运动是直线平动，而机车平行连杆的运动则是曲线平动。

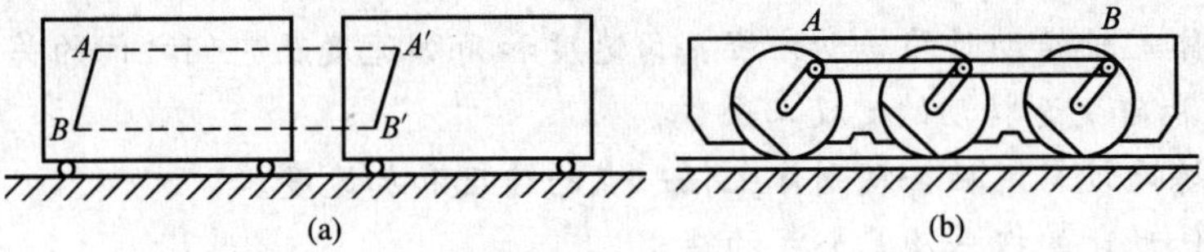

图 6-1

如图 6-2 所示，在平动的刚体上任取两点 A 及 B，并作矢量 $\boldsymbol{BA}$。以 $\boldsymbol{r}_A$ 和 $\boldsymbol{r}_B$ 分别表示 A 和 B 点的矢径，则

$$\boldsymbol{r}_A=\boldsymbol{r}_B+\boldsymbol{BA} \tag{6-1}$$

由于刚体内任意两点之间的距离保持不变，且刚体作平动，所以 $\boldsymbol{BA}$ 为常矢量。因此，如将 B 点的轨迹沿 $\boldsymbol{BA}$ 方向平行移动一段距离 BA，就与 A 点的轨迹完全重合。也就是说，当刚体平移时，A、B 两点的轨迹完全相同且互相平行。

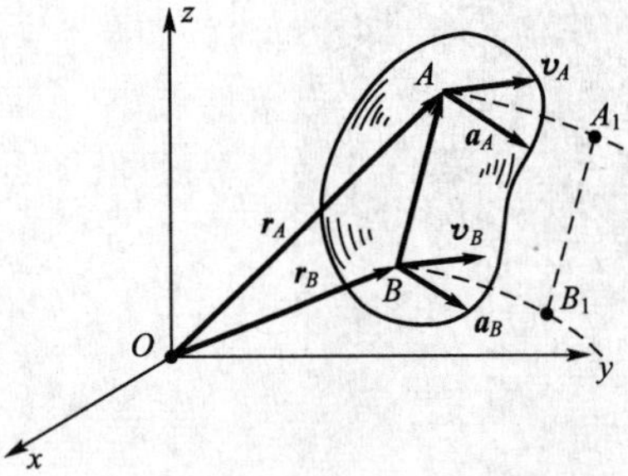

图 6-2

将式(6-1)对时间求一阶导数，并注意到 $\boldsymbol{BA}$ 是常矢量，可得

$$\frac{\mathrm{d}\boldsymbol{r}_A}{\mathrm{d}t}=\frac{\mathrm{d}\boldsymbol{r}_B}{\mathrm{d}t}$$

即

$$\boldsymbol{v}_A=\boldsymbol{v}_B \tag{6-2}$$

上式说明，在任一瞬时 A 点的速度 $\boldsymbol{v}_A$ 与 B 点的速度 $\boldsymbol{v}_B$ 相等。

再将式(6-2)对时间求一阶导数，得

$$\frac{\mathrm{d}\boldsymbol{v}_A}{\mathrm{d}t}=\frac{\mathrm{d}\boldsymbol{v}_B}{\mathrm{d}t}$$

即

$$\boldsymbol{a}_A=\boldsymbol{a}_B \tag{6-3}$$

上式说明，在任一瞬时 A 点的加速度 $\boldsymbol{a}_A$ 与 B 点的加速度 $\boldsymbol{a}_B$ 相等。

因为点 A、B 是任意选择的，由此可得出结论：当刚体作平动时，刚体内各点的运动规律都相同，即刚体上各点的轨迹形状相同；在同一瞬时，各点的速度、加速度相同。因此，研究整个刚体的运动，可以归结为研究刚体内任一点(如质心)的运动。于是，刚体作平动的问题就可归结为点的运动学问题来研究。

例 6-1 在图 6-3 所示的曲柄滑道机构中，当曲柄 OA 绕定轴在平面上转动时，通过滑槽连杆中滑块 A 的带动，可使连杆在水平槽中沿直线往复滑动。若曲柄 OA 的长度为 r，曲柄与轴的夹角 $\varphi=\omega t$（ω 为常数），求连杆在任一瞬时的速度及加速度。

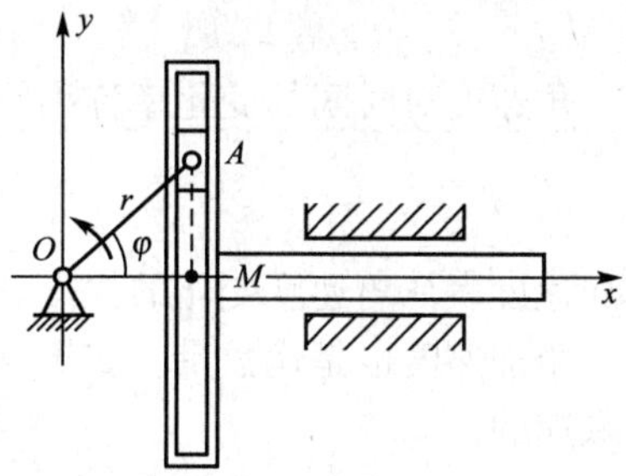

图 6-3

解：连杆作平动，因此连杆上任意一点的运动可以代表整个连杆的运动。为此可取滑槽中间的 M 点来代表，M 点的水平坐标为

$$x_M=r\cos\varphi=r\cos\omega t$$

此为 M 点的运动方程。

对上式分别求一阶、二阶导数得

$$v_A=\dot{x}_M=-r\omega\sin\omega t$$

$$a_A=\dot{v}_M=-r\omega^2\cos\omega t$$

即为所求连杆任一瞬时的速度及加速度。

§6-2 刚体的定轴转动

在观察飞轮、皮带轮、定滑轮和门等的运动时，我们发现这些刚体的运动都有一个共同的特点：刚体在运动时，它们都有一条固定的轴线，刚体绕此固定轴转动。显然，只要轴线上有两个固定的点，该轴线就是固定的。刚体在运动时，其上或其扩展部分有两点保持不动，这种运动称为定轴转动，简称**转动**。通过这两个固定点的不动的直线，称为刚体的**转轴**，简称**轴**。

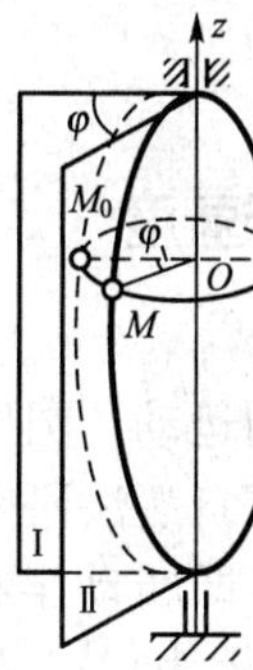

图 6-4

为确定转动刚体的位置，取转轴为 z 轴，如图 6-4 所示。通过转轴作一固定平面Ⅰ，此外，过转轴再作一动平面Ⅱ，这个平面与刚体固结，一起转动。两个平面间的夹角用 φ 表示，称为刚体的**转角**。转角 φ 是一个代数量，它确定了刚体的位置，是时间 t 的单值连续函数，即

$$\varphi=f(t) \tag{6-4}$$

式(6-4)称为刚体的转动方程。

对于 φ 的正、负号规定如下：自 z 轴正端向负端看，从固定面起按逆时针转动的转角，取正值；按顺时针转动的转角，取负值。转角的单位用弧度(rad)表示。

为了描述刚体转动的快慢和方向，引入角速度的概念。转角对时间的变化率称为刚体的瞬时**角速度**，并用字母 ω 表示，即

$$\omega=\frac{\mathrm{d}\varphi}{\mathrm{d}t}=\dot{\varphi} \tag{6-5}$$

角速度是代数量。从轴的正端向负端看，刚体逆时针转动时，角速度取正值，反之取负值。其单位一般用弧度/秒(rad/s)。

在工程上，转动的快慢还常用每分钟的转数 n 表示，称为转速，其单位为转/分(r/min)。角速度 ω 与转速 n 的关系为

$$\omega=\frac{2n\pi}{60}=\frac{n\pi}{30} \tag{6-6}$$

角速度对时间的变化率称为刚体的瞬时**角加速度**，用字母 α 表示，即

$$\alpha=\frac{d\omega}{dt}=\frac{d^2\varphi}{dt^2}=\ddot{\varphi} \tag{6-7}$$

角加速度表征角速度变化的快慢，其单位一般用弧度/秒²(rad/s^2)。

角加速度也是代数量。如果 ω 与 α 同号，则转动是加速的；如果 ω 与 α 异号，则转动是减速的。

现在讨论两种特殊情况。

1. 匀速转动

如果刚体的角速度不变，即 ω 为常量，这种转动称为匀速转动。仿照点的匀速运动公式，可得

$$\varphi=\varphi_0+\omega t \tag{6-8}$$

式中，φ_0 是 $t=0$ 时转角 φ 的值。

2. 匀变速转动

如果刚体的角加速度不变，即 α 为常量，这种转动称为匀变速转动。仿照点的匀变速运动公式，可得

$$\omega=\omega_0+\alpha t \tag{6-9}$$

$$\varphi=\varphi_0+\omega t+\frac{1}{2}\alpha t^2 \tag{6-10}$$

式中，ω_0 和 φ_0 分别是 $t=0$ 时的角速度和转角。

由上面这些公式可知：匀变速转动时，刚体的角速度、转角和时间之间的关系与点在匀变速运动中的速度、坐标和时间之间的关系相似。

§6-3 转动刚体内各点的速度与加速度

刚体作定轴转动时，转轴上的点固定不动，不在转轴上的点作圆周运动，圆周平面垂直转轴，圆心为该平面与转轴的交点，圆的半径称为转动半径。现采用自然法研究刚体上任一点 M 的运动。设 M 点到转轴的距离(即转动半径)为 r，当刚体的角坐标(转角)$\varphi=0$ 时，M 点的位置为 O'，取其为弧坐标的原点，如图 6-5 所示。再取 φ 角的正向为弧坐标的正向。这样，M 点的弧坐标 s 可表示成

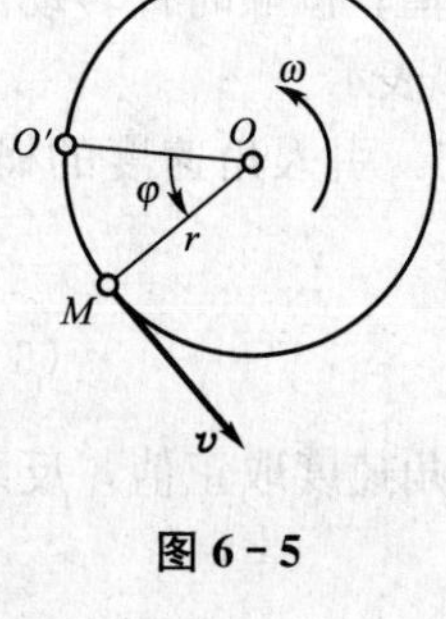

图 6-5

$$s=r\varphi \tag{6-11}$$

这就是 M 点的自然形式的运动方程。

将上式对时间求一阶导数，得到 M 点的速度为

$$v=\frac{ds}{dt}=r\frac{d\varphi}{dt}=r\dot{\varphi}$$

上式也可写成

$$v=r\omega \tag{6-12}$$

即定轴转动刚体上任一点的速度的大小，等于该点的转动半径与刚体角速度的乘积，它的方向沿圆周的切线指向刚体转动的一方。

再将式(6-9)对时间求一阶导数，得到 M 点的切向加速度 $\boldsymbol{a}_\tau$ 的大小，即

$$a_\tau=\frac{dv}{dt}=r\frac{d\omega}{dt}=r\ddot{\varphi}$$

上式也可写成

$$a_\tau=r\alpha \tag{6-13}$$

即定轴转动刚体上任一点的切向加速度的大小，等于该点的转动半径与刚体角加速度的乘积。由于 a_τ 与 α 有相同的正、负号，因此点的切向加速度的方向指向刚体角加速度所指示的方向。当 ω 与 α 同号时，表示刚体加速度转动，刚体上任一点 M 的速度 $\boldsymbol{v}$ 的方向与切向加速度 $\boldsymbol{a}_\tau$ 的方向相同［图 6-6(a)］；当 ω 与 α 异号时，刚体作减速转动，M 点的速度 $\boldsymbol{v}$ 的方向与切向加速度 $\boldsymbol{a}_\tau$ 的方向相反［图 6-6(b)］。

点 M 的法向加速度为

$$a_n=\frac{v^2}{\rho}=\frac{(r\omega)^2}{r}=r\omega^2 \tag{6-14}$$

即定轴转动刚体上任一点的法向加速度等于该点的转动半径与刚体角速度平方的乘积。法向加速度 $\boldsymbol{a}_n$ 总是指向曲率中心 O，这里就是指向圆周轨迹的中心 O，故法向加速度又称向心加速度。

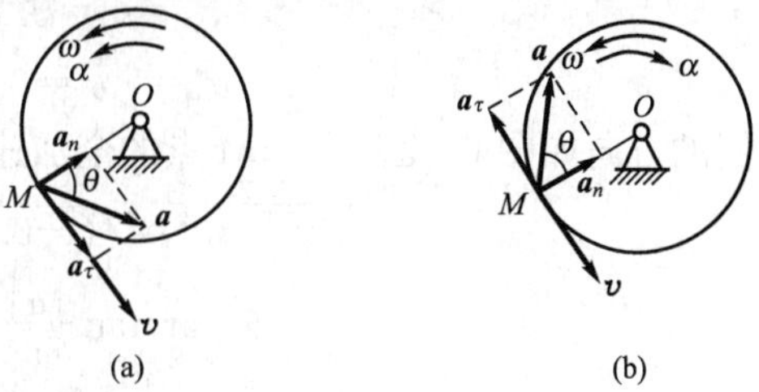

图 6-6

点 M 的全加速度 $\boldsymbol{a}$ 的大小为

$$a=\sqrt{a_\tau{}^2+a_n{}^2}=\sqrt{(r\alpha)^2+(r\omega^2)^2}$$

或

$$a=r\sqrt{\alpha^2+\omega^4} \tag{6-15}$$

点 M 的加速度的方向由 $\boldsymbol{a}$ 与半径 OM 的夹角 θ 确定，由直角三角形关系得

$$\tan\theta=\frac{|a_\tau|}{a_n}=\frac{|r\alpha|}{r\omega^2}$$

或

$$\theta=\arctan\frac{|\alpha|}{\omega^2} \tag{6-16}$$

至于加速度 a 偏向法线左边还是右边，由 α 的转向或 a_τ 的方向决定，如图 6-6 所示。

根据前面的讨论，定轴转动刚体上各点速度和加速度分布的规律如下。

(1) 在每一瞬时，转动刚体各点速度和加速度的大小与点的转动半径成正比。

(2) 在每一瞬时，速度 $\boldsymbol{v}$ 的方向都垂直于转动半径；加速度 $\boldsymbol{a}$ 的方向与转动半径的夹角都等于 θ，而与该点到转轴的距离无关。

例 6-2 图 6-7 所示为卷筒提取重物装置，卷筒半径 $r=0.2$m，B 为定滑轮。卷筒在制动阶段，转动方向如图 6-7 所示，其转动方程为 $\varphi=3t-t^2$。式中 φ 以 rad 计，t 以 s

计。试求 $t=1s$ 时卷筒边缘上任一点 M 的速度和加速度，以及重物 A 的速度和加速度。不计钢丝绳的伸长。

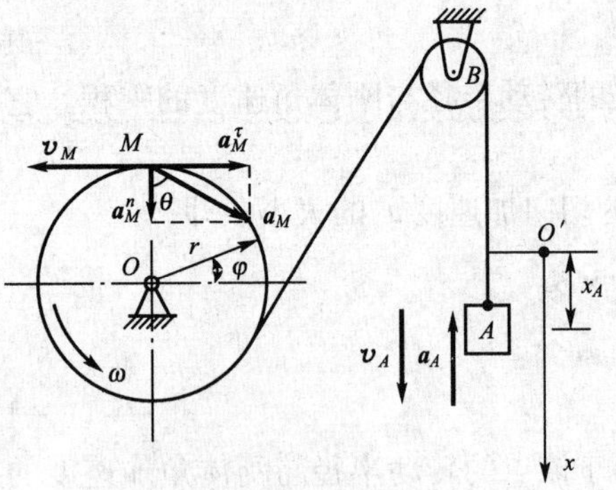

图 6-7

解：(1) 计算卷筒转动的角速度和角加速度。由题所给的转动方程，卷筒在任一瞬时的角速度和角加速度为

$$\omega=\frac{d\varphi}{dt}=3-2t$$

$$\alpha=\frac{d\varphi}{dt}=-2$$

将 $t=1s$ 代入，得

$$\omega=(3-2\times1)\text{rad/s}=1\text{rad/s}$$

$$\alpha=-2\text{rad/s}^2$$

这里的 α 与 ω 的符号相反，可知卷筒作减速转动。

(2) 计算卷筒边缘上任一点 M 的速度和加速度。

$$v_M=r\omega=0.2\times1\text{m/s}=0.2\text{m/s}$$

$$a_M^\tau=r\alpha=0.2\times(-2)\text{m/s}^2=-0.4\text{m/s}^2$$

$$a_M^n=r\omega^2=0.2\times1^2\text{m/s}^2=0.2\text{m/s}^2$$

它们的方向如图 6-7 所示。M 点的全加速度及其与半径 OM 的夹角 θ 为

$$a_M=\sqrt{a_M^{\tau\,2}+a_M^{n\,2}}=\sqrt{(-0.4)^2+(0.2)^2}\text{m/s}^2\approx0.447\text{m/s}^2$$

$$\theta=\arctan\frac{|\alpha|}{\omega^2}=\arctan\frac{2}{1}=63°26'$$

(3) 求重物 A 的速度和加速度。为了描述重物 A 的运动，作 x 轴，如图 6-7 所示。因为不计钢丝绳的伸长，且钢丝绳与卷筒间无滑动，所以重物 A 下降的距离 x_A 与卷筒边缘上任一点 M 在同一时间内所走过的弧长 s_M 应相等，即

$$x_A=s_M$$

将上式对时间分别求一阶和二阶导数，得

$$v_A=v_M$$

$$a_A=a_M^\tau$$

可见，重物 A 的速度和加速度的大小分别等于卷筒边缘上任一点 M 的速度和切向加速度的大小。因此，当 $t=1s$ 时，得

$$v_A=0.2\text{m/s},\quad a_A=-0.4\text{m/s}^2$$

$\boldsymbol{v}_A$ 的方向显然是向下的，而 $\boldsymbol{a}_A$ 的方向则是向上的，重物此时作减速运动。

§6-4 定轴轮系的传动问题

机械上关于转动刚体的传动，通常是通过若干个绕固定轴转动的齿轮、皮带轮或摩擦轮来实现的，这样的传动装置称为定轴轮系。利用定轴轮系传动，可以提高或降低转速，以满足各种机械对转速的要求。

1．齿轮传动

机械中常用齿轮作为传动部件，例如，为了要将电动机的转动传到机床的主轴，通常用变速器降低转速，多数变速器是由齿轮系组成的。现以一对啮合的圆柱齿轮为例进行分析，圆柱齿轮传动分为外啮合(图 6 - 8)和内啮合(图 6 - 9)两种。

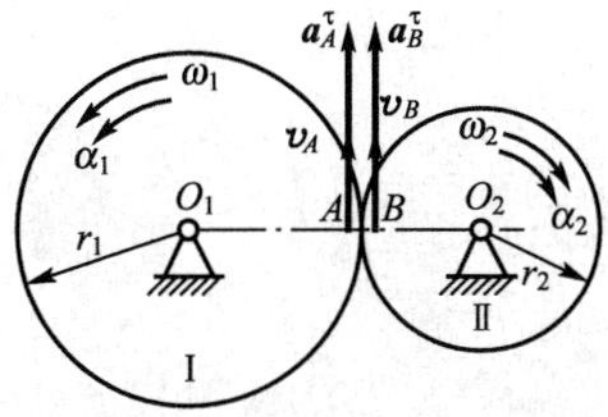

图 6 - 8

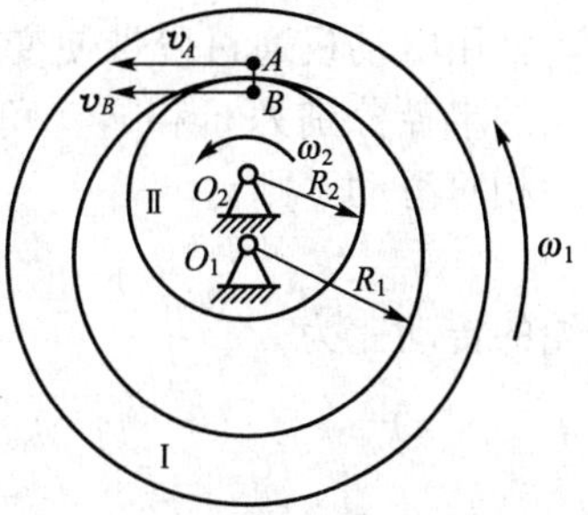

图 6 - 9

设外啮合齿轮节圆半径分别为 r_1 和 r_2；某瞬时齿轮的角速度分别为 ω_1 和 ω_2，角加速度分别为 α_1 和 α_2，齿数分别为 Z_1 和 Z_2。

两齿轮啮合传动，它们的节圆相切，转动时两节圆彼此无相对滑动。设 A 和 B 分别是相切处两轮上的两个点，显然这两点的速度大小相等，即 $|v_A|=|v_B|$，因此有

$$r_1|\omega_1|=r_2|\omega_2|$$

或

$$\left|\frac{\omega_1}{\omega_2}\right|=\frac{r_2}{r_1}$$

即相互啮合传动的两齿轮，其角速度大小与齿轮的半径成反比。因此，齿轮Ⅱ的角速度大小为

$$|\omega_2|=\frac{r_1}{r_2}|\omega_1|$$

如齿轮传动为外啮合传动，ω_2 与 ω_1 转向相反。通常把主动轮与从动轮的角速度大小的比值称为这对定轴轮系的**传动比**。如齿轮Ⅰ是主动轮，Ⅱ是从动轮，其传动比用 i_{12} 表示，即

$$i_{12}=\left|\frac{\omega_1}{\omega_2}\right|=\frac{r_2}{r_1}$$

A、B 两点速度的大小相等，因此它们的切向加速度的大小也相等，所以有

$$r_1|\alpha_1|=r_2|\alpha_2|$$

或

$$\left|\frac{\alpha_1}{\alpha_2}\right|=\frac{r_2}{r_1}$$

因此，其传动比可写成

$$i_{12}=\frac{\omega_1}{\omega_2}=\frac{n_1}{n_2}=\frac{\alpha_1}{\alpha_2}=\frac{r_2}{r_1}=\frac{Z_2}{Z_1} \tag{6-17}$$

有时为了区分轮系中各轮的转向，对各轮都规定统一的转动方向，此时各轮的角速度

可取代数值，从而传动比也取代数值：

$$i_{12}=\frac{\omega_1}{\omega_2}=\frac{n_1}{n_2}=\frac{\alpha_1}{\alpha_2}=\pm\frac{r_2}{r_1}=\pm\frac{Z_2}{Z_1}$$

式中，正号表示主动轮与从动轮转向相同(内啮合)，负号表示转向相反(外啮合)。

2. 带轮传动

在机床中，常用电动机通过胶带使变速器转动。在图 6－10 所示的带轮传动装置中，主动轮和从动轮的半径分别为 r_1 和 r_2，角速度分别为 ω_1 和 ω_2。不计胶带厚度，并假定胶带与带轮之间无相对滑动，则

$$r_1\omega_1=r_2\omega_2$$

于是，带轮的传动比为

$$i_{12}=\frac{\omega_1}{\omega_2}=\frac{r_2}{r_1}$$

即两轮的角速度与其半径成反比。

例 6－3　一减速器如图 6－11 所示，轴Ⅰ为主动轴，与电机相连。已知电机转速 $n=1450\text{r/min}$，各齿轮的齿数 $Z_1=14$，$Z_2=42$，$Z_3=20$，$Z_4=36$。求减速器的总传动比 i_{14} 及轴Ⅲ的转速。

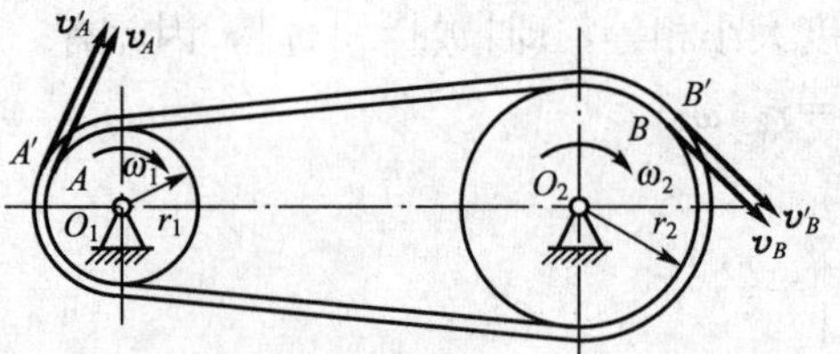

图 6－10

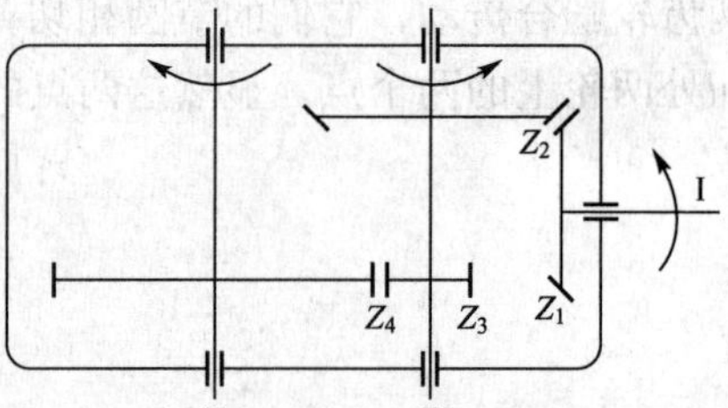

图 6－11

解：各齿轮作定轴转动，为定轴轮系的传动问题。

轮 1 与轴Ⅰ的转速相同，即 $n_1=n=1450\text{r/min}$。

轮 1 与轮 2 的传动比为

$$i_{12}=\frac{n_1}{n_2}=\frac{Z_2}{Z_1}=\frac{42}{14}=3$$

则轮 2 的转速为

$$n_2=\frac{n_1}{i_{12}}=\frac{n_1}{3}\approx 483.3\text{r/min}$$

轮 3 与轮 2 的转速相同，则 $n_3=n_2=483.3\text{r/min}$。

轮 3 与轮 4 的传动比为

$$i_{34}=\frac{n_3}{n_2}=\frac{Z_4}{Z_3}=\frac{36}{20}=1.8$$

则轮 4 的转速为

$$n_4=\frac{n_3}{i_{34}}=\frac{483.3}{1.8}\text{r/min}=268.5\text{r/min}$$

轮系的总传动比为

$$i_{14}=\frac{n_1}{n_4}=i_{12}\times i_{34}=3\times1.8=5.4$$

轴Ⅲ与轮 4 的转速相同，即轴Ⅲ的转速为 268.5r/min，其转向如图 6－11 所示。

§6－5 角速度与角加速度的矢量表示

在 6.4 节中我们将角速度与角加速度作为代数量，而在研究较为复杂的问题时，将角速度与角加速度用矢量表示则比较方便。

角速度的矢量表示法如下：设 z 轴为转轴，使 $\boldsymbol{\omega}$ 与 Oz 共线，其长度表示角速度的大小，角速度的指向按右手螺旋法则确定，如图 6－12 所示。显然，当角速度的代数值为正时，$\boldsymbol{\omega}$ 的指向与 z 轴正方向一致；为负时，则相反。若以 $\boldsymbol{k}$ 表示沿 z 轴正向的单位矢量，并以 ω 表示角速度的代数值，则

$$\boldsymbol{\omega}=\omega\boldsymbol{k} \tag{6-18}$$

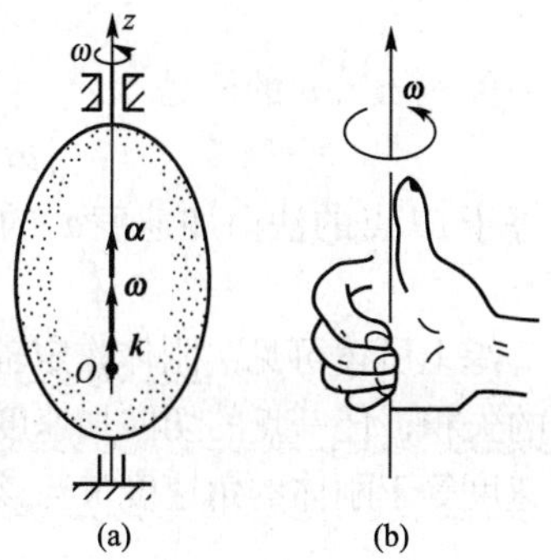

图 6－12

角速度矢 $\boldsymbol{\omega}$ 的起点 O 在 z 轴上的位置是任意的，所以 $\boldsymbol{\omega}$ 是一滑动矢量。

角速度矢 $\boldsymbol{\omega}$ 对时间的导数定义为角加速度矢 $\boldsymbol{\alpha}$。注意到沿 z 轴正向的单位矢量 $\boldsymbol{k}$ 为一常矢量，因而

$$\boldsymbol{\alpha}=\frac{\mathrm{d}\boldsymbol{\omega}}{\mathrm{d}t}=\frac{\mathrm{d}(\omega\boldsymbol{k})}{\mathrm{d}t}=\frac{\mathrm{d}\omega}{\mathrm{d}t}\boldsymbol{k}=\alpha\boldsymbol{k} \tag{6-19}$$

$\boldsymbol{\alpha}$ 也沿转轴 z。当 $\boldsymbol{\alpha}$ 的值为正时，$\boldsymbol{\alpha}$ 与 z 轴正向一致；为负时，则相反。

把角速度、角加速度用矢量 $\boldsymbol{\omega}$、$\boldsymbol{\alpha}$ 表示以后，转动刚体上任一点 M 的速度、切向加速度和法向加速度都可以用矢积来表示。如图 6－13 所示，从转轴上的任一点 O 作转动刚体上任一点 M 的矢径 $\boldsymbol{r}$，并以 θ 表示 $\boldsymbol{r}$ 与 z 轴的夹角，C 点表示 M 点所画的圆周的圆心，R 表示该圆的半径。在转动过程中，$\boldsymbol{r}$ 的模不变，但其方向在不断改变。

M 点速度 $\boldsymbol{v}$ 的大小为

$$v=\omega R=\omega r\sin\theta$$

速度矢 $\boldsymbol{v}$ 在垂直于 z 轴的平面内且垂直于半径 R，因而垂直于平面 OMC，也就是与矢量 $\boldsymbol{r}$ 和 $\boldsymbol{\omega}$ 都垂直；又从 $\boldsymbol{v}$ 的终点向起点看时，可见矢量 $\boldsymbol{\omega}$ 可以沿逆时针方向转过 θ 角而与 $\boldsymbol{r}$ 矢量叠合。因而，根据两矢量矢积的定义，速度 $\boldsymbol{v}$ 可用角速度矢 $\boldsymbol{\omega}$ 与矢径 $\boldsymbol{r}$ 的矢积表示为

$$\boldsymbol{v}=\boldsymbol{\omega}\times\boldsymbol{r} \tag{6-20}$$

$\boldsymbol{v}$ 的方向如图 6－14 所示。

将上式代入点的加速度矢量表达式 $\boldsymbol{a}=\frac{\mathrm{d}\boldsymbol{v}}{\mathrm{d}t}$，可得到 M 点的加速度为

$$\boldsymbol{a}=\frac{\mathrm{d}\boldsymbol{v}}{\mathrm{d}t}=\frac{\mathrm{d}\boldsymbol{\omega}}{\mathrm{d}t}\times\boldsymbol{r}+\boldsymbol{\omega}\times\frac{\mathrm{d}\boldsymbol{r}}{\mathrm{d}t}=\boldsymbol{\alpha}\times\boldsymbol{r}+\boldsymbol{\omega}\times\boldsymbol{v} \tag{6-21}$$

矢积 $\boldsymbol{\alpha}\times\boldsymbol{r}$ 的模是

$$|\boldsymbol{\alpha}\times\boldsymbol{r}|=|\alpha r\sin\theta|=|\alpha|R$$

即等于 M 点的切向加速度 $\boldsymbol{a}_\tau$ 的大小。从图 6－13 可以看出 $\boldsymbol{\alpha}\times\boldsymbol{r}$ 与 $\boldsymbol{a}_\tau$ 的方向一致。因此有

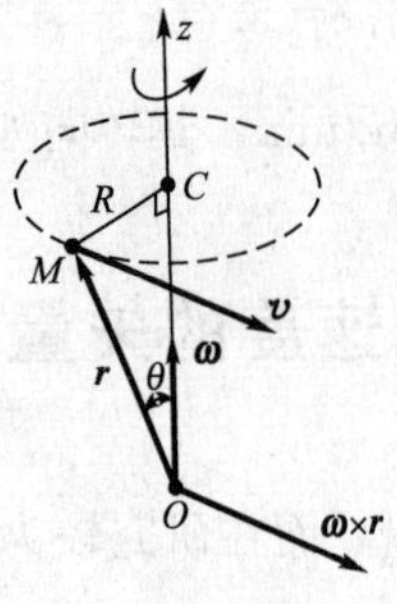

图 6-13

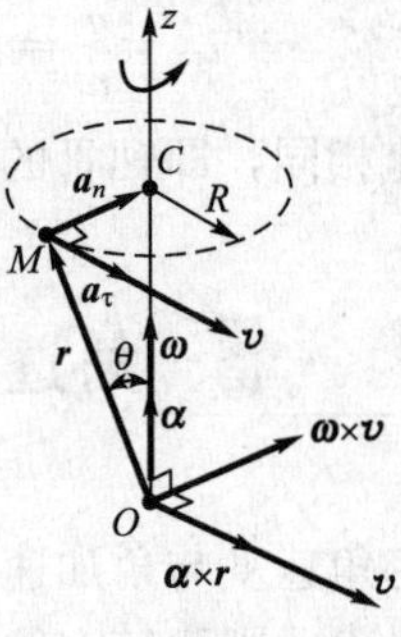

图 6-14

$$\boldsymbol{\alpha}\times\boldsymbol{r}=\boldsymbol{a}_\tau \qquad (6-22)$$

矢积 $\boldsymbol{\omega}\times\boldsymbol{v}$ 的模是

$$|\boldsymbol{\omega}\times\boldsymbol{v}|=|\omega v\sin 90°|=|\omega v|=R\omega^2$$

即等于 M 点的法向加速度 $\boldsymbol{a}_n$ 的大小。从图 8-12 可以看出 $\boldsymbol{\omega}\times\boldsymbol{v}$ 与 $\boldsymbol{a}_n$ 的方向一致。因此有

$$\boldsymbol{\omega}\times\boldsymbol{v}=\boldsymbol{a}_n \qquad (6-23)$$

综上所述可见：刚体作定轴转动时，其内任一点的速度等于刚体的角速度矢与该点的矢径的矢积；任一点的切向加速度等于刚体的角加速度矢与该点的矢径的矢积；任一点的法向加速度等于刚体的角速度矢与该点速度的矢积。

习　题

6-1　如图 6-15 所示，已知刚体的角速度 ω 和角加速度 α，试分别求 A 点和 M 点的速度、切向和法向加速度的大小，并图示其方向。

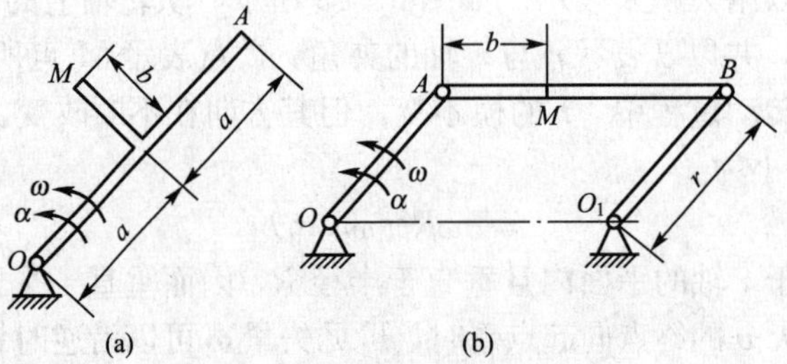

图 6-15

6-2　一定轴转动刚体，在初瞬时的角速度 $\omega_0=20\text{rad/s}$，刚体上某点的运动规律为 $s=t+t^3$（长度以 m 计，时间以 s 计）。求 $t=1\text{s}$ 时，刚体的角速度、角加速度。

6-3　如图 6-16 所示，搅拌机的曲柄 O_1A 以转速 $n=120\text{r/min}$ 绕定轴 O_1 转动，带动曲柄 O_2B 及构件 ABM 运动，已知 $O_1A=O_2B=0.4\text{m}$，$AB=O_1O_2$，试求 M 点的速度和加速度的大小。

6-4　如图 6-17 所示，为把工件送入干燥炉内的机构，叉杆在铅垂面内转动，杆 $AB=0.8\text{m}$，A 端铰接，B 端有放置工件的框架。在机构运动时，工件的速度恒为 0.05m/s，

杆 AB 始终铅垂。设开始时，角度 $\varphi=0°$。试求运动过程中 φ 与时间的关系，以及 B 点的运动轨迹。

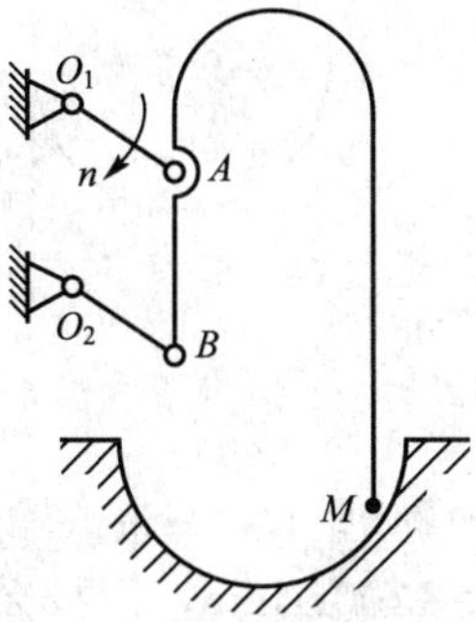

图 6-16

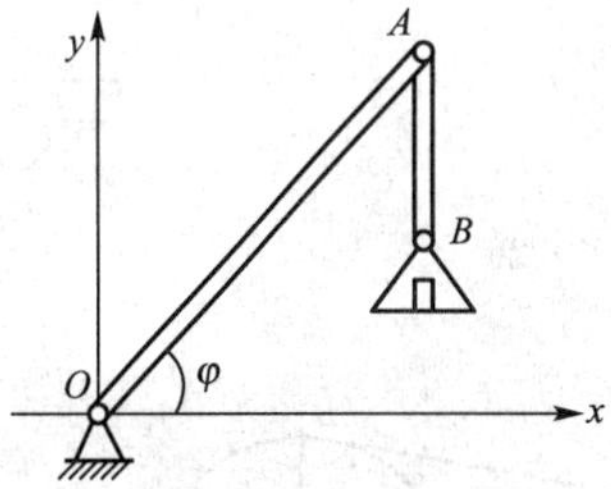

图 6-17

6-5 如图 6-18 所示，曲柄 O_1A 和 O_2B 以匀角速度 ω_0 分别绕定轴 O_1 和 O_2 转动，齿轮Ⅰ和连杆 AB 固连，齿轮Ⅱ绕定轴 O 转动，两轮半径均为 r，且有 $O_1A=O_2B=2r$，$O_1A//OC//O_2B$。求轮Ⅱ边缘上点的加速度的大小。

6-6 揉茶机的揉桶由三个曲柄支持，曲柄的支座 A、B、C 与支轴 a、b、c 成等边三角形，如图 6-19 所示。三个曲柄长度均为 $l=150\text{mm}$，并以相同的转速 $n=45\text{r/min}$ 分别绕其支座在图示平面内转动。试求揉桶中心点 O 的速度和加速度。

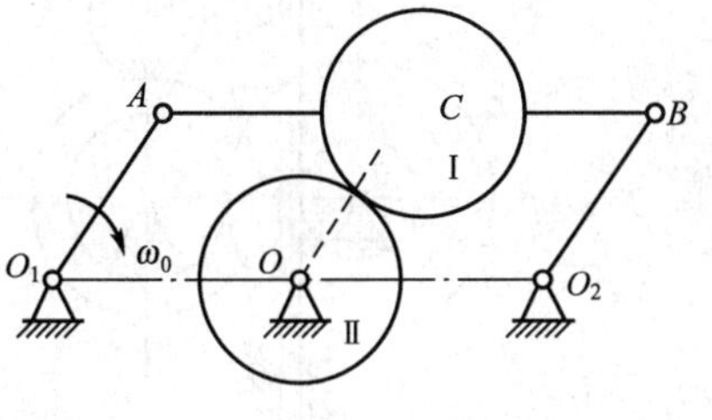

图 6-18

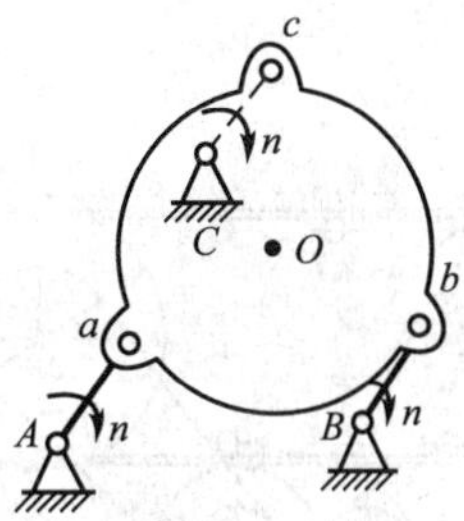

图 6-19

6-7 纸卷由厚度为 a 的纸条卷成，令纸盘的中心不动，如图 6-20 所示。当以匀速度 $\boldsymbol{v}$ 拉动纸条时，纸卷的转速随着纸卷半径 r 的减小而逐渐增加。试证明：当纸卷的直径为 r 时，纸盘的角加速度 $\alpha=\dfrac{av^2}{2\pi r^3}$。

6-8 图 6-21 所示为一升降车，车底盘 BE 相对地面不动，B、C 为铰链，当轮 A 向 B 端运动时，平台 S 向上抬升。$AC=DB$，O 点为 AC、DB 中点，若轮 A 以 $v_A=0.1\text{m/s}$ 匀速向 B 端运动，试求平台 S 向上抬升的速度(用 θ 表示)。

6-9 一凸轮摆杆机如图 6-22 所示。圆形凸轮的半径为 r，偏心距为 e，绕固定轴 O 以匀角速度 ω 作转动，试求导板 AB 的速度和加速度(导板和凸轮始终不分离)。

6-10 电动绞车由带轮Ⅰ和Ⅱ及鼓轮Ⅲ组成，轮Ⅲ和轮Ⅱ刚性连接在同一轴上，如图 6-23 所示。各轮半径分别为 $r_1=30\text{cm}$，$r_2=75\text{cm}$，$r_3=40\text{cm}$。轮Ⅰ的转速为 $n_1=100\text{r/min}$。设轮与胶带之间无相对滑动，求重物 M 上升的速度。

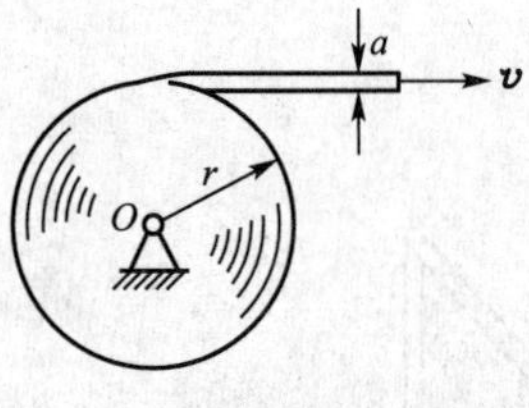

图 6－20

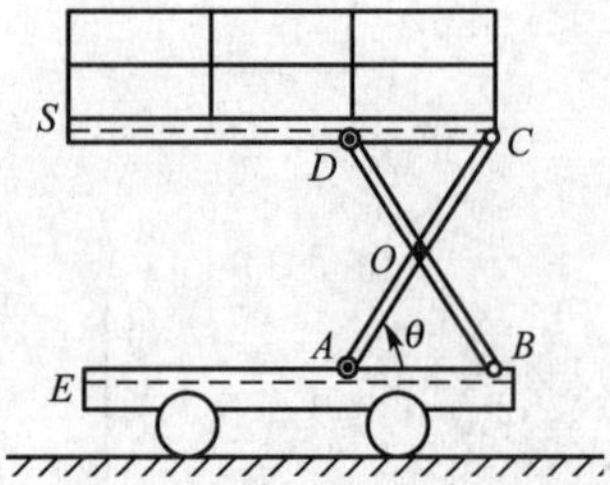

图 6－21

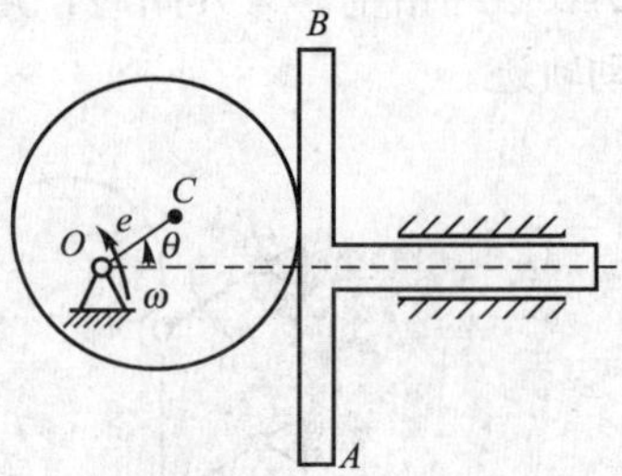

图 6－22

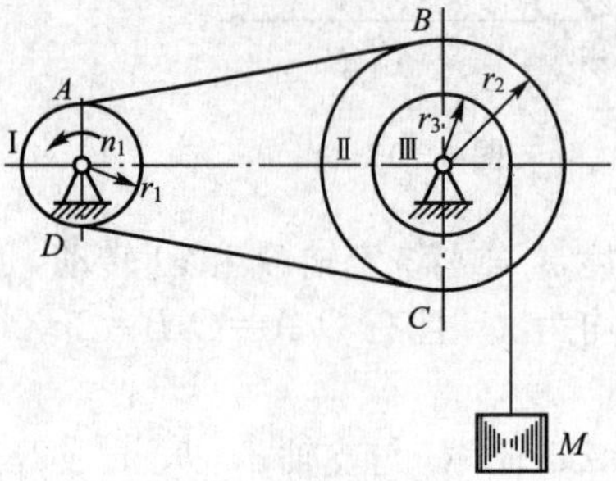

图 6－23

6－11　图 6－24 所示为一带式输送机，已知主动轮Ⅰ的转速为 $n_1=1200\text{r/min}$，齿数 $Z_1=24$；链轮Ⅲ、Ⅳ用链条传动，齿数 $Z_3=15$，$Z_4=45$；大带轮的直径 $D=46\text{cm}$。如要求输送带的速度 $v=2.4\text{m/s}$，求齿轮Ⅱ的齿数 Z_2。

6－12　在图 6－25 所示的仪表机构中，已知各齿轮的齿数分别为 $Z_1=6$，$Z_2=24$，$Z_3=8$，$Z_4=32$，齿轮 5 的半径为 $R=4\text{cm}$。若齿条 BC 下移 1cm，求指针 OA 转过的角度 φ。

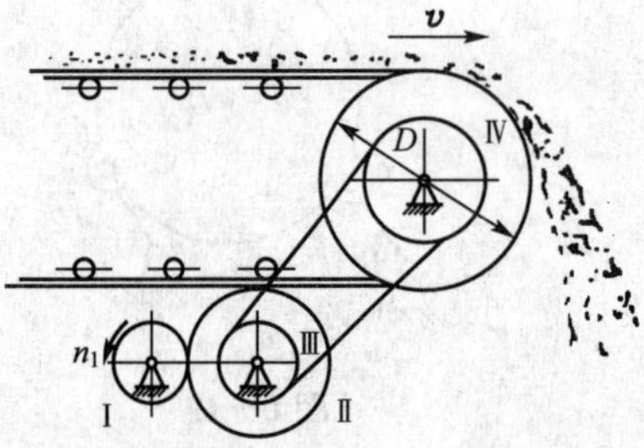

图 6－24

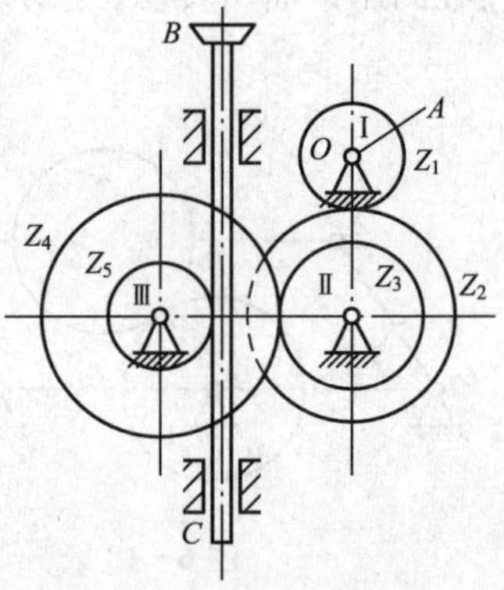

图 6－25

第7章 点的合成运动

教学目标

通过本章学习，应达到以下目标：

(1) 深刻理解三种运动、三种速度和三种加速度的定义、运动的合成与分解以及运动相对性的概念。

(2) 对具体问题能够恰当地选择动点、动系和定系进行运动轨迹、速度和加速度分析，能正确计算科氏加速度的大小并确定它的方向。

(3) 会推导速度合成定理、牵连运动为平动时点的加速度合成定理，理解并掌握牵连运动为转动时点的加速度合成定理，并能熟练地应用上述三个定理。

引例

直升机是一种以动力装置驱动的旋翼作为主要升力和推进力来源，能垂直起落及前后、左右飞行的旋翼航空器。

直升机在垂直起落的时候，坐在机舱中的人与地面上的人观察到旋翼上一点的运动情况一样吗？这两种运动与直升机的运动有什么关系？这正是运动学里点的合成运动要探讨的问题。

地球上自由落体的物体偏东又是什么原因呢？

前两章分析的点的运动或刚体的两种基本运动，都是相对于一个定参考系的运动，可认为是简单运动。物体相对于不同参考系的运动是不相同的。研究物体相对于不同参考系的运动，分析物体相对于不同参考系运动之间的关系，可称为复杂运动或合成运动。

本章研究点的合成运动，分析运动中某一瞬时点的速度合成和加速度合成的规律。

§7-1 点的合成运动的概念

在工程实际或生活中，往往需要在相对地球运动的参考系中来观察物体的运动。下面以图 7-1 所示桥式起重机为例，讨论同一点相对两个不同的参考系的运动，以及这些运动之间的关系。

若桥架不动，视重物 M 为动点，则动点 M 沿铅直方向被提升的同时，又随小车作水平向右的平动。此时，相对固定参考系 Oxy 中的观察者来说，动点 M 沿曲线 MM_2 作平面曲线运动。如果观察者在参考系 $O'x'y'$ 中随运动的参考体小车运动，则动点 M 相对观察者的运动为沿 MM_1 的铅垂直线运动。

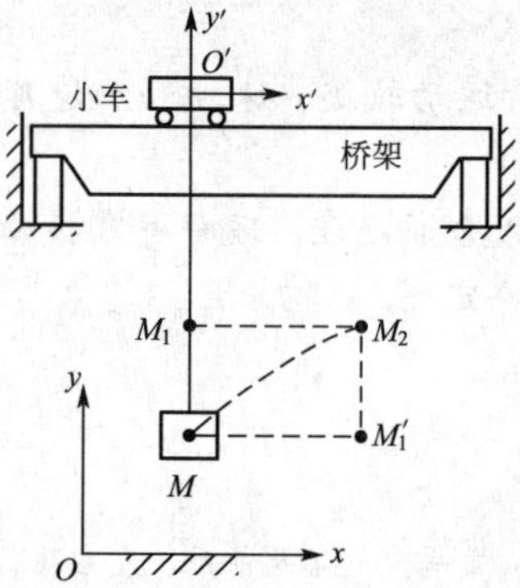

图 7-1

可见，研究 M 点的运动时，相对于两个参考体的速度和加速度也都是不同的。物体对于一参考体的复杂运动可以分解为几个简单运动的组合。在上面的例子中，点 M 是作平面曲线运动，如以小车为参考体，则点 M 相对于小车的运动是简单的直线运动，小车相对于地面 Oxy 参考系是简单的平移。这样点 M 的运动就可以看成是两个简单运动的合成，即点 M 相对小车的直线运动，同时小车相对地面作平移。于是，相对于某一参考系的运动可由相对于其他参考体的几个简单运动组合而成，这种运动称为**合成运动**。

在研究点的合成运动时，研究对象为一个**动点**；习惯上将固结于相对地球静止不动的物体上的坐标系称为**定参考系**，以 $Oxyz$ 表示，简称**定系**；将固结于相对地球运动的参考体上的坐标系称为**动参考系**，以 $O'x'y'z'$表示，简称**动系**。这样，根据选定的两个参考系，必须区分三种运动：**绝对运动**——动点相对于定参考系的运动；**相对运动**——动点相对于动参考系的运动；**牵连运动**——动参考系相对于定参考系的运动。仍以上述点 M 的运动为例，动点 M 沿 MM_2 曲线的运动是绝对运动，动点沿 MM_1 的铅垂直线运动是相对运动，小车的水平平动是牵连运动。前两种运动是点的运动，可以是直线运动或曲线运动；第三种运动是动参考系的运动，实际是刚体的运动，它可以是平动、定轴转动或其他更为复杂的运动。注意，在分析这三种运动时，必须明确：①站在什么地方看物体的运动；②看什么物体的运动。

动点在绝对运动中的轨迹、速度和加速度分别称为**绝对轨迹**、**绝对速度**和**绝对加速度**，分别用 $\boldsymbol{r}_a$、$\boldsymbol{v}_a$和 $\boldsymbol{a}_a$表示。动点在相对运动中的轨迹、速度和加速度分别称为**相对轨迹**、**相对速度**和**相对加速度**，分别用 $\boldsymbol{r}_r$、$\boldsymbol{v}_r$和 $\boldsymbol{a}_r$表示。由于动参考系的运动是刚体的运动而不是一个点的运动，所以除非动参考系作平动，否则其上各点的运动都不完全相同。因为动参考系与动点直接相关的是动参考系内与动点相重合的那一点，此点称为**牵连点**。牵连点是动参考体或动系上的点，它相对于动系来说是静止的，但动点有相对运动，不同时刻有不同的重合点(牵连点)，因此，牵连点必须强调瞬时性。于是定义：某瞬时，在动参考系上与动点重合的那一点(牵连点)相对于定参考系的速度和加速度分别称为**牵连速度**和**牵连加速度**，分别用 $\boldsymbol{v}_e$和 $\boldsymbol{a}_e$表示。

用点的合成运动理论分析点的运动时，必须选定一个动点和两个参考系，有关动点和动参考系选取的原则一般为：

(1) 动参考系对定参考系作确定的运动，最好是平动或定轴转动。

(2) 动点相对于所选的动参考系有运动，因此，动点和动参考系不能选在同一物体上；并且一般应使相对运动轨迹已知或易于被确定。

例 7-1 牛头刨床的急回机构如图 7-2 所示。设曲柄 OA 以角速度 ω 绕 O 轴作逆时针方向转动，试选取适当的动点和动参考系，分析三种运动，画出动点在图示位置时三种运动的轨迹和速度的方向。

解：选取连接曲柄与滑块的销钉 A 作为动点，选取机座为静参考系(用 O_1xy 表示)，动参考系与摇杆 O_1B 固结(用 $O_1x'y'$表示)，则动点 A 的三种运动可分析如下。

绝对运动是销钉 A 相对于机座的运动，其绝对运动轨迹是以 O 为圆心，以 OA 为半径的圆周；绝对速度 $\boldsymbol{v}_a$的方向沿圆周轨迹的切线(垂直于 OA)并与曲柄 OA 的转动方向一致。

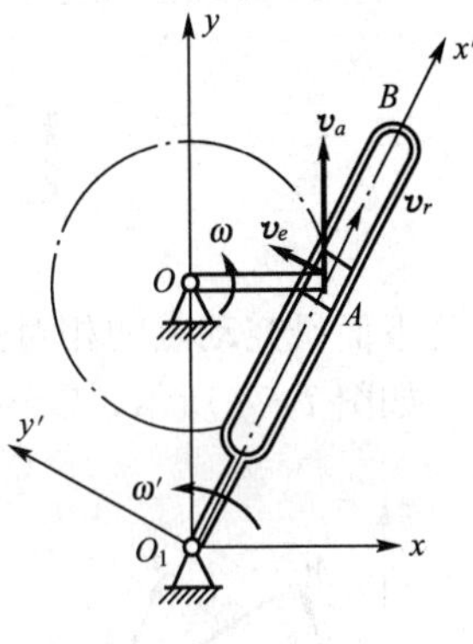

图 7-2

相对运动是销钉 A 相对于摇杆 O_1B 的运动，即点 A 在摇杆上沿导槽的运动。所以其运动轨迹为沿导槽的直线，相对速度 $\boldsymbol{v}_r$的方向沿轨迹指向 B 端。

牵连运动即销钉 A 随同摇杆 O_1B 相对于机座的运动。所以在图示位置动点 A 的牵连运动轨迹是以 O_1 为圆心，以 O_1A 为半径的圆弧；牵连速度的方向垂直于 O_1A 并与摇杆 O_1B 的转动方向相一致。

三种运动的轨迹和速度的方向如图 7-2 所示。

这里特别指出，若取摇杆 O_1B 上的任一点为动点，而以曲柄与动参考系固连，动点仍然有三种运动，但在这种情况下，动点的相对轨迹难以确定，这就为相对速度和相对加速度的计算带来困难。由此可见，在点的合成运动中，动点与动参考系的选取是否恰当，对于问题的求解是很有影响的。

例 7-2 偏心凸轮顶杆机构如图 7-3 所示，设圆形凸轮的半径为 R，偏心距 $OO'=e$。凸轮以匀角速度 ω 绕 O 轴作逆时针方向转动，同时带动顶杆 AB 作铅垂直线平动。试选取适当的动点和动参考系，分析三种运动，画出动点在图示位置三种运动的轨迹和速度的方向。

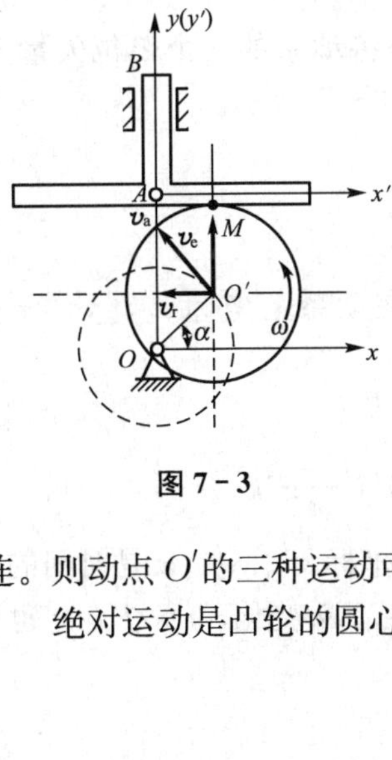

图 7-3

解：机构运动时，偏心轮与平底顶杆的接触点 M，在两个构件上的位置均随时间而改变，都不宜取为动点(因相对轨迹形状复杂，不易看出)。但可以看出，机构运动时，轮心 O'至顶杆底面的距离始终保持不变(永远等于凸轮半径 R)。

根据恰当选取动点、动系的原则，所以此题应选取凸轮的圆心 O'为动点，动参考系与顶杆固连，静参考系与机座固连。则动点 O'的三种运动可分析如下。

绝对运动是凸轮的圆心 O'相对于静参考系 Oxy 的运动。由于凸轮绕 O 轴作定轴转动，

所以点 O' 的绝对轨迹是以 O 为圆心，以 OO' 为半径($OO'=e$)的圆周；绝对速度 $\boldsymbol{v}_a$ 的方向沿圆周的切线(垂直于 OO')并与凸轮的转动方向一致。

相对运动是凸轮的圆心 O' 相对于动系 $Ax'y'$(即相对于顶杆)的运动。因为机构运动时，点 O' 至顶杆底面的距离始终等于凸轮的半径，所以其相对轨迹为过 O' 点与顶杆底面平行的直线；相对速度 $\boldsymbol{v}_r$ 的方向沿此直线指向左侧。

牵连运动是凸轮的圆心 O' 随动系 $Ax'y'$ 的运动。在图 7-3 所示的位置，点 O' 的牵连轨迹则是该瞬时在平面 $Ax'y'$ 内与点 O' 相重合之点的运动轨迹，因顶杆作直线平动，所以牵连轨迹为过 O' 点的铅垂直线；牵连速度 $\boldsymbol{v}_e$ 的方向铅直向上。

三种运动轨迹和速度方向如图 7-3 所示。

§7-2 点的速度合成定理

下面研究动点的相对速度、牵连速度与绝对速度三者之间的关系。

如图 7-4 所示，$Oxyz$ 为定参考系，$O'x'y'z'$ 为动参考系。动系坐标原点 O' 在定系中的矢径为 $\boldsymbol{r}_{O'}$，动系的三个单位矢量分别为 $\boldsymbol{i}'$、$\boldsymbol{j}'$、$\boldsymbol{k}'$。动点 M 在定系中的矢径为 $\boldsymbol{r}_M$，在动系中的矢径为 $\boldsymbol{r}'$。动系上与动点重合的点(即牵连点)记为 M'，它在定系中的矢径为 $\boldsymbol{r}_{M'}$，则有

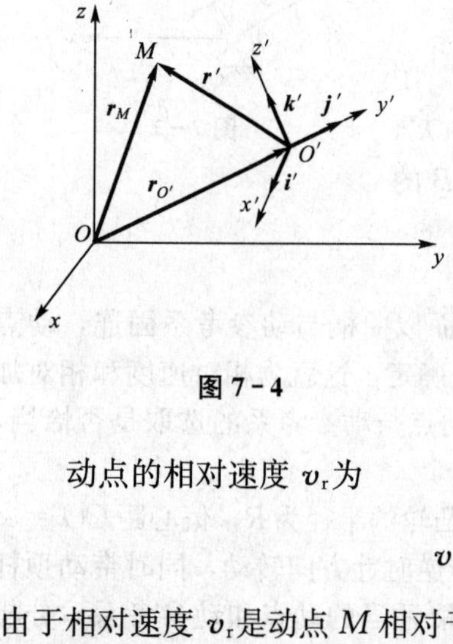

图 7-4

$$\boldsymbol{r}_M=\boldsymbol{r}_{O'}+\boldsymbol{r}'$$
$$\boldsymbol{r}'=x'\boldsymbol{i}'+y'\boldsymbol{j}'+z'\boldsymbol{k}'$$

在图示瞬时有

$$\boldsymbol{r}_M=\boldsymbol{r}_{M'}$$

由于动点 M 与牵连点 M' 仅在该瞬时重合，其他瞬时并不重合，因此 $\boldsymbol{r}_M$ 与 $\boldsymbol{r}_{M'}$ 对时间的导数是不同的。

动点的相对速度 $\boldsymbol{v}_r$ 为

$$\boldsymbol{v}_r=\frac{\tilde{d}\boldsymbol{r}'}{dt}=\dot{x}'\boldsymbol{i}'+\dot{y}'\boldsymbol{j}'+\dot{z}'\boldsymbol{k}' \tag{7-1}$$

由于相对速度 $\boldsymbol{v}_r$ 是动点 M 相对于动系的速度，因此在求导时将动系的三个单位矢量 $\boldsymbol{i}'$、$\boldsymbol{j}'$、$\boldsymbol{k}'$ 视为常矢量，这种导数称为**相对导数**，在导数符号上加“～”表示。

动点的牵连速度 $\boldsymbol{v}_e$ 为

$$\boldsymbol{v}_e=\frac{d\boldsymbol{r}_{M'}}{dt}=\dot{\boldsymbol{r}}_{O'}+x'\dot{\boldsymbol{i}}'+y'\dot{\boldsymbol{j}}'+z'\dot{\boldsymbol{k}}' \tag{7-2}$$

由于牵连速度是牵连点 M' 的速度，是动系上的点，因此它在动系上坐标 x'、y'、z' 是常量。

动点的绝对速度 $\boldsymbol{v}_a$ 为

$$\boldsymbol{v}_a=\frac{d\boldsymbol{r}_M}{dt}=\dot{\boldsymbol{r}}_{O'}+x'\dot{\boldsymbol{i}}'+y'\dot{\boldsymbol{j}}'+z'\dot{\boldsymbol{k}}'+\dot{x}'\boldsymbol{i}'+\dot{y}'\boldsymbol{j}'+\dot{z}'\boldsymbol{k}' \tag{7-3}$$

绝对速度是动点相对于定系的速度，因此动点在动系中的三个坐标 x'、y'、z' 是时间的函数；同时由于动系也在运动，动系的三个单位矢量的方向也在不断变化，$\boldsymbol{i}'$、$\boldsymbol{j}'$、$\boldsymbol{k}'$ 也是

时间的函数。

将式(7－1)和式(7－2)代入式(7－3)有

$$\boldsymbol{v}_a=\boldsymbol{v}_e+\boldsymbol{v}_r \tag{7-4}$$

式(7－4)就是**点的速度合成定理**：动点在某瞬时的绝对速度等于它在该瞬时的牵连速度与相对速度的矢量和，即动点的绝对速度可以由牵连速度与相对速度所构成的平行四边形对角线来确定。这个平行四边形称为速度平行四边形。应该指出，在上述推导过程中，并未限制动参考系作什么样的运动，因此这个定理对任何形式的牵连运动都是适用的，即动参考系可作平移、转动或其他较复杂的运动。

下面举例说明点的速度合成定理的应用。

例 7－3 已知点 M_1 以速度 $v_1=4\text{m/s}$ 作水平向右运动，点 M_2 以速度 $v_2=3\text{m/s}$ 作铅直向下运动，试分别求点 M_1 相对于点 M_2 的相对速度 $\boldsymbol{v}_{12}$ 和点 M_2 相对于点 M_1 的相对速度 $\boldsymbol{v}_{21}$。

解：(1) 研究点 M_1 相对于点 M_2 的相对速度 $\boldsymbol{v}_{12}$。

以 M_1 为动点，平动坐标系与点 M_2 固连，则有 $\boldsymbol{v}_a=\boldsymbol{v}_1$，$\boldsymbol{v}_e=\boldsymbol{v}_2$，$\boldsymbol{v}_r=\boldsymbol{v}_{12}$。

按 $\boldsymbol{v}_a=\boldsymbol{v}_e+\boldsymbol{v}_r$ 作出 M_1 点的速度平行四边形，如图 7－5(a)所示。

其相对速度大小为

$$v_{12}=\sqrt{v_1{}^2+v_2{}^2}=\sqrt{4^2+3^2}\text{m/s}=5\text{m/s}$$

方向角：

$$\theta=\arctan\frac{v_2}{v_1}=\arctan\frac{3}{4}=36.9°$$

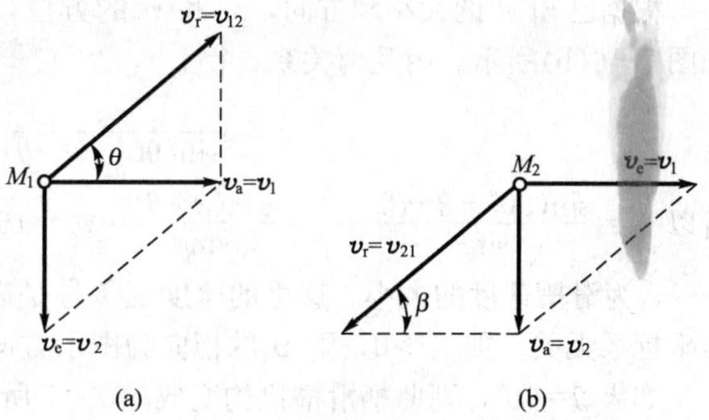

图 7－5

(2) 点 M_2 相对于点 M_1 的相对速度 $\boldsymbol{v}_{21}$。

以点 M_2 为动点，平动坐标系和点 M_1 固连，则有 $\boldsymbol{v}_a=\boldsymbol{v}_2$，$\boldsymbol{v}_e=\boldsymbol{v}_1$，$\boldsymbol{v}_r=\boldsymbol{v}_{21}$。

按 $\boldsymbol{v}_a=\boldsymbol{v}_e+\boldsymbol{v}_r$，作出速度平行四边形如图 7－5(b)所示。

其相对速度大小为

$$v_{21}=\sqrt{v_1{}^2+v_2{}^2}=\sqrt{4^2+3^2}\text{m/s}=5\text{m/s}$$

方向角：

$$\beta=\arctan\frac{v_2}{v_1}=\arctan\frac{3}{4}=36.9°$$

从图 7－5 中可以看出，两点之间的相对速度 $\boldsymbol{v}_{12}$ 和 $\boldsymbol{v}_{21}$ 大小相等，平行，指向相反。

例 7－4 曲柄滑槽机构如图 7－6(a)所示。曲柄 OA 以转速 $n=120\text{r/min}$ 绕 O 轴转动。曲柄通过滑块 A 带动滑槽 DB 作水平往复运动。设曲柄 $OA=40\text{cm}$，DB 与水平线夹角为 β，求曲柄与水平线夹角为 θ 时滑槽 DB 的速度。

解：曲柄的角速度 $\omega=\dfrac{n\pi}{30}=\dfrac{120\pi}{30}\text{rad/s}=4\pi\text{rad/s}$。

本题有曲柄和滑槽两个运动的物体。在一个物体上选一点为动点，动系与另外一运动物体固连，这样就有两种选择：一种是以曲柄和滑块的连接点销钉 A 为动点，动系与滑槽固连；另一种是以滑槽上某点如 A' 点为动点，动系与曲柄固连。下面分别讨论。

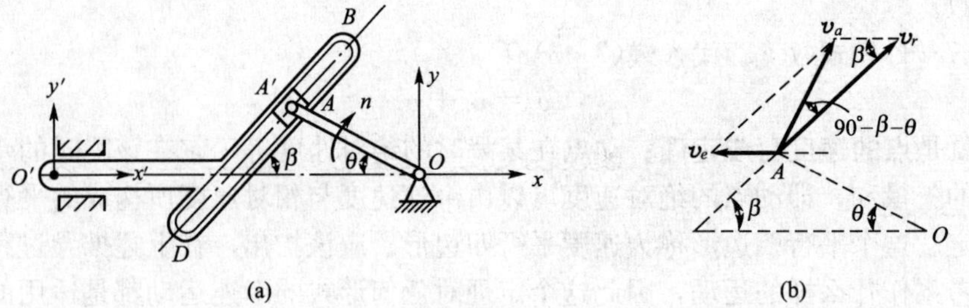

图 7-6

(1) 以曲柄和滑块的连接点销钉 A 为动点，动系与滑槽固连。则动点 A 的绝对运动是以 O 为圆心，OA 为半径的匀速圆周运动，则绝对速度为

$$v_a=\omega\cdot OA=4\pi\times40\text{cm/s}=160\pi\text{cm/s}$$

其方向垂直于 OA。相对运动是沿滑槽 DB 的直线运动，相对速度的方位沿 DB，大小和指向未知。滑槽作平动，因此牵连运动是水平平动，牵连速度的方位为水平，大小、指向未知。

根据已知 $\boldsymbol{v}_a$的大小和方向，$\boldsymbol{v}_r$和 $\boldsymbol{v}_e$的方位，按 $\boldsymbol{v}_a=\boldsymbol{v}_e+\boldsymbol{v}_r$作出速度的平行四边形，如图 7-6(b)所示。由几何关系，得

$$\frac{v_e}{\sin(90^\circ-\beta-\theta)}=\frac{v_a}{\sin\beta}$$

所以 $v_e=\dfrac{\sin(90^\circ-\beta-\theta)}{\sin\beta}\cdot v_a=\dfrac{\cos(\beta+\theta)}{\sin\beta}\cdot v_a=160\pi\cdot\dfrac{\cos(\beta+\theta)}{\sin\beta}\text{cm/s}$

v_e为滑槽速度的大小。这里的速度正负号是以图 7-6(b)所示的 $\boldsymbol{v}_e$的指向为标准的，与坐标系无关。如 $v_e>0$，则 $\boldsymbol{v}_e$的指向为图示方向；如 $\boldsymbol{v}_e<0$，则 v_e指向为图示的反向。

如果 $\beta=90^\circ$，则曲柄滑槽机构变成图 7-7 所示的两种常见机构，这样

$$v_e=-\sin\theta v_a=-160\pi\sin\theta$$

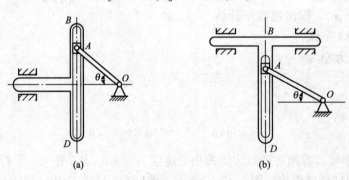

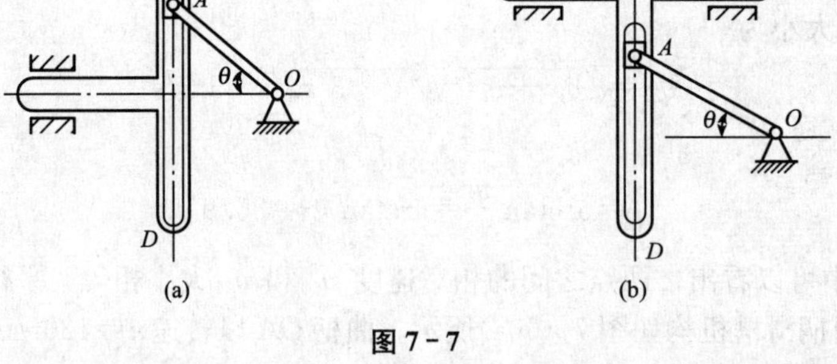

图 7-7

(2) 若以滑槽上某点如 A'点为动点，动系与曲柄固连。则动点 A'的绝对运动是水平直线运动，绝对速度的方位水平，大小和指向未知。牵连运动为转动，牵连速度即为牵连点 A 作圆周运动的速度，大小 $v_e=\omega\cdot OA$，方向为垂直于 OA。对于相对速度，要借助于例 7-3 中两点之间的相对速度的方位平行、指向相反的结论，再参照第(1)种选法才能确定相对速度的方位。但是，由于相对运动轨迹未知，所以一般不能用第(2)种选法。

例 7-5 图 7-8 所示的销钉 M 可以在杆 O_1B 的槽内滑动，杆绕其一端 O_1转动，转

角 $\varphi=\omega t$，其中 ω 为常量，t 的单位为 s，φ 的单位为 rad。销钉用弹簧压住，使它在以 O 为圆心，R 为半径的圆盘上运动。已知 $O_1O=e$，求 $\varphi=\pi/2$ 时 M 点的速度。

解：有两个运动的物体，即销钉 M 与杆 O_1B，其中销钉 M 在杆 O_1B 的槽内运动。选择销钉 M 为动点，动系与杆 O_1B 固连，则点 M 在 O_1B 槽内的运动是相对运动。

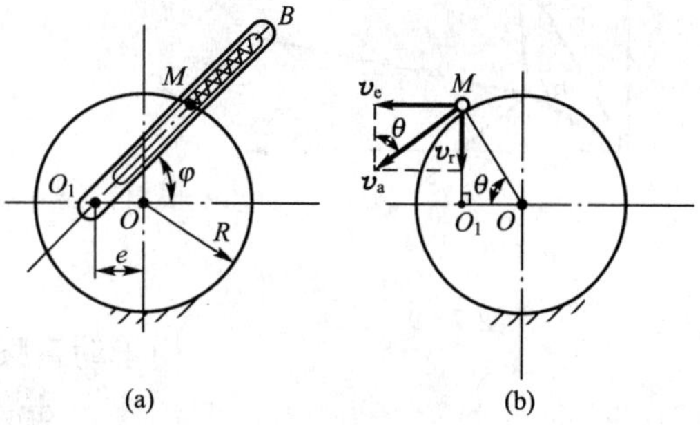

图 7-8

当 $\varphi=\pi/2$ 时，相对速度 $\boldsymbol{v}_r$ 的方向铅直，大小和指向未知。M 点沿固定圆盘边界上的运动为绝对运动，绝对速度 $\boldsymbol{v}_a$ 和 OM 垂直，大小和指向未知。牵连运动为 O_1B 杆绕 O_1 轴的转动，在 $\varphi=\pi/2$ 时，牵连点作以 O_1 为圆心、O_1M 为半径的匀速圆周运动，此时 $O_1M=\sqrt{R^2-e^2}$，所以

$$v_e=\omega\cdot O_1M=\sqrt{R^2-e^2}\cdot\omega$$

$\boldsymbol{v}_e$ 的方向水平向左。

由 $\boldsymbol{v}_a=\boldsymbol{v}_e+\boldsymbol{v}_r$，作出 M 点的速度平行四边形，如图 7-8(b)所示。

由几何关系，得

$$v_a=\frac{v_e}{\sin\theta}=\frac{O_1M\cdot\omega}{O_1M/R}=\omega$$

$$\theta=\arccos\frac{e}{R}$$

应用速度合成定理解题时的基本步骤如下。

(1) 选取动点、动参考系和静参考系。所选的参考系应能将动点的运动分解成为相对运动和牵连运动。因此，动点和动参考系不能选在同一物体上；一般应使相对运动轨迹易于看清。

(2) 分析三种运动和三种速度。相对运动是怎样的一种运动(直线运动、圆周运动或其他某种曲线运动)？牵连运动是怎样的一种运动(平动、转动或其他某一种刚体运动)？绝对运动是怎样的一种运动(直线运动、圆周运动或其他某一种曲线运动)？各种运动的速度都有大小和方向两个要素，只有已知四个要素才能画出速度的平行四边形。

(3) 应用速度合成定理，作出速度平行四边形。注意作图时要使绝对速度成为平行四边形的对角线。

(4) 利用平行四边形中的几何关系求解未知量。

§7-3 点的加速度合成定理

为便于推导，先分析动参考系为定轴转动时，其单位矢量 $\boldsymbol{i}'$、$\boldsymbol{j}'$、$\boldsymbol{k}'$ 对时间的导数。

设动参考系 $O'x'y'z'$ 以角速度 ω_e 绕定轴转动，角速度矢为 $\boldsymbol{\omega}_e$，将定轴取为定参考系的 z 轴，如图 7-9 所示。

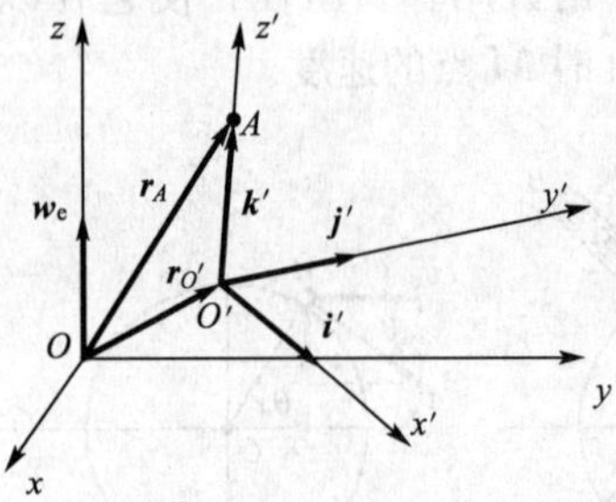

图 7-9

先分析 $\boldsymbol{k}'$ 对时间的导数。设 $\boldsymbol{k}'$ 的矢端点 A 的矢径为 $\boldsymbol{r}_A$，则有

$$\boldsymbol{v}_A=\frac{\mathrm{d}\boldsymbol{r}_A}{\mathrm{d}t}=\omega_e\times\boldsymbol{r}_A$$

又

$$\boldsymbol{r}_A=\boldsymbol{r}_{O'}+\boldsymbol{k}'$$

式中，$\boldsymbol{r}_{O'}$ 为动系原点 O' 的矢径，根据以上两式有

$$\frac{\mathrm{d}\boldsymbol{r}_{O'}}{\mathrm{d}t}+\frac{\mathrm{d}\boldsymbol{k}'}{\mathrm{d}t}=\omega_e\times(\boldsymbol{r}_{O'}+\boldsymbol{k}')$$

由于动系原点 O' 的速度为

$$\boldsymbol{v}_{O'}=\frac{\mathrm{d}\boldsymbol{r}_{O'}}{\mathrm{d}t}=\boldsymbol{\omega}_e\times\boldsymbol{r}_{O'}$$

代入上式，有

$$\frac{\mathrm{d}\boldsymbol{k}'}{\mathrm{d}t}=\omega_e\times\boldsymbol{k}'$$

同理可得 $\boldsymbol{i}'$、$\boldsymbol{j}'$ 对时间的导数，合写为

$$\frac{\mathrm{d}\boldsymbol{i}'}{\mathrm{d}t}=\boldsymbol{\omega}_e\times\boldsymbol{i}',\ \frac{\mathrm{d}\boldsymbol{j}'}{\mathrm{d}t}=\boldsymbol{\omega}_e\times\boldsymbol{j}',\ \frac{\mathrm{d}\boldsymbol{k}'}{\mathrm{d}t}=\boldsymbol{\omega}_e\times\boldsymbol{k}' \tag{7-5}$$

式(7-5)称为**泊桑公式**。此式虽然是在动系作定轴转动情况下证明的，但当动系作任意运动时，该式仍然是正确的。

下面推导点的加速度合成定理。见图 7-4，与推导式(7-1)～式(7-3)同理，有动点的相对加速度 $\boldsymbol{a}_r$：

$$\boldsymbol{a}_r=\frac{\tilde{\mathrm{d}}^2\boldsymbol{r}'}{\mathrm{d}t^2}=\ddot{x}'\boldsymbol{i}'+\ddot{y}'\boldsymbol{j}'+\ddot{z}'\boldsymbol{k}' \tag{7-6}$$

动点的牵连加速度 $\boldsymbol{a}_e$：

$$\boldsymbol{a}_e=\frac{\mathrm{d}^2\boldsymbol{r}_{M'}}{\mathrm{d}t^2}=\ddot{\boldsymbol{r}}_{O'}+x'\ddot{\boldsymbol{i}}'+y'\ddot{\boldsymbol{j}}'+z'\ddot{\boldsymbol{k}}' \tag{7-7}$$

动点的绝对加速度 $\boldsymbol{a}_a$：

$$\boldsymbol{a}_a=\frac{\mathrm{d}^2\boldsymbol{r}_M}{\mathrm{d}t^2}=\ddot{\boldsymbol{r}}_{O'}+x'\ddot{\boldsymbol{i}}'+y'\ddot{\boldsymbol{j}}'+z'\ddot{\boldsymbol{k}}'+\ddot{x}'\boldsymbol{i}'+\ddot{y}'\boldsymbol{j}'+\ddot{z}'\boldsymbol{k}'+2(\dot{x}'\dot{\boldsymbol{i}}'+\dot{y}'\dot{\boldsymbol{j}}'+\dot{z}'\dot{\boldsymbol{k}}') \tag{7-8}$$

设动系在该瞬时的角速度矢为 $\boldsymbol{\omega}_e$，参照泊桑公式，即单位矢量 $\boldsymbol{i}'$、$\boldsymbol{j}'$、$\boldsymbol{k}'$ 对时间的导数公式(7-5)和相对速度的公式(7-1)，则有

$$\begin{aligned}2(\dot{x}'\dot{\boldsymbol{i}}'+\dot{y}'\dot{\boldsymbol{j}}'+\dot{z}'\dot{\boldsymbol{k}}')&=2[\dot{x}'(\boldsymbol{\omega}_e\times\boldsymbol{i}')+\dot{y}'(\boldsymbol{\omega}_e\times\boldsymbol{j}')+\dot{z}'(\boldsymbol{\omega}_e\times\boldsymbol{k}')]\\&=2\boldsymbol{\omega}_e\times(\dot{x}'\boldsymbol{i}'+\dot{y}'\boldsymbol{j}'+\dot{z}'\boldsymbol{k}')\\&=2\boldsymbol{\omega}_e\times\boldsymbol{v}_r\end{aligned} \tag{7-9}$$

令

$$\boldsymbol{a}_C=2\boldsymbol{\omega}_e\times\boldsymbol{v}_r \tag{7-10}$$

称 $\boldsymbol{a}_C$ 为**科氏加速度**，等于动系的角速度矢与点的相对速度矢的矢积的两倍。

根据式(7-6)～式(7-10)式，于是有

$$\boldsymbol{a}_a=\boldsymbol{a}_e+\boldsymbol{a}_r+\boldsymbol{a}_C \tag{7-11}$$

式(7-11)表示**点的加速度合成定理**：动点在某瞬时的绝对加速度等于牵连加速度、相对加速度和科氏加速度的矢量和。

科氏加速度是法国力学家科里奥利斯(G. G. Coriolis)在1832年研究水轮机理论时发现的，并于1835年在论文“物体系统相对运动方程”中提出了牵连速度为转动时的加速度合成定理(1843年给出了证明)，因而命名为**科里奥利斯加速度**，简称**科氏加速度**。由式(7-10)，科氏加速度$\boldsymbol{a}_C$的大小为

$$a_C = 2\omega_e v_r \sin\theta \tag{7-12}$$

式中，θ为$\boldsymbol{\omega}_e$与$\boldsymbol{v}_r$两矢量间的最小夹角。矢量$\boldsymbol{a}_C$垂直于$\boldsymbol{\omega}_e$和$\boldsymbol{v}_r$，指向按右手法则确定，如图7-10所示。当$\boldsymbol{\omega}_e$和$\boldsymbol{v}_r$平行时($\theta=0°$或$180°$)，$a_C=0$；当$\boldsymbol{\omega}_e$和$\boldsymbol{v}_r$垂直时($\theta=90°$)，$a_C=2\omega_e v_r$。

工程中常见的平面机构，$\boldsymbol{\omega}_e$与$\boldsymbol{v}_r$大多是垂直的，此时$a_C=2\omega_e v_r$；且$\boldsymbol{v}_r$按$\boldsymbol{\omega}_e$转向转动90°就是$\boldsymbol{a}_C$的方向。

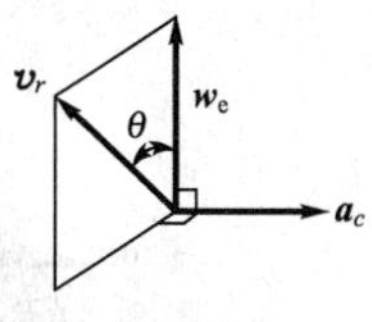

图7-10

科氏加速度是由于动系为转动时，牵连运动与相对运动相互影响而产生的。现举例说明科氏加速度产生的原因。

如图7-11(a)所示，动点M沿直杆AB运动，而杆又绕A轴转动。设动系固结在杆AB上。在瞬时t，动点在M处，它的相对速度和牵连速度分别为$\boldsymbol{v}_r$和$\boldsymbol{v}_e$。经过时间间隔Δt后，杆转到位置AB'，动点移动到M_3，这时它的相对速度为$\boldsymbol{v}_r'$，牵连速度为$\boldsymbol{v}_e'$。

如果AB杆不转动，则$t+\Delta t$时刻点M移到M_2，动点的相对速度是$\boldsymbol{v}_{r2}$，如图7-11(b)所示。由于牵连运动是转动，使$t+\Delta t$时刻动点的相对速度的方向发生变化，变为$\boldsymbol{v}_r'$。相对加速度是在动系AB上观察的，只反映出由$\boldsymbol{v}_r$到$\boldsymbol{v}_{r2}$的速度变化，而由$\boldsymbol{v}_{r2}$变为$\boldsymbol{v}_r'$，则反映为科氏加速度的一部分。

如果没有相对运动，则$t+\Delta t$时刻点M移到M_1，牵连速度应为$\boldsymbol{v}_{M1}$，如图7-11(c)所示。由于有相对运动，使$t+\Delta t$时刻的牵连速度不同于$\boldsymbol{v}_{M1}$而变为$\boldsymbol{v}_e'$。牵连加速度是动系上M点的加速度，只反映出由$\boldsymbol{v}_e$到$\boldsymbol{v}_{M1}$的速度变化，而由$\boldsymbol{v}_{M1}$变为$\boldsymbol{v}_e'$，则反映为科氏加速度的另一部分。

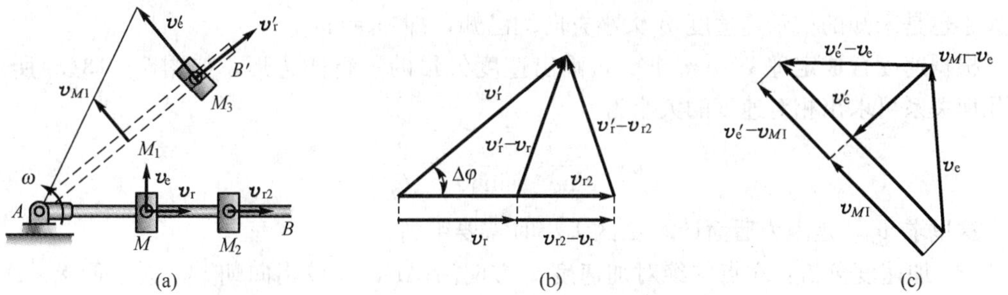

图7-11

科氏加速度在自然现象中是有所表现的。地球绕地轴转动，地球上物体相对于地球运动，这都是牵连运动为转动的合成运动。地球自转角速度很小，一般情况下其自转的影响可略去不计；但是在某些情况下，却必须给予考虑。例如，在北半球，河水向北流动时，河水的科氏加速度$\boldsymbol{a}_C$向西，即指向左侧，如图7-12所示。由动力学可知，有向左的加速度，河水必受有右岸对水的向左的作用力。根据作用与反作用定律，河水必对右岸有反作

用力。北半球的江河，其右岸都受有较明显的冲刷，这是地理学中的一项规律。

可以证明，当牵连运动为任意运动时，式(7-11)都成立，它是点的加速度合成定理的普遍形式。当牵连运动为平动时，此时 $\omega_e=0$，故 $\boldsymbol{a}_C=0$，则式(7-11)改为

$$\boldsymbol{a}_a=\boldsymbol{a}_e+\boldsymbol{a}_r \tag{7-13}$$

表明，当牵连运动为平动时，动点在某瞬时的绝对加速度等于该瞬时它的牵连加速度与相对加速度的矢量和。式(7-13)称为牵连速度为平动时点的加速度合成定理。

例 7-6 在图 7-13(a)所示的仿形机床靠模凸轮机构中，半径为 R 的半圆形靠模凸轮沿水平导轨移动，带动顶杆 AB 沿铅垂导槽运动。在图示位置 $\varphi=60°$，凸轮水平向右移动的速度为 $\boldsymbol{v}_O$，加速度为 $\boldsymbol{a}_O$，试求该瞬时顶杆的加速度。

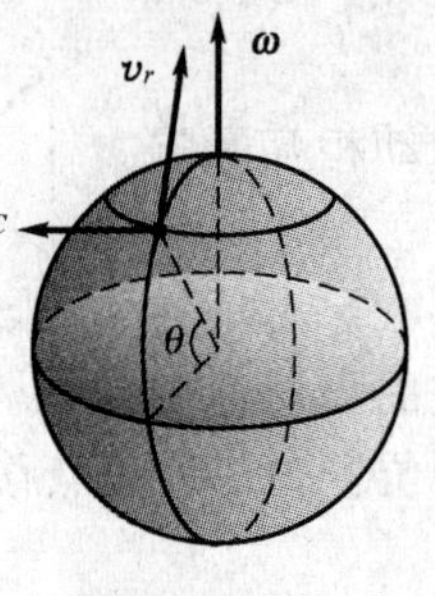

图 7-12

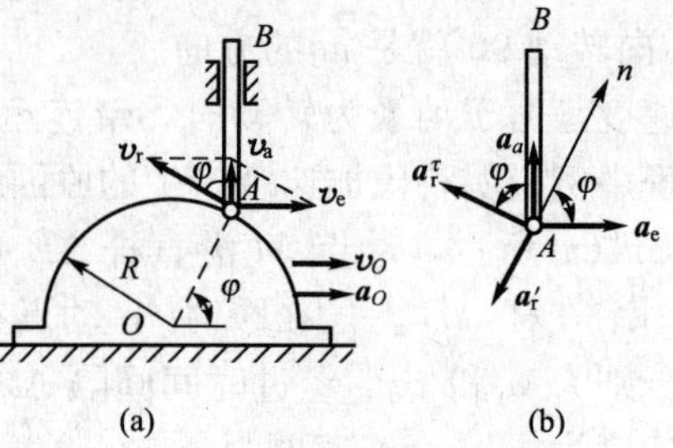

图 7-13

解：(1) 运动分析：顶杆作平动，因此需求的顶杆加速度就是杆上任一点的加速度，现求杆端点 A 的加速度。A 点沿凸轮轮廓运动。因此，可取杆上 A 点为动点，基座为定系，动系固结在凸轮上。

绝对运动为 A 点的铅垂直线运动；相对运动为 A 点沿凸轮轮廓的圆弧运动；牵连运动为凸轮靠模的水平直线平动。

(2) 速度分析：某些加速度往往与速度有关，因此在进行加速度分析前，需要进行速度分析。绝对速度 $\boldsymbol{v}_a$ 方向沿 AB 杆指向上方，大小是未知的；相对速度 $\boldsymbol{v}_r$ 沿圆弧切线，其大小也是未知的；牵连速度 $\boldsymbol{v}_e$ 大小方向均已知，即 $\boldsymbol{v}_e=\boldsymbol{v}_O$。

根据速度合成定理 $\boldsymbol{v}_a=\boldsymbol{v}_e+\boldsymbol{v}_r$，画出速度矢量的平行四边形，如图 7-13(a)所示。由几何关系可求出相对速度的大小为

$$v_r=\frac{v_e}{\sin\varphi}=\frac{v_O}{\sin 60°}=\frac{2}{\sqrt{3}}v_O$$

这里求 $\boldsymbol{v}_r$，是因为后面计算 a_r^n 的大小时需要用到。

(3) 加速度分析：A 点的绝对加速度 $\boldsymbol{a}_a$ 方向沿 AB，假设指向朝上，大小待求。A 点的相对运动为圆周运动，相对加速度 $\boldsymbol{a}_r$ 可分解为切向和法向两个部分，即

$$\boldsymbol{a}_r=\boldsymbol{a}_r^\tau+\boldsymbol{a}_r^n$$

式中，$\boldsymbol{a}_r^\tau$ 的方向沿圆弧切线，假设指向朝左上方，其大小是未知的；$\boldsymbol{a}_r^n$ 的方向指向圆心 O，其大小为

$$a_r^n=\frac{v_r^2}{R}=\frac{4v_O^2}{3R}$$

牵连加速度 $\boldsymbol{a}_e$ 就是 $\boldsymbol{a}_O$，是已知的，如图 7-13(b)所示。

根据牵连运动为平动时的加速度合成定理式(7-13)

$$\boldsymbol{a}_a=\boldsymbol{a}_e+\boldsymbol{a}_r$$

有

$$\boldsymbol{a}_a=\boldsymbol{a}_e+\boldsymbol{a}_r^\tau+\boldsymbol{a}_r^n$$

取投影轴 An 并将该矢量方程式投影到 An 轴(沿 OA 方向)上，可以使投影方程中不出现未知量 $\boldsymbol{a}_r^\tau$，于是有

$$a_a\sin\varphi=a_e\cos\varphi-a_r^n$$

所以

$$a_a=a_O\cot\varphi-\frac{4v_O^2}{3R\sin\varphi}=\frac{\sqrt{3}}{3}\left(a_O-\frac{8v_O^2}{3R}\right)$$

这就是顶杆的加速度，当 $a_O<\frac{8v_O^2}{3R}$时，a_a为正值，顶杆的加速度朝上；当 $a_O>\frac{8v_O^2}{3R}$时，a_a为负值，顶杆的加速度朝下。

例 7-7 在图 7-14(a)所示的平面机构中，曲柄 $OA=r$，以匀角速度 ω_0转动。套筒 A 可沿 BC 杆滑动，$BC=DE$，且 $BD=CE=l$。试求在图示位置时，杆 BD 的角速度和角加速度。

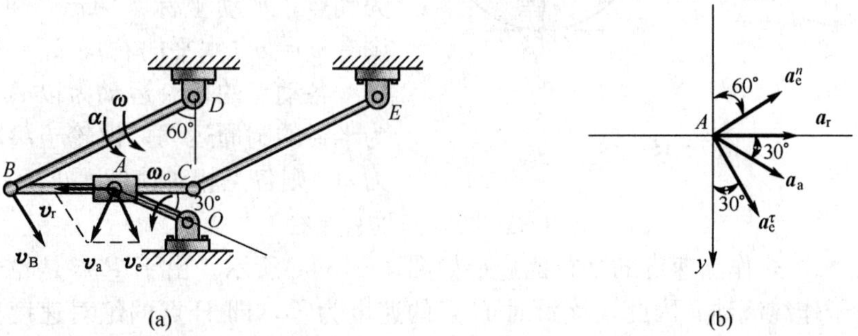

图 7-14

解：由于四边形 $DBCE$ 为平行四边形，因而杆 BC 作平移。

以套筒 A 为动点，动系与杆 BC 固连，则绝对速度 $v_a=r\omega_0$，牵连速度 $\boldsymbol{v}_e$等于 B 点速度 $\boldsymbol{v}_B$。其速度合成关系如图 7-14(a)所示。

由图示几何关系解出 $v_e=v_r=v_a=r\omega_0$。因而杆 BD 的角速度ω 方向如图，大小为

$$\omega=\frac{v_B}{l}=\frac{v_e}{l}=\frac{r\omega_0}{l}$$

动系 BC 为曲线平移，牵连加速度与 B 点加速度相同，应分解为 $\boldsymbol{a}_e^\tau$和 $\boldsymbol{a}_e^n$两项。由加速度合成定理，有

$$\boldsymbol{a}_a=\boldsymbol{a}_e^\tau+\boldsymbol{a}_e^n+\boldsymbol{a}_r \tag{1}$$

其中

$$a_a=\omega_0^2r,\quad a_e^n=\omega^2l=\frac{\omega_0^2r^2}{l}$$

而 $\boldsymbol{a}_e^\tau$和 $\boldsymbol{a}_r$为未知量，暂设 $\boldsymbol{a}_e^\tau$和 $\boldsymbol{a}_r$的指向如图 7-14(b)所示。

将(1)式两端向 y 轴投影，得

$$a_a \sin 30° = a_e^\tau \cos 30° - a_e^n \sin 30°$$

解出

$$a_e^\tau = \frac{(a_a + a_e^n)\sin 30°}{\cos 30°} = \frac{\sqrt{3}\omega_0^2 r(l+r)}{3l}$$

解得 a_e^τ 为正，表明 a_e^τ 指向与所设相同。

动系平动，点 B 的加速度等于牵连加速度，因而杆 BD 的角加速度方向如图，值为

$$\alpha = \frac{a_e^\tau}{l} = \frac{\sqrt{3}\omega_0^2 r(l+r)}{3l^2}$$

例 7-8 如图 7-15(a)所示，半径 $R=80\text{cm}$ 的轮子在图示平面内沿直线作纯滚动(只滚不滑)，轮心 A 的速度 $v_A=400\text{cm/s}$，试分别求轮缘上 B、E、C 和 P 点的速度、加速度。

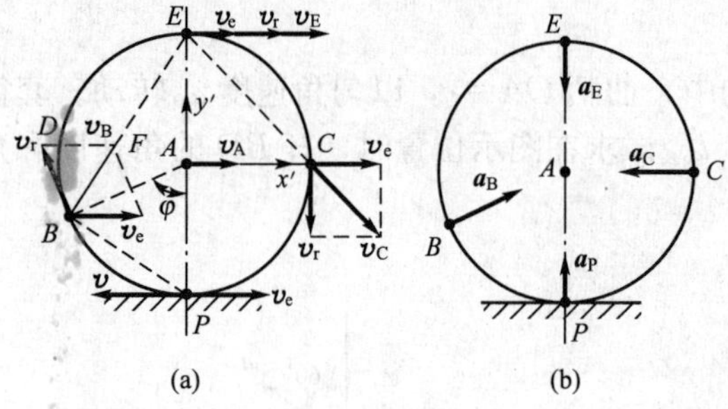

图 7-15

解：点的合成运动的问题，一般都有两个运动的物体，而该题只有一个物体。假设想在轮心 A 挖一个小孔，孔内有一根很细的轴，这个轮子和轴就是两个运动的物体。分别以轮缘上的 P、B、E 和 C 点为动点，平动坐标系 $Ax'y'$ 和 A 轴固连，则有 $v_e=v_A$(水平向右)，$a_e=a_A=0$。

各动点的相对运动为以 A 为圆心、R 为半径的圆周运动，设轮子滚动的角速度为 ω，则各点相对速度大小为

$$v_r = R\omega \quad (\text{方向垂直半径})$$

由 $\boldsymbol{v}_a = \boldsymbol{v}_e + \boldsymbol{v}_r$ 作出速度的平行四边形如图 7-15(a)所示。由于 P 点是轮子和地面的接触点，轮子作纯滚动，因此，该瞬时 P 点的速度为零，即 P 点的绝对速度为零，P 点的牵连速度和相对速度大小相等，方向相反，于是

$$v_r = v_e = v_A = \omega R$$

所以

$$\omega = \frac{v_A}{R} = \frac{400}{80}\text{rad/s} = 5\text{rad/s}$$

$$v_r = v_e = 400\text{m/s}$$

由几何关系分别求得其他各点的速度的大小：

$$v_B = 2v_A \sin\frac{\varphi}{2} = 800\sin\frac{\varphi}{2}\text{cm/s}$$

$$v_E = 2v_A = 800\text{cm/s}$$

$$v_C = \sqrt{2}v_A = 566\text{cm/s}$$

下面证明轮缘上各点的速度矢都通过 E 点：以任意点 B 为例，因为 $v_e=v_r$，所以△BDF 为等腰三角形。又因为 $BD\perp BA$，$DF\perp PA$，所以∠$BDF=\varphi$，即两等腰三角形 BDF 和 ABP 的顶角相等，则底角∠DBF 和∠ABP 也相等。又因为 $BD\perp BA$，$BF\perp BP$，那么∠FBP 为半圆上的圆周角，所以 BF 的延长线必通过 E 点。由于 φ 是任意的，即证明了轮缘上任意点的速度矢都通过 E 点。同时，轮缘上任意点的速度矢的垂线都通过 P 点。

B 点的速度也可以写成：

$$\boldsymbol{v}_B=2v_A\sin\frac{\varphi}{2}\left(\sin\frac{\varphi}{2}\boldsymbol{i}+\cos\frac{\varphi}{2}\boldsymbol{j}\right) \tag{1}$$

由于 $a_e=0$，且牵连运动为平动，则相对加速度就是绝对加速度。由

$$\omega=v_A/R=5\text{rad/s}，\alpha=0$$

则相对加速度只有法向分量，故

$$a_B=a_E=a_C=a_P=a_r^n=R\omega^2=2000\text{cm/s}^2$$

方向均指向轮心，如图 7-15(b)所示。

绝对加速度也可以由(1)式对时间求导，得

$$\begin{aligned}\boldsymbol{a}_B=\frac{\mathrm{d}\boldsymbol{v}_B}{\mathrm{d}t}&=v_A\dot{\varphi}(\sin\varphi\boldsymbol{i}+\cos\varphi\boldsymbol{j})\\&=v_A\omega(\sin\varphi\boldsymbol{i}+\cos\varphi\boldsymbol{j})\\&=R\omega^2(\sin\varphi\boldsymbol{i}+\cos\varphi\boldsymbol{j})\end{aligned}$$

当 φ 分别为 0°、180°和 270°时，就分别得 P、E 和 C 点的加速度矢。

例 7-9 图 7-16(a)所示离心泵的工作叶轮，以匀转速 $n=20\text{r/min}$ 顺时针转动。设流体质点 M 在叶轮出口处的绝对速度的径向分量为 3m/s^2。在叶轮出口处，流体质点相对于叶轮的相对切向加速度的大小为 24m/s^2。已知叶轮半径 $R=0.15\text{m}$，叶轮曲线(导流曲线)在出口处的曲率半径 $\rho=\sqrt{2}R$，出口处叶片曲线的切向和叶轮径向成 45°角。试求叶轮出口处流体质点 M 的绝对速度和绝对加速度。

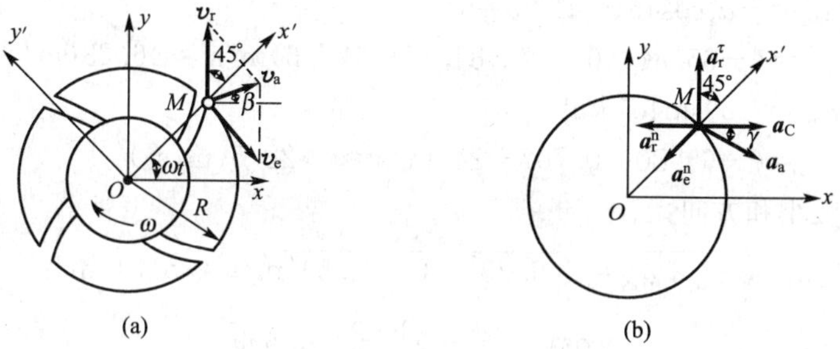

图 7-16

解：由题意知，选取流体质点 M 为动点，动系与 $Ox'y'$ 和叶轮固连。

先进行速度分析，相对运动为动点沿叶轮曲线的运动，相对速度大小未知，方位为叶轮曲线的切线方向，和 Ox' 轴成 45°角，指向如图 7-16(a)所示。牵连运动为转动，牵连点作以 O 为圆心，R 为半径，ω 为角速度的圆周运动，其中

$$\omega=\frac{n\pi}{30}=\frac{200\pi}{30}\text{rad/s}=\frac{20\pi}{3}\text{rad/s}$$

$$v_e=R\omega=0.15\times\frac{20\pi}{3}\text{m/s}=\pi\text{m/s}$$

由 $\boldsymbol{v}_a=\boldsymbol{v}_e+\boldsymbol{v}_r$ 得

$$v_{ax'}=v_{ex'}+v_{rx'},$$

即

$$3=0+v_r\cos45°。$$

所以，

$$v_r=\frac{3\times2}{\sqrt{2}}\text{m/s}=3\sqrt{2}\text{m/s}$$

对于 $\boldsymbol{v}_a$的大小，可由几何关系(令 $\omega t=45°$)，得

$$v_a=\sqrt{v_e^{\ 2}+v_r^{\ 2}-2v_e v_r\cos45°}$$

代入数据，得 $v_a\approx3\text{m/s}$。

对于 $\boldsymbol{v}_a$的方向，则可令 $\boldsymbol{v}_a$与 x 轴夹角为β，则

$$\tan\beta=\frac{v_r-v_e\cos45°}{v_e\sin45°}\approx0.91$$

所以，$\beta=42°18'$。

对于加速度，有

$$\boldsymbol{a}_a=\boldsymbol{a}_e+\boldsymbol{a}_r+\boldsymbol{a}_C \tag{1}$$

现分析上式各项：

$\boldsymbol{a}_r$的切向分量为 $a_r^\tau=24\text{m/s}^2$，法向分量为 $a_r^n=v_r^2/\rho=(3\sqrt{2})^2/(\sqrt{2}R)\text{m/s}^2\approx84.85\text{m/s}^2$，方向如图 7-16(b)所示。

$\boldsymbol{a}_e$只有法向分量：$a_e^n=R\omega^2=65.8\text{m/s}^2$，方向如图 7-16(b)所示。

$\boldsymbol{a}_C$：由 $\boldsymbol{a}_C=2\boldsymbol{\omega}_e\times\boldsymbol{v}_r$知，$a_C=2\omega_e v_r\sin90°=2\times\frac{20\pi}{3}\times3\sqrt{2}\text{m/s}^2\approx177.6\text{m/s}^2$。方向如图 7-16(b)所示。

将(1)式向 x、y 轴投影，得

$$\begin{aligned}a_{ax}&=-a_e^n\cos45°-a_r^n+a_C\\&=(-65.80\times0.707-84.85+177.6)\text{m/s}^2\approx46.23(\text{m/s}^2)\\a_{ay}&=-a_e^n\sin45°+a_r^\tau\\&=(-65.80\times0.707+24)\text{m/s}^2\approx-22.5(\text{m/s}^2)\end{aligned}$$

这样，$\boldsymbol{a}_a$的大小和方向：

$$a_a=\sqrt{a_{ax}^2+a_{ay}^2}=\sqrt{46.23^2+(-22.5)^2}\text{m/s}^2\approx51.42\text{m/s}^2$$

$$\cos\gamma=\frac{a_{ax}}{a_a}=\frac{46.23}{51.42}=0.899$$

所以，$\gamma=26°$。

例 7-10 在图 7-17 所示的刨床机构中，主动轮以匀转速，$n=50\text{r/min}$ 绕垂直于图面的 O 轴转动，并通过滑块 A 带动摇杆 O_1C 摆动，如果已知 $OA=17.5\text{cm}$，其他尺寸如图所示。当$\angle O_1OA=90°$时，求摇杆 O_1C 的角速度、角加速度。

解：先求摇杆的角速度。滑块 A 为动点，动系固结在摇杆 O_1C 上。

滑块 A 的绝对运动是以OA 为半径的圆周运动，其绝对速度的大小为 $v_a=OA\cdot\omega$，方向垂直于 OA，如图 7-17(a)所示。

相对运动是相对摇杆滑槽的直线运动，其相对速度 $\boldsymbol{v}_r$的方位沿着摇杆轴线。

牵连运动是摇杆 O_1C 绕定轴 O_1的摆动，滑块 A 的牵连速度 $\boldsymbol{v}_e$的方位垂直于 O_1A。

由 $\boldsymbol{v}_a=\boldsymbol{v}_e+\boldsymbol{v}_r$作出速度矢量平行四边形，如图 7-17(a)所示。设$\angle OO_1A=\theta$，则

$$v_e=v_a\sin\theta=OA\cdot\omega\sin\theta$$

式中，$\omega=\frac{n\pi}{30}=\frac{50\pi}{30}\text{rad/s}=\frac{5}{3}\pi\text{rad/s}$；$\theta$可由图示几何关系求得：

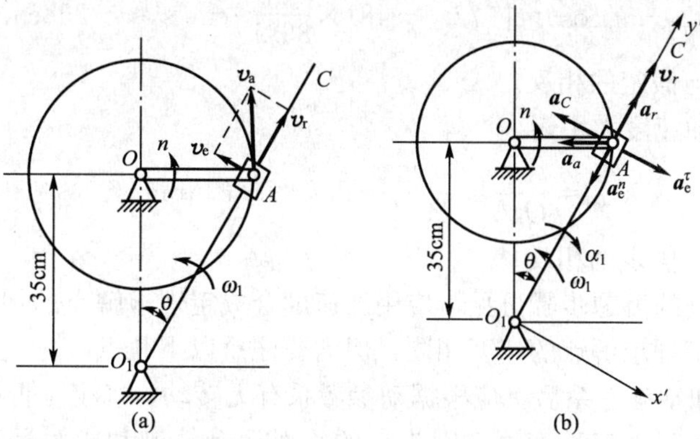

图 7-17

$$\sin\theta=\frac{OA}{O_1A}=\frac{17.5}{\sqrt{35^2+17.5^2}}=\frac{\sqrt{5}}{5}$$

因动点 A 的牵连速度等于摇杆 O_1C 上与动点 A 重合的一点的速度，于是可得摇杆的角速度为

$$\omega_1=\frac{v_e}{O_1A}=\frac{OA\cdot\omega}{O_1A}\sin\theta=\omega\sin^2\theta=\frac{5\pi}{3}\times\left(\frac{\sqrt{5}}{5}\right)^2\text{rad/s}$$
$$\approx 1.047\text{rad/s}$$

转向由 $\boldsymbol{v}_e$的指向决定，如图 7-17(b)所示。

对于摇杆的角加速度 α_1，因为动参考系与摇杆 O_1C 固结，所以摇杆绕 O_1 轴转动是牵连运动。若能解得动点 A 在图示瞬时的 $\boldsymbol{a}_e^\tau$，则摇杆的角加速度 α_1 即可求出。

由加速度合成定理

$$\boldsymbol{a}_a=\boldsymbol{a}_e+\boldsymbol{a}_r+\boldsymbol{a}_C \tag{1}$$

现分析上式各项，方向如图 7-17(b)所示。

a_a只有法向加速度，大小为

$$a_a=OA\cdot\omega^2=17.5\times\left(\frac{5\pi}{3}\right)^2\text{cm/s}^2\approx 41\text{cm/s}^2$$

$\boldsymbol{a}_e=\boldsymbol{a}_e^\tau+\boldsymbol{a}_e^n$，其中 $\boldsymbol{a}_e^\tau$的大小待求，方位垂直于 O_1A，指向假定向右；$\boldsymbol{a}_e^n$的大小为

$$a_e^n=O_1A\cdot\omega_1^2=\sqrt{O_1O^2+OA^2}\,\omega_1^2=\sqrt{35^2+17.5^2}\cdot 1.047^2\text{cm/s}^2\approx 42.9\text{cm/s}^2$$

$\boldsymbol{a}_r$方位沿着摇杆 O_1C 的轴线，指向假定向上，大小未知。

因 $\boldsymbol{\omega}_1\perp\boldsymbol{v}_r$，所以科氏加速度大小为

$$a_C=2\omega_1 v_r$$

其中：

$$v_r=v_a\cos\theta=OA\cdot\omega\frac{OO_1}{O_1A}=17.5\times\frac{5\pi}{3}\times\frac{35}{39.1}\text{cm/s}\approx 82.1\text{cm/s}$$

所以 $a_C=2\times 1.047\times 82.1\text{cm/s}^2=172.4\text{cm/s}^2$

为了求得 $\boldsymbol{a}_e^\tau$的大小，取投影轴 x'、y'，现将(1)式投影到垂直于 $\boldsymbol{a}_r$的 x'轴上，得

$$-a_a\cos\theta=-a_C+a_e^\tau$$

故

$$a_e^\tau = a_C - a_a\cos\theta = \left(172.4 - 481 \times \frac{35}{39.1}\right)\text{cm/s}^2 \approx -258\text{cm/s}^2$$

负号说明 $\boldsymbol{a}_e^\tau$ 的指向与假定的相反。

因此摇杆的角加速度大小为

$$\alpha_1 = \frac{a_e^\tau}{O_1A} = \frac{-258}{39.1}\text{rad/s}^2 \approx -6.6\text{rad/s}^2$$

负号说明 α_1 的指向与假定的相反。

总结以上各例题的解题步骤可见，应用加速度合成定理求解点的加速度，其步骤基本上与应用速度合成定理求解点的速度相同，但需要注意以下几点。

(1) 选取动点和动参考系后，应根据动参考系有无转动，确定是否有科氏加速度。

(2) 分析三种运动和三种速度。因为点的绝对运动轨迹和相对运动轨迹可能都是曲线，因此点的加速度合成定理一般可写成如下形式：

$$\boldsymbol{a}_a^\tau + \boldsymbol{a}_a^n = \boldsymbol{a}_e^\tau + \boldsymbol{a}_e^n + \boldsymbol{a}_r^\tau + \boldsymbol{a}_r^n + \boldsymbol{a}_C$$

式中每一项都有大小和方向两个要素，必须认真分析每一项，才可能正确地解决问题。在平面问题中，一个矢量方程相当于两个代数方程，因而可求解两个未知量。上式中各项法向加速度的方向总是指向相应曲线的曲率中心，它们的大小总是可以根据相应的速度大小和曲率半径求出。因此在应用加速度合成定理时，一般应先进行速度分析，这样各项法向加速度都是已知量。科氏加速度 $\boldsymbol{a}_C$ 的大小和方向由牵连角速度 $\boldsymbol{\omega}_e$ 和相对速度 $\boldsymbol{v}_r$ 确定，它们也完全可通过速度分析求出，因此 $\boldsymbol{a}_C$ 的大小和方向两个要素也是已知的。这样，在加速度合成定理中只有三项切向加速度六个要素可能是待求量，若知其中的四个要素，则余下的两个要素就完全可求了。

(3) 在应用加速度合成定理时，正确的选取动点和动系是很重要的。动点相对于动系是运动的，因此它们不能处于同一刚体上。选择动点、动系时还要注意相对运动轨迹是否清楚。若相对运动轨迹不清楚，则相对加速度 $\boldsymbol{a}_r^\tau$ 和 $\boldsymbol{a}_r^n$ 的方向就难以确定，从而使待求量个数增加，致使求解困难。

习　题

7-1　图 7-18 所示的速度合成平行四边形有无错误，若有错请改正。

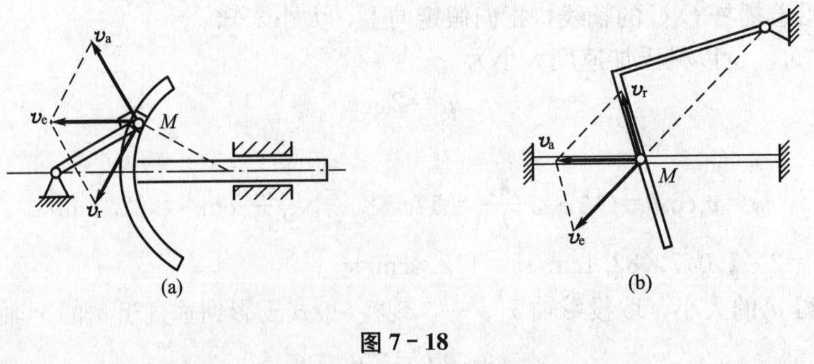

图 7-18

7-2 一人以4m/s的速度向东行走，觉得风自正南吹来；若速度增加到6m/s，觉得风自正东南吹来，求风速。

7-3 两只船分别以相对于河水的速度 $v_{r1}=100\text{m/min}$ 和 $v_{r2}=75\text{m/min}$ 同时开航，方向与河岸垂直。继第一只船后1.5min第二只船也靠彼岸。设流水速度沿河宽不变，求两只船的运动时间和河宽。

7-4 平底顶杆凸轮机构如图7-19所示。偏心凸轮绕 O 轴转动，推动顶杆 AB 沿铅直导槽运动。设凸轮半径为 R，偏心距 $OC=e$，凸轮的角速度为 ω=常量。试求 $\alpha=30°$ 时顶杆的速度和加速度。

7-5 L形杆 OAB 以角速度 ω 绕 O 轴转动，$OA=l$，OA 垂直于 AB，通过套筒 C 推动杆 CD 沿铅直导槽运动，在图7-20所示位置时，$\varphi=30°$，试求杆 CD 的速度。

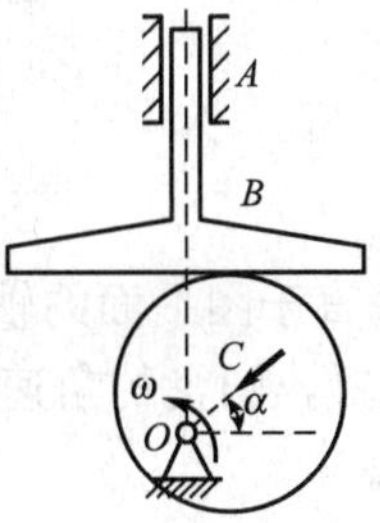

图7-19

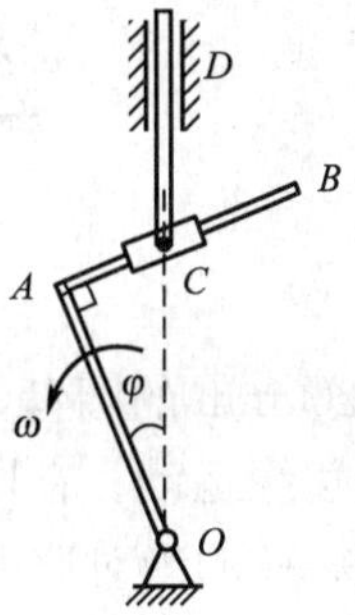

图7-20

7-6 在图7-21所示的两种滑道摇杆机构中，已知 $O_1O_2=a=200\text{mm}$，在某瞬时 $\omega_1=3\text{rad/s}$。试分别求图示位置时两种机构中杆 O_2A 的角速度。

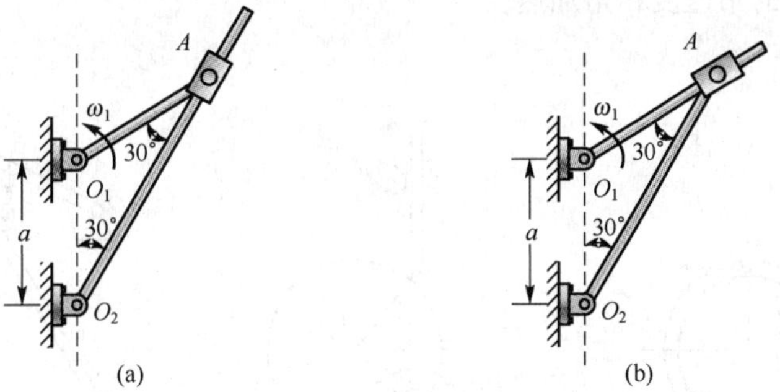

图7-21

7-7 车厢以加速度 4m/s^2 沿直线轨道运动，车厢内电扇的转速 $n=600\text{r/min}$，转轴与车厢的运动方向平行。求到转轴距离8cm的电扇叶片上点的绝对加速度的大小。

7-8 在图7-22所示的铰接平行四连杆机构中，$O_1A=O_2B=0.1\text{m}$，$O_1O_2=AB$，曲柄 O_1A 以匀角速度 $\omega=2\text{rad/s}$ 绕轴 O_1 转动。连杆 AB 上有套筒 C 与 CD 铰接，机构各部分均在同一平面内。试求 $\varphi=60°$ 时，杆 CD 的速度和加速度。

7-9 如图7-23所示，曲柄 OA 长0.4m，以匀角速度 $\omega=0.5\text{rad/s}$ 绕轴 O 逆钟向转动，曲柄的 A 端推动滑杆 BC 沿铅直方向运动。试求当曲柄 OA 与水平线夹角 $\varphi=30°$ 时，

滑杆 BC 的速度和加速度。

7-10　图 7-24 所示圆盘的半径 $r=10\text{cm}$，它绕通过圆盘中心 C 且和自身平面垂直的轴转动，角速度 $\omega_1=3\text{rad/s}$。和圆盘在同一平面内的框架 $ABDE$ 以等角速度 $\omega_2=2\text{rad/s}$ 绕 AB 轴转动。$AE=BD=10\text{cm}$，求圆盘上 M_1 和 M_2 点的速度和加速度的大小。

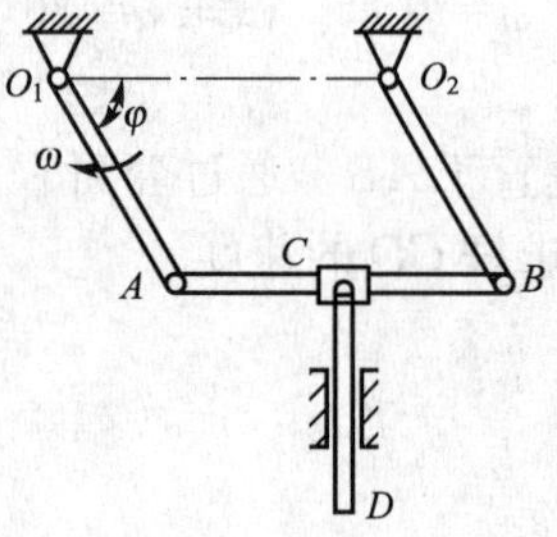

图 7-22

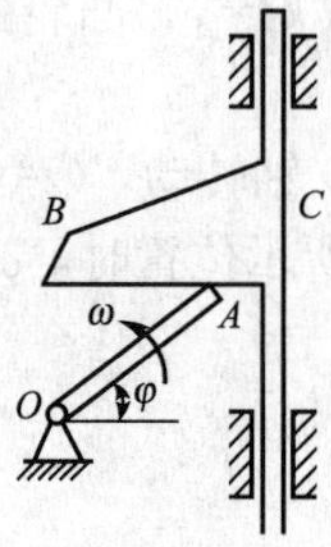

图 7-23

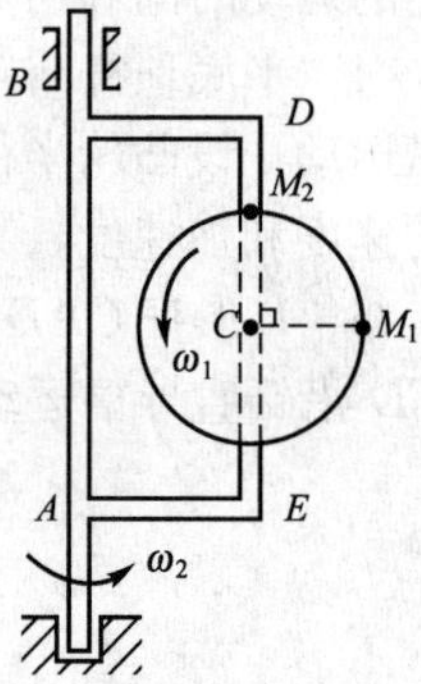

图 7-24

7-11　一半径 $r=200\text{mm}$ 的圆盘，绕通过 A 点垂直于图平面的轴转动。物块 M 以匀速 $v_r=400\text{mm/s}$ 沿圆盘边缘运动。在图 7-25 所示位置，圆盘的角速度 $\omega=2\text{rad/s}$，角加速度 $\alpha=4\text{rad/s}^2$，求物块 M 的绝对速度和绝对加速度。

7-12　如图 7-26 所示，偏心凸轮的偏心距 $OC=a$，轮半径 $r=\sqrt{3}a$，凸轮以匀角速度 ω_O 绕 O 轴转动。设某瞬时 OC 与 CA 成直角，试求此瞬时从动杆 AB 的速度与加速度。

7-13　在图 7-27 所示的曲柄摇杆机构中，曲柄长 $OA=12\text{cm}$，以匀角速度 $\omega=7\text{rad/s}$ 绕定轴 O 转动，通过滑块 A 使摇杆 O_1B 绕定轴 O 转动。如 $OO_1=20\text{cm}$，当 $\varphi=0°$ 和 $90°$ 时，求摇杆的角速度和角加速度。

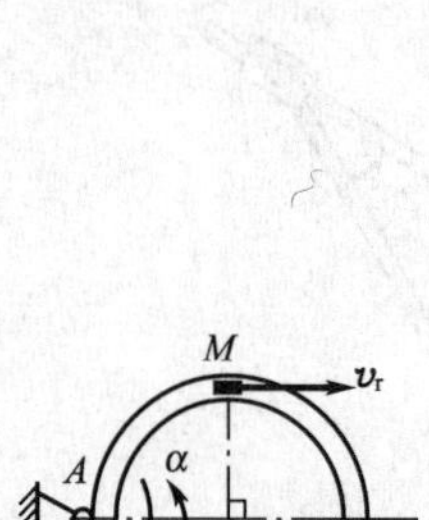

图 7-25

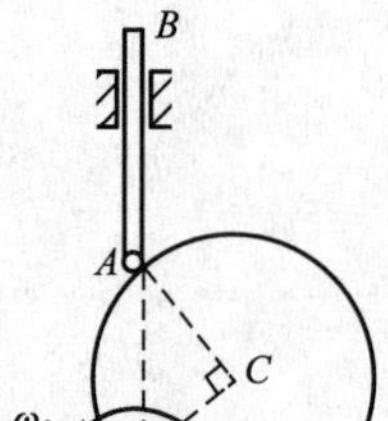

图 7-26

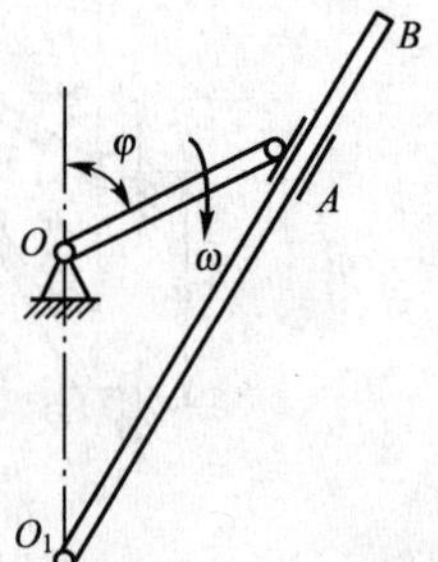

图 7-27

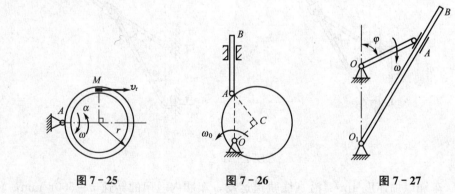

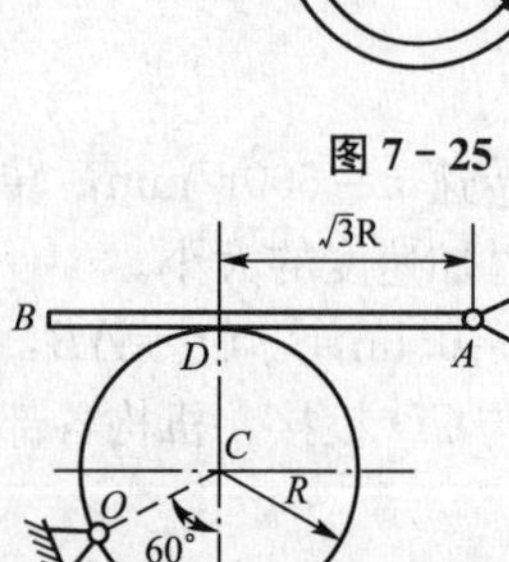

图 7-28

7-14　在图 7-28 所示的机构中，摇杆 AB 位于水平位置，圆盘半径为 R，圆盘绕 O 轴转动的角速度为 ω，并且 OC 与铅垂线夹角为 $60°$，求此瞬时 AB 杆的角加速度。

7-15　图 7-29 所示半圆盘 B 按 $s=t^3\text{cm}$ 的规律从 O 点开始向右运动，推动 OA 杆绕 O 轴转动，已知半圆盘半径为 $R=3\text{cm}$，求当 $t=2\text{s}$ 时，OA 杆的角度、角加速度。

7-16　图 7-30 所示直角曲杆 OBC 以匀角速度 $\omega=0.5\text{rad/s}$ 绕 O 轴转动，使套在其上的小环 M 沿固定直杆 OA 滑动(小环 M 同时也套在 OA 上)，已知 $OB=0.1\text{m}$，OB 与 BC 垂直。试求当 $\varphi=60°$时，小环 M 的速度和加速度。

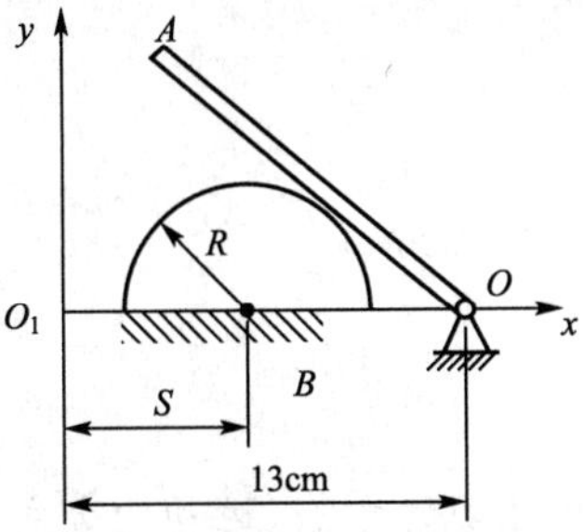

图 7-29

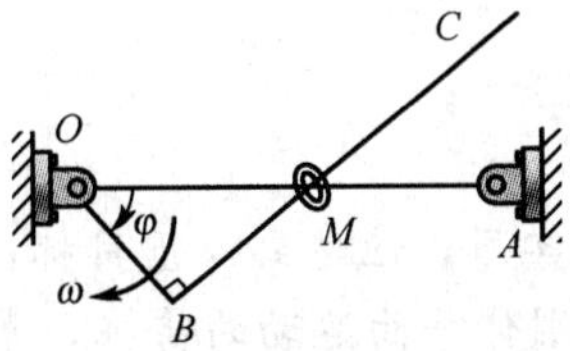

图 7-30

第8章 刚体的平面运动

教学目标

通过本章学习，应达到以下目标：

(1) 明确刚体平面运动的特征，掌握研究平面运动的方法(运动的合成与分解)，能够正确地判断机构中作平面运动的刚体。

(2) 能熟练地应用各种方法——基点法、瞬心法和速度投影定理求平面图形上任一点的速度。

(3) 能熟练地用基点法分析平面图形内一点的加速度。

(4) 会求解运动学综合问题中的速度，了解求加速度的方法。

引例

汽车的行驶是靠车轮在地面上滚动完成的，这是一种常见的现象，但是对于车轮来说它既不是作简单的定轴转动，也不是作平动。那么这么简单的现象中蕴含着什么运动学问题呢？其实这种运动叫做刚体的平面运动，车轮的运动可以分解为随轮轴的平动和相对轮轴的转动。车轮上一点的轨迹、速度、加速度是什么情况呢？这是刚体的平面运动要探讨的问题。

§8-1 概述

刚体平面运动是工程中常见的运动，如车轮沿直线轨道的滚动［图8-1(a)］、曲柄连杆机构中连杆AB的运动［图8-1(b)］，形心齿轮O_1的运动［图8-1(c)］等。这些刚体的运动既不是平动，也不是定轴转动，但它们运动时有一个共同的特征，即在运动过程中，其上任意一点保持与某一固定平面的距离不变。我们把刚体运动时，其上任意一点到某一固定平面的距离保持不变的运动称为刚体的**平面运动**。

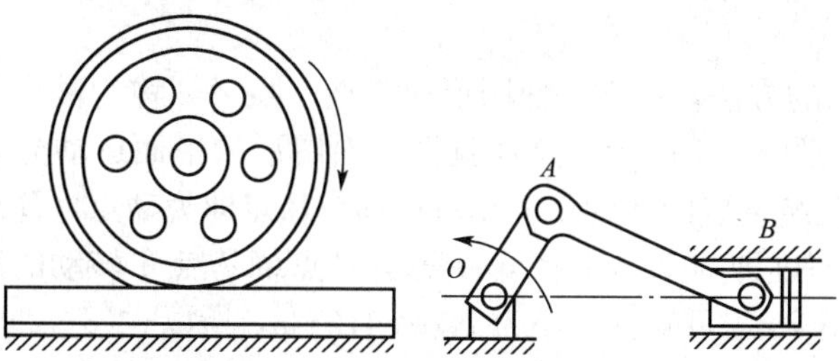

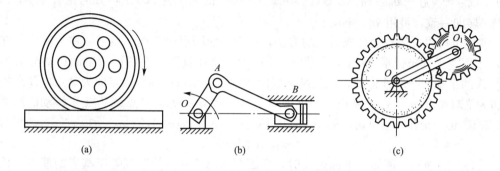

图 8-1

根据刚体平面运动的特点，可以作一个平面 P 与固定平面 P_0 平行，P 与刚体相截得一个平面图形 S(图 8-2)。刚体运动时，平面图形 S 将始终在平面 P 内运动，于是刚体上任一垂直于平面图形 S 的线段 A_1A_2 在运动时始终保持与自身平行，即线段 A_1A_2 作平动，因此线段上各点的运动完全相同。这样，线段 A_1A_2 与平面图形交点 A 的运动就可以代表整个线段的运动。由此可见，平面图形 S 的运动就可以代表整个刚体的运动。也就是说，刚体的平面运动可简化为平面图形 S 在其自身平面内的运动。

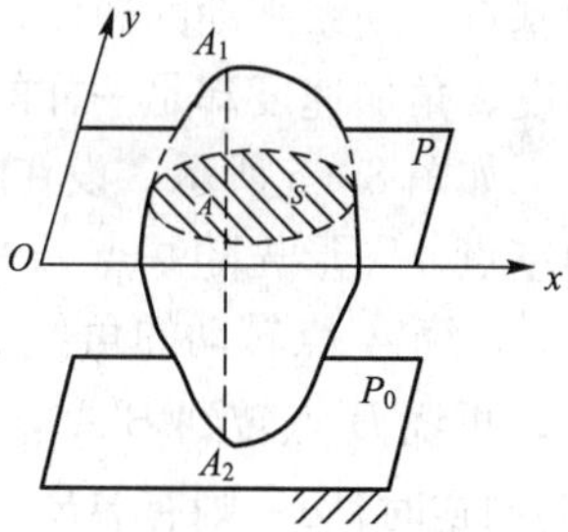

图 8-2

§8-2 平面图形内各点的速度分析——基点法

如图 8-3 所示，平面图形在静系 Oxy 平面内运动，要确定平面图形的位置，首先要确定平面图形内任一点 A 的位置(x_A，y_A)，其次在平面图形内任选一点 B，确定 AB 线段和 x 轴的夹角 φ(φ 为绝对转角)，则平面图形的位置就确定了。这样，平面运动刚体的运动方程为

$$\left.\begin{aligned} x_A &= f_1(t) \\ y_A &= f_2(t) \\ \varphi &= f_3(t) \end{aligned}\right\} \tag{8-1}$$

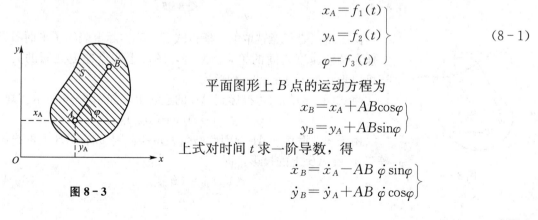

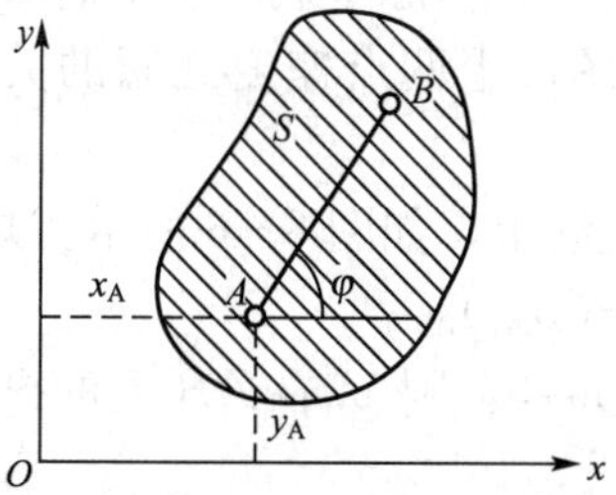

图 8-3

平面图形上 B 点的运动方程为

$$\left.\begin{aligned} x_B &= x_A + AB\cos\varphi \\ y_B &= y_A + AB\sin\varphi \end{aligned}\right\}$$

上式对时间 t 求一阶导数，得

$$\left.\begin{aligned} \dot{x}_B &= \dot{x}_A - AB\,\dot{\varphi}\sin\varphi \\ \dot{y}_B &= \dot{y}_A + AB\,\dot{\varphi}\cos\varphi \end{aligned}\right\}$$

即 B 点的速度为

$$\boldsymbol{v}_B=\dot{x}_B\boldsymbol{i}+\dot{y}_B\boldsymbol{j}=\dot{x}_A\boldsymbol{i}+\dot{y}_A\boldsymbol{j}+AB\,\dot{\varphi}(-\sin\varphi\,\boldsymbol{i}+\cos\varphi\boldsymbol{j}) \tag{8-2}$$

其中，$\dot{x}_A\boldsymbol{i}+\dot{y}_A\boldsymbol{j}=\boldsymbol{v}_A$，而 $AB\,\dot{\varphi}(-\sin\varphi\boldsymbol{i}+\cos\varphi\boldsymbol{j})$ 的大小为 $AB\,\dot{\varphi}$，方向垂直于 AB，指向与 $\dot{\varphi}$ 转向一致，可用 $\boldsymbol{v}_{BA}$ 表示。

我们也可以应用点的合成运动的方法，即在平面图形内任选一点 A，称为基点，在基点 A 上固连平动坐标系 $Ax'y'$，如图 8-4 所示。这样就把平面图形的平面运动分解为随基点 A 的平动——牵连运动，以及绕基点的转动——相对运动。B 点即为动点，B 点的速度即为绝对速度 $\boldsymbol{v}_a=\boldsymbol{v}_B$，基点的速度即为牵连速度 $\boldsymbol{v}_e=\boldsymbol{v}_A$，$B$ 点绕基点 A 转动的速度为相对速度 $\boldsymbol{v}_r$，记作 $\boldsymbol{v}_{BA}=\boldsymbol{v}_r$，由图 8-4 可知其大小为 $v_{BA}=AB\cdot\omega$，所以式(8-2)可写为

$$\boldsymbol{v}_B=\boldsymbol{v}_A+\boldsymbol{v}_{BA} \tag{8-3}$$

式(8-3)表明：刚体作平面运动时，平面图形内任一点的速度等于基点的速度和该点绕基点转动速度的矢量和。这种求平面图形上任一点速度的方法，称为**基点法**。

只要有转动，平面图形上各点的速度、加速度就不同，而基点的选取是任意的，不同的基点，动系平动的速度、加速度是不一样的。但是，图形相对于不同基点的转动，其角速度、角加速度却是一样的。现证明如下。

如图 8-5 所示，设在瞬时 t，图形在位置Ⅰ，在 $t+\Delta t$ 瞬时，图形在位置Ⅱ。若选 A 为基点，图形先随基点 A 平移到 $A'B''$，再绕 A' 点转到 $A'B'$，A 点随基点 A 平动的位移为 $\overline{AA'}$，绕 A' 点转动的角位移为 φ_1(转向逆时针)。若选 B 为基点，图形随 B 点平移到 $A''B'$，再绕 B' 点转到 $B'A'$，A 点随基点 B 平动的位移为 $\overline{A'A''}$，绕 B' 点转动的角位移为 φ_2(转向逆时针)。则有 $AB//A'B''//A''B'$，所以 $\varphi_1=\varphi_2$，但 $\overline{AA'}\neq\overline{AA''}$。由于选取不同基点，角位移相同，则角速度、角加速度也相同。由此证明了平动与基点选取有关，而转动与基点选取无关。

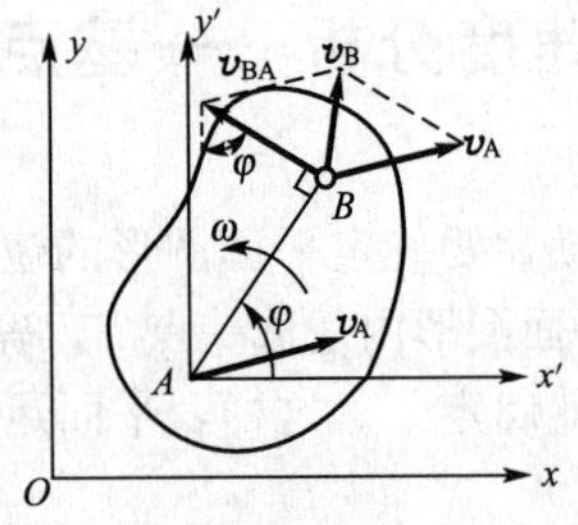

图 8-4

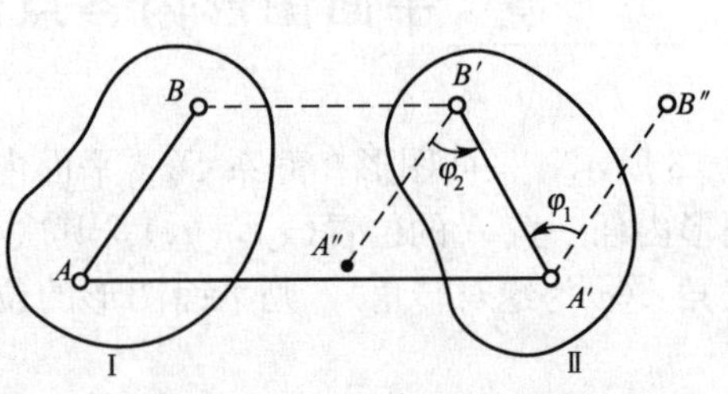

图 8-5

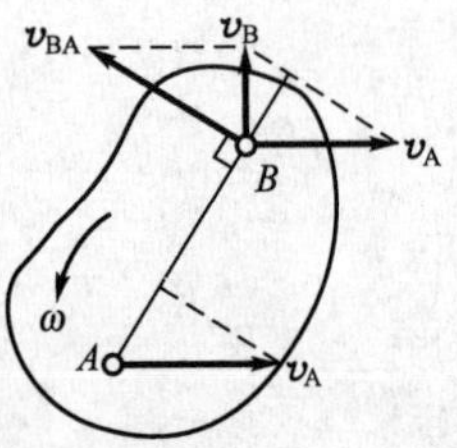

图 8-6

由于基点是任意选取的，所以式(8-3)实际上表明了平面图形上任意两点速度之间的关系。此外，图形上两点速度之间的关系还可以表示为下述的另一种形式。

将式(8-3)的两边投影到 AB 的连线上，如图 8-6 所示。则

$$(\boldsymbol{v}_B)_{AB}=(\boldsymbol{v}_A)_{AB}+(\boldsymbol{v}_{BA})_{AB}$$

由于 $\boldsymbol{v}_{BA}$ 垂直于 AB，因此 $(\boldsymbol{v}_{BA})_{AB}=0$，则 $\boldsymbol{v}_B$ 在 AB 上的投影等于 $\boldsymbol{v}_A$ 在 AB 上的投影，即

$$(\boldsymbol{v}_B)_{AB}=(\boldsymbol{v}_A)_{AB} \tag{8-4}$$

上式表明：平面图形上任意两点的速度在该两点连线上的投影彼此相等，这一关系称为**速度投影定理**。

例 8-1 四连杆机构如图 8-7 所示。曲柄 OA 长 75mm，以等角速度 $\omega_O=2\text{rad/s}$ 绕 O 轴转动。试求当曲柄 OA 水平、摇杆 BC 铅垂时，连杆 AB 和摇杆 BC 的角速度(图中长度单位为 mm)。

解：OA 杆和 BC 杆作定轴转动，AB 杆作平面运动。选 AB 杆作为研究对象，A 点的速度

$$v_A=OA\cdot\omega_O=0.075\times2\text{m/s}=0.15\text{m/s}$$

由于 A 点的速度已知，选 A 点为基点，B 点的运动可分解为随基点 A 的平动和绕基点 A 的转动，则 B 点的速度

$$v_B=BC\cdot\omega_{BD}=0.1\omega_{BD}$$

B 点绕 A 点转动的速度 $\boldsymbol{v}_{BA}$ 的方向垂直于 AB，其大小

$$v_{BA}=AB\cdot\omega_{AB}=\frac{0.25-0.075}{\cos\theta}\times\omega_{AB}=\frac{0.175}{\cos\theta}\omega_{AB}$$

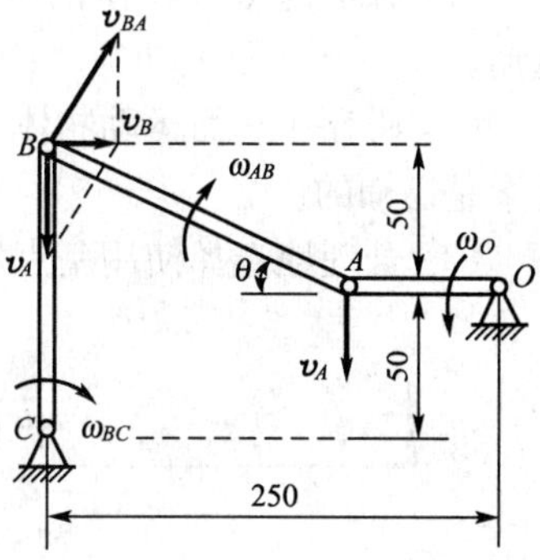

图 8-7

按 $\boldsymbol{v}_B=\boldsymbol{v}_A+\boldsymbol{v}_{BA}$ 作出 B 点的速度平行四边形，如图 8-7所示。由几何关系求出：

$$v_{BA}=\frac{v_A}{\cos\theta}=\frac{0.15}{\cos\theta}$$

$$v_B=v_A\tan\theta=\frac{0.05}{0.175}v_A=\frac{0.05\times0.15}{0.175}\text{m/s}\approx0.043\text{m/s}$$

故 AB 杆和 BC 的角速度分别为

$$\omega_{BA}=\frac{v_{BA}}{AB}=\frac{0.15}{0.175}\text{rad/s}=\frac{6}{7}\text{rad/s}\approx0.857\text{rad/s}$$

$$\omega_{BC}=\frac{v_B}{BC}=\frac{0.05\times0.15}{0.1\times0.175}\text{rad/s}=\frac{3}{7}\text{rad/s}\approx0.429\text{rad/s}$$

ω_{AB} 和 ω_{BC} 的转向如图 8-7 所示。

例 8-2 在图 8-8 所示的平面机构中，曲柄 $OA=100\text{mm}$，以匀角速度 $\omega=2\text{rad/s}$ 转动。连杆 AB 带动摇杆 CD，并拖动轮 E 沿水平面滚动。已知 $CD=3CB$，在图示位置时，A、B、E 三点恰在一水平线上，且 $CD\perp ED$。试求瞬时点 E 的速度。

解：杆 OA 作定轴转动，则

$$v_A=OA\cdot\omega=0.2\text{m/s}$$

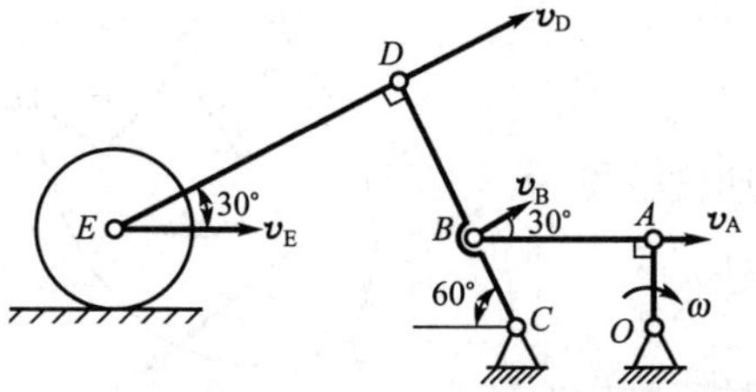

图 8-8

杆 AB 作平面运动，由速度投影定理得

$$v_B\cos30^\circ=v_A$$

解得

$$v_B=0.231\text{m/s}$$

摇杆 CD 绕点 C 转动，则

$$v_D=\frac{v_B}{CB}\cdot CD=3v_B=0.693\text{m/s}$$

轮 E 沿水平面滚动，轮心 E 的速度方向为水

平，由速度投影定理，D、E两点的速度关系为

$$v_E\cos30°=v_D$$

解得

$$v_E=0.8\text{m/s}$$

综合以上各例，总结解题步骤如下。

(1) 分析题中各物体的运动，哪些物体作平动，哪些物体作转动，哪些物体作平面运动。

(2) 研究作平面运动物体上哪一点的速度大小和方向是已知的，哪一点的速度的某一要素是已知的。

(3) 合理地选择使用基点法或投影法来进行解题。

§8-3 平面图形内各点的速度分析——瞬心法

研究平面图形上各点的速度的方法除基点法外，还可以采用瞬心法。求解问题时，瞬心法形象性更好，有时更为方便。

一般情形下，在每一瞬时，平面图形上(或其延拓部分)总唯一存在一个速度为零的点，该点称为**瞬时速度中心**，简称**速度瞬心**。

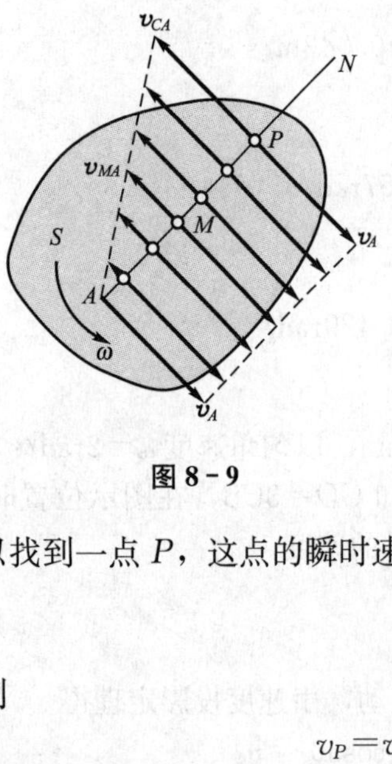

图 8-9

下面我们来证明在一般情形下平面图形做平面运动时速度瞬心是唯一存在的。

设有一平面图形S，如图 8-9 所示。取图形上的点A作为基点，其速度为$\boldsymbol{v}_A$，图形的角速度为ω，转向如图所示。图形上任一点M的速度为

$$\boldsymbol{v}_M=\boldsymbol{v}_A+\boldsymbol{v}_{MA}$$

如果点M在$\boldsymbol{v}_A$的垂线AN上，由图 8-9 中可以看出，$\boldsymbol{v}_A$与$\boldsymbol{v}_{MA}$在同一条直线上，而方向相反，故$\boldsymbol{v}_M$的大小为

$$v_M=v_A-\omega\cdot AM$$

由上式可知，随着点M在垂线AN上的位置不同，$\boldsymbol{v}_M$的大小也不同，因此只要平面图形在某瞬时的$\omega\neq0$，总可以找到一点P，这点的瞬时速度等于零。如令

$$AP=\frac{v_A}{\omega}$$

则

$$v_P=v_A-AP\cdot\omega=0$$

即得到证明。

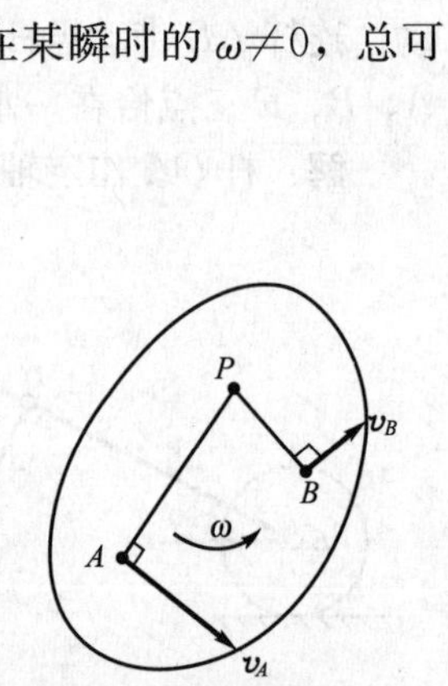

图 8-10

若选P点为基点，则图 8-10 中A、B两点的速度分别为

$$\boldsymbol{v}_A=\boldsymbol{v}_P+\boldsymbol{v}_{AP}=\boldsymbol{v}_{AP},\ v_A=\omega\cdot PA,\quad \boldsymbol{v}_A\perp PA$$

$$\boldsymbol{v}_B=\boldsymbol{v}_P+\boldsymbol{v}_{BP}=\boldsymbol{v}_{BP},\ v_B=\omega\cdot PB,\quad \boldsymbol{v}_B\perp PB$$

可见，平面图形内任一点的速度等于该点绕瞬时速度中心转动的速度。以速度瞬心为基点来求作平面运动刚体上各点速度的方法

称为**速度瞬心法**。

应用瞬心法求平面图形上各点的速度时，必须先确定速度瞬心的位置，下面介绍几种确定速度瞬心的方法。

(1) 在某瞬时，已知平面图形上 A、B 两点的速度方向。

设瞬心为 P，因为 $\boldsymbol{v}_A \perp PA$，$\boldsymbol{v}_B \perp PB$，因此，只要分别过 A、B 两点作速度方位线 Aa 与 Bb 的垂线，两垂线的交点 P 即为速度瞬心［图 8-11(a)］。

在特殊情况下，若 A、B 两点的速度 $\boldsymbol{v}_A$ 与 $\boldsymbol{v}_B$ 相互平行但不与 AB 连线垂直，如图 8-11(b)所示，则速度瞬心 P 在无穷远处，$\omega=\dfrac{v_A}{AP}=0$，这就说明在此瞬时平面图形上各点的速度相同，即刚体作瞬时平动。

(2) 在某瞬时，已知平面图形上 A、B 两点的速度 $\boldsymbol{v}_A$ 与 $\boldsymbol{v}_B$ 的大小，其方向均与 AB 连线垂直。

在 $\boldsymbol{v}_A$ 与 $\boldsymbol{v}_B$ 的指向相同［图 8-12(a)］或相反［图 8-12(b)］的情况下，作 AB 连线的延长线及速度 $\boldsymbol{v}_A$、$\boldsymbol{v}_B$ 端点的连线，则两条连线的交点 P 即为速度瞬心。

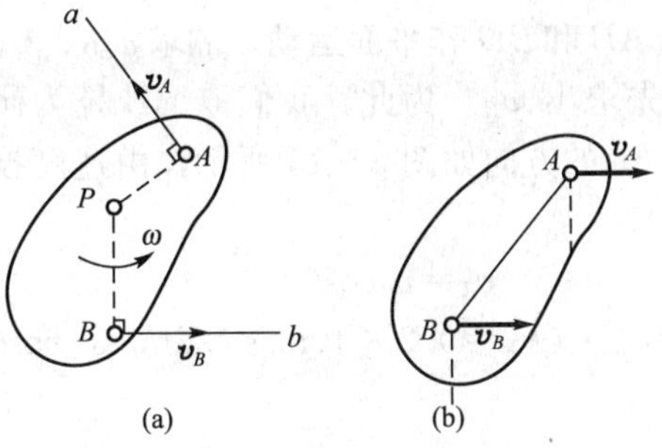

图 8-11

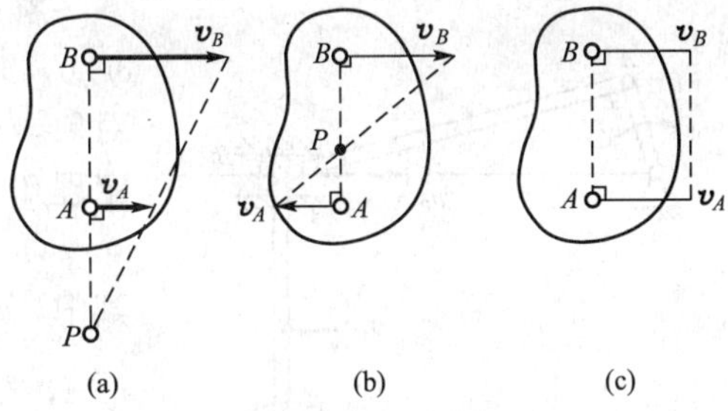

图 8-12

在特殊情形下，若 $\boldsymbol{v}_A$ 与 $\boldsymbol{v}_B$ 的大小相等且指向相同，如图 8-12(c)所示，其速度瞬心在无穷远处，刚体作瞬时平动。

(3) 当平面图形在另一固定平面或曲面上作只滚不滑的运动，如图 8-13 所示。不难看出这两个面的接触点，其瞬时速度为零，则接触点 P 就是平面图形在该瞬时的速度瞬心。如果有滑动，接触点的速度不为零，则这样的接触点便不是速度瞬心。

例 8-3 如图 8-14 所示，一轮子在水平面上作纯滚动，轮的半径 $R=80\text{cm}$，已知轮心 A 的速度 $v_A=400\text{cm/s}$。试用速度瞬心法求轮缘上 B、E、C 点的速度。

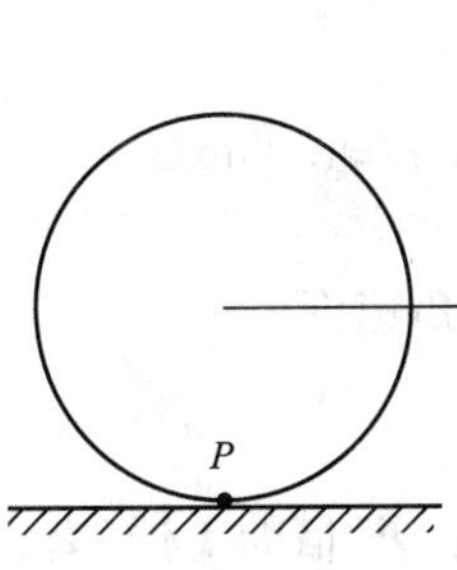

图 8-13

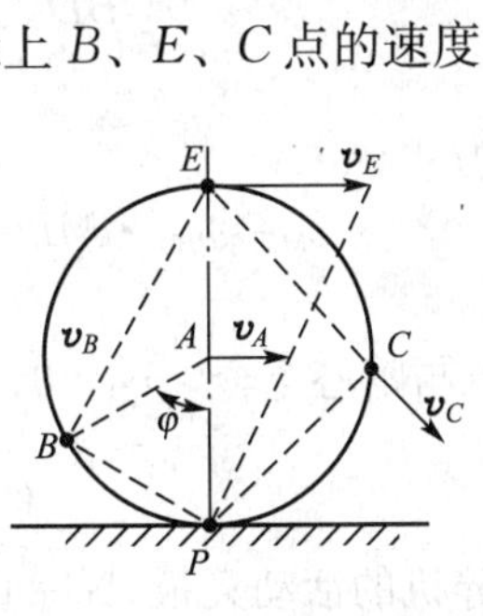

图 8-14

解：轮子作平面运动，轮缘与平面接触点 P 为轮子的速度瞬心。由速度瞬心法，知 A 点的速度

$$v_A=R\omega$$

则轮子的角速度

$$\omega=\frac{v_A}{R}=\frac{400}{8}\text{rad/s}=5\text{rad/s}$$

其他各点在该瞬时都绕 P 点转动，各点的速度方向如图 8－14 所示。各点速度的大小为

$$v_B=\omega\cdot PB=2\omega R\sin\frac{\varphi}{2}=2\times5\times80\times\sin\frac{\varphi}{2}\text{cm/s}=800\sin\frac{\varphi}{2}\text{cm/s}$$

$$v_E=\omega\cdot PE=5\times2\times80\text{cm/s}=800\text{cm/s}$$

$$v_C=\omega\cdot PC=5\times\sqrt{2}\times80\text{cm/s}=566\text{cm/s}$$

例 8－4 在图 8－15 所示的机构中，已知各杆长 $OA=20\text{cm}$，$AB=80\text{cm}$，$BD=60\text{cm}$，$O_1D=40\text{cm}$，OA 杆的角速度 $\omega_0=20\text{rad/s}$。求机构在图示位置时，杆 BD 的角速度、杆 O_1D 的角速度及杆 BD 的中点 M 的速度。

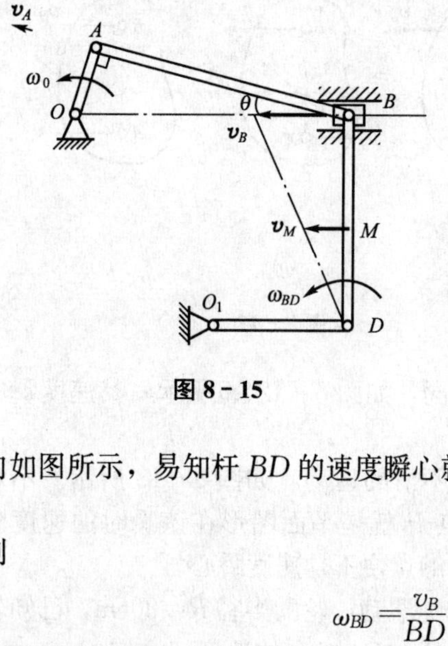

图 8－15

解：杆 AB 和 BD 作平面运动，欲求 ω_{BD}、$\boldsymbol{v}_M$ 和 ω_{O_1D}，必须先求出 $\boldsymbol{v}_B$。为此，我们取 AB 杆为研究对象，$\boldsymbol{v}_A$、$\boldsymbol{v}_B$ 的方向如图 8－15 所示，由速度投影定理知

$$v_A=v_B\cos\theta$$

其中，$v_A=\omega_0\cdot OA=0.2\times10\text{m/s}=2\text{m/s}$，$\cos\theta=\frac{4}{\sqrt{17}}$，则

$$v_B=\frac{v_A}{\cos\theta}=\frac{\sqrt{17}}{2}\text{m/s}\approx2.06\text{m/s}$$

取杆 BD 为研究对象，O_1D 作定轴转动，$\boldsymbol{v}_D$ 方向如图所示，易知杆 BD 的速度瞬心就在 D 点，由速度瞬心法得

$$v_B=\omega_{BD}\cdot BD$$

则

$$\omega_{BD}=\frac{v_B}{BD}=\frac{2.06}{0.6}\text{rad/s}\approx3.43\text{rad/s}$$

其转向如图所示。

M 点的速度为

$$v_M=\omega_{BD}\cdot MD=0.3\times3.43\text{m/s}\approx1.03\text{m/s}$$

其方向水平向左。

由于杆上的点与瞬心重合，$v_D=0$，故杆 O_1D 的角速度为

$$\omega_{O_1D}=\frac{v_D}{O_1D}=0$$

例 8－5 轧碎机的活动夹板 $AB=0.6\text{m}$，由曲柄 OE 借助于杆 CE、CD 和 BC 带动而绕 A 轴摆动，如图 8－16 所示。曲柄 $OE=0.1\text{m}$，以匀转速 100r/min 转动。杆 BC 及 CD 各长 0.4m。求在图示位置夹板 AB 的角速度。

解：夹板 AB 绕 A 轴转动，要求它的角速度 ω_{AB}，应先求出 B 点的速度 $\boldsymbol{v}_B$。而 BC 杆作平面运动，要求 $\boldsymbol{v}_B$ 又应先求出 C 点的速度 $\boldsymbol{v}_C$。C 点是 CD 杆与 CE 杆共有的一点，根据 CD 杆绕 D 点转动，可确定 $\boldsymbol{v}_C \perp CD$，而 $\boldsymbol{v}_C$ 的大小要根据 CE 杆的运动来确定。CE 杆作平面运动，其上 E 点的速度 $\boldsymbol{v}_E$ 可以由 OE 杆的转动来确定。

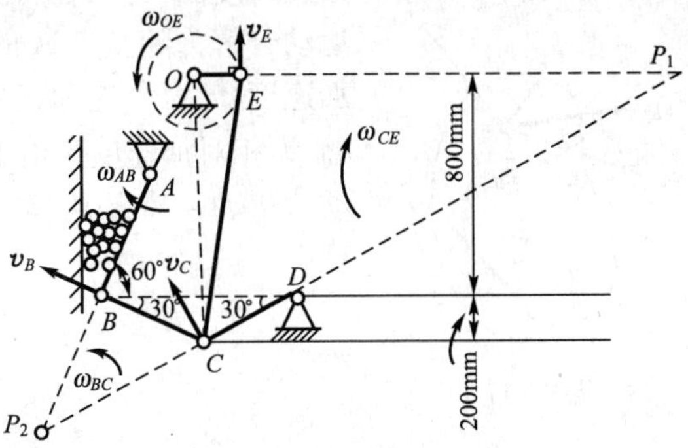

图 8-16

$$v_E = OE \cdot \omega_{OE} = 0.1 \times \frac{100\pi}{30} \text{m/s} \approx 1.05 \text{m/s}$$

$\boldsymbol{v}_E \perp OE$，指向与 ω_{OE} 转向一致。

CE 杆作平面运动，CE 杆在图示位置的速度瞬心为 P_1 点。由直角三角形 OCP_1 可知：

$$P_1C = \frac{OC}{\cos 60^\circ} = \frac{1}{0.5} \text{m} = 2\text{m}$$

又

$$P_1E = P_1O - OE = P_1C\cos 30^\circ - OE = (2 \times 0.866 - 0.1)\text{m} \approx 1.63\text{m}$$

于是

$$\omega_{CE} = \frac{v_E}{P_1E} = \frac{1.05}{1.63} \text{rad/s} \approx 0.644 \text{rad/s}$$

$$v_C = P_1C \cdot \omega_{CE} = 2 \times 0.644 \text{m/s} \approx 1.29 \text{m/s}$$

其指向如图所示。

BC 杆的运动为平面运动，P_2 即为 BC 杆在图示位置的速度瞬心。

因为

$$\frac{v_B}{P_2B} = \frac{v_C}{P_2C}$$

所以

$$v_B = v_C \frac{P_2B}{P_2C} = v_C \cos 30^\circ = 1.29 \times 0.866 \text{m/s} \approx 1.12 \text{m/s}$$

于是

$$\omega_{AB} = \frac{v_B}{AB} = \frac{1.12}{0.6} \text{rad/s} \approx 1.87 \text{rad/s}$$

转向为顺时针。

应该注意，当一个机构中有几个作平面运动的构件(如本例中 BC 和 CE)时，每个构件各有其自身的速度瞬心和角速度，必须分别求出，不能相混。

§8-4 平面图形内各点的加速度分析——基点法

现在讨论平面图形上任一点的加速度。

如图 8-17 所示的平面图形，如已知 A 点的加速度 $\boldsymbol{a}_A$，并且知道图形的角速度 ω 和

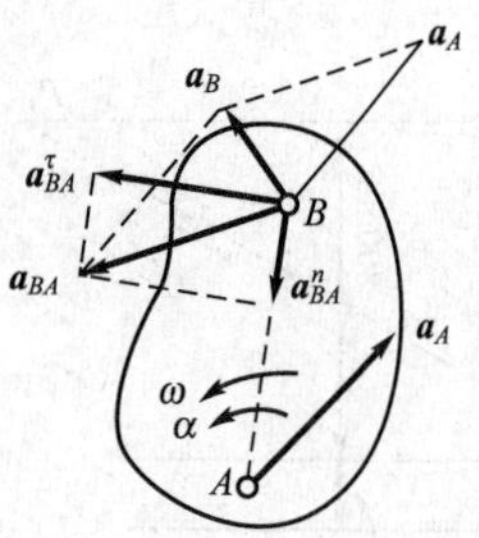

图 8-17

角加速度α，为求任一点 B 的加速度，可以 A 点为基点，将平面运动分解为随基点 A 的平动和绕基点 A 的转动。所以，以基点的加速度 $\boldsymbol{a}_A$ 为牵连加速度，B 点绕 A 点转动的加速度 $\boldsymbol{a}_{BA}=\boldsymbol{a}_{BA}^{\tau}+\boldsymbol{a}_{BA}^{n}$ 为相对加速度。由于基点 A 为平动坐标系的原点，因而牵连运动为平动，故 B 点(动点)的科氏加速度为零。根据加速度合成定理有

$$\boldsymbol{a}_B=\boldsymbol{a}_A+\boldsymbol{a}_{BA} \tag{8-5}$$

或

$$\boldsymbol{a}_B=\boldsymbol{a}_A+\boldsymbol{a}_{BA}^{\tau}+\boldsymbol{a}_{BA}^{n} \tag{8-6}$$

上式表明：平面图形内任一点的加速度，等于基点的加速度与该点绕基点转动的切向加速度和法向加速度的矢量和。

在某瞬时，平面图形内(或其延拓部分)有某点 Q 的加速度为零，该点 Q 称为平面图形在此瞬时的**加速度中心(加速度瞬心)**。但应强调指出：①在一般情况下，速度瞬心和加速度瞬心不重合；②确定加速度瞬心比较麻烦，所以，一般不采用加速度瞬心法。

例 8-6 半径为 r 的车轮沿直线轨道滚动而不滑动，如图 8-18 所示。设已知轮心的速度 $\boldsymbol{v}_O$ 及加速度 $\boldsymbol{a}_O$。试求车轮与轨道接触点 P 和轮边上的点 A 的加速度。

解：车轮作平面运动，P 点为速度瞬心，角速度为

$$\omega=\frac{v_O}{r},$$

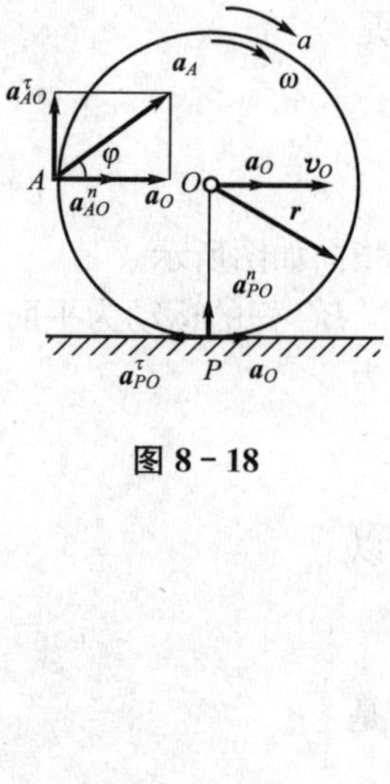

图 8-18

车轮的角加速度为

$$\alpha=\frac{\mathrm{d}\omega}{\mathrm{d}t}=\frac{1}{r}\cdot\frac{\mathrm{d}v_O}{\mathrm{d}t}=\frac{a_O}{r}$$

以 O 点为基点，求 P、A 两点的加速度。

对于 P 点，由式(8-6)，得

$$\boldsymbol{a}_P=\boldsymbol{a}_O+\boldsymbol{a}_{PO}^{\tau}+\boldsymbol{a}_{PO}^{n}$$

其中，$a_{PO}^n=r\omega^2=\frac{v_O^2}{r}$，$a_{PO}^{\tau}=r\alpha=r\cdot\frac{a_O}{r}=a_O$，因 a_{PO}^{τ} 与 a_O 大小相等、方向相反，互相抵消，所以

$$a_P=a_{PO}^n=r\omega^2=\frac{v_O^2}{r}$$

$\boldsymbol{a}_P$ 的方向与 $\boldsymbol{a}_{PO}^n$ 的方向相同，由 P 指向 O。

对于 A 点，由式(8-6)，得

$$\boldsymbol{a}_A=\boldsymbol{a}_O+\boldsymbol{a}_{AO}^{\tau}+\boldsymbol{a}_{AO}^{n}$$

其中，$a_{AO}^n=r\omega^2=\frac{v_O^2}{r}$，$a_{AO}^{\tau}=r\alpha=r\cdot\frac{a_O}{r}=a_O$。由图可见：

$$a_A=\sqrt{(a_O+a_{AO}^n)^2+(a_{AO}^{\tau})^2}=\sqrt{\left(a_O+\frac{v_O^2}{r}\right)^2+a_O^2}$$

$$\tan\varphi=\frac{a_{AO}^{\tau}}{a_O+a_{AO}^n}=\frac{a_O}{a_O+v_O^2/r}$$

本例说明了速度瞬心 P 处的加速度并不为零。因此，切不可将速度瞬心 P 作为加速度为零的一点来求图形内其他各点的加速度。

例 8－7 在图 8－19 所示的曲柄连杆机构中，已知曲柄 $OA=0.2\text{m}$，连杆 $AB=1\text{m}$，OA 以匀角速度 $\omega=10\text{rad/s}$ 绕 O 轴转动。求在图示位置时 AB 杆的角速度 ω_{AB} 及角加速度 α_{AB}，以及滑块 B 的加速度 $\boldsymbol{a}_B$。

解：用瞬心法求 AB 杆的角速度，AB 杆作平面运动，P 点是 AB 杆的瞬心。这样

$$\omega_{AB}=\frac{v_A}{PA}=\frac{OA\cdot\omega}{AB}$$
$$=\frac{0.2\times10}{1}\text{rad/s}=2\text{rad/s}$$

转向如图所示。

对于 AB 杆的角加速度，由于 OA 杆做匀速转动，所以

$$a_A=OA\cdot\omega^2=0.2\times10^2\text{m/s}^2$$
$$=20\text{m/s}^2$$

a_A的方向由 A 指向 O，如图 8－19 所示。

以 A 点为基点求 B 点的加速度 $\boldsymbol{a}_{\text{B}}$，则

$$\boldsymbol{a}_B=\boldsymbol{a}_A+\boldsymbol{a}_{BA}^{\tau}+\boldsymbol{a}_{BA}^{n} \tag{1}$$

其中，$a_{BA}^n=AB\cdot\omega_{AB}^2=1\times2^2\text{m/s}^2=4\text{m/s}^2$，$\boldsymbol{a}_{BA}^n$ 方向由 B 指向 A。$\boldsymbol{a}_{BA}^{\tau}$的大小未知，其方位垂直于 AB，指向假设如图 8－19 所示。$\boldsymbol{a}_B$的方位沿滑槽中心线，假设指向左。因此，在(1)式中只有 $\boldsymbol{a}_B$和 $\boldsymbol{a}_{BA}^{\tau}$两个未知量，可以用投影法求出。

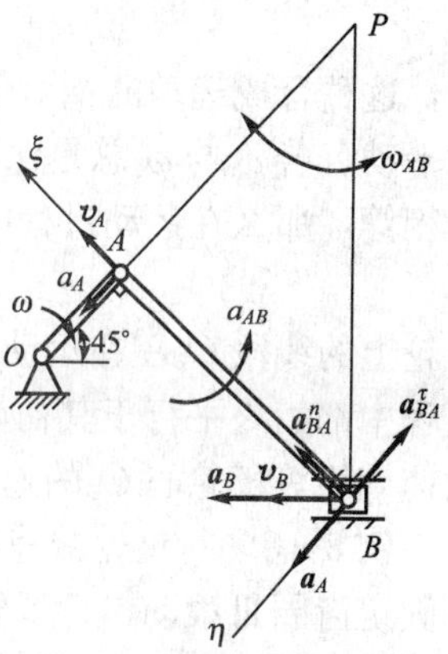

图 8－19

选取投影轴 η、ξ 如图 8－19 所示，将(1)式分别投影到 η、ξ 轴上，得

$$a_B\cos45^\circ=a_A-a_{BA}^{\tau}=20-a_{BA}^{\tau} \tag{2}$$
$$a_B\sin45^\circ=a_{BA}^{n} \tag{3}$$

由(3)、(2)两式解得

$$a_B=5.66\text{m/s}^2$$
$$a_{BA}^{\tau}=16\text{m/s}^2$$

所得结果为正值，表示假设指向是正确的。

杆 AB 的角加速度 α_{AB}，可按下式求出：

$$\alpha_{AB}=\frac{a_{BA}^{\tau}}{AB}=\frac{16}{1}\text{rad/s}^2=16\text{rad/s}^2$$

α_{AB}的转向与 $\boldsymbol{a}_{BA}^{\tau}$ 的指向一致，是逆时针向的，如图 8－19 所示。

§8－5 刚体绕平行轴转动的合成

前面几节将刚体的平面运动分解为平动和转动。由于动系无转动，因而前面研究的角速度和角加速度都是绝对角速度、绝对角加速度。但是，在研究某些问题时，如动轴轮系的传动问题，把平面运动视为平动和转动的合成，则更为方便，下面加以介绍。

如图 8－20 所示，平面图形内任一线段 AB 和定系 Ox 轴的交角，称为**绝对转角**，记作 φ_a。该线段和动系 O_1x'轴的交角称为**相对转角**，记作 φ_r。而动系与定系的交角称为

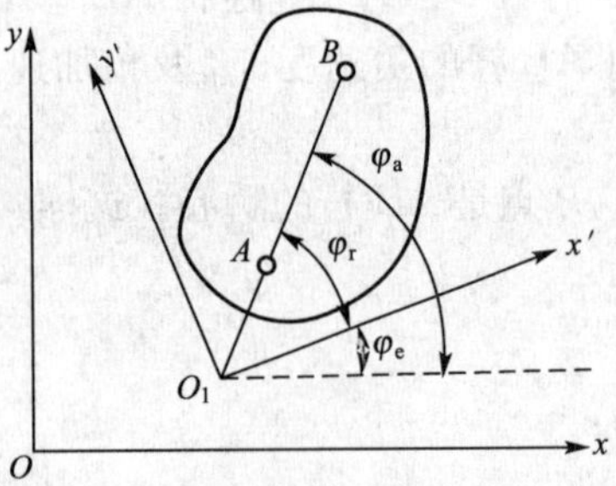

图 8-20

牵连转角，记作 φ_e。各转角之间的关系为

$$\varphi_a=\varphi_e+\varphi_r$$

将上式对 t 求导数，得

$$\omega_a=\omega_e+\omega_r \tag{8-7}$$

式中，$\omega_a=\dot{\varphi}_a$，为**绝对角速度**；$\omega_e=\dot{\varphi}_e$，为**牵连角速度**；$\omega_r=\dot{\varphi}_r$，为**相对角速度**。即平面图形的绝对角速度等于牵连角速度和相对角速度的代数和。

现在讨论一种特殊情况。设在两个反方向转动的情况下，若相对角速度与牵连角速度大小相等，即 $\omega_r=\omega_e$，则这两个转动的组合称为转动偶。由式(8-7)可知，这种合成运动的绝对角速度 $\omega_a=0$。若只是在某一瞬时 $\omega_r=\omega_e$，则在该瞬时刚体作瞬时平动。若 ω_r 与 ω_e 总是保持相等，则 $\omega_a=0$，刚体作平动。这是由于 ω_e 与 ω_r 转向相反且大小相等，那么在运动过程中一定有

$$\Delta\varphi_e=\Delta\varphi_r$$

即轮上的线段 O_2A 在运动过程中始终保持平行(图 8-21)。显然，圆轮上任一直线在运动过程中都始终平行于其初始位置，所以圆轮的合成运动是平动，这样轮上每一点的速度、加速度均等于轮心 O_2 的速度和加速度。

例 8-8 行星轮减速机构如图 8-22(a)所示。太阳轮Ⅰ绕 O_1 轴转动，带动行星轮Ⅱ沿固定齿圈Ⅲ滚动，行星轮Ⅱ又带动轴架(称为系杆) H 绕 O_3 轴转动。已知各齿轮节圆的半径分别为 R_1、R_2 和 R_3，求传动比 i_{1H}(即 ω_1/ω_H)。

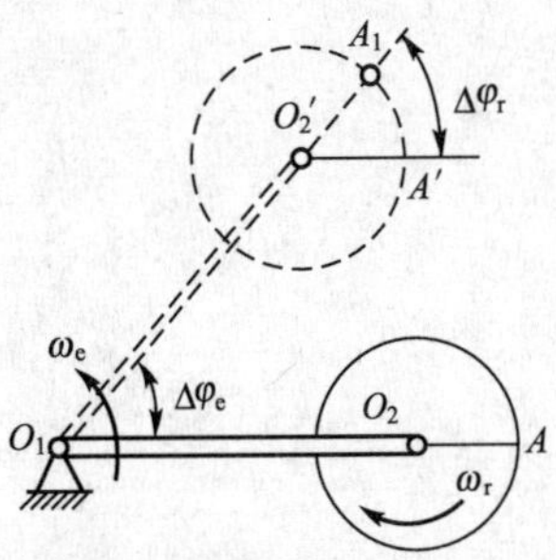

图 8-21

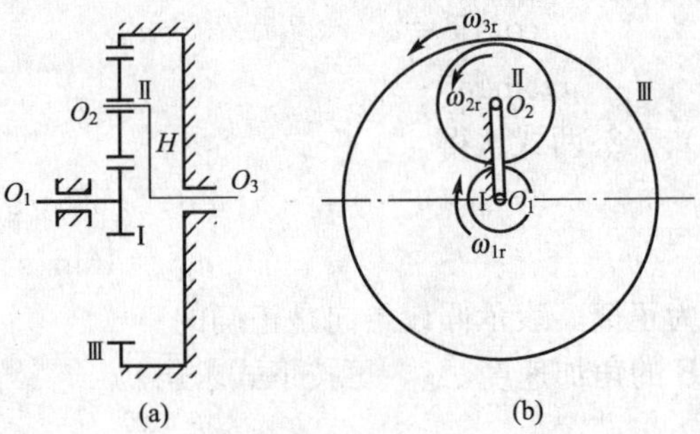

图 8-22

解：动系和系杆 H 固连，则 $\omega_e=\omega_H$。求相对角速度时，相当于将动系固定，即 O_2 轴的轴心 O_2 不动，这样，三个轮子则相对系杆作定轴转动，也就是轮Ⅰ、Ⅱ、Ⅲ变成了定轴轮系，如图 8-22(b)所示。按定轴轮系传动比公式有

$$\frac{-\omega_{1r}}{\omega_{2r}}=\frac{R_2}{R_1} \quad \text{（负号说明两轮转向相反）}$$

$$\frac{\omega_{2r}}{\omega_{3r}}=\frac{R_3}{R_2}$$

消去 ω_{2r}，得

$$\frac{\omega_{1r}}{\omega_{3r}}=-\frac{R_3}{R_1} \tag{1}$$

由式(8-7)，有

$$\omega_{3a}=\omega_e+\omega_{3r}=\omega_H+\omega_{3r}=0$$

得

$$\omega_{3r}=-\omega_H$$

代入(1)式，得

$$\omega_{1r}=R_3\omega_H/R_1$$

所以轮Ⅰ的绝对角速度为

$$\omega_1=\omega_{1a}=\omega_e+\omega_{1r}=\omega_H+\frac{R_3\omega_H}{R_1}$$

$$=\omega_H\left(1+\frac{R_3}{R_1}\right)$$

即可得传动比

$$i_{1H}=\frac{\omega_1}{\omega_H}=1+\frac{R_3}{R_1}$$

§8-6 运动学综合应用

工程中的机构都是由多个物体组成的，每个物体间通过联结点来传递运动。为了分析整个机构的运动，首先必须分析每个物体做什么运动，才能分析有关联结点的运动。

在复杂机构的运动中，可能同时有刚体的平面运动和点的合成运动问题。平面运动理论用来分析同一平面运动刚体上两个不同点的速度和加速度，但当两个刚体相接触而有相对滑动时，则需要用点的合成运动理论来分析这两个刚体上相重合一点的速度和加速度。当两物体间有相互运动，虽不接触，其重合点的运动也要用点的合成运动理论来分析。

因此，在分析复杂结构的运动时，应注意分别分析、综合应用平面运动理论和点的合成运动理论。有时，分析同一问题可选用不同的方法，但是应经过分析、比较后，选用较为简便的方法来进行求解。

下面通过几个例题来说明这些方法的综合应用。

例 8-9 在图 8-23 所示的曲柄机构中，曲柄 OA 以角速度 ω 绕 O 轴转动，带动连杆 AC 在摇块 B 内滑动，摇块与其刚接的 BD 杆绕铰 B 转动，杆 BD 长 l。求在图示瞬时摇块 B 的角速度及 D 点的速度。

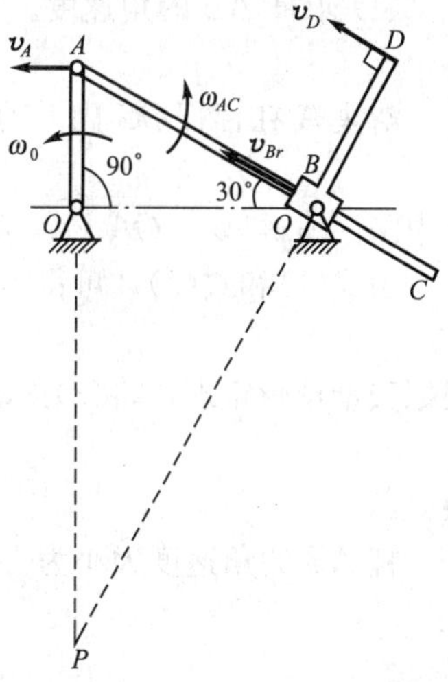

图 8-23

解： 取摇块 BD 为动系，AC 与摇块上 B 点重合的点为动点，有

$$\boldsymbol{v}_{Ba}=\boldsymbol{v}_{Be}+\boldsymbol{v}_{Br}$$

其中 $v_{Be}=0$；v_{Br}大小未知，方向沿 AC 方向。则有

$$v_{Be}=v_{Br}$$

即 AC 上 B 点的速度方向沿 AC 杆。

杆 AC 作平面运动，A 点速度方向如图 8-23 所示，大小为

$$v_A = \omega \cdot OA。$$

根据速度瞬心法，作出速度瞬心 P。于是，

$$v_A = \omega_{AC} \cdot AP$$

$$\omega_{AC} = \frac{\omega \cdot OA}{AP} = \frac{\omega \cdot OA}{OA(1+\cot^2 30°)} = \frac{\omega}{4}$$

其转向如图 8-23 所示。

由于连杆 AC 在摇块 B 内滑动，因此连杆 AC 与摇块 B 具有相同的角速度。

摇块与其刚接的 BD 杆绕铰 B 转动，故

$$v_D = \omega_{AC} \cdot BD = \frac{l\omega}{4}$$

其方向如图 8-23 所示。

例 8-10 在图 8-24(a)所示的平面机构中，连杆 AB 长为 l，滑块 A 可沿摇杆 OC 的滑槽运动。摇杆 OC 以匀角速度 ω 绕 O 轴转动，滑块 B 以匀速 $v=l\omega$ 沿水平导轨滑动。在图示瞬时位置，摇杆 OC 铅直，杆 AB 与水平线夹角为 30°。求该瞬时杆 AB 的角速度和角加速度。

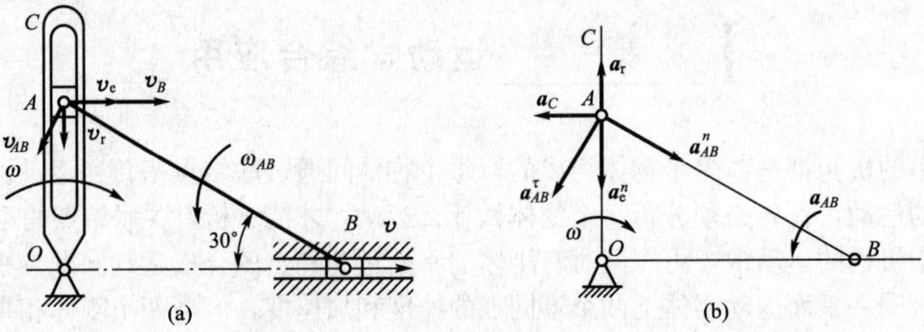

图 8-24

解：在此机构中，杆 AB 作平面运动，滑块 A 又在摇杆 OC 中滑动，是一个平面运动和点的合成运动的综合问题。

(1) 求杆 AB 的角速度。杆 AB 作平面运动，以 B 为基点，有

$$\boldsymbol{v}_A = \boldsymbol{v}_B + \boldsymbol{v}_{AB} \tag{1}$$

滑块 A 在摇杆 OC 内滑动，取为动点，动系固结在摇杆 OC 上，有

$$\boldsymbol{v}_a = \boldsymbol{v}_r + \boldsymbol{v}_e \tag{2}$$

其中 $\boldsymbol{v}_a = \boldsymbol{v}_A$，$\boldsymbol{v}_e = OA \cdot \omega = l\omega/2$，各速度方向如图 8-24 所示。

由式(1)和式(2)，可得

$$\boldsymbol{v}_B + \boldsymbol{v}_{AB} = \boldsymbol{v}_e + \boldsymbol{v}_r \tag{3}$$

根据矢量投影定理，将(3)式沿 $\boldsymbol{v}_B$ 方向投影，得

$$v_B - v_{AB}\sin 30° = v_e$$

故

$$v_{AB} = 2(v_B - v_e) = l\omega。$$

杆 AB 的角速度大小为

$$\omega_{AB} = \frac{v_{AB}}{AB} = \omega$$

转向如图 8-24(a)所示。

将式(3)沿 $\boldsymbol{v}_r$ 方向投影，得

$$v_{\mathrm{r}}=v_{AB}\cos 30^{\circ}=\frac{\sqrt{3}}{2}l\omega$$

(2) 求杆 AB 的角加速度。以 B 点为基点，则点 A 的加速度为

$$\boldsymbol{a}_A=\boldsymbol{a}_B+\boldsymbol{a}_{AB}^{\tau}+\boldsymbol{a}_{AB}^{n} \tag{4}$$

其中 $a_B=0$，$a_{AB}^{n}=\omega_{AB}^{2}\cdot AB=l\omega^2$。

以 A 为动点，则有

$$\boldsymbol{a}_a=\boldsymbol{a}_{\mathrm{e}}^{n}+\boldsymbol{a}_{\mathrm{e}}^{\tau}+\boldsymbol{a}_{\mathrm{r}}+\boldsymbol{a}_{\mathrm{C}} \tag{5}$$

其中 $\boldsymbol{a}_a=\boldsymbol{a}_A$，$a_{\mathrm{e}}^{\tau}=0$，$a_{\mathrm{e}}^{n}=\omega^2\cdot OA=\dfrac{l\omega^2}{2}$，$a_{\mathrm{C}}=2\omega v_{\mathrm{r}}=\sqrt{3}l\omega^2$。

由式(4)和式(5)，得

$$\boldsymbol{a}_{AB}^{\tau}+\boldsymbol{a}_{AB}^{n}=\boldsymbol{a}_{\mathrm{e}}^{n}+\boldsymbol{a}_{\mathrm{r}}+\boldsymbol{a}_{\mathrm{C}} \tag{6}$$

各加速度方向如图 8-24(b)所示。取沿 $\boldsymbol{a}_{\mathrm{C}}$方向为投影轴，有

$$a_{AB}^{\tau}\sin 30^{\circ}-a_{AB}^{n}\cos 30^{\circ}=a_C$$

因此

$$a_{AB}^{\tau}=3\sqrt{3}l\omega^2。$$

杆 AB 的角加速度大小为

$$\alpha_{AB}=\frac{a_{AB}^{\tau}}{AB}=3\sqrt{3}\omega^2$$

例 8-11 在图 8-25(a)所示的机构中，杆 AC 铅直运动，杆 BD 水平运动，A 为铰链，滑块 B 可沿槽杆 AE 中的滑槽滑动。图示瞬时，$AB=60\text{mm}$，$\theta=30^{\circ}$，$v_A=10\sqrt{3}\text{mm/s}$，$a_A=10\sqrt{3}\text{mm/s}^2$，$v_B=50\text{mm/s}$，$a_B=10\text{mm/s}^2$。求该瞬时槽杆 AE 的角速度、角加速度及滑块 B 相对 AE 的加速度。

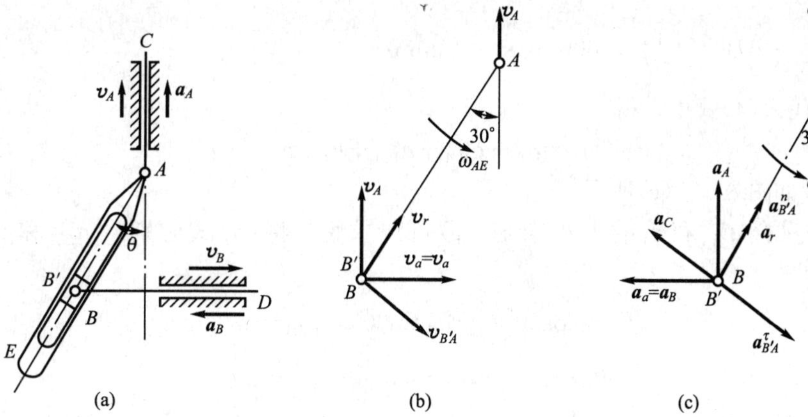

图 8-25

解：以滑块为动点，动系固结在槽杆 AE 上，有

$$\boldsymbol{v}_{\mathrm{a}}=\boldsymbol{v}_{\mathrm{e}}+\boldsymbol{v}_{\mathrm{r}} \tag{1}$$

其中 $\boldsymbol{v}_{\mathrm{a}}=\boldsymbol{v}_B$；$\boldsymbol{v}_{\mathrm{r}}$方向沿 AE，大小未知；$\boldsymbol{v}_{\mathrm{e}}$为槽杆 AE 上与滑块 B 重合的 B'点的速度，$\boldsymbol{v}_{\mathrm{e}}=\boldsymbol{v}_{\mathrm{B}}'$，其大小和方向均未知。(1)式有三个待求量，无法求解。

槽杆 AE 做平面运动，以 A 点为基点，B'点的速度为

$$\boldsymbol{v}_{B'}=\boldsymbol{v}_A+\boldsymbol{v}_{B'A} \tag{2}$$

其中 $\boldsymbol{v}_A$ 已知；$\boldsymbol{v}_{B'A}$ 方向垂直于 AE，大小未知；$\boldsymbol{v}_{B'}$ 大小、方向均未知。(2)式也有三个代求量，无法求解。

由(1)式和(2)式联立得

$$\boldsymbol{v}_B=\boldsymbol{v}_A+\boldsymbol{v}_{B'A}+\boldsymbol{v}_r \tag{3}$$

在(3) 式中，只有 $\boldsymbol{v}_{B'A}$ 和 $\boldsymbol{v}_r$ 的大小未知，可以求解。将(3)式分别沿 $\boldsymbol{v}_{B'A}$ 和 $\boldsymbol{v}_r$ 方向投影，有

$$v_B\cos30°=-v_A\cos60°+v_{B'A}$$
$$v_B\sin30°=v_A\sin60°+v_r$$

解得

$$v_{B'A}=30\sqrt{3}\text{mm/s}，\ v_r=10\text{mm/s}$$

槽杆 AE 的角速度大小为

$$\omega_{AE}=\frac{v_{B'A}}{AB}=\frac{\sqrt{3}}{2}\text{rad/s}$$

其方向如图 8-25(b)所示。

同样，选择同上的动点、动系，据加速度合成定理有

$$\boldsymbol{a}_a=\boldsymbol{a}_e+\boldsymbol{a}_r+\boldsymbol{a}_C \tag{4}$$

其中 $\boldsymbol{a}_a=\boldsymbol{a}_B$；$\boldsymbol{a}_e$ 为槽杆 AE 上与滑块 B 重合的 B' 点加速度，$\boldsymbol{a}_e=\boldsymbol{a}_{B'}$，其大小和方向均未知；$\boldsymbol{a}_r$ 方向沿 AE，大小未知；$a_C=2\omega_{AE}v_r=2\times\frac{\sqrt{3}}{2}\times10\text{mm/s}=10\sqrt{3}\text{mm/s}$，方向如图 8-25(c)所示。(4)式有三个未知量，不能求解。

槽杆 AE 做平面运动，以 A 为基点，有

$$\boldsymbol{a}_{B'}=\boldsymbol{a}_A+\boldsymbol{a}^{\tau}_{B'A}+\boldsymbol{a}^{n}_{B'A} \tag{5}$$

其中 $a^n_{B'A}=\omega^2_{AE}\cdot AB=\left(\frac{\sqrt{3}}{2}\right)^2\times60\text{mm/s}^2=45\text{mm/s}^2$。

将(5)式代入(4)式中，得

$$\boldsymbol{a}_B=\boldsymbol{a}_A+\boldsymbol{a}^{\tau}_{B'A}+\boldsymbol{a}^{n}_{B'A}+\boldsymbol{a}_r+\boldsymbol{a}_C \tag{6}$$

各加速度矢量如图 8-25(c)所示。

(6) 式中只有 $\boldsymbol{a}^{\tau}_{B'A}$ 和 $\boldsymbol{a}_r$ 的大小未知，故可以求解。将(6)式分别沿 $\boldsymbol{a}^{\tau}_{B'A}$ 和 $\boldsymbol{a}_r$ 方向投影，得

$$-a_B\cos30°=-a_A\sin30°+a^{\tau}_{B'A}-a_C$$
$$-a_B\sin30°=a_A\cos30°+a^{n}_{B'A}+a_r$$

代入数据，解以上两式，得

$$a^{\tau}_{B'A}=10\sqrt{3}\text{mm/s}^2，\quad a_r=-65\text{mm/s}^2$$

槽杆 AE 的角加速度为

$$\alpha_{AE}=\frac{a^{\tau}_{B'A}}{AB}=\frac{\sqrt{3}}{6}\text{rad/s}^2$$

其方向如图 8-25(c)所示。

习　题

8-1　杆 AB 的 A 端沿水平线以等速度 $\boldsymbol{v}$ 向右运动，运动时杆恒与半圆周相切，半圆周半径为 R，如图 8-26 所示。如杆与水平线夹角为 θ，试求杆的角速度(用 θ 表示)。

8-2　筛动机构如图 8-27 所示，筛子的摆动由曲柄连杆机构带动。已知曲柄 OA 的转速为 n=40r/min，OA=30cm。当筛子 BC 运动到与 O 点在同一水平线上时，$\angle OAB$=90°。求此瞬时筛子 BC 的速度。

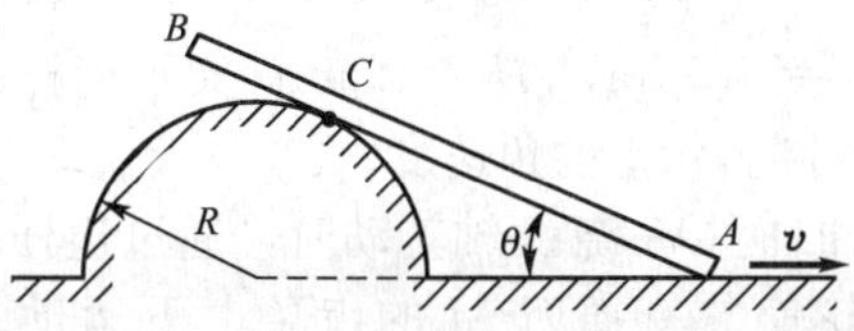

图 8-26

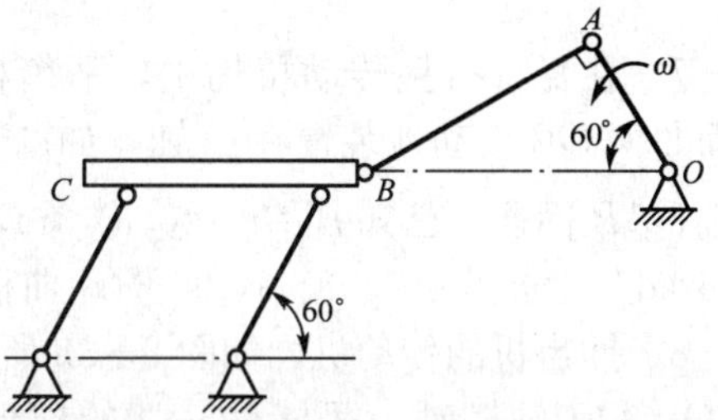

图 8-27

8-3　如图 8-28 所示，两齿条分别以速度 $\boldsymbol{v}_1$ 和 $\boldsymbol{v}_2$ 作同向直线平动，两齿条间夹一半径为 r 的齿轮。求齿轮转动的角速度及齿轮中心点 O 的速度。

8-4　在四连杆机构中，连杆 AB 上固连一块三角板 ABD，如图 8-29 所示。机构由曲柄 O_1A 带动。已知曲柄的角速度 ω_{O_1A}=2rad/s，曲柄 O_1A=10cm，水平距离 O_1O_2=5cm，AD=5cm。当 $O_1A \perp O_1O_2$ 时，$AB // O_1O_2$；且 AD 与 O_1A 在同一直线上；φ=30°。求三角板 ABD 的角速度和点 D 的速度。

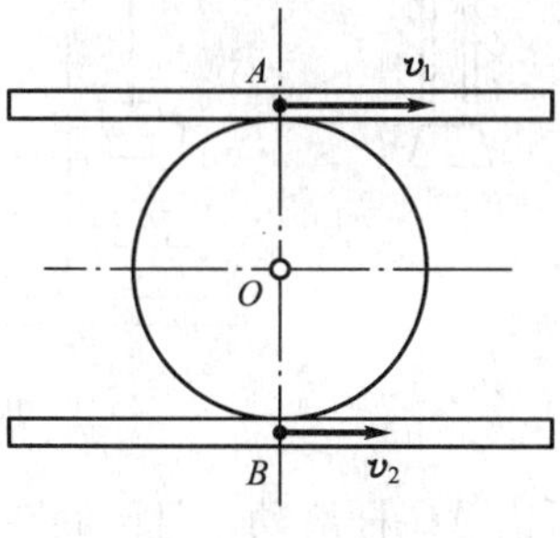

图 8-28

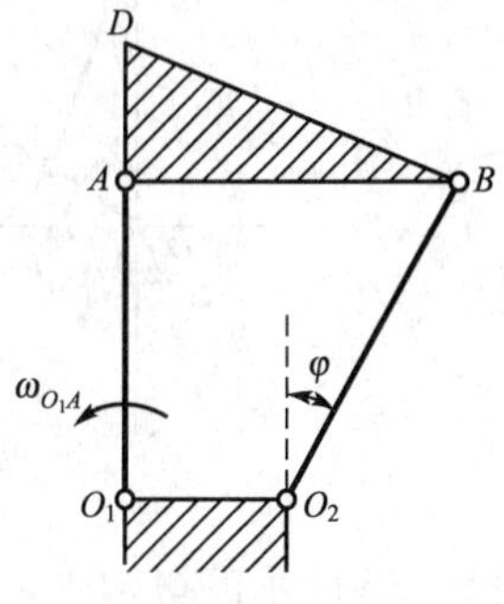

图 8-29

8-5　如图 8-30 所示，矩形板的运动由两根交叉的连杆控制，已知：OA=0.6m，BD=0.5m。在图示瞬时，两连杆相互垂直，板的角速度为 ω_P=2rad/s，求两杆的角速度。

8-6　一配气机构如图 8-31 所示，曲柄 OA 以等角速度 ω=20rad/s 旋转。已知 OA=0.4m，AC=BC=$0.2\sqrt{37}$m。求当曲柄 OA 在两铅直直线位置和两水平位置时，配气机构中气阀推杆 DE 的速度。

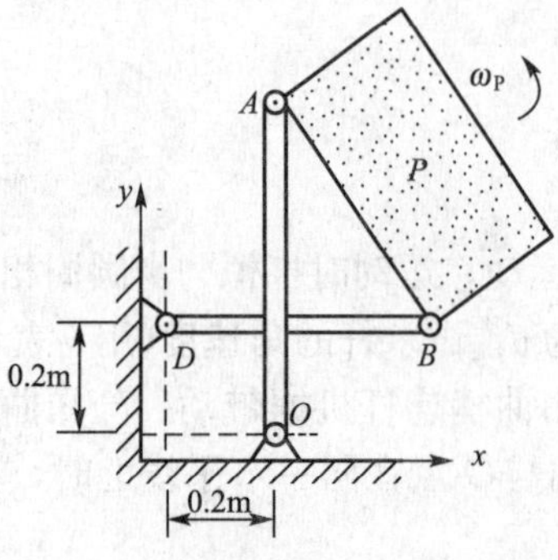

图 8-30

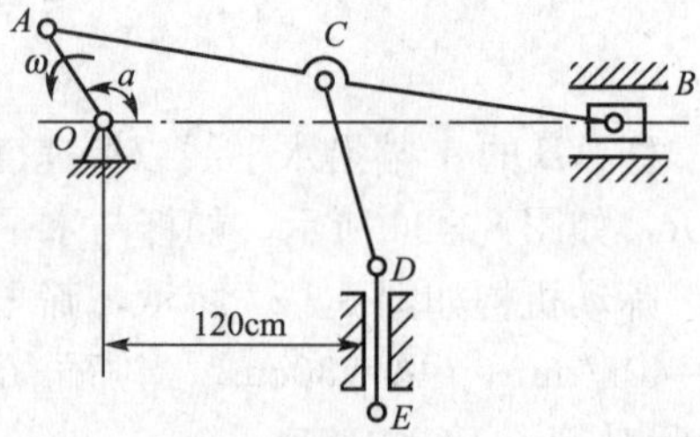

图 8-31

8-7　在瓦特行星传动机构中，平衡杆 O_1A 绕轴 O_1 转动，并借连杆 AB 带动曲柄 OB；而曲柄 OB 活动地装置在 O 轴，如图 8-32 所示。在 O 轴上装有齿轮Ⅰ，齿轮Ⅱ的轴与连杆 AB 固连。已知 $r_1=r_2=0.3\sqrt{3}\text{m}$，$O_1A=0.75\text{m}$，$AB=1.5\text{m}$；又平衡杆的角速度 $\omega=6\text{rad/s}$。求当 $\alpha=60°$，$\beta=90°$时，曲柄 OB 和齿轮Ⅰ的角速度。

8-8　插齿机的传动机构如图 8-33 所示。曲柄 OA 绕 O 轴转动时，通过连杆 AB 使摆杆 BO_1 绕 O_1 轴摆动。摆杆另一端的扇形齿轮使装有插刀 M 的齿条上下运动。已知 $OA=r$，尺寸 a、b 和角度 α、β，曲柄的角速度 ω。试求此瞬时插刀 M 的速度。

8-9　一小型精压机的机构如图 8-34 所示，已知：$OA=O_1B=r=10\text{cm}$，$EB=BD=AD=l=10\text{cm}$。在图示瞬时，$OA\perp AD$，$O_1B\perp ED$，O_1 与 D 点在同一水平线上，O 与 D 点在同一铅垂线上。若曲柄 OA 的转速为 $n=120\text{r/min}$，试求在此瞬时压头 F 的速度。

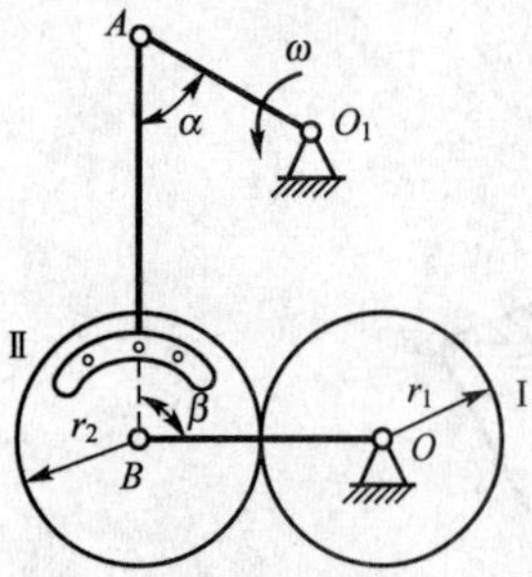

图 8-32

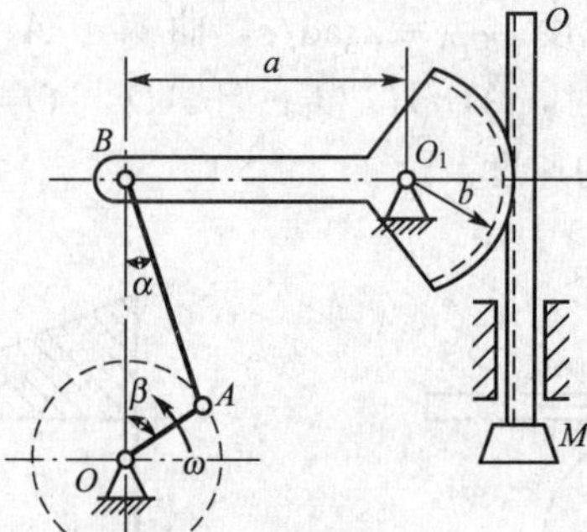

图 8-33

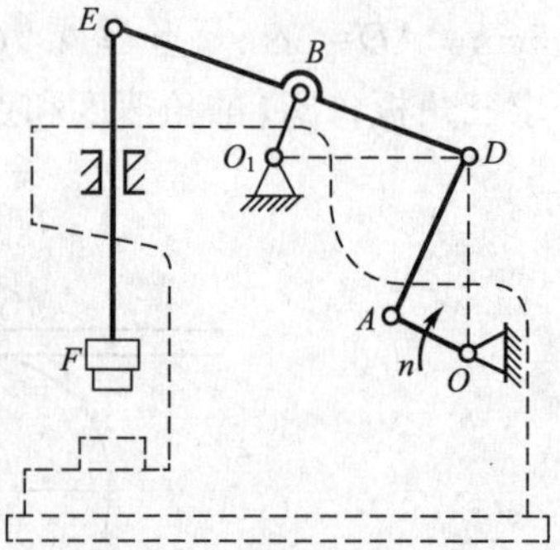

图 8-34

8-10　在图 8-35 所示的机构中，套筒 C 可沿 AB 杆滑动，且限制在半径 $R=200\text{mm}$ 的固定圆槽内运动。在图示瞬时，杆 AB 的 A 端有滑块沿水平滑槽运动，其速度大小为 $v_A=800\text{cm/s}$，杆 AB 的角速度为 $\omega=2\text{rad/s}$。试求套筒 C 在固定圆槽内运动的速度。

8-11　在图 8-36 所示的机构中，曲柄 OA 借连杆 AB 带动摇杆 O_1B 绕 O_1 轴摆动，杆 EC 以铰链与滑块 C 相连，滑块 C 可沿杆 O_1B 滑动。摇杆摆动时带动杆 EC 水平运动。已知 $OA=a$，$AB=\sqrt{3}a$，$O_1B=\dfrac{2}{3}b$，在图示位置时，$BC=\dfrac{4}{3}b$，$\omega_0=\dfrac{1}{2}\text{rad/s}$（$a=0.2\text{m}$，$b=1\text{m}$），试求：

(1) 滑块 C 的绝对速度和相对于摇杆 O_1B 的速度。

(2) 滑块 C 的绝对加速度和相对于摇杆 O_1B 的加速度。

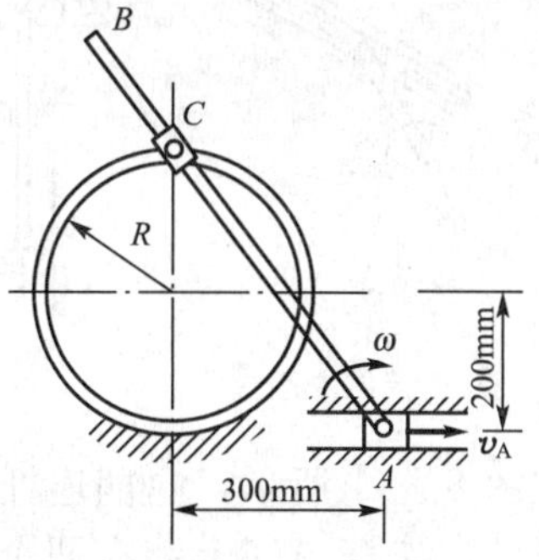

图 8-35

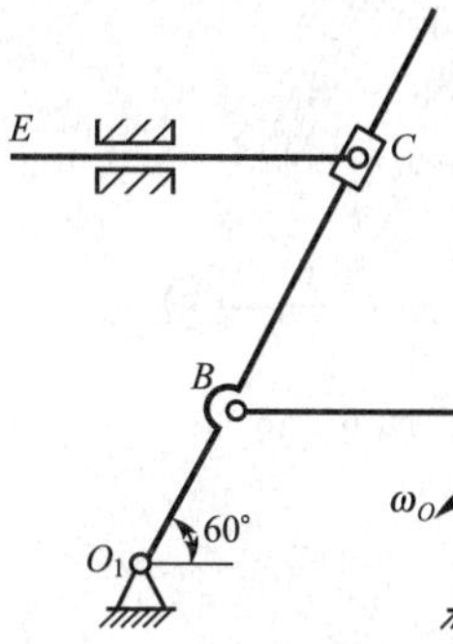

图 8-36

8-12 滑块 B 在半径为 R 的固定圆槽中运动，通过连杆 AB 带动 OA 杆运动，如图 8-37所示，已知 $OA=AM=MB=2R$。如在图示瞬时滑块 B 的速度为 v_B，AB 杆与铅垂线夹角为 $\varphi_0=45°$，AB 杆中点 M 的加速度为零。试求此瞬时 AB 杆的角速度和角加速度。

8-13 一机构如图 8-38 所示，曲柄 OA 以匀角速度 $\omega=\frac{3}{4}$ rad/s 绕 O 轴转动，控制杆 BC 可沿水平方向运动，其 B 端位置由坐标 x 决定。已知 $OA=10$cm，$l=20$cm。当曲柄 OA 处于图示水平位置时，$x=15$cm，$\dot{x}=0$，$\ddot{x}=6\text{m/s}^2$，$b=5$cm。试求：

(1) 活塞 P 相对于唧筒 H 的速度及加速度。

(2) 唧筒 H 轴线的角速度。

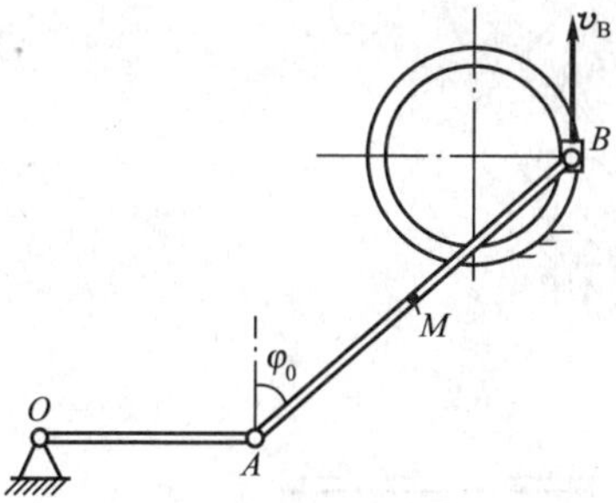

图 8-37

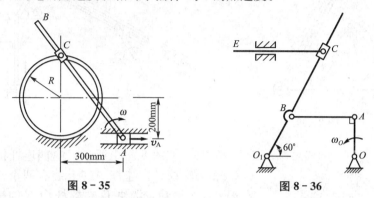

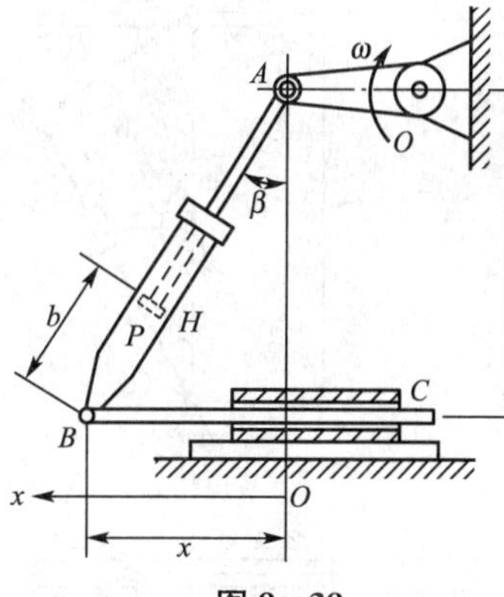

图 8-38

8-14 如图 8-39 所示，轮 O 在水平面上作纯滚动，轮心以匀速度 $v_0=0.2$m/s 向右运动。轮缘上有固定销钉 B，可在摇杆 O_1A 内的滑槽滑动，并带动摇杆 O_1A 绕轴 O_1 转动。已知轮的半径为 $R=50$cm，在图示瞬时，O_1A 是轮 O 的切线，摇杆与水平面的夹角为 60°。求该瞬时摇杆的加速度及角加速度。

8-15 深水泵机构如图 8-40 所示，曲柄 O_2C 以匀角速度 ω 转动。已知 $O_1O_2=O_2C=BE=l$，在图示瞬时，$O_1C=BC$。试求：

(1) 活塞 F 的速度。

(2) 杆 O_1B 的角加速度及活塞 F 的加速度。

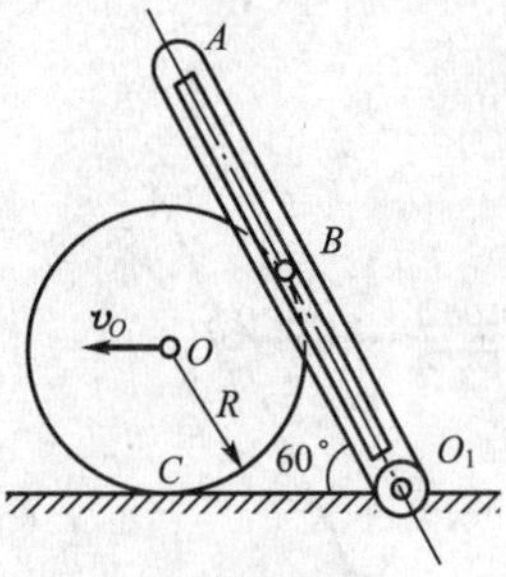

图 8-39

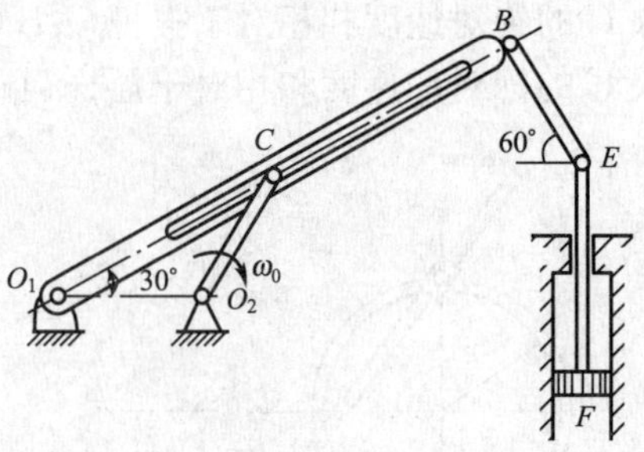

图 8-40

8-16　如图 8-41 所示，曲柄连杆机构带动摇杆 O_1C 绕 O_1 轴摆动，连杆 AD 上装有两个滑块，滑块 B 在水平槽中滑动，滑块 D 在摇杆 O_1C 的槽内滑动。已知曲柄长 $OA=5\text{cm}$，绕其轴 O 以等角速度 $\omega_0=10\text{rad/s}$ 转动。在图示瞬时，曲柄 OA 与水平线成 90°角，摇杆 O_1C 与水平线成 60°角，$O_1D=7\text{cm}$。求摇杆 O_1C 的角速度和角加速度。

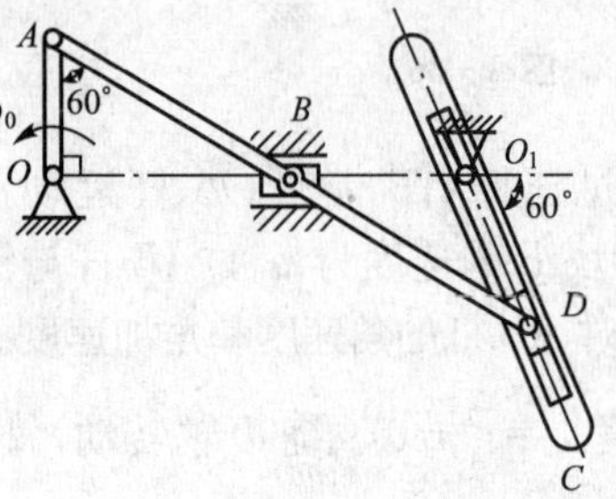

图 8-41

8-17　在图 8-42 所示的四种刨床机构中，杆的角速度为 ω，角加速度为零。已知图 8-42(a)、图 8-42(b)、图 8-42(c)中，$l=4r$，在图 8-42(d)中，$l=2r$。试求该瞬时水平杆的速度和加速度。

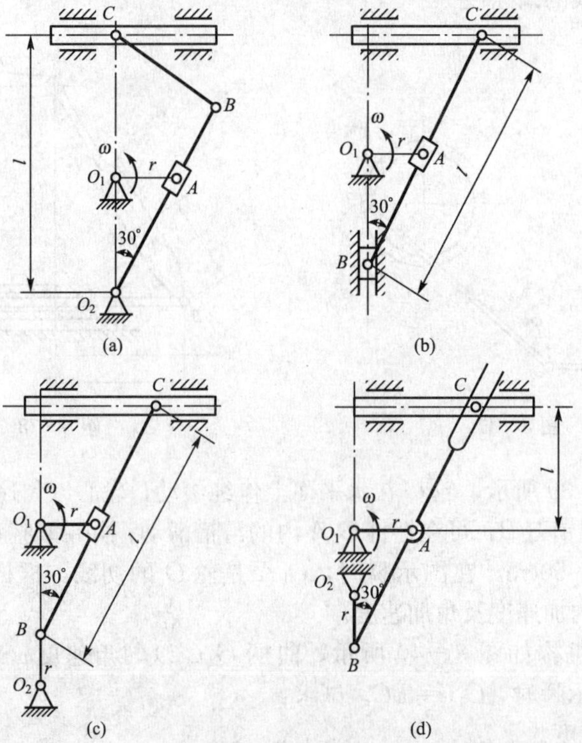

图 8-42

8-18 电动车变速齿轮装置如图8-43所示。杆O_1O_2绕O_1转动，转速为n。O_2处用铰链连接一半径为r_2的活动齿轮Ⅱ，杆O_1O_2转动时轮Ⅱ在半径为r_3的固定齿轮上滚动，并使半径为r_1的轮Ⅰ绕O_1轴转动。已知$r_3/r_1=11$，$n=900\text{r/min}$，求轮Ⅰ的转速。

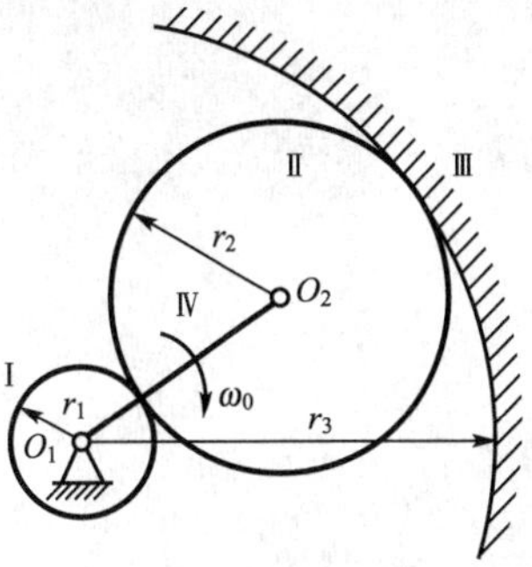

图8-43

8-19 在图8-44所示的行星轮系中，已知轮Ⅰ、Ⅲ的半径均为R，轮Ⅱ的半径为r，系杆O_1O_3以等角速度ω_0顺时针转动。试求：

(1) 轮Ⅲ的相对角速度ω_{3r}与绝对角速度ω_3。

(2) 图示瞬时A、B两点的速度。

8-20 传动杆AB绕轴O转动的角速度$\omega_0=4\text{rad/s}$，齿轮Ⅲ绕O轴转动角速度$\omega_3=10\text{rad/s}$，转向如图8-45所示。已知齿轮Ⅰ、Ⅱ、Ⅲ的齿数分别为$Z_1=20$；$Z_1=30$；$Z_3=45$。当动系与AB固连时，求齿轮Ⅰ、Ⅱ的相对角速度ω_{r1}、ω_{r2}。

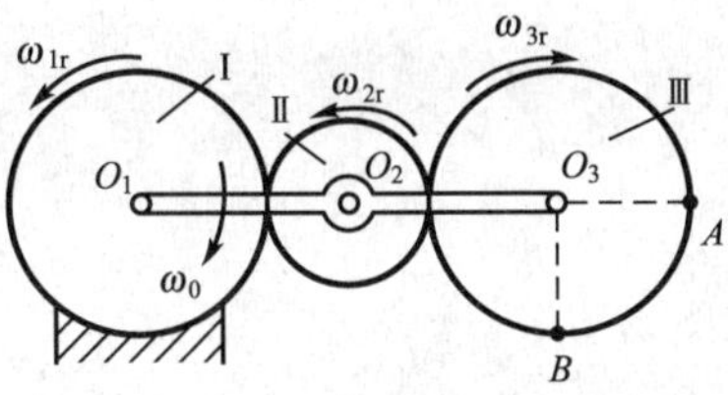

图8-44

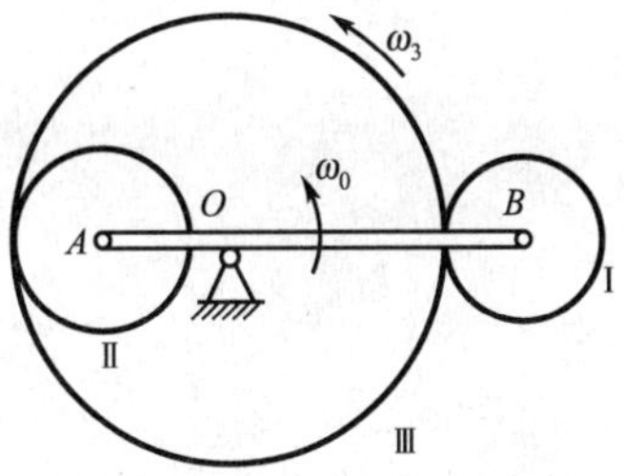

图8-45

第三篇

动　力　学

引　言

动力学研究物体的机械运动与作用力之间的关系。

在静力学中，我们研究了物体的受力分析、力系简化和物体在力系作用下平衡的问题，但是没有研究物体在不平衡力系作用下将如何运动的问题。在运动学中，我们仅从几何的角度研究了物体的运动规律，但没有涉及物体的受力情况。静力学和运动学所研究的内容相互独立，都只研究了物体机械运动规律的一个特殊方面。

实际上，物体的机械运动与其作用力存在着密不可分的关系。动力学将对物体的机械运动进行全面分析，即研究物体机械运动和作用于物体的力之间的一般关系，建立物体机械运动的普遍规律。在现代工业和科学技术迅速发展的今天，动力学有着广泛的应用前景，如机械人、机械振动控制、高速车辆等许多领域，都需要应用动力学的理论。

动力学中研究的模型有质点和质点系。**质点**是具有一定质量，而几何形状和尺寸大小可以忽略不计的物体。例如，在研究炮弹的弹道问题时，炮弹的形状大小对所研究的问题不起主要作用，可以忽略不计，则可以将炮弹抽象为质量集中在重心的质点；当刚体平动时，刚体内各点的运动情况完全相同，则可以不考虑其形状大小，把它抽象为一个质点。**质点系**是有限个或无限个有相互联系的质点所组成的系统。如果物体的几何形状、尺寸大小在所研究的问题中不能忽略或刚体的运动不是平动，都应抽象为质点系。在质点系中，若任意两个质点之间的距离保持不变，称为不变的质点系，如刚体等；反之称为可变的质点系，如流体、气体等。如果质点系中各质点的运动不受约束的限制，该质点系称为自由质点系，如太阳系等；反之称为非自由质点系，如机构、工程结构等。

从研究内容来看，动力学可分为质点动力学和质点系动力学，前者是后者的基础。质点动力学研究质点运动和作用于质点上的力之间的一般关系，牛顿三定律是质点动力学的基础，也是整个动力学的理论基础。工程实际中遇到的动力学问题，往往比较复杂，涉及的知识面也比较广泛，本书研究的动力学只是了解和处理这些问题的基础。

第9章 质点动力学的基本方程

教学目标

通过本章学习，应达到以下目标：

(1) 对于质点动力学的基本概念(如惯性、质量等)和动力学基本定律，要在物理课程的基础上进一步理解其实质。

(2) 深刻理解力和加速度的关系，能正确地建立质点的运动微分方程，掌握质点动力学第一类基本问题的解法。

(3) 掌握质点动力学第二类基本问题的解法，特别是当作用力分别为常力、时间函数、位置函数和速度函数时，质点直线运动微分方程的积分求解方法。对运动的初始条件的力学意义及其在确定质点运动中的作用有清晰的认识，并会根据题目的已知条件正确提出运动的初始条件。

引例

炮弹发射通常采用机械作用使火炮的击针撞击药筒底部的底火，使底火药着火，底火药的火焰又进一步使底火中的点火药燃烧，产生高温高压的气体和灼热的小粒子，从而使火药燃烧，产生了大量的高温高压气体，高温的火药气体聚集在弹后不大的容积里，使得膛压猛增，在高压作用下，弹丸速度急剧加快直至飞离炮口，弹底到达炮口瞬间弹丸所具有的速度称为炮口速度。

弹丸在空气中运动时，除受重力作用以外，主要受到周围空气作用产生的阻力。炮兵可以根据空气的阻力与炮筒发射角，通过质点动力学方程计算出弹丸的飞行轨迹以及落点。

质点是物体最简单、最基本的模型，是构成复杂物体系统的基础。质点动力学基本方程给出了质点受力与其运动变化之间的联系。本章根据动力学基本定律建立质点的运动微分方程，即质点动力学的基本方程，然后运用微积分方法，求解一个质点的动力学两类基本问题。

§9-1 动力学的基本定律

质点动力学的基本定律是牛顿(公元 1642—1727 年)在总结前人，特别是伽利略研究成果的基础上，于 1687 年在著名的《自然哲学的数学原理》一书中明确提出来的。

1. 第一定律(惯性定律)

不受力作用的质点，将保持静止或做匀速直线运动。这个定律说明任何不受力的物体都有保持静止或匀速直线运动状态的属性，这种性质称为**惯性**。匀速直线运动也称惯性运动。因此，第一定律阐述了物体作惯性运动的条件，又称为惯性定律。

2. 第二定律(力与加速度关系定律)

质点运动的改变与其所受的力成正比，且沿力的方向发生。其数学表达式为

$$\frac{\mathrm{d}}{\mathrm{d}t}(m\boldsymbol{v})=\boldsymbol{F}$$

这里所说的“运动的改变”是质点动量的变化率$\frac{\mathrm{d}}{\mathrm{d}t}(m\boldsymbol{v})$，当质点的质量为常量时，数学表达式为

$$m\boldsymbol{a}=\boldsymbol{F} \tag{9-1}$$

即质点的质量与加速度的乘积等于作用于质点的力的大小，加速度的方向与力的方向相同。

式(9-1)是一个矢量方程，它建立了质点的质量、加速度和作用力三个物理量之间的定量关系，称为质点动力学的基本方程，是推导其他动力学表达式的依据。式(9-1)表明：

(1) 质点加速度 $\boldsymbol{a}$ 的方向与力矢 $\boldsymbol{F}$ 方向相同。若作用于物体的不是一个力，而是一个力系，则力矢 $\boldsymbol{F}$ 应为该力系的合力$\sum\boldsymbol{F}_i$，式(9-1)改写为 $m\boldsymbol{a}=\sum\boldsymbol{F}_i$。

(2) 力和加速度的关系为瞬时关系。力对物体的作用是通过加速度而不是通过速度来体现的。某瞬时如果有确定的力作用于物体，则物体必定有确定的加速度，使物体的运动状态发生改变。某瞬时，加速度的方向一定和力矢方向相同，而速度方向却不一定和力矢方向相同，如图 9-1 所示。

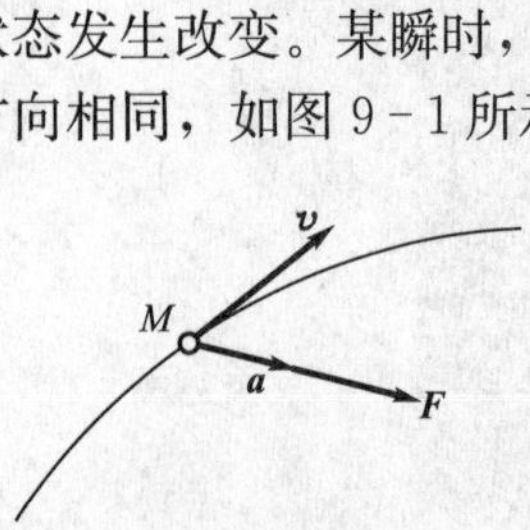

图 9-1

(3) **质量**是质点惯性的度量。如果保持质量不变，则作用力大，其加速度也大，作用力小，其加速度也小；如果保持作用力的大小不变，则质量大的质点加速度小，质量小的质点加速度大。可见，质点的质量越大，质点的运动状态越不容易改变，也就是质点的惯性越大。因此，质量是一个表征物体惯性的物理量，是物体惯性的度量。由于平动刚体可视为质点，故

质量也是平动物体惯性的度量。第二定律表明，物体机械运动状态的改变不仅与作用力有关，而且与物体的惯性有关。

在地球表面，任何物体都受到重力 $\boldsymbol{P}$ 的作用，重量是重力的大小。在重力作用下得到的加速度称为重力加速度，用 $\boldsymbol{g}$ 表示。重量和质量的关系可表示为

$$\boldsymbol{P}=m\boldsymbol{g} \quad \text{或} \quad m=\frac{P}{g}$$

应该指出，虽然质量和重量存在着上述关系，但是它们是具有完全不同物理意义的物理量。在经典力学中，作为物体惯性的度量，质量是常量，而重力加速度 $\boldsymbol{g}$ 的大小与在地面的高度和纬度有关，在不同的地区 $\boldsymbol{g}$ 有不同的数值，因此物体的重量在地面各处也有所不同。根据国际计量委员会的规定，重力加速度的数值为 $9.80665\mathrm{m/s^2}$，在工程实际计算中，一般取值 $9.80\mathrm{m/s^2}$。

在国际单位制(SI)中，基本单位有七个，其中与力学有直接关系的三个基本单位是长度、质量和时间，分别取为 m(米)、kg(千克)、s(秒)，其量纲分别是 [L]、[M]、[T]；力的单位是导出单位。质量为 1kg 的质点，获得 $1\mathrm{m/s^2}$ 的加速度时，作用于该质点的力为 1N(单位名称：牛顿)，即 $1\mathrm{N}=1\mathrm{kg}\times1\mathrm{m/s^2}$。

在精密仪器工业中，也用厘米克秒制(CGS)，质量为 1g 的质点，获得 $1\mathrm{cm/s^2}$ 的加速度时，作用于该质点的力为 1dyn(单位名称：达因)，即 $1\mathrm{dyn}=1\mathrm{g}\times1\mathrm{cm/s^2}$。

牛顿和达因的换算关系为：$1\mathrm{N}=10^5\mathrm{dyn}$。

力的量纲为：$\dim \boldsymbol{F}=\mathrm{MLT^{-2}}$。

3. 第三定律(作用与反作用定律)

两个物体间的作用力与反作用力总是大小相等，方向相反，沿同一作用线，且同时分别作用在这两个物体上。本定律在静力学中作为公理 4 叙述过。应当明确，第三定律不仅适用于平衡的物体，而且也适用于作任何运动的物体。在动力学问题中，这个定律仍然是分析两个物体相互作用关系的依据，是研究质点系动力学的依据。

质点动力学的三个定律是人们在观察天体运动和生产实践中的一般机械运动的基础上总结出来的，被实践证明只在一定范围内适用。第一定律定性地建立了力与物体运动状态改变的关系，为整个力学体系选定了一类特殊的参考系，这就是**惯性参考系**。有了第一定律作为基础，才能进一步谈及第二定律。我们在讲述运动学时，可以选择任意的参考系，完全取决于求解问题的方便。但是在动力学中，因为要用到牛顿定律，必须严格区分惯性参考系和非惯性参考系。质点的轨迹、速度、加速度是相对于惯性参考系而言的，必须是绝对轨迹、绝对速度、绝对加速度。在一般工程问题中，把固结在地面或相对于地面作匀速直线平动的坐标系作为惯性参考系，可以得到相当精确的结果。如果物体运动的尺度很大，所研究的问题精度要求又很高，如在研究人造卫星轨道、洲际导弹的弹道问题时，地球自转的影响不可忽略，应该取地心为原点、三轴指向三个恒星的坐标系作为惯性参考系。再进一步，在研究天体的运动时，地心运动的影响也不可忽略，则需取太阳中心为原点，三轴指向三个恒星的坐标系作为惯性参考系。综上所述，惯性参考系就是不受外力作用的质点在其中保持静止或匀速直线运动的参考系。在本书中，如无特殊说明，我们均取固定在地球表面的坐标系为惯性参考系。

§9-2 质点的运动微分方程

质点动力学基本方程建立了质点的加速度与作用力的关系，是质点动力学的基本模型。当质点受到n个力作用时，质点动力学的基本方程应写为

$$m\boldsymbol{a}=\sum_{i=1}^{n}\boldsymbol{F}_i \tag{9-2}$$

式中，$\boldsymbol{a}=\frac{\mathrm{d}\boldsymbol{v}}{\mathrm{d}t}=\frac{\mathrm{d}^2\boldsymbol{r}}{\mathrm{d}t^2}$，于是上式也可写为

$$m\frac{\mathrm{d}\boldsymbol{v}}{\mathrm{d}t}=\sum_{i=1}^{n}\boldsymbol{F}_i \quad 或 \quad m\frac{\mathrm{d}^2\boldsymbol{r}}{\mathrm{d}t^2}=\sum_{i=1}^{n}\boldsymbol{F}_i \tag{9-3}$$

式(9-3)是矢量形式的质点运动微分方程，在计算实际问题时，需应用它的投影式，如投影到直角坐标轴x、y、z上，则有

$$\left.\begin{aligned} m\frac{\mathrm{d}^2x}{\mathrm{d}t^2}&=\sum_{i=1}^{n}F_{ix}\\ m\frac{\mathrm{d}^2y}{\mathrm{d}t^2}&=\sum_{i=1}^{n}F_{iy}\\ m\frac{\mathrm{d}^2z}{\mathrm{d}t^2}&=\sum_{i=1}^{n}F_{iz}\end{aligned}\right\} \quad 或 \quad \left.\begin{aligned} m\ddot{x}&=\sum_{i=1}^{n}F_{ix}\\ m\ddot{y}&=\sum_{i=1}^{n}F_{iy}\\ m\ddot{z}&=\sum_{i=1}^{n}F_{iz}\end{aligned}\right\} \tag{9-4}$$

上式称为直角坐标形式的质点运动微分方程。上标“ $\ddot{}$ ”表示对时间的二阶导数，以后将在动力学中使用，不另行说明。

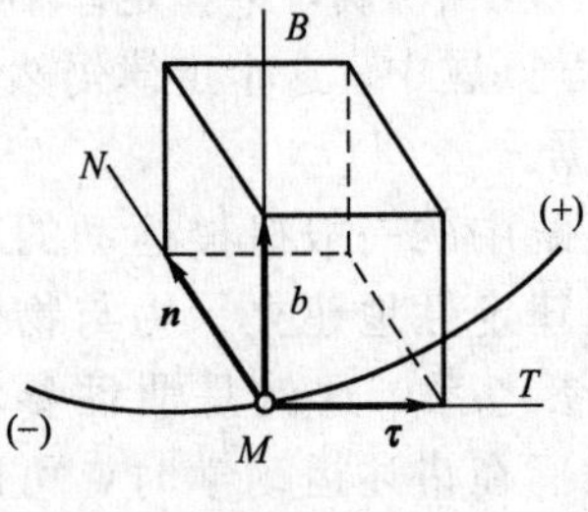

图 9-2

如果质点M的运动轨迹已知，则在质点上建立其运动轨迹的自然轴系，如图9-2所示，切线、主法线、副法线轴分别为MT、MN、MB，单位矢分别为$\boldsymbol{\tau}$、$\boldsymbol{n}$、$\boldsymbol{b}$。由运动学可知，$\boldsymbol{a}=a_\tau\boldsymbol{\tau}+a_n\boldsymbol{n}$，点的全加速度在切线与主法线构成的密切面内，点的加速度在副法线上的投影等于零，即

$$a_\tau=\frac{\mathrm{d}v}{\mathrm{d}t},\ a_n=\frac{v^2}{\rho},\ a_b=0$$

式中，ρ为轨迹的曲率半径。

于是，将式(9-3)投影到自然轴系，则有

$$\left.\begin{aligned} m\frac{\mathrm{d}v}{\mathrm{d}t}&=\sum_{i=1}^{n}F_{i\tau}\\ m\frac{v^2}{\rho}&=\sum_{i=1}^{n}F_{in}\\ 0&=\sum_{i=1}^{n}F_{ib}\end{aligned}\right\} \tag{9-5}$$

式(9-5)称为自然形式的质点运动微分方程式。

式(9-4)和式(9-5)是常用的两种质点运动微分方程。矢量式(9-3)可向任何一轴投影，得到相应的投影形式。

§9-3 质点动力学的两类基本问题

质点动力学的基本问题可分为两类：一是已知质点的运动，求作用于质点的力；二是已知作用于质点的力，求质点的运动。求解质点动力学的第一类基本问题比较简单，如已知质点的运动方程，只需求两次导数得到质点的加速度，代入质点的运动微分方程中，得到一代数方程组，即可求解。求解质点动力学的第二类基本问题，如求质点的速度、运动方程等，从数学的角度看，是解微分方程或求积分的问题，即归结为求解微分方程的定解问题。用积分方法求解时需要确定相应的积分常数。对此，需要按作用力的函数规律进行积分，并根据具体问题的运动初始条件确定积分常数。下面举例说明这两类问题的求解方法和步骤。

1. 质点动力学的第一类基本问题

这类问题是已知质点的运动，求作用于质点的力。若质点的加速度已知，可直接列出动力学方程求解；若加速度未知，则需要对运动方程求导数，或者通过运动分析求出加速度，再代入质点运动微分方程求解。

例 9-1 质点 M 在固定平面 Oxy 内运动，如图 9-3 所示。已知质点的质量为 m，运动方程为 $x=a\cos kt$，$y=b\sin kt$，式中 a、b、k 均为常量。求作用于质点 M 的力 $\boldsymbol{F}$。

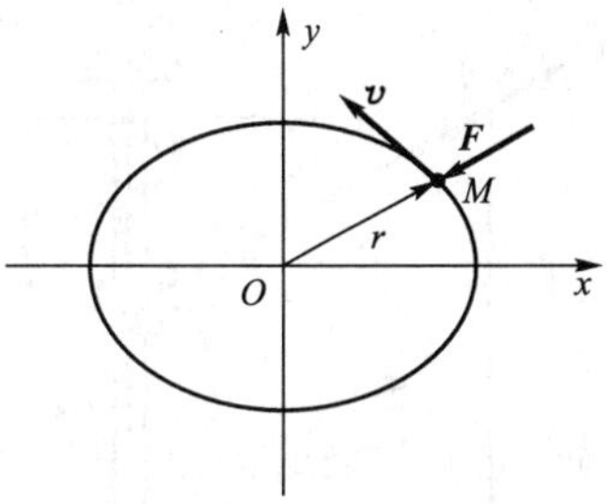

图 9-3

解： 由运动方程求导可得到质点的加速度在固定坐标轴 x、y 上的投影分量，即

$$\left.\begin{aligned} a_x&=\ddot{x}=-k^2a\cos kt=-k^2x \\ a_y&=\ddot{y}=-k^2b\sin kt=-k^2y \end{aligned}\right\} \tag{1}$$

代入到基本微分方程中得

$$F_x=-mk^2x,\ F_y=-mk^2y \tag{2}$$

于是力可表示成

$$\boldsymbol{F}=F_x\boldsymbol{i}+F_y\boldsymbol{j}=-mk^2(x\boldsymbol{i}+y\boldsymbol{j})=-mk^2\boldsymbol{r} \tag{3}$$

可见作用力 $\boldsymbol{F}$ 与质点 M 的矢径 $\boldsymbol{r}$ 方向相反，恒指向固定点 O。这种作用线恒通过固定点的力称为**有心力**，这个固定点称为**力心**。

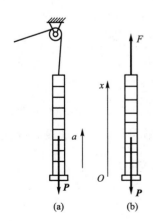

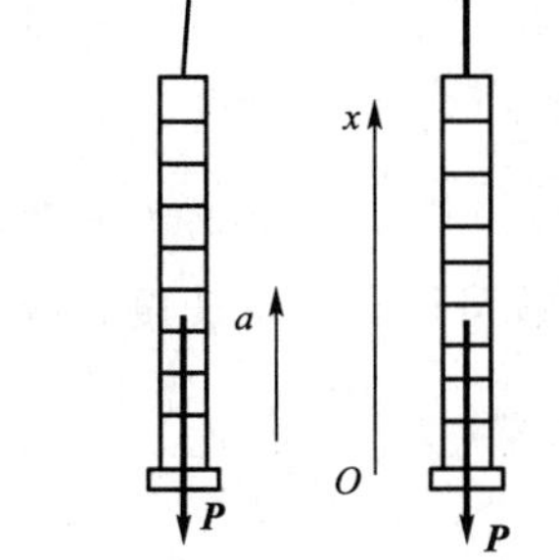

图 9-4

例 9-2 在钻进工作中，用升降机提升钻具，如图 9-4(a) 所示。已知升降机以匀加速度 $\boldsymbol{a}$ 提升钻具，钻具重 $\boldsymbol{P}$。不计钢丝绳重和各处摩擦，求钢丝绳的张力。

解： (1) 研究对象：钻具。

(2) 受力分析：钻具受重力 $\boldsymbol{P}$、绳的拉力 $\boldsymbol{F}$ 作用，如图 9-4(b)所示。

(3) 运动分析：钻具作铅垂直线运动，为平动。

(4) 取坐标 Ox 轴铅直向上为正。

(5) 建立直角坐标形式的质点运动微分方程：

$$m\ddot{x}=\sum F_x$$

其中，$m=\dfrac{P}{g}$，$\ddot{x}=a$，$\sum F_x=F-P$。代入上式得

$$\frac{P}{g}a=F-P$$

解得

$$F=P\left(1+\frac{a}{g}\right)$$

可见，当 $a=0$ 时，$F_0=P$，绳的张力由两部分组成。一部分是由钻具自重引起的静张力 F_0，另一部分是由加速度引起的附加动张力。我们把 F 和 F_0 的比值称为**动荷系数**，用符号 K_d 表示，则

$$K_d=\frac{F}{F_0}=1+\frac{a}{g}$$

动荷系数是表示物体加速运动引起的张力与静张力的比值，加速度越大，动荷系数越大。在工程实际中，设计提升机时都要考虑动荷系数的影响。

例 9-3 如图 9-5 所示，套管 A 的质量为 m，因受绳的牵引沿光滑铅直杆向上滑动。绳子的另一端绕过离杆距离为 l 的滑轮 B 而缠绕在鼓轮上。当鼓轮转动时，其轮缘上各点的速度大小均为 v_0，求 AB 段绳子拉力与距离 x 的关系。

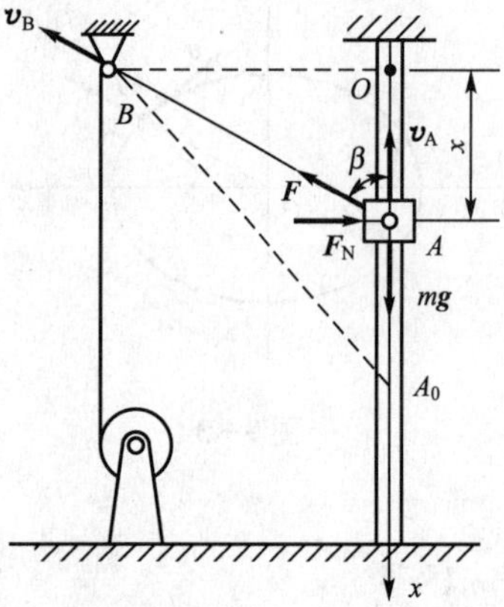

图 9-5

解： 这是一个较为复杂的第一类基本问题。由于已知条件中未直接给出运动规律，因此必须通过运动分析来求出套管 A 的加速度，并将加速度表示为 x 的函数，从而求出绳的拉力与距离 x 的关系。

(1) 研究对象：套管 A。

(2) 受力分析：有重力 $m\boldsymbol{g}$，拉力 $\boldsymbol{F}$，滑杆反力 $\boldsymbol{F}_N$。

(3) 运动分析：套管的运动为铅直直线运动，图示位置为任意瞬时位置。求其加速度有两种方法。

方法一：设任一瞬时的绳长 $AB=s$，绳初始长度 $A_0B=s_0=$常数。由于鼓轮轮缘上各点速度大小均为 v_0，所以，任一瞬时的绳长为

$$s=s_0-v_0t$$

上式求导数得

$$\dot{s}=\frac{\mathrm{d}s}{\mathrm{d}t}=-v_0，\ddot{s}=\frac{\mathrm{d}^2s}{\mathrm{d}t^2}=0 \tag{1}$$

其中负号说明 AB 段绳子匀速缩短。另外，由几何关系得

$$x^2=s^2-l^2 \tag{2}$$

将(2)式两边同时开平方并取正值可得到套管的运动方程，求导数可得到其加速度。或直接采取复合函数求导数，(2)式对时间求一次导数得

$$2x\dot{x}=2s\dot{s} \tag{3}$$

再求一次导数得

$$\dot{x}^2+x\ddot{x}=\dot{s}^2+s\ddot{s} \tag{4}$$

由以上四个式子的关系便可得到

$$\ddot{x}=-\frac{v_0^2l^2}{x^3} \tag{5}$$

方法二：由于套管和绳 AB 上 A 点的运动相同。为此，将绳 AB 刚化，则其运动为平面运动，其上 B 点的速度 $\boldsymbol{v}_B$，方向沿 AB，大小 $v_B=v_0$，而 A 点速度为 $\boldsymbol{v}_A$，方向沿 x 轴反向。由速度投影定理 $[\boldsymbol{v}_A]_{AB}=[\boldsymbol{v}_B]_{AB}$，得

$$v_A\cos\beta=v_B$$

即

$$v_A=\frac{v_B}{\cos\beta}=\frac{v_0\sqrt{x^2+l^2}}{x}$$

上式对时间求导数，注意到 $\dot{x}=-v_A$，得

$$\ddot{x}=-\dot{v}_A=-\frac{v_0^2l^2}{x^3}$$

与(5)式完全相同。两种方法比较，方法二更简便。

(4) 由直角坐标形式质点运动微分方程得

$$m\left(-\frac{v_0^2l^2}{x^3}\right)=mg-\frac{x}{\sqrt{x^2+l^2}}\cdot F$$

解得

$$F=\left[mg+m\frac{v_0^2l^2}{x^3}\right]\sqrt{1+\left(\frac{l}{x}\right)^2}$$

这就是绳子拉力与距离 x 的关系。

由以上各例可归纳出求解质点动力学第一类基本问题的解题步骤：

(1) 选取某质点为研究对象。

(2) 受力分析，即分析作用于质点的主动力和约束反力，画出受力图。

(3) 运动分析，即分析质点的运动，计算质点的加速度。

(4) 根据未知力的情况，选取恰当的坐标或投影轴。

(5) 由投影形式质点运动微分方程建立动力学方程。

(6) 解方程求出未知力。

2. 质点动力学的第二类基本问题

求解第二类基本问题可归纳为积分问题。运动微分方程的通解中包括积分常数，这些常数要由运动的初始条件来决定。另外，作用于质点的力的情况比较复杂，可以是常力，也可以是变力，而变力又可能是时间的函数、速度的函数、坐标的函数等，也可能是几种函数的组合。在数学上，积分比微分困难，特别是力的函数形式复杂时，可能得不到解析解，只可能得到近似的数值解。

1) 力是常力的情形

一般的，不计阻力时自由质点的运动属于这一类问题，如炮弹或抛射体在重力的作用下的运动等。

2) 力是时间函数的情形

机器由于动平衡没有校正好而产生的周期性的干扰力、带电质点受电场力的作用等，属于这一类情形。

例 9-4 质量为 m 的质点带有电荷 e，以初速度 $\boldsymbol{v}_0$ 进入强度按 $E=A\cos kt$ 变化的均匀电场中，初速度方向与电场强度垂直，如图 9-6 所示。质点在电场中受力 $\boldsymbol{F}=-e\boldsymbol{E}$ 作用。设电场强度不受电荷影响，且不计质点重力，A、k 为已知常数，试求质点的运动轨迹。

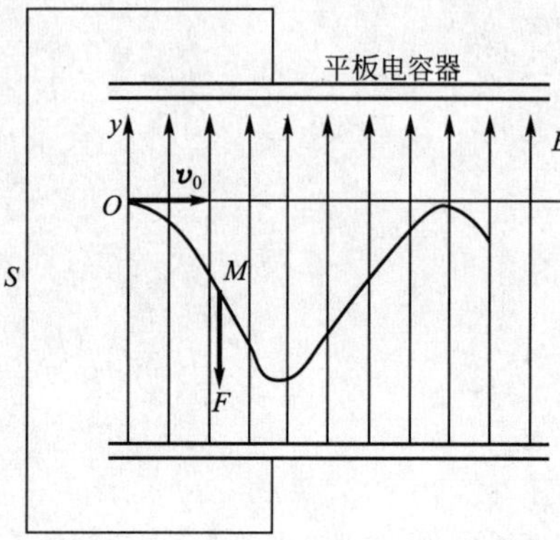

图 9-6

解：(1) 研究对象：质点 M。

(2) 受力分析：在任意位置质点受电场力 $\boldsymbol{F}$ 的作用。

(3) 取质点初始位置 O 为原点，x 轴垂直于 $\boldsymbol{E}$，y 轴与 $\boldsymbol{E}$ 方向相同。

(4) 运动分析：质点在 Oxy 平面内运动，运动初始条件为当 $t=0$ 时 $x_0=y_0=0$，$\dot{x}_0=v_0$，$\dot{y}_0=0$。

(5) 建立动力学方程，由直角坐标投影形式的质点运动微分方程，得

$$\left.\begin{aligned} m\frac{\mathrm{d}\dot{x}}{\mathrm{d}t}&=0\\ m\frac{\mathrm{d}\dot{y}}{\mathrm{d}t}&=-eA\cos kt\end{aligned}\right\}$$

即

$$\left.\begin{aligned} \frac{\mathrm{d}\dot{x}}{\mathrm{d}t}&=0\\ \frac{\mathrm{d}\dot{y}}{\mathrm{d}t}&=-\frac{eA}{m}\cos kt\end{aligned}\right\}$$

分离变量，采用定积分，积分下限由初始条件确定，于是有

$$\left.\begin{aligned} \int_{v_0}^{\dot{x}}\mathrm{d}\dot{x}&=0\\ \int_0^{\dot{y}}\mathrm{d}\dot{y}&=-\frac{eA}{m}\int_0^t\cos kt\,\mathrm{d}t\end{aligned}\right\}$$

解得

$$\left.\begin{aligned} \dot{x}&=\frac{\mathrm{d}x}{\mathrm{d}t}=v_0\\ \dot{y}&=\frac{\mathrm{d}y}{\mathrm{d}t}=-\frac{eA}{mk}\sin kt\end{aligned}\right\}$$

再积分

$$\left.\begin{aligned} \int_0^x\mathrm{d}x&=\int_0^t v_0\,\mathrm{d}t\\ \int_0^y\mathrm{d}y&=-\frac{eA}{mk}\int_0^t\sin kt\,\mathrm{d}t\end{aligned}\right\}$$

于是，得到质点的运动方程

$$\left.\begin{aligned} x&=v_0t\\ y&=\frac{eA}{mk^2}(\cos kt-1)\end{aligned}\right\}$$

消去时间 t，得到质点的轨迹方程为

$$y=\frac{eA}{mk^2}\left(\cos\frac{k}{v_0}x-1\right)$$

可见，质点的轨迹为一余弦曲线，如图 9-6 所示。

3）力是坐标函数的情形

质点受弹性力、万有引力作用下的运动，属于这一类情形。

例 9-5 图 9-7(a)所示为一弹性杆，下端固定，上端有一质量为 m 的物块，使其质量块偏离原位置 a 后释放，质量块在杆的弹性恢复下开始振动，杆的质量不计，试求质量块的运动规律。

解： 取质量块为研究对象，并视其为质点，质量块沿 x 方向作直线运动，杆对质量块的作用相当于一弹簧，图 9-7(b)是该系统的计算模型。

以平衡位置为坐标原点建立坐标 Ox，当质量块偏离平衡位置时，受到的弹簧力恒与质量块的运动方向相反，且与位移成正比。设弹簧刚度为 k，任意位置时弹性力的大小为

$$F=-kx$$

由质点动力学微分方程，得

$$m\frac{\mathrm{d}^2x}{\mathrm{d}t^2}=-kx \qquad (1)$$

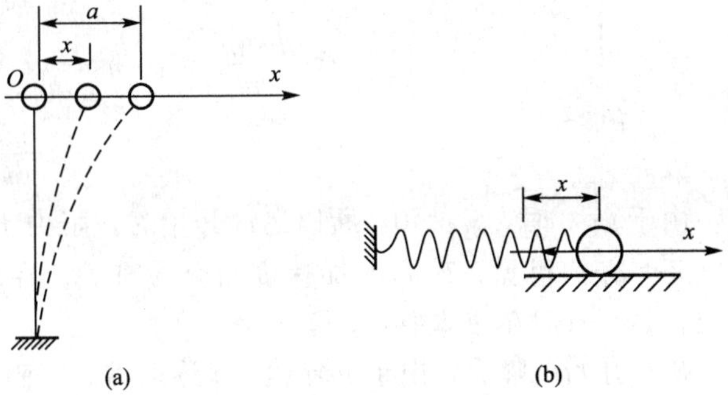

图 9-7

记 $\omega_n^2=k/m$，且分量变量

$$\frac{\mathrm{d}^2x}{\mathrm{d}t^2}=\frac{\mathrm{d}v}{\mathrm{d}x}\cdot\frac{\mathrm{d}x}{\mathrm{d}t}=v\cdot\frac{\mathrm{d}v}{\mathrm{d}x}$$

得 $v\mathrm{d}v=-\omega_n^2x\,\mathrm{d}x$。

定积分，注意到初始条件为 $t=0$，$v_0=0$，$x_0=a$，得

$$v=\omega_n\sqrt{a^2-x^2} \qquad (2)$$

由 $v=\frac{\mathrm{d}x}{\mathrm{d}t}$，得

$$\frac{1}{\sqrt{a^2-x^2}}\mathrm{d}x=\omega_n\mathrm{d}t$$

再积分，得

$$x=a\cos\omega_nt$$

上式就是质量块的运动方程，可见质量块的运动为简谐振动。

以上三个例题均可以用直接解微分方程的方法求解，计算结果与用积分方法的结果相同。

4）力是速度函数的情形

质点在液体或气体等介质中的运动属于这一类情形。这些介质的阻力可能是速度一次方、二次方或高次方的函数，这需要通过实验来测定。一般情况下，当物体速度很小、体积很小，而介质粘滞性很大时，介质阻力可近似地看成速度的线性函数；当速度不太大时，阻力可近似地看成速度的二次方的函数。

例 9-6 质量为 m 的矿石在静止介质中自由下沉，如图 9-8 所示。已知与矿石同体

积的介质的质量为 m'，介质阻力可近似地视为速度的二次函数，即 $F_R=\mu v^2$，v 为矿石沉降速度，系数 μ 与矿石形状、横截面尺寸及介质密度有关。求矿石的沉降速度和运动规律。

解：(1) 研究对象：矿石 M。

(2) 受力分析：在任意位置时，有重力 $m\boldsymbol{g}$、浮力 $\boldsymbol{F}$ 和介质阻力 $\boldsymbol{F}_R$。其中浮力的大小 $F=m'g$，如图 9-8 所示。

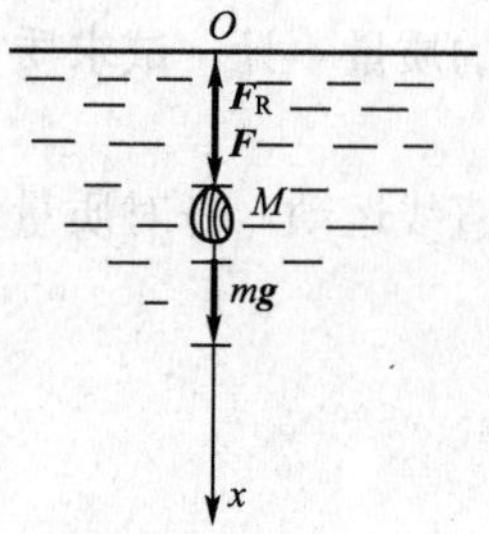

图 9-8

(3) 取矿石初始位置为原点，Ox 轴如图 9-8 所示。

(4) 运动分析：矿石在静止介质中作直线运动。运动初始条件为 $t=0$ 时，$x_0=0$，$\dot{x}_0=0$。

(5) 建立动力学方程，即 $m\ddot{x}=\sum F_x$，其中，$\sum F_x=mg-m'g-\mu\cdot\dot{x}^2$，$\dot{x}=v$，$\ddot{x}=\dfrac{d\dot{x}}{dt}$

令 $\dfrac{m-m'}{m}=a$，$n=\dfrac{\mu}{m}$，则有

$$\frac{d\dot{x}}{dt}=ag-n\dot{x}^2 \tag{1}$$

由于 $t=0$ 时，$\dot{x}_0=0$，所以运动开始时，阻力 $F_{Rx_0}=-\mu\dot{x}_0=0$，这时矿石的加速度 $a_x=\ddot{x}=ag$。可见，矿石的加速度与介质有关。在真空中沉降 $a=1$，$\ddot{x}=g$；在空气中 $a\approx1$，$\ddot{x}\approx g$；但在液体中 $a<1$，$\ddot{x}<g$。

矿石开始沉降后，由于沉降速度 $\dot{x}$ 逐渐增大，阻力很快增大，而其加速度 $\ddot{x}$ 则很快减小。当速度增大到某一数值时，加速度为零，这时速度具有最大值，称为**极限速度**，用 c 表示，以后矿石将保持匀速 c 沉降。由(1)式，因为 $0=ag-nc^2$，则

$$c=\sqrt{\frac{ag}{n}}=\sqrt{\frac{m-m'}{\mu}g} \tag{2}$$

再代入(1)式得

$$\frac{d\dot{x}}{dt}=n\left(\frac{ag}{n}-\dot{x}^2\right)=n(c^2-\dot{x}^2) \tag{3}$$

积分一次

$$\int_0^{\dot{x}}\frac{d\dot{x}}{c^2-\dot{x}^2}=\int_0^t n\,dt$$

得到

$$\frac{1}{2c}\ln\frac{c+\dot{x}}{c-\dot{x}}=nt$$

$$\dot{x}=\frac{dx}{dt}=c\,\frac{e^{2nct}-1}{e^{2nct}+1}=c\tanh(nct) \tag{4}$$

再积分，即 $\int_0^x dx=\int_0^t c\tanh(nct)dt$，得

$$x=\frac{1}{n}\ln[\cosh(nct)] \tag{5}$$

将(2)式代入(4)式和(5)式，则矿石的沉降速度和运动规律分别为

$$\dot{x}=\sqrt{\frac{m-m'}{\mu}g}\cdot\tanh\left(\frac{\mu}{m}\cdot\sqrt{\frac{m-m'}{\mu}g}\cdot t\right)$$

$$x=\frac{m}{\mu}\ln\left[\cosh\left(\frac{\mu}{m}\cdot\sqrt{\frac{m-m'}{\mu}g}\cdot t\right)\right]$$

由上面的结果可知，沉降速度随时间的增加而增加。从理论上讲，当 $t\to\infty$ 时，$\dot{x}\to c$，而实际上 $nct=4$ 时，$\dot{x}=0.9993c$，已经非常接近极限速度 c。选矿时，由于矿石的直径不同、密度不同，故在介质中沉降就有不同的沉降速度，利用这一原理可将不同的矿石分离开来。另外，研究炸弹、降落伞的下降及泥沙的沉淀问题，也是根据这一原理进行的。

由以上各例可知，质点动力学第二类基本问题的解题步骤与第一类基本问题相同。所不同的是运动分析主要是分析运动的初始条件，这是确定积分常数或积分下限所必需的。

3. 第一类基本问题与第二类基本问题的综合问题

在工程实际中，有时既要求质点的运动，又要求未知的约束反力，这是第一类基本问题和第二类基本问题的综合问题。

例 9-7 粉碎机滚筒半径为 R，绕通过中心的水平轴匀速转动，筒内铁球由筒壁上的凸棱带着上升。为了使铁球获得粉碎矿石的能量，铁球应在 $\theta=\theta_0$ 时［如图 9-9(a)］才掉下来。求滚筒每分钟的转数 n。

解：(1) 研究对象：视铁球为质点。

(2) 受力分析：质点在上升过程中，受到重力 $m\boldsymbol{g}$，筒壁的法向力 $\boldsymbol{F}_N$ 和切向力 $\boldsymbol{F}$ 的作用，如图 9-9(b)所示。

(3) 运动分析：铁球被旋转的滚筒带着沿圆弧上向运动，当铁球到达某一高度时，会脱离筒壁而沿抛物线下落。质点在未离开筒壁前的速度等于筒壁的速度。即

$$v=\frac{\pi n}{30}R \tag{1}$$

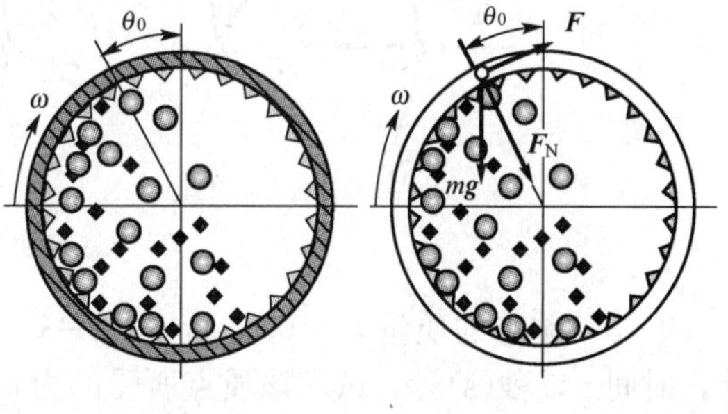

(a) (b)

图 9-9

(4) 建立动力学方程，列出质点的运动微分方程在主法线上的投影式，即

$$m\frac{v^2}{R}=F_N+mg\cos\theta$$

将(1)式代入上式，得

$$n=\frac{30}{\pi R}\left[\frac{R}{m}(F_N+mg\cos\theta)\right]^{\frac{1}{2}} \tag{2}$$

当 $\theta=\theta_0$ 时，铁球将落下，这时 $F_N=0$，于是得

$$n=9.549\sqrt{\frac{g}{R}\cos\theta_0} \tag{3}$$

显然，θ_0 越小，要求 n 越大。当 $\theta_0=0$ 时，$n=9.549\sqrt{\frac{g}{R}}$，铁球就会紧贴筒壁转过最高点而不脱离筒壁落下，起不到粉碎矿石的作用。

习　题

9-1　三个质量相同的质点，在某瞬时的速度如图 9-10 所示。其中，$v_{01}=v_{02}=v_{03}=v$，若对它们作用了大小、方向相同的力 F，问质点的运动情况是否相同。

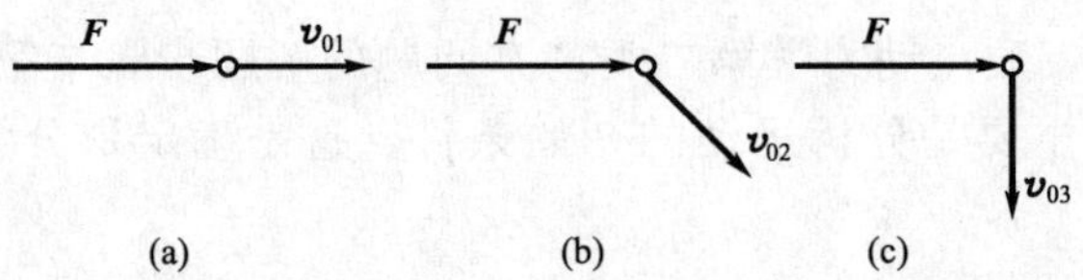

图 9-10

9-2　如图 9-11 所示，一质点 M，其运动轨迹已知，问图中所画的质点所受的合力 $\boldsymbol{F}$ 和质点的全加速度 $\boldsymbol{a}$ 是否正确。

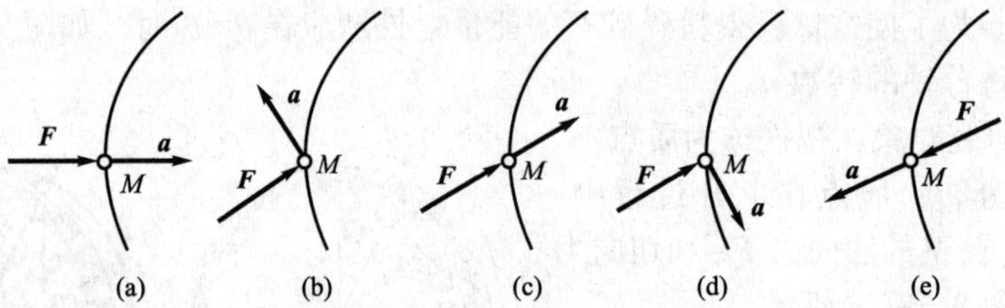

图 9-11

9-3　质点的质量 $m=0.1\text{kg}$，按 $x=t^4-12t^3+60t^2$ 的规律作直线运动，x 以米(m)计，时间 t 以秒(s)计，试求该质点所受的力，并求其极值。

9-4　如图 9-12 所示。质量皆为 m 的 A、B 两物块以无重杆光滑铰接，置于光滑水平及铅垂面上，于 $\theta=60°$时自由释放，求此时 AB 杆所受的力。

9-5　如图 9-13 所示，质量为 m 的滑块 A 因绳的牵引而沿光滑水平导轨滑动，绳的另一端缠在半径为 r 的鼓轮上，鼓轮以匀角速度 ω 转动。求绳子的拉力与距离 x 的关系。

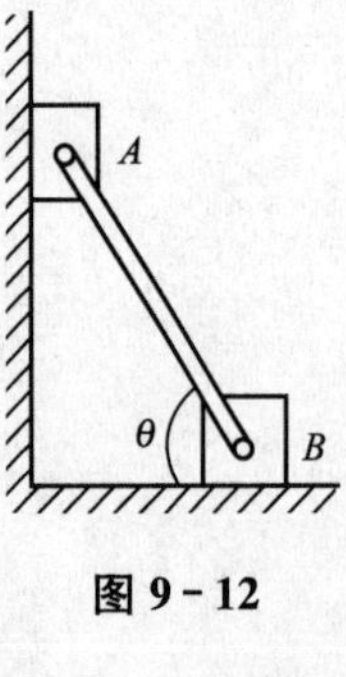

图 9-12

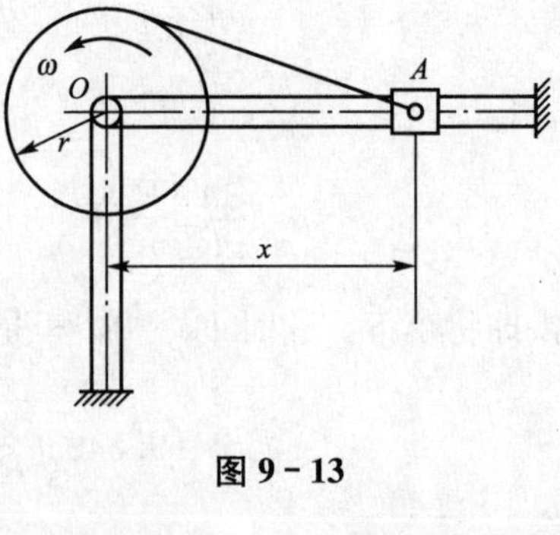

图 9-13

9-6　质量为 $m=10\text{kg}$ 的质点，在水平面做曲线运动，受到阻力为 $\boldsymbol{F}=\dfrac{2v^2\boldsymbol{g}}{3+s}$的作用，其中 $\boldsymbol{v}$ 为质点的速度，$g=10\text{kg/s}^2$ 为重力加速度，s 为质点的运动路程，当 $t=0$ 时，$v_o=$

5m/s，$s_0=0$，试求质点的运动规律。

9-7 质点 M 自倾角 α 的斜面上方 O 点无初速沿一光滑斜槽 OA 下滑，如图 9-14 所示。OA 与垂直线所成夹角 θ，欲使此质点到达斜面上所需的时间为最短，θ 角应为多少？

9-8 两物块 A 和 B 质量相等，叠置在倾角 $\theta=15°$的斜面上，如图 9-15 所示，已知 A、B 间的摩擦系数 $f_1=0.1$，物块 B 与斜面间的摩擦系数 $f_2=0.2$，系统由静止释放，求 A、B 两物块的加速度。

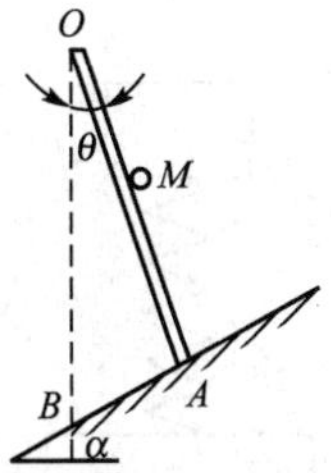

图 9-14

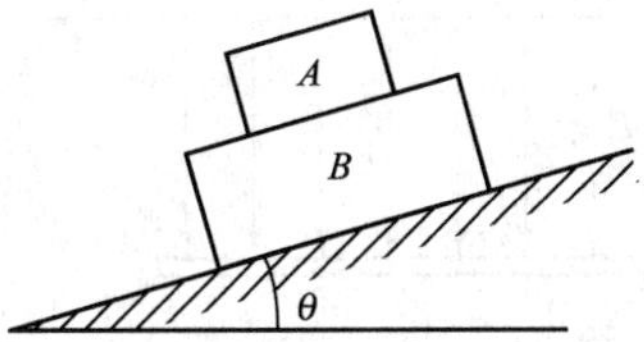

图 9-15

9-9 如图 9-16 所示，当物体 M 在极深的矿井中下落时，其加速度与其离地心的距离成正比，即 $a=k(R-s)$。求物体下落 s 距离所需的时间 t 和当时的速度 v。设初速度为零，不计任何阻力。

9-10 如图 9-17 所示，质量为 $m=2\text{kg}$ 的滑块在力 $\boldsymbol{F}$ 作用下沿杆 AB 运动，杆 AB 在铅直平面内绕 A 轴转动。已知 $s=0.4t$，$\varphi=0.5t$(s 单位为 m，φ 的单位为 rad，t 的单位为 s)，滑块与杆 AB 之间的摩擦系数 $f=0.1$。求 $t=2\text{s}$ 时，力 $\boldsymbol{F}$ 的大小。

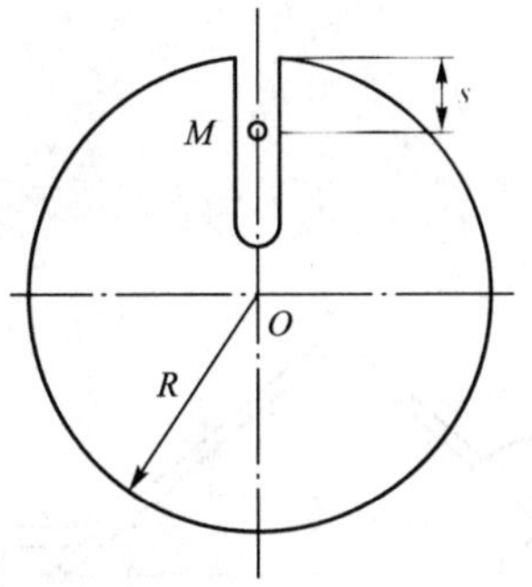

图 9-16

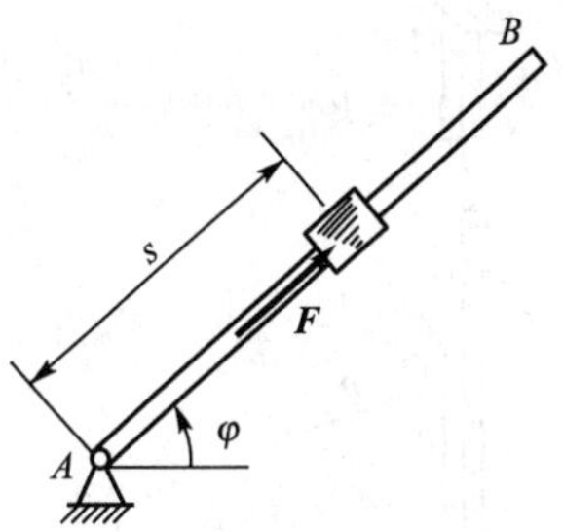

图 9-17

9-11 质点的质量为 m，在力 $F=F_0-kt$ 的作用下，沿 x 轴作直线运动，式中 F_0、k 为常数，当运动开始时即 $t=0$，$x=x_0$，$v=v_0$，试求质点的运动规律。

9-12 不前进的潜水艇的质量为 m，受到较小的沉力 $\boldsymbol{p}$(重力与浮力的合力)向水底下潜。当沉力不大时，水的阻力可视为与下潜速度的一次方成正比，即 $\boldsymbol{F}_R=-kA\boldsymbol{v}$，其中 k 为比例常数，A 为潜水艇的水平投影面积，$\boldsymbol{v}$ 为下潜速度。如当 $t=0$ 时，$v=0$。求下潜速度和在时间 T 内潜水艇下潜的路程 S。

9-13 如图 9-18 所示，质量为 m 的质点 O 带有电荷 e，质点在一均匀电场内，电场强度为 $E=A\sin kt$，其中 A 和 k 均为常数。如已知质点在电场中所受的力 $\boldsymbol{F}=e\boldsymbol{E}$，其方向与 $\boldsymbol{E}$ 相同。又质点的初速为 $\boldsymbol{v}_0$，与 x 轴的夹角为 θ，且取坐标原点为起始位置。如重力的影响不计，求质点的运动方程。

9－14　重物 A 和 B 的质量分别为 $m_A=20\text{kg}$ 和 $m_B=40\text{kg}$，用弹簧连接如图 9－19 所示，重物 A 作铅直简谐运动：$y=H\cos\frac{2\pi}{T}t$，其中振幅 $H=1\text{cm}$，周期 $T=0.25\text{s}$，求 A 和 B 对支承面压力的最大值和最小值。

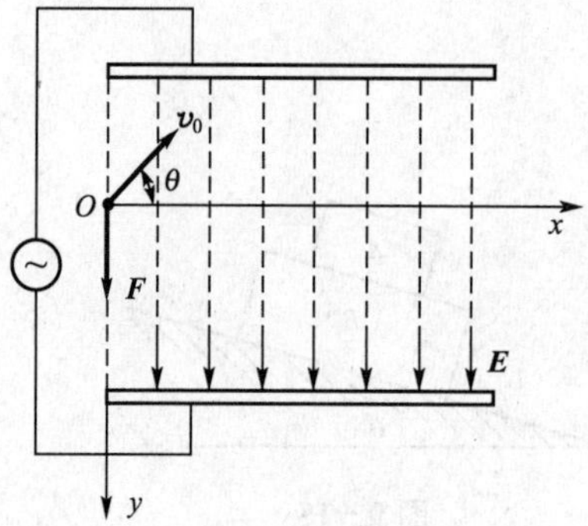

图 9－18

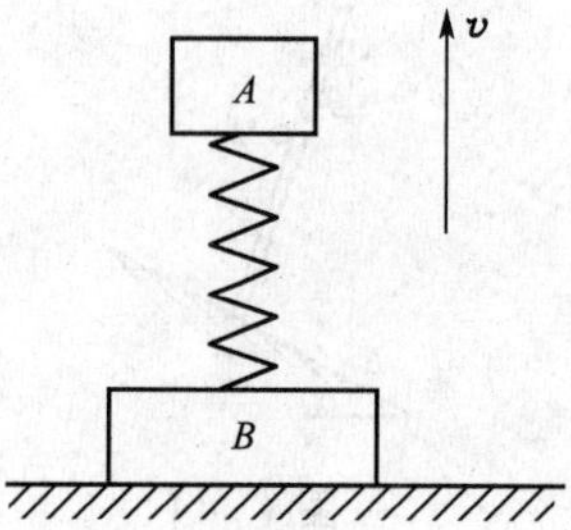

图 9－19

9－15　如图 9－20 所示，质量为 $m=1\text{kg}$ 的小球用两绳系住，使其绕铅直轴以匀速 $v=2.5\text{m/s}$ 作圆周运动，圆的半径 $R=0.5\text{m}$。求两绳的张力，并求小球的速度在什么范围内，两绳均受拉力。

9－16　曲柄连杆机构如图 9－21 所示，$OA=AB=r$，曲柄 OA 以匀角速度 ω 转动。滑块 B 的质量为 m，连杆 AB 的质量及摩擦忽略不计。求当 $\varphi=\omega t=0$ 时连杆 AB 所受的力。

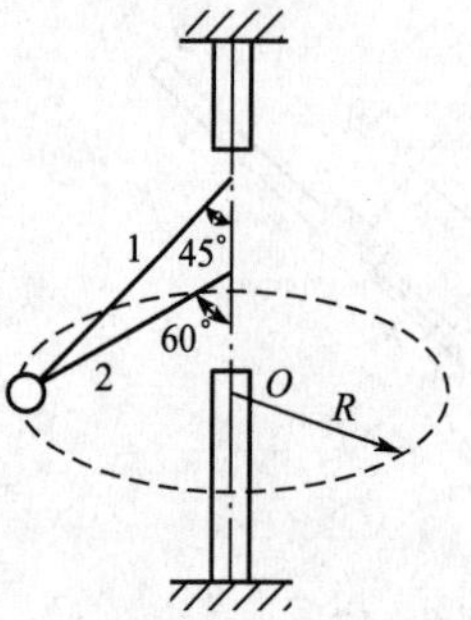

图 9－20

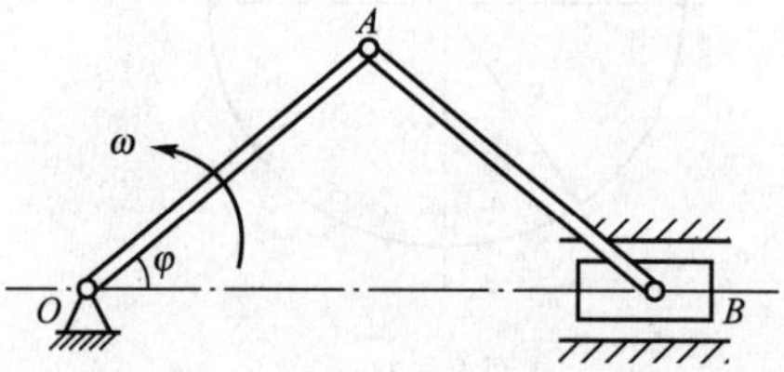

图 9－21

9－17　如图 9－22 所示，质量为 $m=1\text{kg}$ 的滑块 A 通过销钉与导槽由摇杆 OB 带动，在倾角 $\theta=30°$的斜面上运动。已知当 $0B$ 在铅直位置时，其角速度 $\omega=2\text{rad/s}$，角加速度 $\alpha=1\text{rad/s}^2$。不计各处摩擦，求图示位置 $OA=0.5\text{m}$，滑块与斜面以及销钉(固结在 A 上)与导槽的作用力。

9－18　如图 9－23 所示，物块 M 自点 A 沿光滑的圆弧轨道无初速地滑下，落到传送带上 B 处，已知圆弧的半径为 R，物块 M 的质量为 m，试求物块 M 在圆弧轨道上点 B 的法向约束力，若物块 M 与传送带间无相对滑动，试确定半径为 r 的传送轮的转速。

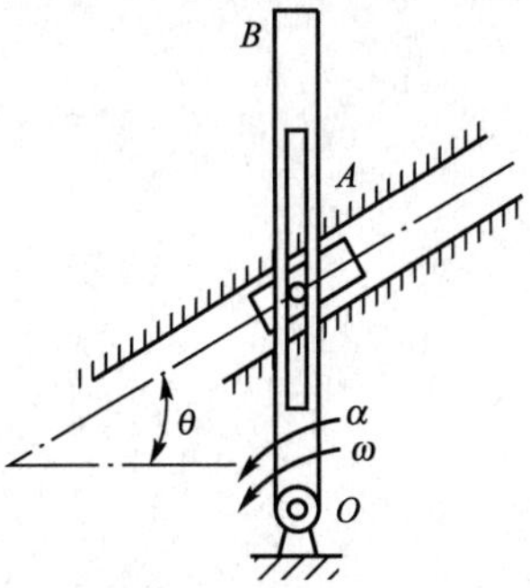

图 9－22

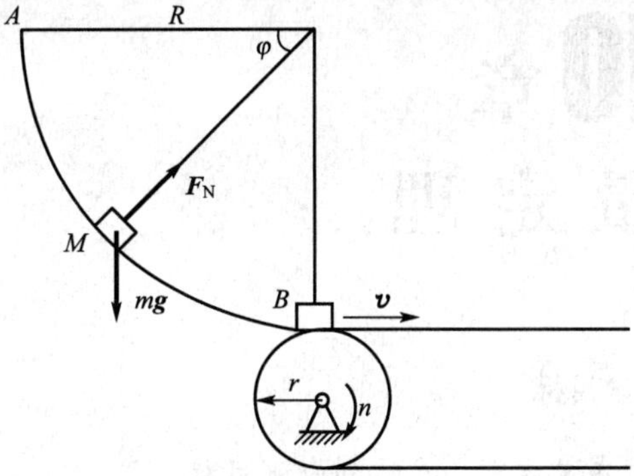

图 9－23

第10章 动量定理

教学目标

通过本章学习，应达到以下目标：

(1) 对质点系(刚体、刚体系)的动量、冲量等概念有清晰的理解；能熟练地计算质点系(刚体、刚体系)的动量。

(2) 能熟练地应用质点系的动量定理，能用动量定理解题。

(3) 能熟练地应用质心运动定理(包括相应的守恒定律)求解动力学问题。

引例

打桩机可广泛地应用于建筑工程、高速公路，电力工程，桥梁工程等基础建设方面。它是利用冲击力将桩贯入地层的桩工机械。

汽锤打桩机桩锤由锤头和锤座组成，以蒸汽或压缩空气为动力，有单动汽锤和双动汽锤两种。单动汽锤以柱塞或汽缸作为锤头，蒸汽驱动锤头上升，而后任其沿锤座的导杆下落而打桩。双动汽锤一般是由加重的柱塞作为锤头，以汽缸作为锤座，蒸汽驱动锤头上升，再驱动锤头向下冲击打桩。上下往复的速度快，频率高，使桩贯入地层时发生振动，可以减少摩擦阻力，打桩效果好。我们可以根据动量定理来计算锤头对桩的冲击力大小。

大家在划船的时候，如果你从船头走到船尾，小船会怎么运动呢？学了动量定理后，你能进行解释吗？

由第9章知道，求解质点动力学问题可以归结为建立质点运动微分方程。但是，即使对于比较简单的单个质点，由微分方程求积分有时是很困难的；对于n个质点构成的质点系，要联立求解$3n$个运动微分方程就更困难，甚至是不可能的。况且，对于很多问题，往往并不需要知道每一个质点的运动，只要求掌握整个质点系(尤其是刚体)的运动特征即可。为了简化求解动力学问题的运算过程，将质点系的某些与运动有关的物理量同与力有关的物理量联系起来，我们可以运用运动微分方程推出若干定理。动量、动量矩和动能定理就是从不同的侧面揭示了质点和质点系总体的运动变化与其所受的力之间关系，这三个定理统称为动力学普遍定理。本章先介绍反映质点系的动量与作用于其上的力和力的冲量之间关系的动量定理，然后推出动量守恒定律和质心运动定理。

§10-1 质量中心·动量和冲量

1. 质量中心

若一几何点 C，其矢径等于质点系内各质点的质量与其矢径乘积的矢量和与质点系总质量的比，则此几何点 C 称为质点系的**质量中心**，简称为**质心**。其数学表达式为

$$\boldsymbol{r}_C = \frac{\sum_{i=1}^{n} m_i \boldsymbol{r}_i}{m} \tag{10-1}$$

式中，$\boldsymbol{r}_C$为质心的矢径；m_i 为第 i 个质点的质量，$\boldsymbol{r}_i$为其矢径；m 为质点系的总质量，即

$$m = \sum m_i \tag{10-2}$$

式(10-1)称为质心的矢径公式。计算质心位置时，常用上式在直角坐标系的投影形式，即

$$x_C = \frac{\sum m_i x_i}{m},\quad y_C = \frac{\sum m_i y_i}{m},\quad z_C = \frac{\sum m_i z_i}{m} \tag{10-3}$$

式中，x_i、y_i、z_i 为第 i 个质点的坐标。

由定义可知，质心是质点系中特定的一个点，它与质点系内各质点的质量和相互位置有关，即与质点系的质量分布情况有关，所以质心可以表征质点系的质量分布情况。由于质心的矢径是一个位置矢量，在一般情况下，是时间的单值连续函数，故可以用来计算质点系的运动量。

应当指出，当质点系在重力场运动时，重心和质心的位置是重合的。但应注意，质心和重心是两个不同的概念。质心是表征质点系质量分布情况的一几何点，与作用力无关，无论质点系是否在重力场中运动，质心总是存在的；而重心是地球对各质点引力所构成的平行力系的中心，只有在重力场才有意义，离开重力场，重心无意义。

2. 质点和质点系的动量

在工程实际中，物体之间往往进行机械运动量的交换，机械运动量不仅与物体的运动有关，还与物体的质量有关。例如，速度虽小但质量很大的桩锤能使桩柱下沉；质量虽小但速度很大的子弹能穿透物体，它们共同特点是质量与速度的乘积很大，即动量很大，在发生碰撞时，将机械运动量传递给被交换的物体上，从而使自己的机械运动量(动量)减少。

质点的动量：质点的质量与速度的乘积，记为 $m\boldsymbol{v}$，质点的动量是矢量，与速度同向，具有瞬时性。

动量的量纲为

$$mv = \mathrm{MLT^{-1}}$$

动量的单位是千克·米/秒(kg·m/s)或牛顿·秒(N·s)。

质点系的动量：质点系中所有各质点动量的矢量和，即

$$\boldsymbol{p} = \sum_{i=1}^{n} m_i \boldsymbol{v}_i \tag{10-4}$$

由质点系质量中心的概念，质点系动量还有另一种表示。

将式(10-1)对时间求一次导数，得

$$\frac{\mathrm{d}\boldsymbol{r}_C}{\mathrm{d}t}=\frac{\sum m_i\frac{\mathrm{d}\boldsymbol{r}_i}{\mathrm{d}t}}{m}$$

因为，$\frac{\mathrm{d}\boldsymbol{r}_C}{\mathrm{d}t}=\boldsymbol{v}_C$，$\frac{\mathrm{d}\boldsymbol{r}_i}{\mathrm{d}t}=\boldsymbol{v}_i$，分别为质心的速度和第 i 个质点的速度。于是有

$$\boldsymbol{v}_C=\frac{\sum m_i\boldsymbol{v}_i}{m} \tag{10-5}$$

上式表明，质心速度与各质点的动量有关。

根据式(10-5)，质点系的动量还可以表示为

$$\boldsymbol{p}=\sum_{i=1}^{n}m_i\boldsymbol{v}_i=m\boldsymbol{v}_C \tag{10-6}$$

上式表示：质点系的动量等于质点系的总质量与质心速度的乘积。可见，如果把质点系的质量都集中于质心，则质心的动量就等于质点系的动量。由此可知，质点系的动量反映出其全部质量随质心一起平动的一个侧面。

应当指出，式(10-4)是定义和计算质点系动量的基本公式。而式(10-6)则为计算质点系动量提供了另一种方法，无论质点系作何种形式运动，只要已知质心的速度，都可以用该式计算质点系的动量。

对于质量均匀分布的规则刚体，质心也就是几何中心，用式(10-6)计算刚体的动量是非常方便的。例如，长为 l、质量为 m 的均质细杆，在平面内绕 O 轴转动，角速度为 ω，如图 10-1(a)所示。细杆质心的速度为 $v_C=\frac{1}{2}l\omega$，则细杆的动量为$\frac{1}{2}ml\omega$，方向与 v_C 方向相同。又如图 10-1(b)所示的均质滚轮，质量为 m，质心速度为 $\boldsymbol{v}_0$，则其动量为 $m\boldsymbol{v}_0$。而如图 10-1(c)所示的绕中心转动的匀质轮，无论有多大的角速度和质量，由于其质心的速度为零，其动量总是零。

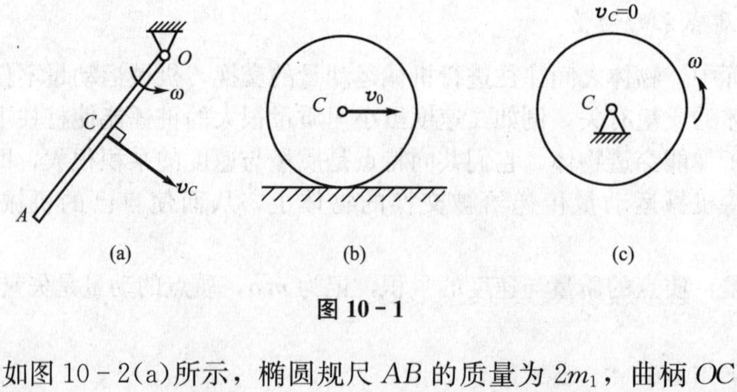

图 10-1

例 10-1 如图 10-2(a)所示，椭圆规尺 AB 的质量为 $2m_1$，曲柄 OC 的质量为 m_1，滑块 A、B 的质量均为 m_2。已知 $OC=AC=BC=l$，曲柄和规尺的重心分别在其中点；曲柄绕 O 轴转动的角速度为 ω；开始时，曲柄水平向右。求此质点系的动量。

解：(1) 研究对象：整个系统。

(2) 运动分析、计算各物体的动量：曲柄作定轴转动，其质心 D 的速度为 $v_D=\frac{l}{2}\omega$，

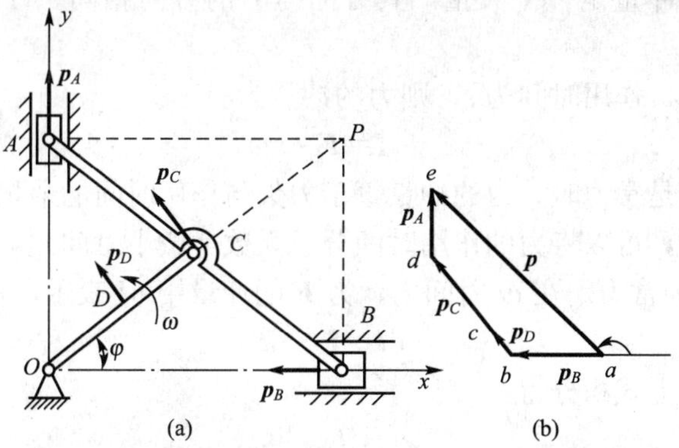

图 10-2

其动量的大小为

$$p_D = m_1 v_D = \frac{1}{2} m_1 l\omega$$

规尺 AB 作平面运动，其质心速度 $v_C = l\omega$，其上 A、B 点的速度分别为 $v_A = PA \cdot \omega_{AB} = 2l\omega\cos\varphi$ 和 $v_B = PB \cdot \omega_{AB} = 2l\omega\sin\varphi$。

其动量的大小为 $p_C = 2m_1 v_C = 2m_1 l\omega$。

滑块 A、B 的运动为平动，其速度与规尺上 A、B 点速度相同，其动量分别为

$$p_A = m_2 v_A = 2m_2 l\omega\cos\varphi$$
$$p_B = m_2 v_B = 2m_2 l\omega\sin\varphi$$

各物体的动量的方向如图 10-2(a)所示。

(3) 整个系统的动量为

$$\boldsymbol{p} = \boldsymbol{p}_D + \boldsymbol{p}_C + \boldsymbol{p}_A + \boldsymbol{p}_B \tag{1}$$

其矢量多边形如图 10-2(b)所示。

其大小和方向可将(1)式向直角坐标轴 x、y 投影，得

$$\left.\begin{aligned} p_x &= \sum p_{ix} = p_{Dx} + p_{Cx} + p_{Ax} + p_{Bx} \\ p_y &= \sum p_{iy} = p_{Dy} + p_{Cy} + p_{Ay} + p_{By} \end{aligned}\right\} \tag{2}$$

将各物体的动量代入(2)式，得

$$p_x = \frac{1}{2}(5m_1 + 4m_2) l\omega\sin\varphi, \quad p_y = \frac{1}{2}(5m_1 + 4m_2) l\omega\cos\varphi$$

总动量大小为

$$p = \sqrt{p_x^2 + p_y^2} = \frac{1}{2}(5m_1 + 4m_2) l\omega$$

其方向可由方向余弦求得

$$\cos(\boldsymbol{p}, \boldsymbol{i}) = \frac{p_x}{p} = -\sin\varphi \quad \cos(\boldsymbol{p}, \boldsymbol{j}) = \frac{p_y}{p} = \cos\varphi$$

本例还可以用式(10-6)的投影式求解。

3. 冲量

作用力与作用时间的乘积称为力的冲量，用符号 $\boldsymbol{I}$ 表示。

根据定义，力的冲量是一个矢量，其方向与力的方向相同。计算力的冲量分为两种情况。

(1) 力 $\boldsymbol{F}$ 是常力，作用时间为 t，则力的冲量为

$$\boldsymbol{I}=\boldsymbol{F}\cdot t \tag{10-7}$$

上式表示，当力是常力时，力的冲量等于力矢与作用时间的乘积。

(2) 力 $\boldsymbol{F}$ 是变力，可以将力的作用时间分成无数个微小时间间隔。在任一微小时间间隔 $\mathrm{d}t$ 内，力 $\boldsymbol{F}$ 可视为常力。在 $\mathrm{d}t$ 时间内，力 $\boldsymbol{F}$ 的冲量用 $\mathrm{d}\boldsymbol{I}$ 表示，称为力的**元冲量**。即

$$\mathrm{d}\boldsymbol{I}=\boldsymbol{F}\cdot \mathrm{d}t \tag{10-8}$$

若力是时间的函数，上式积分得：

$$\boldsymbol{I}=\int_0^t \boldsymbol{F}\cdot \mathrm{d}t \tag{10-9}$$

力的冲量是力的时间累积效应的度量。它表明一个物体在力作用下运动状态的变化不仅与力的大小、方向有关，而且还与力的作用时间有关。例如，人们沿铁轨推车厢，使车厢沿铁轨运动，当推力大于摩擦阻力时，经过一段时间可使车厢得到一定的速度；若用机车来牵引车厢只需很短的时间便可达到相同的速度。因此，作用力在一段时间的作用效果可用作用力与作用时间来度量，即用力的冲量来度量。

冲量的量纲为 $Ft=\mathrm{MLT}^{-1}$，可见，冲量的量纲与动量的量纲相同。冲量的单位为牛顿·秒(N·s)。

§10-2 质点和质点系动量定理

1. 质点动量定理

设质点的质量为 m，作用于质点的力为 $\boldsymbol{F}$。质点动力学方程为

$$m\boldsymbol{a}=\boldsymbol{F}$$

由运动学可知，$\boldsymbol{a}=\dfrac{\mathrm{d}\boldsymbol{v}}{\mathrm{d}t}$，于是有

$$m\frac{\mathrm{d}\boldsymbol{v}}{\mathrm{d}t}=\boldsymbol{F}$$

因为质量 m 是常数，上式可改写为

$$\frac{\mathrm{d}(m\boldsymbol{v})}{\mathrm{d}t}=\boldsymbol{F} \tag{10-10}$$

式(10-10)是质点**动量定理**的微分形式：质点动量对时间的一次导数等于作用于质点的力。

将式(10-10)变形，得

$$\mathrm{d}(m\boldsymbol{v})=\boldsymbol{F}\cdot \mathrm{d}t \tag{10-11}$$

式(10-11)也是质点动量定理的微分形式：质点动量的微分等于作用于质点的力的元冲量。

对式(10-11)积分，注意到时间从 0 到 t，速度从 $\boldsymbol{v}_0$ 到 $\boldsymbol{v}$。于是有

$$mv - mv_0 = \int_0^t \boldsymbol{F} \cdot dt = \boldsymbol{I} \tag{10-12}$$

式(10-12)是质点动量定理的积分形式：在某一时间间隔内，质点动量的变化等于作用于质点的力在同时间内的冲量。

应用时，可将上式投影到直角坐标轴上，即

$$\left.\begin{aligned} mv_x - mv_{0x} &= \int_0^t F_x dt = I_x \\ mv_y - mv_{0y} &= \int_0^t F_y dt = I_y \\ mv_z - mv_{0z} &= \int_0^t F_z dt = I_z \end{aligned}\right\} \tag{10-13}$$

式(10-13)是质点动量定理的投影形式：在某一时间间隔内，质点动量在某轴投影的变化等于作用于质点的力的冲量在同轴上的投影。

推论 1 若作用于质点的力恒等于零，则此质点的动量保持不变，即若 $\boldsymbol{F}=0$，则

$$m\boldsymbol{v} - m\boldsymbol{v}_0 = 0$$

推论 2 若作用于质点的力在某轴的投影恒等于零，则质点的动量在同轴投影保持不变，即若 $F_x=0$，则

$$mv_x - mv_{0x} = 0$$

以上两条推论称为**质点动量守恒定律**。

例 10-2 锤重 $Q=300\text{N}$，从高度 $H=1.5\text{m}$ 处自由落到锻件上，如图 10-3 所示，锻件发生变形，历时 $\tau=0.01\text{s}$，求锤对锻件的平均压力。

解：(1) 选锤为研究对象，因锤作直线平动，故可简化为质点。

(2) 受力分析。作用在锤上有重力 $\boldsymbol{Q}$ 和锤与锻件接触后锻件给锤的反力。但这个反力是变力，在极短的时间间隔 τ 内迅速地变化，我们用平均反力 $\boldsymbol{F}_N^*$ 代表。

(3) 运动分析。初始，锤速度为零；当锻件变形末那一瞬时，速度也为零。锤在运动过程中，作直线运动。根据运动学可知，锤下降 H 高度所需的时间为

$$t = \sqrt{\frac{2H}{g}}$$

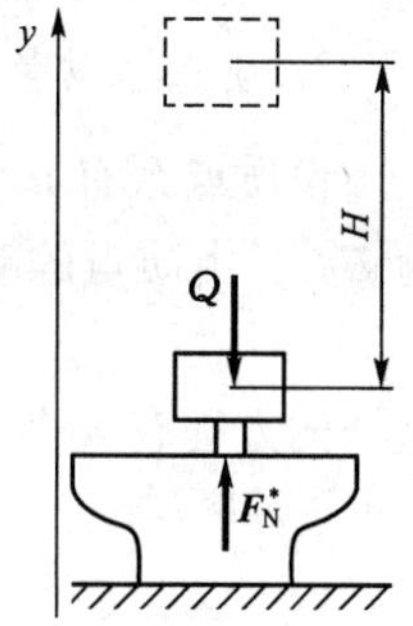

图 10-3

(4) 选铅直轴 y 向上为正，根据动量定理有

$$mv_y - mv_{0y} = I_y$$

由题意知，$v_0=0$，经过 $t+\tau$ 后，$v=0$，因此，$I_y=0$。在这个过程中，重力 $\boldsymbol{Q}$ 的作用时间为 $t+\tau$，它的冲量大小为 $Q(t+\tau)$，方向为铅直向下；反力 $\boldsymbol{F}_N^*$ 的作用时间为 τ，它的冲量大小为 $F_N^*\tau$，方向为铅直向上。于是得

$$I_y = F_N^*\tau - Q(t+\tau) = 0$$

由此得

$$F_N^* = Q\left(\frac{t}{\tau}+1\right) = Q\left(\frac{1}{\tau}\cdot\sqrt{\frac{2H}{g}}+1\right)$$

代入数据得

$$F_N^* = 300\times\left(\frac{1}{0.01}\times\sqrt{\frac{2\times1.5}{9.8}}+1\right)\text{kN}\approx16.90\text{kN}$$

锤对工件的压力等于平均反力 $\boldsymbol{F}_N^*$ 的大小，也是 16.90kN。

2. 内力和外力

在研究质点系动力学问题时，有时将作用于质点系的力分为**内力**和**外力**。**内力**是指质点系内各质点之间的相互作用力，用符号 $\boldsymbol{F}_i^{(i)}$ 表示；**外力**是指质点系以外物体对质点系内各质点的作用力，用符号 $\boldsymbol{F}_i^{(e)}$ 表示。

内力有以下两个性质：

性质 1 所有内力的矢量和(主矢)等于零，即

$$\sum_{i=1}^{n}\boldsymbol{F}_i^{(i)} = 0$$

由于质点系内任意两个质点之间的相互作用力必定等值、反向、作用线相同，则这两个力的矢量和等于零。对于整个质点系来说，所有内力的矢量和必等于零。

性质 2 所有内力对任一点之矩的矢量和(主矩)等于零，即

$$\sum\boldsymbol{M}_0(\boldsymbol{F}_i^{(i)})=0$$

由于质点系的内力成对出现，每一对内力的矢量和等于零，则每一对内力对任一点的矩的矢量和也等于零。对于整个质点系来说，所有内力对任一点之矩的矢量和必等于零。

上述两条性质可归纳为：所有内力的主矢和对任一点的主矩均等于零。

应当指出，内力和外力的划分是相对的。例如，把一列车看作质点系，则机车和车厢之间的力是内力；若把机车看作质点系，则车厢对机车的作用力为外力。

3. 质点系动量定理

设质点系有 n 个质点，第 i 个质点的动量为 $m_i\boldsymbol{v}_i$，作用于该质点的内力为 $\boldsymbol{F}_i^{(i)}$，外力为 $\boldsymbol{F}_i^{(e)}$。由质点的动量定理有

$$\mathrm{d}(m_i\boldsymbol{v}_i)=(\boldsymbol{F}_i^{(e)}+\boldsymbol{F}_i^{(i)})\mathrm{d}t=\boldsymbol{F}_i^{(e)}\mathrm{d}t+\boldsymbol{F}_i^{(i)}\mathrm{d}t$$

这样的方程有 n 个，相加得

$$\sum_{i=1}^{n}\mathrm{d}(m_i\boldsymbol{v}_i) = \sum_{i=1}^{n}\boldsymbol{F}_i^{(e)}\mathrm{d}t + \sum_{i=1}^{n}\boldsymbol{F}_i^{(i)}\mathrm{d}t$$

由内力的性质 1 可知，$\sum_{i=1}^{n}\boldsymbol{F}_i^{(i)}=0$，又因为 $\sum_{i=1}^{n}\mathrm{d}(m_i\boldsymbol{v}_i)=\mathrm{d}\sum_{i=1}^{n}m_i\boldsymbol{v}_i=\mathrm{d}\boldsymbol{p}$，而 $\sum_{i=1}^{n}\boldsymbol{F}_i^{(e)}\mathrm{d}t=\sum_{i=1}^{n}\mathrm{d}\boldsymbol{I}_i^{(e)}$，于是有

$$\mathrm{d}\boldsymbol{p} = \sum_{i=1}^{n}\boldsymbol{F}_i^{(e)}\mathrm{d}t = \sum_{i=1}^{n}\mathrm{d}\boldsymbol{I}_i^{(e)} \tag{10-14}$$

这就是质点系动量定理的微分形式：质点系动量的微分等于作用于质点系外力元冲量的矢量和。

式(10-14)也可写成

$$\frac{\mathrm{d}\boldsymbol{p}}{\mathrm{d}t} = \sum_{i=1}^{n}\boldsymbol{F}_i^{(e)} \tag{10-15}$$

即质点系动量对时间的一次导数等于作用于质点系的外力的矢量和(外力的主矢)。

设 $\boldsymbol{p}_0$ 和 $\boldsymbol{p}$ 为质点系初瞬时和时刻 t 的动量，对式(10－14)积分，得

$$\int_{\boldsymbol{p}_0}^{\boldsymbol{p}} \mathrm{d}\boldsymbol{p} = \sum_{i=1}^{n} \int_0^t \boldsymbol{F}_i^{(e)} \mathrm{d}t$$

或

$$\boldsymbol{p} - \boldsymbol{p}_0 = \sum_{i=1}^{n} \boldsymbol{I}_i^{(e)} \tag{10-16}$$

这就是质点系动量定理的积分形式：在某一时间间隔内，质点系动量的改变量等于同时间间隔内作用于质点系外力冲量的矢量和。

应用时应取上述各式的投影形式：

$$\mathrm{d}p_x = \sum \mathrm{d}I_x, \quad \mathrm{d}p_y = \sum \mathrm{d}I_y, \quad \mathrm{d}p_z = \sum \mathrm{d}I_z \tag{10-17}$$

$$\frac{\mathrm{d}p_x}{\mathrm{d}t} = \sum F_x^{(e)}, \quad \frac{\mathrm{d}p_y}{\mathrm{d}t} = \sum F_y^{(e)}, \quad \frac{\mathrm{d}p_z}{\mathrm{d}t} = \sum F_z^{(e)} \tag{10-18}$$

$$p_x - p_{0x} = \sum I_x, \quad p_y - p_{0y} = \sum I_y, \quad p_z - p_{0z} = \sum I_z \tag{10-19}$$

动量定理建立了质点系动量的变化与作用于质点系的外力的主矢(或冲量)之间关系。它表明外力是质点系动量改变的原因，而内力不能改变质点系的动量。

例 10－3 电动机的外壳固定在水平基础上，定子质量为 m_1，转子质量为 m_2，如图 10－4 所示。设定子的质心位于转轴的中心 O_1，但由于制造误差，转子的质心 O_2 到 O_1 的距离为 e。已知转子匀速转动，角速度为 ω，求基础的支反力。

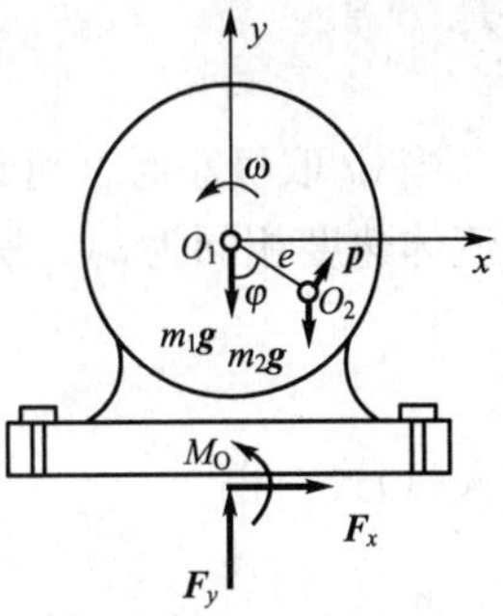

图 10－4

解：用质点系动量定理求解。

(1) 取电动机外壳与转子组成质点系。

(2) 受力分析：外力有重力 $m_1\boldsymbol{g}$、$m_2\boldsymbol{g}$，基础的反力 $\boldsymbol{F}_x$、$\boldsymbol{F}_y$ 和反力偶 M_0。

(3) 运动分析：机壳不动，质点系的动量就是转子的动量，其大小为

$$p = m_2 \omega e$$

方向如图 10－4 所示。设 $t=0$ 时，$O_1 O_2$ 铅垂，有 $\varphi = \omega t$。由动量定理的投影式得

$$\frac{\mathrm{d}p_x}{\mathrm{d}t} = F_x$$

$$\frac{\mathrm{d}p_y}{\mathrm{d}t} = F_y - m_1 g - m_2 g$$

而 $p_x = m_2 e\omega\cos\omega t$，$p_y = m_2 e\omega\sin\omega t$。代入上式，解出基础反力得

$$F_x = -m_2 e\omega^2 \cos\omega t, \quad F_y = (m_1 + m_2)g + m_2 e\omega^2 \cos\omega t$$

电动机不转时，基础只有向上的反力 $(m_1+m_2)g$，称为**静反力**；电动机转动时的基础反力可称为**动反力**。动反力与静反力的差值是由于系统运动而产生的，可称为**附加动反力**。

例 10－4 图 10－5 所示为流体流经变截面弯管的示意图。设流体是不可压缩的，流动是稳定的(即流体各质点流经空间固定点时，其速度不随时间而改变)。求流体对管壁的动压力。

解：(1) 以弯管 $ABCD$ 内的流体为质点系。

(2) 受力分析：作用于流体的外力有体积力——重力 $\boldsymbol{P}$；表面力——管壁反力 $\boldsymbol{F}$，截

面 AB、CD 受到的相邻截面的压力 $\boldsymbol{F}_1$ 和 $\boldsymbol{F}_2$。

(3) 运动分析：流体的流动为稳定流动，设流经 AB、CD 截面的速度分别为 $\boldsymbol{v}_1$ 和 $\boldsymbol{v}_2$。

(4) 取直角坐标系 Oxy。

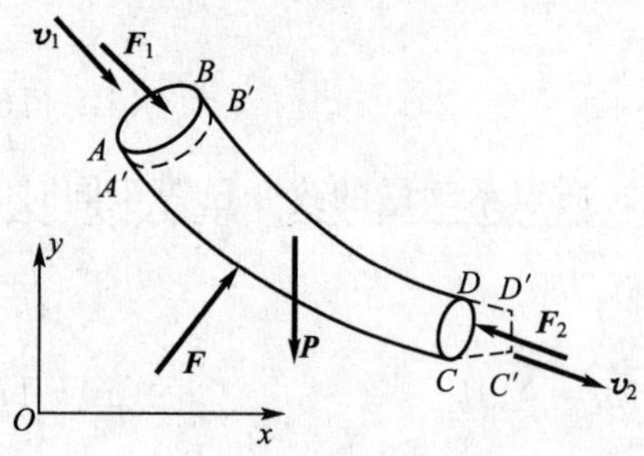

图 10-5

计算质点系的动量改变量。设在微小时间间隔 $\mathrm{d}t$ 内，AB 截面的流体流到 $A'B$ 截面，CD 截面的流体流到 $C'D'$ 截面。那么，$ABCD$ 这一部分流体则流到 $A'B'C'D'$ 位置。令 q_V 为单位时间内流过截面的体积流量(单位为 $\mathrm{m^3/s}$)，ρ 为密度(单位为 $\mathrm{kg/m^3}$)，则质点系在 $\mathrm{d}t$ 内流过截面的质量为

$$\mathrm{d}m = q_V\rho\,\mathrm{d}t$$

在 $\mathrm{d}t$ 时间间隔内质点系动量的改变量为

$$\begin{aligned}\boldsymbol{p}-\boldsymbol{p}_0 &= \boldsymbol{p}_{A'B'C'D'}-\boldsymbol{p}_{ABCD}=(\boldsymbol{p}_{A'B'CD}+\boldsymbol{p}_{CDC'D'})\\&\quad-(\boldsymbol{p}_{ABA'B'}+\boldsymbol{p}_{A'B'CD})\end{aligned}$$

因为流体的流动是稳定的，有

$$\boldsymbol{p}_{A'B'CD}=\boldsymbol{p}_{A'B'CD}$$

于是

$$\boldsymbol{p}-\boldsymbol{p}_0=\boldsymbol{p}_{CDC'D'}-\boldsymbol{p}_{ABA'B'} \tag{1}$$

当 $\mathrm{d}t$ 取极小时，可认为截面 AB 和 $A'B'$ 之间流体速度相同为 $\boldsymbol{v}$，截面 CD 和 $C'D'$ 之间流体速度相同为 $\boldsymbol{v}_2$。所以

$$\left.\begin{aligned}\boldsymbol{p}_{CDC'D'}&=q_V\rho\,\boldsymbol{v}_2\,\mathrm{d}t\\\boldsymbol{p}_{ABA'B'}&=q_V\rho\,\boldsymbol{v}_1\,\mathrm{d}t\end{aligned}\right\} \tag{2}$$

代入(1)式，得

$$\boldsymbol{p}-\boldsymbol{p}_0=m\boldsymbol{v}_2-m\boldsymbol{v}_1=q_V\rho(\boldsymbol{v}_2-\boldsymbol{v}_1)\,\mathrm{d}t$$

(5) 建立动力学方程。

$$\boldsymbol{p}-\boldsymbol{p}_0=\sum\boldsymbol{F}_i\,\mathrm{d}t \tag{3}$$

其中

$$\sum\boldsymbol{F}_i=\boldsymbol{P}+\boldsymbol{F}_1+\boldsymbol{F}_2+\boldsymbol{F} \tag{4}$$

联立解得

$$q_V\rho(\boldsymbol{v}_2-\boldsymbol{v}_1)=\boldsymbol{P}+\boldsymbol{F}_1+\boldsymbol{F}_2+\boldsymbol{F} \tag{5}$$

若将管壁反力分为两部分：$\boldsymbol{F}'$ 称为静反力，$\boldsymbol{F}''$ 称为动反力。其中，静反力 $\boldsymbol{F}'$ 满足静力学平衡条件，即

$$\boldsymbol{F}'+\boldsymbol{P}+\boldsymbol{F}_1+\boldsymbol{F}_2=0$$

于是，管壁动反力为

$$\boldsymbol{F}''=q_V\rho(\boldsymbol{v}_2-\boldsymbol{v}_1) \tag{10-20}$$

上式为理想流体在弯管中流动时，管壁作用流体的动反力，流体对管壁产生的动压力与其大小相等，方向相反。应用时用投影式，为

$$\left.\begin{aligned}F''_x&=q_V\rho(v_{2x}-v_{1x})\\F''_y&=q_V\rho(v_{2y}-v_{1y})\end{aligned}\right\} \tag{10-21}$$

设截面 AB 和 CD 的面积为 S_1 和 S_2，由不可压缩流体的连续性定律可知

$$q_V=S_1v_1=S_2v_2$$

4. 质点系动量守恒定律

若作用于质点系的外力的主矢恒等于零，则质点系的动量保持不变，即$\sum \boldsymbol{F}_i^{(e)}=0$，则

$$\boldsymbol{p}=\boldsymbol{p}_0=\text{常矢量} \quad \text{或} \quad \frac{\mathrm{d}\boldsymbol{p}}{\mathrm{d}t}=0$$

若作用于质点系的外力的主矢在某轴投影恒等于零，则质点系动量在该轴投影保持不变。例如$\sum F_{ix}^{(e)}=0$，则

$$p_x=p_{0x}=\text{常量}$$

以上两条推论称为质点系动量守恒定律。

应注意，内力虽不能改变质点系的动量，但是可以改变质点系中各质点的动量。

例如，射击时，子弹和枪体组成质点系。射击前其动量为零，当火药在枪膛爆炸时，作用于子弹的压力是内力，它使子弹产生一个向前的动量，同时又使枪体获得一个向后的动量(反座现象)。当水平方向没有外力作用时，这个方向的总动量总保持为零。

例 10－5 小车质量为 $m_1=100\text{kg}$，在光滑水平直线轨道上以 $v_1=1\text{m/s}$ 的速度匀速运动。现有一质量为 $m_2=50\text{kg}$ 的人从高处跳到车上，其速度大小为 $v_2=2\text{m/s}$，方向与水平线成 60°角，如图 10－6 所示，求在人跳上车后车的速度。如果该人又从车上向后跳下，跳离车时，相对于车的速度 $v_r=1\text{m/s}$，方向与水平线成 30°角，求在人跳离后车子的速度。

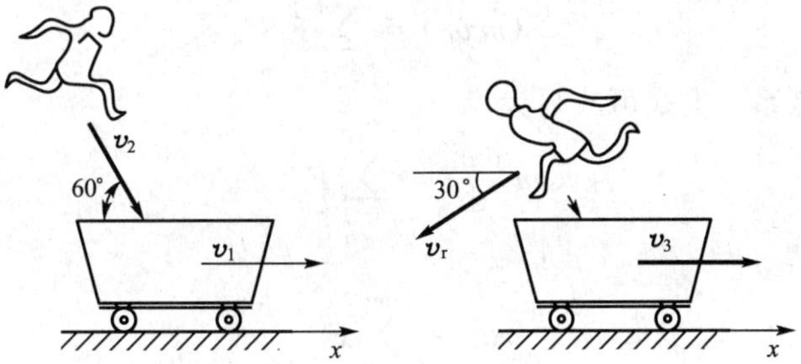

图 10－6

解：(1) 取人和车为研究的质点系。

(2) 受力分析：人和车之间的作用力为内力，不能改变质点系的动量。外力如重力、轨道的约束反力都沿铅直方向，它们在水平轴上的投影代数和零，因此质点系的动量在水平轴上投影的代数和守恒。

建立直角坐标系，人跳上车之前，质点系的动量在 x 轴上的投影为

$$p_{0x}=m_1v_1+m_2v_2\cos 60°$$

人跳上车后，质点系的动量在 x 轴上的投影为

$$p_x=(m_1+m_2)v$$

其中 v 是人跳上车后，与车一起运动的速度。

根据动量守恒定理，得

$$m_1v_1+m_2v_2\cos 60°=(m_1+m_2)v$$

代入数据得 $v=1\text{m/s}$，即人跳上车后，车的速度恰好仍为 1m/s。

当人又从车上跳下来，人和车组成的质点系的动量在 x 轴上的投影仍旧守恒。起跳前，质点系的动量在 x 轴上的投影为

$$p_x=(m_1+m_2)v$$

起跳后，由于内力的作用使车的速度变为 v_3，人相对地球的速度在 x 轴上的投影为 $v_3-v_r\cos30°$

根据动量守恒定理，有

$$(m_1+m_2)v=m_1v_3+m_2(v_3-v_r\cos30°)$$

代入数据，得

$$v_3=\frac{150+25\sqrt{3}}{150}\approx1.29\text{m/s}$$

§10-3 质心运动定理

1. 质心运动定理

由于质点系的动量等于质点系的质量与质心速度的乘积，因此动量定理的微分形式可写成

$$\frac{\mathrm{d}}{\mathrm{d}t}(m\boldsymbol{v}_C)=\sum_{i=1}^{n}\boldsymbol{F}_i^{(e)}$$

对于质量不变的质点系，上式可改写为

$$m\frac{\mathrm{d}\boldsymbol{v}_C}{\mathrm{d}t}=\sum_{i=1}^{n}\boldsymbol{F}_i^{(e)}$$

或者写成

$$m\boldsymbol{a}_C=\sum_{i=1}^{n}\boldsymbol{F}_i^{(e)} \tag{10-22}$$

其中，$\boldsymbol{a}_C$ 为质点系质心的加速度，上式给出了质点系质心的运动规律，即质点系的质量与质心加速度的乘积等于作用于质点系上外力的矢量和(即等于外力的主矢)。这种规律称为**质心运动定理**。

质心运动定理与质点动力学的基本方程在形式上完全相似。这样，质心运动定理又可叙述为：质点系质心这个几何点的运动，可以看成一个质点的运动，设想此质点集中了整个质点系的质量和承受了全部作用于质点系的外力。

例如，土建工程中采用定向爆破的施工方法时，要求一次爆破就将大量土石方抛掷到指定的地方。怎样才能达到目的呢？我们知道，爆破出来的土石块运动各不相同，情况很复杂，但就它们的整体来说，不计空气阻力，爆破后就只受重力作用，根据质心运动定理，它们质心的运动就像一个质点在重力作用下作抛射运动一样。因此，只要控制好质心的初速度，使质心的运动轨迹通过指定区域内的适当位置，就可能使大部分土石块落在该区域内，达到预期的效果，如图 10-7 所示。

由质点系动量定理和质心运动定理知，质点系动量的变化和质点系质心的运动均与内力无关，与外力有关。外力是改变质点系动量和质点系质心运动的根本原因。例如，汽车前

进时，主动轮是后轮，从动轮是前轮，如图10-8所示。汽车发动机中的气体压力是内力，它不能改变汽车质心的运动。那么汽车靠什么外力使其质心运动呢？原来，汽车发动机中的气体压力推动气缸内的活塞，通过一套机构，将力矩传给主动轮，如果车轮与地面的接触面足够粗糙，那么地面对车轮作用的滑动摩擦力(F_B-F_A)就是使汽车质心运动状态改变的外力。若地面光滑或$F_B<F_A$，车轮就会在原地转动，汽车就不能前进。冬天下雪时，汽车车轮加防滑链条，就是为了增大主动轮与地面间的摩擦力，以保证汽车正常行驶。

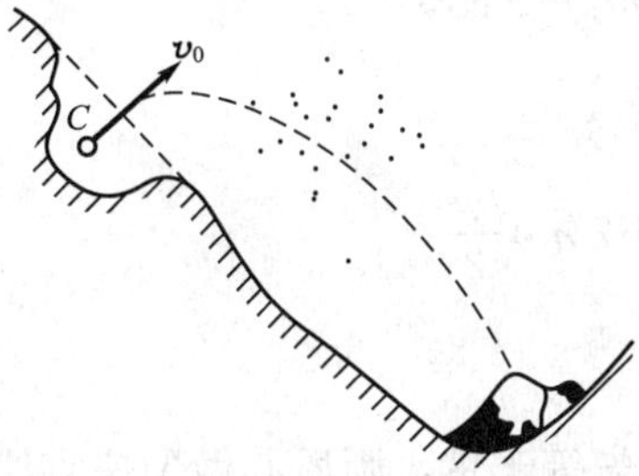

图10-7

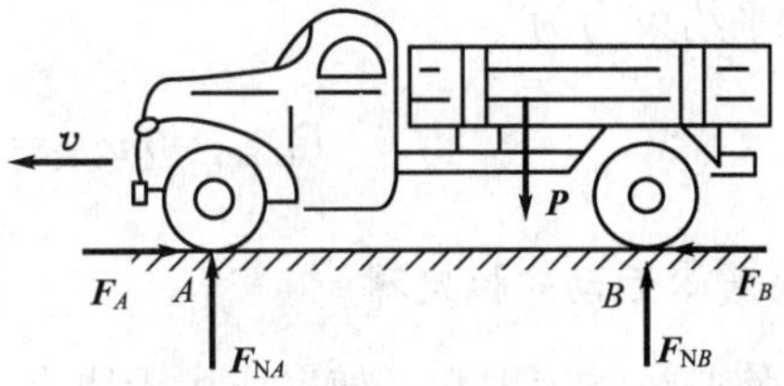

图10-8

由式(10-22)得质点系质心运动定理的投影形式。

(1) 直角坐标系：

$$ma_{Cx}=\sum_{i=1}^{n}F_{ix}^{(e)},\quad ma_{Cy}=\sum_{i=1}^{n}F_{iy}^{(e)},\quad ma_{Cz}=\sum_{i=1}^{n}F_{iz}^{(e)} \tag{10-23}$$

(2) 自然轴系：

$$m\frac{\mathrm{d}v_C}{\mathrm{d}t}=\sum_{i=1}^{n}F_{i\tau}^{(e)},\quad m\frac{v_C^2}{\rho}=\sum_{i=1}^{n}F_{in}^{(e)},\quad 0=\sum_{i=1}^{n}F_{ib}^{(e)} \tag{10-24}$$

例10-6 质量为m_1的均质曲柄OA，长为l，以等角速度ω绕O轴转动，并带动滑块A在竖直的滑道AB内滑动，滑块A的质量为m_2；而滑杆BD在水平滑道内运动，滑杆的质量为m_3，其质心在点C处，如图10-9所示。开始时曲柄OA为水平向右，试求：

(1) 系统质心运动规律。

(2) 作用在O轴处的最大水平约束力。

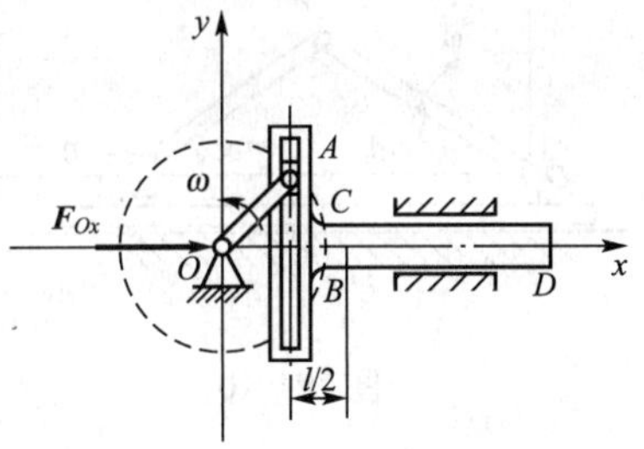

图10-9

解：(1) 求系统质心运动规律。如图10-9所示，建立直角坐标系Oxy，系统质心坐标分别为

$$x_C=\frac{m_1\dfrac{l}{2}\cos\omega t+m_2l\cos\omega t+m_3\left(l\cos\omega t+\dfrac{l}{2}\right)}{m_1+m_2+m_3}$$

$$=\frac{m_3l}{2(m_1+m_2+m_3)}+\frac{m_1+2m_2+2m_3}{2(m_1+m_2+m_3)}l\cos\omega t \tag{1}$$

$$y_C=\frac{m_1\dfrac{l}{2}+m_2l}{m_1+m_2+m_3}\sin\omega t=\frac{m_1+2m_2}{2(m_1+m_2+m_3)}l\sin\omega t$$

(2) 求作用在O轴处的最大水平约束力。

由质心运动定理

$$ma_{Cx}=\sum_{i=1}^{n}F_{ix}^{(e)}$$

对(1)式求导得质心的加速度为

$$\ddot{x}_C=-\frac{m_1+2m_2+2m_3}{2(m_1+m_2+m_3)}l\omega^2\cos\omega t$$

则作用在 O 轴处水平约束力为

$$F_{Ox}=ma_{Cx}=-(m_1+2m_2+2m_3)\frac{l\omega^2}{2}\cos\omega t$$

最大水平约束力为

$$F_{Ox\max}=ma_{Cx}=(m_1+2m_2+2m_3)\frac{l\omega^2}{2}$$

2. 质心运动守恒定律

由质心运动定理知：如果作用于质点系外力的主矢等于零，则质心做匀速直线运动；若开始静止，则质心位置保持不变。即 $\sum\boldsymbol{F}_i^{(e)}=0$，则 $\boldsymbol{v}_C=\boldsymbol{v}_{C0}=$常矢量；若 $\boldsymbol{v}_{C0}=0$，则 $\boldsymbol{r}_C=\boldsymbol{r}_{C0}=$常矢量。

如果作用于质点系的外力主矢在某轴投影等于零，则质心速度在该轴投影保持不变；若开始时速度投影等于零，则质心沿该轴的坐标保持不变。例如 $\sum F_{ix}^{(e)}=0$，则 $\dot{x}_C=\dot{x}_{C0}=$常量；若 $\dot{x}_{C0}=0$，则 $x_C=x_{C0}$。

以上结论，称为质心运动守恒定律。

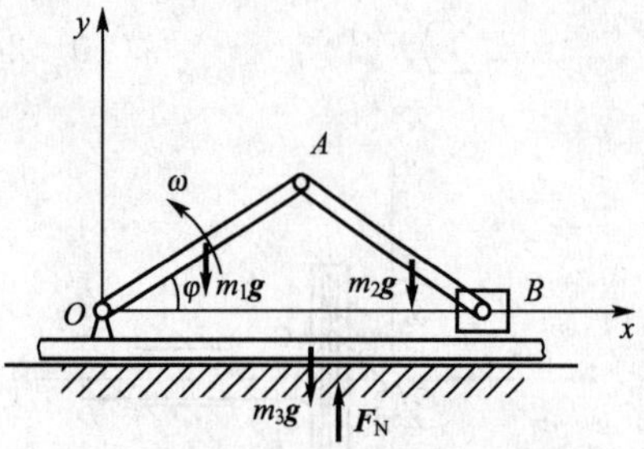

图 10-10

例 10-7 曲柄连杆机构安装在平台上，平台放置在光滑的水平基础上，如图 10-10 所示。曲柄 OA 的质量为 m_1，以匀角速度 ω 绕 O 轴转动，连杆 AB 的质量为 m_2，且 OA、AB 为均质杆，$OA=AB=l$，平台质量为 m_3，滑块 B 的质量不计。设初始时，曲柄 OA 和连杆 AB 在同一水平线上，系统初始静止，试求：

(1) 平台的水平运动规律。

(2) 基础对平台的约束力。

解：(1) 求平台的水平运动规律。选整体为研究对象，以初始曲柄 O 处为坐标原点建立定坐标系 Oxy。由于平台放置在光滑的水平基础上，则系统水平方向不受力，系统质心运动守恒，又由于系统初始静止，则 $x_C=$恒量。

初始时系统质心的水平坐标为

$$x_{C1}=\frac{m_1\frac{l}{2}+m_2\frac{3l}{2}+m_3x}{m_1+m_2+m_3}$$

其中，x 为初始时平台质心的水平坐标。

当曲柄转过 $\varphi=\omega t$ 时，平台质心移动了 Δx，系统质心的水平坐标为

$$x_{C2}=\frac{m_1\left(\frac{l}{2}\cos\varphi+\Delta x\right)+m_2\left(\frac{3l}{2}\cos\varphi+\Delta x\right)+m_3(x+\Delta x)}{m_1+m_2+m_3}$$

由于 $x_{C1}=x_{C2}$，则平台的水平运动规律为

$$\frac{m_1\frac{l}{2}+m_2\frac{3l}{2}+m_3x}{m_1+m_2+m_3}=\frac{m_1\left(\frac{l}{2}\cos\varphi+\Delta x\right)+m_2\left(\frac{3l}{2}\cos\varphi+\Delta x\right)+m_3(x+\Delta x)}{m_1+m_2+m_3}$$

即

$$\Delta x=\frac{m_1+3m_2}{2(m_1+m_2+m_3)}l(1-\cos\omega t)$$

(2) 求基础对平台的约束力。系统质心的垂直坐标为

$$y_C=\frac{m_1\frac{l}{2}\sin\varphi+m_2\frac{l}{2}\sin\varphi+m_3y}{m_1+m_2+m_3}$$

其中，y 为平台质心的垂直坐标。

质心的加速度为

$$\ddot{y}_C=-\frac{m_1+m_2}{2(m_1+m_2+m_3)}\omega^2 l\sin\omega t$$

其中，平台质心的加速度 $\ddot{y}=0$，因平台无竖向运动。

由质心运动定理

$$ma_{Cy}=\sum_{i=1}^{n}F_{iy}^{(e)}$$

得基础对平台的约束力为

$$(m_1+m_2+m_3)\ddot{y}_C=F_N-(m_1+m_2+m_3)g$$

$$F_N=(m_1+m_2+m_3)g-(m_1+m_2)\frac{\omega^2 l}{2}\sin\omega t$$

综合以上各例可知，应用质心运动定理解题的步骤如下。

(1) 分析质点系所受的全部外力，包括主动力和约束力。

(2) 根据外力情况确定质心运动是否守恒。

(3) 如果外力主矢等于零，且初始时质点系为静止，则质心坐标保持不变。计算在两个时刻质心的坐标(用各质点坐标表示)，令其相等，即可求得所要求的质点位移。

(4) 如果外力主矢不等于零，计算质心坐标，求质心的加速度，然后应用质心运动定理求未知力。若质点系上作用的未知力在某一方向有两个以上，则应用质心运动定理只能求出它们在这一方向投影的代数和。

(5) 在已知外力条件下，欲求质心的运动规律，与求质点的运动规律相同。

习　题

10-1　如图 10-11 所示，计算下列情况下各物体的动量。

(1) 均质杆的质量为 m，长为 l，以角速度 ω 绕 O 轴转动。

(2) 非均质圆盘重 $\boldsymbol{P}$，偏心距 $OC=e$，以角速度 ω 绕 O 轴转动。

(3) 质量为 m_1 的平板放在两个质量均为 m_2 的均质轮上，已知平板的速度为 $\boldsymbol{v}$。

10-2　设三个物块用绳相连，如图 10-12 所示，它们都可视为质点，其质量分别为

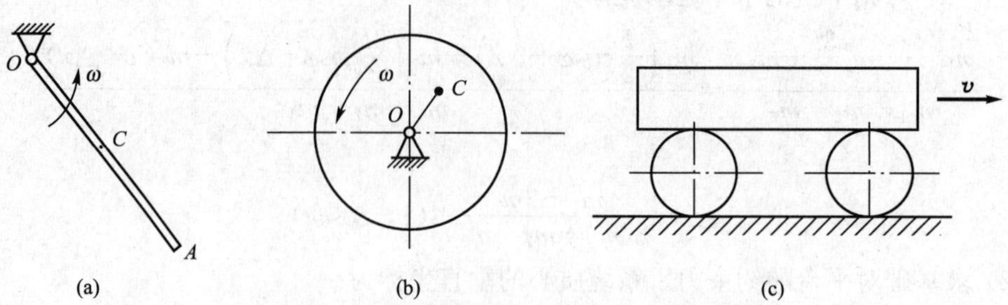

图 10-11

$m_1=2m_2=4\ m_3$。如绳的质量和变形忽略不计，则三质点的速度大小相同。求由这三个质点组成质点系的动量。设 $\alpha=45°$，$v_1=v_2=v_3=v$。

10-3　如图 10-13 所示，求炮弹由最初位置 O 至最高位置 M 的一段时间内，作用在其上的力的总冲量。已知炮弹的质量 $m=100\text{kg}$，$v_0=500\text{m/s}$，$\theta=60°$，$v=200\text{m/s}$。

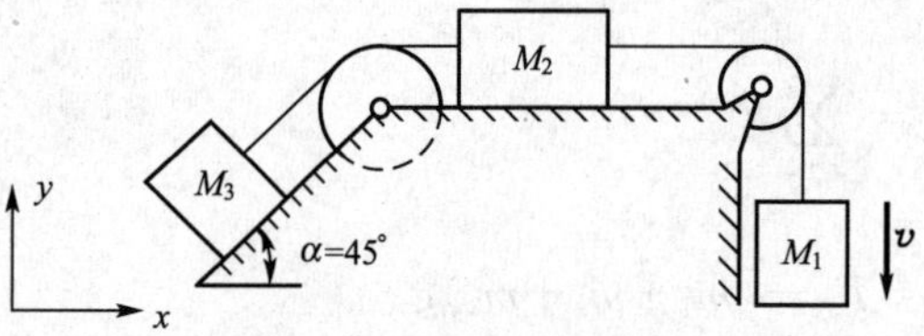

图 10-12

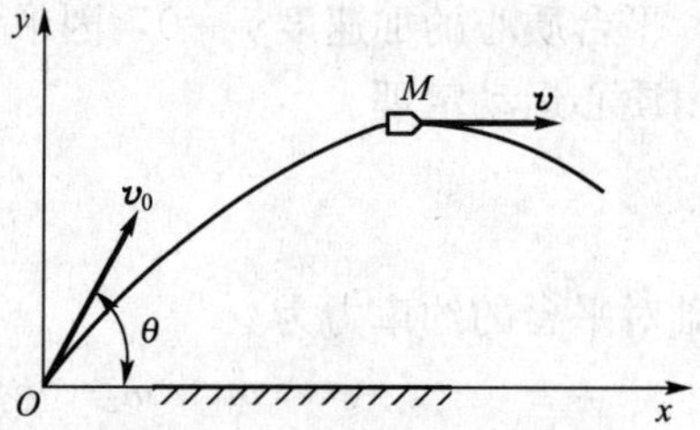

图 10-13

10-4　跳伞者重 600N，从停留在高空中的直升机中跳出，落下 100m 后，将降落伞打开。设开伞前的空气阻力略去不计，开伞后所受的阻力不变，经 5s 后跳伞者的速度减为 4.3m/s。设伞重不计，求阻力的大小。

10-5　重 2N 的物体以 5m/s 的速度向右运动，受到图 10-14 所示随时间变化的方向向左的力 $\boldsymbol{F}$ 的作用。试求受此力作用后，物体速度变为多大。

10-6　如图 10-15 所示，质量为 m_1 的物体 A 借滑轮装置和质量为 m_2 的物体 B 来提升。滑轮 D、E 的质量分别是 m_3 和 m_4，质心都在轴上。物体 B 以加速度 $\boldsymbol{a}$ 下降，试求定滑轮 E 的轴承反力。

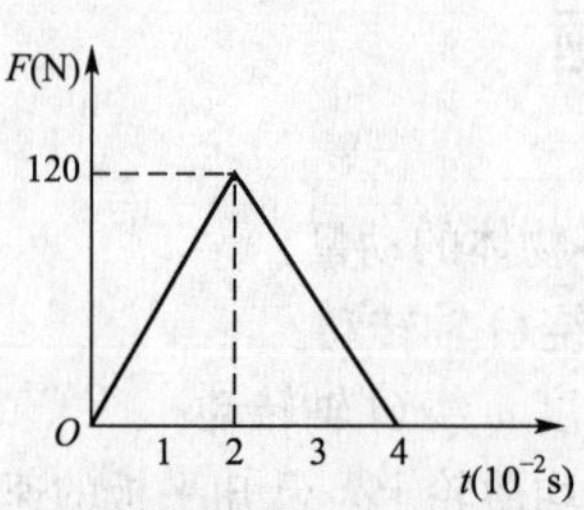

图 10-14

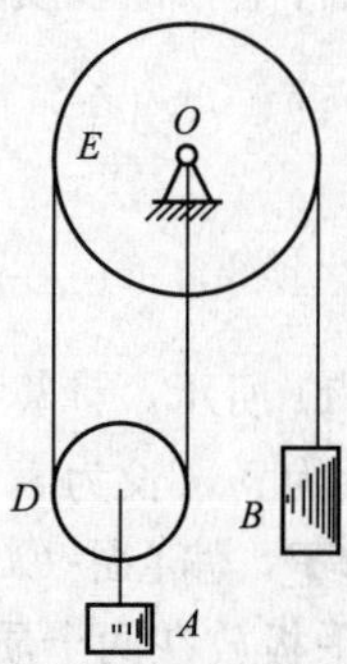

图 10-15

10-7 工地用的运砂传输机如图 10-16 所示，砂子自漏斗 A 处（横截面为 $200cm^2$）以速度 0.01m/s 铅垂下落，砂子的容重为 $0.265N/cm^3$，传送带以 $v=1.5m/s$ 匀速移动，求传送带对砂子的水平作用力。

10-8 水流以 $v_0=2m/s$ 流入固定水道，速度方向与水平面成 90°角，如图 10-17 所示。水流进口截面积为 $0.02m^2$，出口速度 $v_1=4m/s$，方向与水平面成 30°角，求水流作用于水道壁上的附加压力。

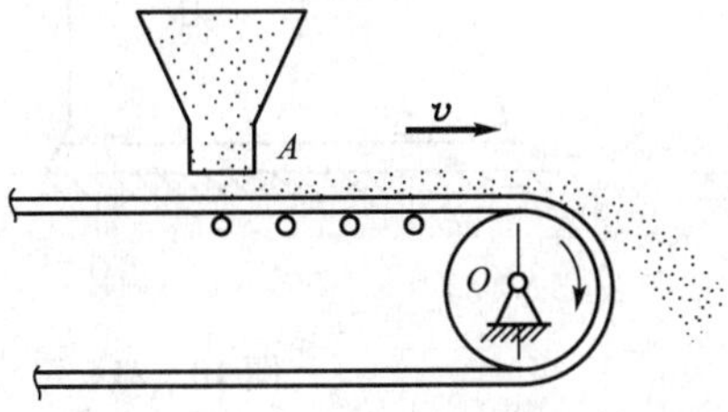

图 10-16

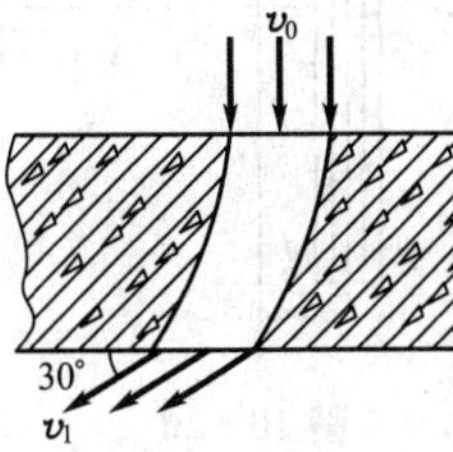

图 10-17

10-9 如图 10-18 所示，施工中广泛采用喷枪浇注混凝土衬砌，设喷枪的直径 $D=$ 80mm，喷射速度 $v_1=50m/s$，混凝土容重 γ 为 $21.6kN/m^3$，求喷浆对壁的压力。

10-10 如图 10-19 所示，质量为 m 的滑块 A 可以在光滑水平槽中运动。弹簧刚度为 k 的弹簧一端与滑块连接，另一端固定。杆 AB 长 l，质量忽略不计，A 端与滑块铰接，B 端装有一质量为 m_2 的小球，在铅直面内可绕点 A 旋转。设杆的角速度为 ω，如初瞬时 $\varphi=0$，弹簧为原长。求滑块 A 的运动微分方程。

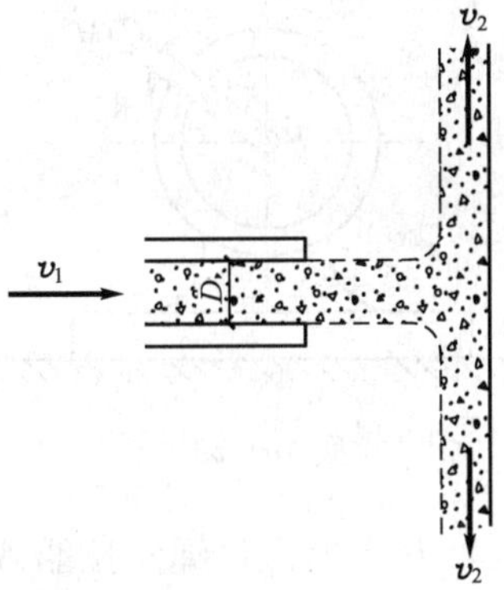

图 10-18

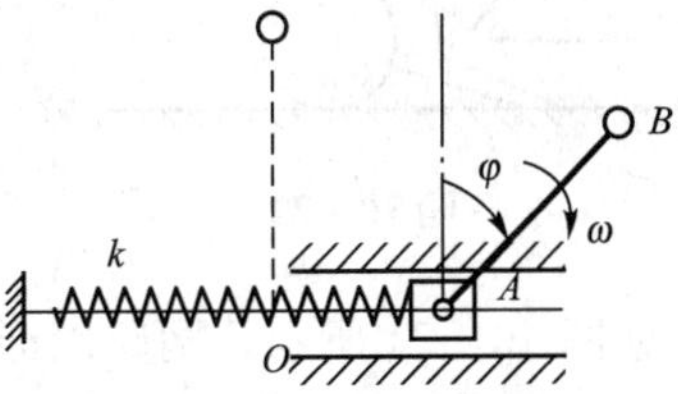

图 10-19

10-11 如图 10-20 所示，在曲柄滑道机构中，曲柄以等角速度 ω 绕 O 轴转动，设开始时曲柄水平向右。已知曲柄的质量为 m_1，长为 l，重心在 OA 的中点，滑块 A 的质量为 m_2，滑杆 BDE 的质量为 m_3，重心在 D 点，D 点到滑槽的距离为 $\frac{l}{2}$。试求：

(1) 机构质心的运动方程；

(2) 作用于 O 轴上的最大水平力。

10-12 如图 10-21 所示，均质圆盘绕偏心轴 O 以匀角速度 ω 转动。质量为 m_1 的滑杆借右端弹簧推压而顶在圆盘上，当圆盘转动时，滑杆作往复运动。设圆盘的质量为 m_2，

半径为 r，偏心距为 e，求任一瞬时机座螺钉的总动反力。

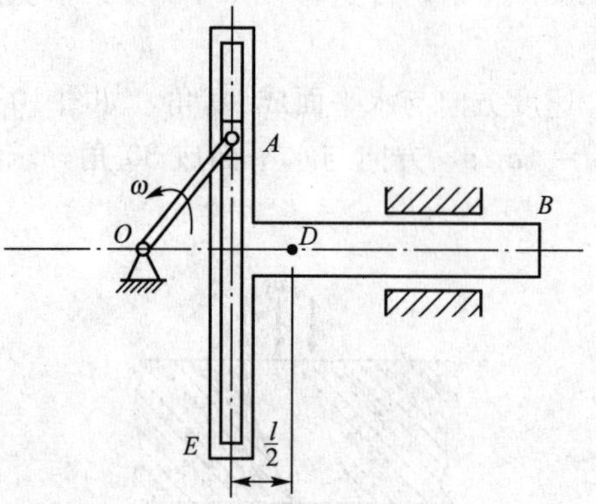

图 10-20

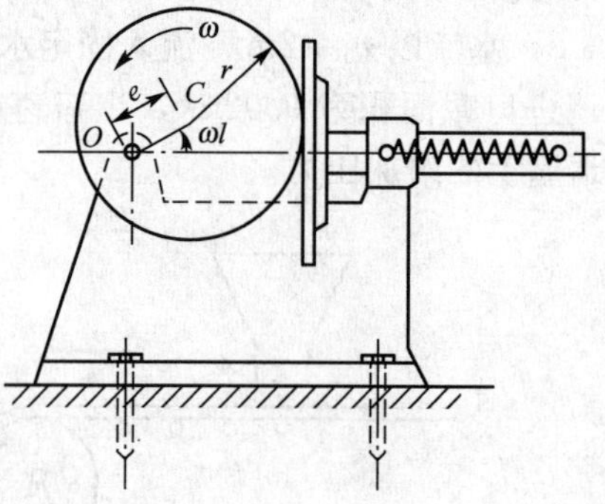

图 10-21

10-13　如图 10-22 所示，炮筒与水平面的倾角为 30°，其重量为 $P=11000$N，炮弹重 $P_1=54$N，炮弹出炮口时的速度为 $v_0=900$m/s。试求炮弹发射时，炮身的反座速度 v。

10-14　如图 10-23 所示，电动机的质量为 m_1，放在光滑的水平基础上，另一均质杆长 $OM=2l$，质量为 m_2，一端与电动机的轴 O 相固结，并与轴 O 的轴线垂直，另一端则刚连一质量为 m_3的物体 M。设电动机的角速度为 ω，杆 OM 开始时在垂直位置，试求电动机的水平运动。

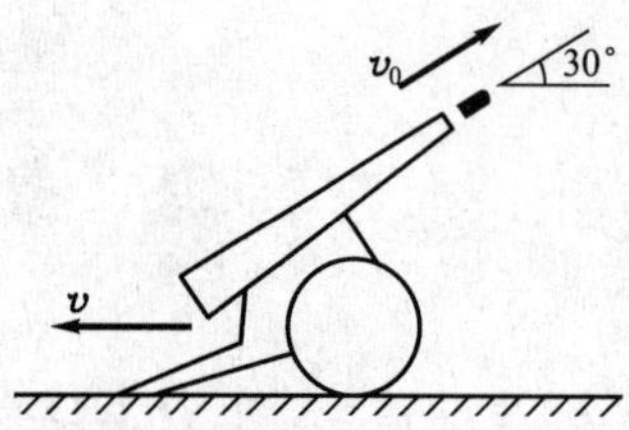

图 10-22

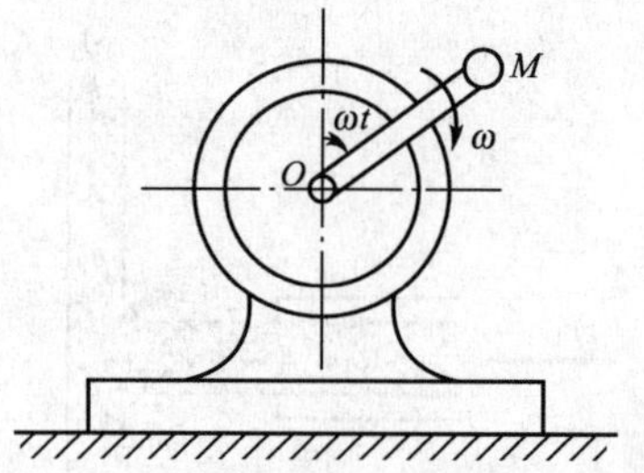

图 10-23

10-15　如图 10-24 所示，两船以绳索相连，船 B 上的人借绳索拉船 A。设船 A 重 $\boldsymbol{P}_1$，船 B 重 $\boldsymbol{P}_2$(包括拉绳的人重)，系统开始处于静止，两船相距为 l。不计船与水间的阻力。试求两船匀速运动到相接触时，A 和 B 船分别移动了多少距离。

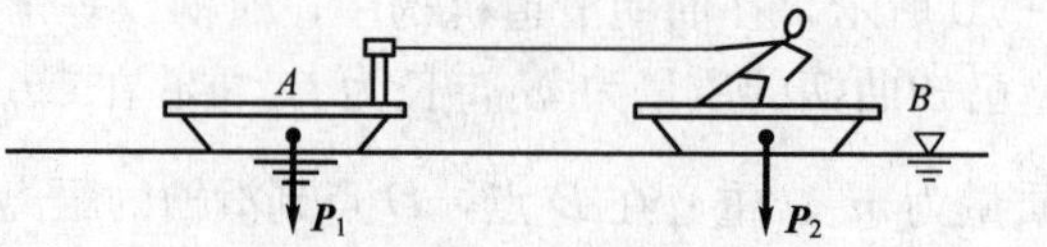

图 10-24

10-16　如图 10-25 所示，质点 M 的质量为 m_1，沿倾角为 θ、质量为 m_2的光滑三棱柱滑下；三棱柱又可在光滑水平面上自由滑动。试求：

(1) 质点 M 沿水平方向的加速度 $\ddot{x}_1$；

(2) 三棱柱的加速度 $\ddot{x}_2$；

(3) 三棱柱对质点的反作用力；

(4) 水平面对三棱柱的反作用力。

10－17 如图 10－26 所示，板 D 置于光滑水平面上，其上置有一机构，此机构为一个十字形套筒 C，用于保证 AB 平动，曲柄 OA 是根长 l、质量为 m 的均质杆，它以匀角速度 ω 绕 O 轴转动，杆 AB 的质量为 $4m$，套筒 C 的质量为 $2m$，机构其余部分的质量为 $20m$。试求：

(1) 平台的水平运动规律；

(2) 平台给水平面的压力；

(3) 平台开始跳动时的角速度。

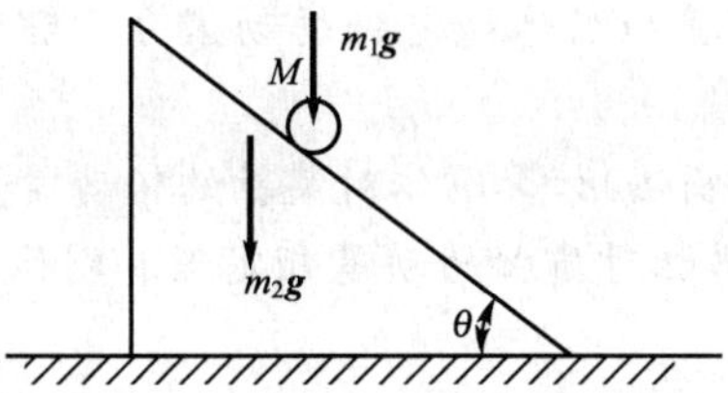

图 10－25

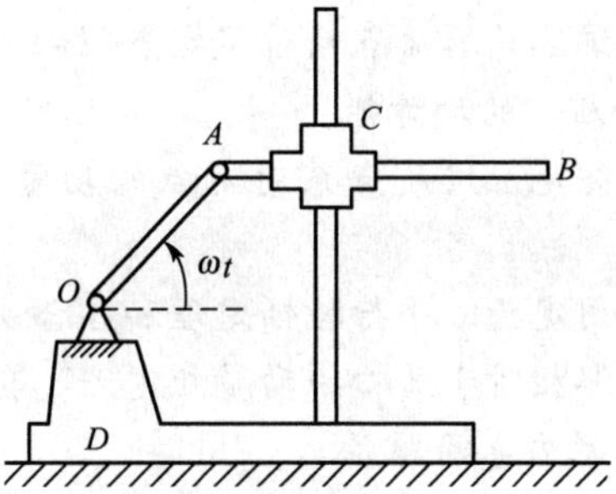

图 10－26

第11章 动量矩定理

教学目标

通过本章学习，应达到以下目标：

(1) 对质点系(刚体、刚体系)的质心、动量矩、质点系(刚体、刚体系)对某轴的转动惯量等概念有清晰的理解。

(2) 熟练地计算质点系对某定点(轴)的动量矩，根据刚体(系)的运动计算刚体(系)对某点(轴)和质心的动量矩。

(3) 熟练地应用质点系对定点的动量矩定理和刚体绕定轴转动微分方程求解动力学问题。

(4) 会用定义、平行移轴定理和组合法(分割法)计算刚体对某轴的转动惯量。

(5) 了解相对于质心的动量矩定理，会应用相对质心的动量矩定理和刚体平面运动微分方程求解动力学问题。

引例

在现代体育运动中，空中转体是体操，跳板或跳水运动员经常要做的动作。基本的动作是空翻和转体。运动员在空中头部向下整个身体绕着一根水平通过其腰部的轴(横轴)旋转，这就是空翻动作。

其力学的基本原理是，人体通过起跳动作获得支撑体对人体一定量的力矩，从而使人体进入腾空状态时具备相应量的动量矩，人体进入腾空状态后动量矩守恒，人体的翻转形式和翻转速度变化将通过肢体运动改变转动惯量及完成总动量矩对不同轴的交换来实现。

第10章阐述的动量定理建立了作用力与动量变化之间的关系，揭示了质点系机械运动规律的一个侧面，而不是全貌。例如，圆轮绕质心转动时，无论它怎样转动，圆轮的动量都是零，动量定理不能说明这种运动的规律。动量矩定理则是从另一个侧面，揭示出质点系相对于某一定点或质心的运动规律。本章将推导动量矩定理并阐明其应用。

§11-1 转动惯量

1. 刚体对轴的转动惯量

转动惯量是表征刚体转动惯性大小的一个重要物理量。

设有一刚体及任一轴 z，如图 11-1 所示，刚体上任一点的质量为 m_i，与轴 z 的距离为 r_i，则各点质量 m_i 与 r_i^2 的乘积之和称为刚体对 z 轴的**转动惯量**，用符号 J_z 表示。即

$$J_z = \sum_{i=1}^{n} m_i r_i^2 \tag{11-1}$$

转动惯量的量纲是 ML^2，单位是千克·米^2($kg \cdot m^2$)。

对于质量连续分布的刚体，可将式(11-1)中的 m_i 改为 dm，而求和变为求积分，于是有

$$J_z = \int r^2 dm \tag{11-2}$$

由定义可知，转动惯量的大小不仅与质量大小有关，而且与质量分布情况有关，它是一个正值标量。质量分布越靠近 z 轴，转动惯量越小；反之则越大。例如，质量与半径都相等的均质圆环与圆盘，对于通过质心的轴的转动惯量，圆环的转动惯量较大，这是因为圆环的质量都集中在轮的边缘上。又如，为了使机器运转稳定，常常在主轴上安装一个飞轮，这个飞轮要做得边缘较厚，中间较薄且挖有一些空洞，把它的质量大部分分布在飞轮的边缘上，这样飞轮的转动惯量就越大，如图 11-2 所示。

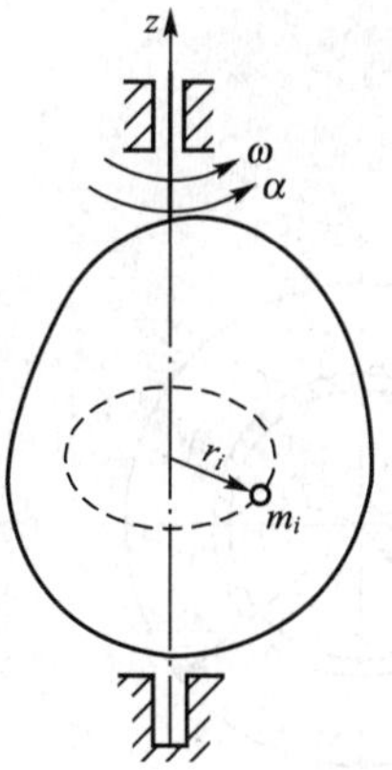

图 11-1

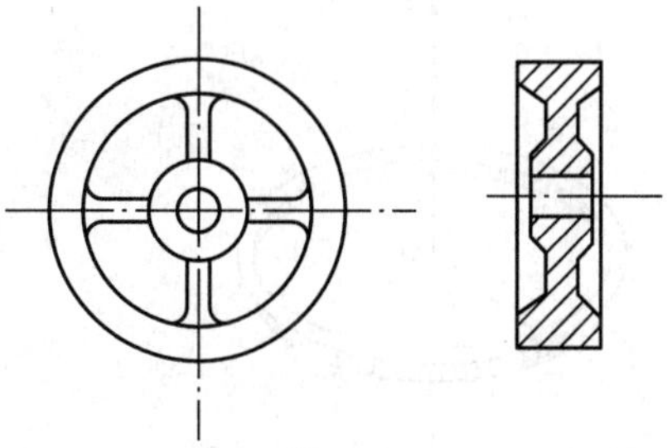
图 11-2

2. 回转半径(惯性半径)

在工程问题上，计算刚体的转动惯量时，常应用下面公式：

$$J_z = m\rho_z^2 \tag{11-3}$$

式中，m 为整个刚体的质量；ρ_z称为刚体对 z 轴的回转半径，具有长度的量纲。

由式(11-3)可知，**回转半径**为转动惯量与质量的比值的平方根，即

$$\rho_z=\sqrt{\frac{J_z}{m}} \tag{11-4}$$

由定义可知，对于几何形状相同的物体，其回转半径是一样的。

如果已知回转半径，则可按式(11-3)求出转动惯量；反之，如果已知转动惯量，则可由式(11-4)求出回转半径。

回转半径只是在计算刚体的转动惯量时，假想地把刚体的全部质量集中在离轴距离为回转半径的某一圆柱面上，这样在计算刚体对该轴的转动惯量时，就简化为计算这个圆柱面对该轴的转动惯量。

必须注意，回转半径不是物体某部分尺寸，它仅具有长度的单位和量纲。机械工程手册中列出了简单几何形状或几何形状已标准化的零件的回转半径，以供查阅。

3. 简单形状均质刚体的转动惯量

1）均质薄圆环对中心轴的转动惯量

如图 11-3 所示，将圆环分成许多微段，第 i 个微段的质量为 m_i，由于每个微段到中心轴 z 的距离均为 R。所以，有

$$J_z=\sum m_i R^2=R^2\sum m_i$$

式中，$\sum m_i=m$，为圆环质量。于是有

$$J_z=mR^2 \tag{11-5}$$

均质薄圆环对中心轴的回转半径为 $\rho_z=R$。

2）均质薄圆板对中心轴的转动惯量

如图 11-4 所示，将圆板分成无数个同心圆环，第 i 个圆环半径为 r，宽度为 dr，质量 $\mathrm{d}m=\frac{m}{\pi R^2}\cdot 2\pi r\mathrm{d}r=\frac{2mr}{R^2}\mathrm{d}r$，则

$$J_z=\int_0^R\left(\frac{2mr}{R^2}\mathrm{d}r\right)r^2=\int_0^R\frac{2m}{R^2}r^3\mathrm{d}r$$

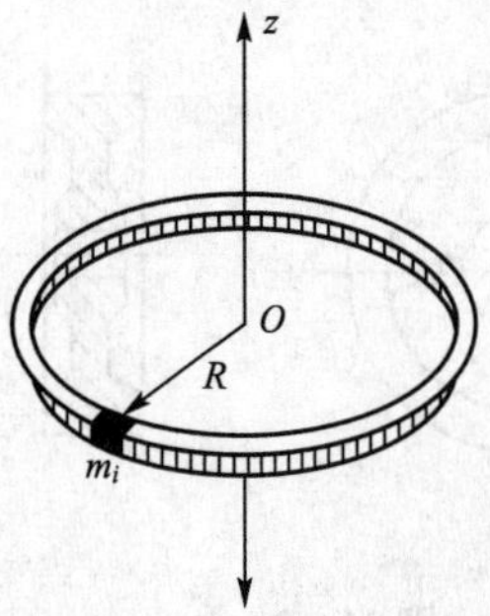

图 11-3

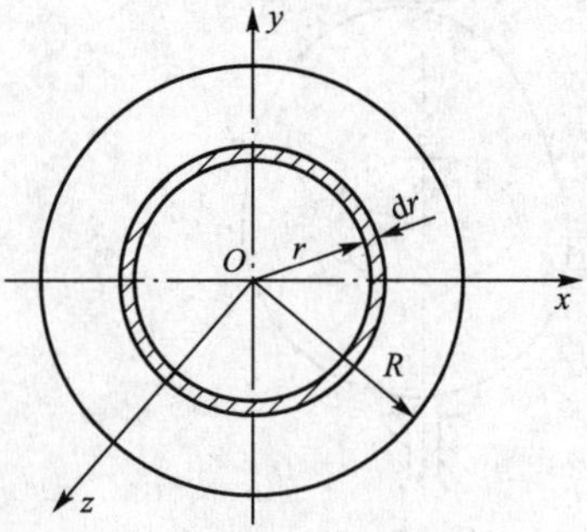

图 11-4

得到

$$J_z=\frac{1}{2}mR^2 \tag{11-6}$$

均质圆板对中心轴的回转半径为 $\rho_z=\frac{\sqrt{2}}{2}R$。

3）均质细长杆对过端点 z 轴的转动惯量

如图 11-5 所示，在杆上取一微段 $\mathrm{d}x$，其质量为 $\mathrm{d}m=\frac{m}{l}\mathrm{d}x$，则

$$J_z=\int_0^l\left(\frac{m}{l}\mathrm{d}x\right)x^2=\int_0^l\frac{m}{l}x^2\mathrm{d}x$$

得到

$$J_z=\frac{1}{3}ml^2 \qquad (11-7)$$

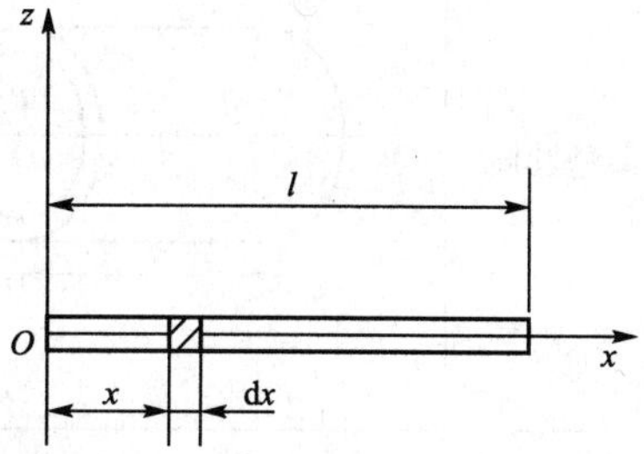

图 11-5

均质细长杆对 z 轴的回转半径为 $\rho_z=\frac{\sqrt{3}}{3}l$。

常见的均质物体的转动惯量和回转半径如表 11-1 所示。

表 11-1　均质刚体的转动惯量

刚体形状	简图	转动惯量	回转半径
细长杆	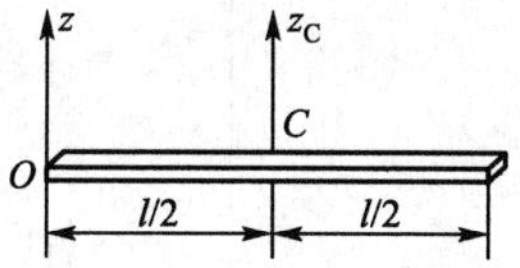	$J_{zC}=\frac{m}{12}l^2$ $J_z=\frac{m}{3}l^2$	$\rho_{zC}=\frac{l}{2\sqrt{3}}=0.289l$ $\rho_z=\frac{l}{\sqrt{3}}=0.577l$
薄圆板	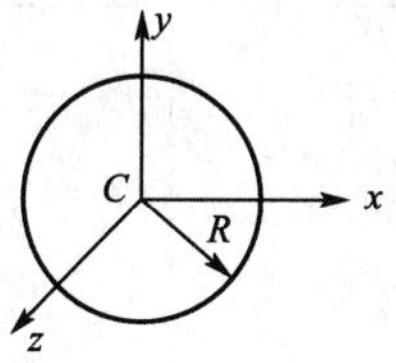	$J_x=J_y=\frac{m}{4}R^2$ $J_z=\frac{m}{2}R^2$	$\rho_x=\rho_y=\frac{R}{2}=0.5R$ $\rho_z=\frac{\sqrt{2}}{2}R=0.707R$
薄圆环	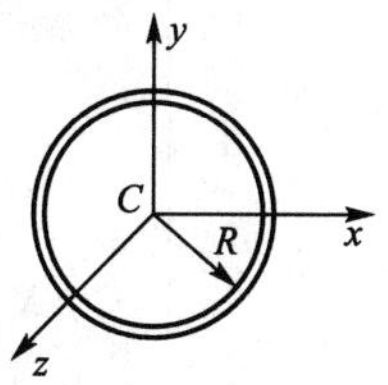	$J_x=J_y=\frac{m}{2}R^2$ $J_z=mR^2$	$\rho_x=\rho_y=\frac{1}{\sqrt{2}}R=0.707R$ $\rho_z=R$

续表

刚体形状	简图	转动惯量	回转半径
薄壁圆筒	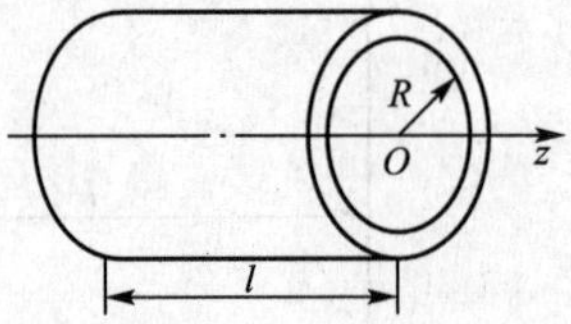	$J_z = mR^2$	$\rho_z = R$
圆柱	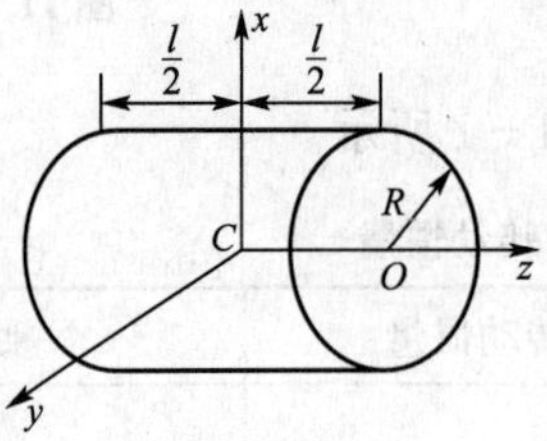	$J_x = J_y = \frac{m}{12}(3R^2 + l^2)$ $J_z = \frac{m}{2}R^2$	$\rho_x = \rho_y = \sqrt{\frac{1}{12}(3R^2 + l^2)}$ $\rho_z = \frac{R}{\sqrt{2}} = 0.707R$
空心圆柱	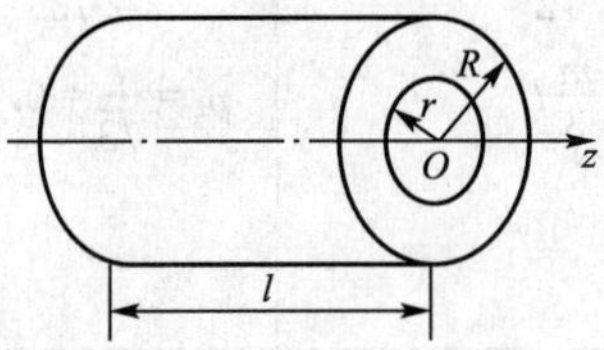	$J_z = \frac{m}{2}(R^2 + r^2)$	$\rho_z = \sqrt{\frac{1}{2}(R^2 + r^2)}$
矩形薄板	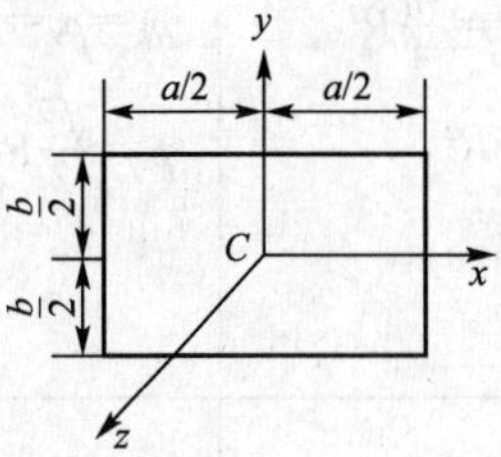	$J_x = \frac{m}{12}b^2$ $J_y = \frac{m}{12}a^2$ $J_z = \frac{m}{12}(a^2 + b^2)$	$\rho_x = \frac{b}{2\sqrt{3}} = 0.289b$ $\rho_y = \frac{a}{2\sqrt{3}} = 0.289a$ $\rho_z = \sqrt{\frac{a^2 + b^2}{12}}$
实心球	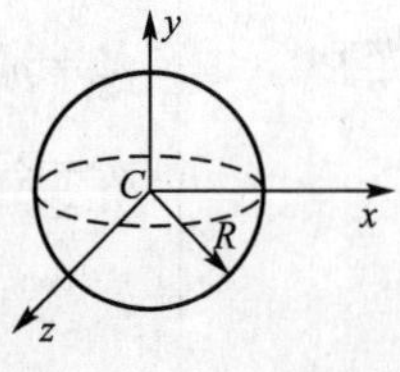	$J_z = \frac{2}{5}mR^2$	$\rho_z = \sqrt{\frac{2}{5}}R = 0.632R$

续表

刚体形状	简图	转动惯量	回转半径
薄壁实心球	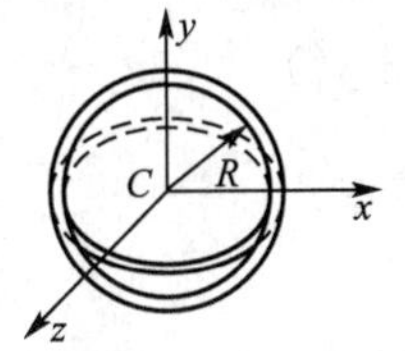	$J_z=\frac{2}{3}mR^2$	$\rho_z=\sqrt{\frac{2}{3}}R=0.816R$
实心半球	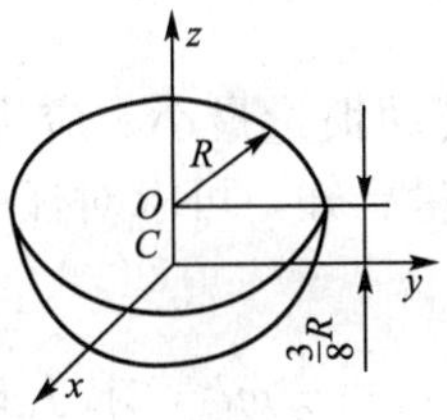	$J_x=\frac{83}{320}mR^2$ $J_y=\frac{83}{320}mR^2$ $J_z=\frac{m}{5}R^2$	$\rho_x=\sqrt{\frac{83}{320}}R=0.509R$ $\rho_y=\sqrt{\frac{83}{320}}R=0.509R$ $\rho_z=\frac{1}{\sqrt{5}}R=0.447R$
圆锥体	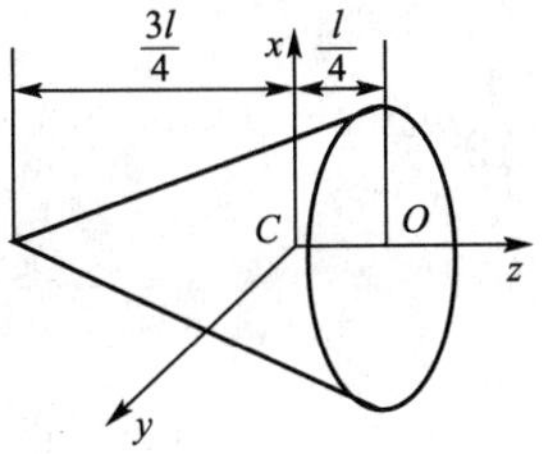	$J_x=J_y$ $=\frac{3}{80}m(4R^2+l^2)$ $J_z=\frac{3}{10}mR^2$	$\rho_x=\rho_y=\sqrt{\frac{3}{80}(4R^2+3l^2)}$ $\rho_z=\sqrt{\frac{3}{10}}R=0.548R$
长方体	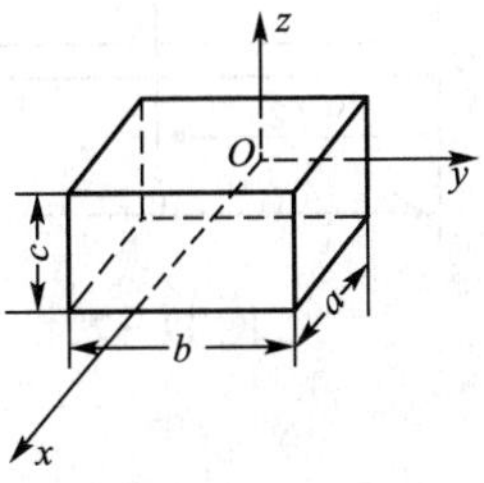	$J_x=\frac{m}{12}(b^2+c^2)$ $J_y=\frac{m}{12}(a^2+c^2)$ $J_z=\frac{m}{12}(a^2+b^2)$	$\rho_x=\sqrt{\frac{1}{12}(b^2+c^2)}$ $\rho_y=\sqrt{\frac{1}{12}(a^2+c^2)}$ $\rho_z=\sqrt{\frac{1}{12}(a^2+b^2)}$

4. 平行移轴定理

定理 刚体对任一轴的转动惯量，等于刚体对于通过质心并与该轴平行的轴的转动惯量，加上刚体的质量与两轴间距离平方的乘积，即

$$J_z = J_{zC} + md^2 \tag{11-8}$$

证明：如图 11-6 所示，设 Cz_1 轴与 Oz 轴平行，C 为刚体质心，两轴间的距离为 d，刚体对质心轴 Cz_1 和 Oz 轴的转动惯量分别为 J_{zC} 和 J_z，分别过 C、O 点作直角坐标系 $Cx_1y_1z_1$ 和 $Oxyz$，则

$$J_{zC} = \sum m_i r_1^2 = \sum m_i (x_1^2 + y_1^2)$$

$$J_z = \sum m_i r^2 = \sum m_i (x^2 + y^2)$$

因为，$x = x_1$，$y = (y_1 + d)$，于是

$$J_z = \sum m_i [x_1^2 + (y_1 + d)^2] = \sum m_i (x_1^2 + y_1^2) + 2d \sum m_i y_1 + d^2 \sum m_i$$

式中，$\sum m_i = m$ 为刚体的质量，$\sum m_i y_1 = m y_C = 0$，于是得到

$$J_z = J_{zC} + md^2$$

证毕。

由平行移轴定理可知，刚体对通过质心的轴的转动惯量最小。应用定理时，J_{zC} 可用 J_C 来表示。由式(11-8)，当刚体对质心轴的转动惯量已知，可求对任一平行轴的转动惯量，反之，可求对质心轴的转动惯量。

如图 11-7 所示，均质细长杆对 z 轴的转动惯量 $J_z = \frac{1}{3}ml^2$，求 J_C 时，可根据平行移轴定理

$$J_z = J_C + md^2$$

式中，$d = l/2$，$J_z = ml^2/3$，于是

$$J_C = J_z - m\left(\frac{l}{2}\right)^2 = \frac{1}{12}ml^2$$

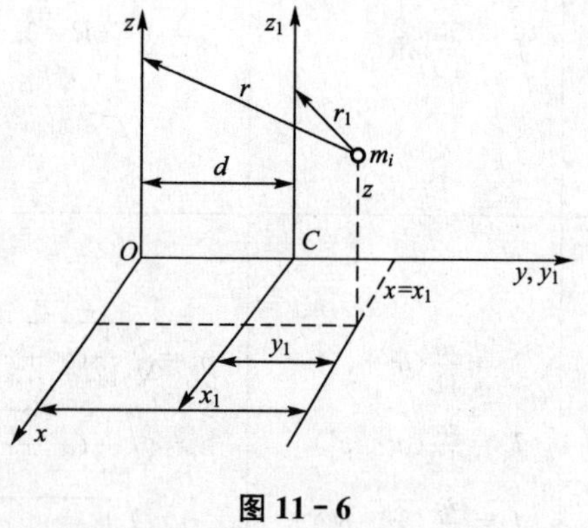

图 11-6

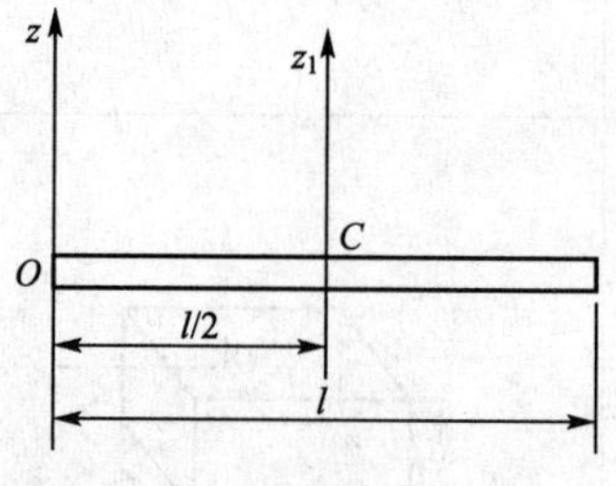

图 11-7

5. 计算转动惯量的组合法

对于物体由几个几何形状简单的物体组成的情形，可用组合法求物体的转动惯量，即分别计算每一部分的转动惯量，然后相加求其代数和，式(11-1)可改写为 $J_z = \sum J_i$。如果物体有空心部分，可将质量作为负值处理，其转动惯量为负值。

例 11-1 钟摆如图 11-8 所示。均质杆长 $l = 2\text{m}$，质量 $m_1 = 4\text{kg}$，均质圆盘半径 $R = 0.2\text{m}$，质量 $m_2 = 6\text{kg}$，求摆对 O 轴的转动惯量。

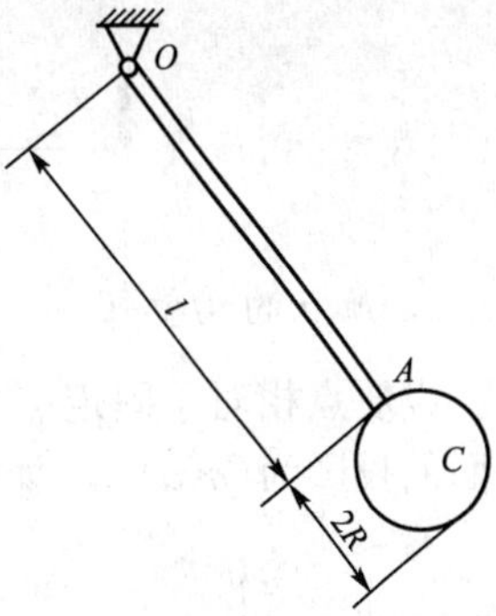

图 11-8

解：将摆分为两部分。

均质杆的转动惯量为

$$J_{O杆}=\frac{1}{3}m_1l^2$$

均质圆盘的转动惯量，由平行移轴定理，为

$$J_{O盘}=J_C+m_2(l+R)^2$$
$$=\frac{1}{2}m_2R^2+m_2(l+R)^2$$

摆的转动惯量为

$$J_O=J_{O杆}+J_{O盘}$$
$$=\frac{1}{3}m_1l^2+\frac{1}{2}m_2R^2+m_2(l+R)^2$$

代入数据后，得

$$J_O=34.49\text{kg}\cdot\text{m}^2$$

例 11-2 均质圆盘有一偏心圆孔，如图 11-9 所示。已知圆盘的密度 $\rho=7850\text{kg/m}^3$，图中长度单位为 mm。求圆盘对 z 轴的转动惯量。

解：将此圆盘分成直径为 $\phi300$ 的大圆盘和直径为 $\phi60$ 的空心小圆盘。

大圆盘的转动惯量为

$$J_{z1}=\frac{1}{2}m_1R^2=\frac{1}{2}(\pi R^2\rho h)R^2=\frac{1}{2}\pi\rho hR^4$$

其中，$R=0.15\text{m}$，$h=0.05\text{m}$，代入得

$$J_{z1}=0.312\text{kg}\cdot\text{m}^2$$

空心小圆盘的转动惯量(m_2取负值)

$$J_{z2}=\frac{1}{2}m_2r^2+m_2l^2$$
$$=\frac{1}{2}(-\pi r^2\rho h)r^2-\pi r^2\rho hl^2$$

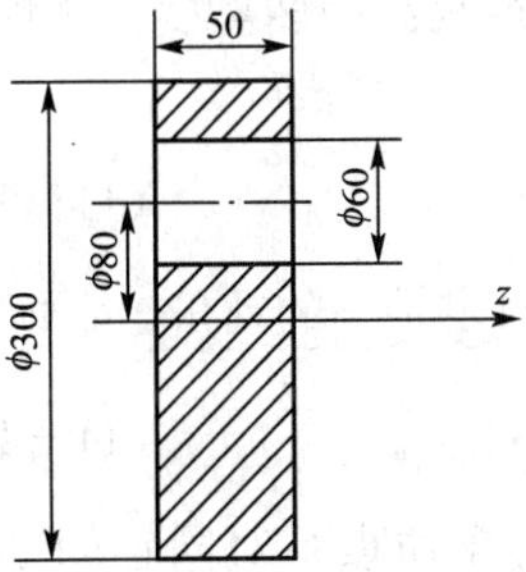

图 11-9

其中，$r=0.03\text{m}$，$h=0.05\text{m}$，$l=0.08\text{m}$，代入后得

$$J_{z2}=-0.0076\text{kg}\cdot\text{m}^2$$

均质圆盘的转动惯量为

$$J_z=J_{z1}+J_{z2}=(0.312-0.0076)\text{kg}\cdot\text{m}^2=0.3044\text{kg}\cdot\text{m}^2$$

确定物体的转动惯量除上述方法外，对于几何形状复杂的物体，工程上常用实验方法测定转动惯量。如用复摆法测出物体振动周期 T，进而计算出物体对悬挂点 O 的转动惯量(见例 11-9)，$J_O=\frac{T^2mgl}{4\pi^2}$。

此外，还有扭振法测圆盘的转动惯量，落地观测法测飞轮的转动惯量。对于一般零件，可根据其几何形状及设备条件，设计实验方法以测定其转动惯量。

§11-2 质点和质点系的动量矩

1. 质点的动量矩

设质点相对于固定点 O 运动，某瞬时其位置用矢径 $\boldsymbol{r}$ 表示。动量为 $m\boldsymbol{v}$，动量在 Oxy 平面的投影为 $(m\boldsymbol{v})_{xy}$，如图 11-10 所示。

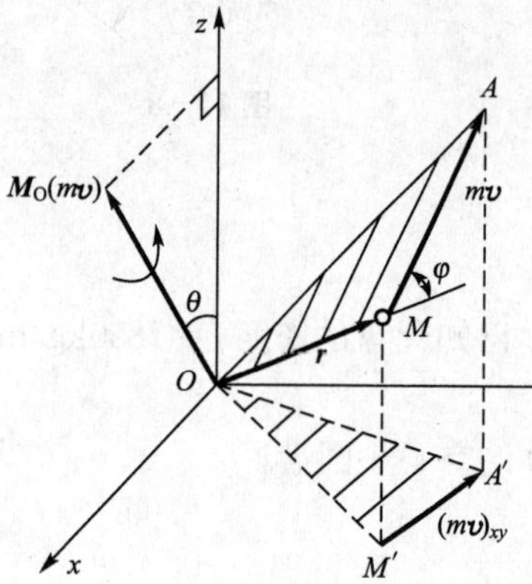

图 11-10

质点的动量对某定点 O 的矩称为质点对定点 O 的**动量矩**。

即

$$\boldsymbol{M}_O(m\boldsymbol{v})=\boldsymbol{r}\times m\boldsymbol{v} \tag{11-9}$$

质点对定点 O 的动量矩是一个矢量，它垂直于矢径 $\boldsymbol{r}$ 与动量 $m\boldsymbol{v}$ 所形成的平面，矢量的指向由右手法则确定。其大小为

$$|\boldsymbol{M}_O(m\boldsymbol{v})|=mv\cdot r\sin\varphi=2S_{\triangle OMA} \tag{11-10}$$

质点动量在 Oxy 平面内的投影 $(m\boldsymbol{v})_{xy}$ 对于定点 O 的矩称为质点动量对 z 轴的动量矩，简称为质点对 z 轴的动量矩，即

$$M_z(m\boldsymbol{v})=\pm 2S_{\triangle OM'A'} \tag{11-11}$$

质点对定轴的动量矩是一个代数量。

仿照静力学中力对点的矩与力对通过该点的轴的矩的关系，有以下结论：

质点的动量对定点 O 的动量矩在 z 轴上的投影，等于质点的动量对 z 轴的动量矩，即

$$[\boldsymbol{M}_O(m\boldsymbol{v})]_z=M_z(m\boldsymbol{v}) \tag{11-12}$$

动量矩的量纲为 ML^2T^{-1}，单位是千克·米^2/秒(kg·m^2/s)。

2. 质点系的动量矩

质点系内各质点对某定点 O 的动量矩的矢量和，称为质点系对定点的动量矩，或称为质点系动量对 O 点的主矩，即

$$\boldsymbol{L}_O=\sum_{i=1}^{n}\boldsymbol{M}_O(m_i\boldsymbol{v}_i) \tag{11-13}$$

质点系内各质点对某定轴 z 的动量矩的代数和，称为质点系对定轴 z 的动量矩，即

$$L_z=\sum_{i=1}^{n}M_z(m_i\boldsymbol{v}_i) \tag{11-14}$$

质点系对某定点 O 的动量矩矢在通过该点的轴 z 上的投影等于质点系对同轴的动量矩，即

$$[\boldsymbol{L}_O]_z=L_z \tag{11-15}$$

式(11-15)给出了质点系对某定点的动量矩与对通过该点的轴的动量矩之间的关系。

上述内容给出了质点系对定点、定轴的动量矩的定义及其关系。下面讨论一般情况下的动量矩的计算。

3. 一般情况下质点系的动量矩

设质点系由 n 个质点组成，其质心为 C，以质心为原点取平动坐标系 $Cx'y'z'$。设质点系内任一质点 M_i 的质量为 m_i，速度为 $\boldsymbol{v}_i$，对定点 O 的矢径为 $\boldsymbol{r}_i$，相对于质心 C 的矢径为 $\boldsymbol{r}'_i$，如图 11-11 所示。则有

$$\boldsymbol{r}_i=\boldsymbol{r}_C+\boldsymbol{r}'_i$$

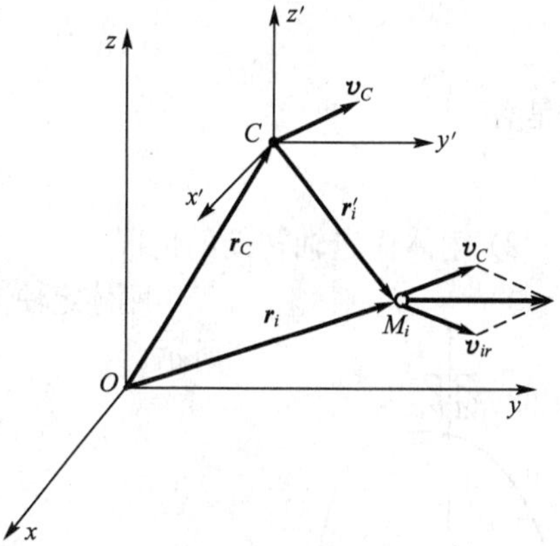

图 11-11

由定义，质点系对点 O 的动量矩为

$$\begin{aligned}\boldsymbol{L}_O &= \sum_{i=1}^{n}\boldsymbol{M}_O(m_i\boldsymbol{v}_i)\\ &= \sum_{i=1}^{n}\boldsymbol{r}_i\times m_i\boldsymbol{v}_i\\ &= \sum_{i=1}^{n}\boldsymbol{r}_C\times m_i\boldsymbol{v}_i+\sum_{i=1}^{n}\boldsymbol{r}'_i\times m_i\boldsymbol{v}_i\end{aligned}$$

式中，$\sum_{i=1}^{n}\boldsymbol{r}_C\times m_i\boldsymbol{v}_i=\boldsymbol{r}_C\times\sum_{i=1}^{n}m_i\boldsymbol{v}_i=\boldsymbol{r}_C\times m\boldsymbol{v}_C$。这一项可以这样理解：如果把质点系的运动分解为随质心的平动和相对于质心的运动，则这一项为质点系随质心平动时对定点的动量矩，简称为质点系随质心平动的动量矩。

令 $\sum_{i=1}^{n}\boldsymbol{r}'_i\times m_i\boldsymbol{v}_i=\boldsymbol{L}_C$，则这一项为质点系在绝对运动中相对于质心的动量矩。于是有

$$\boldsymbol{L}_O=\boldsymbol{r}_C\times m\boldsymbol{v}_C+\boldsymbol{L}_C \tag{11-16}$$

式(11-16)表明：质点系在绝对运动中对某定点 O 的动量矩等于质点系随质心平动的动量矩和质点系在绝对运动中相对质心的动量矩的矢量和。

由于质点 M_i 的运动为合成运动。根据速度合成定理可知，$\boldsymbol{v}_i=\boldsymbol{v}_C+\boldsymbol{v}_{ir}$，所以

$$\boldsymbol{L}_C=\sum_{i=1}^{n}\boldsymbol{r}'_i\times m_i\boldsymbol{v}_C+\sum_{i=1}^{n}\boldsymbol{r}'_i\times m_i\boldsymbol{v}_{ir}$$

式中，$\sum_{i=1}^{n}\boldsymbol{r}'_i\times m_i\boldsymbol{v}_C=\sum_{i=1}^{n}m_i\boldsymbol{r}'_i\times\boldsymbol{v}_C$，而 $\sum_{i=1}^{n}m_i\boldsymbol{r}'_i=m\boldsymbol{r}'_C=0$，$\boldsymbol{r}'_C$ 为质心相对质心的矢径，恒等于零。

令 $\boldsymbol{L}_{Cr}=\sum_{i=1}^{n}\boldsymbol{r}'_i\times m_i\boldsymbol{v}_{ir}=\sum_{i=1}^{n}\boldsymbol{M}_C(m_i\boldsymbol{v}_{ir})$。$\boldsymbol{L}_{Cr}$ 为质点系在相对于质心(平动坐标系)的运动中对质心的动量矩，简称为质点系相对于质心的动量矩。于是有

$$\boldsymbol{L}_C=\sum_{i=1}^{n}\boldsymbol{r}'_i\times m_i\boldsymbol{v}_{ir}=\sum_{i=1}^{n}\boldsymbol{M}_C(m_i\boldsymbol{v}_{ir})=\boldsymbol{L}_{Cr} \tag{11-17}$$

上式表明，质点系在绝对运动中对质心的动量矩等于质点系在相对运动中对质心的动量矩(质点系相对于质心的动量矩)。代入式(11-16)，得

$$\boldsymbol{L}_O=\boldsymbol{r}_C\times m\boldsymbol{v}_C+\boldsymbol{L}_{Cr}=\boldsymbol{M}_O(m\boldsymbol{v}_C)+\boldsymbol{L}_{Cr} \tag{11-18}$$

结论：质点系对某定点的动量矩等于质点系随质心平动的动量矩和相对于质心的动量矩的矢量和。

式(11-18)给出了计算质点系对某定点 O 的动量矩的方法，即可以将质点系的运动分

解为随质心的平动和相对于质心的运动，分别计算这两部分动量矩，再取其矢量和。

下面讨论刚体运动时，其动量矩的计算。

1）刚体作平动的情况

由于刚体平动时，其上各点的速度都相同，都等于质心速度$\boldsymbol{v}_C$，所以$\boldsymbol{v}_{ir}=0$，则

$$\boldsymbol{L}_{Cr}=\sum_{i=1}^{n}\boldsymbol{r}'_i\times m_i\boldsymbol{v}_{ir}=0$$

于是有

$$\boldsymbol{L}_O=\boldsymbol{r}_C\times m\boldsymbol{v}_C=\boldsymbol{M}_O(m\boldsymbol{v}_C) \tag{11-19}$$

2）刚体作定轴转动的情况

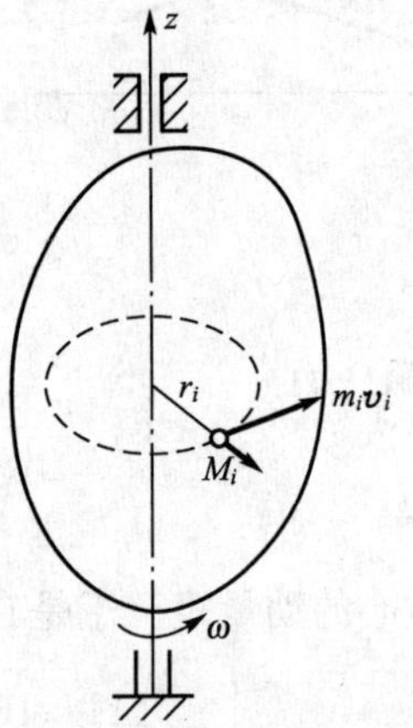

图 11-12

刚体定轴转动时，其动量矩可直接由式(11-14)计算，如图 11-12 所示。

$$L_z=\sum_{i=1}^{n}M_z(m_i\boldsymbol{v}_i)=\sum_{i=1}^{n}m_iv_i\cdot r_i$$
$$=\sum_{i=1}^{n}m_iv_i\omega\cdot r_i=\omega\sum_{i=1}^{n}m_ir_i^2$$

$J_z=\sum_{i=1}^{n}m_ir_i^2$ 为刚体对 z 轴的转动惯量，则上式可改写为

$$L_z=J_z\omega \tag{11-20}$$

式(11-20)表明：定轴转动刚体对转轴 z 的动量矩等于刚体对转轴的转动惯量与刚体转动角速度的乘积。

3）刚体做平面运动的情况

刚体平面运动时，其运动可分解为随质心的平动和相对于质心的转动，其角速度 ω 就是刚体在绝对运动中的角速度，而刚体对平面内任一定点 O 的动量矩均为代数量。相对质心的动量矩为 $L_{Cr}=\sum_{i=1}^{n}M_C(m_i\boldsymbol{v}_i)=J_C\omega$，$J_C$为刚体对质心的转动惯量。由式(11-18)，可得

$$L_O=M_O(m\boldsymbol{v}_C)+J_C\omega \tag{11-21}$$

上式表明：刚体平面运动时对平面内任一定点的动量矩等于随质心平动的动量矩和相对于质心转动动量矩的代数和。

例 11-3　如图 11-13 所示，车轮在直线轨道上滚动，其质量为 m，半径为 r，角速度为 ω。求车轮对轨道上定点 O 的动量矩。

解：以车轮为研究对象。其运动为平面运动。

由式(11-21)

$$L_O=mv_C\cdot r+J_C\omega$$

如果车轮作纯滚动，则 $v_C=r\omega$，故

$$L_O=(mr^2+J_C)\frac{v_C}{r}\quad 或\quad L_O=(mr^2+J_C)\omega$$

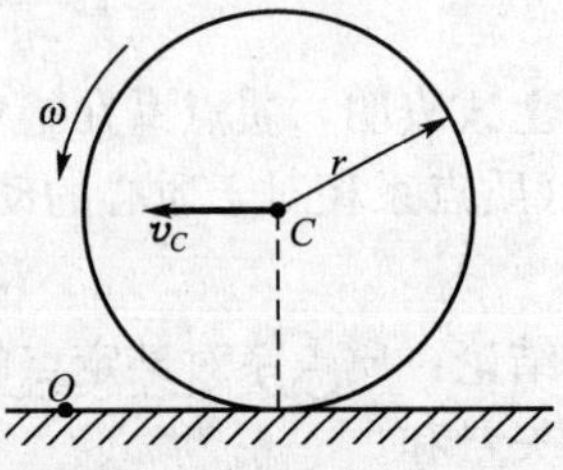

图 11-13

例 11-4　均质滑轮 A、B 的质量分别为 m_1 和 m_2，半径分别为 R 和 r，如图 11-14 所示。已知 $J_A=\frac{1}{2}m_1$

R^2，$J_B=\frac{1}{2}m_2r^2=\frac{1}{8}m_2R^2$，重物 C 的质量为 m_3。试求系统对 A 点的动量矩。

解：(1) 研究对象：整个系统。

(2) 运动分析，计算动量矩。

定滑轮作定轴转动，设其角速度为 ω，则

$$L_{A1}=J_A\omega=\frac{1}{2}m_1R^2\omega$$

动滑轮作平面运动，其速度瞬心在 D 点。其上 E 点的速度 v_E 与 A 轮轮缘上速度相同，故 $v_E=R\omega$，所以

$$\omega_B=\frac{v_E}{2r}=\omega,\quad v_B=r\omega_B=\frac{R}{2}\omega$$

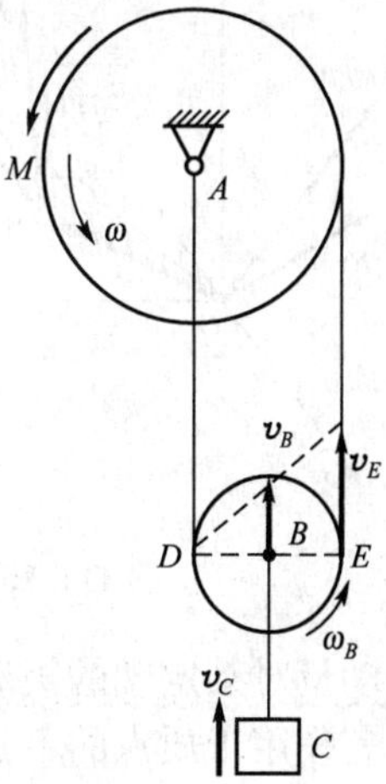

图 11-14

其对 A 点的动量矩为

$$L_{A2}=m_2v_B\cdot r+J_B\omega_B=m_2\frac{R}{2}\omega\cdot\frac{R}{2}+\frac{1}{8}m_2R^2\cdot\omega=\frac{3}{8}m_2R^2\omega$$

重物 C 的运动为铅直平动，其速度与轮 B 质心速度相同，$v_C=v_B=\frac{R}{2}\omega$，对 A 点的动量矩为

$$L_{A3}=m_3v_B\cdot r=m_3\frac{R}{2}\omega\cdot\frac{R}{2}=\frac{1}{4}m_3R^2\omega$$

系统对 A 点动量矩为

$$L_A=L_{A1}+L_{A2}+L_{A3}=\frac{1}{2}m_1R^2\omega+\frac{3}{8}m_2R^2\omega+\frac{1}{4}m_3R^2\omega$$

$$=\frac{1}{8}(4m_1+3m_2+2m_3)R^2\omega$$

由本例可知，要计算系统的动量矩，必须要对系统中各物体进行运动分析。

§11-3 质点和质点系的动量矩定理

1. 质点的动量矩定理

设质点的动量对定点 O 的矩为 $\boldsymbol{M}_O(m\boldsymbol{v})$，作用力 $\boldsymbol{F}$ 对同一点的矩为 $\boldsymbol{M}_O(\boldsymbol{F})$，如图 11-15 所示。

将动量矩对时间求一次导数，得

$$\frac{\mathrm{d}}{\mathrm{d}t}\boldsymbol{M}_O(m\boldsymbol{v})=\frac{\mathrm{d}}{\mathrm{d}t}(\boldsymbol{r}\times m\boldsymbol{v})=\frac{\mathrm{d}\boldsymbol{r}}{\mathrm{d}t}\times m\boldsymbol{v}+\boldsymbol{r}\times\frac{\mathrm{d}}{\mathrm{d}t}(m\boldsymbol{v})$$

由质点的动量定理可知，$\frac{\mathrm{d}}{\mathrm{d}t}(m\boldsymbol{v})=\boldsymbol{F}$，而 $\frac{\mathrm{d}\boldsymbol{r}}{\mathrm{d}t}=\boldsymbol{v}$，则上式可改写为

$$\frac{\mathrm{d}}{\mathrm{d}t}\boldsymbol{M}_O(m\boldsymbol{v})=\boldsymbol{v}\times m\boldsymbol{v}+\boldsymbol{r}\times\boldsymbol{F}$$

因为，$\boldsymbol{v}\times m\boldsymbol{v}=0$，$\boldsymbol{r}\times\boldsymbol{F}=\boldsymbol{M}_O(\boldsymbol{F})$，于是得到

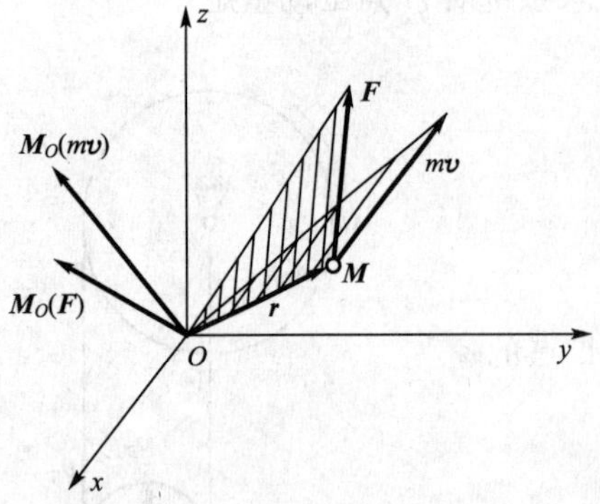

图 11-15

$$\frac{\mathrm{d}}{\mathrm{d}t}\boldsymbol{M}_O(m\boldsymbol{v})=\boldsymbol{M}_O(\boldsymbol{F}) \quad (11-22)$$

式(11-22)为质点的**动量矩定理**：质点的动量对某定点的矩对时间的一次导数等于作用于质点的力对同一点的矩。

应用时，取式(11-22)在直角坐标轴上的投影式，注意到式(11-12)，得

$$\frac{\mathrm{d}}{\mathrm{d}t}M_x(m\boldsymbol{v})=M_x(\boldsymbol{F}),\quad \frac{\mathrm{d}}{\mathrm{d}t}M_y(m\boldsymbol{v})=M_y(\boldsymbol{F}),$$

$$\frac{\mathrm{d}}{\mathrm{d}t}M_z(m\boldsymbol{v})=M_z(\boldsymbol{F}) \quad (11-23)$$

式(11-23)为质点动量矩定理的投影形式：质点的动量对某定轴的矩对时间的一次导数等于作用于质点的力对同轴的矩。

若作用于质点的不是一个力而是一个力系，上述各式中的 $\boldsymbol{M}_O(\boldsymbol{F})$ 和 $M_z(\boldsymbol{F})$ 应理解为 $\sum\boldsymbol{M}_O(\boldsymbol{F})$ 和 $\sum M_z(\boldsymbol{F})$。

由质点的动量矩定理可得出以下两条推论。

推论 1　如果作用于质点的力对某定点的矩恒等于零，则质点的动量对该定点的矩保持不变，即若 $\boldsymbol{M}_O(\boldsymbol{F})=0$，则 $\boldsymbol{M}_O(m\boldsymbol{v})=$ 常矢量。

推论 2　如果作用于质点的力对某定轴 z 的矩恒等于零，则质点的动量对该轴的矩保持不变。例如 $M_z(\boldsymbol{F})=0$，则 $M_z(m\boldsymbol{v})=$ 常量。

以上两条推论称为质点动量矩守恒定律。

当质点受有心力 $\boldsymbol{F}$ 的作用时，如图 11-16 所示，力矩 $\boldsymbol{M}_O(\boldsymbol{F})=0$，则质点对固定点 O 的动量矩 $\boldsymbol{M}_O(m\boldsymbol{v})=$ 恒矢量，质点的动量矩守恒。例如，行星绕着恒星转，受恒星的引力作用，引力对恒星的矩 $\boldsymbol{M}_O(\boldsymbol{F})=0$，行星的动量矩 $\boldsymbol{M}_O(m\boldsymbol{v})=$ 恒矢量，此恒矢量的方向是不变的，因此行星作平面曲线运动；此恒矢量的大小是不变的，即 $mvh=$ 恒量，行星的速度 v 与恒星到速度矢量的距离 h 成反比。

例 11-5　单摆的摆长为 l，摆锤的质量为 m。求单摆的运动规律。

解：(1) 研究对象：摆锤 M。

(2) 受力分析：重力 $m\boldsymbol{g}$，绳拉力 $\boldsymbol{F}$，如图 11-17 所示。

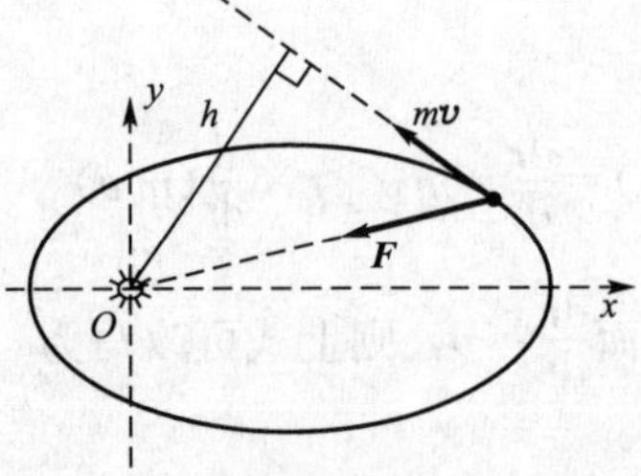

图 11-16

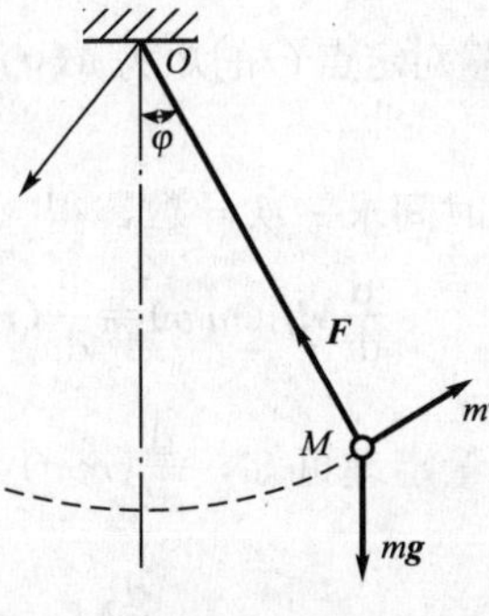

图 11-17

(3) 运动分析：其运动为在铅直面内的摆动，轨迹为以 O 为圆心，l 为半径的圆弧线。

(4) 取 Oz 轴垂直于图面，分别计算动量矩和力矩。

注意：计算时，动量矩和力矩的正负号应取一致，避免出现正负号错误，故取转角 φ 增大为正值。

$$M_z(m\boldsymbol{v})=mvl=ml^2\dot{\varphi} \tag{1}$$

$$\sum M_z(\boldsymbol{F})=-mgl\sin\varphi \tag{2}$$

(5) 由动量矩定理建立动力学方程，即

$$\frac{\mathrm{d}}{\mathrm{d}t}M_z(m\boldsymbol{v})=\sum M_z(\boldsymbol{F})$$

将(1)式、(2)式代入得

$$\frac{\mathrm{d}}{\mathrm{d}t}(ml^2\dot{\varphi})=-mgl\sin\varphi$$

$$\ddot{\varphi}+\frac{g}{l}\sin\varphi=0$$

这是一个非线性方程，解此方程一般要进行椭圆积分。对于微小摆动，φ 为微小角时，$\sin\varphi\approx\varphi$，上式改写为

$$\ddot{\varphi}+\frac{g}{l}\varphi=0$$

其解为

$$\varphi=\varphi_0\sin\left[\sqrt{\frac{g}{l}}t+\theta\right]$$

单摆的运动规律为简谐振动。φ_0 为角振幅，θ 为初相位角，均由运动初始条件来确定。单摆的周期为

$$T=2\pi\sqrt{\frac{l}{g}}$$

上式表明，其周期与运动初始条件无关，这种性质称为等时性。

2. 质点系的动量矩定理

设质点系由 n 个质点组成，第 i 个质点的质量为 m_i，速度为 $\boldsymbol{v}_i$，将作用于此质点的力分为外力 $\boldsymbol{F}_i^{(e)}$ 和内力 $\boldsymbol{F}_i^{(i)}$。由质点的动量矩定理有

$$\frac{\mathrm{d}}{\mathrm{d}t}\boldsymbol{M}_O(m_i\boldsymbol{v}_i)=\boldsymbol{M}_O(\boldsymbol{F}_i^{(e)})+\boldsymbol{M}_O(\boldsymbol{F}_i^{(i)})$$

整个质点系有 n 个这样的方程，相加后得

$$\sum_{i=1}^{n}\frac{\mathrm{d}}{\mathrm{d}t}\boldsymbol{M}_O(m_i\boldsymbol{v}_i)=\sum_{i=1}^{n}\boldsymbol{M}_O(\boldsymbol{F}_i^{(e)})+\sum_{i=1}^{n}\boldsymbol{M}_O(\boldsymbol{F}_i^{(i)})$$

根据内力的性质 2，有

$$\sum_{i=1}^{n}\boldsymbol{M}_O(\boldsymbol{F}_i^{(i)})=0$$

而

$$\sum_{i=1}^{n}\frac{\mathrm{d}}{\mathrm{d}t}\boldsymbol{M}_O(m_i\boldsymbol{v}_i)=\frac{\mathrm{d}}{\mathrm{d}t}\sum_{i=1}^{n}\boldsymbol{M}_O(m_i\boldsymbol{v}_i)=\frac{\mathrm{d}}{\mathrm{d}t}\boldsymbol{L}_O$$

于是得到

$$\frac{\mathrm{d}}{\mathrm{d}t}\boldsymbol{L}_O=\sum_{i=1}^{n}\boldsymbol{M}_O(\boldsymbol{F}_i^{(e)}) \tag{11-24}$$

式(11－24)为质点系动量矩定理：质点系对某定点 O 的动量矩对时间的导数等于作用于质点系的外力对同一点的主矩。

应用时，取投影式

$$\frac{\mathrm{d}}{\mathrm{d}t}L_x=\sum M_x(\boldsymbol{F}_i),\quad \frac{\mathrm{d}}{\mathrm{d}t}L_y=\sum M_y(\boldsymbol{F}_i),\quad \frac{\mathrm{d}}{\mathrm{d}t}L_z=\sum M_z(\boldsymbol{F}_i) \tag{11-25}$$

式(11－25)为质点系对定轴的动量矩定理：质点系对某定轴的动量矩对时间的导数，等于作用于质点系的外力对同轴的矩的代数和。

动量矩定理建立了质点系动量矩的变化与外力主矩之间的关系。它表明内力不能改变质点系的动量矩，只有外力才能使质点系的动量矩发生变化。

由质点系动量矩定理可得出以下两条推论。

推论 1 若作用于质点系的外力对某定点的主矩等于零，则质点系对该点的动量矩保持不变，即 $\sum_{i=1}^{n}\boldsymbol{M}_O(\boldsymbol{F}_i^{(e)})=0$，则

$$\boldsymbol{L}_O=\sum_{i=1}^{n}\boldsymbol{M}_O(m_i\boldsymbol{v}_i)=\text{常矢量}$$

推论 2 若作用于质点系的外力对某定轴的矩的代数和等于零，则质点系对该轴的动量矩保持不变，例如 $\sum_{i=1}^{n}M_z(\boldsymbol{F})=0$，则

$$L_z=\sum_{i=1}^{n}M_z(m_i\boldsymbol{v}_i)=\text{常量}$$

以上两条推论称为质点系动量矩守恒定律。

例 11－6 在矿井提升设备中，两个鼓轮固连在一起，总质量为 m，对转轴 O 的转动惯量为 J_O，在半径为 r_1 的鼓轮上悬挂一质量为 m_1 的重物 A，而在半径为 r_2 的鼓轮上用绳牵引小车 B 沿倾角 θ 的斜面向上运动，小车的质量为 m_2。在鼓轮上作用有一不变的力偶矩 M，如图 11－18 所示。不计绳索的质量和各处的摩擦，绳索与斜面平行，试求小车上升的加速度。

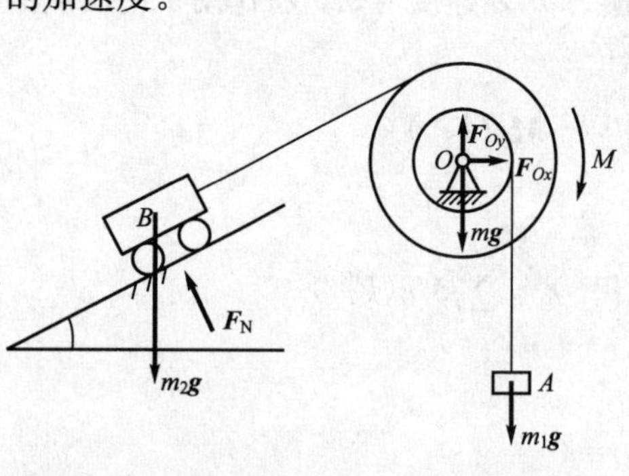

图 11－18

解： 选整体为质点系，作用在质点系上的力为三个物体的重力 $m\boldsymbol{g}$、$m_1\boldsymbol{g}$、$m_2\boldsymbol{g}$，在鼓轮上不变的力偶矩 M，以及作用在轴 O 处和斜面的约束力为 $\boldsymbol{F}_{Ox}$、$\boldsymbol{F}_{Oy}$、$\boldsymbol{F}_{\mathrm{N}}$。质点系对转轴 O 的动量矩为

$$L_O=J_O\omega+m_1v_1r_1+m_2v_2r_2$$

其中，$v_1=r_1\omega$，$v_2=r_2\omega$，则

$$L_O=J_O\omega+m_1r_1^2\omega+m_2r_2^2\omega$$

作用在质点系上的力对转轴 O 的矩为

$$M_O=M+m_1gr_1-m_2gr_2\sin\theta$$

由质点系的动量矩定理

$$\frac{d}{dt}L_O = \sum_{i=1}^{n} M_O(\boldsymbol{F}_i^{(e)})$$

得

$$J_O\dot{\omega}+m_1r_1^2\dot{\omega}+m_2r_2^2\dot{\omega}=M+m_1gr_1-m_2gr_2\sin\theta$$

解得鼓轮的角加速度为

$$\alpha=\dot{\omega}=\frac{M+m_1gr_1-m_2gr_2\sin\theta}{J_O+m_1r_1^2+m_2r_2^2}$$

小车上升的加速度为

$$a=r_2\alpha=\frac{M+(m_1r_1-m_2r_2\sin\theta)g}{J_O+m_1r_1^2+m_2r_2^2}r_2$$

例 11-7 图 11-19 所示为水轮机转轮，每两叶片间的水流均相同。在图示平面内，水流入速度为 $\boldsymbol{v}_1$，流出速度为 $\boldsymbol{v}_2$，方向分别与轮缘切线成角 θ_1 及 θ_2。设总流量为 q_V，水的密度为 ρ。求水流对水轮机的转动力矩。

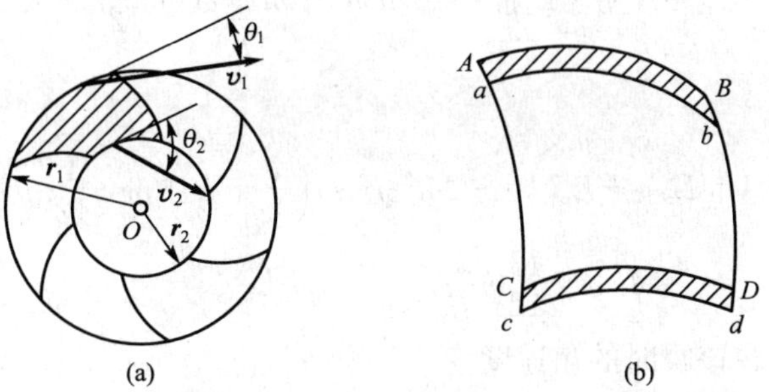

图 11-19

解：取两叶片之间的水为研究的质点系。设在瞬时 t，两叶片间的流体为 $ABCD$ [图 11-10(b)]，在瞬时 $t+dt$，流体位移至 $abcd$。设水流是恒定的，则两瞬时的动量矩之差为

$$dL_O=L_{abcd}-L_{ABCD}=L_{CDcd}-L_{ABab}$$

如转轮有 n 个叶片，则有

$$L_{CDcd}=\frac{1}{n}q_V\rho dtv_2r_2\cos\theta_2,\quad L_{ABab}=\frac{1}{n}q_V\rho dtv_1r_1\cos\theta_1$$

所以，$dL_O=\dfrac{1}{n}q_V\rho dt(v_2r_2\cos\theta_2-v_1r_1\cos\theta_1)$。

由动量矩定理得水流对点 O 的总力矩为

$$M_O(\boldsymbol{F})=n\frac{dL_O}{dt}=q_V\rho(v_2r_2\cos\theta_2-v_1r_1\cos\theta_1)$$

转轮所受的转动力矩与 $M_O(\boldsymbol{F})$ 等值反向。上式表明，转动力矩与流量、进口速度及出口速度有关。

例 11-8 如图 11-20 所示的装置，质量为 m 的杆 AB 可在质量为 M 的管 CD 内任意的滑动，$AB=CD=l$，CD 管绕垂直轴 z 转动，当运动初始时，杆 AB 与管 CD 重合，角速度为 ω_0，各处摩擦不计。试求杆 AB 伸出一半时此装置的角速度。

解：以整体为质点系，因作用在质点系上的外力为重力和转轴处的约束力，对转轴的

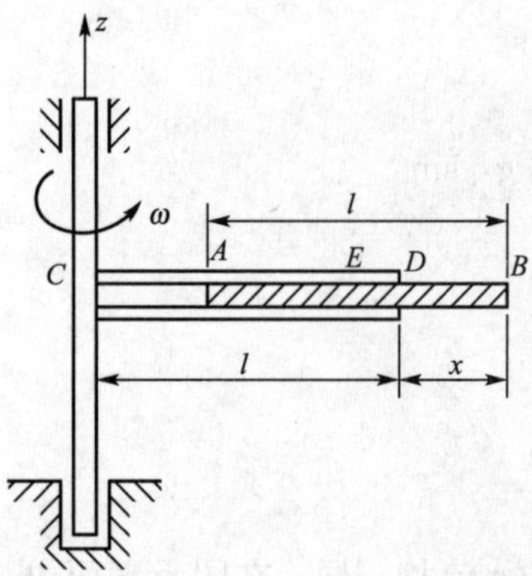

图 11-20

力矩均为零，故质点系对转轴的动量矩守恒，即

$$L_z=\text{恒量}$$

管 CD 作定轴转动，杆 AB 作平面运动，由运动学知

$$\omega=\omega_{AB}=\omega_{CD}$$

杆 AB 的质心 E 速度为

$$\boldsymbol{v}_{Ea}=\boldsymbol{v}_{Ee}+\boldsymbol{v}_{Er}$$

管 CD 对转轴的动量矩为

$$L_{zCD}=J_z\omega=\frac{1}{3}Ml^2\omega$$

当杆 AB 伸出 x 时，对转轴的动量矩为

$$L_{zAB}=mv_{Ee}\left(\frac{l}{2}+x\right)+J_C\omega=m\left(\frac{l}{2}+x\right)^2\omega+\frac{1}{12}ml^2\omega$$

当 $x=0$ 时：

$$L_{z1}=L_{zCD}+L_{zAB}=\frac{1}{3}Ml^2\omega_0+m\frac{l^2}{4}\omega_0+\frac{1}{12}ml^2\omega_0$$

当 $x=\frac{l}{2}$时：

$$L_{z2}=L_{zCD}+L_{zAB}=\frac{1}{3}Ml^2\omega+m\left(\frac{l}{2}+\frac{l}{2}\right)^2\omega+\frac{1}{12}ml^2\omega$$

$$=\frac{1}{3}Ml^2\omega+\frac{13}{12}ml^2\omega$$

由 $L_{z1}=L_{z2}$ 得此装置在该瞬时的角速度为

$$\omega=\frac{M+m}{M+\frac{13}{4}m}\omega_0$$

§ 11-4 刚体绕定轴转动微分方程

将质点系动量矩定理应用于刚体定轴转动，可以推导出刚体绕定轴转动微分方程。

设刚体受主动力 $\boldsymbol{F}_1$、$\boldsymbol{F}_2$、…、$\boldsymbol{F}_n$ 和轴承反力 $\boldsymbol{F}_{N_1}$、$\boldsymbol{F}_{N_2}$ 作用，如图 11-21 所示。已知刚体的角速度为 ω，角加速度为 α，对 z 轴的转动惯量为 J_z。如果不计摩擦，则轴承反力 $\sum_{i=1}^{n}M_z(\boldsymbol{F}_{N_i})=0$。

根据质点系对定轴的动量矩定理有

$$\frac{\mathrm{d}}{\mathrm{d}t}(J_z\omega)=\sum_{i=1}^{n}M_z(\boldsymbol{F}_i)$$

于是，可以得到

$$J_z\frac{\mathrm{d}^2\varphi}{\mathrm{d}t^2}=\sum M_z(\boldsymbol{F}) \tag{11-26}$$

$$J_z\alpha=\sum M_z(\boldsymbol{F}) \tag{11-27}$$

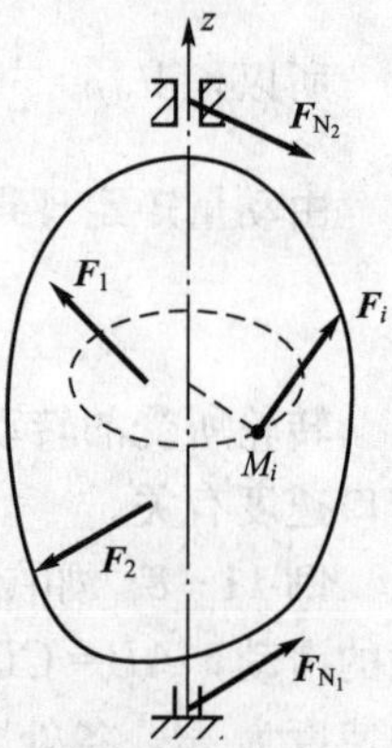

图 11-21

以上各式均称为刚体绕定轴转动微分方程：刚体对定轴 z 的转

动惯量与角加速度的乘积等于作用于刚体的主动力对该轴的矩的代数和。

刚体绕定轴转动微分方程建立了刚体转动状态的变化与主动力矩之间的关系，可以解决刚体绕定轴转动的动力学两类问题：①已知刚体的转动规律求作用于刚体的主动力矩；②已知主动力矩求刚体的转动规律。

如果把 $J_z\alpha=\sum_{i=1}^{n}M_z(\boldsymbol{F}_i)$ 和质点动力学基本方程 $m\boldsymbol{a}=\sum_{i=1}^{n}\boldsymbol{F}_i$ 加以比较，两者在形式上相似，可见刚体的转动惯量在刚体定轴转动中的作用与质量在质点运动或刚体平动中的作用一样。例如，保持主动力矩不变，则转动惯量越大，转动状态变化越小，反之，转动状态变化越大。因此，转动惯量的大小可以反映转动状态变化的难易程度，它是刚体转动时惯性的度量。

如果作用于刚体的主动力对转轴的矩的代数和等于零，则刚体做匀速转动；如果主动力矩为常量，则刚体作匀变速转动。

例 11-9 如图 11-22 所示，悬挂在水平轴 O 上的刚体重 $\boldsymbol{P}$，质心 C 到 O 轴的距离为 a，刚体对 O 轴的转动惯量为 J_O，这种装置称为复摆。求复摆的运动规律。

解：(1) 研究对象：复摆。

(2) 受力分析：主动力有重力 $\boldsymbol{P}$，轴 O 的反力 $\boldsymbol{F}_\tau$、$\boldsymbol{F}_n$，如图 11-22 所示。

(3) 运动分析：其运动为绕 O 轴的摆动。设转角为 φ(逆时针转动为正)。

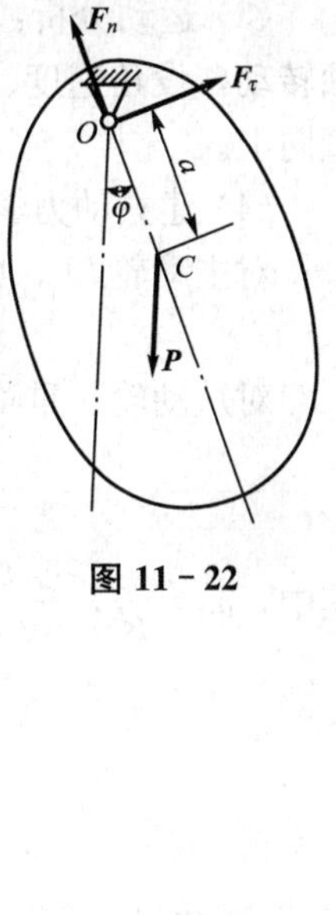

图 11-22

(4) 建立动力学方程，由刚体定轴转动微分方程

$$J_O\alpha=\sum M_O(\boldsymbol{F})$$

其中，$\alpha=\ddot{\varphi}$；$\sum M_O(\boldsymbol{F})=-Pa\sin\varphi$，负号说明重力的力矩的转向与转角增大方向相反。于是有

$$J_O\ddot{\varphi}+Pa\sin\varphi=0$$

这是一个非线性微分方程，如果刚体作微小摆动，则 $\sin\varphi\approx\varphi$，上式可写为线性微分方程。

$$\ddot{\varphi}+\frac{Pa}{J_O}\varphi=0$$

解得

$$\varphi=\varphi_0\sin\left(\sqrt{\frac{Pa}{J_O}}t+\theta\right)$$

其中，φ_0 为角振幅，θ 为初相位，由运动的初始条件来确定。

可见，复摆的运动规律为简谐振动，其周期为

$$T=2\pi\sqrt{\frac{J_O}{Pa}}$$

在工程中，通过测定零件(如曲柄、连杆等)的摆动周期，以计算其转动惯量。$J_O=\dfrac{T^2Pa}{4\pi^2}$。

例 11-10 如图 11-23(a)所示，电动绞车提升一重为 $\boldsymbol{P}$ 的物体，其主动轮上作用一不变的力矩 M。已知主动轮和从动轮的转动惯量分别为 J_1 和 J_2，传动比 $Z_1:Z_2=i$；吊索缠绕在鼓轮上，鼓轮半径为 R。不计轴承摩擦和吊索的质量，求重物的加速度。

解：这是一个物体系统的动力学问题，既有定轴转动，又有平动刚体，可将两轮分开研究。

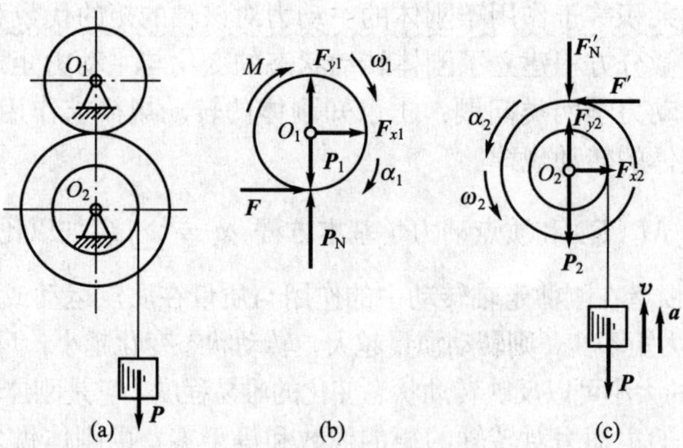

图 11-23

(1) 分别以主动轮 O_1 和从动轮 O_2(包括重物)为研究对象。

(2) 受力分析：主动轮的受力有重力 $\boldsymbol{P}_1$，力矩 M，啮合力 $\boldsymbol{F}$、$\boldsymbol{F}_N$，约束反力 $\boldsymbol{F}_{x1}$、$\boldsymbol{F}_{y1}$；从动轮的受力有啮合力 $\boldsymbol{F}'$、$\boldsymbol{F}'_N$，重力 $\boldsymbol{P}_2$、$\boldsymbol{P}$，以及约束反力 $\boldsymbol{F}_{x2}$、$\boldsymbol{F}_{y2}$，分别如图 11-23(b)、(c)所示。

(3) 运动分析：主动轮作定轴转动，设角速度、角加速度分别为 ω_1、α_1；从动轮作定轴转动，设角速度、角加速度分别为 ω_2、α_2；重物平动，速度、加速度分别为 $\boldsymbol{v}$、$\boldsymbol{a}$，垂直向上。

(4) 建立动力学方程。

对主动轮 O_1，由刚体定轴转动微分方程，得

$$J_1\alpha_1=M-Fr_1 \tag{1}$$

对从动轮、重物，由对轴的动量矩定理，得

$$\frac{\mathrm{d}}{\mathrm{d}t}\left(J_2\omega_2+\frac{P}{g}v\cdot R\right)=F'r_2-PR \tag{2}$$

其中，$\omega_2=\dfrac{v}{R}$，$\dfrac{\mathrm{d}\omega_2}{\mathrm{d}t}=\alpha_2=\dfrac{a}{R}$，$\dfrac{\alpha_1}{\alpha_2}=\dfrac{Z_2}{Z_1}=\dfrac{r_2}{r_1}=i$，$F'=F$，于是有

$$J_1\frac{ia}{R}=M-F\frac{r_2}{i} \tag{3}$$

$$\left(J_2\frac{1}{R}+\frac{P}{g}R\right)a=Fr_2-PR \tag{4}$$

由(3)式和(4)式得

$$a=\frac{(Mi-PR)R}{J_1i^2+J_2+\dfrac{P}{g}R^2}$$

§11-5 质点系相对于质心的动量矩定理

前面阐述的动量矩定理只适用于惯性参考系的固定点和固定轴，下面讨论质点系相对于质心运动时动量矩定理的形式。

如前所述，质点系相对于质心平动坐标系运动时，对定点 O 的动量矩为

$$\boldsymbol{L}_O=\boldsymbol{r}_C\times m\boldsymbol{v}_C+\boldsymbol{L}_{Cr}$$

注意到 $\boldsymbol{r}_i=\boldsymbol{r}_C+\boldsymbol{r}_i'$(图 11-2)。由质点系对定点 O 的动量矩定理

$$\frac{\mathrm{d}}{\mathrm{d}t}\boldsymbol{L}_O=\sum_{i=1}^{n}\boldsymbol{r}_i\times\boldsymbol{F}_i^{(e)}$$

于是有

$$\frac{\mathrm{d}}{\mathrm{d}t}(\boldsymbol{r}_C\times m\boldsymbol{v}_C+\boldsymbol{L}_{Cr})=\sum_{i=1}^{n}(\boldsymbol{r}_C+\boldsymbol{r}_i')\times\boldsymbol{F}_i^{(e)}$$

$$\frac{\mathrm{d}\boldsymbol{r}_C}{\mathrm{d}t}\times m\boldsymbol{v}_C+\boldsymbol{r}_C\times m\frac{\mathrm{d}\boldsymbol{v}_C}{\mathrm{d}t}+\frac{\mathrm{d}}{\mathrm{d}t}\boldsymbol{L}_{Cr}=\sum_{i=1}^{n}\boldsymbol{r}_C\times\boldsymbol{F}_i^{(e)}+\sum_{i=1}^{n}\boldsymbol{r}_i'\times\boldsymbol{F}_i^{(e)}$$

因为，$\frac{\mathrm{d}\boldsymbol{r}_C}{\mathrm{d}t}=\boldsymbol{v}_C,\frac{\mathrm{d}\boldsymbol{v}_C}{\mathrm{d}t}=\boldsymbol{a}_C,m\boldsymbol{a}_C=\sum_{i=1}^{n}\boldsymbol{F}_i^{(e)},\sum_{i=1}^{n}\boldsymbol{r}_i'\times\boldsymbol{F}_i^{(e)}=\sum_{i=1}^{n}\boldsymbol{M}_C(\boldsymbol{F}_i^{(e)}),\boldsymbol{v}_C\times\boldsymbol{v}_C=0$。上式可化简为

$$\frac{\mathrm{d}}{\mathrm{d}t}\boldsymbol{L}_{Cr}+\boldsymbol{r}_C\times\sum_{i=1}^{n}\boldsymbol{F}_i^{(e)}=\boldsymbol{r}_C\times\sum_{i=1}^{n}\boldsymbol{F}_i^{(e)}+\sum_{i=1}^{n}\boldsymbol{M}_C(\boldsymbol{F}_i^{(e)})$$

于是，得到

$$\frac{\mathrm{d}}{\mathrm{d}t}\boldsymbol{L}_{Cr}=\sum_{i=1}^{n}\boldsymbol{M}_C(\boldsymbol{F}_i^{(e)})\tag{11-28}$$

这就是质点系相对于质心的动量矩定理：质点系相对于质心的动量矩对时间的导数等于作用于质点系的外力对质心的主矩。此定理在形式上和质点系相对于惯性参考系固定点的动量矩完全相同。

由式(11-28)可知，质点系相对于质心的运动只与外力有关，与内力无关。例如，当轮船或飞机在转弯时，由于流体对舵的压力对质心产生力矩，使轮船或飞机相对于质心的动量矩发生变化，从而产生转弯时的角速度。如果外力对质心的力矩为零，由式(11-28)可知，相对于质心的动量矩是守恒的。例如，跳水运动员离开跳板后，设空气阻力不计，由于重力对质心的力矩为零，故相对于质心的动量矩是守恒的。当跳水运动员离开跳板时，他的四肢伸直，其转动惯量较大。当他在空中时，若把身体蜷缩起来，使转动惯量变小，于是得到较大的角速度，可以在空中翻几个跟头。这样增大角速度的办法，也常应用在花样滑冰、芭蕾舞、体操表演中。

§11-6 刚体平面运动微分方程

由运动学可知，刚体的平面运动可简化为平面图形的运动，若取质心 C 为基点，则其运动可分解为随质心的平动和相对于质心轴(通过质心垂直于运动平面的轴)的转动。这样就可以用质心运动定理和相对于质心的动量矩定理推导出刚体平面运动微分方程。

如图 11-24 所示，刚体的质心为 C，以质心为基点，其坐标为(x_C，y_C)，刚体内任一线段与 x 轴的夹角为 φ。设作用于刚体的外力可向质心所在平面简化为一平面任意力系 $\boldsymbol{F}_1$、$\boldsymbol{F}_2$、…、$\boldsymbol{F}_n$。应用质心运动定理和相对于质心的动量矩定理，得

$$m\boldsymbol{a}_C=\sum\boldsymbol{F}^{(e)}$$

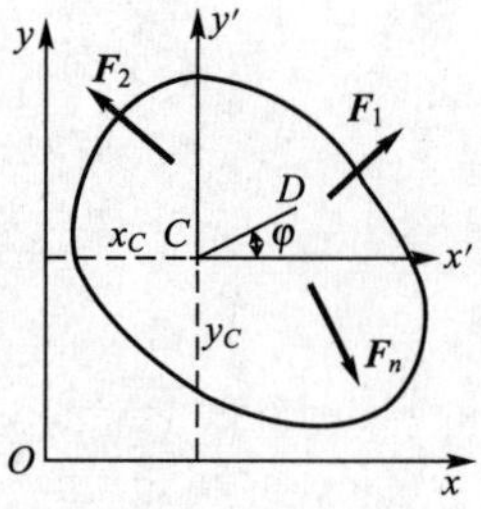

图 11-24

$$\frac{\mathrm{d}}{\mathrm{d}t}L_{Cr}=\sum M_C(\boldsymbol{F}^{(e)})$$

其中，$L_{Cr}=J_C\omega$，J_C为刚体对质心的转动惯量，$\boldsymbol{a}_C$ 为质心加速度，$\alpha=\frac{\mathrm{d}\omega}{\mathrm{d}t}$为刚体的角加速度。上式可改写为

$$m\boldsymbol{a}_C=\sum \boldsymbol{F}^{(e)},\quad J_C\frac{\mathrm{d}\omega}{\mathrm{d}t}=\sum M_C(\boldsymbol{F}^{(e)}) \tag{11-29}$$

或

$$\left.\begin{aligned} ma_{Cx}&=\sum F_x^{(e)}\\ ma_{Cy}&=\sum F_y^{(e)}\\ J_C\alpha&=\sum M_C(\boldsymbol{F})\end{aligned}\right\} \tag{11-30}$$

或

$$\left.\begin{aligned} ma_C^\tau&=\sum F_\tau^{(e)}\\ ma_C^n&=\sum F_n^{(e)}\\ J_C\frac{\mathrm{d}\omega}{\mathrm{d}t}&=J_C\frac{\mathrm{d}^2\varphi}{\mathrm{d}t^2}=\sum M_C(\boldsymbol{F})\end{aligned}\right\} \tag{11-31}$$

以上三式称为刚体平面运动微分方程。

应用刚体平面运动微分方程可解决刚体平面运动的动力学问题。下面举例说明刚体平面运动微分方程的应用。

例 11-11 均质细长杆 AB 的质量为 m，长为 l，放在铅直面内，两端分别沿光滑铅直墙壁和光滑水平面滑动，如图 11-25 所示。设杆的初位置 $\varphi_0=0°$，初角速度为零。试求杆在任意位置 φ 时的角速度 ω 和角加速度 α 及 A、B 处的反力。

解：(1) 研究对象：杆 AB。

(2) 受力分析：有重力 $m\boldsymbol{g}$、A、B 处反力 $\boldsymbol{F}_{NA}$、$\boldsymbol{F}_{NB}$，如图 11-25 所示。

(3) 取坐标 Oxy。

(4) 运动分析：杆 AB 作平面运动，其质心运动方程为

$$\left.\begin{aligned} x_C&=\frac{l}{2}\sin\varphi\\ y_C&=\frac{l}{2}\cos\varphi\end{aligned}\right\}$$

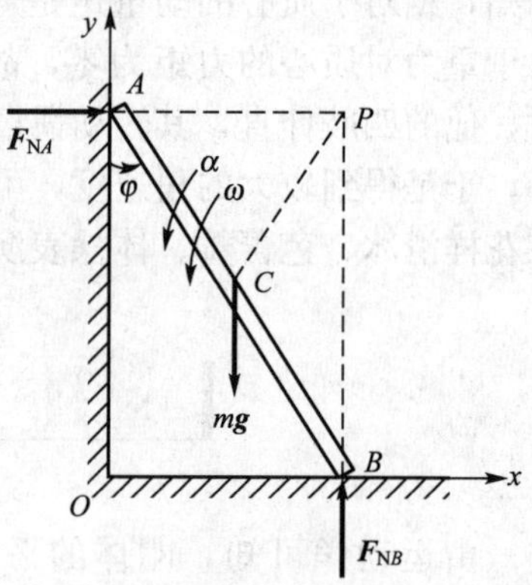

图 11-25

上式对时间求两次导数，注意到 $\dot{\varphi}=\omega$，$\ddot{\varphi}=\alpha$，得到质心加速度的投影为

$$\ddot{x}_C=\frac{l}{2}(\alpha\cos\varphi-\omega^2\sin\varphi) \tag{1}$$

$$\ddot{y}_C=-\frac{l}{2}(\alpha\sin\varphi+\omega^2\cos\varphi) \tag{2}$$

(5) 建立动力学方程，由刚体平面运动微分方程得

$$m\ddot{x}_C=\sum F_x^{(e)}$$

$$m\ddot{y}_C=\sum F_y^{(e)}$$

$$J_C\alpha=\sum M_C(\boldsymbol{F})$$

其中，$\sum F_x^{(e)}=F_{NA}$，$\sum F_y^{(e)}=F_{NB}-mg$；$\ddot{x}_C$、$\ddot{y}_C$由(1)式和(2)式确定；$J_C=\frac{1}{12}ml^2$，$\sum M_C(\boldsymbol{F})=\frac{1}{2}(F_{NB}\sin\varphi-F_{NA}\cos\varphi)$，于是有

$$m\frac{l}{2}(\alpha\cos\varphi-\omega^2\sin\varphi)=F_{NA} \tag{3}$$

$$m\frac{l}{2}(-\alpha\sin\varphi-\omega^2\cos\varphi)=F_{NB}-mg \tag{4}$$

$$\frac{1}{12}ml^2\alpha=\frac{l}{2}(F_{NB}\sin\varphi-F_{NA}\cos\varphi) \tag{5}$$

联立解得

$$\alpha=\frac{\mathrm{d}\omega}{\mathrm{d}t}=\frac{3g}{2l}\sin\varphi \tag{6}$$

因为$\frac{\mathrm{d}\omega}{\mathrm{d}t}=\frac{\omega\mathrm{d}\omega}{\mathrm{d}\varphi}$，代入(6)式后积分，得

$$\int_0^\omega\omega\mathrm{d}\omega=\int_0^\varphi\frac{3g}{2l}\sin\varphi\mathrm{d}\varphi$$

$$\omega=\sqrt{\frac{3g}{l}(1-\cos\varphi)} \tag{7}$$

将(6)式和(7)式代入(3)式和(4)式得

$$F_{NA}=\frac{9}{4}mg\sin\varphi\left(\cos\varphi-\frac{2}{3}\right)$$

$$F_{NB}=\frac{1}{4}mg\left[1+9\cos\varphi\left(\cos\varphi-\frac{2}{3}\right)\right]$$

讨论：

(1) 当杆脱离墙壁时，$F_{NA}=0$，设这时杆与墙的夹角为φ_1，则

$$\frac{9}{4}mg\sin\varphi_1\left(\cos\varphi_1-\frac{2}{3}\right)=0$$

$$\varphi_1=\cos^{-1}\frac{2}{3}\approx 48.19^\circ$$

这时，F_{NB}并不等于零，而是$mg/4$。

(2) 由运动学可知，刚体的平面运动可以看成绕瞬时轴(通过速度瞬心垂直于运动平面的轴)的定轴转动。那么，可否对速度瞬心应用动量矩定理建立动力学方程呢？我们不妨试一试。杆AB的瞬心在P点，瞬心到质心C的距离为

$$PC=\sqrt{PA^2+AC^2-2AC\cdot PA\cos(90^\circ-\varphi)}$$
$$=\frac{l}{2}=\text{常量}$$

计算对瞬时轴(瞬心P)的动量矩(逆时针转向为正)：

$$L_P = J_P\omega$$

其中，$J_P = J_C + m \cdot PC^2 = \frac{1}{12}ml^2 + \frac{1}{4}ml^2 = \frac{1}{3}ml^2$。

计算外力矩(+↺)：

$$\sum M_P(\boldsymbol{F}) = mg\,\frac{l}{2}\sin\varphi$$

由动量矩定理

$$\frac{\mathrm{d}}{\mathrm{d}t}L_P = \sum M_P(\boldsymbol{F})$$

即

$$\frac{1}{3}ml^2\frac{\mathrm{d}\omega}{\mathrm{d}t} = \frac{1}{2}mgl\sin\varphi$$

解得

$$\alpha = \frac{\mathrm{d}\omega}{\mathrm{d}t} = \frac{3g}{2l}\sin\varphi$$

其结果与(6)式完全相同。

应当指出，瞬心的位置在刚体运动过程中不断变化，故它不是一个固定点而是一个运动的动点。我们对动点(如瞬心)应用动量矩定理，在本题中得出的结果是正确的，是因为瞬心到质心的距离在刚体运动过程中始终保持不变。对于任意动点或瞬心到质心的距离不是常量的情形下，应用动量矩定理是需要探讨的问题。

(3) 应用动量矩定理时，关于矩心选择的说明。

前面讨论了质点系对定点和相对于质心的动量矩定理，它们具有相同的数学形式。如果选择任意动点为矩心，动量矩定理是否仍然具有相同的数学形式？或者在什么条件下具有相同的数学形式？现讨论如下。

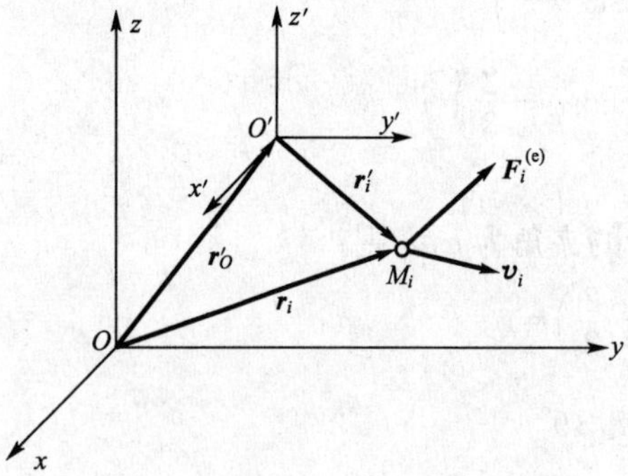

图 11-26

取静坐标系 $Oxyz$，并以动点 O' 为原点取平动坐标系 $O'x'y'z'$，如图 11-26 所示。设点 O' 相对于 O 点的矢径为 $\boldsymbol{r}_{O'}$，质点系内任一质点 M_i 的质量为 m_i，对于静坐标系 $Oxyz$ 的矢径为 $\boldsymbol{r}_i$，对平动坐标系的矢径为 $\boldsymbol{r}_i'$，质点的绝对速度为 $\boldsymbol{v}_i$，于是有

$$\boldsymbol{r}_i = \boldsymbol{r}_{O'} + \boldsymbol{r}_i'$$
$$\boldsymbol{v}_i = \boldsymbol{v}_{O'} + \boldsymbol{v}_{ir}'$$

式中，$\boldsymbol{v}_{ir}$ 为质点 M_i 相对于平动坐标系的速度，$\boldsymbol{v}_{O'}$ 为 O' 点的速度。

质点系对固定点 O 的动量矩为

$$\begin{aligned}\boldsymbol{L}_O &= \sum_{i=1}^{n}\boldsymbol{r}_i \times m_i\boldsymbol{v}_i = \sum_{i=1}^{n}(\boldsymbol{r}_{O'} + \boldsymbol{r}_i') \times m_i\boldsymbol{v}_i \\ &= \sum_{i=1}^{n}\boldsymbol{r}_{O'} \times m_i\boldsymbol{v}_i + \sum_{i=1}^{n}\boldsymbol{r}_i' \times m_i\boldsymbol{v}_i\end{aligned}$$

式中，$\sum_{i=1}^{n}\boldsymbol{r}_{O'} \times m_i\boldsymbol{v}_i = \boldsymbol{r}_{O'} \times \sum_{i=1}^{n}m_i\boldsymbol{v}_i = \boldsymbol{r}_{O'} \times m\boldsymbol{v}_C$，$m$ 为质点系总质量，$\boldsymbol{v}_C$ 为质心速度。

令 $\sum_{i=1}^{n}\boldsymbol{r}_i'\times m_i\boldsymbol{v}_i=\boldsymbol{L}_{O'}$，这一项为质点系在绝对运动中对 O' 点的动量矩。于是有

$$\boldsymbol{L}_O=\boldsymbol{r}_{O'}\times m\boldsymbol{v}_C+\boldsymbol{L}_{O'} \tag{11-32}$$

上式对时间求导数，得

$$\frac{\mathrm{d}}{\mathrm{d}t}\boldsymbol{L}_O=\frac{\mathrm{d}\boldsymbol{r}_{O'}}{\mathrm{d}t}\times m\boldsymbol{v}_C+\boldsymbol{r}_{O'}\times m\frac{\mathrm{d}\boldsymbol{v}_C}{\mathrm{d}t}+\frac{\mathrm{d}}{\mathrm{d}t}\boldsymbol{L}_{O'} \tag{11-33}$$

式中，$\frac{\mathrm{d}\boldsymbol{r}_{O'}}{\mathrm{d}t}=\boldsymbol{v}_{O'}$，$\boldsymbol{v}_{O'}$ 为平动坐标系原点 O' 点的速度，$m\frac{\mathrm{d}\boldsymbol{v}_C}{\mathrm{d}t}=m\boldsymbol{a}_C=\sum_{i=1}^{n}\boldsymbol{F}_i^{(e)}$，$\sum_{i=1}^{n}\boldsymbol{F}_i^{(e)}$ 为所有外力的主矢。因为

$$\begin{aligned}\frac{\mathrm{d}\boldsymbol{L}_O}{\mathrm{d}t}&=\sum_{i=1}^{n}\boldsymbol{M}_O(\boldsymbol{F}_i^{(e)})=\sum_{i=1}^{n}\boldsymbol{r}_i\times\boldsymbol{F}_i^{(e)}\\&=\sum_{i=1}^{n}\boldsymbol{r}_{O'}\times\boldsymbol{F}_i^{(e)}+\sum_{i=1}^{n}\boldsymbol{r}_i'\times\boldsymbol{F}_i^{(e)}\\&=\boldsymbol{r}_{O'}\times\sum_{i=1}^{n}\boldsymbol{F}_i^{(e)}+\sum_{i=1}^{n}\boldsymbol{r}_i'\times\boldsymbol{F}_i^{(e)}\end{aligned}$$

代入(11-33)式，整理后得

$$\begin{aligned}\frac{\mathrm{d}}{\mathrm{d}t}\boldsymbol{L}_{O'}&=\sum_{i=1}^{n}\boldsymbol{r}_i'\times\boldsymbol{F}_i^{(e)}-\boldsymbol{v}_{O'}\times m\boldsymbol{v}_C\\&=\sum_{i=1}^{n}\boldsymbol{r}_i'\times\boldsymbol{F}_i^{(e)}+m\boldsymbol{v}_C\times\boldsymbol{v}_{O'}\end{aligned}$$

式中，$\sum_{i=1}^{n}\boldsymbol{r}_i'\times\boldsymbol{F}_i^{(e)}=\sum_{i=1}^{n}\boldsymbol{M}_{O'}(\boldsymbol{F}_i^{(e)})$ 为所有外力对 O' 点的主矩。于是得到

$$\frac{\mathrm{d}}{\mathrm{d}t}\boldsymbol{L}_{O'}=m\boldsymbol{v}_C\times\boldsymbol{v}_{O'}+\sum_{i=1}^{n}\boldsymbol{M}_{O'}(\boldsymbol{F}_i^{(e)}) \tag{11-34}$$

式(11-32)就是质点系在绝对运动中对动点 O'(平动坐标系原点)的动量矩定理。

因为，$\boldsymbol{v}_i=\boldsymbol{v}_{O'}+\boldsymbol{v}_{ir}$，$\boldsymbol{v}_C=\boldsymbol{v}_{O'}+\boldsymbol{v}_{Cr}$，$\boldsymbol{v}_{Cr}$ 为质心 C 相对于平动坐标系的速度。所以，有

$$\boldsymbol{L}_{O'}=\sum_{i=1}^{n}\boldsymbol{r}_i'\times m_i\boldsymbol{v}_i=\sum_{i=1}^{n}\boldsymbol{r}_i'\times m_i\boldsymbol{v}_{O'}+\sum_{i=1}^{n}\boldsymbol{r}_i'\times m_i\boldsymbol{v}_{ir}$$

式中，$\sum_{i=1}^{n}\boldsymbol{r}_i'\times m_i\boldsymbol{v}_{O'}=\sum_{i=1}^{n}m_i\boldsymbol{r}_i'\times\boldsymbol{v}_{O'}=m\boldsymbol{r}_C'\times\boldsymbol{v}_{O'}$，$\boldsymbol{r}_C'$为质心$C$相对于$O'$点的矢径。令$\sum_{i=1}^{n}\boldsymbol{r}_i'\times m_i\boldsymbol{v}_{ir}=\boldsymbol{L}_{O'r}$，$\boldsymbol{L}_{O'r}$为质点系在相对运动中对 O' 点的动量矩，简称为质点系相对于动点 O' 的动量矩。故

$$\boldsymbol{L}_{O'}=m\boldsymbol{r}_C'\times\boldsymbol{v}_{O'}+\boldsymbol{L}_{O'r} \tag{11-35}$$

上式对时间求导数

$$\frac{\mathrm{d}}{\mathrm{d}t}\boldsymbol{L}_{O'}=m\frac{\mathrm{d}\boldsymbol{r}_C'}{\mathrm{d}t}\times\boldsymbol{v}_{O'}+m\boldsymbol{r}_C'\times\frac{\mathrm{d}\boldsymbol{v}_{O'}}{\mathrm{d}t}+\frac{\mathrm{d}}{\mathrm{d}t}\boldsymbol{L}_{O'r}$$

式中，$\frac{\mathrm{d}\boldsymbol{r}_C'}{\mathrm{d}t}=\boldsymbol{v}_{Cr}=\boldsymbol{v}_C-\boldsymbol{v}_{O'}$，注意到$\boldsymbol{v}_{O'}\times\boldsymbol{v}_{O'}=0$，$\frac{\mathrm{d}\boldsymbol{v}_{O'}}{\mathrm{d}t}=\boldsymbol{a}_{O'}$，为 O' 点的加速度，得到

$$\frac{\mathrm{d}}{\mathrm{d}t}\boldsymbol{L}_{O'}=m\boldsymbol{v}_C\times\boldsymbol{v}_{O'}+m\boldsymbol{r}_C'\times\boldsymbol{a}_{O'}+\frac{\mathrm{d}}{\mathrm{d}t}\boldsymbol{L}_{O'r} \tag{11-36}$$

对比(11-36)式和(11-34)式，得

$$\frac{\mathrm{d}}{\mathrm{d}t}\boldsymbol{L}_{O'\mathrm{r}}=\boldsymbol{a}_{O'}\times m\boldsymbol{r}'_C+\sum_{i=1}^{n}\boldsymbol{M}_{O'}(\boldsymbol{F}_i^{(e)}) \tag{11-37}$$

式(11－37)为质点系在相对运动中对平动坐标系原点 O' 的动量矩定理的一般形式。

满足以下三个条件之一时，上式具有简单形式：

(1) $\boldsymbol{r}'_C /\!/ \boldsymbol{a}_{O'}$ 或 O' 点的加速度 $\boldsymbol{a}_{O'}$ 通过质心 C。

(2) $\boldsymbol{a}_{O'}=0$，动点 O' 的加速度等于零。

(3) $\boldsymbol{r}'_C=0$，动点 O' 与质心 C 重合。

则有

$$\frac{\mathrm{d}}{\mathrm{d}t}\boldsymbol{L}_{O'r}=\sum_{i=1}^{n}\boldsymbol{M}_{O'}(\boldsymbol{F}_i^{(e)}) \tag{11-38}$$

对于刚体平面运动的情况，若 O' 点是速度瞬心，满足条件(1)时，则质心到瞬心的距离保持不变。可以把式(11－38)投影到瞬时轴 O' 上，则有

$$J_{O'}\alpha=\sum_{i=1}^{n}M_{O'}(\boldsymbol{F}_i^{(e)}) \tag{11-39}$$

式中，$J_{O'}$ 为刚体对瞬心的转动惯量，α 为刚体的角加速度，$\sum\limits_{i=1}^{n}M_{O'}(\boldsymbol{F}_i^{(e)})$ 为外力对瞬心的主矩。式(11－39)可以作公式使用。读者使用时要注意使用条件。

例 11－12 均质圆轮半径为 r，质量为 m，受轻微干扰后，在半径为 R 的圆弧轨道上往复无滑动地滚动，如图 11－27 所示，试求圆轮轮心 C 的运动方程，以及作用在圆轮上的约束力。

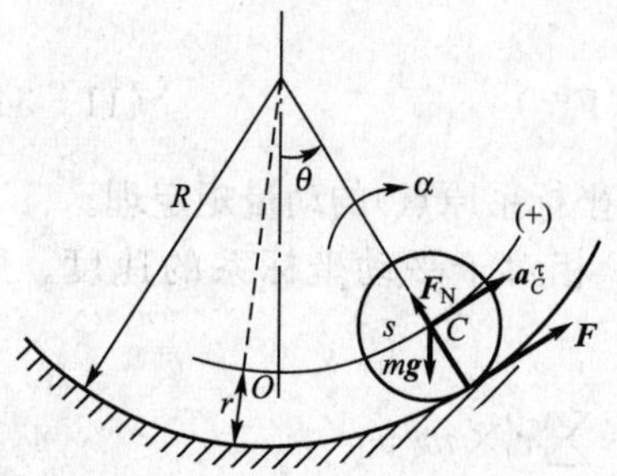

图 11－27

解： 由于圆轮作平面运动，轮心 C 作圆周运动，则在轮心 C 的最低点 O 建立自然坐标系，并假设圆轮顺时针方向为动量矩方程的正方向，坐标及轮的受力如图 11－27 所示。列圆轮平面运动微分方程为

$$ma_C^\tau=F-mg\sin\theta \tag{1}$$

$$ma_C^n=F_\mathrm{N}-mg\cos\theta \tag{2}$$

$$J_C\alpha=-Fr \tag{3}$$

其中，轮心的加速度 $a_C^\tau=\dfrac{\mathrm{d}^2s}{\mathrm{d}t^2}$，$a_C^n=\dfrac{v_C^2}{R-r}$，转动惯量 $J_C=\dfrac{1}{2}mr^2$。

由于圆轮无滑动的滚动，其角速度为

$$\omega=\frac{v_C}{r}$$

则角加速度为

$$\alpha=\frac{\dot{v}_C}{r}=\frac{a_C^\tau}{r} \tag{4}$$

轮心 C 运动的弧坐标为

$$s=(R-r)\theta \tag{5}$$

将式(5)代入式(4)得

$$\alpha=\frac{\dot{v}_C}{r}=\frac{a_C^{\tau}}{r}=\frac{R-r}{r}\ddot{\theta} \tag{6}$$

将式(6)代入式(3)，并与式(1)联立求解，注意当圆轮作微幅滚动时，有 $\sin\theta\approx\theta$，从而得

$$\frac{d^2s}{dt^2}+\frac{2g}{3(R-r)}s=0$$

此微分方程的解为

$$s=s_0\sin(\omega_n t+\theta) \tag{7}$$

其中，$\omega_n=\sqrt{\frac{2g}{3(R-r)}}$为圆轮滚动的圆频率。$s_0$为振幅，$\theta$为初相位，它们均由初始条件确定。

当 $t=0$ 时，由题意知

$$\begin{cases}s=0\\v=v_0\end{cases}$$

则

$$\begin{cases}0=s_0\sin\theta\\v_0=s_0\omega_n\cos\theta\end{cases}$$

解得 $\theta=0$，$s_0=\frac{v_0}{\omega_n}=v_0\sqrt{\frac{3(R-r)}{2g}}$，代入式(7)圆轮轮心 C 的运动方程为

$$s=v_0\sqrt{\frac{3(R-r)}{2g}}\sin\left(\sqrt{\frac{2g}{3(R-r)}}t\right)$$

作用在圆轮上的约束力为

$$F=mg\sin\theta-mv_0\sqrt{\frac{2g}{3(R-r)}}\sin\left(\sqrt{\frac{2g}{3(R-r)}}t\right)$$

$$F_N=mg\cos\theta+m\frac{v_0^2}{R-r}\cos^2\left(\sqrt{\frac{2g}{3(R-r)}}t\right)$$

例 11-13 如图 11-28(a)所示。质量为 m_1、半径为 r_1 的均质圆柱在水平面上作纯滚动。圆柱绕一不可伸长的绳子，绳子绕过定滑轮 O 悬挂一质量为 m_3 的重物，定滑轮的质量为 m_2，半径为 r_2。求重物和圆柱质心的加速度及 AB 段绳子的拉力。

解： 这是一个物体系统的动力学问题，各物体的运动分别为：圆柱作平面运动，定滑轮绕定轴转动，重物作铅直平动。重物的速度、加速度与滑轮轮缘上的点及圆柱上 B 点的速度、切向加速度大小相同。这样，可以把系统分为两部分，一部分为圆柱，另一部分为定滑轮与重物。分别建立动力学方程，联立求解出未知量。

1) 研究圆柱 C

(1) 受力分析：有重力 $m\boldsymbol{g}$，绳拉力 $\boldsymbol{F}_{AB}$，摩擦力 $\boldsymbol{F}$，法向反力 $\boldsymbol{F}_N$，如图 11-28(b)所示。

(2) 取坐标 O_1xy。

(3) 运动分析：其运动为平面运动，且作纯滚动，P 点为速度瞬心。设其质心加速度为 $\boldsymbol{a}_C$，方向水平向右，而轮缘上 B 点的切向加速度 $a_B^{\tau}=2a_C$，其角加速度 $\alpha_1=\frac{a_C}{r_1}$。

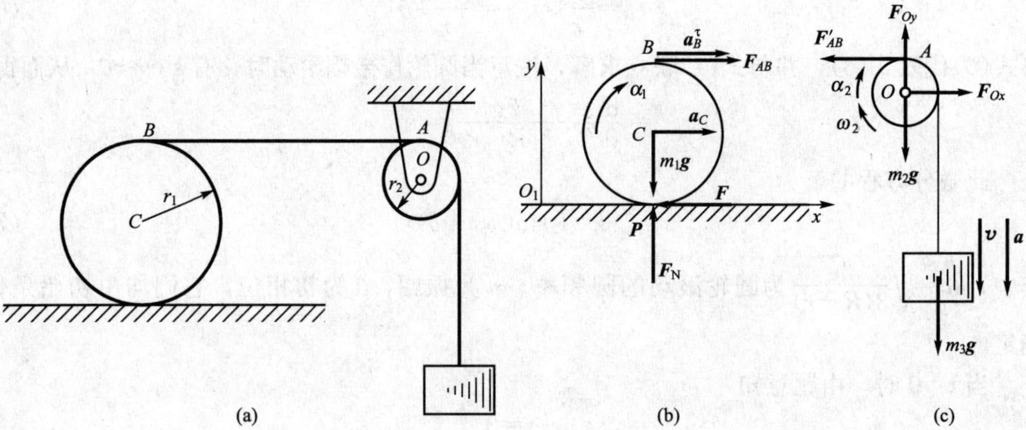

图 11-28

(4) 建立动力学方程，由平面运动微分方程

$$ma_{Cx}=\sum F_x^{(e)}$$
$$J_C\alpha_1=\sum M_C(\boldsymbol{F})$$

其中，$m=m_1$，$a_{Cx}=a_C$，$\sum F_x=F_{AB}-F$，$J_C=\frac{1}{2}m_1r_1^2$，$\alpha_1=\frac{a_C}{r_1}$，$\sum M_C(\boldsymbol{F})=(F_{AB}+F)r_1$，代入后得

$$m_1a_C=F_{AB}-F \tag{1}$$
$$\frac{1}{2}m_1a_C=F_{AB}+F \tag{2}$$

解得

$$\frac{3}{2}m_1a_C=2F_{AB} \tag{3}$$

由于圆柱质心 C 到瞬心 P 的距离保持不变，如用对瞬心的动量矩定理 $J_P\alpha_1=\sum M_P(\boldsymbol{F})$ 建立动力学方程，则

$$J_P\alpha_1=2F_{AB}\cdot r_1$$

其中，$J_P=J_C+m_1r_1^2=\frac{3}{2}mr_1^2$，$\alpha_1=\frac{a_C}{r_1}$，代入后得

$$\frac{3}{2}m_1a_C=2F_{AB}$$

结果与(3)式完全相同，而且十分简便。

2) 研究滑轮和重物组成的系统

(1) 受力分析：有重力 $m_2\boldsymbol{g}$、$m_3\boldsymbol{g}$，绳拉力 $\boldsymbol{F}'_{AB}$，且 $F'_{AB}=F_{AB}$，轴承反力 $\boldsymbol{F}_{Ox}$、$\boldsymbol{F}_{Oy}$，如 11-28(c)所示。

(2) 运动分析：定滑轮作定轴转动，设其角速度为 ω_2，角加速度为 α_2；重物作铅直向下平动，其速度、加速度分别为 $\boldsymbol{v}$、$\boldsymbol{a}$，则 $r_2\omega_2=v$，$r_2\alpha_2=a$。

分别计算动量矩和外力矩(顺时针转向为正)：

$$\left.\begin{aligned}L_O&=J_O\omega_1+m_3vr_2=\left(\frac{1}{2}m_2+m_3\right)r_2v\\ \sum M_O(\boldsymbol{F})&=(m_3g-F'_{AB})r_2\end{aligned}\right\} \tag{4}$$

(3) 由动量矩定理建立动力学方程，注意到(4)式，得

$$\frac{\mathrm{d}}{\mathrm{d}t}\left[\left(\frac{1}{2}m_2+m_3\right)r_2v\right]=(m_3g-F'_{AB})r_2$$

因为，$\frac{\mathrm{d}\boldsymbol{v}}{\mathrm{d}t}=\boldsymbol{a}$，$F'_{AB}=F_{AB}$，于是有

$$\left(\frac{1}{2}m_2+m_3\right)a=m_3g-F_{AB} \tag{5}$$

联立解(3)式和(5)式，注意到 $a=a_B^\tau=2a_C$，得

$$a_C=\frac{4m_3}{3m_1+4m_2+8m_3}g$$

$$a=2a_C=\frac{8m_3}{3m_1+4m_2+8m_3}g$$

$$F_{AB}=\frac{3}{4}m_1a_C=\frac{3m_1m_3}{3m_1+4m_2+8m_3}g$$

习　题

11-1　如图11-29所示，已知均质杆的质量为 m，对 z_1 轴的转动惯量为 J_1，求杆对 z_2 轴的转动惯量 J_2。

11-2　均质直角折杆尺寸如图11-30所示，其质量为 $3m$，求其对轴 O 的转动惯量。

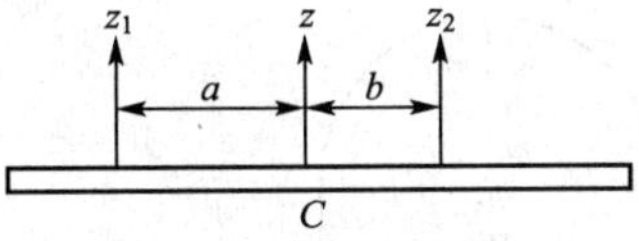

图11-29 图

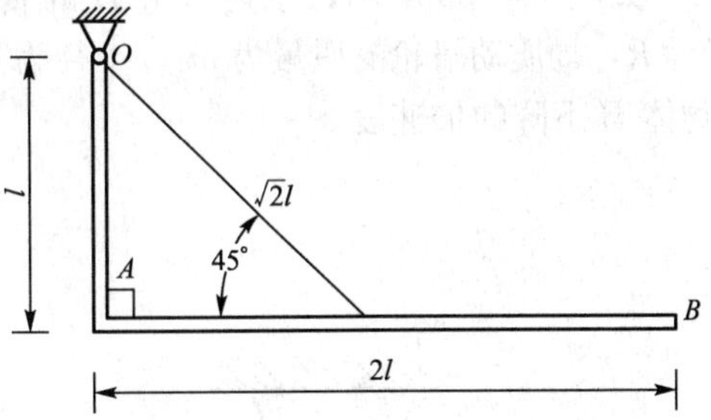

图11-30

11-3　质量为 m 的质点在 Oxy 平面运动，其运动方程为 $x=a\cos\omega t$，$y=b\sin\omega t$；其中 a、b 和 ω 为常量。求质点对原点 O 的动量矩。

11-4　图11-31所示为均质圆盘，半径为 R，质量为 m。细长杆长 l，绕 O 轴转动，角速度为 ω。试求下列三种情况下圆盘对固定点 O 的动量矩：

(1) 圆盘固结于杆；

(2) 圆盘绕 A 轴转动，相对于杆 OA 的角速度为 $-\omega$；

(3) 圆盘绕 A 轴转动，相对于杆 OA 的角速度为 ω。

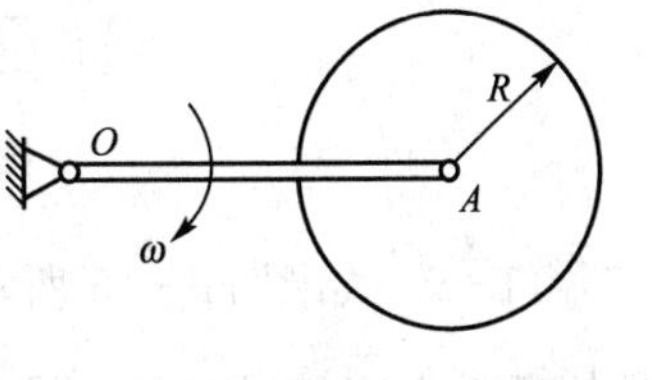

图11-31

11-5　如图11-32所示，小球 A 的质量为 m，连接在

长为 l 的无重杆 AB 上，放在盛有液体的容器中。杆以初角速度 ω_0 绕 z 轴转动，液体的阻力为 $F=km\omega$，k 为比例常数。问经过多少时间角速度 ω 成为初角速度的一半。

11-6　小球 M 系于线 MOA 的一端，此线穿过一铅直小管，如图 11-33 所示。小球绕管轴作沿半径 $MC=R$ 的圆周运动，转速为 120r/min。今将 AO 线段慢慢向下拉，使外面的线段缩短到 OM_1 的长度，此时小球作沿半径 $M_1C_1=R/2$ 的圆周运动。求小球沿此圆周的转速。

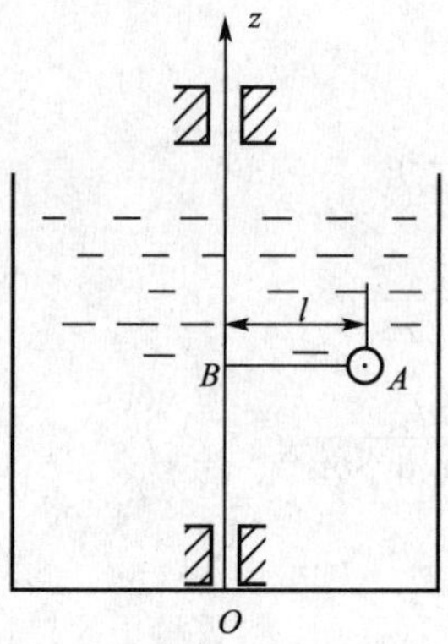

图 11-32

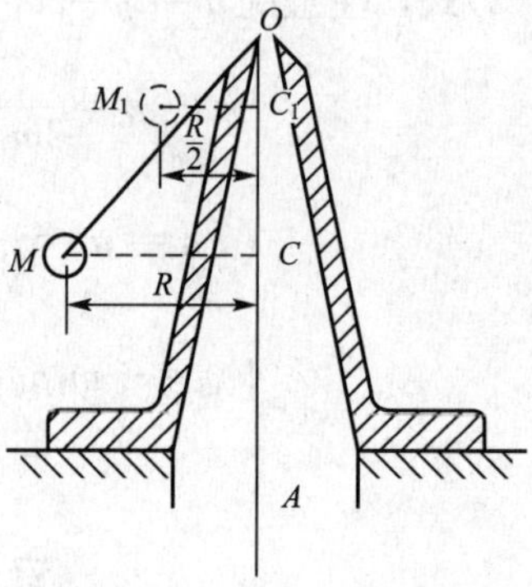

图 11-33

11-7　如图 11-34 所示，两个重物 M_1 和 M_2 的质量各为 m_1 与 m_2，分别系在两条不计质量的绳上。此两绳又分别围绕在半径为 r_1 和 r_2 的塔轮上。塔轮质量为 m_3，质心为 O，对 O 轴的回转半径为 ρ。重物受重力作用而运动，求塔轮的角加速度 α。

11-8　如图 11-35 所示，重物 A 和 B 的质量分别为 m_1 和 m_2，均质定滑轮的质量为 m_3，半径为 R，均质动滑轮的质量为 m_4，半径为 r。若不计绳重和轴承摩擦，且 $m_4+m_2>2m_1$。求物体 B 下降的加速度。

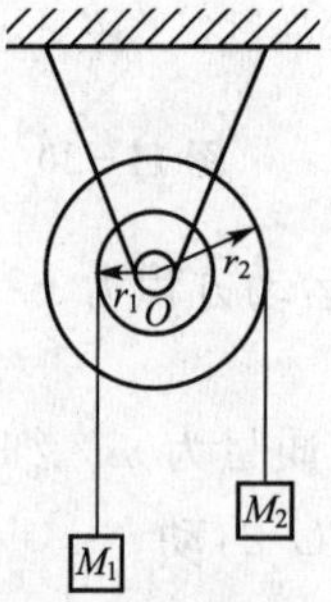

图 11-34

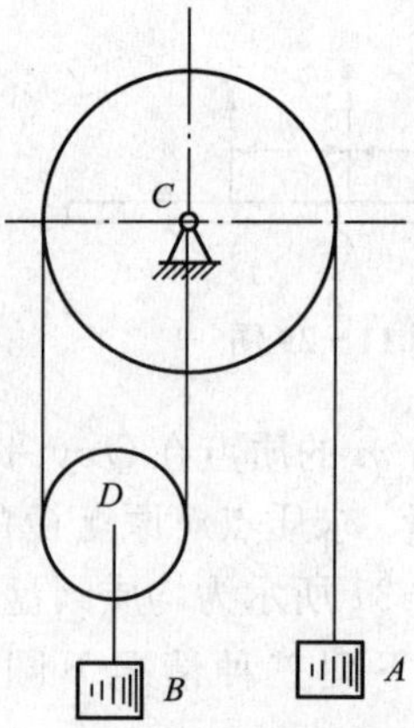

图 11-35

11-9　如图 11-36 所示，一半径为 R、质量为 m_1 的均质圆盘，可绕通过其中心 O 的铅垂轴无摩擦地旋转。另一质量为 m_2 的人按规律 $S=\frac{1}{2}at^2$ 沿到 O 半径为 r 的圆周行走。开始时，圆盘与人均静止，求圆盘的转动的角速度 ω 与角加速度 α 各为多少。

11-10 如图 11-37 所示，A 为离合器，开始时轮 2 静止，轮 1 具有角速度 ω_0。当离合器接合后，依靠摩擦使轮 2 启动。已知轮 1 和轮 2 的转动惯量分别为 J_1 和 J_2。试求：

(1) 当离合器接合后，两轮共同转动的角速度；

(2) 若经过 t 时间两轮的转速相同，求离合器应有多大的摩擦力矩。

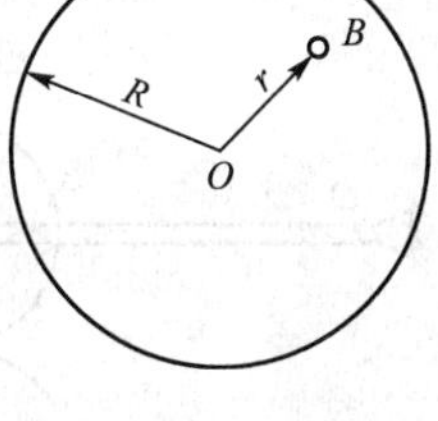

图 11-36

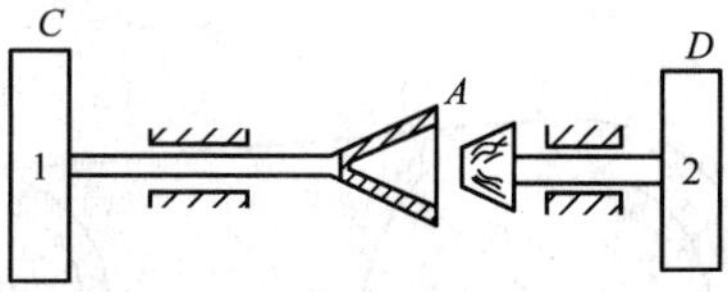

图 11-37

11-11 如图 11-38 所示，均质杆长 $AB=l$，质量为 m_1，杆的 B 端固连一质量为 m_2 的小球，其大小不计。杆上 D 点连一弹簧，刚度为 k，使杆在水平位置保持平衡。设开始静止，给小球一个垂直向下的微小位移 δ_0 后，求杆 AB 的运动规律和周期。

11-12 如图 11-39 所示，为求半径为 $R=0.5\text{m}$ 的飞轮对通过其重心的轴的转动惯量，在飞轮上绕以细绳，绳的末端系一质量为 $m_1=8\text{kg}$ 的重锤，重锤自高度 $h=2\text{m}$ 处落下，测得落下时间 $t_1=16\text{s}$。为消去轴承摩擦的影响，再用质量为 $m_2=4\text{kg}$ 的重锤进行第二次试验，此重锤自同一高度落下的时间 $t_2=25\text{s}$。假定摩擦力矩为一常数，且与重锤的重量无关，求飞轮的转动惯量和轴承的摩擦力矩。

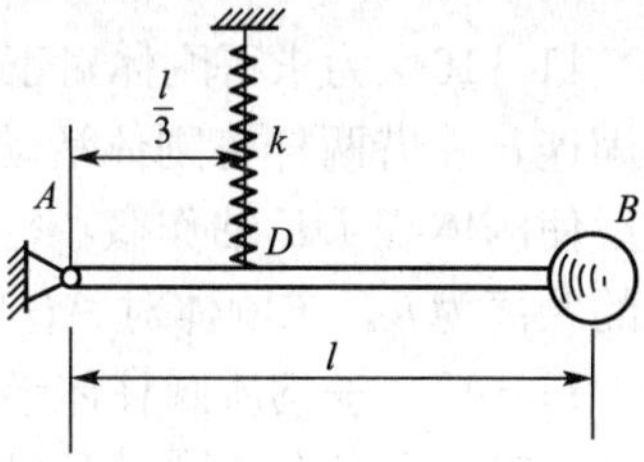

图 11-38

11-13 如图 11-40 所示，飞轮在力偶矩 $M_O\cos\omega t$ 作用下绕铅直轴转动。飞轮的轮幅上有两个质量均为 m 的重物，做周期性的运动，初瞬时 $r=r_0$，问 r 应满足什么条件，才能使飞轮以匀角速度 ω 转动。

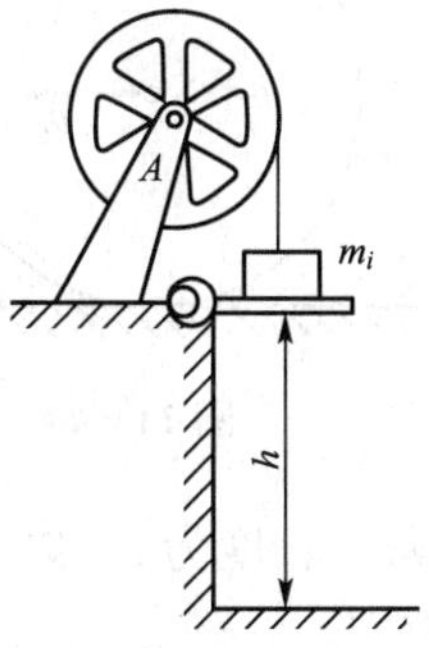

图 11-39

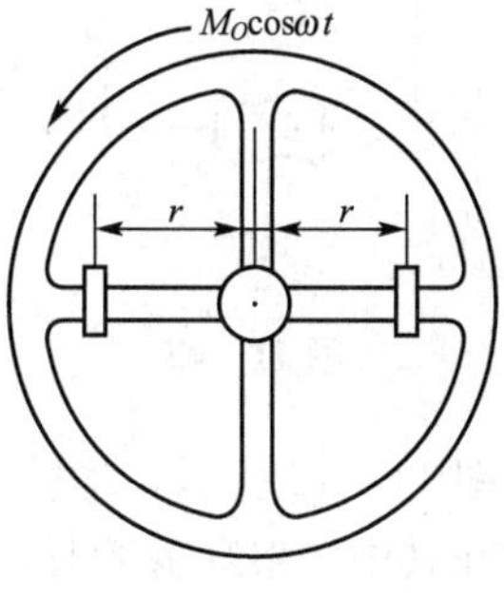

图 11-40

11-14 如图 11-41 所示的皮带传动装置，两轮的半径分别为 r_1 和 r_2，质量分别为 m_1 和 m_2，并分别绕各自的固定轴转动，轮 A 上作用一主动力矩 M，则在轮 B 上作用阻力

矩 M'，两轮均可视为均质圆盘，皮带与轮之间无滑动，不计皮带质量，求轮 A 的角加速度。

11－15　如图 11－42 所示，均质轮 A 的质量为 m_1，半径为 r_1，以角速度 ω 绕 OA 杆的 A 端转动，此时将轮 A 放置在质量为 m_2，半径为 r_2 的轮 B 上。轮 B 原来静止，但可绕其中心轴 B 自由转动。放置后，轮 A 的重量由轮 B 支持。略去轴承的摩擦和杆 OA 的质量，并设两轮间的摩擦系数为 f，问自轮 A 放在轮 B 上到两轮间无相对滑动为止，需经过多少时间。

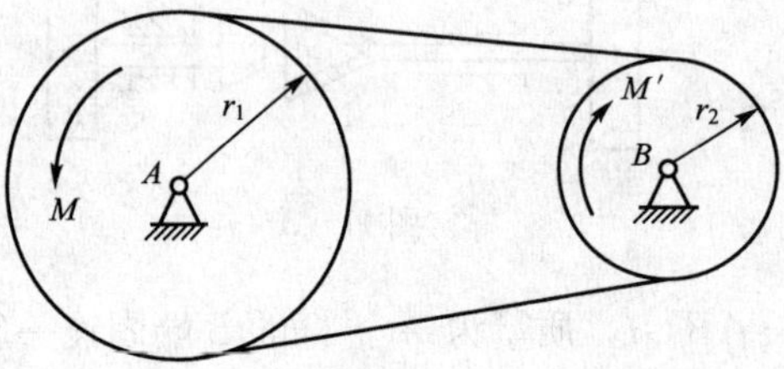

图 11－41

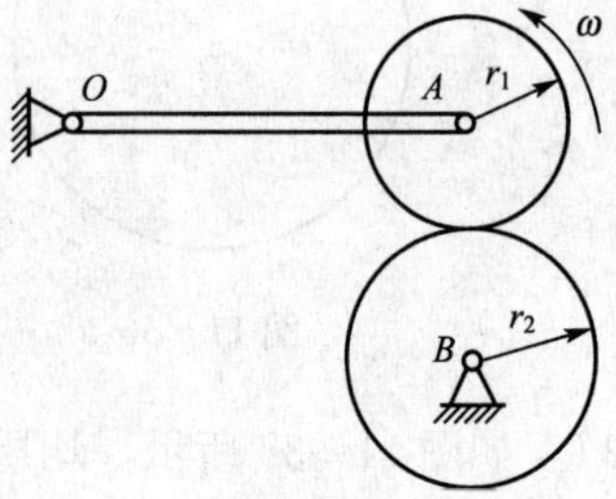

图 11－42

11－16　为求得刚体对于通过重心 C 的轴的转动惯量，用两无重刚杆 AD 和 BE 与刚体固连，并借两杆将刚体活动地挂在水平轴上，如图 11－43 所示。AB 轴平行于 DE 轴，然后使刚体绕 DE 轴作微小摆动，求出振动周期 T。如果刚体的质量为 m，轴 AB 与 DE 间的距离为 h。求刚体对 AB 轴的转动惯量。

11－17　一均质圆柱体半径为 r，质量为 m，放在粗糙的水平面上，设其质心速度为 v_0，方向水平向右，同时有图 11－44 所示方向的转动，其初角速度为 ω_0，且 $r\omega_0 < v_0$，如圆柱体与水平面间的动摩擦系数为 f，问经过多少时间，圆柱体才能只滚不滑地向前运动，并求该瞬时其质心 C 的速度。

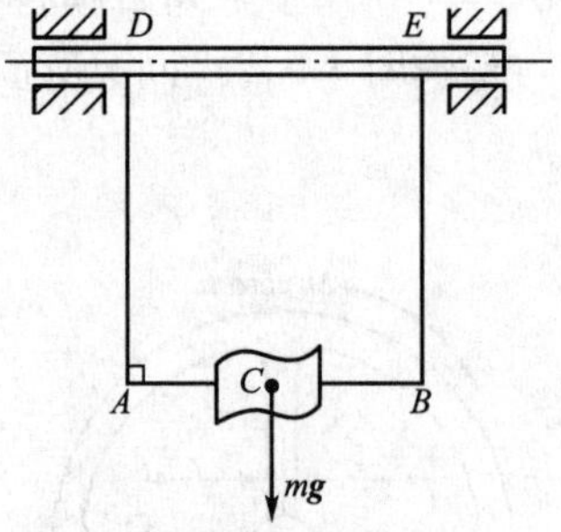

图 11－43

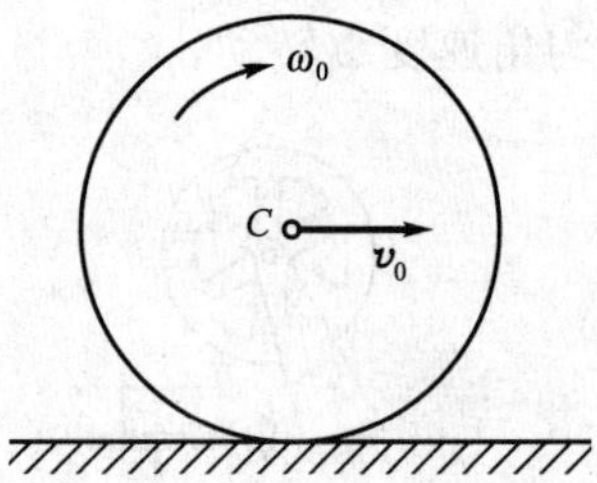

图 11－44

11－18　如图 11－45 所示，均质杆 AB 质量为 m，长度为 l，以两根等长的绳子悬挂在水平位置，求在其中一根绳剪断时，另一根绳的拉力。

11－19　如图 11－46 所示，一鼓轮上绕有不可伸长的绳子，绳的一端固定，轮的半径为 $R=90\text{mm}$，轮轴的半径为 $r=60\text{mm}$，总质量为 m，对轮心 C 的惯性半径为 $\rho=80\text{mm}$，轮与斜面间的摩擦系数为 $f=0.4$。求轮沿斜面向下运动时，轮心 C 的加速度。

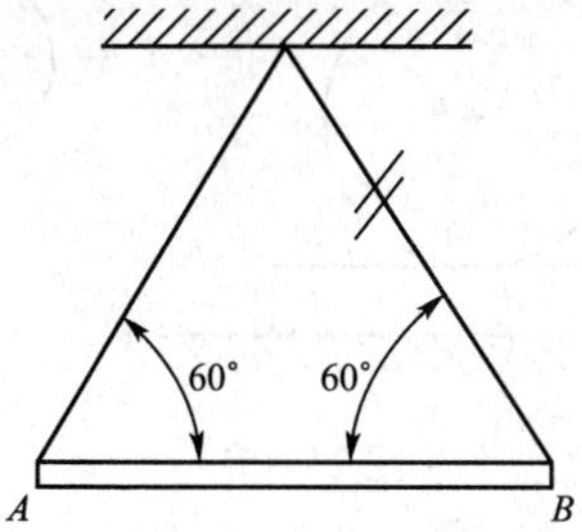

图 11-45

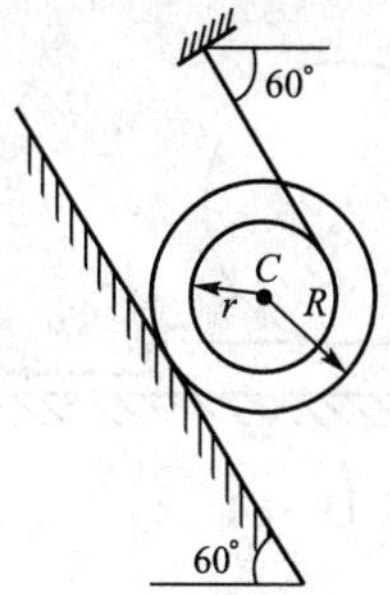

图 11-46

11-20 如图 11-47 所示，均质实心圆柱体 A 和薄铁环 B 的质量均为 m，半径都等于 r，两者用杆 AB 铰接，无滑动地沿斜面滚下，斜面与水平面的夹角为 θ，如杆的质量忽略不计，求杆 AB 的加速度和杆的内力。

11-21 如图 11-48 所示，鼓轮的质量 $m_1=100\text{kg}$，半径 $r=0.2\text{m}$，$R=0.5\text{m}$，可在水平面上作纯滚动，鼓轮对中心 C 的回转半径 $\rho=0.25\text{m}$，弹簧刚度为 $k=60\text{N/m}$，开始时弹簧为自然长度，弹簧和 EH 段绳与水平面平行，定滑轮的质量不计，若在轮上加 $M=20\text{N}\cdot\text{m}$ 的常力偶，当质量 $m_2=20\text{kg}$ 的物体 D 无初速下降 $S=0.4\text{m}$ 时，求鼓轮的角速度。

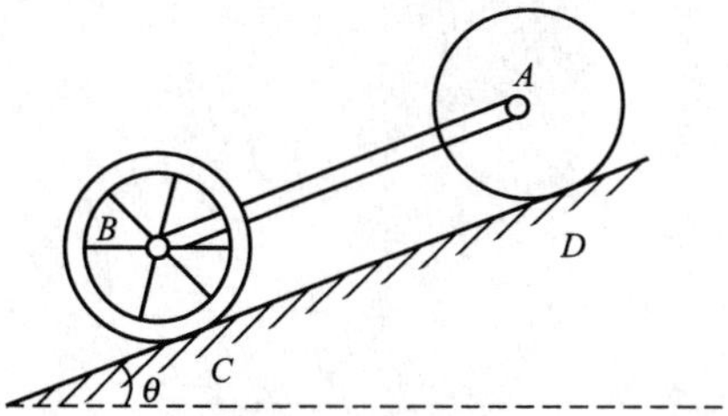

图 11-47

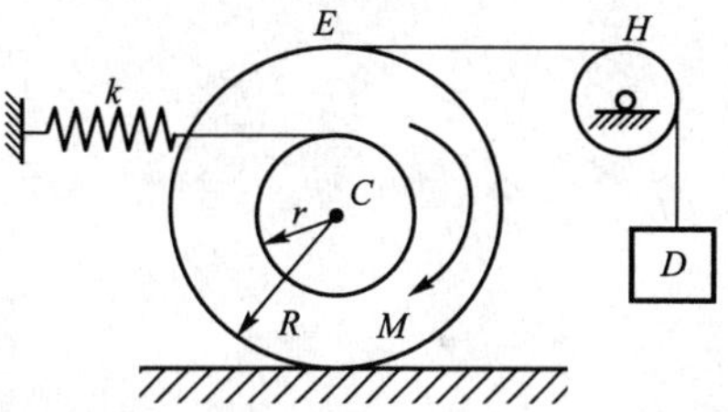

图 11-48

11-22 如图 11-49 所示，物体 A 的质量为 m_1，挂在绳子上，绳子跨过定滑轮 D，绕在鼓轮上，由于物体 A 下降，带动了轮 C，使它沿水平轨道滚动而不滑动。已知鼓轮半径为 r，滚子 C 的半径为 R，两者固连在一起，总质量为 m_2，对水平轴 O 的惯性半径为 ρ，定滑轮 D 可视为均质薄圆环，它的质量为 m_3，且 $m_3=m_1$。求重物 A 的加速度。

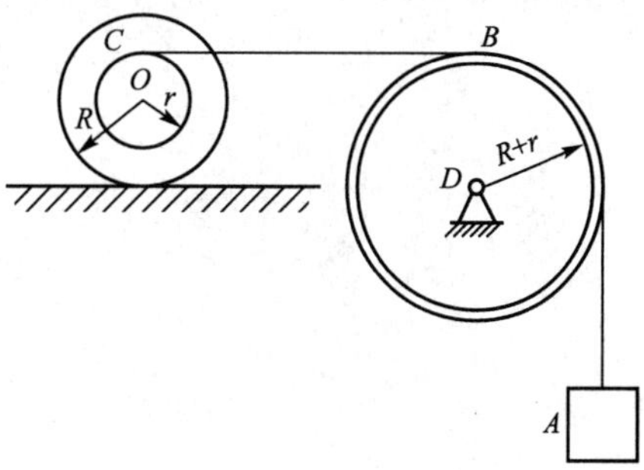

图 11-49

11-23 如图 11-50 所示。板的质量为 m_1，受水平力 $\boldsymbol{F}$ 作用，沿水平面运动。板与水平面间的摩擦系数为 f，在板上放一质量为 m_2 的实心圆柱，此圆柱对板只滚动而不滑动。求板的加速度。

11-24 在图 11-51 所示的机构中，已知平板 A 质量为 m，放在光滑水平面上，均质圆柱 B 沿平板 A 作纯滚动。质量 $m_B=8m$，半径为 r；物体 D 质量为 m，滑轮 C 不计质量，圆柱与滑轮间绳子水平。求平板 A、重物 D 的加速度。

图 11－50

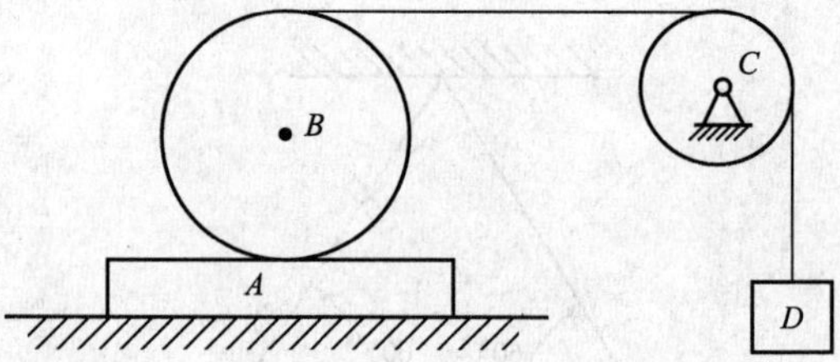

图 11－51

第12章 动能定理

教学目标

通过本章学习，应达到以下目标：

(1) 对功和功率的概念有清晰的理解，熟练地计算重力、弹性力和力矩的功。

(2) 能熟练地计算平动刚体、定轴转动刚体和平面运动刚体的动能，以及重力和弹性力的势能。

(3) 熟知何种约束反力的功为零，何种内力的功之和为零。

(4) 能熟练地应用动能定理和机械能守恒定律解决动力学问题。

(5) 能熟练地应用动力学基本定理解决动力学的综合问题。

引例

过山车又称为云霄飞车，是一项富有刺激性的娱乐工具。那种风驰电掣、有惊无险的快感令不少人着迷。

在刚刚开始时，过山车的小列车是依靠一个机械装置的推力推上最高点的，但在第一次下行后，就再也没有任何装置为它提供动力了。事实上，从这时起，带动它沿轨道行驶的唯一的“发动机”将是重力势能，即由势能转化为动能、又由动能转化为重力势能这样一种不断转化的过程构成的。

第一种能，即重力势能是物体因其所处位置而自身拥有的能量。对过山车来说，它的重力势能在处于最高点时达到了最大值，也就是当它爬升到“山丘”的顶峰时最大。当过山车开始下降时，它的势能就不断地减少(因为高度下降了)，但能量不会消失，而是转化成了动能，也就是运动的能量。不过，在能量的转化过程中，由于过山车的车轮与轨道的摩擦而产生了热量，从而损耗了少量的机械能(动能和势能)。这就是为什么在设计中随后的小山丘比开始时的小山丘略矮一点的原因。

在前两章中，我们用动量(动量矩)来度量物体的机械运动，进而建立了动量(动量矩)的变化与作用力的主矢(主矩)之间的关系。但是，动量(动量矩)并不是机械运动的唯一度量。

能量转换与功之间的关系是自然界中各种形式运动的普遍规律，在机械运动中则表现为动能定理。不同于动量定理和动量矩定理，动能定理是从能量的角度来分析质点和质点系的动力学问题，有时更为方便和有效。同时，还可以建立机械运动与其他形式运动之间的联系。本章将讨论力的功、动能和势能等重要概念，推导动能定理和机械能守恒定律，并将综合运用动量定理、动量矩定理和动能定理分析较复杂的动力学问题。

§12-1 力的功

1. *功的表达式*

设质点 M 在常力 $\boldsymbol{F}$ 作用下沿直线由 M_1 运动到 M_2，其位移为 $\boldsymbol{S}$，如图 12-1 所示，则力 $\boldsymbol{F}$ 在这段路程内所积累的效应可用**力的功**来度量，用 W 表示，即

$$W=F\cos\theta\cdot S \tag{12-1}$$

式(12-1)表示：常力在直线位移中的功等于力在位移方向的投影与其路程的乘积。θ 为力矢 $\boldsymbol{F}$ 与位移 $\boldsymbol{S}$ 的夹角。当 $\theta<90°$ 时，力做正功；$\theta>90°$ 时，力做负功；$\theta=90°$ 时，即力垂直于运动方向时，力不做功。力的功是代数量，其量纲 $\dim W=\mathrm{ML^2T^{-2}}$，单位是焦耳(J)，$1\mathrm{J}=1\mathrm{N}\cdot\mathrm{m}$。

若用矢量点乘形式表示式(12-1)，则力 $\boldsymbol{F}$ 的功为

$$W=\boldsymbol{F}\cdot\boldsymbol{S} \tag{12-2}$$

设质点 M 在变力 $\boldsymbol{F}$ 作用下沿曲线由 M_1 运动到 M_2，如图 12-2 所示。力 $\boldsymbol{F}$ 在无限小位移 $\mathrm{d}\boldsymbol{r}$ 中可视为常力，经过的一小段弧长 $\mathrm{d}S$ 可视为直线，$\mathrm{d}\boldsymbol{r}$ 可视为沿点 M 的切线，则力 $\boldsymbol{F}$ 在微小位移 $\mathrm{d}\boldsymbol{r}$ 中做的功称为力的元功，以 δW 表示。于是

$$\delta W=F\cos\theta\mathrm{d}S \tag{12-3}$$

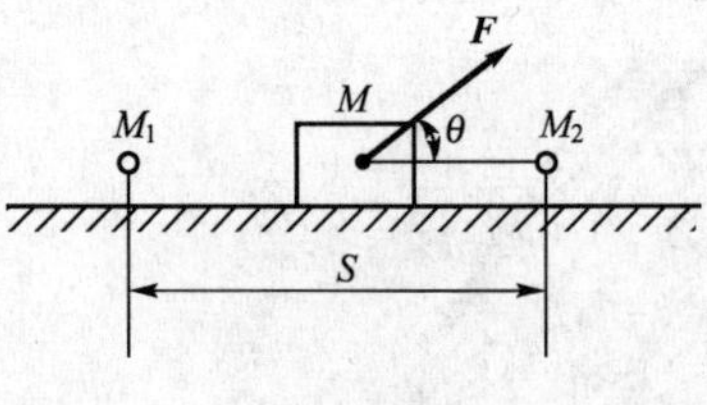

图 12-1

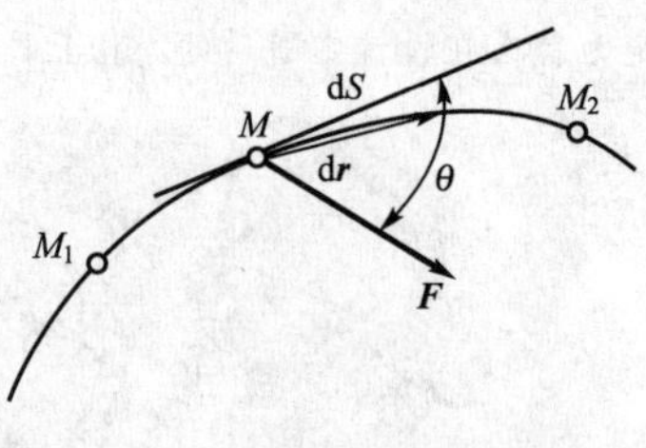

图 12-2

或

$$\delta W=\boldsymbol{F}\cdot\mathrm{d}\boldsymbol{r} \tag{12-4}$$

表明：力的元功等于力在切线上的投影与微小路程的乘积。

力在整个路程上做的功为

$$W=\int_{M_1}^{M_2}\boldsymbol{F}\cdot\mathrm{d}\boldsymbol{r} \tag{12-5}$$

或

$$W=\int_{M_1}^{M_2}F\cos\theta\cdot \mathrm{d}S \tag{12-6}$$

若取固结于地面的直角坐标系 $Oxyz$，$\boldsymbol{i}$、$\boldsymbol{j}$、$\boldsymbol{k}$ 为三坐标轴的单位矢量，如图 12-3 所示。则有

$$\boldsymbol{F}=F_x\cdot\boldsymbol{i}+F_y\cdot\boldsymbol{j}+F_z\cdot\boldsymbol{k}$$

$$\mathrm{d}\boldsymbol{r}=\mathrm{d}x\cdot\boldsymbol{i}+\mathrm{d}y\cdot\boldsymbol{j}+\mathrm{d}z\cdot\boldsymbol{k}$$

代入式(12-4)，得

$$\delta W=F_x\mathrm{d}x+F_y\mathrm{d}y+F_z\mathrm{d}z \tag{12-7}$$

式(12-7)称为元功解析式。质点从 M_1 到 M_2 的运动过程中做的功为

$$W_{12}=\int_{M_1}^{M_2}F_x\mathrm{d}x+F_y\mathrm{d}y+F_z\mathrm{d}z \tag{12-8}$$

上式称为功的解析表达式。

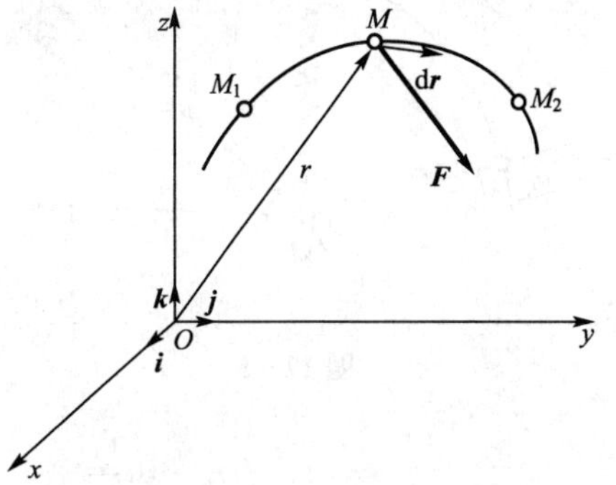

图 12-3

2. 几种常见力的功

1) 重力的功

设质点沿某一轨迹由 M_1 运动到 M_2，如图 12-4 所示。重力 $\boldsymbol{P}=m\boldsymbol{g}$ 在直角坐标轴上的投影分别为

$$F_x=0,\ F_y=0,\ F_z=-mg$$

由式(12-8)，重力的功为

$$W_{12}=\int_{z_1}^{z_2}-mg\,\mathrm{d}z=mg(z_1-z_2) \tag{12-9}$$

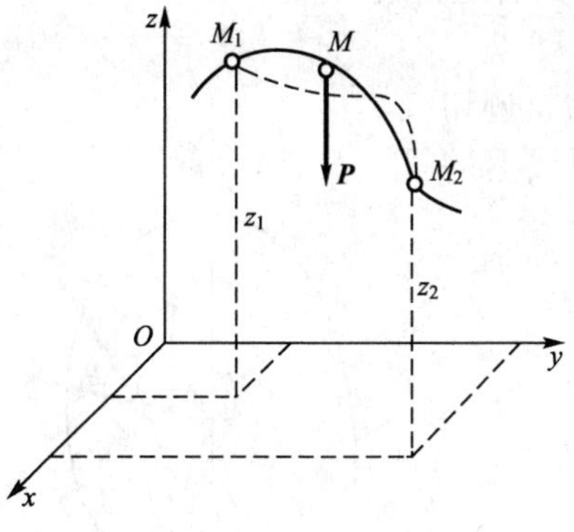

图 12-4

式(12-9)表示：重力的功等于重力与质点运动的起始和末了位置高度差的乘积。可见，重力的功仅与运动的起始和末了位置有关，而与运动的路径无关。

对于质点系，设质点 i 的质量为 m_i，运动始末的高度差为($z_{i1}-z_{i2}$)，则全部重力做功之和为

$$\sum W_{12}=\sum m_i g(z_{i1}-z_{i2})$$

由质心坐标公式，有

$$\sum W_{12}=mg(z_{C1}-z_{C2})$$

式中，m 为质点系全部质量之和，($z_{C1}-z_{C2}$)为运动始末位置其质心的高度差。可见，质点系重力做功仍与质心的运动轨迹形状无关。

2) 弹性力的功

设质点受到弹性力的作用，作用点 M 的轨迹如图 12-5 所示。质点 M 在弹性力 $\boldsymbol{F}$ 作用下由 M_1 运动到 M_2。在弹性限度内，弹性力的大小与其变形成正比，即

$$F=k\delta$$

弹性力的方向总是指向自然位置，比例系数 k 称为弹簧刚度系数(或弹性系数)，单位是牛顿/米(N/m)，它表示弹簧产生单位变形所需的力。

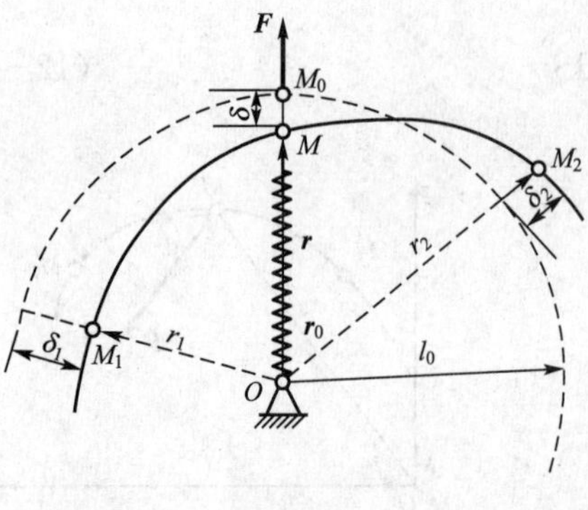

图 12-5

设弹性力作用点 M 对固定点 O 的矢径为 $\boldsymbol{r}$，沿矢径方向的单位矢为 $\boldsymbol{r}_0$，则 $\boldsymbol{r}_0=\dfrac{\boldsymbol{r}}{r}$，弹簧的自然长度为 l_0，则弹性力 $\boldsymbol{F}$ 可表示为

$$\boldsymbol{F}=-k(r-l_0)\boldsymbol{r}_0$$

当弹簧伸长时，$r-l_0>0$，力 $\boldsymbol{F}$ 与 $\boldsymbol{r}_0$ 方向相反；当弹簧被压缩时，$r-l_0<0$，力 $\boldsymbol{F}$ 与 $\boldsymbol{r}_0$ 方向一致，故上式为计算弹性力的通用公式。

弹性力的元功为

$$\delta W=\boldsymbol{F}\cdot \mathrm{d}\boldsymbol{r}=-k(r-l_0)\boldsymbol{r}_0\cdot \mathrm{d}\boldsymbol{r}$$

因为

$$\boldsymbol{r}_0\cdot \mathrm{d}\boldsymbol{r}=\frac{\boldsymbol{r}}{r}\cdot \mathrm{d}\boldsymbol{r}=\frac{1}{2r}\mathrm{d}(\boldsymbol{r}\cdot\boldsymbol{r})=\frac{1}{2r}\mathrm{d}(r^2)=\mathrm{d}r$$

所以

$$\delta W=-k(r-l_0)\mathrm{d}r$$

弹性力的功

$$W_{12}=\int_{M_1}^{M_2}\boldsymbol{F}\cdot \mathrm{d}\boldsymbol{r}=\int_{M_1}^{M_2}-k(r-l_0)\boldsymbol{r}_0\cdot \mathrm{d}\boldsymbol{r}=\frac{k}{2}[(r_1-l_0)^2-(r_2-l_0)^2]$$

令 $r_1-l_0=\delta_1$，$r_2-l_0=\delta_2$，为弹簧在质点运动的起始位置和末了位置的变形。于是有

$$W_{12}=\frac{1}{2}k(\delta_1^2-\delta_2^2) \tag{12-10}$$

式(12-10)表示：弹性力的功等于弹簧起始位置和末了位置的变形的平方之差与弹簧刚度的乘积的一半。可见，弹性力的功只与弹簧在起始位置和末了位置的变形有关，与质点运动的轨迹形状无关。式(12-10)是计算弹性力的功的普遍公式。

3) 定轴转动刚体上作用力的功

设作用于定轴转动刚体上的力 $\boldsymbol{F}$ 与作用点 M 处的轨迹切线之间的夹角为 θ，如图 12-6 所示。则力 $\boldsymbol{F}$ 在轨迹切线上的投影为

$$F_\tau=F\cos\theta$$

当刚体定轴转动时，转角 φ 与弧长 S 的关系为

$$\mathrm{d}S=R\mathrm{d}\varphi$$

式中，R 为力作用点 M 到轴的垂直距离。力 $\boldsymbol{F}$ 的元功为

$$\delta W=\boldsymbol{F}\cdot \mathrm{d}\boldsymbol{r}=F_\tau \mathrm{d}S=F_\tau R\mathrm{d}\varphi \tag{12-11}$$

因为，$M_z=F_\tau R$，为力 $\boldsymbol{F}$ 对 z 轴的矩，所以

$$\delta W=M_z\mathrm{d}\varphi \tag{12-12}$$

式(12-12)表示：作用于定轴转动刚体上的力的元功等于力对转轴的矩与微小转角的乘积。于是，力 $\boldsymbol{F}$ 在刚体从 φ_1 到 φ_2 转动过程所做的功为

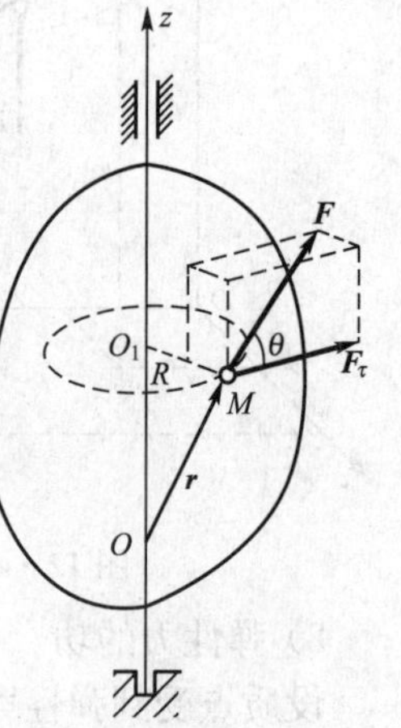

图 12-6

$$W_{12}=\int_{\varphi_1}^{\varphi_2}M_z\mathrm{d}\varphi \tag{12-13}$$

如果作用于刚体的是力偶，仍可用上式来计算，其中 M_z 是力偶矩矢 $\boldsymbol{M}$ 在转轴 z 上的

投影。

4）平面运动刚体上力系的功

设平面运动刚体上受有多个力作用。取刚体的质心 C 为基点，当刚体有无限小位移时，任一力 $\boldsymbol{F}_i$ 作用点 M_i 的位移为 $\mathrm{d}\boldsymbol{r}_i=\mathrm{d}\boldsymbol{r}_C+\mathrm{d}\boldsymbol{r}_{iC}$，其中 $\mathrm{d}\boldsymbol{r}_C$ 为质心的无限小位移，$\mathrm{d}\boldsymbol{r}_{iC}$ 为点 M_i 绕质心 C 的微小转动位移，如图 12-7 所示。则力 $\boldsymbol{F}_i$ 在点 M_i 位移上所作元功为

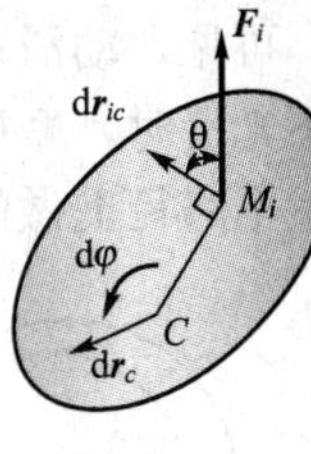

图 12-7

$$\delta W_i=\boldsymbol{F}_i\cdot\mathrm{d}\boldsymbol{r}_i=\boldsymbol{F}_i\cdot\mathrm{d}\boldsymbol{r}_C+\boldsymbol{F}_i\cdot\mathrm{d}\boldsymbol{r}_{iC}$$

式中，后一项为 $\boldsymbol{F}_i\cdot\mathrm{d}\boldsymbol{r}_{iC}=F_i\cos\theta\cdot M_iC\cdot\mathrm{d}\varphi=M_C(\boldsymbol{F}_i)\mathrm{d}\varphi$，式中 $M_C(\boldsymbol{F}_i)$ 为力 $\boldsymbol{F}_i$ 对质心 C 的矩。

全部力所做元功之和为

$$\begin{aligned}\delta W&=\sum\delta W_i=\sum\boldsymbol{F}_i\cdot\mathrm{d}\boldsymbol{r}_C+\sum M_C(\boldsymbol{F}_i)\mathrm{d}\varphi\\&=\boldsymbol{F}'_{\mathrm{R}}\cdot\mathrm{d}\boldsymbol{r}_C+M_C\mathrm{d}\varphi\end{aligned}\tag{12-14}$$

式中，$\boldsymbol{F}'_{\mathrm{R}}$ 为力系主矢，M_C 为力系对质心的主矩。

当质心由 C_1 移动到 C_2，转角由 φ_1 转到 φ_2 时，力系的功为

$$W=\int_{C_1}^{C_2}\boldsymbol{F}'_{\mathrm{R}}\cdot\mathrm{d}\boldsymbol{r}_C+\int_{\varphi_1}^{\varphi_2}M_C\mathrm{d}\varphi\tag{12-15}$$

可见，平面运动刚体上力系的功等于刚体上所受各力做功的代数和，也等于力系向质心简化所得的主矢和主矩做功之和。

值得指出的是，这个结论也适用于一般运动的刚体，基点也可以是刚体上任意一点。因为无论刚体作怎样的运动，力系的功总等于力系中所有各力做功的代数和。这是计算力系的功的常用的基本方法。在静力学中，已经讲过力系的简化，对于刚体而言，力系的简化及等效原理对动力学也同样适用。将力系向刚体上任意一点简化，一般简化为一个力(主矢)和一个力偶(主矩)。由力系等效原理知，这个力和力偶所作的元功就等于力系中所有各力所作元功的代数和，因此容易证明式(12-14)。在进行力系简化时，不做功的力可以不要，这样就简化了计算。

5）约束反力的功

物体所受的约束，例如：①光滑接触面约束、轴承约束、滚动铰支座，其约束反力与微小位移 $\mathrm{d}\boldsymbol{r}$ 总是相互垂直，约束反力的元功等于零；②铰链约束，其单一的约束反力的元功不等于零，但相互间的约束反力的元功之和等于零；③不可伸长的绳索、二力杆约束，由于绳索、二力杆不可伸长，其约束反力的元功等于零；④物体沿固定平面作纯滚动，其法线约束反力和静摩擦力均不做功。

我们把约束反力不做功或约束反力做功之和等于零的约束称为**理想约束**，即

$$\delta W=\sum_{i=1}^{n}\boldsymbol{F}_{\mathrm{N}i}\cdot\mathrm{d}\boldsymbol{r}_i=0\tag{12-16}$$

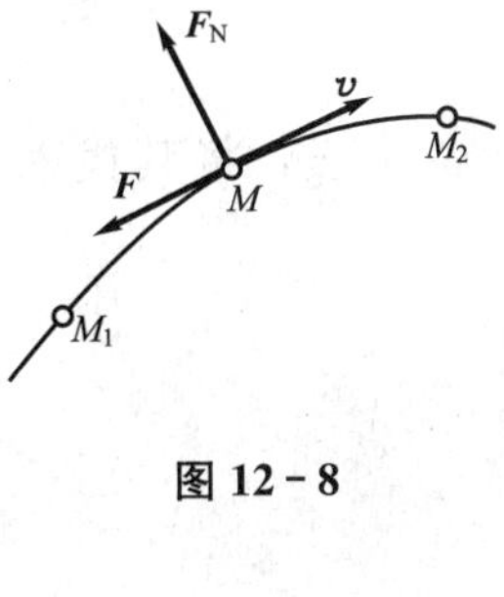

图 12-8

一般情况下，摩擦力要做负功，不是理想约束。如图 12-8 所示，当质点受到动滑动摩擦力作用时，摩擦力 $\boldsymbol{F}$ 恒与质点运动方向相反，其大小为

$$F=fF_{\mathrm{N}}$$

式中，f 为动摩擦系数，F_{N} 为法向反力。当质点从 M_1 运动到 M_2 时，摩擦力的功为

$$W_{12}=\int_{M_1}^{M_2}F\mathrm{d}S=\int_{M_1}^{M_2}fF_{\mathrm{N}}\mathrm{d}S \qquad (12-17)$$

可见，动滑动摩擦力的功不仅与质点位置有关，而且与质点的路径有关。例如，当轴承不光滑时，摩擦力做负功，当其作用点转过一周时，起始位置和末了位置重合，摩擦力在整个路径上做的功并不等于零。

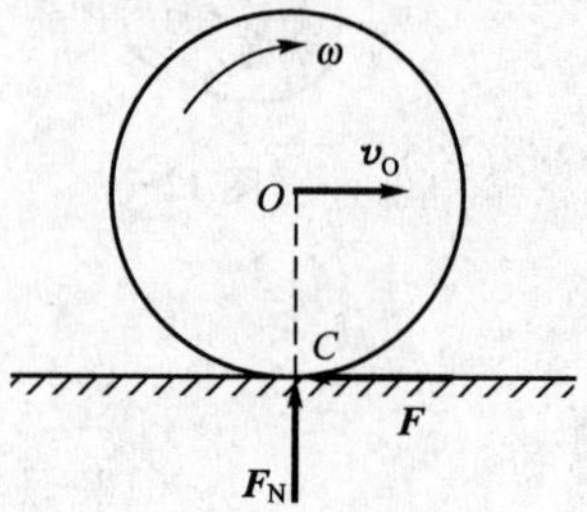

图 12-9

在特殊情况下，如果摩擦力作用点没有位移，即 $\mathrm{d}\boldsymbol{r}=0$ 或 $\boldsymbol{v}=0$，则摩擦力不做功。如车轮作纯滚动时，如图 12-9 所示。轮与固定面接触点 C 为其速度瞬心，即 $\boldsymbol{v}_C=0$。

摩擦力 $\boldsymbol{F}$ 的元功为

$$\delta W=\boldsymbol{F}\cdot\mathrm{d}\boldsymbol{r}=\boldsymbol{F}\cdot\frac{\mathrm{d}\boldsymbol{r}}{\mathrm{d}t}\mathrm{d}t=\boldsymbol{F}\cdot\boldsymbol{v}_C\mathrm{d}t=0$$

可见，当刚体作纯滚动时，摩擦力不做功。至于摩阻力偶的功，与一般力偶的功计算相同。

例 12-1 已知物体 A 的质量为 m_3，定滑轮 B 的质量为 m_2，半径为 r_2，轮 C 的质量为 m_1，半径为 r_1，轮 B、C 均可视为均质圆盘。弹簧刚度为 k，其左端固定，右端与轮心 C 连接，不可伸长的绳子跨过定滑轮将轮 C 与物体 A 连接，如图 12-10(a)所示。设轮 C 与地面无滑动，不计轴承摩擦和绳重，求系统由平衡位置开始，物体 A 的下落 x 距离时系统所受力的总功。

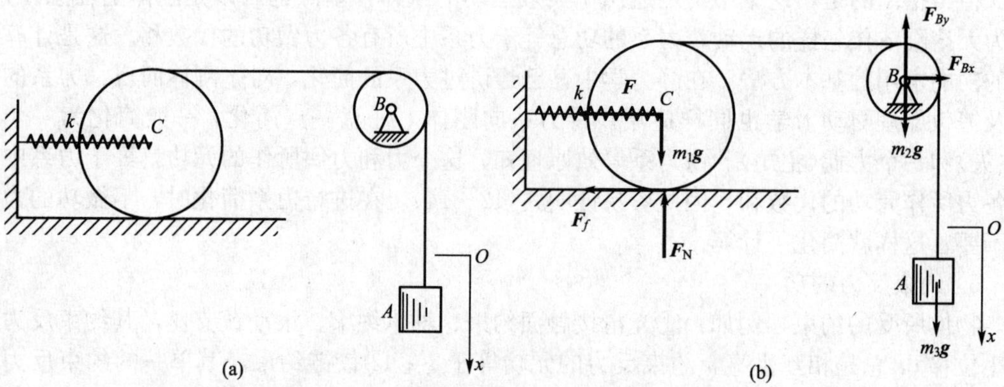

图 12-10

解： 作用于系统的力有 A、B、C 三物体的重力，弹簧的弹性力 $\boldsymbol{F}$，B 处的轴承反力 $\boldsymbol{F}_{Bx}$ 和 $\boldsymbol{F}_{By}$，以及地面对 C 的支持力 $\boldsymbol{F}_{\mathrm{N}}$ 和摩擦力 $\boldsymbol{F}_f$，如图 12-10(b)所示。其中作功的只有物体 A 的重力 $\boldsymbol{P}_A=m_3\boldsymbol{g}$ 和弹性力 $\boldsymbol{F}$。

重力做功 $W_P=m_3gx$；弹性力做功 $W_k=\dfrac{1}{2}k(\delta_1^2-\delta_2^2)$。

其中，初始位置弹簧静伸长 $\delta_1=\dfrac{2m_3g}{k}$，末了位置弹簧伸长 $\delta_2=\delta_1+\dfrac{x}{2}$，将其代入上式，得

$$W_k=\frac{1}{2}k\left(-\delta_1x-\frac{x^2}{4}\right)=-m_3gx-\frac{1}{2}k\left(\frac{x}{2}\right)^2$$

所以合力的功

$$W=W_P+W_k=m_3gx-m_3gx-\frac{1}{2}k\left(\frac{x}{2}\right)^2=-\frac{1}{2}k\left(\frac{x}{2}\right)^2$$

由上例可见，对于只有弹性力和重力做功的系统(简称质量-弹簧系统，即 $m-k$ 系统)，当系统由平衡位置运动到任意位置时，系统外力做功的总和等于弹簧在这一过程的变形量的平方与弹簧刚度乘积的一半，并为负功。这可以看作弹簧是以平衡位置为弹簧原长位置，变形后弹性力所做的功。

§12-2 质点和质点系的动能

1. 质点的动能

定义 质点的质量 m 与质点速度 v 平方乘积的一半称为质点的**动能**，即

$$T=\frac{1}{2}mv^2 \tag{12-18}$$

动能是标量，恒取正值。动能的单位是焦耳(J)，与功具有相同的量纲 $\dim FL=ML^2T^{-2}$。

动能和动量都是表征机械运动的量，是机械运动的两种不同度量。动能是与质点速度的平方成正比，只与速度大小有关，而与速度方向无关，是一个标量；动量是与质点速度的一次方成正比，既与速度大小有关，也与速度方向有关，是一个矢量。

2. 质点系的动能

定义 质点系内各质点动能的算术和称为质点系的动能，即

$$T=\sum_{i=1}^{n}\frac{1}{2}m_iv_i^2 \tag{12-19}$$

式中，m_i 为第 i 个质点的质量，v_i 为该质点的绝对速度的大小。

当质点系的运动比较复杂时，通过计算每个质点的动能的方法来求质点系动能往往不太方便，这时应用柯尼希定理则比较方便。

设质点系第 i 个质点的质量为 m_i，绝对速度为 $\boldsymbol{v}_i$，质心 C 的速度为 $\boldsymbol{v}_C$。以质心为原点取平动坐标系 $Cx'y'z'$，则该质点的运动为合成运动，其牵连速度 $\boldsymbol{v}_e=\boldsymbol{v}_C$，相对于质心 C 的速度为 $\boldsymbol{v}_{ir}$，如图 12-11 所示。质点 M_i 的绝对速度由速度合成定理为

$$\boldsymbol{v}_i=\boldsymbol{v}_C+\boldsymbol{v}_{ir}$$

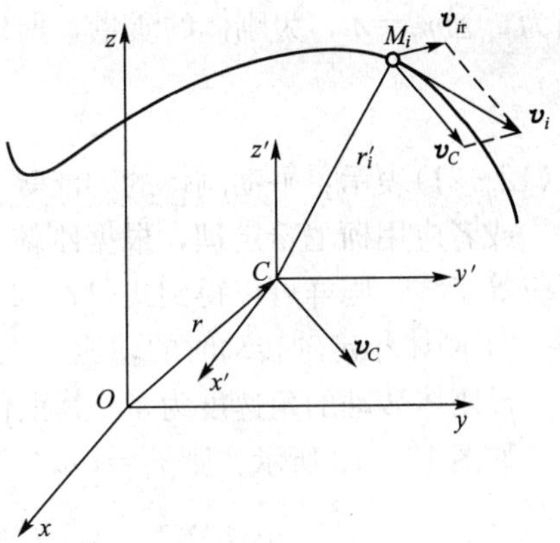

图 12-11

质点系在绝对运动中的动能为

$$T=\sum_{i=1}^{n}\frac{1}{2}m_iv_i^2=\sum_{i=1}^{n}\frac{1}{2}m_i(\boldsymbol{v}_i\cdot\boldsymbol{v}_i)=\sum_{i=1}^{n}\frac{1}{2}m_i(\boldsymbol{v}_C+\boldsymbol{v}_{ir})\cdot(\boldsymbol{v}_C+\boldsymbol{v}_{ir})$$

化简后得

$$T=\sum_{i=1}^{n}\frac{1}{2}m_iv_C^2+\sum_{i=1}^{n}m_i\boldsymbol{v}_C\cdot\boldsymbol{v}_{ir}+\sum_{i=1}^{n}\frac{1}{2}m_iv_{ir}^2$$

等式右边第一项为

$$\sum_{i=1}^{n}\frac{1}{2}m_iv_C^2=\frac{1}{2}v_C^2\sum_{i=1}^{n}m_i=\frac{1}{2}mv_C^2$$

这一项可以这样理解：它是质点系动能的一部分，相当于将质点系全部质量集中于质心C，并以质心速度$\boldsymbol{v}_C$运动的一个质点的动能，或者称为随质心平动的动能。

等式右边第二项为

$$\sum_{i=1}^{n}m_i\boldsymbol{v}_C\boldsymbol{v}_{ir}=\boldsymbol{v}_C\cdot\sum_{i=1}^{n}m_i\boldsymbol{v}_{ir}=\boldsymbol{v}_C\cdot m_i\boldsymbol{v}_{rC}=0$$

这一项中，$\boldsymbol{v}_{rC}$为质心相对于质心的速度，恒等于零。

等式右边第三项为

$$\sum_{i=1}^{n}\frac{1}{2}m_iv_{ir}^2=T'$$

这一项为质点系相对于质心C(平动坐标系)运动的动能。于是有

$$T=\frac{1}{2}mv_C^2+T' \tag{12-20}$$

式(12-20)为**柯尼希定理**：质点系在绝对运动中的动能等于质点系随质心平动的动能和相对于质心平移坐标系运动的动能之和。这里再一次看到了质心在动力学中的重要地位。

刚体是由无数质点组成的不变形的质点系。刚体作不同的运动时，各质点的速度分布不同，其动能应按照刚体的运动形式来计算。

1) 刚体作平动时的动能

刚体平动时，其上各点的速度都相同，等于质心速度$\boldsymbol{v}_C$。于是，其动能为

$$T=\sum_{i=1}^{n}\frac{1}{2}m_iv_C^2=\frac{1}{2}v_C^2\sum m_i$$

因为，$\sum m_i=m$，为刚体的质量，所以

$$T=\frac{1}{2}mv_C^2 \tag{12-21}$$

式(12-21)表示：平动刚体的动能等于刚体的质量与其质心速度平方乘积的一半。

或者应用柯尼希定理，根据刚体平动时各点的速度都相同，则式(12-20)中右边第二项应等于零，同样可以得到式(12-21)。

2) 刚体作定轴转动时的动能

设刚体转动的角速度为ω，其上任一质点的质量为m_i，到转轴的距离为r_i，其速度为$\boldsymbol{v}_i$。如图12-12所示。则$v_i=r_i\omega$，于是，其动能为

$$T=\sum_{i=1}^{n}\frac{1}{2}m_iv_i^2=\sum_{i=1}^{n}\frac{1}{2}m_ir_i^2\omega^2=\frac{1}{2}\left(\sum_{i=1}^{n}m_ir_i^2\right)\omega^2$$

因为$\sum_{i=1}^{n}m_ir_i^2=J_z$，为刚体对转轴$z$的转动惯量，则

$$T=\frac{1}{2}J_z\omega^2 \tag{12-22}$$

式(12-22)表示：定轴转动刚体的动能等于刚体对转轴的转动惯量与角速度平方乘积的一半。

3）刚体作平面运动的动能

刚体作平面运动时，平面图形取刚体质心所在的平面，如图 12－13 所示。设某瞬时平面图形的角速度为 ω，速度瞬心点为 P，此瞬时，刚体上各点速度的分布与绕 P 点作定轴转动的刚体相同，则平面运动刚体的动能为

$$T=\frac{1}{2}J_P\omega^2$$

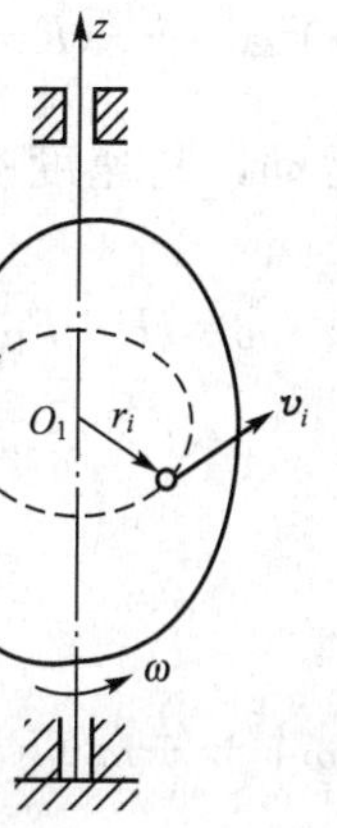

图 12－12

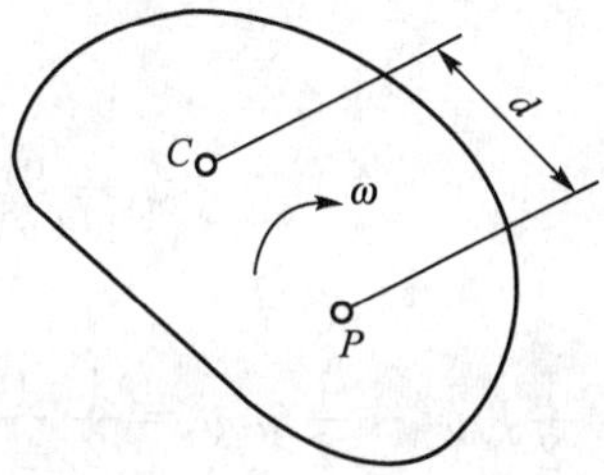

图 12－13

由转动惯量的平行轴定理有

$$J_P=J_C+md^2$$

代入上式得

$$T=\frac{1}{2}J_P\omega^2=\frac{1}{2}(J_C+md^2)\omega^2=\frac{1}{2}J_C\omega^2+\frac{1}{2}md^2\omega^2$$

式中，质心点的速度为 $v_C=d\omega$，于是有

$$T=\frac{1}{2}J_C\omega^2+\frac{1}{2}mv_C^2 \tag{12-23}$$

即做平面运动刚体的动能等于随质心平动的动能和相对于质心转动的动能之和。

或者应用柯尼希定理，由运动学知，刚体的平面运动可分解为随基点的平动和相对于基点的转动。以质心 C 为基点，则其运动为随质心的平动和相对于质心轴(通过质心垂直于运动平面的轴)的转动。由式(12－20)

$$T=\frac{1}{2}mv_C^2+T'$$

式中，$T'=\frac{1}{2}J_C\omega^2$，$J_C$为刚体对质心的转动惯量，$\omega$ 为刚体的角速度。于是有

$$T=\frac{1}{2}mv_C^2+\frac{1}{2}J_C\omega^2$$

同式(12－23)式结果一样。

例 12－2 如图 12－14 所示，周转齿轮传动机构在图示平面内运动。已知行星轮 II 的半径为 r，质量为 m_1，可看作均质圆盘；固定齿轮 I 的半径为 R；曲柄 OA 质量为 m_2，可看作均质细杆，角速度为 ω。求系统的动能。

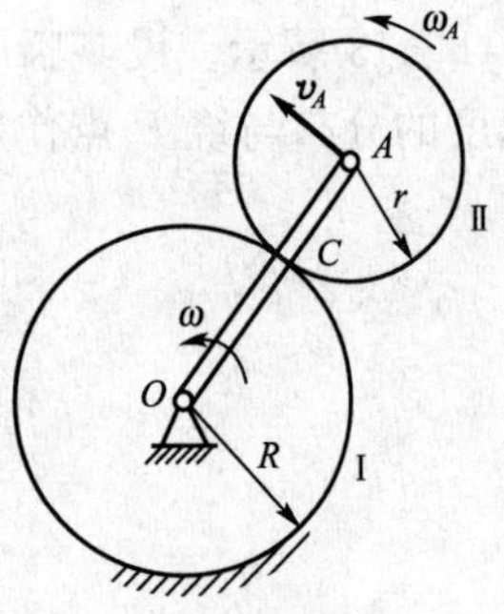

图 12-14

解：(1) 研究对象：整个系统。

(2) 运动分析：系统由三个刚体组成，其中，齿轮Ⅰ不动，动能为零。

曲柄的运动为定轴转动，其动能为

$$T_{OA}=\frac{1}{2}J_O\omega^2$$

$$=\frac{1}{2}\cdot\frac{m_2}{3}(R+r)^2\omega^2=\frac{m_2}{6}(R+r)^2\omega^2$$

齿轮Ⅱ的运动为平面运动，其速度瞬心为 C 点，质心速度为

$$v_A=OA\cdot\omega=(R+r)\omega$$

角速度为

$$\omega_A=\frac{v_A}{CA}=\frac{R+r}{r}\omega$$

其动能为

$$T_A=\frac{1}{2}J_A\omega_A^2+\frac{1}{2}m_1v_A^2=\frac{1}{2}\ \frac{1}{2}m_1r\left(\frac{R+r}{r}\omega\right)^2+\frac{1}{2}m_1(R+r)^2\omega^2$$

$$=\frac{3m_1}{4}(R+r)^2\omega^2$$

则系统的动能为

$$T=T_{OA}+T_A=\frac{9m_1+2m_2}{12}(R+r)^2\omega^2$$

例 12-3 如图 12-15 所示，坦克履带的质量和两车轮的质量均为 m，车轮可看作均质圆盘，半径为 r，两轮轴间的距离为 πr。设坦克前进的速度为 v，试计算此质点系的动能。

解：质点系的动能为全部履带的动能和两车轮的动能之和。而全部履带的动能为绕在两个转动圆轮上的履带动能和上下水平平移的履带动能之和，其中绕在两个转动圆轮上的履带作平面运动，可应用柯希尼定理求其动能。

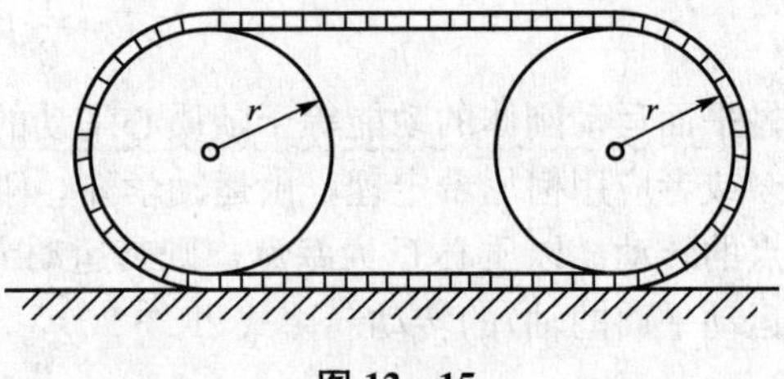

图 12-15

全部履带的总动能为

$$T_{履}=T_1+T_2+T_3$$

$$=\frac{1}{2}m_1v_1^2+\frac{1}{2}J_{C1}\omega_1^2+\frac{1}{2}m_2v_2^2+\frac{1}{2}m_3v_3^2$$

其中，$m_1=\frac{m}{2}$，$v_1=v$，$J_{C1}=m_1r^2=\frac{1}{2}mr^2$，$\omega_1=\frac{v}{r}$，$m_2=m_3=\frac{m}{4}$，$v_2=2v$，$v_3=0$。

于是

$$T_{履}=\frac{1}{4}mv^2+\frac{1}{4}mv^2+\frac{1}{8}m\cdot 4v^2+0=mv^2$$

车轮也作平面运动，应用柯希尼定理得

$$T_{车}=2\times\left(\frac{1}{2}mv^2+\frac{1}{2}J_C\omega^2\right)$$

其中，$J_C=\frac{1}{2}mr^2$，$\omega=\frac{v}{r}$。

于是

$$T_{车}=2\times\left(\frac{1}{2}mv^2+\frac{1}{4}mv^2\right)=\frac{3}{2}mv^2$$

所以，质点系的总动能为

$$T=T_{履}+T_{车}=mv^2+\frac{3}{2}mv^2=\frac{5}{2}mv^2$$

§12-3 质点和质点系的动能定理

1. 质点的动能定理

设质点 M 的速度为 v，在力 $\boldsymbol{F}$ 作用下作曲线运动，如图 12-16 所示。

根据质点动力学基本方程

$$m\frac{\mathrm{d}\boldsymbol{v}}{\mathrm{d}t}=\boldsymbol{F}$$

上式等号两边点乘 $\mathrm{d}\boldsymbol{r}$

$$m\frac{\mathrm{d}\boldsymbol{v}}{\mathrm{d}t}\cdot\mathrm{d}\boldsymbol{r}=\boldsymbol{F}\cdot\mathrm{d}\boldsymbol{r}$$

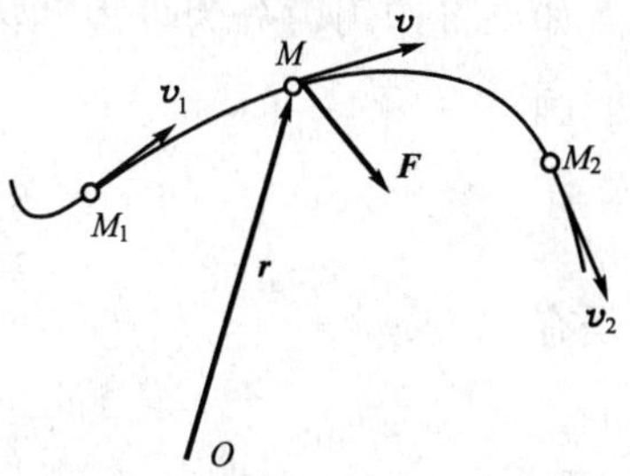

图 12-16

因为 $\mathrm{d}\boldsymbol{r}=\boldsymbol{v}\mathrm{d}t$，$\boldsymbol{v}\cdot\mathrm{d}\boldsymbol{v}=\frac{1}{2}\mathrm{d}(\boldsymbol{v}\cdot\boldsymbol{v})=\frac{1}{2}\mathrm{d}v^2$，$\boldsymbol{F}\cdot\mathrm{d}\boldsymbol{r}=\delta W$。于是有

$$\mathrm{d}\left(\frac{1}{2}mv^2\right)=\delta W \qquad (12-24)$$

式(12-24)称为质点动能定理的微分形式：质点动能的增量等于作用于质点的力的元功。

对式(12-24)积分，得

$$\int_{v_1}^{v_2}\mathrm{d}\left(\frac{1}{2}mv^2\right)=W_{12}\text{ 或 }\frac{1}{2}mv_2^2-\frac{1}{2}mv_1^2=W_{12} \qquad (12-25)$$

式(12-25)称为质点动能定理的积分形式：在质点某一运动过程中，质点动能的改变量等于作用于质点的力作的功。

动能定理建立了动能的变化与力的功之间的关系。力做功的结果使质点动能发生变化，力做正功使质点动能增加，力做负功使质点动能减少。

2. 质点系的动能定理

设质点系内第 i 个质点的质量为 m_i，速度为 $\boldsymbol{v}_i$，作用于该质点的力的元功为 δW_i，根据质点动能定理的微分形式，有

$$\mathrm{d}\left(\frac{1}{2}m_iv_i^2\right)=\delta W_i$$

对于由 n 个质点组成的质点系，每个质点都可以列出这样的方程，将 n 个方程相加

后得

$$\sum_{i=1}^{n} \mathrm{d}\left(\frac{1}{2}m_i v_i^2\right) = \sum_{i=1}^{n} \delta W_i$$

式中，$\sum_{i=1}^{n} \mathrm{d}\left(\frac{1}{2}m_i v_i^2\right) = \mathrm{d}\left[\sum_{i=1}^{n}(\frac{1}{2}m_i v_i^2)\right] = \mathrm{d}T$，于是有

$$\mathrm{d}T = \sum_{i=1}^{n} \delta \mathrm{W}_i \tag{12-26}$$

这就是质点系动能定理的微分形式：质点系动能的微分等于所有作用于质点系的力的元功之和。

设在某一运动过程中，质点系在起始位置和终了位置的动能分别为 T_1 和 T_2。对上式积分，得

$$T_2 - T_1 = \sum W_i \tag{12-27}$$

这就是质点系动能定理的积分形式：质点系在某一运动过程中，质点系动能的改变量等于作用于质点系的力做功的总和。

应用式(12-27)时，有两种情形：一是将作用力按外力和内力分类；二是将作用力按主动力和约束反力分类。这两种情形，动能定理在表述上有所不同。

如果将作用力分为外力和内力。设 $\sum_{i=1}^{n} W_i^{(e)}$ 和 $\sum_{i=1}^{n} W_i^{(i)}$ 分别为外力和内力的功的总和，则

$$\sum_{i=1}^{n} W_i = \sum_{i=1}^{n} W_i^{(e)} + \sum_{i=1}^{n} W_i^{(i)}$$

于是有

$$T_2 - T_1 = \sum_{i=1}^{n} W_i^{(e)} + \sum_{i=1}^{n} W_i^{(i)} \tag{12-28}$$

上式表示：质点系在某一运动过程中，质点系动能的改变量等于作用于质点系的外力的功和内力的功的总和。

应当指出，一般情况下，作用于质点系的内力功的和并不等于零。

设质点系内任意两质点 M_1 和 M_2 的相互作用力分别为 $\boldsymbol{F}_{12}$ 和 $\boldsymbol{F}_{21}$，是一对内力，则 $\boldsymbol{F}_{12} = -\boldsymbol{F}_{21}$，如图 12-17 所示。设两质点的矢径分别为 $\boldsymbol{r}_1$ 和 $\boldsymbol{r}_2$，则内力的元功之和为

$$\sum \delta W_i^{(i)} = \boldsymbol{F}_{12} \cdot \mathrm{d}\boldsymbol{r}_1 + \boldsymbol{F}_{21} \cdot \mathrm{d}\boldsymbol{r}_2 = \boldsymbol{F}_{12} \cdot \mathrm{d}\boldsymbol{r}_1 - \boldsymbol{F}_{12} \cdot \mathrm{d}\boldsymbol{r}_2 = \boldsymbol{F}_{12} \cdot \mathrm{d}(\boldsymbol{r}_1 - \boldsymbol{r}_2) = \boldsymbol{F}_{12} \cdot \mathrm{d}\boldsymbol{r}$$

式中，$\mathrm{d}\boldsymbol{r}$ 是 M_1 点相对于 M_2 点的无限小位移。如将它分解为垂直和平行于 $\boldsymbol{F}_{12}$ 的两个分量，设平行于力 $\boldsymbol{F}_{12}$ 的分量的大小为 $\mathrm{d}r$，则 $\mathrm{d}r$ 表示两质点间距离的微小变化。于是，上式改写为

$$\sum \delta W_i^{(i)} = \pm F_{12} \mathrm{d}r$$

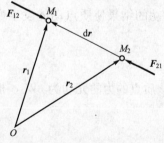

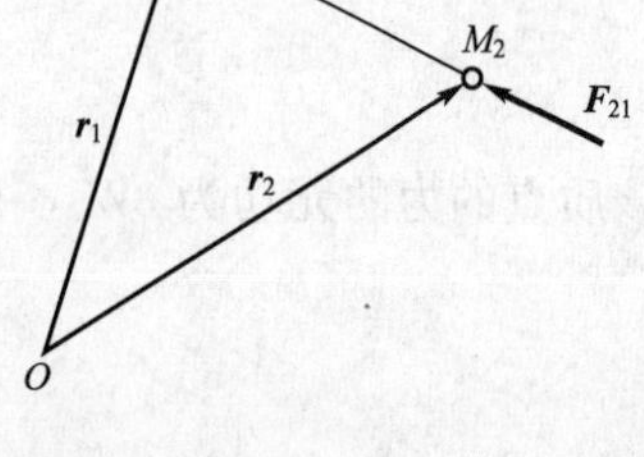

图 12-17

由上式可知，内力的功之和是否为零，与两质点间的距离是否变化有关。当 $\mathrm{d}r \neq 0$ 时，两质点间距离是变量，内力元功之和不等于零。例如，内燃机气缸中气体压力和活塞反力是一对内力，其内力的功之和不等于零，结果使机器不停地运转；轴与轴承之间的摩擦力对整个机器来说是一对内力，在机器运转过程中做负功，会消耗机器的能

量。应用动能定理时，都要计入这些内力所做的功。当 $dr=0$ 时，两质点间的距离保持不变，内力元功之和恒为零，内力不做功。例如，刚体任意两质点间的距离始终保持不变，其内力的功之和为零。另外，不可伸长的柔索，其内力的功之和也等于零。

对于内力的功之和等于零的情形，式(12-28)可改写为

$$T_2-T_1=\sum W_i^{(e)} \tag{12-29}$$

如果将作用于质点系的力分为主动力和约束反力。设 $\sum W_F$ 和 $\sum W_N$ 分别为主动力和约束反力的功之和，则 $\sum W_i=\sum W_F+\sum W_N$，则式(12-27)可改写为

$$T_2-T_1=\sum W_F+\sum W_N \tag{12-30}$$

上式表示：质点系在某一运动过程中，质点系动能的改变量等于作用于质点系主动力和约束反力的功的总和。

对于具有光滑固定面、光滑铰链、光滑轴承、固定端等理想约束的情形，约束反力的功之和等于零，式(12-30)可改写为

$$T_2-T_1=\sum W_F \tag{12-31}$$

上式表示：具有理想约束的质点系，在某一运动过程中，其动能的改变量等于作用于质点系的主动力的功的和。

由以上分析可见，在应用质点系的动能定理时，要根据具体情况仔细分析所有的作用力，以确定它是否做功。式(12-29)和式(12-31)在实际中应用十分广泛，但应注意公式的使用条件。另外，必须指出的是，应用动能定理的积分形式解质点系运动问题时，不能随意假定质点系的始末，而必须全过程进行分析。下面举例说明动能定理的应用。

例 12-4 如图 12-18(a)所示，质量 $m_1=2\text{kg}$ 的物块 A 在弹簧上处于静止，弹簧刚度 $k=400\text{N/m}$。现将质量为 $m_2=4\text{kg}$ 的物块 B 放在物块 A 上，刚接触就释放它。求弹簧对两物块的最大作用力和物块的最大速度。

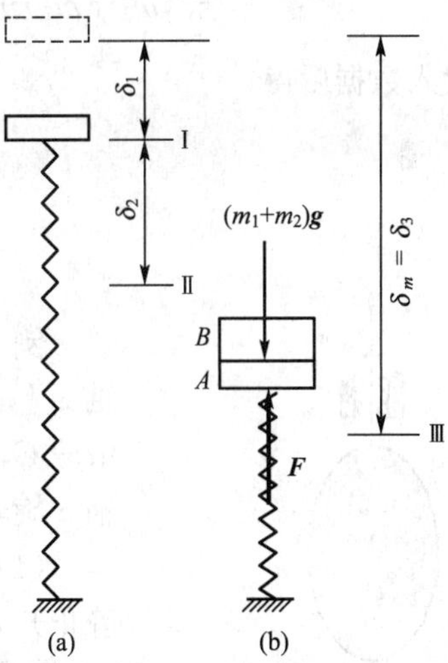

图 12-18

解： 两物块在重力和弹性力作用下运动。当弹簧具有最大变形时，弹性力有最大值；当两物块在静平衡位置时有最大速度。

(1) 研究对象：两物块。

(2) 受力分析：有重力 $(m_1+m_2)\boldsymbol{g}$ 和弹性力 $\boldsymbol{F}$，如图 12-18(b)所示。设弹簧在物块 A 和物块 B 重力作用下的变形分别为 $\delta_1=\dfrac{m_1 g}{k}$ 和 $\delta_2=\dfrac{m_2 g}{k}$。

(3) 运动分析：两物块在位置Ⅰ的速度 $v_{\text{I}}=0$，平衡位置的速度 $v_{\text{II}}=v_{\max}$，在极端位置的速度 $v_{\text{III}}=0$。求弹性力的最大值，需考虑两物块由位置Ⅰ到Ⅲ的过程；求物块最大速度时，需考虑两物块由位置Ⅰ到Ⅱ的过程。

(4) 建立动力学方程。

计算力的功：

$$\sum W_{12}=(m_1+m_2)g\delta_2+\frac{1}{2}k\left[\delta_1^2-(\delta_1+\delta_2)^2\right] \tag{1}$$

$$\sum W_{13}=(m_1+m_2)g(\delta_m-\delta_1)+\frac{1}{2}k(\delta_1^2-\delta_m^2) \tag{2}$$

由位置Ⅰ到Ⅲ时，由动能定理

$$\frac{1}{2}mv_{\mathrm{III}}^2-\frac{1}{2}mv_{\mathrm{I}}^2=\sum W_{13}$$

注意到 $v_{\mathrm{I}}=v_{\mathrm{III}}=0$ 和(2)式，有

$$0=(m_1+m_2)g(\delta_m-\delta_1)+\frac{1}{2}k(\delta_1^2-\delta_m^2)$$

得

$$\delta_m^2-\frac{12g}{k}\delta_m+\frac{20g^2}{k}=0$$

$$\delta_m=\frac{6g}{k}\pm\sqrt{\left(\frac{6g}{k}\right)^2-20\left(\frac{g}{k}\right)^2}$$

其中，$\delta_m=\dfrac{2g}{k}$不合题意，舍去。所以 $\delta_m=10g/k$。

弹性力的最大值为 $F_{\max}=k\delta_m=10g=98.0\text{N}$。

由位置Ⅰ到位置Ⅱ时，由动能定理

$$\frac{1}{2}mv_{\mathrm{II}}^2-\frac{1}{2}mv_{\mathrm{I}}^2=\sum W_{12}$$

注意到 $m=m_1+m_2$，$v_{\mathrm{I}}=0$，$v_{\mathrm{II}}=v_{\max}$及(1)式，于是有

$$\frac{1}{2}(m_1+m_2)v_{\max}^2-0=(m_1+m_2)g\delta_2+\frac{1}{2}k\left[\delta_1^2-(\delta_1+\delta_2)^2\right]$$

代入数据后得

$$3v_{\max}^2=\frac{8}{k}g^2$$

$$v_{\max}=\sqrt{\frac{8}{3k}}\cdot g\approx 0.80\text{m/s}$$

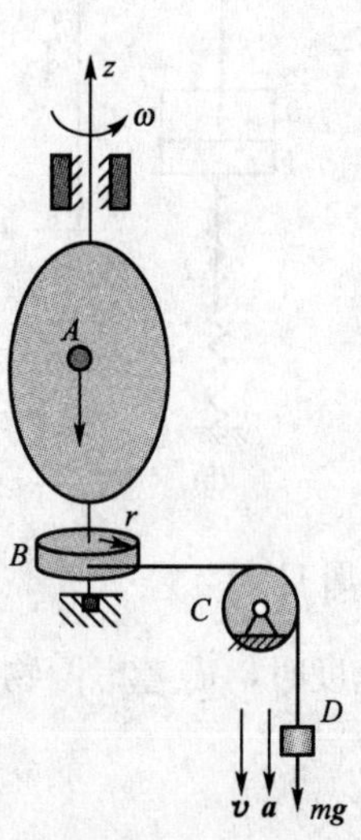

图 12-19

例 12-5 如图 12-19 所示，物体 A 装在下部有轮子 B 的铅直轴 z 上，轮 B 的半径是 r，其上缠着不可伸长的细绳。此绳跨过小滑轮 C，在下端系有质量为 m 的物块 D。当物块下降时，带动 A 绕轴 z 旋转。

(1) 已知轴 z 上物体系对此轴的转动惯量为 J_z，试求物块 D 由静止开始下降距离 s 时的速度和加速度。

(2) 若由试验测得当物块下降距离 s 所需的时间是 t，试求重物 A 对转轴 z 的转动惯量。轴承摩擦、空气阻力以及小滑轮 C 和绳索的质量都不计。

解： 取整个系统为研究对象。作用在系统上的全部约束力的功总和为零。物块在下降过程中，只有物块 D 做功 $W=mgs$，设物块 D 下降距离 s 时的速度为 v，则轴 z 上的物体的角速度 $\omega=\dfrac{v}{r}$，

系统的初动能为 $T_1=0$，末动能为 $T_2=\frac{1}{2}mv^2+\frac{1}{2}J_z\omega^2=\frac{v^2}{2r^2}(mr^2+J_z)$。

根据动能定理 $T_2-T_1=W$，得

$$\frac{v^2}{2r^2}(mr^2+J_z)-0=mgs \tag{1}$$

由此求得物块 D 的速度为

$$v=\sqrt{\frac{2mr^2gs}{mr^2+J_z}}$$

把(1)式中 s 看作时间的函数，此式两端对时间求导数。因 $\mathrm{d}s/\mathrm{d}t=v$，故求得物块 D 的加速度为

$$a=\frac{mr^2}{mr^2+J_z}g$$

因初速度为 $v_0=0$，故由匀变速直线运动公式，得物块 D 的运动规律

$$s=\frac{1}{2}at^2=\frac{1}{2}\frac{mr^2}{mr^2+J_z}g\cdot t^2$$

从而得转动惯量为

$$J_z=mr^2\left(\frac{gt^2}{2s}-1\right)$$

例 12-6 不可伸长的绳子绕过半径为 r 的均质滑轮 O，一端悬挂物体 M，另一端连接于放在光滑平面上的物块 A，物块 A 又与一端固定于墙壁的弹簧相连，如图 12-20 所示。已知物体的质量为 m_1，物块的质量为 m_2，滑轮的质量为 m_3，弹簧刚度为 k，绳子与滑轮无相对滑动，不计轴承处摩擦。设系统原来静止于平衡位置，现给物体以向下的初速度 v_0，求物体 M 下降距离为 h 时的速度。

解：(1) 研究对象：整个系统。

(2) 受力分析：有重力 $m_1\boldsymbol{g}$、$m_2\boldsymbol{g}$、$m_3\boldsymbol{g}$，弹性力 $\boldsymbol{F}$，轴承反力 $\boldsymbol{F}_{Ox}$、$\boldsymbol{F}_{Oy}$，法向反力 $\boldsymbol{F}_{\mathrm{N}}$。其中，重力 $m_2\boldsymbol{g}$、$m_3\boldsymbol{g}$ 和约束反力 $\boldsymbol{F}_{\mathrm{N}}$ 均不做功。

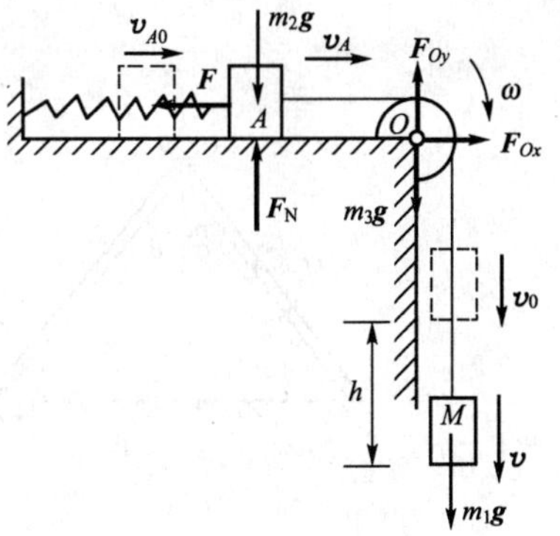

图 12-20

计算主动力的功：

$$\sum W_{\mathrm{F}}=m_1gh+\frac{1}{2}k(\delta_1^2-\delta_2^2)$$

其中，$\delta_1=\frac{m_1g}{k}$，$\delta_2=\delta_1+h$，代入上式，得

$$\sum W_{\mathrm{F}}=m_1gh+\frac{k}{2}[\delta_1^2-(\delta_1+h)^2]$$

$$=-\frac{k}{2}h^2 \tag{1}$$

(3) 运动分析：物体 M 和物块 A 的运动均为平动，设物体下降 h 时的速度为 $\boldsymbol{v}$，则 $v_{A0}=v_0$，$v_A=v$。其动能分别为

$$T_{1\mathrm{A}}=\frac{1}{2}m_2v_0^2$$

$$T_{2\mathrm{A}}=\frac{1}{2}m_2v^2$$

$$T_{1M}=\frac{1}{2}m_1 v_0^2$$

$$T_{2M}=\frac{1}{2}m_1 v^2$$

滑轮的运动为定轴转动，其初角速度 $\omega_0=\frac{v_0}{r}$，末角速度为 $\omega=\frac{v}{r}$。其动能为

$$T_{10}=\frac{1}{2}J_O\omega_0^2=\frac{1}{4}m_3 v_0^2,\quad T_{20}=\frac{1}{2}J_O\omega^2=\frac{1}{4}m_3 v^2$$

系统的初、末动能为

$$\left.\begin{aligned}T_1=T_{1A}+T_{1M}+T_{10}=\frac{1}{4}(2m_1+2m_2+m_3)v_0^2\\T_2=T_{2A}+T_{2M}+T_{20}=\frac{1}{4}(2m_1+2m_2+m_3)v^2\end{aligned}\right\}\qquad(2)$$

(4) 建立动力学方程，由质点系动能定理 $T_2-T_1=\sum W_{\mathrm{F}}$。代入(1)、(2)式后得

$$\frac{1}{4}(2m_1+2m_2+m_3)(v_0-v_0^2)=-\frac{k}{2}h^2$$

解得

$$v=\sqrt{v_0^2-[2kh^2/(2m_1+2m_2+m_3)]}$$

例 12-7 平面机构由两均质杆 AB、BO 组成，两杆的质量均为 m，长度均为 l，在铅垂平面内运动。在杆 AB 上作用一不变的力偶矩 M，从图 12-21(a)所示位置由静止开始运动。不计摩擦，试求当点 A 即将碰到铰支座 O 时 A 端的速度。

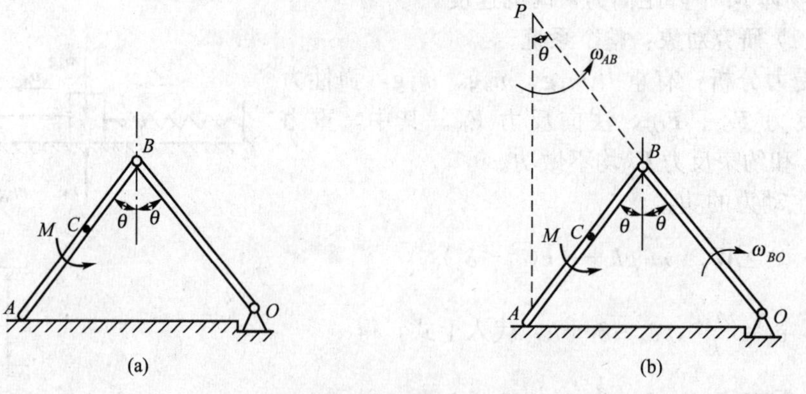

图 12-21

解：AB 杆作平面运动，A 点沿水平线运动，B 点速度方向垂直于 OB，因此，AB 杆的速度瞬心为 P [图 12-21(b)]。由几何关系知 $PB=BO=l$，于是 $v_B=\omega_{AB}l=\omega_{BO}l$，因此 $\omega_{AB}=\omega_{BO}$。当 A 点运动到 O 点时，PBA 成一直线，$AP=2l$，故 AB 杆质心 C 及 A 点的速度为

$$v_C=PC\cdot\omega_{AB}=\frac{3}{2}l\omega_{AB},\quad v_A=2l\omega_{AB}$$

此时系统的动能为

$$T = T_{AB} + T_{BO} = \frac{1}{2}mv_C^2 + \frac{1}{2}J_C\omega_{AB}^2 + \frac{1}{2}J_O\omega_{BO}^2$$
$$= \frac{7}{6}ml^2\omega_{AB}^2 + \frac{1}{6}ml^2\omega_{BO}^2$$
$$= \frac{4}{3}ml^2\omega_{AB}^2$$

整个系统的约束均为理想约束，只有主动力，即主动力偶和两杆的重力做功

$$W = M\theta - 2mg \cdot \frac{l}{2}(1-\cos\theta)$$

由动能定理 $T-T_0=W$，有

$$\frac{4}{3}ml^2\omega_{AB}^2 - 0 = M\theta - 2mg \cdot \frac{l}{2}(1-\cos\theta) \tag{1}$$

于是

$$\omega_{AB} = \frac{l}{2}\sqrt{\frac{3}{m}[M\theta - mg \cdot l(1-\cos\theta)]}$$

$$v_A = 2l\omega_{AB} = \sqrt{\frac{3}{m}[M\theta - mg \cdot l(1-\cos\theta)]}$$

本题最关键的是系统动能的计算。在 A 点碰到 O 点瞬时，AB 杆的速度瞬心在 P 点，P 点是一个连续运动的点，$OB=PB$ 在任意 θ 角时都成立，当然在 $\theta=0°$时也成立。最容易出现的错误是，由于此时 B 点速度方向为水平，而 A 点速度方向也为水平，于是就认为 AB 杆作瞬时平动，从而导致动能计算错误。另外，若要求加速度或角加速度，注意绝不能像例 12-5 用(1)式对时间求导。因为这里(1)式中的值是在 A 点碰到 O 点瞬时的特殊值，不是针对任意 θ 角的函数关系，因此不能用来求导。

由以上各例，总结应用动能定理的解题步骤如下。

(1) 选取研究对象。

(2) 受力分析，分析作用质点系的力，计算力的功。

(3) 运动分析，分析各物体选定的运动过程中的运动，计算系统的动能。

(4) 由动能定理建立动力学方程，求解未知量。

§12-4 功率·功率方程·机械效率

1. 功率

定义 单位时间力所做的功称为**功率**，用 P 表示，即

$$P = \frac{\delta W}{\mathrm{d}t} \tag{12-32}$$

因为 $\delta W = \boldsymbol{F} \cdot \mathrm{d}\boldsymbol{r}$，$\frac{\mathrm{d}\boldsymbol{r}}{\mathrm{d}t} = \boldsymbol{v}$，所以上式可改写为

$$P = \boldsymbol{F} \cdot \frac{\mathrm{d}\boldsymbol{r}}{\mathrm{d}t} = \boldsymbol{F} \cdot \boldsymbol{v} = F_\tau v$$

上式表示：功率等于力矢 $\boldsymbol{F}$ 与其作用点速度矢的标积或等于切向力与力作用点速度的乘积。

在工程中，每台机床、每部机器能够输出的最大功率是一定的，因此用机床加工时，如果切削力较大，必须选择较小的切削速度。又如汽车上坡时，由于需要较大的驱动力，这时驾驶员须换用低挡，以求在发动机功率一定的条件下，产生大的驱动力。

根据定义，作用于转动刚体上的力的功率为

$$P=M_z\frac{\mathrm{d}\varphi}{\mathrm{d}t}=M_z\omega$$

式中，M_z是力对转轴z的矩，ω是角速度。可见，作用于转动刚体上力的功率等于力对转轴的矩与刚体角速度的乘积。

功率的量纲为$\dim P=\mathrm{ML^2T^{-3}}$，功率的单位是瓦特(W)，1W=1J/s，1000W=lkW。在工程中，目前还有米制马力(PS)和英制马力(HS)，其换算关系为1PS≈735.5W，1HP≈745.7W。

应当指出，功率是力做功快慢程度的度量，是衡量机械性能的重要指标。功率与力和速度有关，而且与动能的变化有关。功率与动能变化的关系由功率方程确定。

2. 功率方程

根据质点系动能定理的微分形式，等式两边同除以dt，得

$$\frac{\mathrm{d}T}{\mathrm{d}t}=\frac{\sum\delta W_i}{\mathrm{d}t}=\sum P_i \tag{12-33}$$

式(12-33)称为**功率方程**：质点系动能对时间的一阶导数等于作用于质点系的所有力的功率的代数和。

功率方程建立了动能的变化与功率之间的关系，常用来研究机器在工作时能量的变化与转化问题。一部机器在工作时必须输入一定的功率，称为**输入功率**，用$P_{输入}$表示；机器在加工工件时，切削力做负功，这是在加工工件时必须付出的功率，称为**有用功率或输出功率**，用$P_{有用}$表示。另外，机器的传动部分或轴承摩擦等都会消耗或损失一部分能量(如摩擦发热，机械能变为热能)，必然损失一部分功率，称为**无用功率或损耗功率**，用$P_{无用}$表示。每一部机器在工作时的功率都可分为上述三部分功率。一般情形下，式(12-33)可改写为

$$\frac{\mathrm{d}T}{\mathrm{d}t}=P_{输入}-P_{有用}-P_{无用}$$

或

$$P_{输入}=P_{有用}+P_{无用}+\frac{\mathrm{d}T}{\mathrm{d}t} \tag{12-34}$$

式(12-34)表示：输入功率等于有用功率、无用功率和动能变化率之和，称为机器的**功率方程**。它表明了机器动能的变化与各种功率之间的关系。例如，机器启动时，$\frac{\mathrm{d}T}{\mathrm{d}t}>0$，必须满足$P_{输入}>P_{有用}+P_{无用}$；平稳运转时，$\frac{\mathrm{d}T}{\mathrm{d}t}=0$，必须满足$P_{输入}=P_{有用}+P_{无用}$等。

3. 机械效率

在工程上，常用机械效率表示机器对输入功率的有效利用程度，它是评定机器质量好坏的指标之一。

定义 有效功率与输入功率的比值，称为**机械效率**，用η表示，即

$$\eta=\frac{\text{有效功率}}{\text{输入功率}} \quad \text{或} \quad \eta=\frac{P_{\text{有效}}}{P_{\text{输入}}} \tag{12-35}$$

式中，$P_{\text{有效}}=P_{\text{有用}}+\frac{\mathrm{d}T}{\mathrm{d}t}=P_{\text{输入}}-P_{\text{无用}}$，即有效功率等于有用功率与动能变化率之和，或等于输入功率减去无用功率。显然，一般情况下，$\eta<1$。

任何机械的传动部分，一般都要经过多级传动，对于每一级传动，轴承与轴之间、传动带与轮之间、齿轮与齿轮之间等都会消耗一部分功率，故各级传动都有各自的效率。对于n级传动，总效率等于各级效率的连乘积，即

$$\eta=\eta_1\cdot\eta_2\cdots\eta_n$$

例 12-8 如图 12-22 所示，车床电动机的功率$P=4.5\text{kW}$，主轴的最低转速为$n=42\text{r/min}$。设传动时由于摩擦而损耗的功率是输入功率的 30%，如工件的直径$d=100\text{mm}$，求在此转速时的切削力$\boldsymbol{F}$。

解：车床正常运转时是匀速的，因此动能不随时间改变，即$\frac{\mathrm{d}T}{\mathrm{d}t}=0$，故输入功率与输出功率和消耗功率之和平衡。

$$P_{\text{输入}}-P_{\text{有用}}-P_{\text{无用}}=0$$

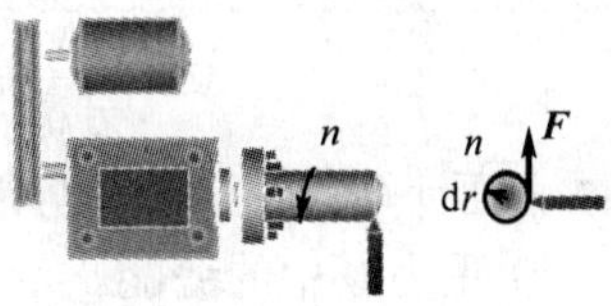

图 12-22

由题设已知$P_{\text{输入}}=4500\text{W}$，$P_{\text{无用}}=0.3P_{\text{输入}}$，代入上式，得

$$0.7P_{\text{输入}}-P_{\text{有用}}=0$$

因此$P_{\text{有用}}=0.7P_{\text{输入}}=3150\text{W}$。

如忽略走刀阻力，则$P_{\text{有用}}$就表示切削力F的功率，如图 12-22 所示。即

$$P_{\text{有用}}=Fv=F\cdot\frac{d}{2}\omega=\frac{n\pi}{30}F=0.22F\text{N}\cdot\text{m}\cdot\text{s}^{-1}$$

将$P_{\text{有用}}$的值代入上式，得

$$F=1.43\times10^4\text{N}$$

§ 12-5 势力场·势能·机械能守恒定律

1. 势力场

定义 1 若一质点在某空间内都受到大小和方向完全由所在位置确定的力的作用，则这部分空间称为**力场**。

例如，质点在地球表面附近受到重力作用，重力的大小和方向完全取决于质点的位置，故地球表面附近的空间称为**重力场**；星球在太阳周围的空间的任何位置，都受到太阳引力的作用，引力的大小和方向取决于星球相对于太阳的位置，故太阳周围的空间称为**太阳引力场**；又如系在弹簧上的质点都受弹性力的作用，弹性力的大小和方向也完全取决于质点的位置，所以在弹性限度内弹簧所能达到的空间称为**弹性力场**。

定义 2 当质点在某力场中运动时，如果作用于质点的力所做的功只与质点的起始位

置和终了位置有关，而与质点的运动路径无关，则该力场称为**势力场**或**保守力场**。而质点在势力场所受到的力称为**有势力**或**保守力**。

如前所述，重力、弹性力的功都与质点起始位置和终了位置有关，而与质点运动路径无关，它们都是保守力。可以证明，万有引力也是保守力。可见，重力场、弹性力场、万有引力场都是势力场。

2. 势能

一般来说，质点位于势力场某一位置时，相对于选定的基准位置都具有一定的能量。这种与质点在势力场中的相对位置有关的能量就是**势能**，其大小用质点从该位置运动到基准位置有势力所做的功来度量。基准位置是为了计算势能，而任意选定的参考位置，称为**零位置**。它可以是一个位置(如地面)，也可以是一个点(如地面上某点)，在零位置上势能等于零，所以零位置又可称为零势能位置或零势能点。

定义 在势力场中，质点从位置 M 运动到零位置 M_0 的过程中(图 12-23)，有势力所做的功称为质点在位置 M 的势能，以 V 表示为

$$V=\int_M^{M_0}\boldsymbol{F}\cdot\mathrm{d}\boldsymbol{r}=\int_M^{M_0}(F_x\cdot\mathrm{d}x+F_y\cdot\mathrm{d}y+F_z\cdot\mathrm{d}z) \tag{12-36}$$

下面计算几种常见的势能。

1) 重力场中的势能

在重力场中，取坐标如图 12-24 所示，重力 $\boldsymbol{P}$ 在各轴的投影为 $P_x=0$，$P_y=0$，$P_z=-mg$。

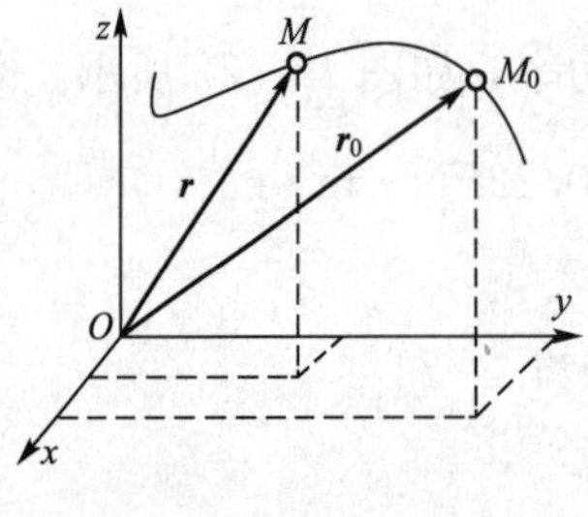

图 12-23

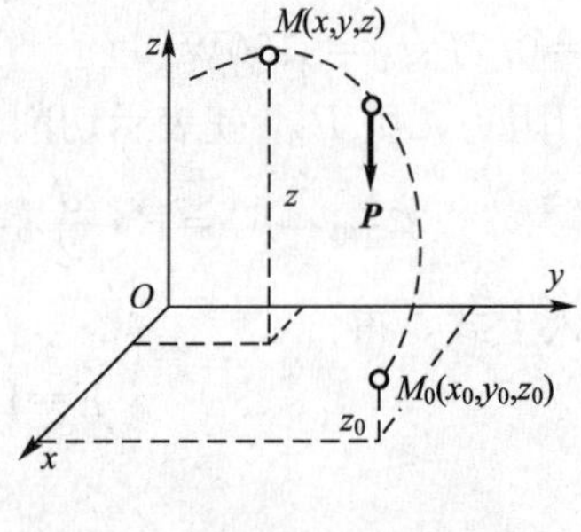

图 12-24

取 M_0 为零势能点，根据式(12-36)，则质点 M 的势能为

$$V=\int_z^{z_0}-mg\,\mathrm{d}z=mg(z-z_0) \tag{12-37}$$

2) 弹性力场中的势能

设弹簧刚度为 k 的弹簧一端固定，另一端与质点相连，如图 12-25 所示。

取 M_0 为零势能点，则质点 M 的势能为

$$V=\frac{1}{2}k(\delta^2-\delta_0^2) \tag{12-38}$$

式中，δ、δ_0 分别为弹簧在点 M 和 M_0 时弹簧的变形。

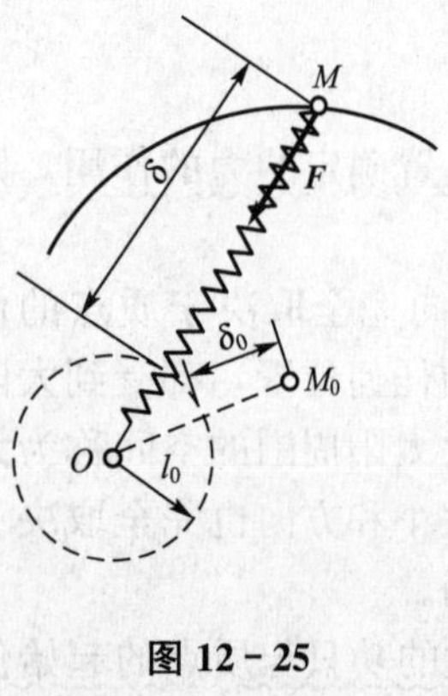

图 12-25

如果 M_0 点在弹簧自然位置，则 $\delta_0=0$，则有

$$V=\frac{1}{2}k\delta^2 \tag{12-39}$$

顺便指出，任何弹性体变形时都具有势能，其计算公式与上述公式相似。如一弹性杆的扭转刚度为k_t(单位为N·m/rad)，扭转角为φ(单位为rad)，以$\varphi=0$rad时的位置为零位置，则弹性杆的势能为$V=\frac{1}{2}k_t\varphi^2$。

3）万有引力场中的势能

设质量m_1的质点M受到质量为m_2的物体的万有引力作用，如图12-26所示，则万有引力$\boldsymbol{F}$为

$$\boldsymbol{F}=-\frac{Gm_1m_2}{r^2}\boldsymbol{r}_0$$

取M_0点为零势能点，则质点M的势能为

$$V=\int_M^{M_0}\boldsymbol{F}\cdot\mathrm{d}\boldsymbol{r}=\int_M^{M_0}-\frac{Gm_1m_2}{r^2}\boldsymbol{r}_0\cdot\mathrm{d}\boldsymbol{r}$$

式中，G为引力常数，$\boldsymbol{r}_0$是质点在矢径方向的单位矢量。因为

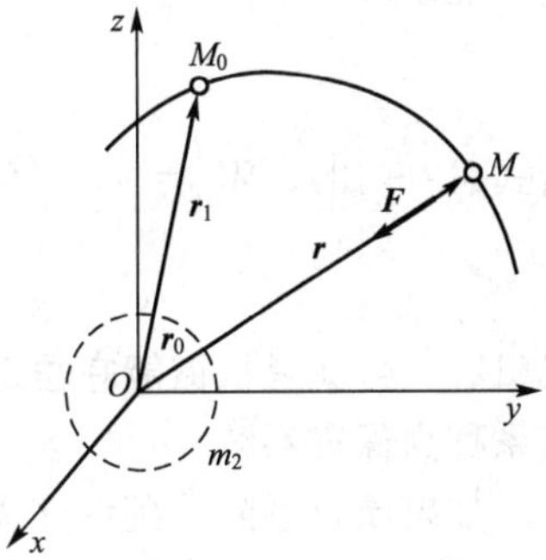

图12-26

$$\boldsymbol{r}_0\cdot\mathrm{d}\boldsymbol{r}=\frac{\boldsymbol{r}}{r}\cdot\mathrm{d}\boldsymbol{r}=\frac{\mathrm{d}(\boldsymbol{r}\cdot\boldsymbol{r})}{2r}=\mathrm{d}r$$

代入上式，于是有

$$V=\int_r^{r_1}-\frac{Gm_1m_2}{r^2}\mathrm{d}r=Gm_1m_2\left(\frac{1}{r_1}-\frac{1}{r}\right) \tag{12-40}$$

若取零势能点在无穷远处，$r_1=\infty$，则

$$V=-\frac{Gm_1m_2}{r} \tag{12-41}$$

如果一个质点系在势力场中，则每一个质点都受到有势力的作用，那么，质点系在某位置的势能等于所有质点势能的总和。若以V_i表示第i个质点的势能，则质点系的势能为

$$V=\sum_{i=1}^{n}V_i=\sum_{i=1}^{n}\int_{M_i}^{M_0}(F_{xi}\mathrm{d}x_i+F_{yi}\mathrm{d}y_i+F_{zi}\mathrm{d}z_i) \tag{12-42}$$

上式表示，质点系在某位置的势能等于质点系由该位置运动到零位置的过程中，有势力所做功的代数和。

应该指出，势能的大小是相对于零势能点而言的，计算时必须选择一个零势能点，对于不同的零势能点，在势力场中同一位置的势能的数值是不同的。零势能点可以任意选择，因此，讲势能时必须指明是相对于哪一个零势能点而言的。对于常见的重力-弹力系统，以平衡位置为零势能点，往往更简便。

由前面的定义和计算可知，势能的大小是通过有势力的功来计算的。反之，质点系在势力场运动时，有势力的功也可通过势能来计算。

设质点系在势力场中运动时，有势力$\boldsymbol{F}$的作用点由M_1运动到M_2，则有势力的功为

$$W_{12}=\int_{M_1}^{M_2}\boldsymbol{F}\cdot\mathrm{d}\boldsymbol{r}=\int_{M_1}^{M_0}\boldsymbol{F}\cdot\mathrm{d}\boldsymbol{r}+\int_{M_0}^{M_2}\boldsymbol{F}\cdot\mathrm{d}\boldsymbol{r}=\int_{M_1}^{M_0}\boldsymbol{F}\cdot\mathrm{d}\boldsymbol{r}-\int_{M_2}^{M_0}\boldsymbol{F}\cdot\mathrm{d}\boldsymbol{r}$$

根据势能的定义，$V_1=\int_{M_1}^{M_0}\boldsymbol{F}\cdot\mathrm{d}\boldsymbol{r}$，$V_2=\int_{M_2}^{M_0}\boldsymbol{F}\cdot\mathrm{d}\boldsymbol{r}$分别为质点系在$M_1$和$M_2$位置时相对零势能点$M_0$的势能。于是，上式可改写为

$$W_{12}=V_1-V_2 \tag{12-43}$$

式(12-43)表示：有势力的功等于质点系在起始位置和终了位置的势能的差。

3. 机械能守恒定律

质点系在某瞬时的动能与势能的代数和称为**机械能**。设质点系在势力场中运动，其起始位置和终了位置的动能分别为 T_1 和 T_2，势能分别为 V_1 和 V_2，有势力做的功为 $\sum W_i$，由动能定理

$$T_2-T_1=W_{12}$$

由式(12-43)，$W_{12}=V_1-V_2$，代入上式，整理得

$$T_1+V_1=T_2+V_2=T+V=\text{常量} \tag{12-44}$$

式(12-44)就是**机械能守恒定律**：质点系在势力场运动时，其机械能保持不变。这样的质点系称为**保守系统**。

如果质点系除受到保守力外还有非保守力作用，称为非保守系统。设非保守力的功为 W'_{12}，则有

$$(T_2+V_2)-(T_1+V_1)=W'_{12} \tag{12-45}$$

在上式中，若 $W'_{12}<0$(如受到摩擦阻力作用时)，系统的机械能减少，称为机械能耗散；若 $W'_{12}>0$(如有非保守力的主动力做功时)，则机械能增加，即外界输入了能量。

从广义的能量观点来看，无论什么系统，总能量不变，质点系在运动过程中，机械能增减，只说明机械能与其他形式的能量(如热能、电能等)进行了相互的转化。

例 12-9 如图 12-27 所示，系统由轮Ⅰ、轮Ⅱ、小车及弹簧 k_1、k_2 组成。已知轮Ⅰ绕光滑轴 O_1 转动，其转动惯量为 J_1，半径分别为 R 和 r_1，质量为 m_1，均质轮Ⅱ沿水平面作纯滚动，对质心的转动惯量为 J_2，半径为 r_2，质量为 m_2，小车的质量为 m_0，并与地面光滑接触。求小车的运动规律。

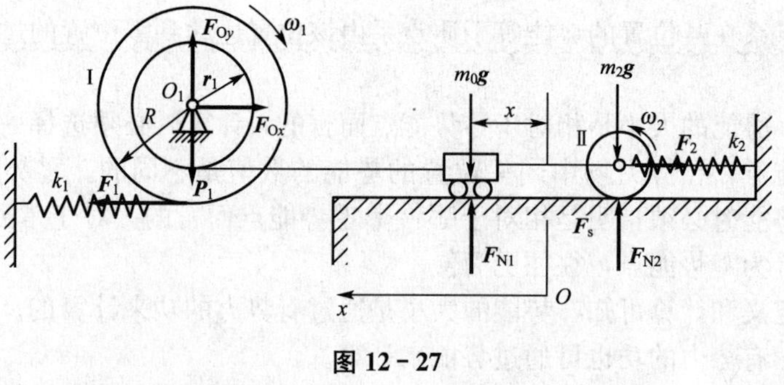

图 12-27

解：这是一个比较复杂的动力学问题。但整个系统只有弹性力做功，可以用机械能守恒定律求解。

(1) 研究对象：整个系统。

(2) 受力分析：有重力 $m_0\boldsymbol{g}$、$m_1\boldsymbol{g}$、$m_2\boldsymbol{g}$，约束反力 $\boldsymbol{F}_{Ox}$、$\boldsymbol{F}_{Oy}$、$\boldsymbol{F}_{N1}$、$\boldsymbol{F}_{N2}$，摩擦力 $\boldsymbol{F}_s$，弹性力 $\boldsymbol{F}_1$、$\boldsymbol{F}_2$作用，如图 12-27 所示。

(3) 取平衡位置时，小车的位置 O 为原点，Ox 轴水平向左为正。

(4) 运动分析：小车的运动为水平直线平动，图示位置坐标为 x，速度为 $\dot{x}$；轮Ⅰ作定轴转动，其转角为 $\varphi_1=\frac{x}{r_1}$，角速度 $\omega_1=\frac{\dot{x}}{r_1}$；轮Ⅱ的运动为平面运动，其转角 $\varphi_2=\frac{x}{r_2}$，角速度 $\omega_2=\frac{\dot{x}}{r_2}$。

(5) 计算系统的动能：

$$T=\frac{1}{2}J_1\omega_1^2+\frac{1}{2}m_0\dot{x}^2+\frac{1}{2}m_2\dot{x}^2+\frac{1}{2}J_2\omega_2^2$$

$$=\frac{1}{2}\left(\frac{J_1}{r_1^2}+\frac{J_2}{r_2^2}+m_0+m_2\right)\dot{x}^2 \tag{1}$$

(6) 计算系统的势能：选择平衡位置为零位置，则图示位置两弹簧变形分别为 $\delta_1=R\varphi_1=\frac{R}{r_1}x$，$\delta_2=r_2\varphi_2=x$。于是有

$$V=\frac{1}{2}k_1\delta_1^2+\frac{1}{2}k_2\delta_2^2=\frac{1}{2}\left(k_1\frac{R^2}{r_1^2}+k_2\right)x^2 \tag{2}$$

(7) 建立动力学方程，由机械能守恒定律

$$T+V=\text{常量}$$

将(1)式和(2)式代入后得

$$\frac{1}{2}\left(\frac{J_1}{r_1^2}+\frac{J_2}{r_2^2}+m_0+m_2\right)\dot{x}^2+\frac{1}{2}\left(k_1\frac{R^2}{r_1^2}+k_2\right)x^2=\text{常量}$$

上式对时间求导数，得

$$\left(m_0+m_2+\frac{J_1}{r_1^2}+\frac{J_2}{r_2^2}\right)\ddot{x}+\left(k_1\frac{R^2}{r_1^2}+k_2\right)x=0$$

令 $m_{eq}=\left(m_0+m_2+\frac{J_1}{r_1^2}+\frac{J_2}{r_2^2}\right)$，$k_{eq}=k_1\frac{R^2}{r_1^2}+k_2$，$\omega_n^2=\frac{k_{eq}}{m_{eq}}$，得

$$m_{eq}\ddot{x}+k_{eq}x=0$$

或

$$\ddot{x}+\omega_n^2x=0$$

这是一个标准的自由振动微分方程，其通解为

$$x=A\sin(\omega_nt+\theta)$$

其中，A 为振幅，θ 为初相位，由运动的初始条件来确定。可见小车的运动规律为简谐振动。(由解题过程看，小车的运动能否代表整个系统的运动，请读者思考。)

例 12-10 钻机卷扬机升降钻具如图 12-28 所示。卷扬机鼓轮上绕有钢索，钢索的另一端绕过定滑轮而悬挂着质量 $m=2000$kg 的钻具。已知钻具以匀速 $v=5$m/s 下降，钢索的刚度为 $k=4\times10^5$N/m。求当卷扬机突然急刹车后钢索的最大张力。

解：卷扬机正常工作时，钻具匀速下降，钻具处于平衡状态，这时钢索的伸长量为 $\delta_S=\frac{mg}{k}$；当急刹车后，钻具由于惯性继续下降，弹性力逐渐增大，直到钻具速度为零时，弹性力达到最大值，这就是钢索的最大张力。

(1) 研究对象：钻具。

(2) 受力分析：有重力 $m\boldsymbol{g}$ 和弹性力 $\boldsymbol{F}$，二者均为有势力。

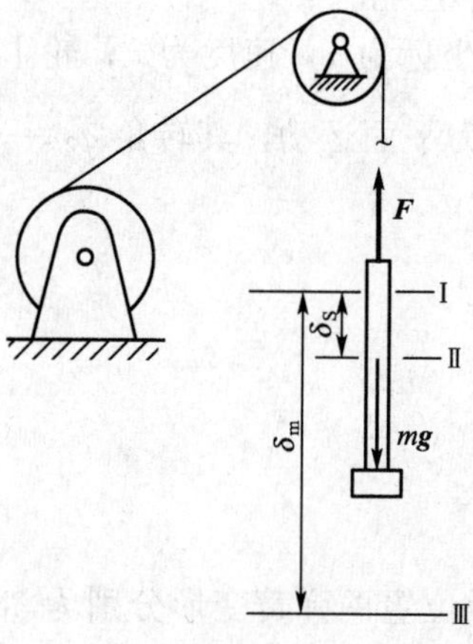

图 12-28

(3) 运动分析：钻具在位置Ⅰ时为钢索自然位置；在位置Ⅱ时，钢索伸长量为 δ_S，钻具速度为 $v_1=v$；在位置Ⅲ时，钢索有最大伸长 δ_m，钻具速度 $v_2=0$。

(4) 计算动能。

在Ⅰ位置： $T_1=\frac{1}{2}mv_1^2=\frac{1}{2}mv^2$

在Ⅱ位置： $T_1=\frac{1}{2}mv_2^2=0$

(5) 计算势能。

钻具受到两个有势力作用，分别属于重力场和弹性力场，选位置Ⅱ为零位置，则其势能为

$$\left.\begin{aligned}&V_1=0\\&V_2=\frac{1}{2}k(\delta_m^2-\delta_S^2)-mg(\delta_m-\delta_S)\end{aligned}\right\}$$

(6) 由机械能守恒定律建立动力学方程：

$$T_1+V_1=T_2+V_2$$

将动能和势能的表达式代入后得

$$\frac{1}{2}mv^2=\frac{1}{2}k(\delta_m^2-\delta_S^2)-mg(\delta_m-\delta_S)$$

注意到 $\delta_S=\frac{mg}{k}$，化简后得

$$\delta_m^2-2\delta_S\delta_m+\left(\delta_S^2-\frac{v^2}{g}\delta_S\right)=0$$

解得

$$\delta_m=\delta_S\left(1\pm\sqrt{\frac{v^2}{g\delta_S}}\right)$$

因为，$\delta_m>\delta_S$，所以

$$\delta_m=\delta_S\left(1+\sqrt{\frac{v^2}{g\delta_S}}\right)=\frac{mg}{k}\left(1+\frac{v}{g}\sqrt{\frac{k}{m}}\right)$$

钢索的最大张力为

$$\begin{aligned}F_{max}=k\delta_m&=mg\left(1+\frac{v}{g}\sqrt{\frac{k}{m}}\right)\\&=8.22mg\approx161\text{kN}\end{aligned}$$

可见，由于急刹车使钢索的张力为静张力的 8.22 倍，这是设计和使用提升机构时都应考虑的问题。

前面在计算势能时，已经指出，钻具受到两个不同的势力场的作用，而选择的零位置为平衡位置Ⅱ。那么，可否选取不同的位置分别为重力场和弹性力场的零位置呢？回答是可以的。例如，选择平衡位置Ⅱ为重力场零位置，而选择自然位置Ⅰ为弹性力场的零位置，则在位置Ⅱ和位置Ⅲ，势能分别为

$$V_1=V_{弹1}+V_{重1}=\frac{1}{2}k\delta_S^2+0$$

$$V_2=V_{弹2}+V_{重2}=\frac{1}{2}k\delta_m^2-mg(\delta_m-\delta_S)$$

动力学方程为

$$\frac{1}{2}mv^2+\frac{1}{2}k\delta_S^2=0+\frac{1}{2}k\delta_m^2-mg(\delta_m-\delta_S)$$

化简后得

$$\delta_m^2-2\delta_S\delta_m+\left(\delta_S^2-\frac{v^2}{g}\delta_S\right)=0$$

结果是相同的。

由以上各例可以归纳应用机械能守恒定律解题步骤如下。

(1) 选取研究对象。

(2) 受力分析，分析作用于研究对象的力，所有做功的力必须是有势力。

(3) 运动分析，分析系统中各物体的运动，确定运动过程的始末位置。

(4) 计算系统在始末位置的动能。

(5) 计算系统在始末位置的势能，计算时必须首先确定零位置或零势能点。

(6) 由机械能守恒定律建立动力学方程，求解未知量。

*4. 势力场的其他性质

由势能的定义和计算可知，势能的大小完全取决于质点的位置，它是坐标的单值连续函数，这个函数称为**势能函数**，用 $V(x, y, z)$ 表示。前面已经指出，有势力的功可以用起始位置和终了位置势能的差来计算。设起始位置和终了位置质点的势能分别为 $V(x, y, z)$ 和 $V(x+dx, y+dy, z+dz)$，则有势力的元功为

$$\delta W=V(x, y, z)-V(x+dx, y+dy, z+dz)$$

或

$$\delta W=-dV \tag{12-46}$$

上式表示：有势力的元功等于势能函数的全微分冠以负号。由高等数学可知，势能函数的全微分可表示为

$$dV=\frac{\partial V}{\partial x}dx+\frac{\partial V}{\partial y}dy+\frac{\partial V}{\partial z}dz$$

在势力场中，设有势力 $\boldsymbol{F}$ 在直角坐标轴上的投影为 F_x、F_y、F_z，则力的元功为

$$\delta W=F_x dx+F_y dy+F_z dz$$

比较以上两式，可得

$$F_x=-\frac{\partial V}{\partial x},\quad F_y=-\frac{\partial V}{\partial y},\quad F_z=-\frac{\partial V}{\partial z} \tag{12-47}$$

式(12-47)表示：有势力在直角坐标轴上的投影等于势能函数对于相应坐标的偏导数冠以负号。

对于由 n 个质点组成的质点系，每个质点都受到有势力的作用，其势能函数可表示为

$$V=V(x_1, y_1, z_1, \cdots, x_n, y_n, z_n)$$

则第 i 个有势力的投影为

$$F_{ix}=-\frac{\partial V}{\partial x_i},\quad F_{iy}=-\frac{\partial V}{\partial y_i},\quad F_{iz}=-\frac{\partial V}{\partial z_i} \tag{12-48}$$

由势能函数的表达式，应用式(12-47)或式(12-48)可求得作用于物体的有势力。

在势力场中，势能相等的各点构成**等势能面**。

在势力场中，势能函数$V(x, y, z)=C=$常数，表示一个曲面，在这个曲面上所有各点的势能都相等，故这个曲面称为等势能面。给C不同的数值，可以得到不同的等势能面。例如，重力场的等势能面为无数个水平面；弹性力场的等势能面为以弹簧固定端为中心的无数个球面；万有引力场的等势能面为以引力中心为中心的无数个球面。

在势力场中，任何一点的势能只有一个数值，此点只通过一个等势能面，即等势能面不相交。若$C=0$，则此等势能面称为**零势能面**，在这个曲面上所有各点的势能均等于零。

由势能的定义得知，当质点沿任一等势能面运动时，有势力的功恒等于零，这就表明有势力的方向恒与等势能面垂直，而且指向势能减小的一边。

§12－6 基本定理的综合应用

质点和质点系的动力学普遍定理包括动量定理、动量矩定理和动能定理。各个定理所建立的运动与作用力之间的关系仅是运动和力的某一方面特征量之间的关系。这些定理可分为两类：动量定理和动量矩定理是矢量形式，属于一类；动能定理是标量形式，属于另一类。现简述如下。

动量定理和动量矩定理都是矢量形式，既反映机械运动的大小变化又反映其方向变化。应用时，作用力一般按内力和外力分类，因为质点系动量、质心运动和动量矩的变化均与内力无关，即内力不能改变质点系整体的运动。但内力可以改变质点系内单个质点的动量和动量矩，即内力可以改变质点系中各质点的运动。

动量定理(包括质心运动定理)建立了质点系所受外力主矢(或力的冲量)与质点系的动量和质点系质心运动的关系。力系的主矢是反映力对物体作用的移动效应，力的冲量是力的时间累积效应的度量；而动量是描述机械运动中平动部分的物理量，仅能反映质点系平动或随质心平动的动力学性质。因此，动量定理(质心运动定理)可以解决质点系平动或随质心平动的动力学问题。

动量矩定理建立了质点系所受外力矩(或力的冲量矩)与质点系动量矩的关系。力系的主矩反映力对物体作用的转动效应，力的冲量矩是力矩对时间累积效应的度量；而动量矩是描述机械运动的转动或相对转动的物理量，仅能反映质点系转动或相对转动的动力学性质，即反映质点系绕点或轴运动的特征。因此，动量矩定理可以解决质点系绕点或轴转动或相对转动的动力学问题。

动能定理是标量形式，仅反映运动大小的变化，而不反映运动方向的变化。它可以描述机械运动及机械运动转化为其他形式运动这一范畴内的机械运动规律。应用时，作用力既可以按内力和外力分类，又可以按主动力和约束反力分类。一般情况下，内力要做功，它可以改变质点系的动能。当质点系是刚体时，动能的变化只与外力功有关，此时若刚体受理想约束，约束反力不做功，外力功(包括滑动摩擦力的功)为主动力的功。

动能定理是从能量角度研究质点系动能的变化与作用在质点系上力的功的关系。动能是描述机械运动和机械运动转化为其他形式运动的物理量，既反映质点系平动，又反映其转动的动力学特性；力的功反映力在一段路程上的累积效应。因此，动能定理可以解决质点系平动和转动以及机械运动转化其他形式运动的动力学问题。

应当指出，动力学的基本定理提供了解决动力学问题的一般方法。但是，由于每个定理都有自己的特点及适用范围，在动力学计算方面，有的问题能用某个定理求解，有的可用不同的定理求解，应根据问题适当选择普遍定理中的某一个定理。而较复杂的问题则需要用几个定理联合求解。因此，在求解动力学问题时，在定理和研究对象的选择上就有较大的灵活性，不可能定出几条处处适用的规则。这就要求在综合应用基本定理时，必须对各个定理有较透彻的了解，掌握各定理的特点及其适用范围，进而掌握基本定理的综合应用。

下面讨论求解质点系动力学问题的一般方法和步骤，及其在求解时应注意的问题，供读者解题时参考。

(1) 对于一个动力学问题。首先要弄清题意，先分析已知条件和未知量之间的关系；然后确定研究对象是整个系统还是系统中的一部分；再对研究对象进行受力分析和运动分析，找出受力和运动的特点；最后根据分析的结果选用合适的定理建立动力学方程并求解。

(2) 对于非自由质点系已知主动力系(或外力系)求质点系的运动。如果约束反力不做功，可以优先考虑应用动能定理。

(3) 当非自由质点系的运动确定之后，通常可用动量定理、质心运动定理、动量矩定理求约束反力。如果约束反力与某轴相交或平行，可应用动量矩定理；如果约束反力与某轴垂直，可用动量定理在某轴的投影式建立动力学方程，这样可以避免方程中出现未知约束反力。如果方程中不可避免地出现了一个未知约束反力，可联合求解。

下面举例说明基本定理的综合应用。

例 12-11 如图 12-29 所示，弹簧两端各系重物 A 和 B，放在光滑的水平面上。其中，重物 A 的质量为 m_1，重物 B 的质量为 m_2，弹簧原长为 l_0，弹簧刚度为 k。若将弹簧拉到 l 后，无初速度地释放。试求弹簧回到原长时重物 A 和 B 的速度。

解： 选两重物 A 和 B 为质点系。

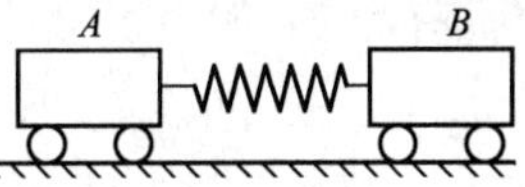

图 12-29

由于重物 A 和 B 放在光滑的水平面上，则质点系在水平方向不受力，动量守恒。设弹簧回到原长时 A、B 的速度分别为 $\boldsymbol{v}_A(\rightarrow)$、$\boldsymbol{v}_B(\leftarrow)$，则质点系在水平方向的动量为

$$P_{x1}=0$$

$$P_{x2}=m_1 v_A-m_2 v_B$$

由动量守恒得

$$m_1 v_A-m_2 v_B=0 \tag{1}$$

由质点系的动能定理得

$$T_2-T_1=\sum_{i=1}^{n} W_{12}$$

其中质点系始、末动能为

$$T_1=0$$

$$T_2=\frac{1}{2}m_1 v_A^2+\frac{1}{2}m_2 v_B^2$$

作用在质点系上力的功为

$$W_{12}=\frac{k}{2}(l-l_0)^2$$

则有

$$\frac{1}{2}m_1 v_A^2+\frac{1}{2}m_2 v_B^2=\frac{k}{2}(l-l_0)^2 \tag{2}$$

联立式(1)和式(2)，求得重物 A 和 B 的速度分别为

$$v_A=\frac{\sqrt{km_2}(l-l_0)}{\sqrt{m_1(m_1+m_2)}},\quad v_B=\frac{\sqrt{km_1}(l-l_0)}{\sqrt{m_2(m_1+m_2)}}$$

例 12-12 重为 $\boldsymbol{Q}$、长为 l 的均质杆 AB 与重为 $\boldsymbol{P}$ 的楔块用光滑铰链 B 相连，楔块置于光滑的水平面上，如图 12-30(a)所示。初始 AB 杆处于铅直位置，整个系统静止，在微小扰动下，杆 AB 绕铰链 B 摆动，楔块则沿水平面移动。当 AB 杆摆动至水平位置时，试求：

(1) AB 杆的角加速度。

(2) 铰链 B 对 AB 杆的反力在铅直方向的投影大小。

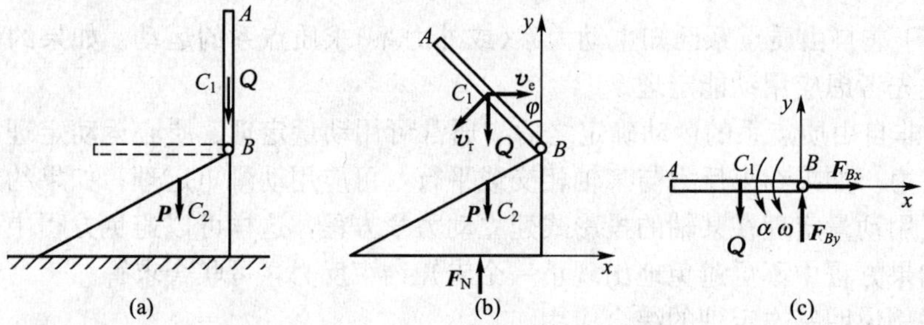

图 12-30

解：(1) 当杆 AB 摆至任意位置时，如图 12-30(b)所示，设此时楔块的位移为 x。由于系统水平方向不受力，且系统初始静止，取系统质心为坐标原点，则由水平方向质心守恒，有

$$\frac{P}{g}x+\frac{Q}{g}\left(x-\frac{l}{2}\sin\varphi\right)=0$$

即

$$x=\frac{Ql}{2(P+Q)}\sin\varphi$$

于是

$$\dot{x}=\frac{Ql}{2(P+Q)}\cdot\dot{\varphi}\cos\varphi \tag{1}$$

$$\ddot{x}=\frac{Ql}{2(P+Q)}(\ddot{\varphi}\cos\varphi-\dot{\varphi}^2\sin\varphi) \tag{2}$$

以杆 AB 质心 C_1 为动点，动系固结于楔块，则有

$$v_e=\dot{x},\quad v_r=\frac{l}{2}\dot{\varphi}$$

系统初始动能 $T_1=0$，末动能

$$T_2=\frac{1}{2}\cdot\frac{P}{g}\dot{x}^2+\frac{1}{2}\cdot\frac{Q}{g}\left(\dot{x}^2+\frac{l^2}{4}\dot{\varphi}^2-2\dot{x}\cdot\frac{l}{2}\dot{\varphi}\cos\varphi\right)+\frac{1}{2}\frac{Ql^2}{12g}\dot{\varphi}^2$$

整个系统只有 AB 杆的重力做功，即

$$\sum W=\frac{Ql}{2}(1-\cos\varphi)$$

由动能定理 $T_2-T_1=\sum W$，得

$$\frac{1}{2}\cdot\frac{P}{g}\dot{x}^2+\frac{1}{2}\cdot\frac{Q}{g}\left(\dot{x}^2+\frac{l^2}{4}\dot{\varphi}^2-2\dot{x}\cdot\frac{l}{2}\dot{\varphi}\cos\varphi\right)+\frac{1}{2}\cdot\frac{Ql^2}{12g}\dot{\varphi}^2=\frac{Ql}{2}(1-\cos\varphi)$$

整理后，得

$$\frac{1}{2}\cdot\frac{P+Q}{g}\dot{x}^2+\frac{1}{2}\cdot\frac{Ql^2}{3g}\dot{\varphi}^2-\frac{1}{2}\cdot\frac{Ql}{g}\dot{x}\dot{\varphi}\cos\varphi=\frac{Ql}{2}(1-\cos\varphi) \tag{3}$$

当 $\varphi=\frac{\pi}{2}$ 时，由(1)式知 $\dot{x}=0$，再由(3)式得 $\dot{\varphi}^2=3g/l$，即

$$\omega=\dot{\varphi}=\sqrt{\frac{3g}{l}}$$

此即杆 AB 摆至水平位置时的角速度，将其代入(2)式，得 $\varphi=\frac{\pi}{2}$ 时的 $\ddot{x}$ 为

$$\ddot{x}=-\frac{3Q}{2(P+Q)}g$$

此即杆 AB 摆至水平位置时楔块的加速度。

将(3)式两端对时间求导，得

$$\frac{P+Q}{g}\dot{x}\ddot{x}+\frac{Ql^2}{3g}\dot{\varphi}\ddot{\varphi}-\frac{Ql}{2g}(\ddot{x}\dot{\varphi}\cos\varphi+\dot{x}\ddot{\varphi}\cos\varphi-\dot{x}\dot{\varphi}^2\sin\varphi)=\frac{Ql}{2}\dot{\varphi}\sin\varphi$$

将 $\varphi=\frac{\pi}{2}$ 时的 $\dot{x}$、$\ddot{x}$ 及 $\dot{\varphi}$ 的值代入上式，可得杆 AB 摆至水平位置时的角加速度为

$$\alpha_{AB}=\ddot{\varphi}=\frac{3g}{2l}$$

(2) 在水平位置时，杆 AB 受力如图 12-30(c)所示，由质心运动定理，有

$$\frac{Q}{g}\left(-\frac{l}{2}\alpha_{AB}\right)=F_{By}-Q$$

于是 $F_{By}=Q/4$。

本例题有一运动过程，因此用动能定理计算方便，审题时应优先考虑使用动能定理，但动能定理只有一个方程，因此必须建立各个速度及角速度之间的关系。又由于整个系统水平方向不受力，因此就应想到系统质心的水平坐标不变，由此建立方程(1)和(2)。另外必须注意，只有用函数关系表达的方程才能对时间求导，因此一定要用任意位置时的角度 φ 来建立动能定理的方程，否则不能用来求导，无法求加速度。

例 12-13 如图 12-31(a)所示，均质轮 C 的质量为 m_1，半径为 R，对质心 C 的回转半径为 ρ，轮上固结一半径为 r 的滚轴，轮缘上绕有细绳，此绳水平地伸出并跨过一质量为 m_2、半径为 r 的定滑轮 O(可视为均质圆盘)。而在绳在另一端系有质量为 m_3 的重物 D。绳的质量不计且不可伸长，绳与轮之间无相对滑动，轮轴 C 在固定面上作纯滚动。已知 $m_1=4m$，$m_2=m_3=m$，$R=2r$，$\rho=\sqrt{\frac{3}{2}}r$。求重物 D 的加速度、绳的拉力和各处的约束反力。

解： 1) 求重物加速度

(1) 研究对象：整个系统。

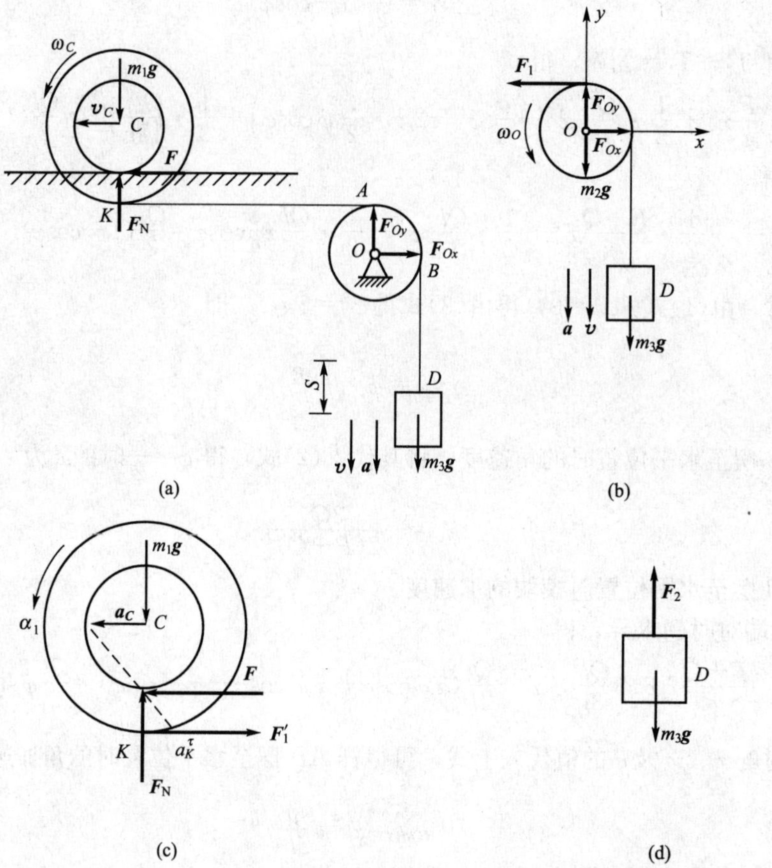

图 12-31

(2) 受力分析：有重力 $m_1\boldsymbol{g}$、$m_2\boldsymbol{g}$、$m_3\boldsymbol{g}$，地面反力 $\boldsymbol{F}_N$，摩擦力 $\boldsymbol{F}$，轴承反力 $\boldsymbol{F}_{Ox}$、$\boldsymbol{F}_{Oy}$，如图 12-31(a)所示。

(3) 运动分析：轮 C 的运动为平面运动且作纯滚动，定滑轮作定轴转动，重物的运动为铅直平动。设重物的速度为 $\boldsymbol{v}$，位移为 S，方向向下，轮 O 的角速度为 ω_O，轮 C 的角速度为 ω_C，则各物体的运动有如下关系：

$$\omega_O=\frac{v}{r},\ \omega_C=\frac{v}{R-r},\ v_C=r\omega_C=\frac{rv}{R-r}$$

系统的动能：

$$\begin{aligned}T&=\frac{1}{2}m_1v_C^2+\frac{1}{2}J_C\omega_C^2+\frac{1}{2}J_O\omega_O^2+\frac{1}{2}m_3v^2\\&=\frac{1}{2}m_1v_C^2+\frac{1}{2}m_1\rho^2\omega_O^2+\frac{1}{4}m_2r^2\omega_O^2+\frac{1}{2}m_3v^2\\&=\frac{1}{4}\left[2m_3+m_2+2m_1\frac{r^2+\rho^2}{(R-r)^2}\right]v^2\end{aligned}\tag{1}$$

力的功率：

$$\frac{\sum\delta W_F}{\mathrm{d}t}=\sum P_i=m_3g\,\frac{\mathrm{d}S}{\mathrm{d}t}=m_3gv\tag{2}$$

(4) 建立动力学方程，由功率方程

$$\frac{\mathrm{d}T}{\mathrm{d}t}=\sum P_i$$

将(1)式和(2)式代入后，注意到$\frac{\mathrm{d}v}{\mathrm{d}t}=a$，得

$$\frac{1}{2}\left[2m_3+m_2+2m_1\frac{r^2+\rho^2}{(R-r)^2}\right]va=m_3gv$$

解得

$$a=\frac{2m_3g}{2m_3+m_2+2m_1\frac{r^2+\rho^2}{(R-r)^2}}=\frac{g}{23} \tag{3}$$

2) 求绳 AK 段拉力及轴承 O 的反力

(1) 研究对象：重物和定滑轮组成的系统。

(2) 受力分析：有重力 $m_2\boldsymbol{g}$、$m_3\boldsymbol{g}$，绳的拉力 $\boldsymbol{F}_1$，轴承反力 $\boldsymbol{F}_{Ox}$、$\boldsymbol{F}_{Oy}$，如图 12-31(b)所示。

(3) 取坐标 Oxy，如图 12-31(b)所示。

(4) 运动分析：$a_{Ox}=a_{Oy}=a_x=0$，$a_y=-a$。

系统对 O 点的动量矩(顺时针转向为正)：

$$L_O=J_O\omega_O+m_3vr=\frac{1}{2}(m_2+2m_3)rv \tag{4}$$

外力对 O 点的矩(顺时针转向为正)：

$$\sum M_O(F)=(m_3g-F_1)r \tag{5}$$

(5) 由动量矩定理建立动力学方程，注意到(4)式和(5)式，有

$$\frac{1}{2}(m_2+2m_3)ra=(m_3g-F_1)r \tag{6}$$

由投影形式的动量定理建立动力学方程

$$\frac{\mathrm{d}p_x}{\mathrm{d}t}=F_{Ox}-F_1$$

$$\frac{\mathrm{d}p_y}{\mathrm{d}t}=F_{Oy}-m_2g-m_3g$$

其中，$\frac{\mathrm{d}p_x}{\mathrm{d}t}=m_2a_{Ox}+m_3a_x=0$，$\frac{\mathrm{d}p_y}{\mathrm{d}t}=m_2a_{Oy}+m_3a_y=-m_3a$，于是有

$$0=F_{Ox}-F_1 \tag{7}$$

$$m_3(-a)=F_{Oy}-m_2g-m_3g \tag{8}$$

解得

$$F_1=m_2g+\frac{1}{2}(m_2+2m_3)a=\frac{49}{46}mg \tag{9}$$

$$F_{Ox}=F_1=\frac{49}{46}mg \tag{10}$$

$$F_{Oy}=m_3(g-a)+m_2g=\frac{45}{23}mg \tag{11}$$

3）求固定面反力

（1）研究对象：轮 C。

（2）受力分析：有重力 $m_1\boldsymbol{g}$，绳拉力 $\boldsymbol{F}_1'$，且 $\boldsymbol{F}_1'=\boldsymbol{F}_1$，法向反力 $\boldsymbol{F}_{\mathrm{N}}$，摩擦力 $\boldsymbol{F}$，如图 12－31(c)所示。

（3）运动分析：设轮心 C 的加速度为 $\boldsymbol{a}_C$，方向水平向左，则

$$a_{Cy}=0,\ a_{Cx}=-a_C=-ra_1=-\frac{ra}{R-r}$$

（4）由质心运动定理建立动力学方程：

$$m_1\left(-\frac{ra}{R-r}\right)=F_1'-F$$

$$0=F_{\mathrm{N}}-m_1 g$$

解得

$$F=F_1+\frac{m_1 ra}{R-r}=\frac{57}{46}mg \tag{12}$$

$$F_{\mathrm{N}}=m_1 g=4mg \tag{13}$$

4）求绳 BD 段拉力

（1）研究对象：重物。

（2）受力分析：有绳拉力 $\boldsymbol{F}_2$，重力 $m_3\boldsymbol{g}$，如图 12－31(d)所示。

（3）由质点运动微分方程建立动力学方程：

$$m_3 a_y=F_2-m_3 g$$

其中，$a_y=-a$，则

$$-m_3 a=F_2-m_3 g$$

解得

$$F_2=m_3(g-a)=\frac{22}{23}mg \tag{14}$$

由此例可见，求系统运动的加速度时，可应用动能定理，求解方便；而求作用力时，应用动量定理或动量矩定理。

习　题

12－1　如图 12－32 所示，弹簧原长 $l_0=10\mathrm{cm}$，弹簧刚度 $k=4.9\mathrm{kN/m}$，其一端固定在点 O，此点在半径 $R=10\mathrm{cm}$ 的圆周上。$AC\perp BC$，$OA=2R$。如弹簧另一端由点 B 拉到点 A 和由点 A 拉至点 D，试分别计算弹性力的功。

12－2　如图 12－33 所示，用跨过滑轮的绳子牵引质量 $m=2\mathrm{kg}$ 的滑块 A 沿倾角为 30°的光滑斜槽运动。设绳子拉力 $F=20\mathrm{N}$。计算滑块由位置 A 运动到位置 B 时，重力与拉力所作的总功。

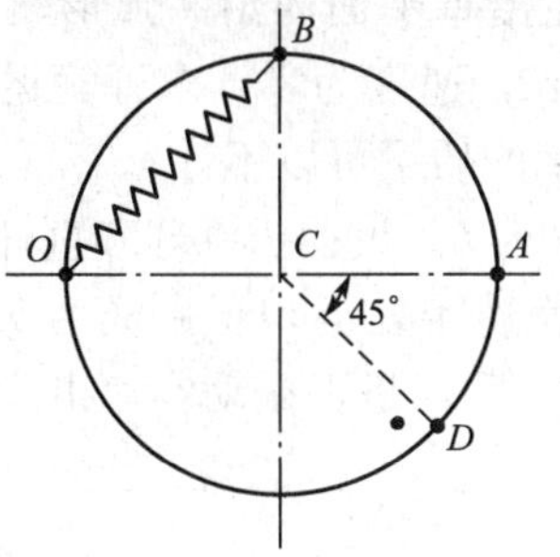

图 12-32

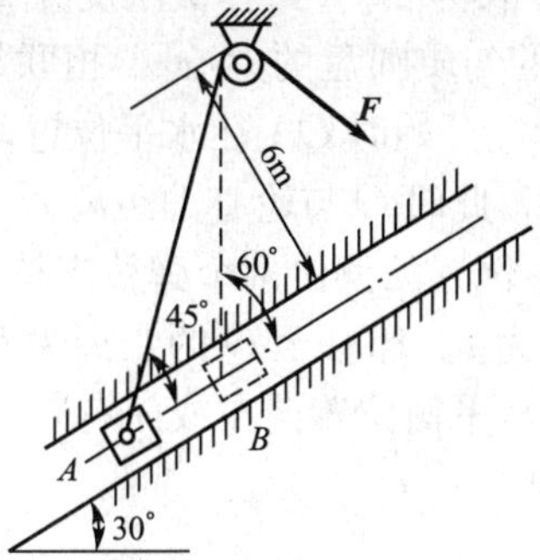

图 12-33

12-3 半径为 $r=0.2\mathrm{m}$ 的均质圆盘，质量 $m=25\mathrm{kg}$，按以下三种方式安装在长为 $l=0.4\mathrm{m}$ 的无重杆 OA 上，其中，①圆盘焊接在 OA 杆上，如图 12-34(a)所示；②圆盘自由铰接在 A 点，如图 12-34(b)所示；③圆盘相对于 OA 杆分别以角速度 $\omega_r=8\mathrm{rad/s}$ 和 $\omega_r=4\mathrm{rad/s}$ 顺时针转向，如图 12-34(c)所示。已知 OA 杆以匀角速度 $\omega_O=4\mathrm{rad/s}$ 绕 O 轴转动，求图示均质圆盘的动能。

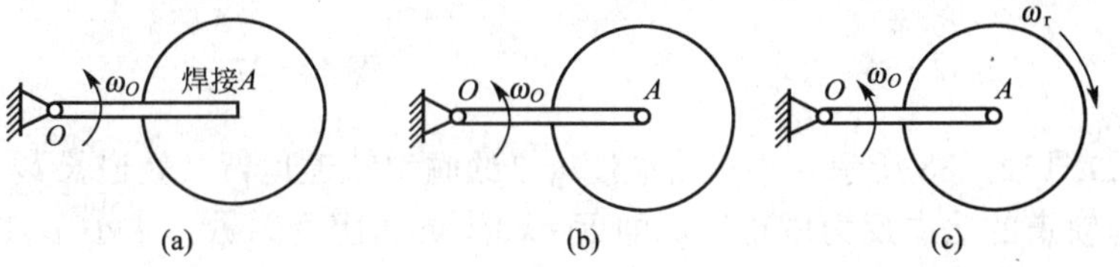

图 12-34

12-4 各均质物体的质量均为 m，其几何尺寸、质心速度或绕轴转动的角速度如图 12-35 所示。试计算各物体的动量、对 O 点的动量矩、动能。

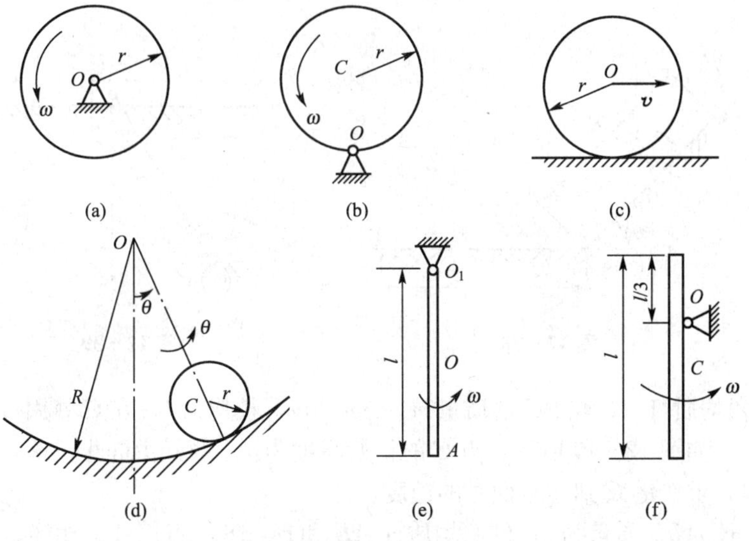

图 12-35

12-5　原长为40cm，弹簧刚度为20N/cm的弹簧的一端固定，另一端与一重100N，半径为10cm的匀质圆盘的中心A相联结。圆盘在铅垂平面内沿一弧形轨道作纯滚动如图12-36所示。开始时OA在水平位置，$OA=30$cm，速度为零，求弹簧运动到铅垂位置时轮心的速度，此时O与轮心的距离为35cm。弹簧的质量可以不计。

12-6　一倒置的摆由两个弹簧支持，弹簧刚度为k。设摆由圆球和直杆组成，球的质量为m，半径为r，球心至O的距离为l，杆与弹簧连接处至O的距离为b，如图12-37所示。问当摆从平衡位置向左或向右有一微小的偏移后，是否振动？写出能够发生振动的条件(杆重不计)。

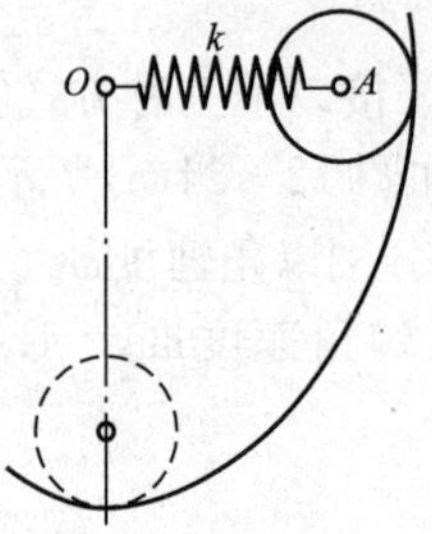

图12-36

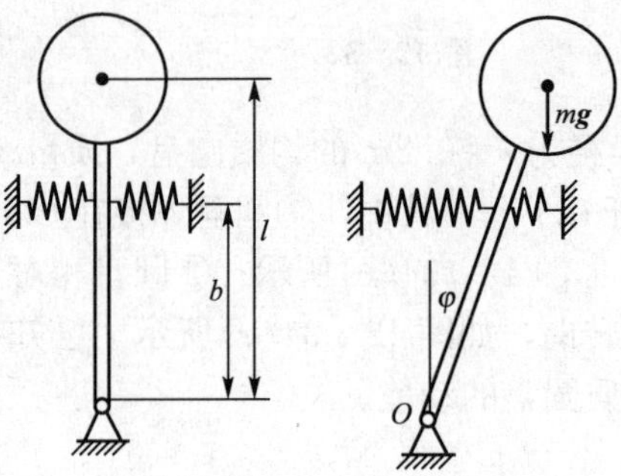

图12-37

12-7　如图12-38所示，小车沿坡度为θ的倾斜轨道运行。坡道长l，小车运行所受的摩擦阻力与轨道的法向反力成正比，即$F=kN$，k为阻力系数。求小车自A处静止下滑到B处时的速度v_B及沿水平轨道滑行的距离S。

12-8　质量为$m_1=2$kg的小球M与长$l=20$cm的软绳组成单摆，并固定于可以在光滑水平轨道上运动的物体A上，如图12-39所示。物块A的质量为$m_2=4$kg。开始时系统处于静止，软绳与铅直方向成$\theta=60°$。求摆动时，软绳经过铅直线位置时角速度和物块A的速度。

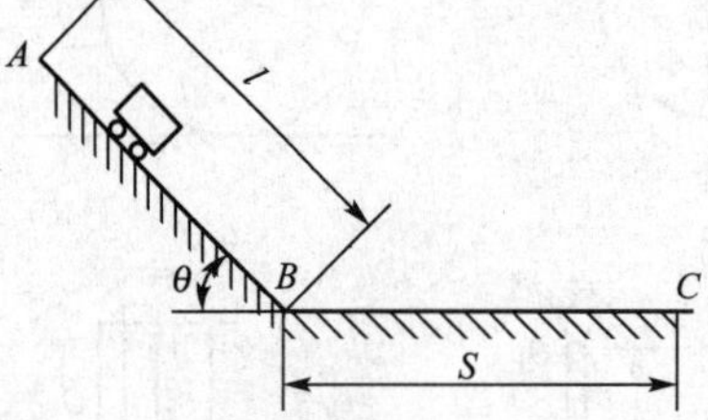

图12-38

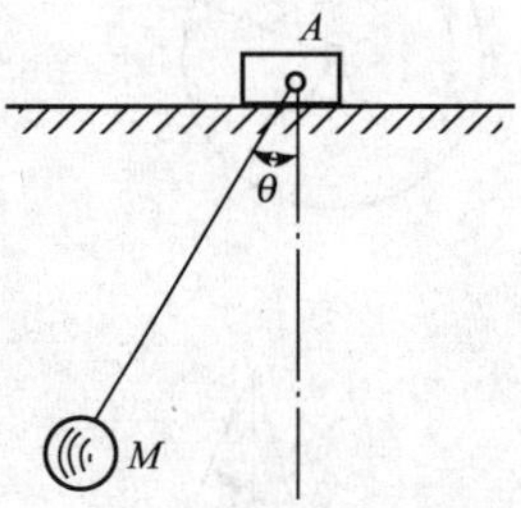

图12-39

12-9　两均质杆AC和BC的质量$m_1=m_2=m$，长均为l，在C处用铰链连接，放在光滑水平面上，如图12-40所示。点C的初始高度为h，两杆由静止下落，下落时其轴线在铅直平面内，求铰链C到达地面时的速度。

12-10　长为b、质量为m_0的两均质杆AB和BC在B点用铰链相连。杆AB的A端和固定铰链支座相连，杆BC在C处用铰链与一均质圆柱体连接(图12-41)。圆柱的质量为m，半径为r。在B点作用一铅垂力$\boldsymbol{F}$。A、C两点处于同一水平线上，杆AB与水平线夹角为θ。初始时系统静止不动，求系统运动到杆AB和杆BC均处于水平位置时，杆AB的角速度ω。设圆柱在水平面上滚动而无相对滑动。

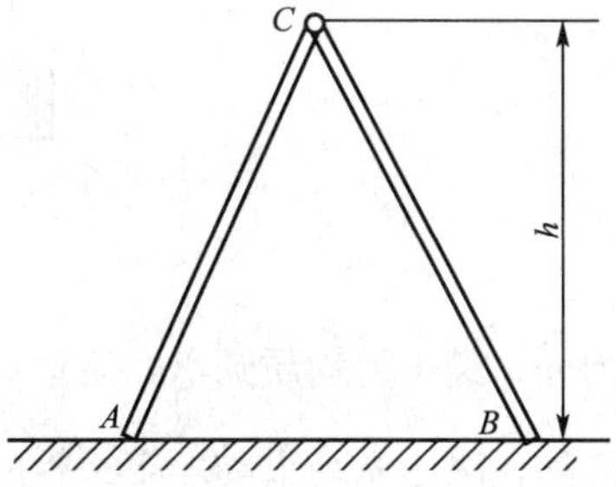

图 12-40

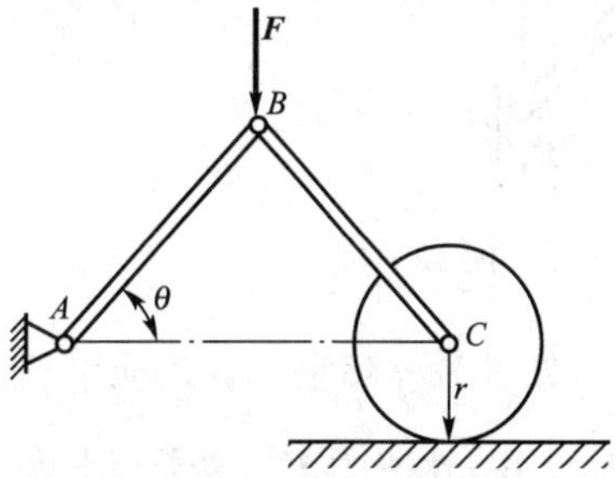

图 12-41

12-11　如图12-42所示，均质细长杆长l，质量为m_1，上端B靠在光滑墙上，下端A以铰链与圆柱的质心相连接。圆柱的质量为m_2，半径为r，放在粗糙的地面上。自图示位置(杆与水平线交角$\varphi=45°$)由静止开始滚动而不滑动，求点A在初瞬时的加速度。

12-12　如图12-43所示，均质连杆的质量为$m_1=4\text{kg}$，长$l=0.6\text{m}$。均质圆盘质量为$m_2=6\text{kg}$，半径$r=0.1\text{m}$，弹簧刚度为$k=2\text{kN/m}$，不计套筒和弹簧质量。如连杆在图示位置无初速释放后，套筒A沿光滑杆滑下，圆盘作纯滚动。试求：

(1) 当AB杆达水平位置而接触弹簧时，圆盘与连杆的角速度。

(2) 弹簧的最大压缩量。

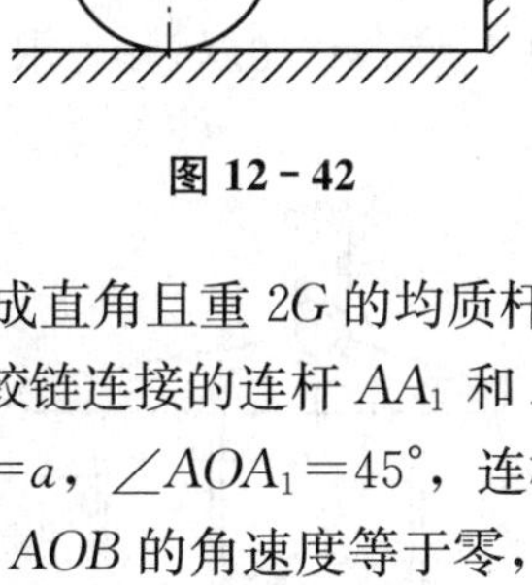

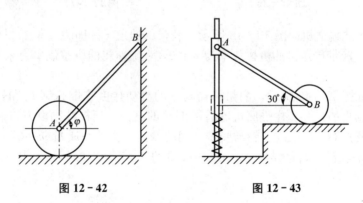

图 12-42

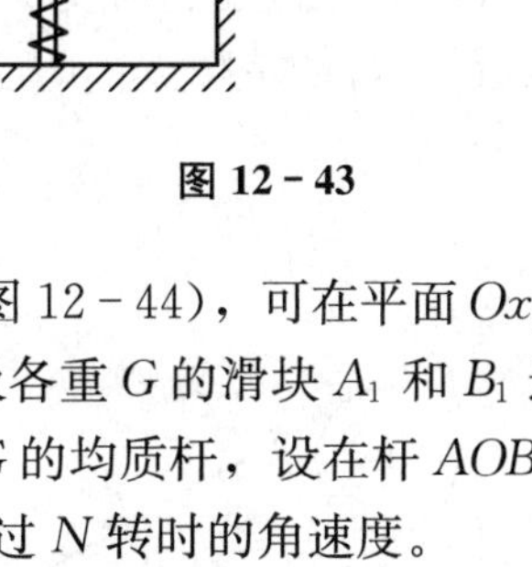

图 12-43

12-13　弯成直角且重$2G$的均质杆AOB(图12-44)，可在平面Oxy内绕定轴Oz转动，同时带动由铰链连接的连杆AA_1和BB_1以及各重G的滑块A_1和B_1运动。已知$OA=OB=AA_1=BB_1=a$，$\angle AOA_1=45°$，连杆为重G的均质杆，设在杆AOB上作用一不变力矩M，初始时杆AOB的角速度等于零，求它转过N转时的角速度。

12-14　已知物体的质量为m_3，定滑轮B的质量为m_2，半径为r_2，轮C的质量为m_1，半径为r_1，轮B、C均可视为均质圆盘。弹簧刚度为k的弹簧，其左端固定，右端与轮心C连接，不可伸长的绳子跨过定滑轮将轮C与物体A连接，如图12-45所示。设轮C与地面无滑动，不计轴承摩擦和绳重，系统开始静止。求物体A的加速度。

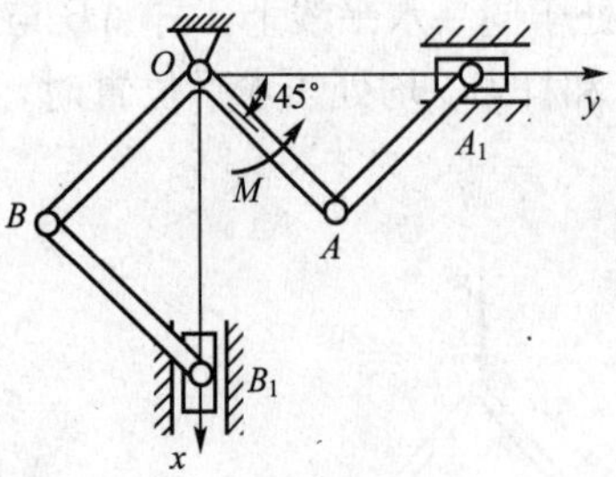

图 12-44

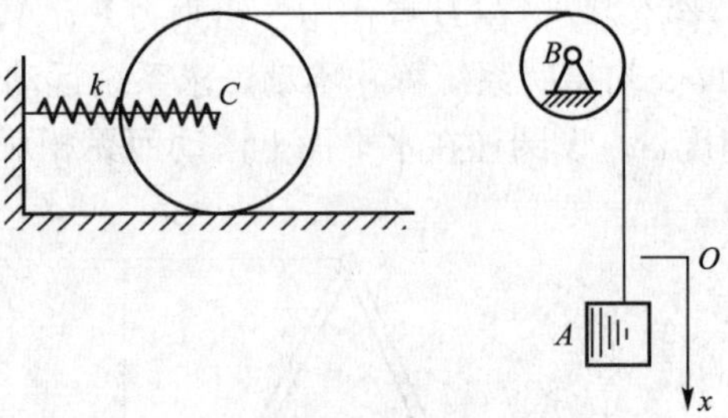

图 12-45

12-15　如图 12-46 所示，均质平板的质量为 m，滚子为均质圆盘，质量均为$\frac{1}{2}m$，半径为 r，板上作用一水平力 $\boldsymbol{F}$，滚子与平板之间无滑动，滚子做纯滚动，求平板的加速度。

12-16　如图 12-47 所示，摆重 Q，点 C 为其重心，O 端为光滑铰支，在点 D 处用弹簧悬挂，可在铅直平面内摆动。设摆对水平轴 O 的转动惯量为 J_O，弹簧刚度为 k；摆杆在水平位置时，弹簧的长度恰好等于自然长度 l_0，$OD = CD = b$。求摆从水平位置无初速地释放后作微幅摆动时，摆的角速度与 φ 角的关系。

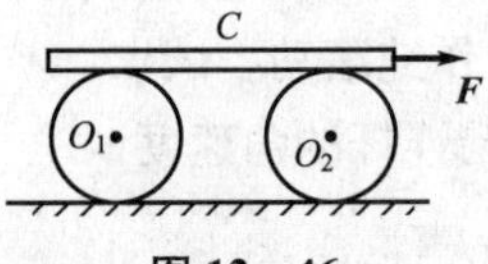

图 12-46

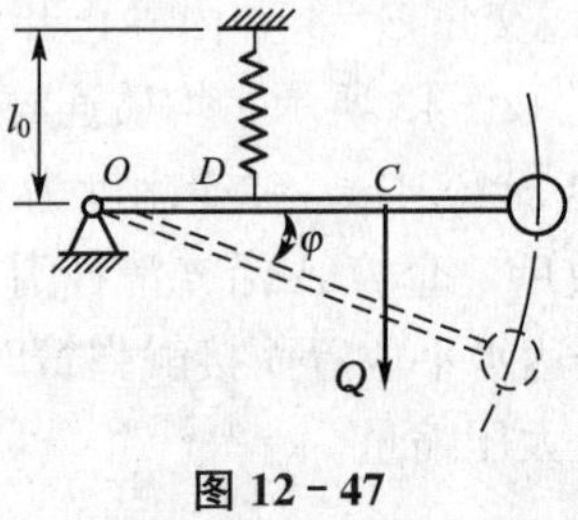

图 12-47

12-17　带式输送机如图 12-48 所示，胶带的速度 v=1m/s，输送量 Q=20kN，输送高度 h=5m，胶带传送机的机械效率为 η_1=0.6，减速箱的机械效率为 η_2=0.4，求电动机的功率。

12-18　如图 12-49 所示，测量机器功率的测功计由胶带 $ABCD$ 和杠杆 BH 组成，胶带的两边是铅直的，并套住受测机器的带轮 E 的下部，而杠杆则以刀口搁在支点 O 上。借上升或降低支点 O，可以改变轮与胶带之间的摩擦力。挂一质量 m=3kg 的重锤，使杠杆 BH 处于水平位置。如力臂 l=50cm，发动机的转速 n=240r/min，求发动机的功率。

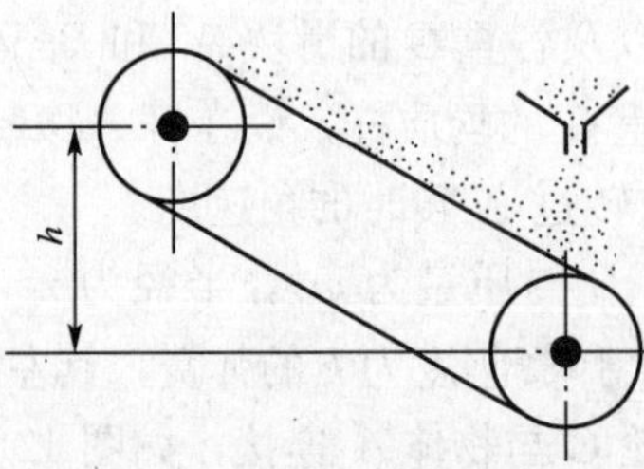

图 12-48

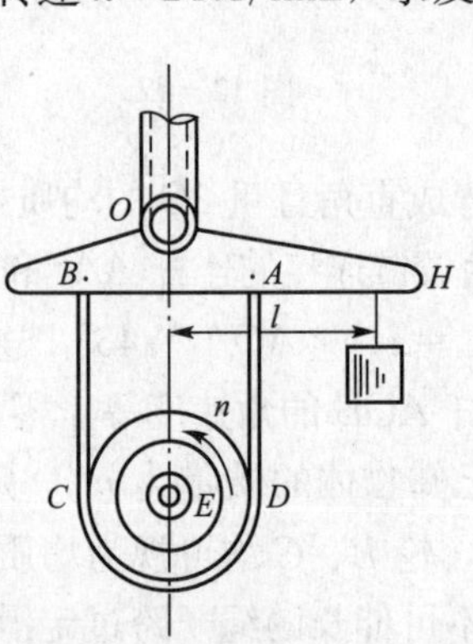

图 12-49

12-19 如图12-50所示，矿井提升带挂有质量为m_1和m_2的重物M_1和M_2，绞车Ⅰ由电动机带动。开始时，重物M_1被提升并有等加速度a，当速度达到最大值v_{max}时，将保持等速不变。已知铰车的半径为r_1，对轴的转动惯量为J_1；滑轮Ⅱ和滑轮Ⅲ的半径各为r_2和r_3，其对轴的转动惯量各为J_2和J_3；升降带的单位长的质量为q，全长为l。试求等速和变速两个阶段时，电动机输出的功率。

12-20 图12-51所示为一卷扬机的传动机构，设启动时电动机转子作用在联轴节上的常力矩为M，大齿轮和鼓轮对轴AB的转动惯量为J_2，小齿轮和联轴节对轴CD的转动惯量为J_1。鼓轮的半径为R，已知齿轮的传动比为$i=\omega_1/\omega_2$，被提升的重物的重量为$m\boldsymbol{g}$，试求启动时重物的平均加速度a。

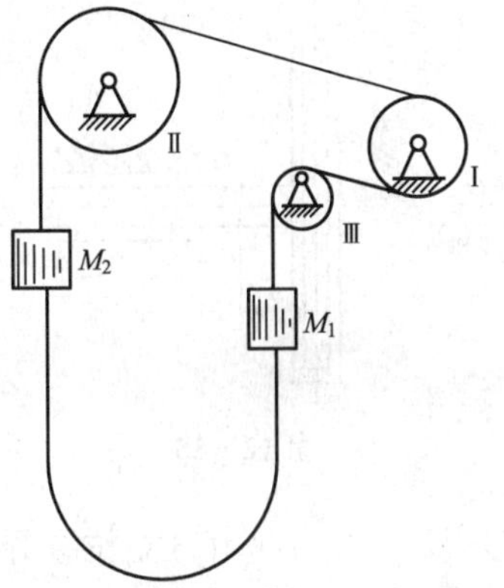

图12-50

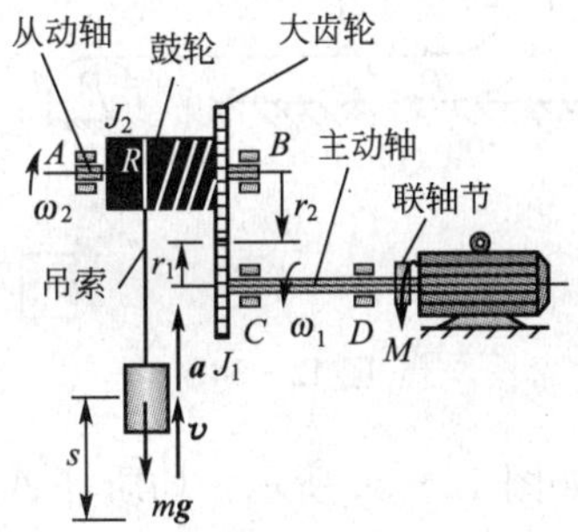

图12-51

12-21 均质圆柱体O的质量为m_1，沿斜面由静止开始向下作纯滚动，如图12-52所示。圆柱体的中心O连有一质量为m_2，长为l的均质杆OA，其A端沿斜面滑动，且保持OA处于水平。斜面与水平面的夹角为θ。略去A端与斜面间的摩擦，试求OA杆的加速度和两端的约束反力。已知$m_1g=40\text{N}$，$m_2g=20\text{N}$，$\theta=30°$，$l=6\text{m}$。

12-22 在图12-53所示机构中，沿斜面滚动的圆柱体和鼓轮O为均质物体，质量分别为m_1和m_2，半径均为r。绳子不能伸缩，其质量不计。粗糙斜面的倾角为θ，只计滑动摩擦不计滚动摩擦。如在鼓轮上作用一常力偶，其力偶矩为M。试求：

(1) 鼓轮的角加速度。

(2) 轴承O的水平反力。

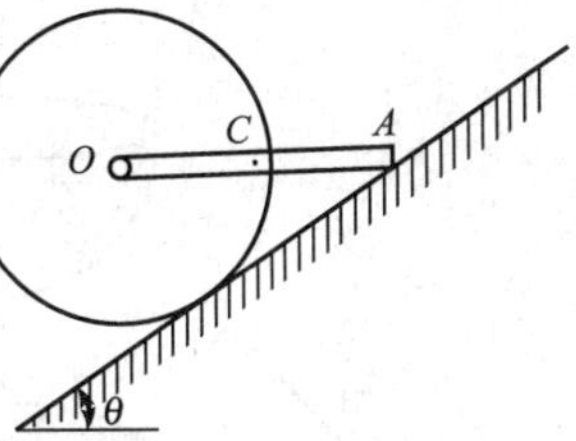

图12-52

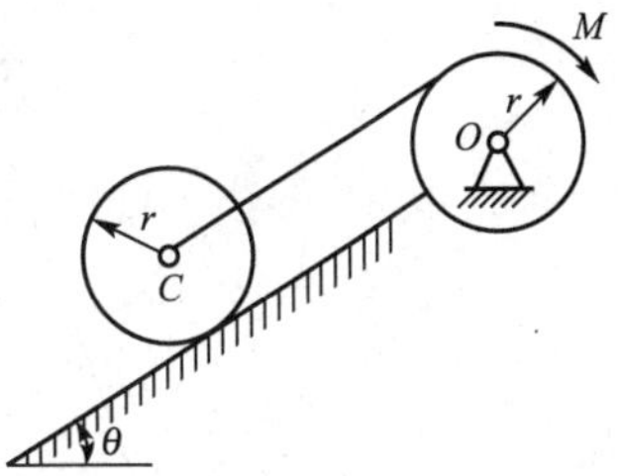

图12-53

12-23 如图12-54所示，塔轮C的质量为$m_1=200\text{kg}$，外径$R=0.6\text{m}$，内径$r=$

0.3m，对其中心轴的回转半径ρ=0.4m。今在塔轮的内缘缠绕一细绳，细绳的另一端通过滑轮B悬挂一重物A，其质量为m_A=80kg，滑轮B和软绳的质量不计。试求下列两种情况下，绳子的张力和摩擦力。

(1) 水平足够粗糙，轮子作纯滚动。

(2) 水平面与塔轮之间的静摩擦系数f_s=0.2，动摩擦系数为f=0.18。

12-24 在图12-55所示的曲柄滑槽机构中，均质曲柄OA绕水平轴O作匀角速度ω转动。已知$OA=r$，曲柄的质量为m_1，滑槽的质量为m_2，重心在D点。滑块A的质量和各处摩擦均不计。求当曲柄转至图示位置时，滑槽的加速度、轴承O的反力和作用在曲柄上的力矩M。

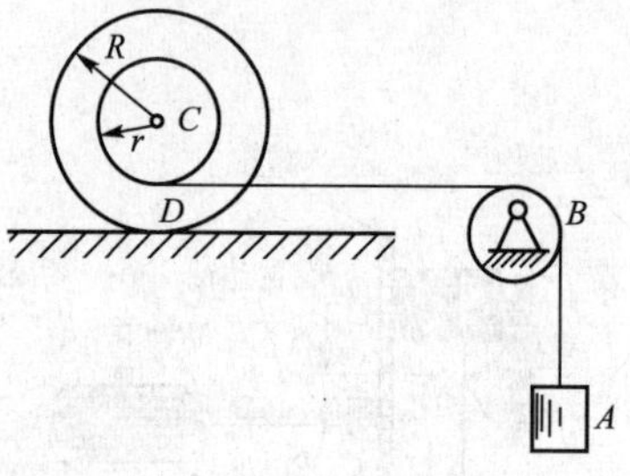

图 12-54

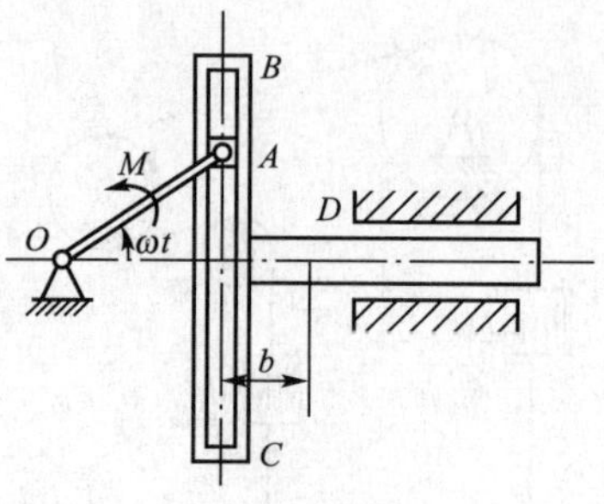

图 12-55

12-25 如图12-56所示，均质杆AB长l，质量为m，由直立位置开始滑动，上端沿墙壁下滑，下端沿地板右滑，不计摩擦。求杆在任一位置φ时的角速度、角加速度和A、B处的反力。

12-26 杆OA长为l，质量为m_1，接于固定轴O，杆的另一端与半径为r均质滚子中心A铰接，滚子质量为m_2且置于半径为$R=l+r$的圆弧轨道上，如图12-57所示。设滚动时无滑动；初瞬时系统静止，角$\theta=\theta_0$。求θ角的变化规律(θ为微小角)和轨道对滚子的摩擦力。

12-27 如图12-58所示，一半球形高脚玻璃杯，半径r=5cm，其质量m_1=0.3kg，杯底座半径R=5cm，厚度不计，杯脚高度h=10cm。如果有一个质量m=0.1kg的光滑小球自杯子的边缘由静止释放后沿杯的内侧滑下，小球的半径忽略不计。已知杯子底座与水平面之间的静摩擦系数f_s=0.35。试分析小球在运动过程中：

(1) 高脚玻璃杯会不会滑动。

(2) 高脚玻璃杯会不会侧倾(即一侧翘起)。

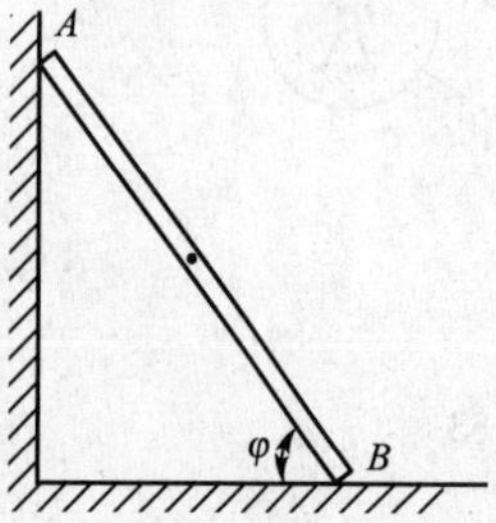

图 12-56

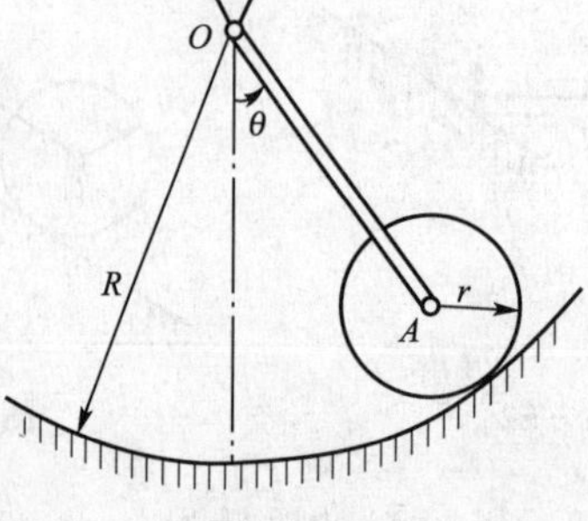

图 12-57

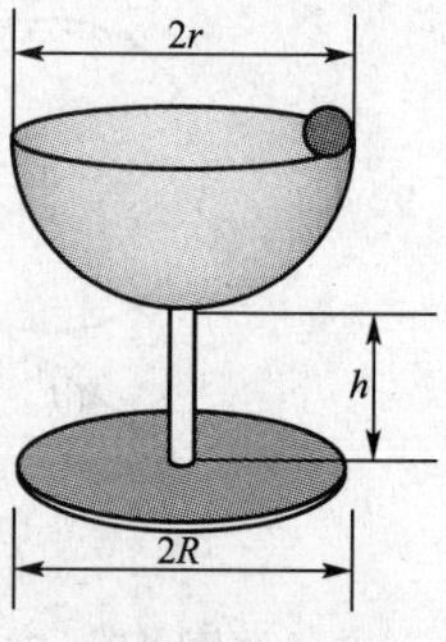

图 12-58

第13章 达朗贝尔原理

教学目标

通过本章学习，应达到以下目标：

(1) 对惯性力的概念有清晰的理解。

(2) 掌握质点系惯性力简化的方法，能正确地计算平动、定轴转动和平面运动刚体惯性力系的主矢和主矩，注意不同运动刚体惯性力系简化中心的选择。

(3) 能熟练地应用动静法求解动力学问题。

引例

蛤蟆夯是用电动机作动力的夯，工作时铁砣转动，把夯带动跳起，随即向前移动，砸实地基。工作方式像蛙跳。

蛤蟆夯是利用旋转惯性力的原理制成，由夯锤、夯架、偏心块、皮带轮和电动机等组成。电动机及传动部分装在橇座上，夯架后端与传动轴铰接，在偏心块离心惯性力作用下，夯架可绕此轴上下摆动。夯架前端装有夯锤，当夯架向下方摆动时就夯击土壤，向上方摆动时使橇座前移。因此，蛙式夯夯锤每冲击一次，机身即向前移动一步。

蛤蟆夯是如何设计的呢？偏心块转动的角速度应是多少呢？这些问题都可以利用达朗贝尔原理来解释。

在前面几章，我们是以牛顿定律为基础研究质点和质点系的动力学问题，给出了求解质点和质点系动力学问题的普遍定理。在本章，我们要学习求解非自由质点系动力学问题的新方法——达朗贝尔原理，它是用静力学平衡的观点解决动力学问题，又称为动静法。它在解决已知运动求约束力方面显得特别方便，因此在工程中得到广泛的应用。

§ 13-1 惯性力·质点的达朗贝尔原理

1. 惯性力

当物体受力作用时，其运动状态就发生变化，同时由于惯性，物体具有抵抗运动状态发生改变的反作用力。这种反作用力叫做受力物体的**惯性力**。

例如，在图 13-1 中，人用手沿着直线轨道推质量为 m 的小车，人施加于小车的力为 $\boldsymbol{F}$，如不计阻力，小车获得的加速度为 $\boldsymbol{a}$，根据动力学的基本方程可知，$\boldsymbol{F}=m\boldsymbol{a}$。又由牛顿第三定律可知，人(施力体)必然受到小车的反作用力的作用，这个反作用力用符号 $\boldsymbol{F}_\mathrm{I}$。表示，它与力 $\boldsymbol{F}$ 大小相等、方向相反、作用线相同，即

$$\boldsymbol{F}_\mathrm{I}=-\boldsymbol{F}=-m\boldsymbol{a}$$

力 $\boldsymbol{F}_\mathrm{I}$ 是由小车的惯性反抗引起的，称为惯性力。

在一般情况下，设质量为 m 的质点作任意曲线运动，其加速度为 $\boldsymbol{a}$，则质点的惯性力可表示为

$$\boldsymbol{F}_\mathrm{I}=-m\boldsymbol{a} \tag{13-1}$$

式(13-1)表示：在任意瞬时，质点的惯性力的大小等于质点的质量与其加速度的乘积，方向与加速度的方向相反，作用在使质点获得加速度的施力物体上。

2. 质点的达朗贝尔原理

设质量为 m 的非自由质点 M，在主动力 $\boldsymbol{F}$ 和约束反力 $\boldsymbol{F}_\mathrm{N}$ 作用下作曲线运动，其加速度为 $\boldsymbol{a}$，如图 13-2 所示。那么，根据质点动力学的基本方程

$$m\boldsymbol{a}=\boldsymbol{F}+\boldsymbol{F}_\mathrm{N}$$

图 13-1

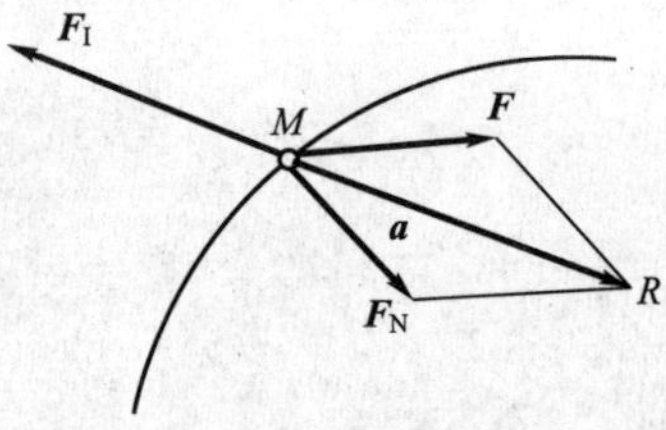

图 13-2

若式中 $m\boldsymbol{a}$ 移到等号右端，即在质点 M 上假想地加上惯性力 $\boldsymbol{F}_\mathrm{I}=-m\boldsymbol{a}$，可写成

$$\boldsymbol{F}+\boldsymbol{F}_\mathrm{N}+\boldsymbol{F}_\mathrm{I}=0 \tag{13-2}$$

式(13-2)表明：质点在运动的每一瞬时，作用在质点上的主动力、约束反力与假想地加在质点上的惯性力，在形式上构成一平衡力系。这就是质点的**达朗贝尔原理**。此原理是法国科学家达朗贝尔于 1743 年提出的。

利用达朗贝尔原理在质点上虚加惯性力，将动力学问题转化成静力学平衡问题进行求解的方法称为**动静法**。在实际应用时，常取式(13-2)的直角坐标或自然轴系的投影形式。

应当指出：

(1) 达朗贝尔原理并没有改变动力学问题的性质。因为质点实际上并不是受到力的作

用而真正处于平衡状态，而是假想地加在质点上的惯性力与作用在质点上的主动力、约束力在形式上构成平衡力系。

(2) 惯性力是一种虚拟力，但它是使质点改变运动状态的施力物体的反作用力。

例如，系在绳子一端质量为 m 的小球，以速度 $\boldsymbol{v}$，用手拉住小球在水平面内作匀速圆周运动，如图 13－3 所示。小球受到绳子的拉力 $\boldsymbol{F}$，使小球改变运动状态产生法向加速度 $\boldsymbol{a}_n$，即 $\boldsymbol{F}=m\boldsymbol{a}_n$。小球对绳子的反作用力 $\boldsymbol{F}'=-\boldsymbol{F}=-m\boldsymbol{a}_n$，这是由于小球具有惯性，试图保持其原有的运动状态，而对绳子施加的反作用力。

(3) 质点的加速度不仅可以由一个力引起，而且还可以由同时作用在质点上的几个力共同引起的，因此惯性力可以是对多个施力物体的反作用力。

例如，圆锥摆，如图 13－4 所示，小球在摆线拉力 $\boldsymbol{F}_{\mathrm{T}}$ 和重力 $m\boldsymbol{g}$ 作用下作匀速圆周运动，有

$$\boldsymbol{F}_{\mathrm{T}}+m\boldsymbol{g}=m\boldsymbol{a}$$

此时的惯性力为

$$\boldsymbol{F}_{\mathrm{I}}=-m\boldsymbol{a}=-\boldsymbol{F}_{\mathrm{T}}-m\boldsymbol{g}=\boldsymbol{F}'_{\mathrm{T}}+(-m\boldsymbol{g})$$

式中，$\boldsymbol{F}'_{\mathrm{T}}$和$-m\boldsymbol{g}$ 分别为摆线和地球所受到小球的反作用力。由于它们不作用在同一物体上，当然没有合力，但它们构成了小球的惯性力系。

例 13－1 如图 13－5(a)所示，偏心轮绕 O 轴以匀角速度 ω 转动，推动挺杆 AB 沿铅直方向滑动。挺杆顶部放一质量为 m 的物块 D。设偏心距 $OC=e$，开始时，OC 与铅直线重合。求物块对挺杆的压力以及要物块不离开挺杆时 ω 的最大值。

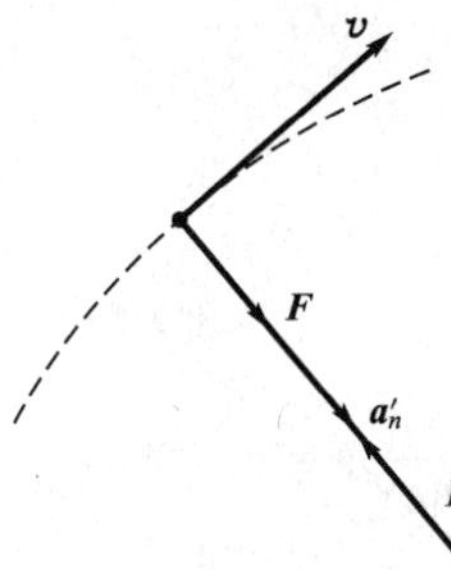

图 13－3

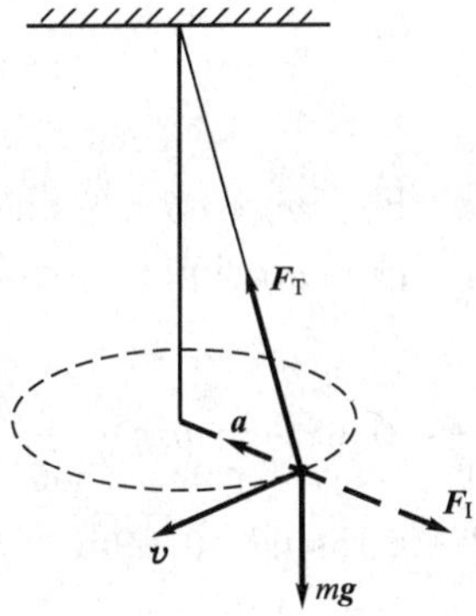

图 13－4

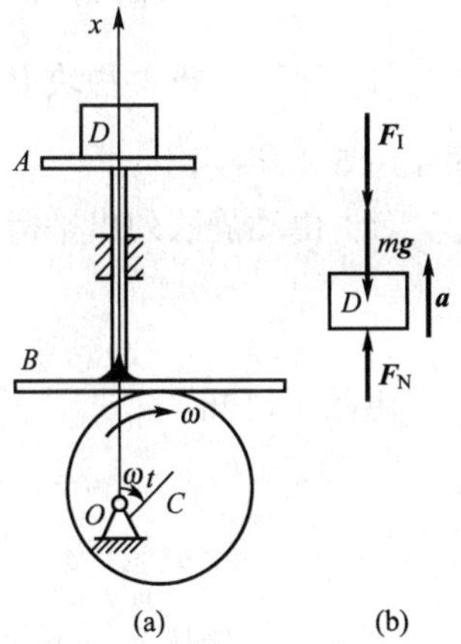

图 13－5

解：(1) 研究对象：物块 D。

(2) 受力分析：主动力为重力 $m\boldsymbol{g}$，约束反力为挺杆反力 $\boldsymbol{F}_{\mathrm{N}}$，如图 13－5(b)所示。

(3) 取坐标 Ox 轴向上为正。

(4) 运动分析：偏心轮作定轴转动。挺杆作铅直平动，物块 D 运动与挺杆相同，设其加速度为 $\boldsymbol{a}$。因为

$$x=l+e\cos\omega t$$

注意到 l 为常量，所以，得

$$a=\ddot{x}=-e\omega^2\cos\omega t$$

惯性力 $F_I = ma = -me\omega^2\cos\omega t$，如图 13-5(b)所示。

(5) 应用达朗贝尔原理。

$$\sum F_x = 0,\quad -mg + F_N - F_I = 0$$

解得

$$F_N = mg + F_I = m(g - e\omega^2\cos\omega t)$$

讨论：

当 $F_N \geqslant 0$ 时，物块 D 不会离开挺杆，故有

$$m(g - e\omega^2\cos\omega t) \geqslant 0$$

由此，若 $\cos\omega t = 1$ 时，得

$$\omega_{max} = \sqrt{\frac{g}{e}}$$

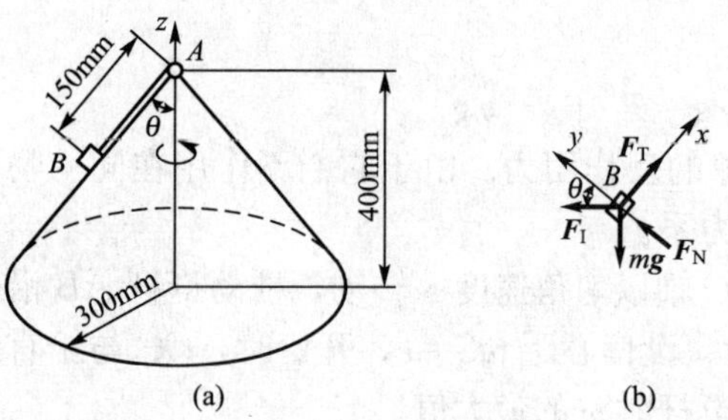

图 13-6

例 13-2 如图 13-6(a)所示，一质量 $m = 0.3$kg 的物体 B 用一根柔索连在直立圆锥的顶点 A 上，圆锥绕 z 轴以等角速度转动，使物体达到 $v = 0.6$m/s 的速度。求在这一速度时，柔索的拉力和锥面给物体的反力。

解：(1) 取物体 B 为研究对象。

(2) 受力分析：有重力 $m\boldsymbol{g}$，锥面对它的反力 $\boldsymbol{F}_N$ 和柔索的拉力 $\boldsymbol{F}_T$，如图 13-5(b)所示。

(3) 运动分析：物块 B 作匀速圆周运动，只有法向加速度，其惯性力为 $F_I = m\dfrac{v^2}{R}$，如图 13-5(b)所示。

(4) 由动静法列出平衡方程：

$$\sum F_x = 0,\quad F_T - mg\cos\theta - F_I\sin\theta = 0$$
$$\sum F_y = 0,\quad F_N - mg\sin\theta + F_I\cos\theta = 0$$

由图示可知

$$\sin\theta = \frac{300}{\sqrt{300^2 + 400^2}} = 0.6,\quad \cos\theta = \frac{400}{\sqrt{300^2 + 400^2}} = 0.8$$
$$R = 0.15\sin\theta = 0.09\text{m}$$

将各已知量代入，解得

$$F_T = mg\cos\theta + m\frac{v^2}{R}\sin\theta = 3.072\text{N}$$

$$F_N = mg\sin\theta - m\frac{v^2}{R}\cos\theta = 0.804\text{N}$$

§13-2 质点系的达朗贝尔原理

设质点系由 n 个质点组成，其中第 i 个质点的质量为 m_i，加速度为 $\boldsymbol{a}_i$，作用该质点的主动力为 $\boldsymbol{F}_i$、约束反力为 $\boldsymbol{F}_{Ni}$、惯性力 $\boldsymbol{F}_{Ii} = -m_i\boldsymbol{a}_i$，由质点的达朗贝尔原理，对第 i 个质点有

$$\boldsymbol{F}_i+\boldsymbol{F}_{Ni}+\boldsymbol{F}_{Ii}=0\quad(i=1,2,\cdots,n)\tag{13-3}$$

如果对质点系每个质点都进行这样的处理，则整个质点系在形式上处于平衡。于是，质点系在运动的每一瞬时，作用在质点系上所有主动力、约束反力与假想加在各质点上的惯性力在形式上构成一个平衡力系，这就是质点系的达朗贝尔原理。

若将作用在质点系上的力按外力和内力分，设第 i 个质点上的外力为 $\boldsymbol{F}_i^{(e)}$、内力为 $\boldsymbol{F}_i^{(i)}$，式(13-3)为

$$\boldsymbol{F}_i^{(e)}+\boldsymbol{F}_i^{(i)}+\boldsymbol{F}_{Ii}=0\quad(i=1,2,\cdots,n)\tag{13-4}$$

式(13-4)表明：质点系中的每一个质点在外力 $\boldsymbol{F}_i^{(e)}$、内力 $\boldsymbol{F}_i^{(i)}$、惯性力 $\boldsymbol{F}_{Ii}$ 作用下在形式上处于平衡。对于整个质点系而言，外力 $\boldsymbol{F}_i^{(e)}$、内力 $\boldsymbol{F}_i^{(i)}$、惯性力 $\boldsymbol{F}_{Ii}(i=1,2,\cdots,n)$在形式上构成空间平衡力系，由静力学平衡理论知，空间任意力系平衡的充分与必要条件是力系的主矢和对任一点的主矩均等于零，即

$$\left.\begin{aligned}&\sum\boldsymbol{F}_i^{(e)}+\sum\boldsymbol{F}_i^{(i)}+\sum\boldsymbol{F}_{Ii}=0\\&\sum\boldsymbol{M}_O(\boldsymbol{F}_i^{(e)})+\sum\boldsymbol{M}_O(\boldsymbol{F}_i^{(i)})+\sum\boldsymbol{M}_O(\boldsymbol{F}_{Ii})=0\end{aligned}\right\}\tag{13-5}$$

由于内力是成对出现的，内力的主矢 $\sum\boldsymbol{F}_i^{(i)}=0$，内力的主矩 $\sum\boldsymbol{M}_O(\boldsymbol{F}_i^{(i)})=0$。则式(13-5)为

$$\left.\begin{aligned}&\sum\boldsymbol{F}_i^{(e)}+\sum\boldsymbol{F}_{Ii}=0\\&\sum\boldsymbol{M}_O(\boldsymbol{F}_i^{(e)})+\sum\boldsymbol{M}_O(\boldsymbol{F}_{Ii})=0\end{aligned}\right\}\tag{13-6}$$

式(13-6)表明，作用在质点系上的所有外力与虚加在质点上的惯性力，在形式上构成平衡力系，这是质点系的达朗贝尔原理的又一表述。

在实际应用时，与静力学中一样，仍可采用投影方程和力矩方程，并可分别选取不同的研究对象来建立平衡方程求解。

例 13-3 两重物 A 和 B 分别重 $P_1=20\text{kN}$ 和 $P_2=8\text{kN}$，连接情况如图 13-7(a)所示。今重物 B 由绳拖动，绳的拉力为 $F=3\text{kN}$，不计摩擦和滑轮及绳的质量，求重物 A 的加速度和 DE 段绳的张力。

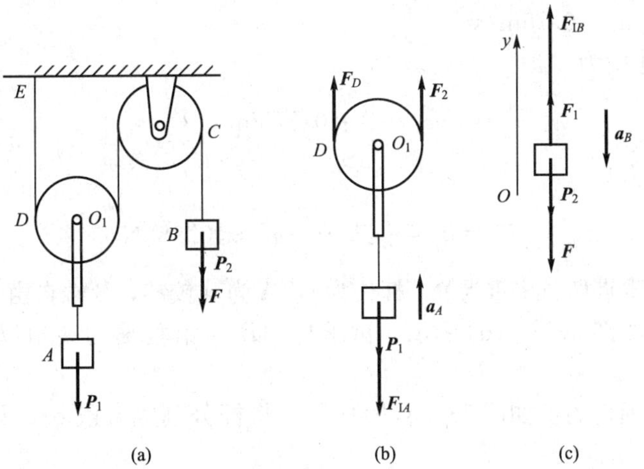

图 13-7

解：1）以重物 B 为研究对象。

（1）受力分析：有重力 $\boldsymbol{P}_2$，绳拉力 $\boldsymbol{F}$、$\boldsymbol{F}_1$，如图 13－7(b)所示。

（2）取坐标 Oy 轴向上为正。

（3）运动分析：重物铅直向下运动，设其加速度为 $\boldsymbol{a}_B$，其惯性力 $F_{IB}=\frac{P_2}{g}a_B$，如图13－7(b)所示。

（4）由动静法列平衡方程

$$\sum F_y=0,\quad F_1-P_2-F+F_{IB}=0$$

解得

$$F_1=P_2+F-F_{IB}=P_2+F-\frac{P_2}{g}a_B \tag{1}$$

2）以轮 D 和重物 A 为研究对象

（1）受力分析：由于不计轮 D 质量，有重力 $\boldsymbol{P}_1$，绳拉力 $\boldsymbol{F}_2$、$\boldsymbol{F}_D$，如图 13－7(c)所示，且 $F_2=F_1$。

（2）运动分析：轮 D 作平面运动，其轮心加速度与重物 A 相同，为 $\boldsymbol{a}_A$，而且 $a_A=\frac{a_B}{2}$，方向向上。重物 A 的运动为铅直向上运动，其惯性力 $F_{IA}=\frac{P_1}{g}a_A=\frac{P_1}{2g}a_B$，如图 13－7(c)所示。

（3）由动静法列平衡方程

$$\sum F_y=0,\quad (F_2+F_D)-P_1-F_{IA}=0 \tag{2}$$

$$\sum M_{O1}(\boldsymbol{F})=0,\quad (F_2-F_D)r=0 \tag{3}$$

由(2)式和(3)式可解得

$$F_2=\frac{1}{2}P+\frac{1}{2}F_{IA}=\frac{1}{2}P_1+\frac{P_1}{2g}\left(\frac{a_B}{2}\right)$$

由于不计定滑轮 C 的质量，故 $F_1=F_2$，代入(1)式，得

$$a_B=\frac{4P_2-2P_1+4F}{4P_2+P_1}g$$

代入数据后得 $a_B\approx0.75\text{m/s}^2$。

重物 A 的加速度为

$$a_A=\frac{a_B}{2}=0.375\text{m/s}^2$$

ED 段绳的张力为

$$F_D=F_2=\frac{1}{2}P_1+\frac{P_1}{4g}a_B\approx10.38\text{kN}$$

例 13－4　均质直杆 AB 重为 $\boldsymbol{P}$，杆长为 l，A 为球铰链，B 端自由，以匀角速度 ω 绕铅垂轴 Az 转动，如图 13－8(a)所示。试求杆 AB 与铅垂轴的夹角以及铰链 A 处的约束力。

解：(1) 计算惯性力。如图 13－8(b)所示，将杆分割成微段 $\mathrm{d}r$，且距 A 为 r，则 $\mathrm{d}r$ 段上的惯性力为

$$\mathrm{d}F_{\mathrm{I}}^{n}=\mathrm{d}ma_i^n=(\rho\mathrm{d}r)r\sin\beta\omega^2=\frac{P}{gl}r\sin\beta\omega^2\mathrm{d}r \tag{1}$$

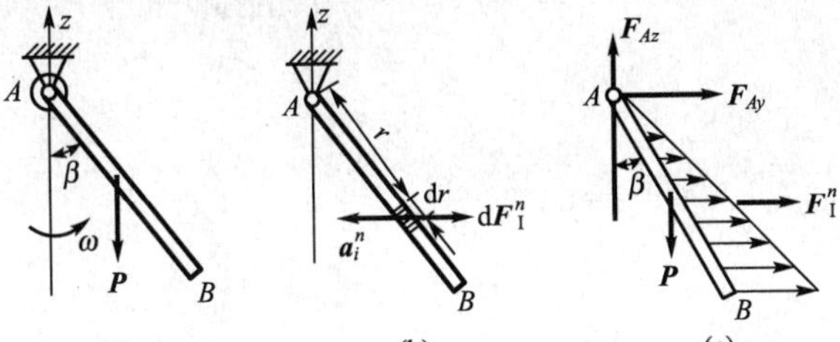

图 13-8

其中，$\rho=\dfrac{P}{gl}$为杆的线密度。

对(1)式积分，求合惯性力为

$$F_\mathrm{I}^n=\int_0^l \frac{P}{gl}r\sin\beta\omega^2\,\mathrm{d}r=\frac{P}{2g}l\sin\beta\omega^2 \tag{2}$$

合惯性力的作用线位置由合力矩定理

$$M_A(F_\mathrm{I}^n)=\sum_{i=1}^{n}M_A(F_{\mathrm{I}i}^n)$$

得

$$F_\mathrm{I}^n x\cos\beta=\int_0^l \frac{P}{gl}r\sin\beta\omega^2 r\cos\beta\,\mathrm{d}r$$

其中，x 为合惯性力到 A 的距离。

解得

$$F_\mathrm{I}^n x=\frac{P}{3g}l^2\omega^2\sin\beta$$

将(2)式代入得

$$x=\frac{2}{3}l \tag{3}$$

由(1)式和(3)式知，此惯性力为线性分布荷载，其合力为荷载面的面积，合力的作用线通过荷载面的形心。

(2) 求杆 AB 与铅垂轴的夹角以及铰链 A 处的约束力。对杆 AB 进行受力分析，如图 13-8(c)所示，在杆所在的铅垂平面内，杆受重力 $\boldsymbol{P}$，铰链 A 处的约束力为 $\boldsymbol{F}_{Ay}$、$\boldsymbol{F}_{Az}$，虚拟惯性力 $\boldsymbol{F}_\mathrm{I}^n$。列平衡方程为

$$\sum_{i=1}^{n}M_A=0,\quad F_\mathrm{I}^n\frac{2}{3}l\cos\beta-P\,\frac{1}{2}l\sin\beta=0 \tag{4}$$

$$\sum_{i=1}^{n}F_y=0,\quad F_\mathrm{I}^n+F_{Ay}=0 \tag{5}$$

$$\sum_{i=1}^{n}F_z=0,\quad F_{Az}-P=0 \tag{6}$$

将(2)式代入(4)～(6)式得

$$F_{Ay}=-F_{I}^{n}=-\frac{P}{2g}l\sin\beta\omega^{2}$$

$$F_{Az}=P$$

$$\beta=\cos^{-1}\frac{3g}{2l\omega^{2}}$$

§ 13－3 刚体惯性力系的简化

在应用动静法解决非自由质点系的动力学问题时，需要在每个质点上虚加惯性力，当质点较多，特别是刚体，非常不方便。因此需要对虚加惯性力系进行简化，以便求解。下面对刚体作平移、绕定轴转动和平面运动时的惯性力系进行简化。

1. 平移刚体惯性力系的简化

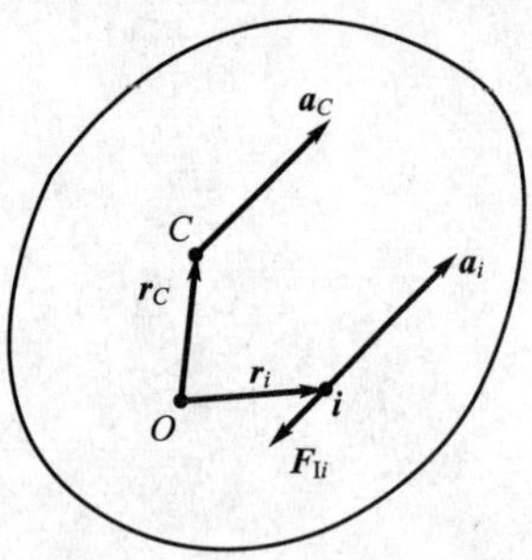

图 13－9

当刚体作平移时，由于同一瞬时刚体上各点的加速度相等，则各点的加速度都用质心 C 的加速度表示，即 $\boldsymbol{a}_C=\boldsymbol{a}_i$，如图 13－9 所示。将惯性力加在每个质点上，组成平行的惯性力系，且均与质心 C 的加速度方向相反，惯性力系向任一点 O 简化，得惯性力系的主矢

$$\begin{aligned}\boldsymbol{F}'_{IR}&=\sum_{i=1}^{n}\boldsymbol{F}_{Ii}=\sum_{i=1}^{n}-m_i\boldsymbol{a}_i=\sum_{i=1}^{n}(-m_i\boldsymbol{a}_C)\\&=-\left(\sum_{i=1}^{n}m_i\right)\boldsymbol{a}_C=-m\boldsymbol{a}_C\end{aligned}\qquad(13-7)$$

惯性力系的主矩为

$$\begin{aligned}\boldsymbol{M}_{IO}&=\sum_{i=1}^{n}\boldsymbol{r}_i\times\boldsymbol{F}_{Ii}=\sum_{i=1}^{n}\boldsymbol{r}_i\times(-m_i\boldsymbol{a}_i)\\&=-\left(\sum_{i=1}^{n}m_i\boldsymbol{r}_i\right)\times\boldsymbol{a}_C=-m\boldsymbol{r}_C\times\boldsymbol{a}_C\end{aligned}\qquad(13-8)$$

式中，$\boldsymbol{r}_C$为质心 C 到简化中心 O 点的矢径。若取质心 C 为简化中心，则 $\boldsymbol{r}_C=0$，此时惯性力系的主矩为

$$\boldsymbol{M}_{IC}=0\qquad(13-9)$$

当简化中心不在质心 C 处，其主矩 $\boldsymbol{M}_{IO}\neq0$。

结论：刚体作平移时，惯性力系简化为通过质心的一个合力，其大小等于刚体的质量和加速度的乘积，方向与加速度方向相反。

2. 绕定轴转动刚体的惯性力系简化

这里只限于刚体具有质量对称平面且转轴垂直于此对称平面的特殊情形。

当刚体作定轴转动时，先将刚体上的惯性力简化在质量对称平面上，构成平面力系，再将平面力系向转轴与对称平面的交点 O 简化。轴心 O 为简化中心，如图 13－10 所示，

惯性力系的主矢量为

$$\boldsymbol{F}'_{\mathrm{IR}}=\sum_{i=1}^{n}\boldsymbol{F}_{\mathrm{I}i}=\sum_{i=1}^{n}-m_i\boldsymbol{a}_i=-m\boldsymbol{a}_C \tag{13-10}$$

惯性力系的主矩为

$$M_{\mathrm{IO}}=\sum_{i=1}^{n}M_O(\boldsymbol{F}_{\mathrm{I}i}^{\tau})=-\left(\sum_{i=1}^{n}m_i\alpha r\cdot r_i\right)=-\alpha\sum_{i=1}^{n}m_ir_i^2=-J_O\alpha \tag{13-11}$$

式中，J_O为刚体对垂直于质量对称平面转轴的转动惯量。

结论：具有质量对称平面且转轴垂直于此对称平面的定轴转动刚体的惯性力系，向转轴简化为一个力和一个力偶。此力的大小等于刚体的质量与质心加速度的乘积，方向与质心加速度方向相反，作用线通过转轴；此力偶矩的大小等于刚体对转轴的转动惯量与角加速度的乘积，转向与角加速度转向相反。

当转轴通过质心时，质心的加速度 $\boldsymbol{a}_C=0$，$\boldsymbol{F}'_{\mathrm{IR}}=0$，则惯性力系简化为对质心的一个力矩，即

$$M_{\mathrm{IO}}=-J_O\alpha$$

3. 平面运动刚体惯性力系的简化

设刚体具有质量对称平面，且刚体上的各点在与对称平面保持平行的平面内运动。此时刚体上的惯性力简化在此对称平面内的平面力系。由平面运动的特点，取质心 C 为基点，如图 13－11 所示，质心的加速度为 $\boldsymbol{a}_C$，绕质心 C 转动的角速度为 ω，角加速度为 α，与刚体绕定轴转动相似，此时惯性力系的主矢量为

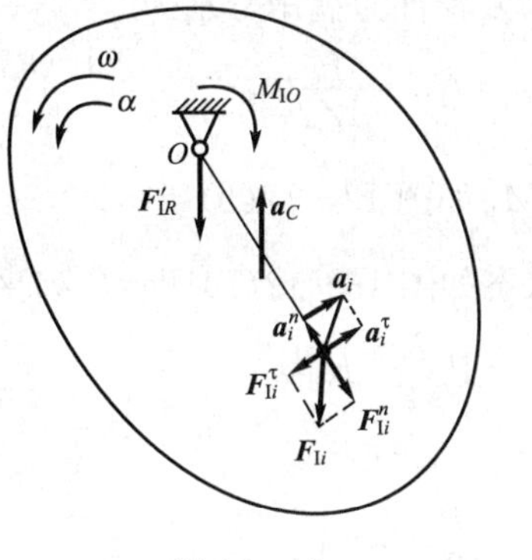

图 13－10

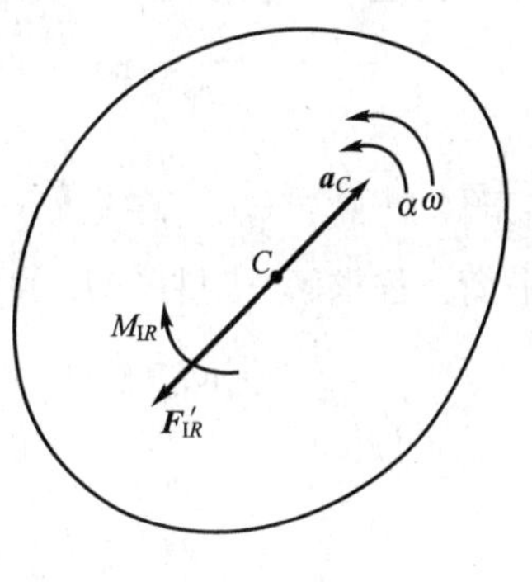

图 13－11

$$\boldsymbol{F}'_{\mathrm{IR}}=-m\boldsymbol{a}_C \tag{13-12}$$

惯性力系向质心 C 简化的主矩为

$$M_{\mathrm{IC}}=-J_C\alpha \tag{13-13}$$

式中，J_C为过质心且垂直于质量对称平面的轴的转动惯量。

结论：具有质量对称平面的刚体，在平行于此平面运动时，刚体的惯性力系简化为在此平面内的一个力和一个力偶。此力大小等于刚体的质量与质心加速度的乘积，方向与质心加速度方向相反，作用线通过质心；此力偶矩的大小等于刚体对通过质心且垂直于质量对称平面的轴的转动惯量与角加速度的乘积，转向与角加速度转向相反。

例 13－5 均质杆 AB 长为 l，重为 $\boldsymbol{P}$，用两根绳子悬挂在点 O，如图 13－12(a)所示。杆静止时，突然将绳 OA 切断，试求切断瞬时 OB 的受力。

解：绳 OA 切断后，AB 杆将作平面运动。在绳子切断的瞬时，AB 杆的角速度及各点速度均为零，但杆的角加速度不等于零，据此特点可确定质心 C 的加速度，然后虚加惯性力系的简化结果，应用动静法求解。

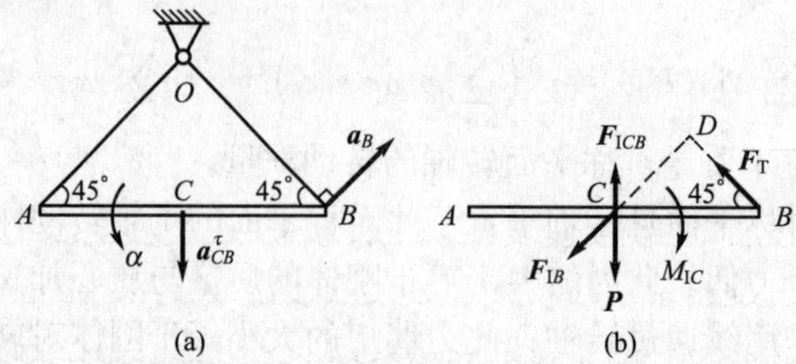

图 13-12

(1) 取杆 AB 为研究对象。

(2) 受力分析：切断绳 OA 时，杆受重力 $\boldsymbol{P}$ 和绳 OB 的拉力 $\boldsymbol{F}_T$ 作用。

(3) 运动分析：绳断瞬时，点 B 作圆周运动，由于 $v_B=0$，而 $a_B=a_B^{\tau}$。

取 B 为基点，则杆 AB 质心 C 的加速度可由基点法表示为

$$\boldsymbol{a}_C=\boldsymbol{a}_B+\boldsymbol{a}_{CB}^n+\boldsymbol{a}_{CB}^{\tau}$$

由于 $\omega_{AB}=0$，可知 $a_{CB}^n=BC\cdot\omega_{AB}^2=0$，设 AB 杆此时的角加速度为 α，则有 $a_{CB}^{\tau}=BC\cdot\alpha=\dfrac{l}{2}\alpha$。$\boldsymbol{a}_{CB}^{\tau}$ 分矢量如图 13-12(a)所示。

杆 AB 作平面运动，向质心 C 简化的惯性力及惯性力偶矩分别为

$$\boldsymbol{F}_{IC}=\boldsymbol{F}_{IB}+\boldsymbol{F}_{ICB},\quad M_{IC}=J_C\alpha=\frac{P}{12g}l^2\alpha$$

其中，$F_{IB}=\dfrac{P}{g}a_B$，$F_{ICB}=\dfrac{P}{g}\cdot\dfrac{l}{2}\alpha$；$\boldsymbol{F}_{IB}$、$\boldsymbol{F}_{ICB}$、$M_{IC}$ 如图 13-12(b)所示。

(4) 列平衡方程求解。对杆 AB 的虚平衡状态如图 13-12(b)所示，列平衡方程：

$$\sum M_D(\boldsymbol{F})=0,\quad F_{ICB}\frac{l}{4}-P\frac{l}{4}+M_{IC}=0$$

即

$$\frac{P}{g}\cdot\frac{l}{2}\alpha\frac{l}{4}-P\frac{l}{4}+\frac{P}{12g}l^2\alpha=0$$

得

$$\alpha=\frac{6g}{5l}\quad\text{（逆时针转向）}$$

$$\sum M_C(\boldsymbol{F})=0,\quad F_T\frac{l}{2}\cdot\frac{\sqrt{2}}{2}-M_{IC}=0$$

$$F_T\frac{l}{2}\cdot\frac{\sqrt{2}}{2}-\frac{P}{12g}l^2\frac{6g}{5l}=0$$

解得 $F_T=\dfrac{\sqrt{2}}{5}P$。

讨论：本题可用刚体的平面运动微分方程求解，但要联解方程组比较麻烦，而动静法由于合理选择矩心，使求解简单清晰。

例 13-6 均质圆盘质量为 m_1，半径为 r 均质细长杆长 $l=2r$，质量为 m_2。杆端 A 点与轮心为光滑铰接，如图 13-13(a)所示。如在 A 处加一水平拉力 $\boldsymbol{F}$，使沿水平面滚动。问：$\boldsymbol{F}$ 多大才能使杆的 B 端刚刚离开地面，又为保证轮作纯滚动，轮与地面之间的摩擦系数应为多大？

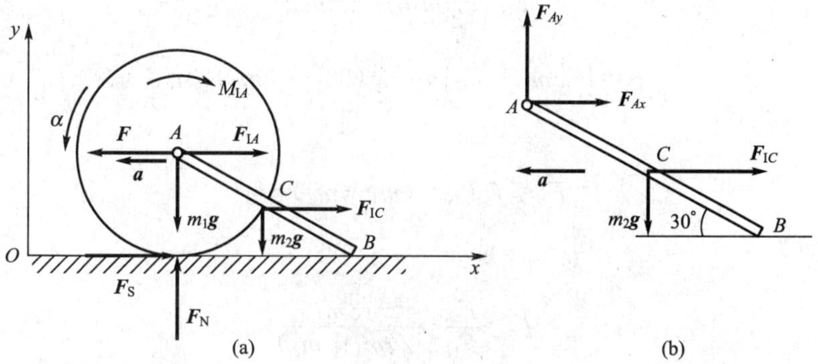

图 13-13

解：要求水平力的大小，首先要求出轮心的加速度，而杆 AB 的运动为平动，其加速度与轮心加速度相同，故可以先研究 AB 杆。

1）研究对象：AB 杆

(1) 受力分析：有重力 $m_2\boldsymbol{g}$、铰链反力 $\boldsymbol{F}_{Ax}$、$\boldsymbol{F}_{Ay}$，AB 杆刚刚离开地面时，地面反力为零，如图 13-13(b)所示。

(2) 运动分析：其运动为水平平动，加速度为 $\boldsymbol{a}$，惯性力 $F_{IC}=m_2a$，如图 13-13(b)所示。

(3) 由达朗贝尔原理得

$$\sum M_A(\boldsymbol{F})=0,\quad m_2gr\cos30^\circ-F_{IC}r\sin30^\circ=0$$

即

$$m_2gr\cos30^\circ-m_2ar\sin30^\circ=0$$

解得

$$a=\sqrt{3}g$$

2）研究整个系统

其受力、坐标如图 13-13(a)所示。

轮的运动为平面运动，其质心加速度为 $\boldsymbol{a}$，角加速度 $\alpha=\dfrac{a}{r}$。其惯性力主矢的大小为 $F_{IA}=m_1a$，主矩为 $M_{IA}=J_A\alpha=\dfrac{1}{2}m_1ra$，如图 13-13(a)所示。

由达朗贝尔原理列平衡方程如下：

$$\sum F_x=0,\quad F_S-F+F_{IA}+F_{IC}=0$$

$$\sum F_y=0,\quad F_N-m_1g-m_2g=0$$

$$\sum M_A(\boldsymbol{F})=0,\quad F_Sr-m_2gr\cos30^\circ+F_{IC}r\sin30^\circ-M_{IA}=0$$

即

$$F_S-F+m_1a+m_2a=0$$

$$F_N - m_1 g - m_2 g = 0$$

$$F_S r - m_2 g r \cos 30° + m_2 a r \sin 30° - \frac{1}{2} m_1 r a = 0$$

解得

$$F_S = \frac{1}{2} m_1 a = \frac{\sqrt{3}}{2} m_1 g$$

$$F = \left(\frac{3}{2} m_1 + m_2\right) a = \frac{1}{2}(3m_1 + 2m_2)\sqrt{3} g$$

纯滚动时，有

$$F_S \leqslant f_S F_N = (m_1 + m_2) g f_S$$

所以摩擦系数为

$$f_S \geqslant \frac{F_S}{F_N} = \frac{\sqrt{3} m_1}{2(m_1 + m_2)}$$

例 13-7 图 13-14(a)所示的三棱柱 ABC 的质量为 m_1，可沿光滑水平面滑动。质量为 m_2 的均质圆柱沿斜面 AB 无滑动地滚下。已知系统从静止开始运动，斜面倾角为 θ，试求三棱柱的加速度。

解：1) 以整个系统为研究对象

(1) 受力分析：有重力 $m_1 \boldsymbol{g}$、$m_2 \boldsymbol{g}$ 和约束反力 $\boldsymbol{F}_N$。

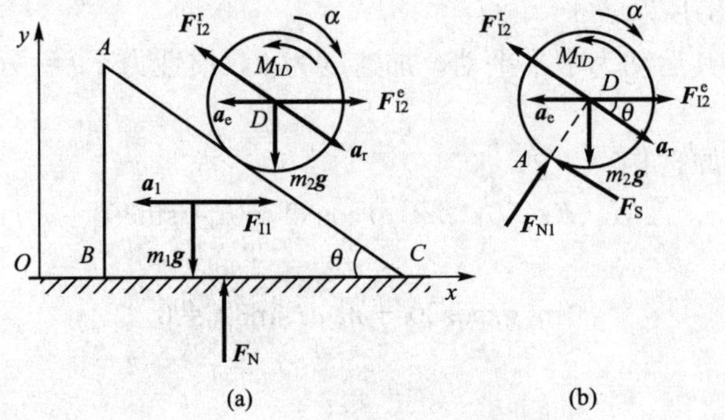

图 13-14

(2) 取坐标系 Oxy，如图 13-14(a)所示。

(3) 运动分析：三棱柱的运动为水平平动，设其加速度为 $\boldsymbol{a}_1$，方向为水平向左；圆柱的运动为平面运动，其质心运动为合成运动(动点为质心 D，动系固结在三棱柱上)，其加速度为

$$\boldsymbol{a}_2 = \boldsymbol{a}_e + \boldsymbol{a}_r = \boldsymbol{a}_1 + \boldsymbol{a}_r$$

其角加速度为 α，则 $a_r = r\alpha$。其惯性力 $\boldsymbol{F}_{I2} = \boldsymbol{F}_{I2}^e + \boldsymbol{F}_{I2}^r$，其中，$F_{I2}^e = m_2 a_1$，$F_{I2}^r = m_2 r\alpha = m_2 a_r$，惯性力偶为 $M_{ID} = \frac{1}{2} m_2 r^2 \alpha = \frac{1}{2} m_2 r a_r$，如图 13-14(a)所示。

(4) 由达朗贝尔原理，列平衡方程得

$$\sum F_x = 0, \quad F_{I1} + F_{I2}^e - F_{I2}^r \cos\theta = 0$$

即

$$m_1a_1+m_2a_1-m_2a_r\cos\theta=0 \tag{1}$$

2) 以圆柱体为研究对象

其受力如图 13-14(b)所示。由动静法列平衡方程得

$$\sum M_A(\boldsymbol{F})=0,\quad -F_{I2}^{e}r\cos\theta-m_2gr\sin\theta+F_{I2}^{r}r+M_{ID}=0$$

即

$$-m_2a_1r\cos\theta-m_2gr\sin\theta+m_2a_rr+\frac{1}{2}m_2ra_r=0 \tag{2}$$

联立(1)式和(2)式解得

$$a_1=\frac{m_2g\sin2\theta}{3(m_1+m_2)-2m_2\cos^2\theta}$$

由以上各例题可以看出，达朗贝尔原理提供了解决非自由质点系动力学问题的普遍方法，解决问题的关键是在系统上添加惯性力，即需要通过运动分析计算惯性力系的简化结果，并将惯性力和惯性力偶正确地画在受力图上。应用达朗贝尔原理的解题步骤与静力学平衡问题相似，不同的是增加了运动分析计算惯性力的步骤。计算惯性力时，只计算其大小或投影，其方向在受力图中与 $\boldsymbol{a}$ 或 α 方向相反。应当指出，在应用动静法列出的平衡方程中，力矩方程相当于动量矩方程，但不同的是，它可以以任意点为矩心，不管是动点还是定点，而在动量矩方程中，如果矩心为动点，则需考虑是否要加修正项。这是达朗贝尔原理的优越性。

§13-4 绕定轴转动刚体的轴承动约束力

前面所研究的是具有几何与质量对称平面，转轴又垂直于对称平面的定轴转动问题，属于特殊情况。本节将阐述一般情况下惯性力系的简化结果及由此而引起的对轴承的动约束力问题。

在高速转动的机械中，常常由于转子质量不均匀或由于制造和安装时的不精确，使转子与转轴产生偏心或偏角(图 13-15)。当转子转动时，由于惯性力的作用将对轴承产生巨大的附加动压力，造成机器破坏或引起剧烈的振动。因此，如何消除轴承上这种附加动压力就成为高速转动机械中的重要课题。本节将着重讨论刚体作定轴转动的一般情况下(即刚体无对称平面，或虽有对称平面但与转轴不垂直)，轴承上的动约束力的求法及消除动约束力的基本原理。

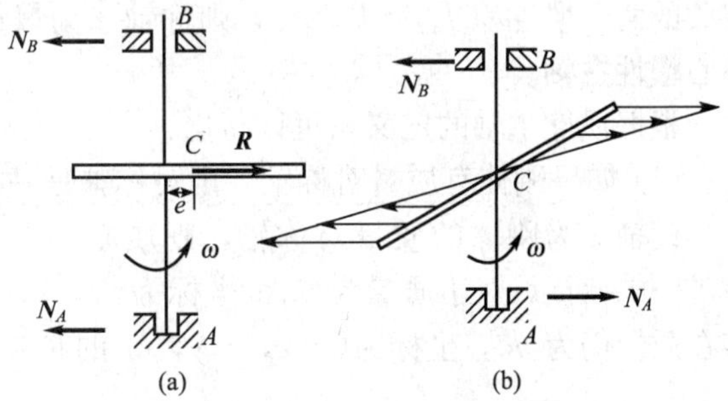

图 13-15

设任意形状的刚体绕固定轴转动，转动角速度和角加速度的大小分别为 ω 和 α。首先讨论惯性力系的化简。建立固连在刚体上的直角坐标系 $Oxyz$，其中 z 轴为转轴，$\boldsymbol{i}$、$\boldsymbol{j}$、$\boldsymbol{k}$ 分别表示坐标轴 x、y、z 的单位矢量，如图 13-16 所示。因此刚体的角速度和角加速度可分别表示为 $\omega\boldsymbol{k}$ 和 $\alpha\boldsymbol{k}$。由运动学知识可知，刚体上矢径为 $\boldsymbol{r}_i$，质量为 m_i 的质点的加速度为

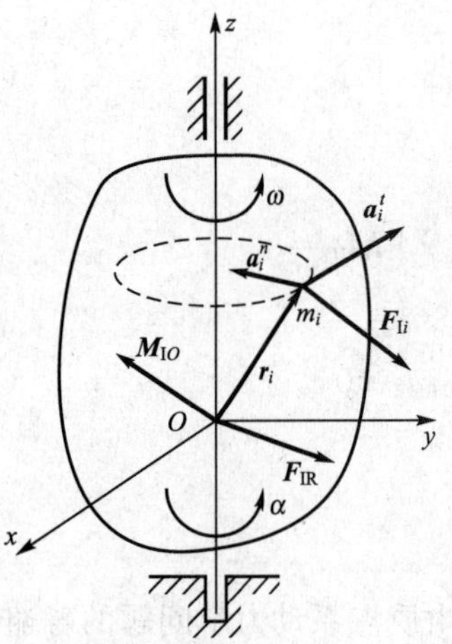

图 13-16

$$a_i = \alpha k \times r_i + \omega k \times (\omega k \times r_i) \quad (13-14)$$

该点的惯性力为 $F_{Ii}=-m_i a_i$，将刚体上所有质点的惯性力组成的惯性力系向点 O 简化，其主矢和主矩分别为

$$F_{IR} = \sum F_{Ii} = \sum(-m_i a_i) = -m a_C \quad (13-15)$$

$$M_{IO} = \sum r_i \times F_{Ii} = \sum r_i \times (-m_i a_i) \quad (13-16)$$

式中，m 为刚体的质量，a_C 为刚体质心的加速度，设刚体质心坐标为(x_C, y_C, z_C)，则

$$a_C = \frac{d^2 r_C}{dt^2} = \frac{d}{dt}(\omega k \times r_C) = -(x_C\omega^2 + y_C\alpha)i - (y_C\omega^2 - x_C\alpha)j \quad (13-17)$$

式(13-17)代入式(13-15)，得惯性力系的主矢沿 i、j、k 方向的分量为

$$F_{IRx} = m(x_C\omega^2 + y_C\alpha), \quad F_{IRy} = m(y_C\omega^2 - x_C\alpha), \quad F_{IRz} = 0 \quad (13-18)$$

将加速度表达式(13-14)代入到式(13-16)中，得惯性力系的主矩沿 i、j、k 方向的分量为

$$M_{Ix} = J_{xz}\alpha - J_{yz}\omega^2, \quad M_{Iy} = J_{yz}\alpha + J_{xz}\omega^2, \quad M_{Iz} = -J_z\alpha \quad (13-19)$$

式中，J_z 为刚体对轴 z 的转动惯量，而

$$J_{xz} = \sum m_i x_i z_i, \quad J_{yz} = \sum m_i y_i z_i \quad (13-20)$$

称为刚体对轴 x、z 和轴 y、z 的**惯性积**。

类似地，刚体对轴 x、y 的惯性积定义为

$$J_{xy} = \sum m_i x_i y_i \quad (13-21)$$

惯性积与刚体的质量分布有关，与转动惯量不同，惯性积可正可负。如果与某轴(如轴 z)有关的两个惯性积 $J_{xz}=J_{yz}=0$，则称轴 z 为**惯性主轴**。如果惯性主轴通过质心，则称为**中心惯性主轴**。

根据惯性主轴的定义，可以得出：

(1) 如果刚体有质量对称轴，则对称轴是一个惯性主轴，也是中心惯性主轴。

设轴 z 为刚体的质量对称轴，则质心必在轴 z 上。如图 13-17 所示，对于质量为 m_i，坐标为(x, y, z)的点，必存在质量仍为 m_i，坐标为$(-x, -y, z)$ 的对应点，因此有

$$J_{xz} = \sum m_i x_i z_i = 0, \quad J_{yz} = \sum m_i y_i z_i = 0 \quad (13-22)$$

所以轴 z 为惯性主轴，也是中心惯性主轴。

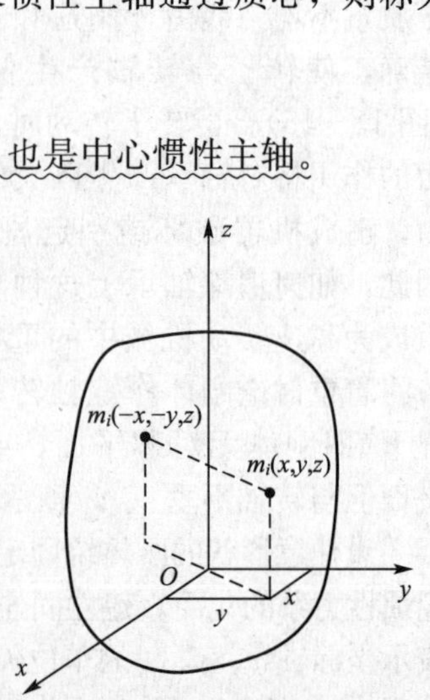

图 13-17

(2) 如果刚体有质量对称面，则垂直于对称面且原点在对称面上的坐标轴是惯性主轴。

设垂直于刚体质量对称平面的轴 z 的原点 O 在对称面上，如图 13-18 所示。对于质量为 m_i，坐标为(x, y, z)的点，必存在质量仍为 m_i，坐标为$(x, y, -z)$ 的对应点位于

在质量对称平面的另一面，因此式(13-24)成立，轴 z 为惯性主轴。

以下讨论定轴转动刚体轴承附加动约束力以及消除动约束力的力学原理。设刚体绕轴 AB 转动，角速度为 ω，角加速度为 α。建立与刚体固连直角坐标系 $Oxyz$，且轴 z 与转动轴 AB 重合。如图 13-19 所示，将主动力和惯性力系向点 O 简化，得主动力的主矢和主矩分别为 $\boldsymbol{F}_R$ 和 $\boldsymbol{M}_O$，惯性力系主矢和主矩分别为 $\boldsymbol{F}_{IR}$ 和 $\boldsymbol{M}_{IO}$，轴承 A、B 处的约束力分别以 $\boldsymbol{F}_{Ax}$、$\boldsymbol{F}_{Ay}$、$\boldsymbol{F}_{Bx}$、$\boldsymbol{F}_{By}$、$\boldsymbol{F}_{Bz}$ 表示。应用达朗贝尔原理，并注意到力矩矢量在坐标轴方向的投影即为该力矩矢量对此轴的矩，因此有

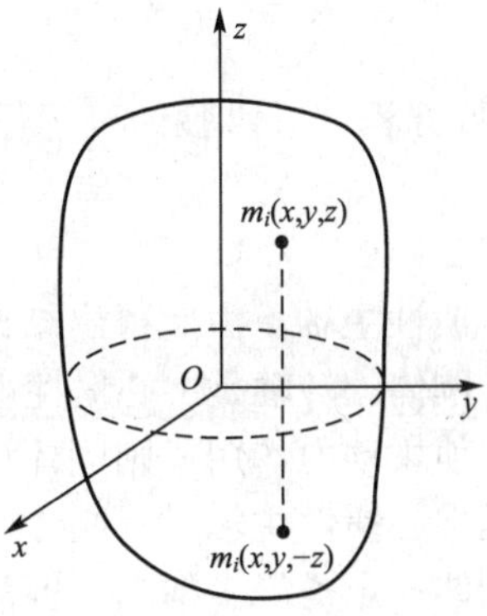

图 13-18

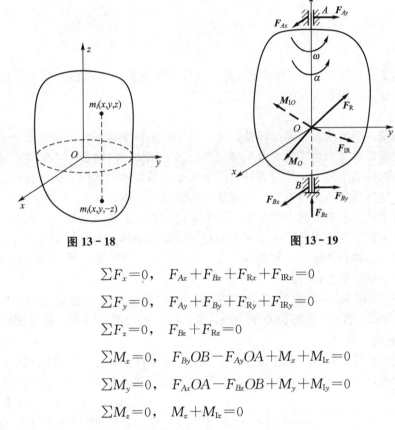

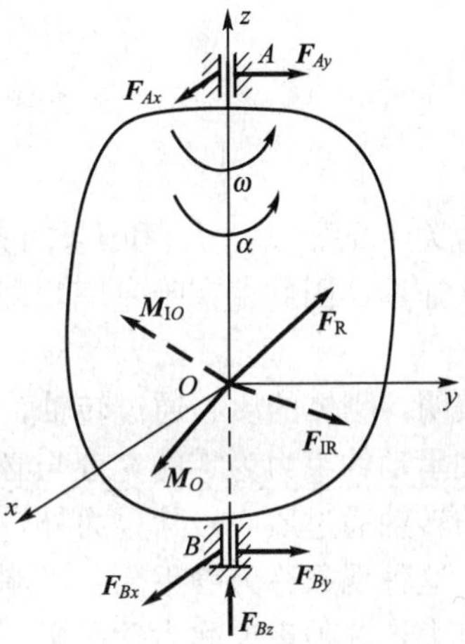

图 13-19

$$\sum F_x=0,\quad F_{Ax}+F_{Bx}+F_{Rx}+F_{IRx}=0$$

$$\sum F_y=0,\quad F_{Ay}+F_{By}+F_{Ry}+F_{IRy}=0$$

$$\sum F_z=0,\quad F_{Bz}+F_{Rz}=0$$

$$\sum M_x=0,\quad F_{By}OB-F_{Ay}OA+M_x+M_{Ix}=0$$

$$\sum M_y=0,\quad F_{Ax}OA-F_{Bx}OB+M_y+M_{Iy}=0$$

$$\sum M_z=0,\quad M_z+M_{Iz}=0$$

由上述方程组的前五个方程联立解出轴承的约束力为

$$\left.\begin{aligned}
F_{Ax}&=-\frac{1}{AB}[(M_y+F_{Rx}OB)+(M_{Ix}+F_{IRx}OB)]\\
F_{Ay}&=\frac{1}{AB}[(M_x-F_{Ry}OB)+(M_{Ix}-F_{IRy}OB)]\\
F_{Bx}&=\frac{1}{AB}[(M_y-F_{Rx}OA)+(M_{Iy}-F_{IRx}OA)]\\
F_{By}&=-\frac{1}{AB}[(M_x+F_{Ry}OA)+(M_{Ix}+F_{IRy}OA)]\\
F_{Bz}&=-F_{Rz}
\end{aligned}\right\}\tag{13-23}$$

由上式可以看出，止推轴承 B 沿轴 z 的约束力 $\boldsymbol{F}_{Bz}$ 与惯性力无关，而与轴 z 垂直的轴承约束力 $\boldsymbol{F}_{Ax}$、$\boldsymbol{F}_{Ay}$、$\boldsymbol{F}_{Bx}$、$\boldsymbol{F}_{By}$ 由两部分组成：一部分是由主动力引起的约束力，称为**静约束力**；另一部分是由惯性力引起的约束力，称为**动约束力**。静约束力是不可避免的，动约束力只有当刚体转动时出现。要使得动约束力等于零，必须满足

$$F_{IRx}=F_{IRy}=0,\quad M_{Ix}=M_{Iy}=0 \tag{13-24}$$

根据式(13-20)和(13-21)，式(13-26)可导出

$$\left.\begin{aligned}x_C\omega^2+y_C\alpha=0\\y_C\omega^2+x_C\alpha=0\\J_{xz}\alpha-J_{yz}\omega^2=0\\J_{yz}\alpha-J_{xz}\omega^2=0\end{aligned}\right\} \tag{13-25}$$

式(13-25)为关于 x_C、y_C、J_{xz} 和 J_{yz} 的齐次线性代数方程，可以验证对于任意的 ω 和 α，其系数行列式非零，因此存在唯一解，即

$$x_C=y_C=0,\quad J_{xz}=J_{yz}=0 \tag{13-26}$$

式(13-26)表明，刚体的质心通过转轴，并且转轴是惯性主轴。由此得出结论：刚体绕定轴转动时，轴承动约束力为零的充分与必要条件是，刚体的转轴是中心惯性主轴。

设刚体的转轴通过质心，除重力外，刚体不受其他主动力作用，则刚体可以在任意位置静止不动，这种现象称为**静平衡**。当刚体的转轴是中心惯性主轴时，刚体转动时不会引起轴承动约束力，这种现象称为**动平衡**。动平衡的刚体一定是静平衡的，但静平衡的刚体不一定是动平衡的。在工程技术中，为了避免出现轴承动约束力，特别是对于高速转动的部件，首先将质心调到转轴上，使其静平衡，然后再进行动平衡。静平衡和动平衡通常在静平衡和动平衡试验机上进行。

例 13-8 质量为 $2m$，长为 $2l$ 的均质杆 DE 以等角速度 ω 绕铅垂轴 AB 转动，如图 13-20(a)所示。当杆 DE 与铅垂轴交成 θ 角，质心 C 位于转轴上，且 $AB=L$，试求轴承 A 和 B 上的动约束力。

解：首先分析杆 DE 上的惯性力的分布情况。由于杆上各点作等速圆周运动，只有法向(向心)加速度，因此杆上各点的惯性力与该点到转轴的距离成正比，方向与法向加速度方向相反，如图 13-20(b)所示，惯性力系是一个平行力系。现分别对杆 CD 和 CE 上的惯性力进行简化。杆质心 C、端点 D 和 E 的加速度的大小分别为

$$a_C=0,\quad a_D=a_E=\omega^2 l\sin\theta \tag{1}$$

杆 CD 上的惯性力系可简化为作用在点 G 的合力，作用点到质心的距离 $CG=2l/3$，其大小为

$$F_{IG}=\frac{m}{4}\omega^2 l\sin\theta \tag{2}$$

同样的，杆 CE 上的惯性力系可简化为作用在点 H 的合力，作用点到质

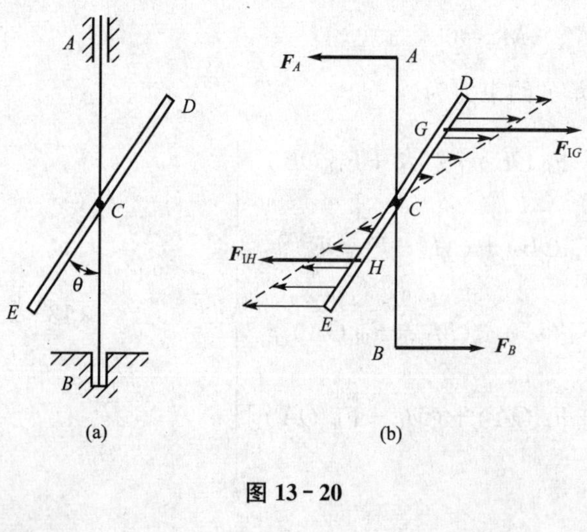

图 13-20

心的距离 $CH=2l/3$，其大小 $F_{IH}=F_{IG}$，方向与 $\boldsymbol{F}_{IG}$相反。因此整个杆 DE 上的惯性力系最终简化为一个力偶($\boldsymbol{F}_{IG}$，$\boldsymbol{F}_{IH}$)，其力偶矩的大小为

$$M_I=\frac{4}{3}F_{IG}l\cos\theta=\frac{m}{6}\omega^2 l^2\sin(2\theta) \tag{3}$$

由于力偶只能和力偶平衡，所以轴承 A 和 B 上的动约束力 $\boldsymbol{F}_A$和$\boldsymbol{F}_B$组成一与惯性力偶转向相反的力偶，而每个动约束力的大小为

$$F_A=F_B=\frac{m}{6L}\omega^2 l^2\sin(2\theta) \tag{4}$$

在本例中，由于转轴不是中心惯性主轴，所以刚体上的惯性力系简化为一个惯性力偶，这也说明惯性积不为零时，只产生一个惯性力偶。

习　　题

13-1　物体 A 和 B 沿倾角 $\alpha=30°$的斜面下滑，如图 13-21 所示，其重量分别为 $P_A=100\text{N}$，$P_B=200\text{N}$，与斜面的动摩擦系数 $f_A=0.15$，$f_B=0.3$。求物块运动时相互间的压力。

13-2　如图 13-22 所示，重为 $\boldsymbol{P}$ 的小球M，用长为 l 的绳子悬挂于固定点O，开始时绳与铅垂线的夹角为 30°。若小球由初始位置 M 点由静止下落，当落到铅垂位置 B 点时，绳 OM 与一铁钉 O_1 相碰，铁钉的方向与重物运动的平面垂直，其位置由 $OO_1=\frac{l}{2}$决定。求小球达到 B 点时，在碰到铁钉前、后绳子的拉力。

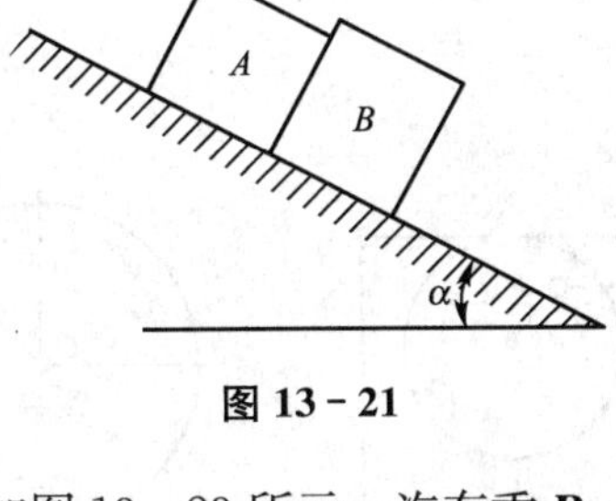

图 13-21

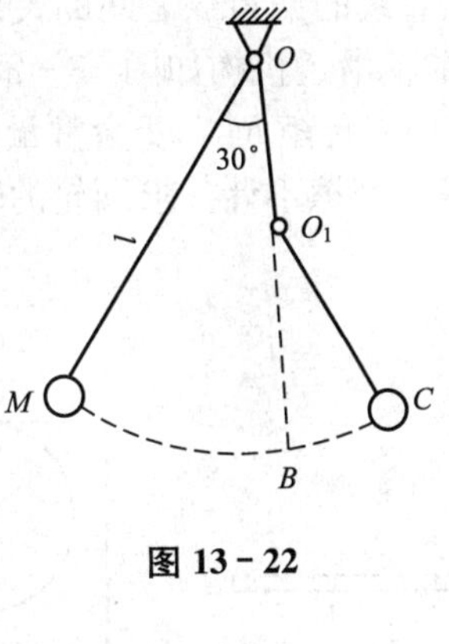

图 13-22

13-3　如图 13-23 所示，汽车重 $\boldsymbol{P}$，以加速度 $\boldsymbol{a}$ 作直线运动，汽车质心 C 距地面的高度为 h，汽车的前后轴到重心垂线的距离分别等于 l_1 与 l_2。试求：

(1) 其前后轮的正压力。

(2) 汽车以多大的加速度行驶，才能使前后轮的压力相等。

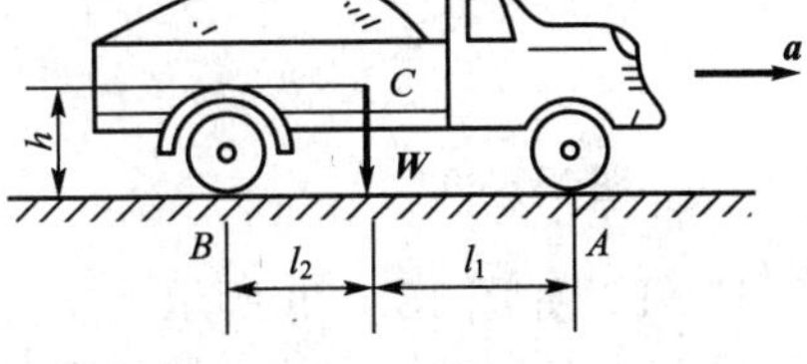

图 13-23

13-4　如图 13-24 所示，两小球 C 和 D 各重

$\boldsymbol{P}$，用细柱连于轴上，轴以匀角速度 ω 转动，两小球与轴在同一平面内，略去转轴和细柱的重量，试求小球转到铅垂平面内时，轴承 A 与 B 的反力。

13-5　边长为 l，质量为 $m=40\text{kg}$ 的均质方板，由两根等长的细绳平行地吊在天花板上，有一细线 AO_3 水平拉在墙上，如图 13-25 所示。已知板的边长 $b=100\text{mm}$，板处于平衡状态时，$\theta=30°$。试求：

(1)细绳 AO_3 被剪断的瞬时板质心加速度和 AO_1 和 BO_2 绳的张力。

(2)当 AO_1 和 BO_2 绳位于铅直位置时，板质心加速度和两绳的拉力。

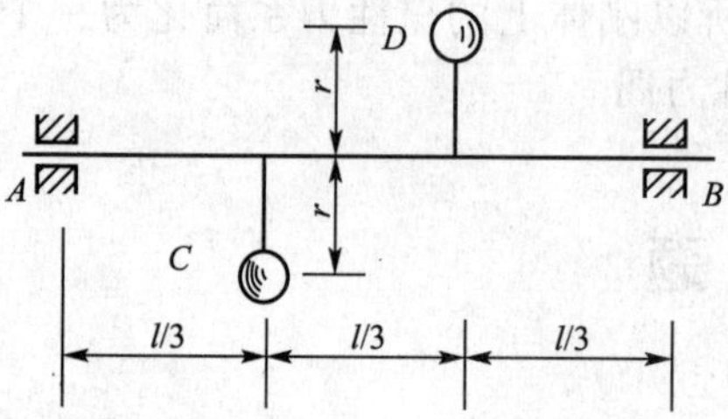

图 13-24

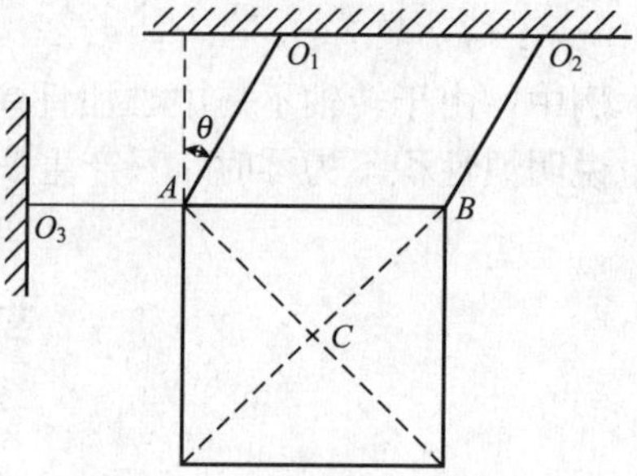

图 13-25

13-6　如图 13-26 所示，均质细长杆长为 l，质量为 m，从水平静止位置 OA 开始绕通过 O 端的水平轴转动。求杆转过 φ 角到达 OB 位置时的角速度、角加速度及 O 点的反力。

13-7　调速器由两个质量均为 m_1 的均质圆盘所构成，圆盘偏心地铰接于距转轴为 a 的 A 和 B 两点。调速器以等角速度 ω 绕铅垂轴转动，圆盘中心到悬挂点的距离为 l，如图 13-27 所示。调速器的外壳质量为 m_2，并放在两个圆盘上。如不计摩擦，试求角速度 ω 与圆盘偏离铅直线的偏角 φ 之间的关系。

13-8　曲柄滑道机构如图 13-28 所示，已知圆轮的半径为 r，对转轴 O 的转动惯量为 J；轮上作用一转矩 M，M 为常量；ABD 杆的质量为 m，与滑道的摩擦系数为 f；销钉 C 与铅直槽的摩擦不计。求圆轮的转动微分方程。

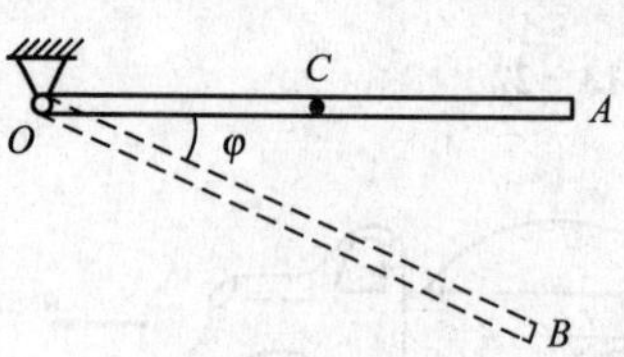

图 13-26

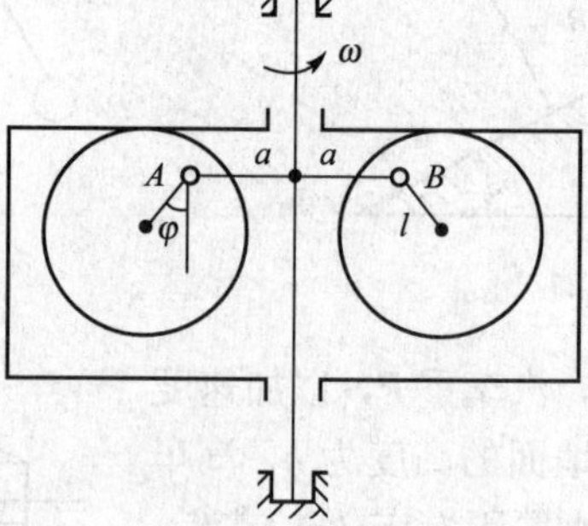

图 13-27

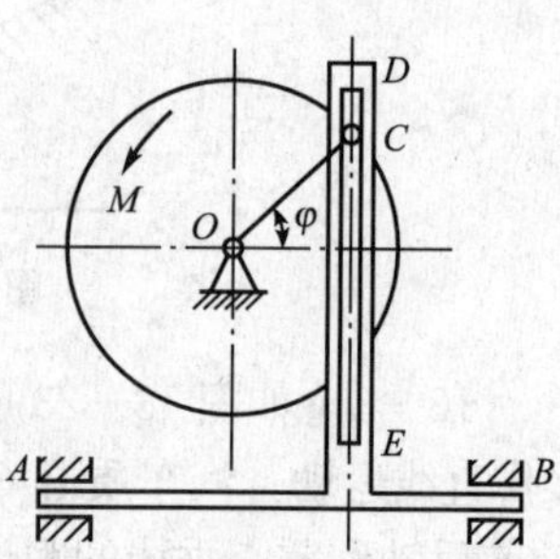

图 13-28

13-9　如图 13-29 所示，质量为 m 的均质杆 AB 的 A 端搁在倾角为 θ 的光滑斜面上，另一端 B 用铰链支持，使杆保持在水平位置上平衡。若突然将铰链 B 移去，求此瞬时 A 端对斜面的压力和质心 C 的加速度 a_{Cx}、a_{Cy}。

13-10　如图 13-30 所示的长方形均质平板，质量为 27kg，由两个销 A 和 B 悬挂。如果突然撤去销 B，求在撤去销 B 的瞬时，平板的角加速度和销 A 的约束力。

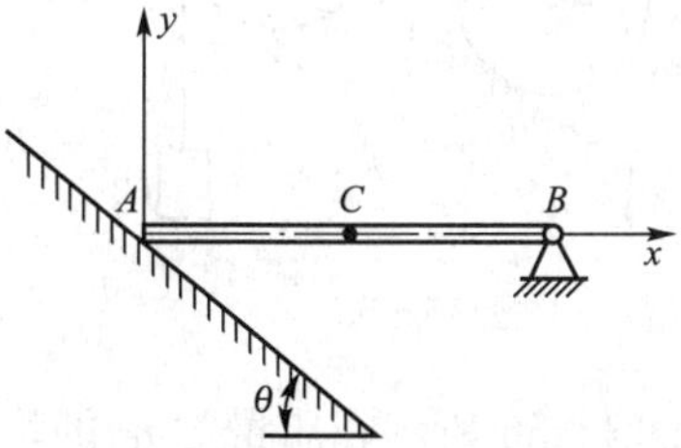

图 13-29

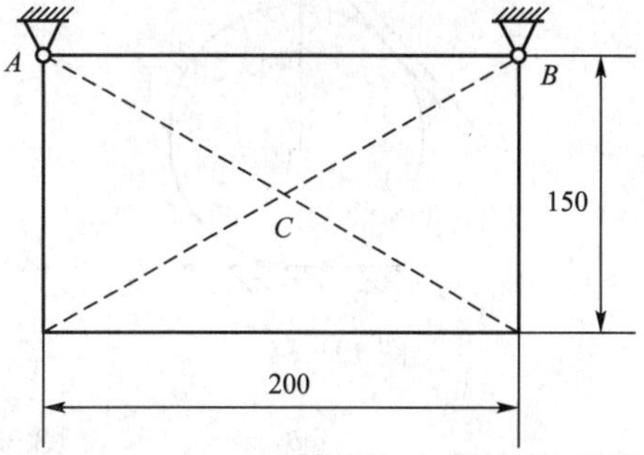

图 13-30

13-11　如图 13-31 所示，嵌入墙内的悬臂梁 B 端装有质量为 m_1、半径为 R 的均质鼓轮(可视为均质圆盘)，有主动力偶 M 作用于鼓轮以提升质量为 m_2 的重物 C。$AB=l$，不计支架和绳子的重量及轴上的摩擦，求固定端 A 处的约束反力。

13-12　如图 13-32 所示，曲柄 OA 的质量为 m_1，长为 r，以等角速度 ω 绕水平轴 O 逆时针转动。曲柄的 A 端推动水平板 B，使质量为 m_2 的滑杆 C 沿铅直方向运动。忽略摩擦，求当 $\varphi=30°$ 时的力偶矩 M 及轴承 O 的反力。

13-13　在图 13-33 所示的曲柄摇杆机构中，曲柄 OA 的质量为 m，长为 r，在力偶 M(随时间而变化)驱动下以等角速度 ω_0 转动，并通过滑块 A 带动摇杆 BD 运动。OB 铅垂，BD 可视为质量为 $8m$ 的均质直杆，长为 $3r$。不计滑块 A 的质量和各处摩擦；在图示瞬时，OA 水平，$\theta=30°$。求此时驱动力偶矩 M 和 O 处约束反力的大小。

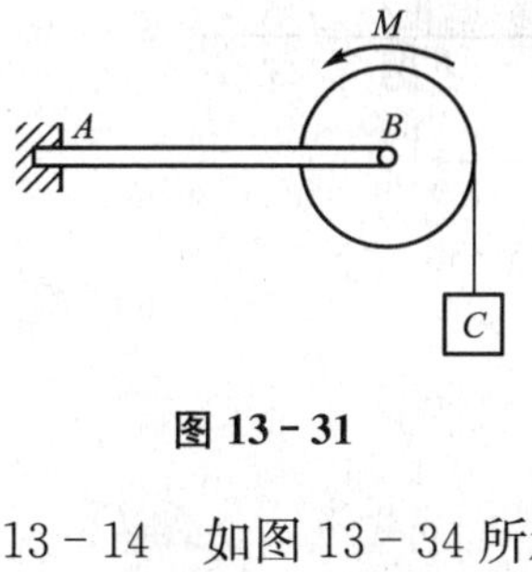

图 13-31

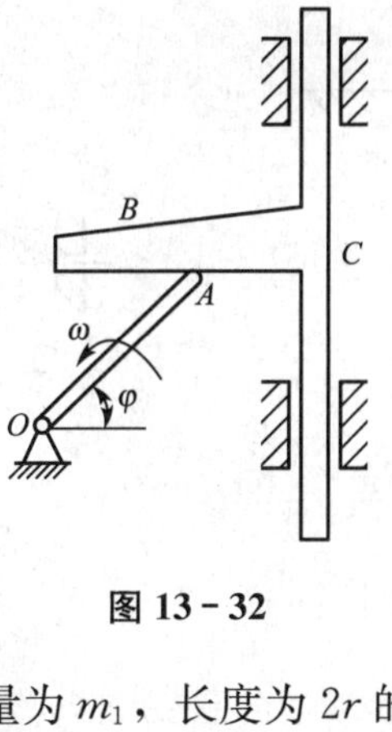

图 13-32

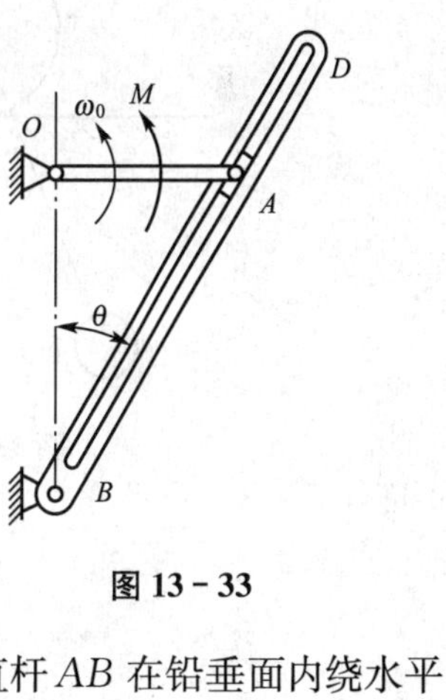

图 13-33

13-14　如图 13-34 所示，质量为 m_1，长度为 $2r$ 的均质直杆 AB 在铅垂面内绕水平固定轴 A 转动时，推动一质量为 m_2、半径为 r 的均质圆盘在水平地面作纯滚动。初瞬时，圆盘中心 O 正好位于 A 点的正下方，且 $\theta=45°$，不计铰 A 处和杆与圆盘间的摩擦，求系统在杆的重力作用下，由静止开始运动时，杆 AB 的角加速度。

13-15　在图 13-35 所示的提升系统中，滚子 A 沿斜面无滑动地滚下，靠一根绕过滑轮 B 的理想绳索提升重物 C。滚子和滑轮都是均质圆盘，质量分别为 m_1、m_3，且 $m_1=m_3$，半径均为 r，重物质量为 m_2，斜面倾角为 θ。试求滚子质心的加速度和 AB 段绳子的张力。

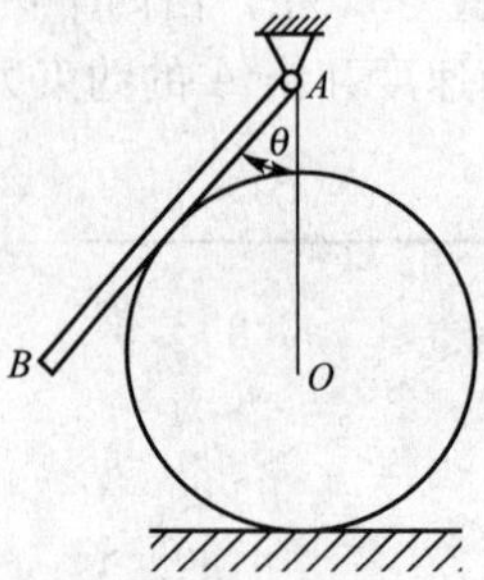

图 13－34

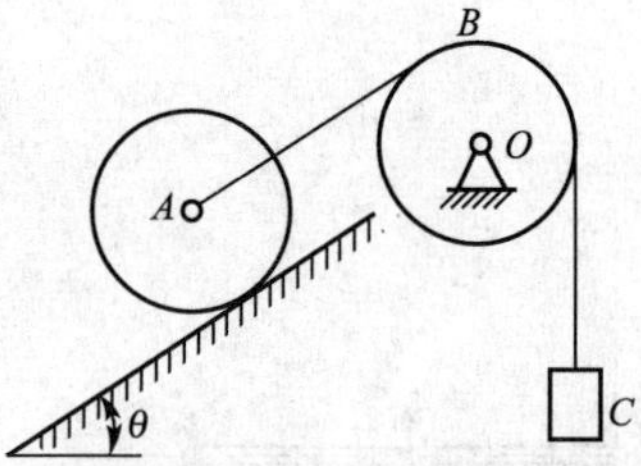

图 13－35

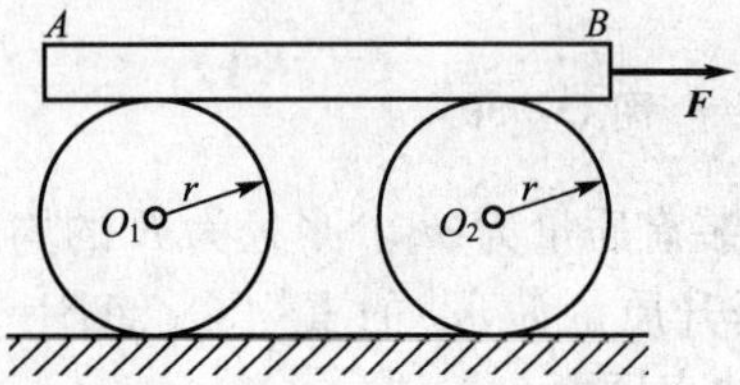

图 13－36

13－16　如图 13－36 所示，质量为 m 的均质平板放在半径各为 r、质量各为 $m/2$ 的相同均质滚子上。设平板受水平力 $\boldsymbol{F}$ 作用，滚子沿水平面作纯滚动，且平板与滚子间无相对滑动，求平板的加速度。

13－17　如图 13－37 所示，质量为 m_1 的单摆，其支点固定在一圆轮轮心 O 上，圆轮的质量为 m_2，放在水平面上，圆轮与平面间有足够摩擦阻力阻止滑动。设圆轮可看成均质圆盘。求在图示位置无初速地开始运动时，轮心 O 的加速度和地面的摩擦力。

13－18　质量为 m 的均质直角三角形薄板，绕直角边 AB 以匀角速度 ω 转动，尺寸如图 13－38 所示，求在图示位置时轴承 A、B 的附加动约束力。

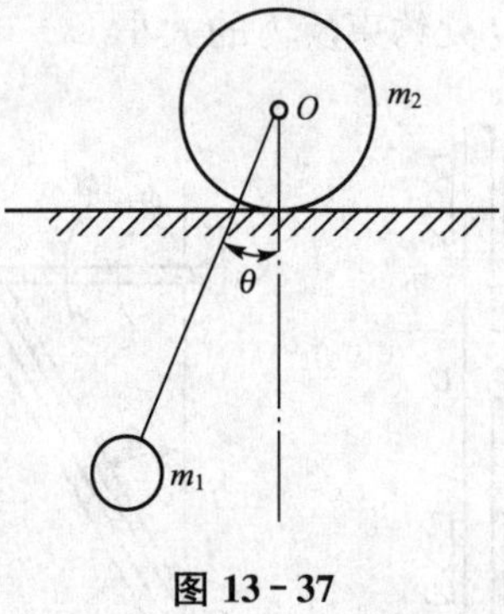

图 13－37

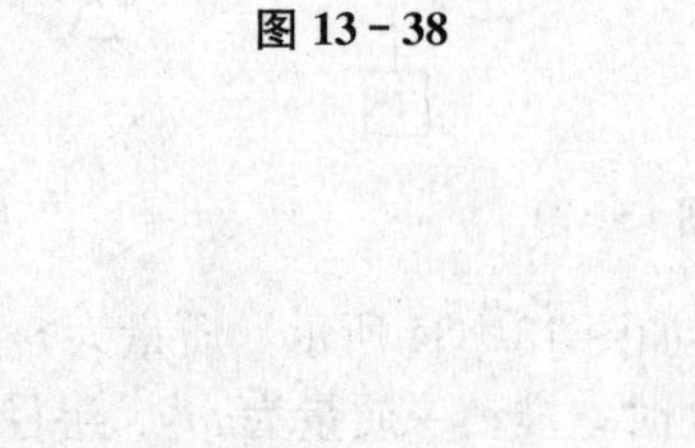

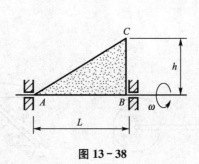

图 13－38

第14章 虚位移原理

教学目标

通过本章学习，应达到以下目标：

(1) 了解约束、虚位移、理想约束、虚功等概念。

(2) 熟悉掌握虚位移原理，会应用虚位移原理求解平衡时主动力之间的关系问题，计算支座的约束反力。

引例

力学中把在力的作用下可以围绕固定点转动的坚硬物体叫做杠杆，它是我们在生活与工作中经常会用到的一种省力工具。

根据静力学的平衡条件：$F_1a-F_2b=0$，我们可以得到作用于杠杆上的二力大小与二力到转轴的距离成反比，求解二力的大小关系是一个典型的静力学问题。静力学问题是否可以借助动力学的方法来求解呢？

如果假想杠杆绕着C点转动一个微小角度φ，则A点位移为$s_1=a\tan\varphi$，B点位移为$s_2=b\tan\varphi$。由于在新的位移系统仍然平衡，可以得到：$F_1S_1-F_2S_2=0$。于是杠杆的平衡可用作用力在平衡附近的微小位移中所做的功来建立。

对于一般的非自由质点系是否能写出类似的平衡条件呢？我们开始学习虚位移原理吧。

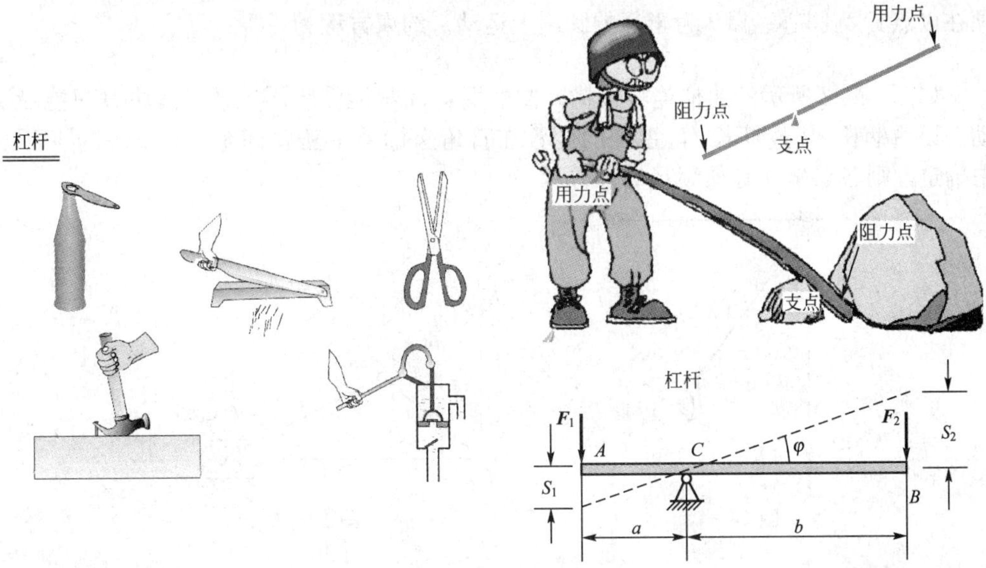

在静力学中，我们从基本公理出发，通过力系简化得出刚体的平衡条件。用这些平衡条件，可以研究刚体及刚体系统的平衡问题。这部分内容是从几何角度来研究的，所以称为**几何静力学**。虚位移原理应用位移和功的概念，用分析的方法分析系统的平衡问题，研究任意非自由质点系(包括刚体和刚体系统)的平衡规律，是研究静力学平衡问题的另一途径。因而这部分内容也可以称为**分析静力学**。

虚位移原理是力学中一个重要的原理，应用相当广泛。它不仅是研究平衡问题的最一般的原理，而且还可以与达朗贝尔原理相结合，得到一个解决复杂系统动力学问题的动力学普遍方程。

为了便于虚位移原理的推导与应用，本章先把约束的概念予以扩充，再介绍几个有关的概念，然后推出虚位移原理，并用于解决一些静力学问题。

§14-1 约束·虚位移·虚功

1. 约束及其分类

当一个物体受到另一个物体的阻碍而使它的运动受到一定限制时，这个物体就受到了约束。工程中大多数物体(质点系)的运动都受到周围物体的限制，这种质点系称为非自由质点系。在第1章中，将限制所研究物体位移的周围物体称为该物体的约束。为研究上的方便，现在我们把对非自由质点系运动的限制条件称为**约束**。表示这些限制条件的数学方程称为**约束方程**。

从运动学的观点来看，约束对系统的作用，就在于它们对系统中各质点的位置施加一定的限制，使得系统中各质点坐标之间满足一定的几何关系。约束不仅限制质点的位置，而且还限制质点的运动。根据不同的约束条件，可将约束分类如下。

1）几何约束与运动约束

几何约束是指限制质点或质点系在空间几何位置的条件。如图14-1所示，单摆只能绕固定点O在铅直平面Oxy内运动，若摆长不变，这时摆杆对质点的限制条件是：质点必须在以点O为圆心、以l为半径的圆周上运动。约束方程为

$$x^2+y^2=l^2 \tag{14-1}$$

又如图14-2所示的曲柄连杆机构，曲柄端点A只能作圆周运动，滑块B只能沿滑槽运动。设曲柄长r，连杆长l，系统的位置在直角坐标系中需要四个坐标x_1、y_1以及x_2、y_2来确定，则各点坐标必须满足约束方程：

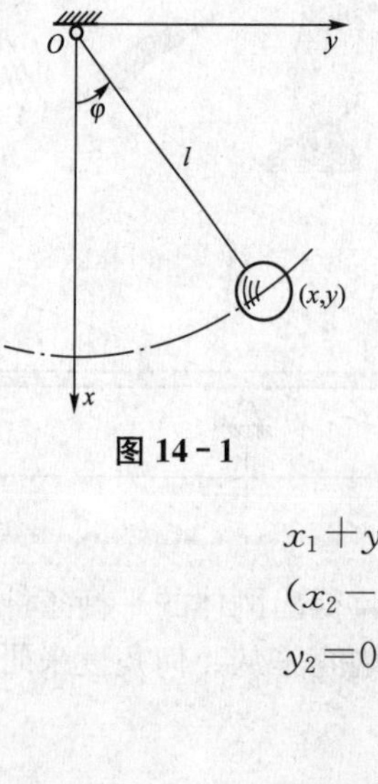

图14-1

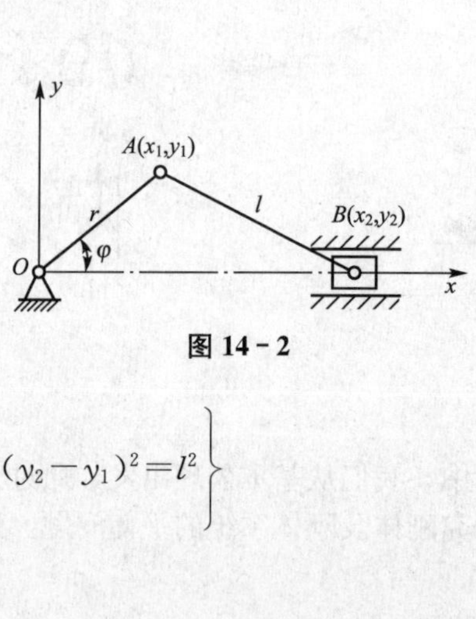

图14-2

$$\left.\begin{aligned}&x_1+y_1=r^2\\&(x_2-x_1)^2+(y_2-y_1)^2=l^2\\&y_2=0\end{aligned}\right\} \tag{14-2}$$

上述例子中各约束都是限制物体的几何位置，因此都是几何约束。对于 n 个质点组成的系统来说，其几何约束的一般形式为

$$f_j(x_1, y_1, z_1, \cdots, x_n, y_n, z_n)=0 \quad j=(1, 2, \cdots, s)$$

运动约束是不仅限制质点系的空间几何位置，而且限制质点系各质点运动情况的条件。例如，均质圆柱体半径为 r，沿斜面作无滑动的滚动，如图 14-3 所示。这时，车轮除受到限制其轮心 C 始终与斜面保持距离为 r 的几何约束外，还受到只滚不滑的运动学的限制，即质心速度必须满足：

$$\dot{x}_C=r\dot{\varphi} \tag{14-3}$$

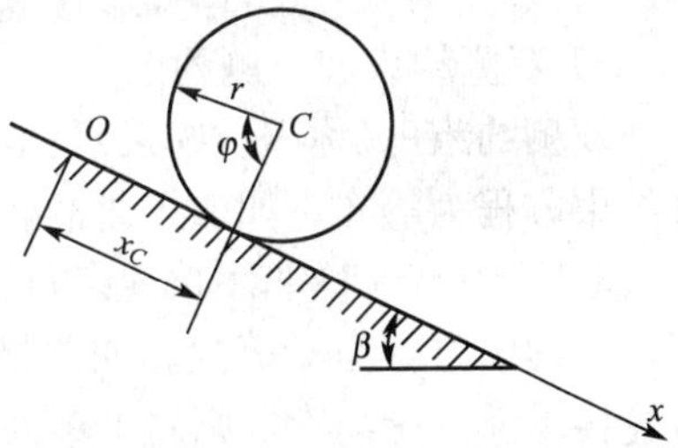

图 14-3

式中，$\dot{\varphi}$ 为圆柱体的角速度，式(14-3)即为该运动约束的约束方程。这是一个微分方程，在约束方程中除含坐标外，还含有坐标的微分。因此，运动约束又称为微分约束。微分约束有的可以经过积分后变为有限形式。对式(14-3)积分得

$$x_C-r\varphi=C \tag{14-4}$$

式中，C 为积分常数。

方程(14-4)不包括微分和速度。所以，从另一角度又可得到：在约束方程中不显含速度(即坐标对时间的一阶导数)，这种约束称为**完整约束**。

有的约束，在约束方程中虽然显含速度，但可以积分成有限形式，这样的约束仍然是完整约束。如上面斜面对圆柱体的约束属于完整约束。

在约束方程中显含坐标对时间的导数，而且不可积分为有限形式的约束，称为**非完整约束**。

2) 定常约束和非定常约束

定常约束是约束方程中不显含时间 t，即约束条件不随时间而改变的约束。定常约束的约束方程虽然不显含时间 t，但当质点或质点系运动时，其位置坐标是时间的函数，约束方程会隐含时间 t。

例如，质点 M 被限制在固定三棱柱的斜面上运动，如图 14-4 所示。其约束方程为

$$x=y\cot\beta \tag{14-5}$$

显然，式(14-5)中不显含时间。这样的约束为定常约束。

非定常约束是约束方程中显含时间 t 的约束。如图 14-5 所示的三棱柱以匀加速度 $\boldsymbol{a}$ 水平向右运动，质点 M 在其斜面上运动，则约束方程为

$$x=y\cot\beta+\frac{1}{2}at^2 \tag{14-6}$$

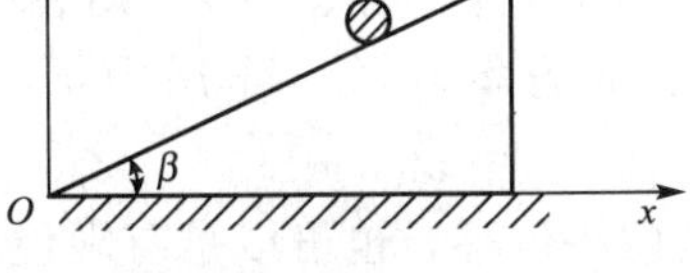

图 14-4

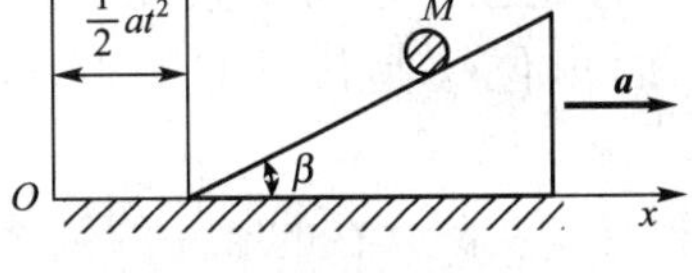

图 14-5

因此，对于由 n 个质点组成的质点系，定常约束的约束方程一般形式为

$$f_j(x_1, y_1, z_1, \cdots, x_n, y_n, z_n)=0 \quad j=(1, 2, \cdots, s)$$

非定常约束的约束方程一般形式为

$$f_j=(x_1, y_1, z_1, \cdots, x_n, y_n, z_n, t)=0 \quad j=(1, 2, \cdots, s)$$

3）双侧约束和单侧约束

双侧约束（又称固执约束）是既能限制某方向的运动，又能限制相反方向运动的约束，其约束方程为等式。如前述曲柄连杆机构中滑块受到的约束等。

单侧约束（又称非固执约束）是只能限制某方向的运动，而不能限制相反方向运动的约束，其约束方程为不等式。如单摆(图 14-1)，若连接重锤的是刚杆，则属于双面约束；若连接重锤的是绳索，则属于单面约束，约束方程为 $x^2+y^2\leqslant l^2$。

本章只讨论定常的、双侧几何约束，其约束方程的一般形式为

$$f_j=(x_1, y_1, z_1, \cdots, x_n, y_n, z_n)=0 \quad j=(1, 2, \cdots, s)$$

2. 虚位移

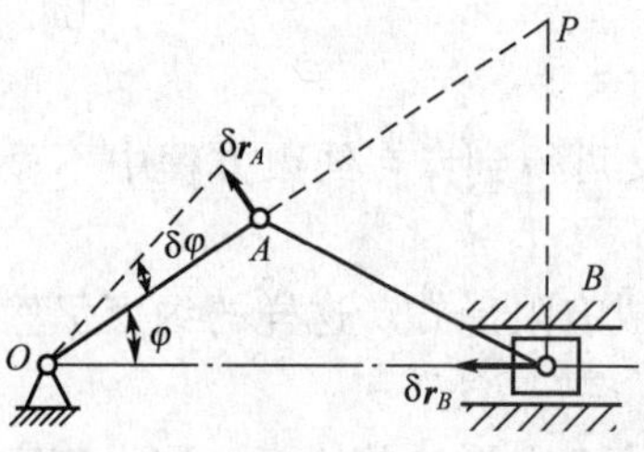

图 14-6

在静止平衡问题中，质点系中各个质点都静止不动。我们可设想在约束允许的条件下，给某质点一个任意的、极其微小的位移。例如，图 14-6 所示的曲柄连杆机构，当曲柄的位置确定之后，即 φ 角确定时，整个系统的位置就完全确定。在约束允许的条件下，O 点不可能有位移，而曲柄 OA 可能转过一个微小角度 $\delta\varphi$，A 点相应地产生一个微小位移 $\delta \boldsymbol{r}_A$，其大小 $\delta r_A=OA\cdot\delta\varphi$，其方向在以 O 为圆心，OA 为半径圆弧的切线方向，并与 $\delta\varphi$ 转向一致。B 点也相应产生沿滑槽一个水平向左的微小位移 $\delta \boldsymbol{r}_B$。位移 $\delta\varphi$、$\delta \boldsymbol{r}_A$，$\delta \boldsymbol{r}_B$ 都是约束允许的、可能实现的某种假想的极微小的位移。一般来说，非自由质点系的位置和运动均受到约束，这些约束允许质点系有某些位移，而不允许其他位移。某瞬时，质点系在约束允许的条件下，可能实现的任何无限小的位移称为**虚位移。**

虚位移可以是线位移，也可以是角位移。虚位移用变分符号 δ 表示，“变分”包含有无限小“变更”的意思，如图 14-6 所示的 $\delta\varphi$、$\delta \boldsymbol{r}_A$、$\delta \boldsymbol{r}_B$ 都是虚位移。而实位移则用 $\mathrm{d}r$、$\mathrm{d}\varphi$、$\mathrm{d}x$、$\mathrm{d}y$…表示。

必须强调，虚位移纯粹是一个几何概念，所谓“虚”主要反映了这种位移的人为假设，并非真实的位移。众所周知，处于静止状态的质点系，根本就没有实位移。但是，我们可以在系统约束所容许的前提下，给定系统的任意虚位移。同时，虚位移又完全取决于约束的性质及其限制条件，而不是虚无缥缈，也不可随心所欲地假设。因此，虚位移和实位移的区别在于：

(1) 实位移是在一定力学条件下，在一定时间间隔内完成，而且朝着一定方向产生的位移。而虚位移是假想的，只满足约束给予的条件，与作用力无关，与时间无关。

(2) 实位移是实际存在的唯一的位移，可以是微小位移，也可以是有限位移。而虚位移是可能发生的微小位移，所以不止一个。

(3) 在定常约束的条件下，实位移是虚位移中的一个，但在非定常约束的条件下，实位移与虚位移并不重合。例如，图 14-7 所示的质点 A 搁在倾角为 β 的三棱柱上，当三棱柱以速度 $\boldsymbol{v}$ 沿水平方向运动时，即构成了非定常约束。在任何瞬时，质点 A 的虚位移 $\delta\boldsymbol{r}$ 都沿斜面方向，而在 $\mathrm{d}t$ 时间内，实位移则为 $\mathrm{d}\boldsymbol{r}$，它是由沿斜面的相对位移和随三棱柱的牵连位移合成的，显然二者是不同的。

在质点系统的虚位移中，各质点的虚位移并不独立，正确分析并确立各主动力作用点的虚位移将成为解题的关键。下面举例说明虚位移的计算方法。

例 14-1 求图 14-8 所示的曲柄连杆机构中的 A、B 两点虚位移之间的关系。

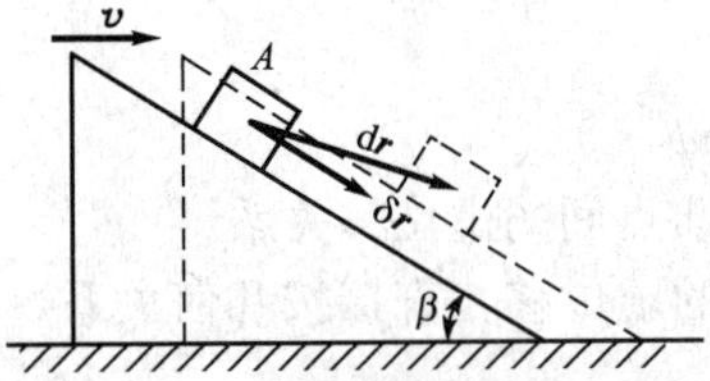

图 14-7

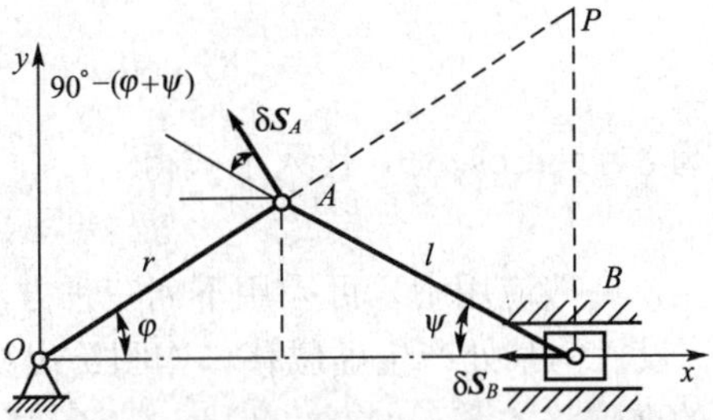

图 14-8

解：(1) 几何法。

如果给销钉 A 如图 14-8 示的虚位移 $\delta\boldsymbol{S}_A$，则滑块 B 的虚位移 $\delta\boldsymbol{S}_B$ 必然水平向左。因为有连杆的约束，A、B 两点的虚位移 $\delta\boldsymbol{S}_A$ 和 $\delta\boldsymbol{S}_B$ 在连杆 AB 的轴线上投影必相等，否则就破坏了连杆不变形的约束条件。于是有

$$\delta S_A\cos[90°-(\varphi+\psi)]=\delta S_B\cos\psi$$

即

$$\delta S_A\sin(\varphi+\psi)=\delta S_B\cos\psi \tag{1}$$

(2) 用运动学中求各点的速度的方法。

由于 AB 速度瞬心在 P 点，设 A 点的速度为 $\boldsymbol{v}_A$，B 点的速度为 $\boldsymbol{v}_B$。$\boldsymbol{v}_A$、$\boldsymbol{v}_B$ 称为虚速度，根据瞬心法，有

$$\frac{v_A}{v_B}=\frac{PA}{PB}=\frac{\delta S_A}{\delta S_B}$$

注意到 $PA=\dfrac{r\cos\varphi+l\cos\varphi}{\cos\varphi}-r$，$PB=(r\cos\varphi+l\cos\varphi)\tan\varphi$，所以可以得到

$$\delta S_A\sin(\varphi+\psi)=\delta S_B\cos\psi$$

与(1)式结果完全相同。

(3) 解析法。

取坐标系 Oxy，如图 14-8 所示，A、B 两点的坐标为

$$x_A=r\cos\varphi,\quad x_B=x_A+l\cos\psi$$

$$y_A=r\sin\varphi,\quad y_B=0$$

对以上两式坐标进行变分，得

$$\delta x_A=-r\sin\varphi\delta\varphi,\ \delta x_B=\delta x_A-l\sin\psi\delta\psi$$

$$\delta y_A = r\cos\varphi\delta\varphi$$

为了找出 A、B 两点虚位移的关系，利用约束条件

$$r\sin\varphi = l\sin\psi$$

对上式进行变分得

$$r\cos\varphi\delta\varphi = l\cos\psi\delta\psi$$

得

$$\delta\psi = \frac{r\cos\varphi}{l\cos\psi}\delta\varphi$$

于是得到

$$\delta x_B = \delta x_A - l\sin\psi \cdot \frac{r\cos\varphi}{l\cos\psi}\delta\varphi$$

因为 $\delta y_A = r\cos\varphi\delta\varphi$，代入上式得

$$\delta x_B = \delta x_A - \delta y_A \tan\psi \tag{2}$$

可见，一般应用中，可采用下列三种方法建立各质点间的虚位移关系。

(1) 设机构某处产生虚位移，作图给出机构各处的虚位移，直接按几何关系，确定各质点间的虚位移关系，如方法 1)。

(2) 由于质点系各质点虚位移的关系与运动学中各点的速度关系相似，可以根据运动学中求各点的速度的方法来建立各点虚位移之间的关系，如方法 2)。

(3) 建立坐标系，选定一合适的自变量，写出各有关点的坐标，对各坐标进行变分运算，确定各质点间虚位移的关系，如方法 3)。

一般地，如果系统中某一质点的坐标(x, y, z)可以表示为某些参变量的函数，则该点的虚位移可以用坐标的变分来表示。虚位移的这个性质可以用解析法证明如下。

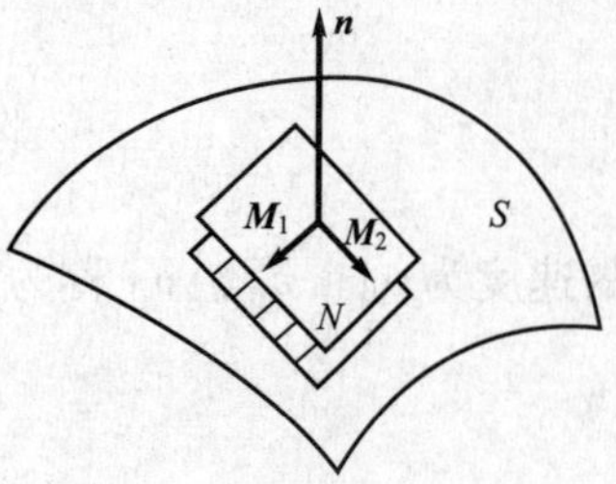

图 14-9

根据虚位移的定义，我们研究一个质点 M 被约束在一个曲面 S 上的情形，如图 14-9 所示。该质点到曲面相邻各点的微小位移都是虚位移。如略去高阶微量，则可认为这些微小位移都在通过 M 点的切平面 N 上。

设质点的约束方程(曲面方程)为

$$f(x, y, z) = 0$$

假想质点在$M(x, y, z)$点有一虚位移 $\delta\boldsymbol{r} = \delta x\boldsymbol{i} + \delta y\boldsymbol{j} + \delta z\boldsymbol{k}$，在到达$M_1(x+\delta x, y+\delta y, z+\delta z)$点时，坐标发生了微小变化，$\delta x$、$\delta y$、$\delta x$ 为坐标的变分。显然 M_1 点也满足约束方程，即

$$f(x+\delta x, y+\delta y, z+\delta z) = 0$$

将此方程在 M 点展开为泰勒级数，因虚位移是无穷小量，故略去高阶微量，得

$$f(x+\delta x, y+\delta y, z+\delta z) = f(x, y, z) + \frac{\partial f}{\partial x}\delta x + \frac{\partial f}{\partial y}\delta y + \frac{\partial f}{\partial z}\delta z = 0$$

由此得函数 $f(x, y, z)$的变分为

$$\frac{\partial f}{\partial x}\delta x + \frac{\partial f}{\partial y}\delta y + \frac{\partial f}{\partial z}\delta z = 0$$

此方程式的左边部分是函数 $f(x, y, z)$的全微分，其几何意义为：如以 $\boldsymbol{n}$ 表示固定面在 M 点法线方向的单位矢量，则该矢量在各坐标轴上的投影分别等于法线的方向余弦，

即与偏导数$\frac{\partial f}{\partial x}$、$\frac{\partial f}{\partial y}$、$\frac{\partial f}{\partial z}$成正比。$\boldsymbol{n}$可以写成

$$\boldsymbol{n}=\mu\left(\frac{\partial f}{\partial x}\boldsymbol{i}+\frac{\partial f}{\partial y}\boldsymbol{j}+\frac{\partial f}{\partial z}\boldsymbol{k}\right)$$

式中，$\boldsymbol{i}$、$\boldsymbol{j}$、$\boldsymbol{k}$为x、y、z轴的单位矢量；μ表示比例系数。则

$$\boldsymbol{n}\cdot\delta\boldsymbol{r}=\mu\left(\frac{\partial f}{\partial x}\delta x+\frac{\partial f}{\partial y}\delta y+\frac{\partial f}{\partial z}\delta z\right)=0$$

上式说明$\delta\boldsymbol{r}$必定垂直于过M点的法线，也就是在曲面上过M点的切平面内。

3. 虚功

力在虚位移中做的功称为**虚功**。如图14-10所示，按图示的虚位移，力$\boldsymbol{F}_1$的虚功为$\boldsymbol{F}_1\cdot\delta\boldsymbol{r}_1$，是负功；力$\boldsymbol{F}_2$的虚功为$\boldsymbol{F}_2\cdot\delta\boldsymbol{r}_2$，是正功；力偶$M$的虚功为$M\cdot\delta\varphi$，也是正功。一般地，力$\boldsymbol{F}$在虚位移$\delta\boldsymbol{r}$上作的虚功以$\delta W=\boldsymbol{F}\cdot\delta\boldsymbol{r}$表示。因为虚位移只是假想的，不是真实发生的，因而虚功也是假想的，是虚的，虚功与实功之间是有本质区别的。图14-10中的系统处于平衡状态，显然任何力都没有作实功，但力可以作虚功。

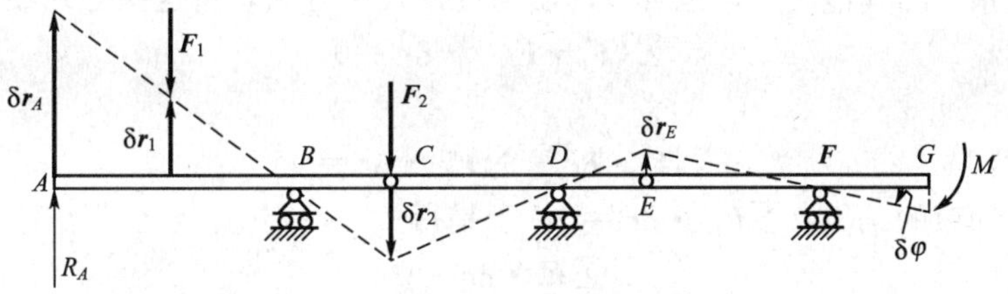

图 14-10

4. 理想约束

如果约束反力在质点系的任何虚位移中的虚功之和等于零，则这种约束称为**理想约束**。若用$\boldsymbol{F}_{Ni}$表示作用于质点系某质点M_i上的约束反力，$\delta\boldsymbol{r}_i$表示该质点的虚位移，δW_N表示该约束反力在虚位移$\delta\boldsymbol{r}_i$上的元功，则系统具有理想约束的条件为

$$\sum\delta W_N=\sum\boldsymbol{F}_{Ni}\cdot\delta\boldsymbol{r}_i=0 \tag{14-7}$$

在动能定理一章已分析过光滑固定面约束、光滑铰链、无重刚杆、不可伸长的柔索、固定端等约束为理想约束，现在从虚功的角度看，这些约束也是理想约束。

§14-2 虚位移原理及其应用

虚位移原理又称为虚功原理，该原理是解决非自由质点系平衡的普遍原理。该原理可叙述如下：具有理想约束的质点系，在某一位置处于平衡的充分与必要条件是：作用于质点系的主动力在任何虚位移中所作的虚功之和等于零。

设作用于静止系统的质点系中任一质点m_i上的主动力的合力为$\boldsymbol{F}_i$，m_i点的虚位移为$\delta\boldsymbol{r}_i$，则上述原理可表示为

$$\sum\delta W_F=\sum\boldsymbol{F}_i\cdot\delta\boldsymbol{r}_i=0 \tag{14-8}$$

也可以写成解析表达式，即

$$\sum(F_{ix}\delta x_i+F_{iy}\delta y_i+F_{iz}\delta z_i)=0 \tag{14-9}$$

式中，F_{ix}、F_{iy}、F_{iz}和 δx_i、δy_i、δz_i分别为主动力 $\boldsymbol{F}_i$ 和虚位移 $\delta\boldsymbol{r}_i$ 在直角坐标轴上的投影。

下面分别进行该原理的必要性和充分性的证明。

1. 必要性证明

必要性证明即证明若质点系处于平衡，则式(14-8)成立。

当质点系处于平衡时，其中每个质点都处于平衡。因此，对于质点系中任一质点 m_i，作用在其上的主动力的合力为 $\boldsymbol{F}_i$，约束反力的合力为 $\boldsymbol{F}_{Ni}$，则有

$$\boldsymbol{F}_i+\boldsymbol{F}_{Ni}=0$$

若给质点系以某种虚位移，其中质点 m_i的虚位移为 $\delta\boldsymbol{r}_i$，则

$$(\boldsymbol{F}_i+\boldsymbol{F}_{Ni})\cdot\delta\boldsymbol{r}_i=0$$

对于质点系中的其他质点，也可以写出与此同样的等式，将这些等式相加得

$$\sum(\boldsymbol{F}_i+\boldsymbol{F}_{Ni})\cdot\delta\boldsymbol{r}_i=0$$

或

$$\sum\boldsymbol{F}_i\cdot\delta\boldsymbol{r}_i+\sum\boldsymbol{F}_{Ni}\cdot\delta\boldsymbol{r}_i=0$$

根据理想约束的条件：$\sum\boldsymbol{F}_{Ni}\cdot\delta\boldsymbol{r}_i=0$，于是得

$$\sum\boldsymbol{F}_i\cdot\delta\boldsymbol{r}_i=0$$

这就是必要性证明。

2. 充分性证明

充分性证明即证明若式(14-8)成立，则质点系必处于平衡。

采用反证法。假设式(14-8)成立，但质点系并不平衡，则质点系的某些质点将由静止进入运动状态。这时作用于运动质点 m_i的主动力 $\boldsymbol{F}_i$和约束反力 $\boldsymbol{F}_{Ni}$的合力为 $\boldsymbol{F}_{Ri}=\boldsymbol{F}_i+\boldsymbol{F}_{Ni}$，如图 14-11 所示。质点 m_i在合力 $\boldsymbol{F}_{Ri}$的作用下产生微小的实位移 $d\boldsymbol{r}_i$，方向与合力 $\boldsymbol{F}_{Ri}$相同。当约束条件不随时间变化时，微小实位移 $d\boldsymbol{r}_i$ 也应满足该质点的约束条件(即定常约束的条件)，而且实位移是虚位移中的一个，用 $\delta\boldsymbol{r}_i$代替 $d\boldsymbol{r}_i$，于是有

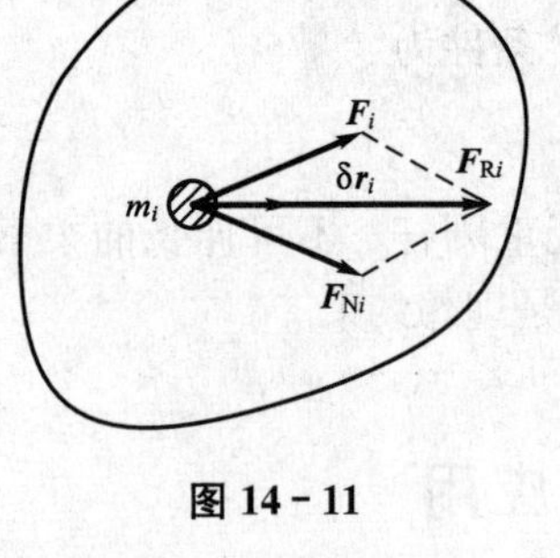

图 14-11

$$\boldsymbol{F}_{Ri}\cdot d\boldsymbol{r}_i=\boldsymbol{F}_{Ri}\cdot\delta\boldsymbol{r}_i>0$$

即

$$(\boldsymbol{F}_i+\boldsymbol{F}_{Ni})\cdot\delta\boldsymbol{r}_i>0$$

对于进入运动状态的其他质点，都可以写出同样的不等式；对于仍保持静止的质点，则合力的虚功之和等于零。然后将所有式子相加，得

$$\sum\boldsymbol{F}_i\cdot\delta\boldsymbol{r}_i+\sum\boldsymbol{F}_{Ni}\cdot\delta\boldsymbol{r}_i>0$$

因为是理想约束，$\sum\boldsymbol{F}_{Ni}\cdot\delta\boldsymbol{r}_i=0$，于是得到

$$\sum\boldsymbol{F}_i\cdot\delta\boldsymbol{r}_i>0$$

这与假设条件相矛盾。由此可以肯定，质点系不可能进入运动状态，而必定保持平衡状态，这就是虚位移原理的充分性。

虚位移原理是非自由质点系静力平衡的普遍原理，可以求解静力学的各种问题。例如，求系统平衡时主动力之间的关系(例 14－3)；确定系统的平衡位置(例 14－4)；求静定结构的约束反力(例 14－5)等。应该指出，应用虚位移原理的条件是质点系具有理想约束，从而约束反力不出现在方程中，对于具有理想约束的复杂系统的平衡问题，应用虚位移原理比静力学方法更为方便，这是因为不必考虑约束反力，从而避免解联立方程，使求解静力学问题大为简化。当遇到的约束不是理想约束而具有摩擦时，只要把摩擦力当作主动力，计入摩擦力所做的功即可。如果要求解系统中的某个约束反力，则必须解除该约束，代之相应的约束反力，以保持系统原有的平衡状态，并把此约束反力视为主动力，同样可以应用虚位移原理来求解约束反力。下面举例说明。

例 14－2　应用虚位移原理推导出刚体在平面任意力系作用下的平衡条件。

解： 以图 14－12 所示的刚体为平衡系统。

在力系所在平面内取 O_1xy 坐标系。刚体在 O_1xy 平面内位置由其上任一点 O 的坐标 x_O、y_O 及 φ 角来确定，φ 是过 O 点某线段与 x 轴的夹角。由图 14－12 可见，作用于刚体上任意力 $\boldsymbol{F}_i$ 的坐标为

$$x_i = x_O + x_i' = x_O + r_i\cos(\varphi+\theta_i) \quad (1)$$

$$y_i = y_O + y_i' = y_O + r_i\sin(\varphi+\theta_i) \quad (2)$$

由虚位移原理

$$\sum F_{ix}\delta x_i + \sum F_{iy}\delta y_i = 0 \quad (3)$$

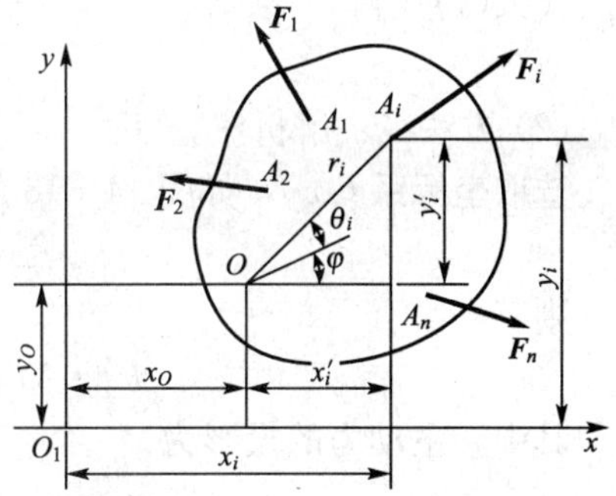

图 14－12

其中，F_{ix}、F_{iy} 为力 $\boldsymbol{F}_i$ 在 x、y 轴的投影。由(1)式和(2)式得

$$\delta x_i = \delta x_O - r_i\sin(\varphi+\theta_i)\delta\varphi = \delta x_O - y_i'\delta\varphi$$

$$\delta y_i = \delta y_O + r_i\cos(\varphi+\theta_i)\delta\varphi = \delta y_O - x_i'\delta\varphi$$

代入(3)式，整理得

$$\left(\sum F_{ix}\right)\delta x_O + \left(\sum F_{iy}\right)\delta y_O + \left[\sum(x_i'F_{iy} - y_i'F_{ix})\right]\delta\varphi = 0 \quad (4)$$

因为 δx_O、δy_O、$\delta\varphi$ 彼此独立，而 $\left[\sum(x_i'F_{iy} - y_i'F_{ix})\right] = \sum M_O(\boldsymbol{F}_i)$ 为各力对 O 点的主矩，要使(4)式成立，则 δx_O、δy_O、$\delta\varphi$ 前面的系数必须分别等于零，于是得到

$$\sum F_{ix}=0,\quad \sum F_{iy}=0,\quad \sum M_O(\boldsymbol{F}_i)=0$$

这就是静力学中已经讨论过的平面任意力系的平衡方程。

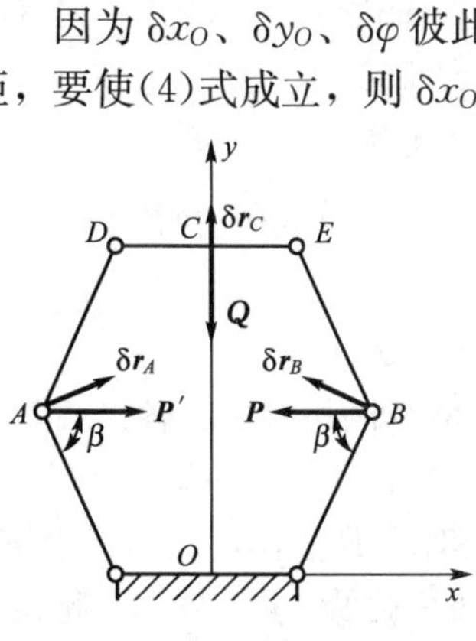

图 14－13

例 14－3　已知等六角形机构，不计各杆重量，以 A、B、C 分别作用水平力 $\boldsymbol{P}$、$\boldsymbol{P}'$ 和铅直力 $\boldsymbol{Q}$，$P'=P$，如图 14－13 所示。求平衡时，P 和 Q 关系。

解： 研究六角形机构。

(1) 方法一：几何法。

给 C 点一虚位移 $\delta \boldsymbol{r}_C$，则各点的虚位移如图 14－13 所示。

由虚位移原理

$$\sum \boldsymbol{F}_i \cdot \delta \boldsymbol{r}_i = 0$$

得

$$\boldsymbol{P}' \cdot \delta \boldsymbol{r}_A + \boldsymbol{P} \cdot \delta \boldsymbol{r}_B + \boldsymbol{Q} \cdot \delta \boldsymbol{r}_C = 0$$

即

$$P' \cdot \delta r_A \cos\left(\frac{\pi}{2} - \beta\right) + P \cdot \delta r_B \cos\left(\frac{\pi}{2} - \beta\right) - Q \cdot \delta r_C = 0 \tag{1}$$

由于杆 DE 作平动，其上 D、E 点虚位移均等于 C 点虚位移 δr_C，而杆 AD 和 BE 均作平面运动，由速度投影定理得

$$\left.\begin{aligned} \delta r_A \cos\left(2\beta - \frac{\pi}{2}\right) = \delta r_C \cos\left(\frac{\pi}{2} - \beta\right) \\ \delta r_B \cos\left(2\beta - \frac{\pi}{2}\right) = \delta r_C \cos\left(\frac{\pi}{2} - \beta\right) \end{aligned}\right\}$$

代入(1)式得

$$P\tan\beta = Q$$

(2) 方法二：解析法。

选取坐标系 Oxy，如图 14－13 所示。由虚位移原理

$$\sum (F_{ix}\delta x_i + F_{iy}\delta y_i) = 0$$

则有

$$P'_x \cdot \delta x_A + P_x \cdot \delta x_B + Q_y \cdot \delta y_C = 0 \tag{1}$$

其中，主动力的投影为

$$P'_x = P' = P, \quad P_x = -P, \quad Q_y = -Q \tag{2}$$

各力作用点的坐标及坐标的变分为

$$x_A = -\left(\frac{a}{2} + a\cos\beta\right)$$

$$x_B = \frac{a}{2} + a\cos\beta$$

$$y_C = 2a\sin\beta$$

$$\left.\begin{aligned} \delta x_A &= a\sin\beta\delta\beta \\ \delta x_B &= -a\sin\beta\delta\beta \\ \delta y_C &= 2a\cos\beta\delta\beta \end{aligned}\right\} \tag{3}$$

将(2)式和(3)式代入(1)式得

$$P(a\sin\beta\delta\beta) - P(-a\sin\beta\delta\beta) - Q(2a\cos\beta\delta\beta) = 0$$

解得

$$P\tan\beta = Q$$

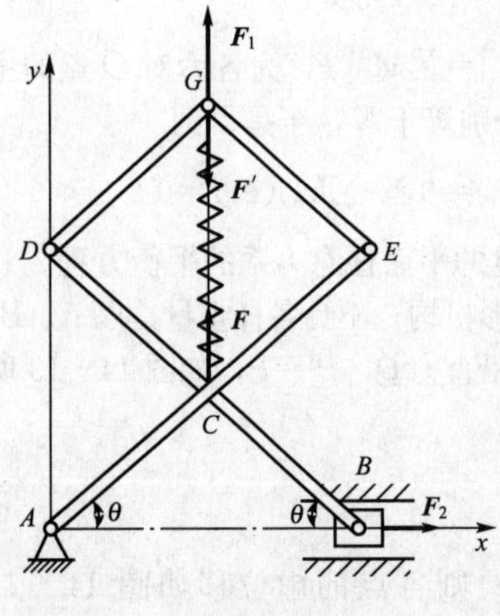

图 14－14

例 14－4 在图 14－14 所示的机构中，各杆质量不计，均以光滑铰链相连，$AC = EC = BC = DG = CG = l$。在点 G 作用一垂直力 $\boldsymbol{F}_1$，在滑块 B 上作用一水平力 $\boldsymbol{F}_2$，在 C 和 G 点连接有一刚度为 k 的弹簧，且在图示平衡位置弹簧有伸长量 δ_0。求平衡时杆 AE 与水平线之间的夹角 θ。

解： 研究对象为整个系统。取坐标系 Axy。

系统的受力：除主动力 $\boldsymbol{F}_1$、$\boldsymbol{F}_2$ 之外，还有弹性力 $\boldsymbol{F}$ 和 $\boldsymbol{F}'$，这是一对内力，其大小为 $F=F'=k\delta_0$。

由虚位移原理

$$F_1\delta y_G+F_2\delta x_B+F\delta y_C-F'\delta y_G=0 \tag{1}$$

其中

$$y_G=3l\sin\theta$$
$$x_B=2l\cos\theta$$
$$y_C=l\sin\theta$$

其变分为

$$\delta y_G=3l\cos\theta\delta\theta$$
$$\delta x_B=-2l\sin\theta\delta\theta$$
$$\delta y_C=l\cos\theta\delta\theta$$

代入(1)式，注意到 $F=F'=k\delta_0$，得

$$F_1(3l\cos\theta\delta\theta)+F_2(-2l\sin\theta\delta\theta)+k\delta_0 l\cos\theta\delta\theta-k\delta_0(3l\cos\theta\delta\theta)=0$$

即

$$(3F_1-2k\delta_0)l\cos\theta\delta\theta-2F_2l\sin\theta\delta\theta=0$$

解得

$$\tan\theta=\frac{3F_1-2k\delta_0}{2F_2}$$

应当指出，由于系统处于平衡状态，在微小的虚位移中，原受力状态及几何关系是不变的，因此作用于 C、G 两点的弹性力 $F=F'=k\delta_0$ 是不变的常力。弹性力的虚功也可以用 C、G 两点间相对虚位移($CG=S=2l\sin\theta$)δS 来计算。

例 14-5 组合梁 $ABCDEFG$ 上作用的荷载和尺寸如图 14-15(a)所示。求支座 A 的约束反力。

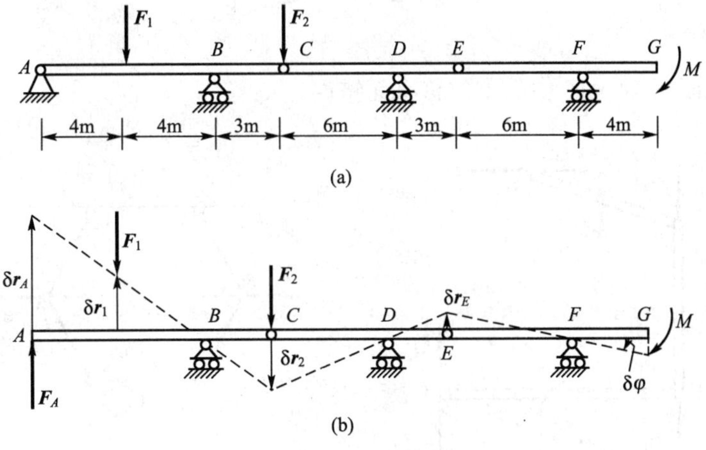

图 14-15

解： 研究对象为组合梁。

原结构是不能发生位移的。为了应用虚位移原理，可将支座 A 除去，代之以相应的约

束反力 $\boldsymbol{F}_A$，并视为主动力。给系统以虚位移，如图 14－15(b)所示。

根据虚位移原理可以得到

$$F_A\delta r_A-F_1\delta r_1+F_2\delta r_2+M\delta\varphi=0 \tag{1}$$

其中，由几何关系得

$$\frac{\delta r_1}{\delta r_A}=\frac{1}{2},\quad \frac{\delta r_2}{\delta r_A}=\frac{3}{8},\quad \frac{\delta r_E}{\delta r_2}=\frac{1}{2}$$

$$\frac{\delta\varphi}{\delta r_A}=\frac{1}{\delta r_A}\cdot\frac{\delta r_E}{6}=\frac{1}{32}$$

代入(1)式，整理得

$$F_A=\frac{\delta r_1}{\delta r_A}F_1-\frac{\delta r_2}{\delta r_A}F_2-\frac{\delta\varphi}{\delta r_A}M$$

因此，得

$$F_A=\frac{1}{2}F_1-\frac{3}{8}F_2-\frac{1}{32}M$$

本题如果用静力学列平衡方程求解，则需要依次研究 GE、CE、AC 才能求出 $\boldsymbol{F}_A$。而应用虚位移原理只需对整个系统找出各点虚位移的关系即可求得，故较为简便。需要注意的是，若要求多个约束反力，则需要一个一个地解除约束，用虚位移原理求解，这样求解时并不方便，不如使用平衡方程。

由以上各例可知，应用虚位移原理解题步骤可以归纳如下。

(1) 选取研究对象。一般取整个系统为研究对象。

(2) 受力分析，画受力图。只分析主动力，对非理想约束的情形，如摩擦力可视为主动力。

(3) 给系统以虚位移，并建立主动力作用点虚位移之间的关系。

(4) 建立虚功方程，并求出未知量。

习　　题

14－1　判断图 14－16 中的虚位移有无错误。

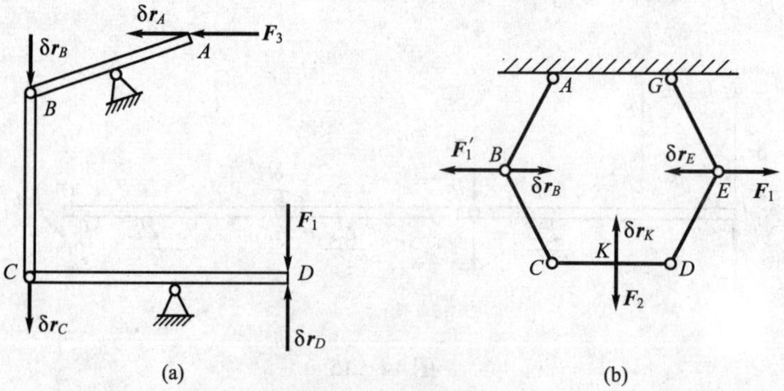

图 14－16

14－2　试用不同方法确定图 14－17 所示各机构各点虚位移与 A 点虚位移的关系。

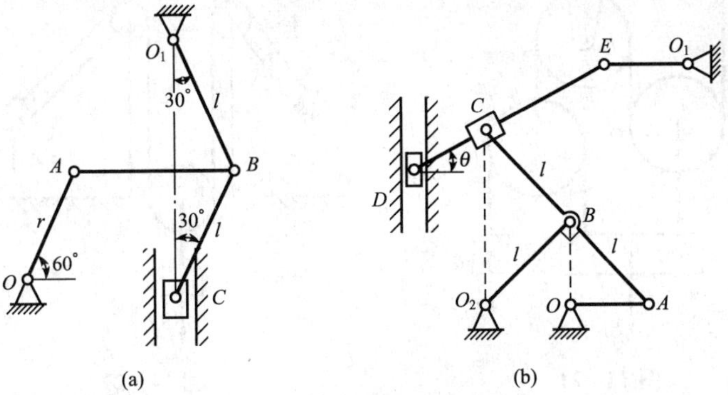

图 14－17

14－3　在图 14－18 所示的机构中，在 G 点作用一水平力 $\boldsymbol{F}_1$，在 A 点作用一垂直力 $\boldsymbol{F}_2$ 以维持机构的平衡，求力 $\boldsymbol{F}_2$ 的值。已知 $AC=BC=EC=DC=CE=GD=l$，杆重不计。

14－4　在图 14－19 所示的曲柄压榨机构中，在曲柄 OA 上作用一力偶，其力偶矩为 M，另在滑块 D 上作用一水平力 $\boldsymbol{F}$，机构尺寸如图 14－19 所示。求机构平衡时，力 $\boldsymbol{F}$ 的大小与力偶矩 M 的关系。

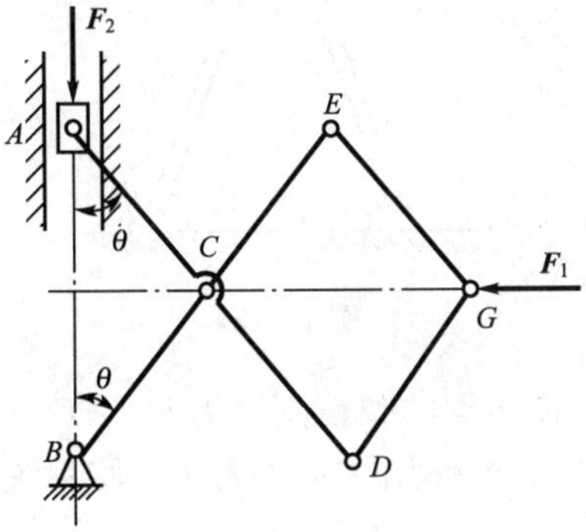

图 14－18

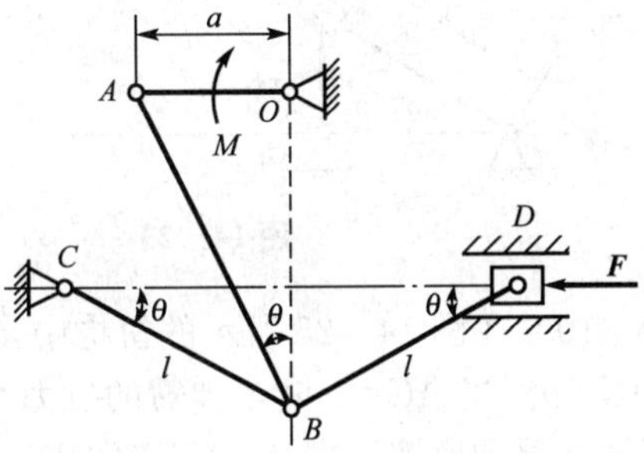

图 14－19

14－5　在图 14－20 所示的机构中，当曲柄 OC 绕 O 轴摆动时，滑块 A 在曲柄上滑动，从而带动杆 AB 在铅直导槽内移动。已知 $OC=a$，$OK=l$，在点 C 处垂直于曲柄作用一力 $\boldsymbol{F}_1$，而在点 B 沿 BA 作用一力 $\boldsymbol{F}_2$。求机构平衡时，$\boldsymbol{F}_2$ 与 $\boldsymbol{F}_1$ 的关系。

14－6　在图 14－21 所示的滑轮机构中，物块 A 的重力为 $\boldsymbol{P}_1$，物块 B 的重力为 $\boldsymbol{P}_2$。不计绳和滑轮重，当机构平衡时，求重量 $\boldsymbol{P}_1$ 和 $\boldsymbol{P}_2$ 的关系。

14－7　如图 14－22 所示，两重物分别重 $\boldsymbol{P}_1$、$\boldsymbol{P}_2$，连接在细绳的两端，分别放在倾角为 θ 和 β 的斜面上，绳子绕过定滑轮与一动滑轮相连，动滑轮的轴上挂一重力为 $\boldsymbol{P}_3$ 的重物。如不计摩擦以及滑轮和绳子的质量，试求平衡时，$\boldsymbol{P}_1$ 和 $\boldsymbol{P}_2$ 的值。

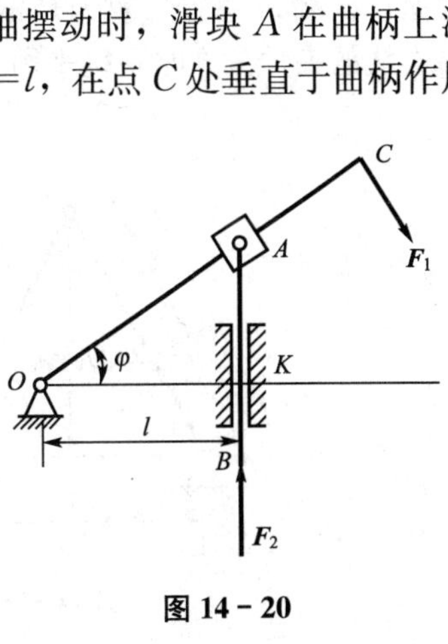

图 14－20

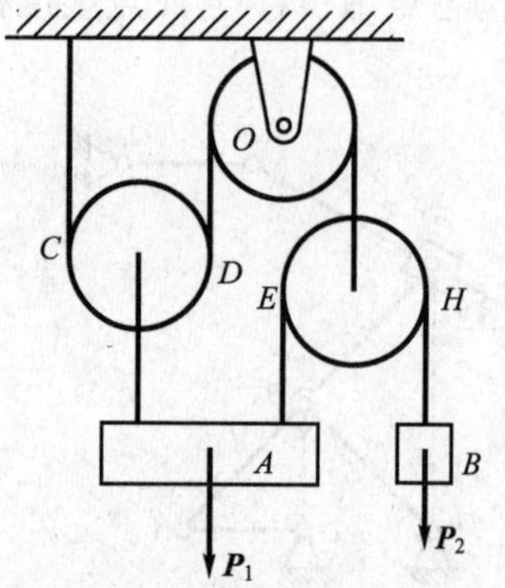

图 14-21

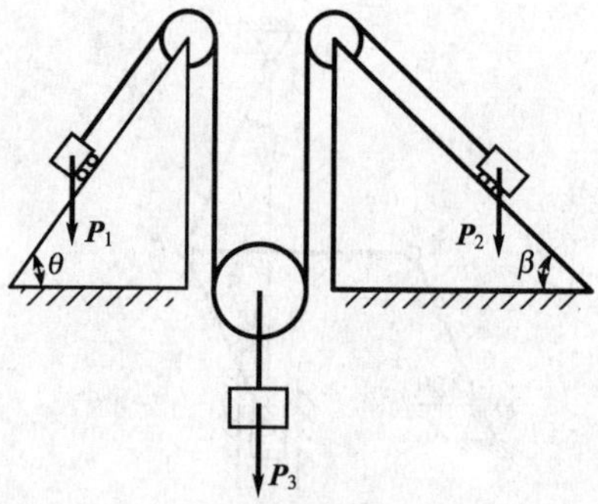

图 14-22

14-8　如图 14-23 所示的一平面机构中，不计各杆及滑块重量，略去各接触面的摩擦，求机构在图示位置平衡时，M 和 F 的关系。

14-9　如图 14-24 所示，一折梯放在粗糙的水平面上，设梯子与地面之间的摩擦系数为 f。求平衡时，梯子与水平面所成的最小角度。设梯子 AC 和 BC 两部分为均质杆。

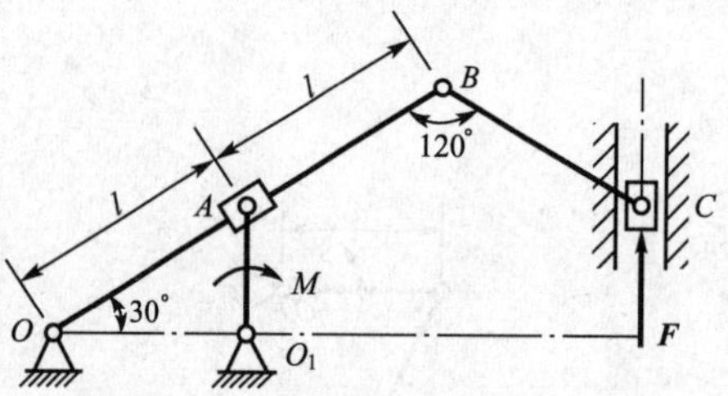

图 14-23

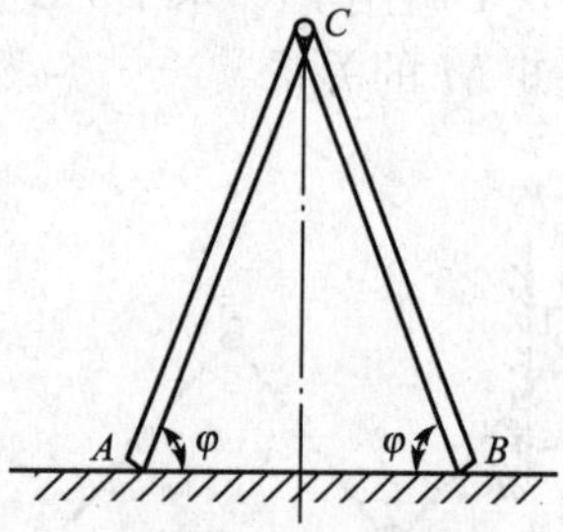

图 14-24

14-10　在图 14-25 所示的机构中，连接 D、E 两点的弹簧刚度为 k，$AB=BC=l$，$BD=BE=b$。当 $AC=a$ 时，弹簧的拉力为零。设在 C 处作用一水平力 $\boldsymbol{F}$，使系统处于平衡。不计杆重和摩擦，求 A、C 间的距离 x。

14-11　如图 14-26 所示，半径为 R 的均质圆轮可绕固定轴 O 转动，杆 AB 固结在轮上，杆端 A 悬挂一重为 $\boldsymbol{P}$ 的物体。当 OA 在铅直位置时，弹簧处于自然状态。设 AB 与铅直线的夹角为 θ 时系统平衡，不计 AB 杆质量，试求弹簧刚度 k。

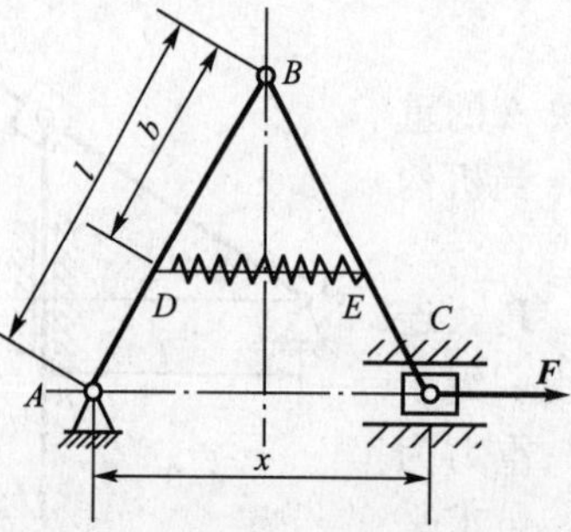

图 14-25

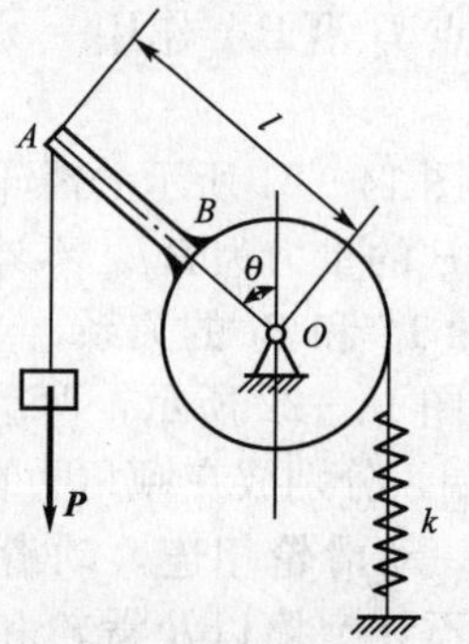

图 14-26

14-12 两相同的均质杆 $AB=BC=l$，重量均为 $\boldsymbol{P}$，其上各作用的力偶如图 14-27 所示。试求平衡时，杆与水平线间的夹角 θ_1 和 θ_2。

14-13 罗培伐秤由两个杠杆和两个盘子铰接而成，如图 14-28 所示。求平衡时 $\boldsymbol{P}_1$ 和 $\boldsymbol{P}_2$ 的比值为多大？支座 A、B 的反力各为多少？

14-14 图 14-29 所示为一组合机构。已知 $P_1=4\text{kN}$，$P_2=5\text{kN}$，求杆 1 的内力。

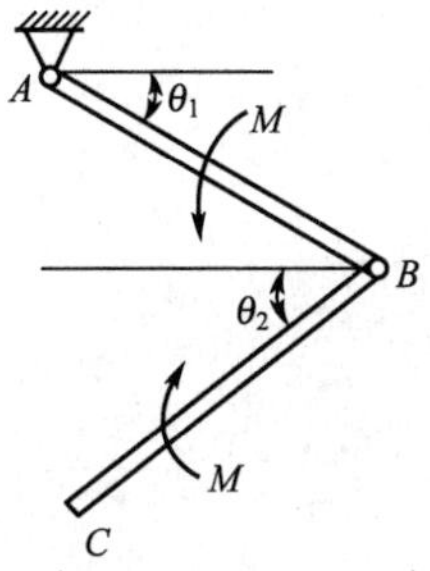

图 14-27

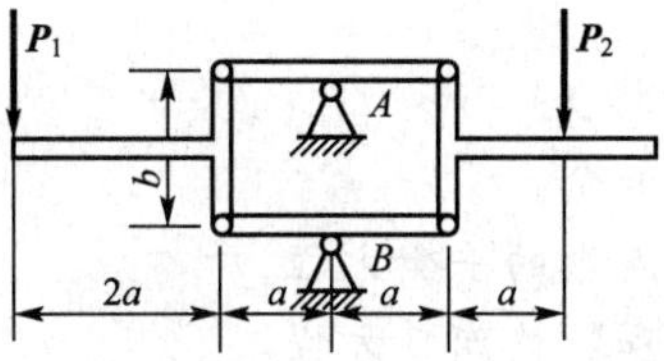

图 14-28

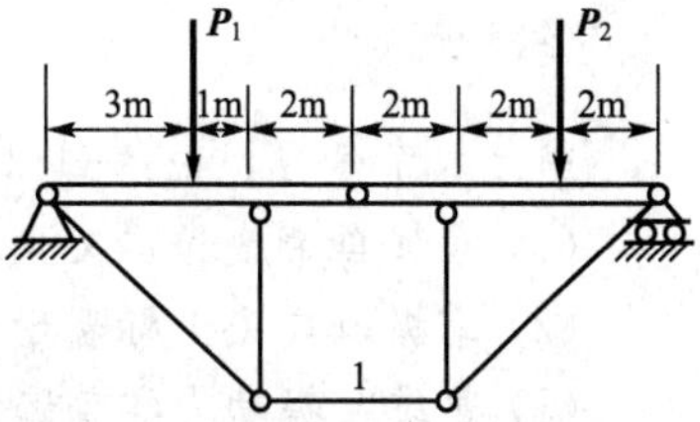

图 14-29

14-15 组合梁由铰链 C 连接 AC 和 CE 梁而成，荷载分布如图 14-30 所示。已知 $l=8\text{m}$，$P=4900\text{N}$，均布力 $q=2450\text{N/m}$，力偶矩 $M=4900\text{N}\cdot\text{m}$。求支座反力。

14-16 如图 14-31 所示，三铰拱受水平力 $\boldsymbol{F}$ 的作用，不计拱重。求支座 A、B 的反力。

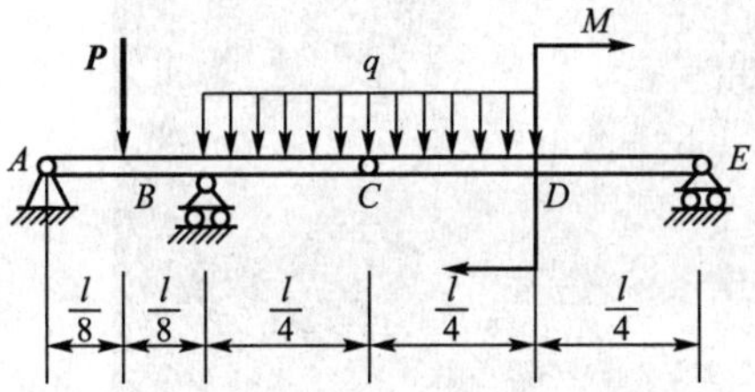

图 14-30

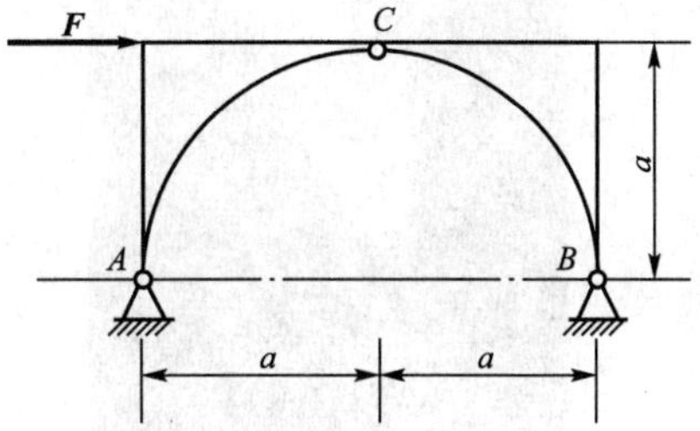

图 14-31

第15章 分析力学基础

教学目标

通过本章学习，应达到以下目标：

(1) 掌握自由度和广义坐标的概念。

(2) 掌握以广义坐标表示的质点系的平衡方程。

(3) 熟练掌握动力学普遍方程和拉格朗日方程。

引例

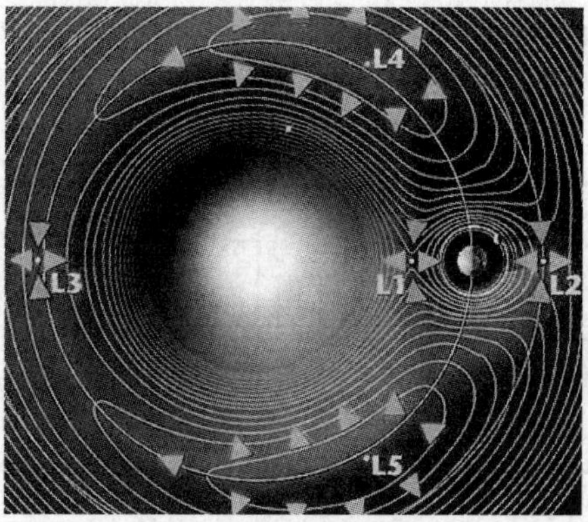

分析力学是理论力学的一个分支，它通过用广义坐标为描述质点系的变数，运用数学分析的方法，研究宏观现象中的力学问题。分析力学是独立于牛顿力学的描述力学世界的体系。分析力学的基本原理同牛顿运动三定律之间可以互相推出。

分析力学是适合于研究宏观现象的力学体系，它的研究对象是质点系。质点系可视为宏观物体组成的力学系统的理想模型，例如刚体、弹性体、流体以及它们的综合体都可看作质点系，质点数可由一到无穷。又如太阳系可看作自由质点系，星体间的相互作用是万有引力，研究太阳系中行星和卫星运动的天体力学，同分析力学密切相关，在方法上互相促进；工程上的力学问题大多数是约束的质点系，由于约束方程类型的不同，就形成了不同的力学系统。例如，完整系统、非完整系统、定常系统、非定常系统等。

1788年拉格朗日出版的《分析力学》是世界上最早的一本分析力学的著作。分析力学是建立在虚功原理和达朗贝尔原理的基础上。两者结合，可得到动力学普遍方程，从而导出分析力学各种系统的动力方程。1760～1761年，拉格朗日用这两个原理和理想约束结合，得到了动力学的普遍方程，几乎所有的分析力学的动力学方程都是从这个方程直接或间接导出的。

应用达朗贝尔原理，把质点系动力学问题转化为虚拟的静力学平衡问题求解，而虚位移原理是用分析法求解质点系静力学平衡问题的普遍原理，将二者相结合，就可得到处理质点系动力学问题的动力学普遍方程。对此方程进行广义坐标变换，可以导出拉格朗日方程。拉格朗日方程为建立质点系的运动微分方程提供了十分方便而有效的方法，在振动理论、质点系动力学问题中有着广泛的应用。

§15-1 自由度和广义坐标

一个自由质点在空间的位置需要三个独立坐标来确定，我们说自由质点在空间有三个**自由度**。对于 n 个质点组成的质点系，若其中每个质点都是自由的，则确定此质点系位置的独立坐标有 $3n$ 个，那么，此质点系有 $3n$ 个自由度。

对于非自由质点系，由于受到约束，质点系中各质点的位置坐标，由于要满足约束条件，故不是完全独立的。我们把确定一个受完整约束的质点系位置所需要的独立坐标的数目，称为质点系的自由度数，简称为**自由度**。

如图 15-1 所示的双锤摆，设只在铅直平面内摆动，则确定该系统需要四个坐标 x_1、y_1、x_2、y_2 且各坐标必须满足约束方程

$$\left.\begin{aligned}&x_1^2+y_1^2=a^2\\&(x_2-x_1)^2+(y_2-y_1)^2=b^2\end{aligned}\right\}$$

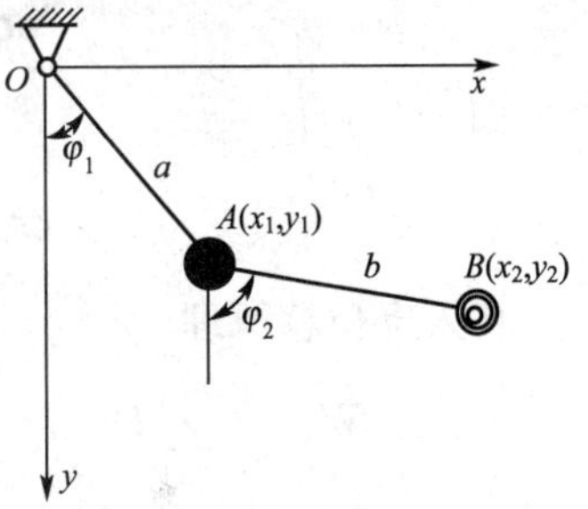

图 15-1

因此，系统只有两个坐标是独立的，它有两个自由度。

对于由 n 个质点组成的质点系，若有 s 个约束方程，用 N 表示自由度数，则有 $N=3n-s$ 个自由度，由这些约束方程可以将其中的 s 个坐标表示成为其余 $3n-s$ 个坐标的函数，这样该质点系在空间中的位置就可以用 $N=3n-s$ 个独立参数完全确定下来。

描述质点或质点系位置的独立参数称为**广义坐标**。在完整约束的情况下，广义坐标的数目等于系统的自由度的数目。广义坐标可以在直角坐标中挑选，也可以在极坐标或柱坐标等坐标中挑选，但通常选取比较方便的独立参变量。

如图 15-1 所示的双锤摆，有两个自由度，可选独立参变量 φ_1、φ_2 便可确定其位置。

广义坐标通常用 q_1，q_2…，q_N 表示，直角坐标都可以写成广义坐标的函数。

对于由 n 个质点组成的质点系，第 i 个质点的坐标为 x_i、y_i、z_i。各质点的直角坐标可以写成广义坐标的函数形式：

$$\left.\begin{aligned}x_i&=x_i(q_1,\ q_2,\ \cdots,\ q_N,\ t)\\y_i&=y_i(q_1,\ q_2,\ \cdots,\ q_N,\ t)\\z_i&=z_i(q_1,\ q_2,\ \cdots,\ q_N,\ t)\end{aligned}\right\}\quad(i=1,\ 2,\ \cdots,\ n)\tag{15-1}$$

对上式求变分，其中第一式的变分为

$$\delta x_i=\frac{\partial x_i}{\partial q_1}\delta q_1+\frac{\partial x_i}{\partial q_2}\delta q_2+\cdots+\frac{\partial x_i}{\partial q_N}\delta q_N$$

上式建立了各质点直角坐标变分与广义坐标变分的关系。于是得到

$$\left.\begin{aligned}\delta x_i &= \sum_{k=1}^{N}\frac{\partial x_i}{\partial q_k}\delta q_k\\ \delta y_i &= \sum_{k=1}^{N}\frac{\partial y_i}{\partial q_k}\delta q_k\\ \delta z_i &= \sum_{k=1}^{N}\frac{\partial z_i}{\partial q_k}\delta q_k\end{aligned}\right\}\quad (i=1,\ 2,\ \cdots,\ n) \tag{15-2}$$

式中，δq_k称为**广义虚位移**，上式表明质点系的虚位移可以用质点系的广义虚位移表示。

§15－2　以广义坐标表示的质点系平衡条件

设质点系由 n 个质点组成，第 i 个质点的矢径为$\boldsymbol{r}_i$，它也可以表示为广义坐标的函数，即

$$\boldsymbol{r}_i=\boldsymbol{r}_i(q_1,\ q_2,\ \cdots,\ q_N,\ t)$$

其变分为

$$\delta\boldsymbol{r}_i=\frac{\partial\boldsymbol{r}_i}{\partial q_1}\delta q_1+\frac{\partial\boldsymbol{r}_i}{\partial q_2}\delta q_2+\cdots+\frac{\partial\boldsymbol{r}_i}{\partial q_N}\delta q_N$$

即

$$\delta\boldsymbol{r}_i=\sum_{k=1}^{N}\frac{\partial\boldsymbol{r}_i}{\partial q_k}\delta q_k\quad (i=1,\ 2,\ \cdots,\ n) \tag{15-3}$$

代入虚位移原理

$$\sum\delta W_F=\sum_{i=1}^{n}\boldsymbol{F}_i\cdot\delta\boldsymbol{r}_i=\sum_{i=1}^{n}\boldsymbol{F}_i\cdot\sum_{k=1}^{N}\frac{\partial\boldsymbol{r}_i}{\partial q_k}\delta q_k=\sum_{k=1}^{N}\left[\sum_{i=1}^{n}\boldsymbol{F}_i\cdot\frac{\partial\boldsymbol{r}_i}{\partial q_k}\right]\delta q_k=0$$

令

$$Q_k=\sum_{i=1}^{n}\boldsymbol{F}_i\cdot\frac{\partial\boldsymbol{r}_i}{\partial q_k}=\sum_{i=1}^{n}\left(F_{ix}\frac{\partial x_i}{\partial q_k}+F_{iy}\frac{\partial y_i}{\partial q_k}+F_{iz}\frac{\partial z_i}{\partial q_k}\right)\quad (k=1,\ 2,\ \cdots,\ N) \tag{15-4}$$

则有

$$\sum\delta W_F=\sum_{k=1}^{N}Q_k\delta q_k=0 \tag{15-5}$$

式中，$Q_k\delta q_k$具有功的量纲，所以Q_k称为对应于广义坐标q_k的**广义力**，广义力的量纲由它对应的广义虚位移δq_k来确定：当δq_k是线位移时，Q_k的量纲是力的量纲；当δq_k是角位移时，Q_k是力矩的量纲。

由于广义坐标是独立的，广义虚位移是任意的，要使式(15－4)成立，必须所有δq_k前的系数都等于零，即

$$Q_k=0\quad (k=1,\ 2,\ \cdots,\ N) \tag{15-6}$$

上式表明：具有理想约束的质点系，平衡的充分与必要条件是对于每一个广义坐标的广义力都等于零。这就是以广义坐标表示的平衡条件。

应用广义坐标表示的平衡条件解决实际问题时，关键在于如何求广义力。

广义力计算方法有两种，一种方法是直接由定义式(15－4)出发进行计算，另一种方法是通过计算虚功来求广义力。将式(15－5)改写为

$$\sum\delta W_F=Q_1\delta q_1+Q_2\delta q_2+\cdots+Q_k\delta q_k \quad (15-7)$$

由上式可知，对于q_k的广义力Q_k，如果其他广义坐标保持不变，只有q_k变更，即令$\delta q_k\neq0$，而其余的广义虚位移均等于零，这样就可以求出所有主动力相应于广义虚位移δq_k的虚功之和，即

$$\sum\delta W_k=Q_k\delta q_k$$

可以得到广义力为

$$Q_k=\frac{\sum\delta W_k}{\delta q_k} \quad (15-8)$$

在解决实际问题时，第二种方法较为方便。

对于保守系统，由于主动力是保守力，则势能函数为

$$V=V(x_1,\ y_1,\ z_1;\ \cdots;\ x_n,\ y_n,\ z_n)$$

主动力在直角坐标轴上的投影分别为

$$F_{ix}=-\frac{\partial V}{\partial x_i},\quad F_{iy}=-\frac{\partial V}{\partial y_i},\quad F_{iz}=-\frac{\partial V}{\partial z_i}$$

于是有

$$\begin{aligned}\delta W_F&=\sum_{i=1}^{n}(F_{ix}\delta x_i+F_{iy}\delta y_i+F_{iz}\delta z_i)\\&=-\sum_{i=1}^{n}\left(\frac{\partial V}{\partial x_i}\delta x_i+\frac{\partial V}{\partial y_i}\delta y_i+\frac{\partial V}{\partial z_i}\delta z_i\right)\\&=-\delta V\end{aligned}$$

由于直角坐标是广义坐标的函数，所以质点系的势能也可以表示为广义坐标的函数，即

$$V=V(q_1,\ q_2,\ \cdots,\ q_N)$$

根据广义力的表达式，在势力场中可以将广义力写成用势能表达的形式

$$\begin{aligned}Q_k&=\sum_{i=1}^{n}\left(F_{ix}\frac{\partial x_i}{\partial q_k}+F_{iy}\frac{\partial y_i}{\partial q_k}+F_{iz}\frac{\partial z_i}{\partial q_k}\right)\\&=-\sum_{i=1}^{n}\left(\frac{\partial V}{\partial x_i}\cdot\frac{\partial x_i}{\partial q_k}+\frac{\partial V}{\partial y_i}\cdot\frac{\partial x_i}{\partial q_k}+\frac{\partial V}{\partial z_i}\cdot\frac{\partial z_i}{\partial q_k}\right)\\&=-\frac{\partial V}{\partial q_k}\quad(k=1,\ 2,\ \cdots,\ N)\end{aligned}$$

这样，用广义坐标表示的质点系的平衡条件可以写成

$$Q_k=\frac{\partial V}{\partial q_k}=0\quad(k=1,\ 2,\ \cdots,\ N) \quad (15-9)$$

上式表示：在势力场中，具有理想约束的质点系的平衡条件为势能对每个广义坐标的偏导数分别等于零。

例 15-1 杆OA和AB以铰链相连，O端悬挂于圆柱铰链上，B端自由，如图15-2(a)所示。在点A和B分别作用铅直向下的力$\boldsymbol{F}_1$、$\boldsymbol{F}_2$，各杆重及铰链摩擦均不计。杆长$OA=l_1$，$AB=l_2$。现又在B点作用一水平力$\boldsymbol{F}_3$，且$\boldsymbol{F}_1$、$\boldsymbol{F}_2$、$\boldsymbol{F}_3$均在同一平面内，试求平衡时两杆与铅直线的夹角各为多少。

解：研究整个系统。

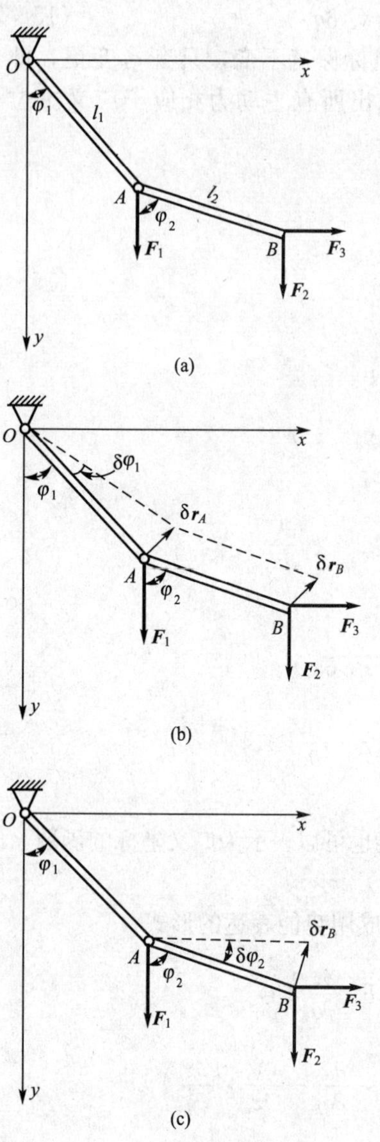

图 15－2

杆 OA 和杆 AB 位置可由点 A 和 B 的四个坐标 x_A、y_A 和 x_B、y_B 完全确定。但由于系统中，OA 和 AB 长度不变，可列出两个约束方程，即

$$x_A^2+y_A^2=l_1^2$$

$$(x_B-x_A)^2+(y_B-y_A)^2=l_2^2$$

因此系统具有两个自由度，它的位置可用两个广义坐标来确定，选 φ_1 和 φ_2 为广义坐标，对应的广义虚位移为 $\delta\varphi_1$ 和 $\delta\varphi_2$。

下面用两种方法求解。

方法一：用广义坐标表示的平衡条件求解。A、B 点直角坐标和广义坐标的关系为

$$x_A=l_1\sin\varphi_1,\quad y_A=l_1\cos\varphi_1$$

$$x_B=l_1\sin\varphi+l_2\sin\varphi_2,\quad y_B=l_1\cos\varphi_1+l_2\cos\varphi_2$$

所以

$$\left.\begin{aligned}&\frac{\partial y_A}{\partial\varphi_1}=-l_1\sin\varphi_1, &&\frac{\partial y_A}{\partial\varphi_2}=0\\&\frac{\partial y_B}{\partial\varphi_1}=-l_1\sin\varphi_1, &&\frac{\partial y_B}{\partial\varphi_2}=-l_2\sin\varphi_2\\&\frac{\partial x_B}{\partial\varphi_1}=l_1\cos\varphi_1, &&\frac{\partial x_B}{\partial\varphi_2}=l_2\sin\varphi_2\end{aligned}\right\}\quad(1)$$

主动力在直角坐标上的投影为

$$\left.\begin{aligned}&F_{1x}=F_{2x}=0,\quad F_{3x}=F_3\\&F_{1y}=F_1,\quad F_{2y}=F_2,\quad F_{3y}=0\end{aligned}\right\}\quad(2)$$

把(1)式和(2)式代入(15－4)式，并令 $Q_k=0$，可得

$$\begin{aligned}Q_1&=F_1\frac{\partial y_A}{\partial\varphi_1}+F_2\frac{\partial y_B}{\partial\varphi_1}+F_3\frac{\partial x_B}{\partial\varphi_1}\\&=-F_1l_1\sin\varphi_1-F_2l_2\sin\varphi_2+F_3l_1\cos\varphi_1=0\end{aligned}$$

$$\begin{aligned}Q_2&=F_2\frac{\partial y_B}{\partial\varphi_2}+F_3\frac{\partial x_B}{\partial\varphi_2}\\&=-F_2l_2\sin\varphi_2+F_3l_2\cos\varphi_2=0\end{aligned}$$

解得

$$\tan\varphi_1=\frac{F_3}{F_1+F_2},\quad \tan\varphi_2=\frac{F_3}{F_2}$$

方法二：用计算虚功的方法求解。

令 $\delta\varphi_1\neq0$，$\delta\varphi_2=0$，则此系统的虚位移如图 15－2(b)所示。则 $\delta\boldsymbol{r}_A=\delta$，$\delta\boldsymbol{r}_B=l_1\delta\varphi_1$，主动力的虚功之和为

$$\begin{aligned}\sum\delta W_1&=-F_1\delta\boldsymbol{r}_A\sin\varphi_1-F_2\delta\boldsymbol{r}_B\sin\varphi_1+F_3\delta\boldsymbol{r}_B\cos\varphi_1\\&=(-F_1l_1\sin\varphi_1-F_2l_1\sin\varphi_1+F_3l_1\cos\varphi_1)\delta\varphi_1\end{aligned}$$

则对应于广义坐标 φ_1 的广义力为

$$Q_1=\frac{\sum\delta W_1}{\delta\varphi_1}=-F_1l_1\sin\varphi_1-F_2l_1\sin\varphi_1+F_3l_1\cos\varphi_1$$

同样，令 $\delta\varphi_2\neq0$，$\delta\varphi_1=0$，系统的虚位移如图 15－2(c)所示，而且 $\delta\boldsymbol{r}_B=l_2\delta\varphi_2$，则主动力虚功之和为

$$\begin{aligned}\sum\delta W_2&=-F_2\delta\boldsymbol{r}_B\sin\varphi_2+F_3\delta\boldsymbol{r}_B\cos\varphi_2\\&=(-F_2l_2\sin\varphi_2+F_3l_2\cos\varphi_2)\delta\varphi_2\end{aligned}$$

对应于广义坐标 φ_2 的广义力为

$$Q_2=\frac{\sum\delta W_2}{\delta\varphi_2}=-F_2l_2\sin\varphi_2-F_3l_2\cos\varphi_2$$

由平衡条件 $Q_1=0$，$Q_2=0$，得

$$\tan\varphi_1=\frac{F_3}{F_1+F_2},\quad \tan\varphi_2=\frac{F_3}{F_2}$$

例 15－2 如图 15－3 所示，长为 l 的均质杆重为 P，当 $\varphi=0$，弹簧不伸长，设弹簧刚度为 k，轮重不计。求系统的平衡位置。

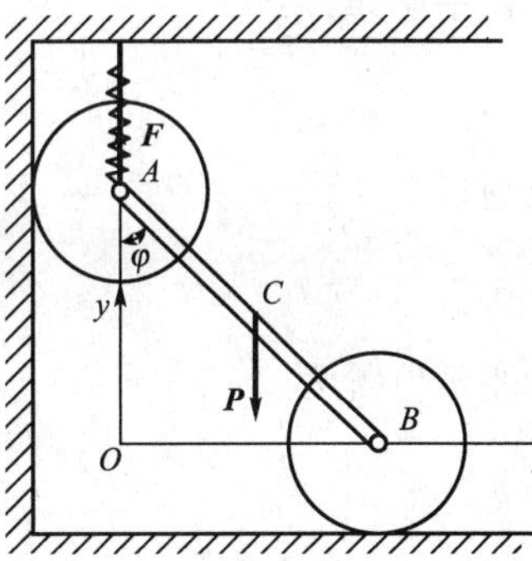

图 15－3

解：研究整个系统。

方法一：用广义坐标求解。

系统只有一个自由度，以 φ 角为广义坐标。取直角坐标系 Oxy，则 A、C 点的坐标为

$$y_A=l\cos\varphi,\quad x_A=0$$

$$y_C=\frac{l}{2}\cos\varphi,\quad x_C=\frac{l}{2}\sin\varphi$$

所以

$$\left.\begin{aligned}&\frac{\partial y_A}{\partial\varphi}=-l\sin\varphi,\qquad \frac{\partial x_A}{\partial\varphi}=0\\&\frac{\partial y_C}{\partial\varphi}=-\frac{l}{2}\sin\varphi,\quad \frac{\partial x_C}{\partial\varphi}=\frac{l}{2}\cos\varphi\end{aligned}\right\}\tag{1}$$

主动力在直角坐标轴上的投影为

$$\left.\begin{aligned}&P_x=0,\quad P_y=-P\\&F_x=0,\quad F_y=F=k\Delta y_A\end{aligned}\right\}\tag{2}$$

其中，Δy_A 为弹簧形变量。把(1)式和(2)式代入式(15－4)，可得广义力为

$$\begin{aligned}Q_\varphi&=F_y\frac{\partial y_A}{\partial\varphi}+P_y\frac{\partial y_C}{\partial\varphi}\\&=-k\Delta y_Al\sin\varphi+\frac{P}{2}l\sin\varphi\end{aligned}$$

由平衡条件 $Q_\varphi=0$，得

$$l\sin\varphi\left(\frac{P}{2}-k\Delta y_A\right)=0$$

即平衡位置为

$$\sin\varphi=0\quad 或\quad k\Delta y_A=\frac{P}{2}$$

由已知条件，可知

$$\Delta y_A = l(1-\cos\varphi)$$

所以

$$\varphi_1=0,\quad \varphi_2=\cos^{-1}\left(1-\frac{P}{2kl}\right)$$

方法二：用势能求极值的方法。

由于作用于系统的主动力均为有势力，故可以用此种方法。选 x 轴为重力的零势能线，弹簧未变形时连杆顶端 A 点为弹簧的零势能点，则系统的势能为

$$V=\frac{1}{2}k(\Delta y_A)^2+P\frac{l}{2}\cos\varphi$$

$$=\frac{1}{2}kl^2(1-\cos\varphi)^2+\frac{P}{2}l\cos\varphi$$

由平衡条件：

$$\frac{\partial V}{\partial \varphi}=0$$

所以

$$\left[kl^2(1-\cos\varphi)-\frac{P}{2}l\right]\sin\varphi=0$$

平衡位置为

$$\varphi_1=0,\quad \varphi_2=\cos^{-1}\left(1-\frac{P}{2kl}\right)$$

§15-3 动力学普遍方程

在第 14 章中已经说明，虚位移原理是解决质点系平衡问题的普遍方法，而应用达朗贝尔原理则可以使质点系动力学问题在形式上变为静力学的平衡问题。因此，我们可以把这两个原理结合起来，推导出动力学普遍方程，用于解决非自由质点系的动力学问题。

设由 n 个质点组成的质点系，所受的约束都是理想的。根据达朗贝尔原理，作用于质点系中任一质点 M_i 上的主动力的合力 $\boldsymbol{F}_i$、约束反力的合力 $\boldsymbol{F}_{Ni}$ 以及惯性力 $\boldsymbol{F}_{Ii}$ 构成形式上的平衡力系，即

$$\boldsymbol{F}_i+\boldsymbol{F}_{Ni}+\boldsymbol{F}_{Ii}=0\quad (i=1,\ 2,\ \cdots,\ n)$$

现给质点系以虚位移，质点 M_i 的虚位移为 δr_i，由虚位移原理可知，作用在该质点上的主动力的合力、约束反力的合力以及惯性力在此虚位移中的虚功之和等于零，并且将质点系所有质点的等式相加，可得

$$\sum_{i=1}^{n}\boldsymbol{F}_i\cdot\delta\boldsymbol{r}_i+\sum_{i=1}^{n}\boldsymbol{F}_{Ni}\cdot\delta\boldsymbol{r}_i+\sum_{i=1}^{n}\boldsymbol{F}_{Ii}\cdot\delta\boldsymbol{r}_i=0$$

若施加在质点系上的约束是理想的，则约束反力的虚功之和等于零，即

$$\sum_{i=1}^{n}\boldsymbol{F}_{Ni}\cdot\delta\boldsymbol{r}_i=0$$

于是有

$$\sum_{i=1}^{n} \boldsymbol{F}_i \cdot \delta \boldsymbol{r}_i + \sum_{i=1}^{n} \boldsymbol{F}_{\mathrm{I}i} \cdot \delta \boldsymbol{r}_i = 0 \tag{15-10}$$

由于惯性力 $\boldsymbol{F}_{\mathrm{I}i} = -m_i \boldsymbol{a}_i = -m_i \ddot{\boldsymbol{r}}_i$，故上式可改写为

$$\sum_{i=1}^{n} (\boldsymbol{F}_i - m_i \ddot{\boldsymbol{r}}_i) \cdot \delta \boldsymbol{r}_i = 0 \tag{15-11}$$

写成解析表达式，即

$$\sum_{i=1}^{n} [(F_{ix} - m_i \ddot{x}_i)\delta x_i + (F_{iy} - m_i \ddot{y}_i)\delta y_i + (F_{iz} - m_i \ddot{z}_i)\delta z_i] = 0 \tag{15-12}$$

上式表明：具有理想约束的质点系，在运动的任一瞬时，作用在质点系上的所有主动力和虚加的惯性力在任何虚位移中的虚功之和等于零。这就是**动力学普遍方程**。

动力学普遍方程是动力学普遍而统一的方程。由于约束反力在方程中不出现，所以有利于求解复杂的动力学问题；而且在具有任意个自由度的系统中，独立方程数目恒等于自由度数目。如果所研究的质点系涉及刚体，可以将其惯性力系的简化结果画在受力图上，并计算其在虚位移中的虚功。

例 15-3 某起重机的提升机构如图 15-4 所示。在主动轮 O_1 上作用有常力偶矩 M。钢丝绳的一端绕在卷筒上，另一端绕过定滑轮 A 和动滑轮 B 后挂在 A 点上。已知主动轮的质量为 m_1，从动轮的质量为 m_2，它们对各自转轴的回转半径分别为 ρ_1 和 ρ_2；传动比为 i，卷筒半径为 r，被提升的重物的质量为 m_3。不计钢丝绳和滑轮的重量以及各轴承处的摩擦。求重物上升的加速度。设钢丝绳不可伸长。

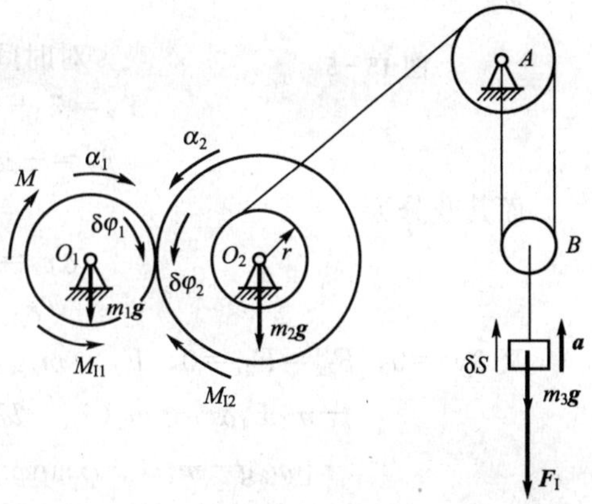

图 15-4

解：以整个机构为研究对象，系统具有理想约束，其自由度为1。

作用于系统的主动力有重力 $m_1\boldsymbol{g}$、$m_2\boldsymbol{g}$、$m_3\boldsymbol{g}$，主动力矩为 M。设重物的加速度为 $\boldsymbol{a}$，主动轮和从动轮的角加速度分别为 α_1、α_2。则重物的惯性力为 $F_{\mathrm{I}} = m_3 a$，各轮的惯性力系的主矩分别为 $M_{\mathrm{I1}} = J_1\alpha_1 = m_1\rho_1^2\alpha_1$，$M_{\mathrm{I2}} = J_2\alpha_2 = m_2\rho_2^2\alpha_2$，如图 15-4 所示。

给主动轮以顺时针转向的虚位移 $\delta\varphi_1$，则从动轮的虚位移为 $\delta\varphi_2$，重物的虚位移为 δS。由动力学普遍方程得

$$(M - M_{\mathrm{I1}})\delta\varphi_1 - M_{\mathrm{I2}}\delta\varphi_2 - (m_3 g + F_{\mathrm{I}})\delta S = 0$$

即

$$(M - m_1\rho_1^2\alpha_1)\delta\varphi_1 - m_2\rho_2^2\alpha_2\delta\varphi_2 - (m_3 g + m_3 a)\delta S = 0 \tag{1}$$

由运动学可知

$$\alpha_1 = i\alpha_2, \quad \delta\varphi_1 = i\delta\varphi_2 \tag{2}$$

$$\alpha_2 = \frac{2a}{r}, \quad \delta\varphi_2 = \frac{2\delta S}{r} \tag{3}$$

所以有

$$\alpha_1 = \frac{2ia}{r}, \quad \delta\varphi_1 = \frac{2i\delta S}{r} \tag{4}$$

将(3)式和(4)式代入(1)式后得

$$[(2irM-m_3gr^2)-(4i^2m_1\rho_1^2+4m_2\rho_2^2+m_3r^2)a]\delta S=0$$

因为 δS 是任意的，故有

$$a=\frac{2irM-m_3gr^2}{4(i^2m_1\rho_1^2+m_2\rho_2^2)+m_3r^2}$$

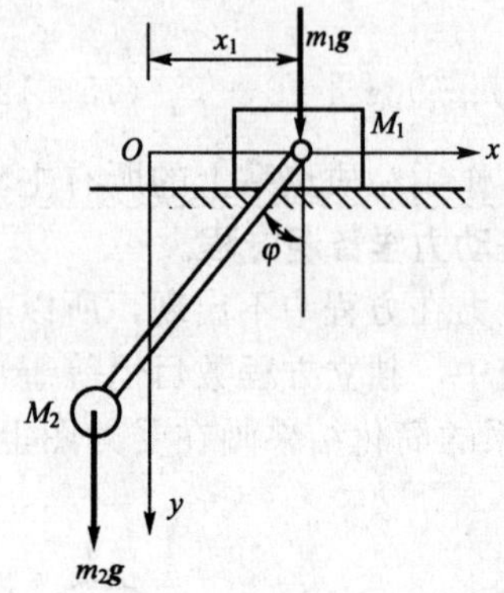

图 15 - 5

例 15 - 4 椭圆摆由物块 M_1 和摆锤 M_2 用直杆铰接而成，如图 15 - 5 所示。M_1 可沿光滑水平面滑动，摆杆则可在铅直面内摆动。设 M_1、M_2 的质量分别为 m_1 和 m_2，杆长 l，质量不计。试建立系统的运动微分方程。

解： 以整个系统为研究对象。作用于系统的主动力只有重力 $m_1\boldsymbol{g}$ 和 $m_2\boldsymbol{g}$。

系统有两个自由度，取 x_1、φ 为广义坐标。

取直角坐标系 Oxy，如图 15 - 5 所示。摆锤的坐标为

$$\left.\begin{aligned}x_2&=x_1-l\sin\varphi\\ y_2&=l\cos\varphi\end{aligned}\right\}\tag{1}$$

对时间求两次导数，得

$$\ddot{x}_2=\ddot{x}_1-l\ddot{\varphi}\cos\varphi+l\dot{\varphi}^2\sin\varphi$$
$$\ddot{y}_2=-l\ddot{\varphi}\sin\varphi-l\dot{\varphi}^2\cos\varphi$$

而其变分为

$$\delta x_2=\delta x_1-l\cos\varphi\delta\varphi$$
$$\delta y_2=-l\sin\delta\varphi$$

又 $\delta y_1=0$，$F_{1x}=F_{2x}=0$，$F_{2y}=m_2g$，将以上各式代入式(15 - 12)，得

$$-m_1\ddot{x}_1\delta x_1-m_2(\ddot{x}_1-l\ddot{\varphi}\cos\varphi+l\dot{\varphi}^2\sin\varphi)(\delta x_1-l\cos\varphi\delta\varphi)$$
$$+[m_2g-m_2l(-\ddot{\varphi}\sin\varphi+l\dot{\varphi}^2\cos\varphi)](-l\sin\varphi\delta\varphi)=0$$

由于 δx_1 和 $\delta\varphi$ 是彼此独立的，欲使上式成立，必须有

$$-(m_1+m_2)\ddot{x}_1+m_2l\ddot{\varphi}\cos\varphi-m_2l\dot{\varphi}^2\sin\varphi=0\tag{2}$$
$$m_2l\ddot{x}_1\cos\varphi-m_2l^2\ddot{\varphi}-m_2gl\sin\varphi=0\tag{3}$$

(2)式和(3)式就是系统的运动微分方程。由此可见，系统有几个自由度就可以得到几个微分方程。

若将(2)式改写成

$$\frac{\mathrm{d}}{\mathrm{d}t}[(m_1+m_2)\dot{x}_1-m_2l\dot{\varphi}\cos\varphi]=0$$

积分两次，并设 $(\dot{x}_1)_0=0$，$\dot{\varphi}_0=0$(初始静止)，得

$$\begin{aligned}(m_1+m_2)x_1-m_2l\sin\varphi&=m_1x_1+m_2(x_1-l\sin\varphi)\\&=m_1x_1+m_2x_2=C\end{aligned}\tag{4}$$

此式表示质心运动沿 x 轴守恒。

若设 $(x_C)_0=0$，则(4)式中的积分常数 $C=0$，因而由(4)式和(1)式，可得

$$x_2=-\frac{m_1l}{m_1+m_2}\sin\varphi\tag{5}$$

由(5)式和(1)式中的第二式消去 φ，得到 M_2 的轨迹方程为

$$\frac{x_2^2}{\left(\frac{m_1 l}{m_1+m_2}\right)^2}+\frac{y_2^2}{l^2}=1$$

这个方程表示 M_2 的轨迹是一个椭圆，这就是椭圆摆名称的来源。

例 15-5 两相同的均质圆轮，半径均为 r，质量均为 m，如图 15-6 所示。如系统由静止开始运动，求两轮的角加速度及动滑轮质心 C 的加速度。

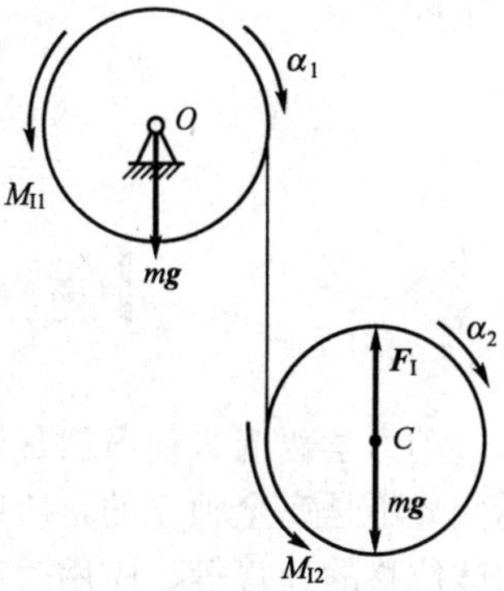

图 15-6

解： 研究整个系统。系统有两个自由度，取轮 O、轮 C 的转角 φ_1、φ_2 为广义坐标。

作用于系统的主动力只有两轮重力 mg。

轮 O 的运动为定轴转动，设其角加速度为 α_1，其惯性力偶为 $M_{I1}=\frac{1}{2}mr^2\alpha_1$；轮 C 的运动为平面运动，设角加速度为 α_2，质心 C 的加速度为 a_C，方向向下。其惯性力系的主矢的大小为 $F_I=ma_C$，对质心的主矩 $M_{I2}=\frac{1}{2}mr^2\alpha_2$，如图 15-6 所示。

令 $\delta\varphi_1=0$，$\delta\varphi_2\neq0$，则 C 点有一向下虚位移 $\delta S=r\delta\varphi_2$，根据动力学普遍方程，有

$$mg\delta S-F_I\delta S-M_{I2}\delta\varphi_2=0$$

即

$$\left[(mg-ma_C)r-\frac{1}{2}mr^2\alpha_2\right]\delta\varphi_2=0$$

得

$$g-ac-\frac{1}{2}r\alpha_2=0 \tag{1}$$

令 $\delta\varphi_1\neq0$，$\delta\varphi_2=0$，则 $\delta S=r\delta\varphi_1$，由动力学普遍方程，有

$$-M_{I1}\delta\varphi_1+mg\delta S-F_I\delta S=0$$

即

$$\left(-\frac{1}{2}mr^2\alpha_1+mgr-ma_Cr\right)\delta\varphi_1=0$$

得

$$g-a_C-\frac{1}{2}r\alpha_1=0 \tag{2}$$

由运动学可知，轮 C 质心加速度与两轮角加速度的关系为

$$a_C=r\alpha_1+r\alpha_2 \tag{3}$$

联立(1)～(3)式，解得

$$\alpha_1=\alpha_2=\frac{2g}{5r}$$

$$a_C=\frac{4}{5}g$$

如果还要求绳的拉力 $\boldsymbol{F}$，可将绳剪断代之以拉力 $\boldsymbol{F}$，并视为主动力。再取定滑轮为研究对象，由动力学普遍方程可得

$$Fr\delta\varphi_1 - M_{\text{I}1}\cdot\delta\varphi_1 = 0$$

即

$$\left(Fr - \frac{1}{2}mr^2\alpha_1\right)\delta\varphi_1 = 0$$

得

$$F = \frac{1}{2}mr\alpha_1 = \frac{P}{5}$$

§15-4 第二类拉格朗日方程

动力学普遍方程虽然是动力学普遍而统一的方程，但由于方程中所包含的各质点的坐标变分不是完全独立的，所以解方程时有时还得联立一系列约束方程，而且又涉及惯性力和虚位移的计算等，应用时有时不很方便。本节将要讨论的拉格朗日方程，是利用广义坐标的概念，将动力学普遍方程用广义坐标表示为二阶微分方程，更便于求解非自由质点系的动力学问题，因此有非常广泛的应用。

设由 n 个质点组成的质点系，受非定常的、完整的理想约束，具有 N 个自由度，s 个完整约束，则 $N=3n-s$，其位置可由 N 个广义坐标 q_1，q_2，…，q_N来确定。质点系中各质点的矢径 $\boldsymbol{r}_i$可以表示为广义坐标和时间的函数，即

$$\boldsymbol{r}_i = \boldsymbol{r}_i(q_1,\ q_2,\ \cdots,\ q_N,\ t) \tag{15-13}$$

于是

$$\delta\boldsymbol{r}_i = \frac{\partial\boldsymbol{r}_i}{\partial q_1}\delta q_1 + \frac{\partial\boldsymbol{r}_i}{\partial q_2}\delta q_2 + \cdots\frac{\partial\boldsymbol{r}_i}{\partial q_N}\delta q_N + \frac{\partial\boldsymbol{r}_i}{\partial t}\delta t$$

由于 $\delta t=0$(把时间固定)，所以

$$\delta\boldsymbol{r}_i = \sum_{k=1}^{N}\frac{\partial\boldsymbol{r}_i}{\partial q_k}\delta q_k \tag{15-14}$$

代入式(15-11)，可得

$$\sum_{i=1}^{n}(\boldsymbol{F}_i - m\ddot{\boldsymbol{r}}_i)\cdot\sum_{k=1}^{N}\frac{\partial\boldsymbol{r}_i}{\partial q_k}\delta q_k = 0$$

即

$$\sum_{i=1}^{n}\sum_{k=1}^{N}(\boldsymbol{F}_i - m\ddot{\boldsymbol{r}}_i)\frac{\partial\boldsymbol{r}_i}{\partial q_k}\delta q_k = 0 \tag{15-15}$$

上式的第一项可根据(15-5)式写成广义力的虚功，即

$$\sum_{i=1}^{n}\sum_{k=1}^{N}\boldsymbol{F}_i\cdot\frac{\partial\boldsymbol{r}_i}{\partial q_k}\delta q_k = \sum_{k=1}^{N}\sum_{i=1}^{n}\boldsymbol{F}_i\cdot\frac{\partial\boldsymbol{r}_i}{\partial q_k}\delta q_k = \sum_{k=1}^{N}Q_k\delta q_k \tag{15-16}$$

式(15-15)的第二项为惯性力系在质点系的虚位移中的虚功，即

$$-\sum_{i=1}^{n}\sum_{k=1}^{N}(m_i\ddot{\boldsymbol{r}}_i\cdot\frac{\partial\boldsymbol{r}_i}{\partial q_k})\delta q_k = -\sum_{k=1}^{N}\sum_{i=1}^{n}\left(m_i\ddot{\boldsymbol{r}}_i\cdot\frac{\partial\boldsymbol{r}_i}{\partial q_k}\right)\delta q_k \tag{15-17}$$

为了计算方便，可将上式中括号内部分改写为

$$m_i\ddot{\boldsymbol{r}}_i\cdot\frac{\partial\boldsymbol{r}_i}{\partial q_k} = \frac{\mathrm{d}}{\mathrm{d}t}\left(m_i\dot{\boldsymbol{r}}_i\cdot\frac{\partial\boldsymbol{r}_i}{\partial q_k}\right) - m_i\dot{\boldsymbol{r}}_i\cdot\frac{\mathrm{d}}{\mathrm{d}t}\left(\frac{\partial\boldsymbol{r}_i}{\partial q_k}\right) \tag{15-18}$$

为了进一步简化，给出两个恒等式：

$$\frac{\partial \boldsymbol{r}_i}{\partial q_k}=\frac{\partial \dot{\boldsymbol{r}}_i}{\partial \dot{q}_k} \tag{15-19}$$

$$\frac{\mathrm{d}}{\mathrm{d}t}\left(\frac{\partial \boldsymbol{r}_i}{\partial q_k}\right)=\frac{\partial \dot{\boldsymbol{r}}_i}{\partial q_k} \tag{15-20}$$

下面证明式(15－19)成立。

因为

$$\boldsymbol{r}_i=\boldsymbol{r}_i(q_1,\ q_2,\ \cdots,\ q_N,\ t)$$

所以

$$\dot{\boldsymbol{r}}_i=\sum_{k=1}^{N}\frac{\partial \boldsymbol{r}_i}{\partial q_k}\cdot\dot{q}_k+\frac{\partial \boldsymbol{r}_i}{\partial t}$$

式中，$\dot{q}_k$为广义坐标对时间的导数，称为**广义速度**。将上式对广义速度 $\dot{q}_k$ 求偏导数，得

$$\frac{\partial \dot{\boldsymbol{r}}_i}{\partial \dot{q}_k}=\frac{\partial \boldsymbol{r}_i}{\partial q_k}$$

所以式(15－19)成立。上式说明速度对广义速度求偏导数，等于矢径对广义坐标求偏导数。

对于式(15－20)，证明如下。

因为

$$\begin{aligned}\frac{\mathrm{d}}{\mathrm{d}t}\left(\frac{\partial \boldsymbol{r}_i}{\partial q_j}\right)&=\frac{\partial^2 \boldsymbol{r}_i}{\partial q_j\partial q_1}\cdot\dot{q}_1+\frac{\partial^2 \boldsymbol{r}_i}{\partial q_j\partial q_2}\cdot\dot{q}_2+\cdots+\frac{\partial^2 \boldsymbol{r}_i}{\partial q_j\partial q_N}\cdot\dot{q}_N+\frac{\partial^2 \boldsymbol{r}_i}{\partial q_j\partial t}\\&=\sum_{k=1}^{N}\frac{\partial}{\partial q_j}\left(\frac{\partial \boldsymbol{r}_i}{\partial q_k}\right)\cdot\dot{q}_k+\frac{\partial^2 \boldsymbol{r}_i}{\partial q_j\partial t}\\&=\sum_{k=1}^{N}\frac{\partial^2 \boldsymbol{r}_i}{\partial q_j\partial q_k}\cdot\dot{q}_k+\frac{\partial^2 \boldsymbol{r}_i}{\partial q_j\partial t}\end{aligned}$$

而

$$\begin{aligned}\frac{\partial \dot{\boldsymbol{r}}_i}{\partial q_j}&=\frac{\partial}{\partial q_j}\left(\sum_{k=1}^{N}\left(\frac{\partial \boldsymbol{r}_i}{\partial q_k}\right)\cdot\dot{q}_k+\frac{\partial \boldsymbol{r}_i}{\partial t}\right)\\&=\sum_{k=1}^{N}\frac{\partial^2 \boldsymbol{r}_i}{\partial q_j\partial q_k}\cdot\dot{q}_k+\frac{\partial^2 \boldsymbol{r}_i}{\partial q_j\partial t}\end{aligned}$$

比较以上两式，得

$$\frac{\mathrm{d}}{\mathrm{d}t}\left(\frac{\partial \boldsymbol{r}_i}{\partial q_j}\right)=\frac{\partial \dot{\boldsymbol{r}}_i}{\partial q_k}\quad\begin{pmatrix}i=1,\ 2,\ \cdots,\ n\\k=1,\ 2,\ \cdots,\ N\end{pmatrix}$$

所以式(15－20)成立。它说明 r_i对时间的导数与对广义坐标的偏导数可以互换。

于是，式(15－18)可改写为

$$\begin{aligned}m_i\ddot{\boldsymbol{r}}_i\cdot\frac{\partial \boldsymbol{r}_i}{\partial q_k}&=\frac{\mathrm{d}}{\mathrm{d}t}\left(m_i\dot{\boldsymbol{r}}_i\cdot\frac{\partial \boldsymbol{r}_i}{\partial q_k}\right)-m\dot{\boldsymbol{r}}_i\cdot\frac{\mathrm{d}}{\mathrm{d}t}\left(\frac{\partial \boldsymbol{r}_i}{\partial q_k}\right)\\&=\frac{\mathrm{d}}{\mathrm{d}t}\left(m_i\dot{\boldsymbol{r}}_i\cdot\frac{\partial \dot{\boldsymbol{r}}_i}{\partial \dot{q}_k}\right)-m_i\dot{\boldsymbol{r}}_i\cdot\frac{\partial \dot{\boldsymbol{r}}_i}{\partial q_k}\\&=\frac{\mathrm{d}}{\mathrm{d}t}\frac{\partial \boldsymbol{r}_i}{\partial q_k}\left(\frac{m_i\boldsymbol{v}_i\cdot\boldsymbol{v}_i}{2}\right)-\frac{\partial}{\partial q_k}\left(\frac{m_i\boldsymbol{v}_i\cdot\boldsymbol{v}_i}{2}\right)\\&=\frac{\mathrm{d}}{\mathrm{d}t}\frac{\partial}{\partial q_k}\left(\frac{m_iv_i^{\ 2}}{2}\right)-\frac{\partial}{\partial q_k}\left(\frac{m_iv_i^{\ 2}}{2}\right)\end{aligned}$$

由式(15-17)可得

$$\sum_{k=1}^{N}\sum_{i=1}^{n}\left(m_i\ddot{\boldsymbol{r}}_i\cdot\frac{\partial \boldsymbol{r}_i}{\partial q_k}\right)\delta q_k$$

$$=\sum_{k=1}^{N}\left[\frac{\mathrm{d}}{\mathrm{d}t}\frac{\partial}{\partial \dot{q}_k}\left(\sum_{i=1}^{n}\frac{m_iv_i^2}{2}\right)-\frac{\partial}{\partial q_k}\left(\sum_{i=1}^{n}\frac{m_iv_i^2}{2}\right)\right]\delta q_k$$

$$=\sum_{k=1}^{N}\left(\frac{\mathrm{d}}{\mathrm{d}t}\frac{\partial T}{\partial \dot{q}_k}-\frac{\partial T}{\partial q_k}\right)\delta q_k$$

式中，$T=\sum_{i=1}^{n}\frac{m_iv_i^2}{2}$为质点系的动能。

由式(15-15)可以进一步得到以广义坐标形式表示的动力学普遍方程，为

$$\sum_{k=1}^{N}\left[Q_k-\frac{\mathrm{d}}{\mathrm{d}t}\left(\frac{\partial T}{\partial \dot{q}_k}\right)+\frac{\partial T}{\partial q_k}\right]\delta q_k=0 \tag{15-21}$$

应当指出，这个方程是从动力学普遍方程推导出来的，它可以用于完整约束和非完整约束。

对于完整约束系统，有 N 个广义坐标，也就有 N 个独立的广义虚位移 δq_k，能使上式成立的充分与必要条件为 δq_k 前的系数等于零，于是得到

$$\frac{\mathrm{d}}{\mathrm{d}t}\left(\frac{\partial T}{\partial \dot{q}_k}\right)-\frac{\partial T}{\partial q_k}=Q_k \quad (k=1,\ 2,\ \cdots,\ N) \tag{15-22}$$

上式称为第二类拉格朗日方程，简称拉格朗日方程，该方程组为二阶常微分方程组，其中方程式的数目等于质点系的自由度。它描述了具有完整约束的质点系动力学的普遍规律，表明质点系运动时，动能的变化与主动力之间的关系。只要知道力学体系用广义坐标表示的动能及作用于此力学体系的广义力，就可以写出力学体系的动力学方程。

如果作用于质点系的力是有势力(或保守力)，则广义力 Q_k 可写成用质点系势能表示的形式，即

$$Q_k=-\frac{\partial V}{\partial q_k}$$

于是，拉格朗日方程式(15-22)可写成

$$\frac{\mathrm{d}}{\mathrm{d}t}\left(\frac{\partial T}{\partial \dot{q}_k}\right)-\frac{\partial T}{\partial q_k}=-\frac{\partial V}{\partial q_k} \quad (k=1,\ 2,\ \cdots,\ N) \tag{15-23}$$

式(15-23)称为保守系统的拉格朗日方程。以 L 函数表示系统动能与势能之差，即

$$L=T-V \tag{15-24}$$

式中，L 称为**拉格朗日函数**或**动势**。因为势能不是广义速度 $\dot{q}_k$的函数，所以$\frac{\partial V}{\partial \dot{q}_k}=0$，这样保守系统中的拉格朗日方程又可写成用动势 L 表示的形式。

$$\frac{\mathrm{d}}{\mathrm{d}t}\left(\frac{\partial L}{\partial \dot{q}_k}\right)-\frac{\partial L}{\partial q_k}=0 \quad (k=1,\ 2,\ \cdots,\ N) \tag{15-25}$$

由式(15-22)和式(15-25)可知，拉格朗日方程表达式非常简洁，应用时只需计算系统的动能和广义力；对于保守系统只需计算动能和势能，对于多自由度或约束多而自由度少的复杂系统应用拉格朗日方程较其他方法简便。

例 15-6 如图 15-7 所示，应用拉格朗日方程推导刚体平面运动微分方程：

$$m\ddot{x}_C=\sum_{i=1}^{n}F_{ix},\quad m\ddot{y}_C=\sum_{i=1}^{n}F_{iy},\quad J_C\ddot{\varphi}=\sum_{i=1}^{n}M_C(\boldsymbol{F}_i)$$

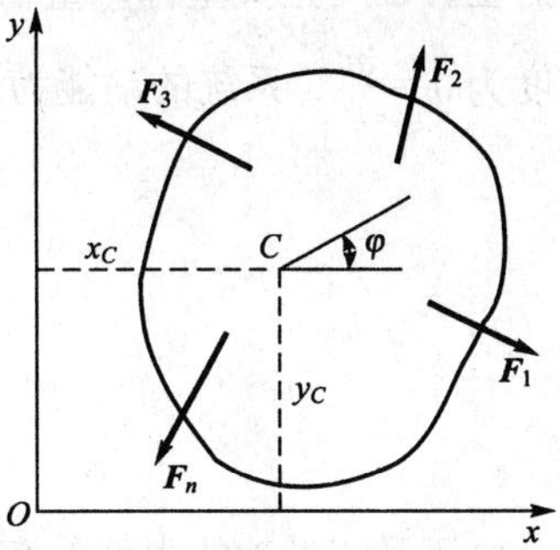

图 15-7

解：以平面运动的刚体为研究对象，如图 15-7 所示。刚体有三个自由度，取广义坐标 x_C、y_C、φ(刚体上任一线段与 x 轴的夹角)。设其质量为 m。

刚体的动能：

$$T=\frac{1}{2}m(\dot{x}_C^2+\dot{y}_C^2)+\frac{1}{2}J_C\dot{\varphi}^2$$

分别给出虚位移 δx_C、δy_C、$\delta\varphi$，计算相应的虚功：

$$\sum\delta W_1=\sum_{i=1}^{n}F_{ix}\delta x_C$$

$$\sum\delta W_2=\sum_{i=1}^{n}F_{iy}\delta y_C$$

$$\sum\delta W_3=\sum_{i=1}^{n}M_C(\boldsymbol{F}_i)\delta\varphi$$

计算广义力：

$$\left.\begin{aligned}Q_1&=\frac{\sum\delta W_1}{\delta x_C}=\sum_{i=1}^{n}F_{ix}\\Q_2&=\frac{\sum\delta W_2}{\delta y_C}=\sum_{i=1}^{n}F_{iy}\\Q_3&=\frac{\sum\delta W_3}{\delta\varphi}=\sum_{i=1}^{n}M_C(\boldsymbol{F}_i)\end{aligned}\right\}\tag{1}$$

由于动能只是广义速度的函数，于是

$$\left.\begin{aligned}&\frac{\partial T}{\partial x_C}=\frac{\partial T}{\partial y_C}=\frac{\partial T}{\partial\varphi}=0\\&\frac{\mathrm{d}}{\mathrm{d}t}\left(\frac{\partial T}{\partial\dot{x}_C}\right)=m\ddot{x}_C,\quad\frac{\mathrm{d}}{\mathrm{d}t}\left(\frac{\partial T}{\partial\dot{y}_C}\right)=m\ddot{y}_C,\quad\frac{\mathrm{d}}{\mathrm{d}t}\left(\frac{\partial T}{\partial\dot{\varphi}}\right)=J_C\ddot{\varphi}\end{aligned}\right\}\tag{2}$$

将(1)式和(2)式代入拉格朗日方程，得

$$\frac{\mathrm{d}}{\mathrm{d}t}\left(\frac{\partial T}{\partial\dot{q}_k}\right)-\frac{\partial T}{\partial q_k}=Q_k\quad(k=1,\ 2,\ 3)$$

得

$$m\ddot{x}_C=\sum_{i=1}^{n}F_{ix},\quad m\ddot{y}_C=\sum_{i=1}^{n}F_{iy},\quad J_C\ddot{\varphi}=\sum_{i=1}^{n}M_C(\boldsymbol{F}_i)$$

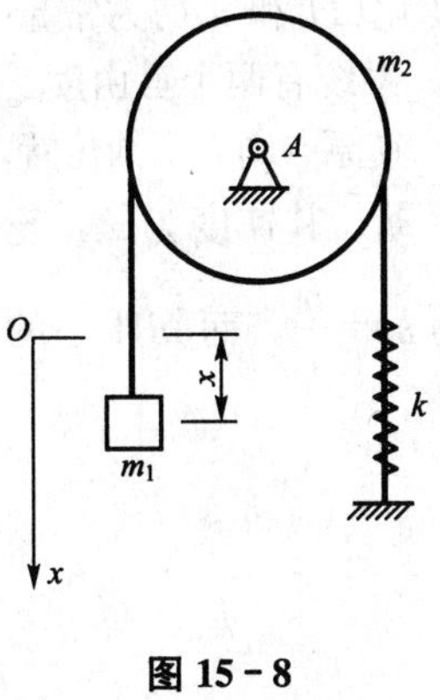

图 15-8

例 15-7 图 15-8 所示一滑轮可绕通过轮心的水平轴转动，在此滑轮上绕一不可伸长的绳索，绳的一端悬挂重物，其质量为 m_1，另一端固结一弹簧。设弹簧刚度为 k，滑轮质量为 m_2，可视为均质圆盘，半径为 r，绳子与滑轮之间无相对滑动，试求系统的振动周期。

解：研究整个系统，系统有一个自由度，选重物离开平衡位

置的位移 x 为广义坐标。重物的运动为平动，其速度为 $\dot{x}$；滑轮的运动为定轴转动。其角速度为 $\omega=\dfrac{\dot{x}}{r}$。系统的动能为

$$\begin{aligned}T&=\frac{1}{2}J_A\omega^2+\frac{1}{2}m_1\dot{x}^2\\&=\frac{1}{2}\left(\frac{1}{2}m_2r^2\right)\left(\frac{\dot{x}}{r}\right)^2+\frac{1}{2}m_1\dot{x}^2\\&=\frac{1}{4}(2m_1+m_2)\dot{x}^2\end{aligned}$$

由于系统做功的力都是有势力，故选系统的平衡位置为零位置。系统的势能为

$$V=-mgx+\frac{1}{2}k[(\delta_{st}+x)^2-\delta_{st}^2]$$

其中，$k\delta_{st}=mg$，上式化简后为

$$V=\frac{1}{2}kx^2$$

由拉格朗日函数

$$L=T-V=\frac{1}{4}(2m_1+m_2)\dot{x}^2-\frac{1}{2}kx^2 \tag{1}$$

由拉格朗日方程

$$\frac{\mathrm{d}}{\mathrm{d}t}\frac{\partial L}{\partial\dot{x}}-\frac{\partial L}{\partial x}=0$$

将(1)式代入后得

$$\ddot{x}+\frac{2k}{2m_1+m_2}x=0$$

这是单自由度系统自由振动微分方程，故其振动周期为

$$T=2\pi\sqrt{\frac{2m_1+m_2}{2k}}$$

例 15-8 用拉格朗日方程建立图 15-9 所示系统的运动微分方程。已知物块 A 的质量为 m_1，可沿光滑平面作直线运动；均质轮 C 的质量为 m_2，可沿直线 BD 作纯滚动，力 $\boldsymbol{F}$ 按 $F=H\sin\omega t$ 的规律变化(H 和 ω 均为常量)。

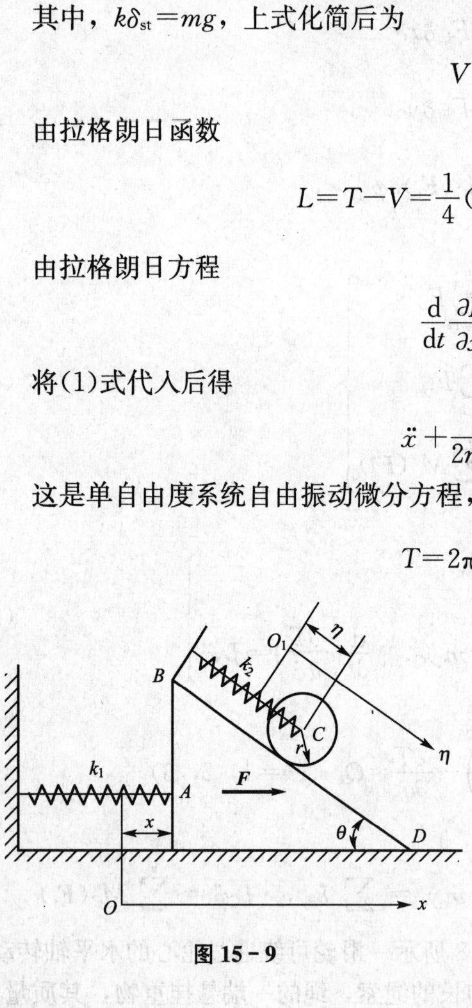

图 15-9

解: 研究整个系统。系统有两个自由度，取广义坐标 $q_1=x$，$q_2=\eta$，其原点均为平衡位置。

物块 A 的运动为平动，其速度为 $\dot{x}$，轮作平面运动，其角速度为 $\omega=\dfrac{\dot{\eta}}{r}$，而其质心的速度为

$$v_C=\sqrt{\dot{x}^2+\dot{\eta}^2+2\dot{x}\dot{\eta}\cos\theta}$$

系统的动能为

$$T=\frac{1}{2}m_1\dot{x}^2+\frac{1}{2}m_2(\dot{x}^2+\dot{\eta}+2\dot{x}\dot{\eta}\cos\theta)+\frac{1}{4}m_2r^2\left(\frac{\dot{\eta}}{r}\right)^2$$
$$=\frac{1}{2}(m_1+m_2)\dot{x}^2+\frac{3}{4}m_2\dot{\eta}^2+m_2\dot{x}\dot{\eta}\cos\theta \tag{1}$$

由于重力和弹性力均为有势力，分别以平衡位置和弹簧自然长度位置为重力势能和弹性势能的零位置，则系统的势能为

$$V=-m_2g\eta\sin\theta+\frac{1}{2}k_1(x+\delta_{st_1})^2+\frac{1}{2}k_2(\eta+\delta_{st_2})^2 \tag{2}$$

其中，δ_{st1}和δ_{st2}分别为弹簧是k_1、k_2的静伸长。由于静平衡时，势能对广义坐标的变化率为零，即

$$\left.\frac{\partial V}{\partial x}\right|_{\substack{x=0\\ \eta=0}}=k_1(\delta_{st1}+x)=0$$

则

$$\delta_{st1}=0$$

$$\left.\frac{\partial V}{\partial \eta}\right|_{\substack{x=0\\ \eta=0}}=-m_2g\sin\theta+k_2(\eta+\delta_{st2})=0$$

故

$$-m_2g\sin\theta+k_2\delta_{st2}=0$$

于是，(2)式可化简为

$$V=\frac{1}{2}k_1x^2+\frac{1}{2}k_2(\eta^2+\delta_{st2}^2) \tag{3}$$

由于系统中既有有势力作用，又有非有势力作用，这时，拉格朗日方程可表示为

$$\frac{\mathrm{d}}{\mathrm{d}t}\left(\frac{\partial T}{\partial \dot{q}_k}\right)-\frac{\partial T}{\partial q_k}=-\frac{\partial V}{\partial q_k}+Q'_k$$

式中，Q'_k为对应于非有势力的广义力，对于本题，有

$$Q'_1=H\sin\omega t,\quad Q'_2=0 \tag{4}$$

由拉格朗日方程，有

$$\left.\begin{aligned}&\frac{\mathrm{d}}{\mathrm{d}t}\left(\frac{\partial T}{\partial \dot{x}}\right)-\frac{\partial T}{\partial x}=-\frac{\partial V}{\partial x}+H\sin\omega t\\&\frac{\mathrm{d}}{\mathrm{d}t}\left(\frac{\partial T}{\partial \dot{\eta}}\right)-\frac{\partial T}{\partial \eta}=-\frac{\partial V}{\partial \eta}\end{aligned}\right\} \tag{5}$$

将(1)式、(3)式、(4)式代入后得

$$(m_1+m_2)\ddot{x}+m_2\ddot{\eta}\cos\theta+k_1x=H\sin\omega t$$

$$\frac{3}{2}m_2\ddot{\eta}+m_2\ddot{x}\cos\theta+k_2\eta=0$$

这就是系统的运动微分方程。

§15-5 拉格朗日方程的积分

应用拉格朗日方程可以写出系统的运动微分方程，如果要求系统的运动规律，则需要解微分方程——对微分方程进行积分。一般情况下，二阶微分方程组积分是很困难的。但

在特殊情况下，可以方便地给出首次积分，这样可以使方程降阶，给解题带来方便。本节讨论拉格朗日方程两个具有明显物理意义的首次积分。

1. 能量积分

当系统受有定常、完整、理想约束，并且所有主动力均为有势力时，可以从拉格朗日方程推导出机械能守恒定律。为此，将式(15-25)改写为

$$\frac{\mathrm{d}}{\mathrm{d}t}\left(\frac{\partial L}{\partial \dot{q}_k}\right)=\frac{\partial L}{\partial q_k} \tag{15-26}$$

由于质点系受到的约束是定常的，各质点的矢径 r_i 为

$$\boldsymbol{r}_i=\boldsymbol{r}_i(q_1, q_2, \cdots, q_N)$$

各质点的速度为

$$\boldsymbol{v}_i=\frac{\mathrm{d}\boldsymbol{r}_i}{\mathrm{d}t}=\sum_{k=1}^{N}\frac{\partial \boldsymbol{r}_i}{\partial q_k}\cdot\dot{q}_k$$

可见，速度 $\boldsymbol{v}_i$是广义速度的齐次函数。而

$$\begin{aligned}v_i^2=\boldsymbol{v}_i\cdot\boldsymbol{v}_i&=\left(\sum_{k=1}^{N}\frac{\partial \boldsymbol{r}_i}{\partial q_k}\cdot\dot{q}_k\right)\cdot\left(\sum_{l=1}^{N}\frac{\partial \boldsymbol{r}_i}{\partial q_l}\cdot\dot{q}_l\right)\\&=\sum_{k=1}^{N}\sum_{l=1}^{N}\frac{\partial \boldsymbol{r}_i}{\partial q_k}\cdot\frac{\partial \boldsymbol{r}_i}{\partial q_l}\cdot\dot{q}_k\dot{q}_l\end{aligned}$$

质点系的动能为

$$\begin{aligned}T&=\sum_{i=1}^{n}\frac{1}{2}m_i v_i^2\\&=\frac{1}{2}\sum_{k=1}^{N}\sum_{l=1}^{N}\left(\sum_{i=1}^{n}m_i\frac{\partial \boldsymbol{r}_i}{\partial q_k}\cdot\frac{\partial \boldsymbol{r}_i}{\partial q_l}\right)\dot{q}_k\dot{q}_l\end{aligned}$$

令

$$m_{kl}=\sum_{i=1}^{n}m_i\frac{\partial \boldsymbol{r}_i}{\partial q_k}\cdot\frac{\partial \boldsymbol{r}_i}{\partial q_l}$$

m_{kl}是广义坐标的函数，称为广义质量。于是有

$$T=\frac{1}{2}\sum_{k=1}^{N}\sum_{l=1}^{N}m_{kl}\dot{q}_k\dot{q}_l \tag{15-27}$$

可见，质点系的动能 T 是广义速度的二次齐次函数，而势能只是广义坐标的函数。因此，拉格朗日函数 $L=T-V$ 是广义速度和广义坐标的函数，而且不显含时间，于是

$$\frac{\mathrm{d}L}{\mathrm{d}t}=\sum_{k=1}^{N}\left(\frac{\partial L}{\partial q_k}\cdot\frac{\partial q_k}{\partial t}+\frac{\partial L}{\partial \dot{q}_k}\cdot\frac{\partial \dot{q}_k}{\partial t}\right) \tag{15-28}$$

将式(15-26)代入式(15-28)，得

$$\begin{aligned}\frac{\mathrm{d}L}{\mathrm{d}t}&=\sum_{k=1}^{N}\left[\left(\frac{\mathrm{d}}{\mathrm{d}t}\frac{\partial L}{\partial \dot{q}_k}\right)\dot{q}_k+\frac{\partial L}{\partial \dot{q}_k}\frac{\partial \dot{q}_k}{\partial t}\right]\\&=\sum_{k=1}^{N}\frac{\mathrm{d}}{\mathrm{d}t}\left(\frac{\partial L}{\partial \dot{q}_k}\dot{q}_k\right)\end{aligned}$$

即

$$\frac{\mathrm{d}}{\mathrm{d}t}\left(\sum_{k=1}^{N}\frac{\partial L}{\partial \dot{q}_k}\dot{q}_k-L\right)=0$$

所以

$$\sum_{k=1}^{N}\frac{\partial L}{\partial \dot{q}_k}\dot{q}_k-L=\text{常数} \tag{15-29}$$

因为势能 V 不依赖于广义速度，故

$$\frac{\partial L}{\partial \dot{q}_k}=\frac{\partial (T-V)}{\partial \dot{q}_k}=\frac{\partial T}{\partial \dot{q}_k} \tag{15-30}$$

由数学的欧拉齐次函数定理有

$$\sum_{k=1}^{N}\frac{\partial T}{\partial \dot{q}_k}\dot{q}_k=2T \tag{15-31}$$

将式(15-30)和式(15-31)代入式(15-29)，得

$$2T-L=2T-(T-V)=T+V=\text{常数} \tag{15-32}$$

式(15-32)就是保守系统中的机械能守恒定律，也称为保守系统中拉格朗日方程的**能量积分**。

2. 循环积分

如果拉格朗日函数 L 不显含某个广义坐标 q_j，则称这个坐标 q_j 为**循环坐标**。这时，$\dfrac{\partial L}{\partial q_j}=0$，拉格朗日方程成为

$$\frac{\mathrm{d}}{\mathrm{d}t}\left(\frac{\partial L}{\partial \dot{q}_k}\right)=0$$

即

$$\frac{\partial L}{\partial \dot{q}_j}=\text{常数} \tag{15-33}$$

式(15-33)称为拉格朗日方程的**循环积分**。如果循环坐标不止一个，那么，有几个循环坐标，就有几个循环积分。当拉格朗日函数中出现 m 个($m\leqslant N$)循环坐标时，就相应得到 m 个首次积分。

由式(15-30)得到，

$$\frac{\partial L}{\partial \dot{q}_j}=\frac{\partial T}{\partial \dot{q}_j}=P_j=\text{常数} \tag{15-34}$$

式中，P_j 称为**广义动量**，上式表示**广义动量守恒**。对于比较复杂的系统，广义动量和循环积分不一定有明显的物理意义。

例 15-9 一圆柱体的质量为 m_1，半径为 r 在一空心圆柱内无滑动地滚动。空心圆柱的质量为 m_2，半径为 R，能绕自身水平轴 O 转动，如图 15-10 所示。已知两圆柱对自身轴的转动惯量分别为 $\dfrac{1}{2}m_1r^2$ 和 m_2R^2。试写出系统的运动微分方程。

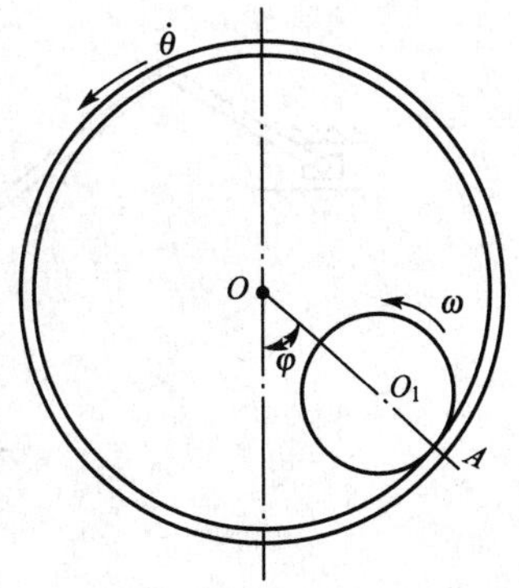

图 15-10

解： 以两圆柱组成的系统为质点系。有两个自由度，以空心圆柱转角 θ 和实心圆柱轴心偏离铅直线的角 φ 为广义坐标。

空心圆柱作定轴转动，其角速度为 $\dot{\theta}$，实心圆柱的运动为平面运动，其质心速度 $v_{O1}=(R-r)\dot{\varphi}$，角速度 ω 由下式决定：

$$v_{O1}=v_A-r\omega$$

$$\omega=\frac{v_A-v_{O1}}{r}=\frac{R}{r}\dot{\theta}-\frac{R-r}{r}\dot{\varphi}$$

系统的动能为

$$T=\frac{1}{2}m_2R^2\dot{\theta}^2+\frac{m_1}{2}(R-r)^2\dot{\varphi}^2+\frac{1}{2}\frac{m_1r^2}{2}\omega^2$$

$$=\frac{1}{2}m_1(R-r)^2\dot{\varphi}^2+\frac{1}{4}m_1[(R-r)\dot{\varphi}-R\dot{\theta}]^2+\frac{1}{2}m_2R^2\dot{\theta}^2$$

由于主动力都是有势力，选过 O 轴的水平面为零位置。系统的势能为

$$V=-m_1g(R-r)\cos\varphi$$

拉格朗日函数为

$$L=T-V=\frac{1}{2}m_1(R-r)^2\dot{\varphi}^2+\frac{1}{4}m_1[(R-r)\dot{\varphi}-R\dot{\theta}]^2+\frac{1}{2}m_2R^2\dot{\theta}^2+m_1g(R-r)\cos\varphi$$

由于拉格朗日函数中不显含时间 t 和广义坐标 θ，故系统有能量积分和循环积分，循环坐标为 θ，于是有

$$\left.\begin{aligned}&\frac{\partial T}{\partial\dot{\theta}}=C_1\\&T+V=C_2\end{aligned}\right\}\tag{1}$$

将动能和势能表达式代入(1)式，得

$$\left.\begin{aligned}&\frac{1}{2}m_1[R\dot{\theta}-(R-r)\dot{\varphi}]+m_2R^2\dot{\theta}=C_1\\&\frac{1}{2}m_1(R-r)^2\dot{\varphi}^2+\frac{1}{4}m_1[(R-r)\dot{\varphi}-R\dot{\theta}]^2+\frac{1}{2}m_2R^2\dot{\theta}^2-m_1g(R-r)\cos\varphi=C_2\end{aligned}\right\}\tag{2}$$

方程组(2)就是系统的运动微分方程，是两个首次积分。若给出足够的初始条件，就可以求出各构件的运动。

习　题

15－1　如图 15－11 所示，确定下列系统的自由度。

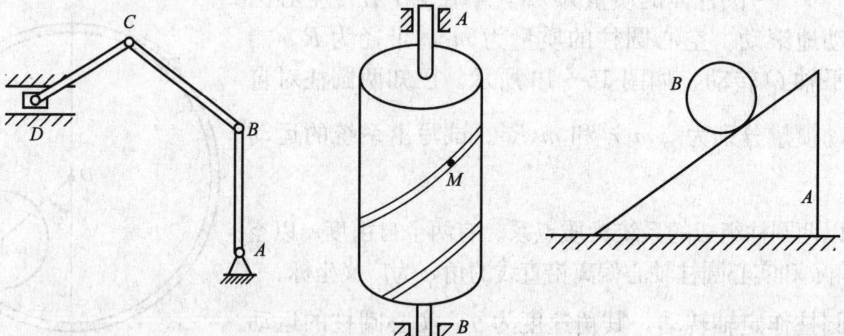

图 15－11

(1) 各杆长已知，用光滑铰链连接，滑块 D 可在水平槽内运动。

(2) 圆柱可绕固定铅直轴转动，小物块 M 在圆柱表面的槽内滑动。

(3) 系统由楔块及轮 B 组成，A 可在水平面上滑动，试分别讨论 B 只滚不滑和又滚又滑两种情况。

15-2　提升设备如图 15-12 所示，各齿轮的半径分别为 r_1、r_2、r_3、r_4。取 φ 为广义坐标，试求对应于广义坐标 φ 的广义力。

15-3　三根长为 l 的杆件 OA、AB、BC 连接如图 15-13 所示，各杆质量不计。杆 OA 上作用一力矩 M，在 A、B 两点分别作用力 $\boldsymbol{F}_1$ 和 $\boldsymbol{F}_2$，试求对应于广义坐标 φ_1、φ_2 的广义力。

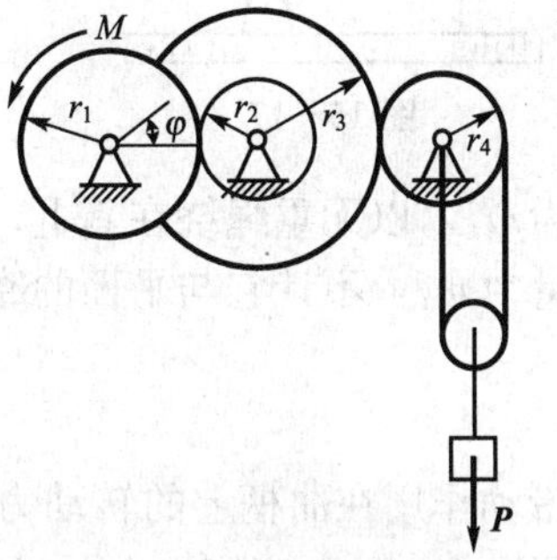

图 15-12

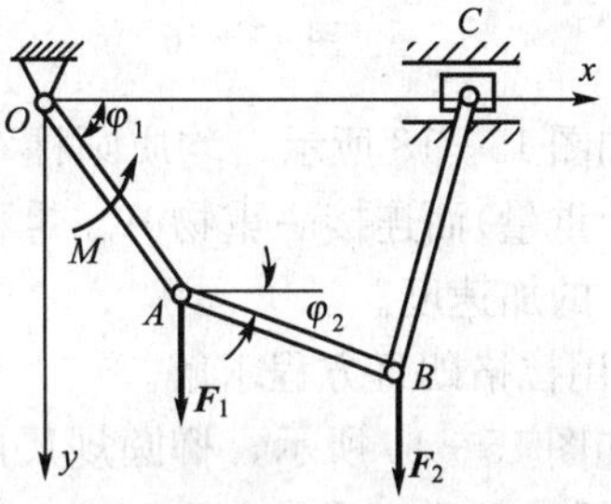

图 15-13

15-4　在图 15-14 所示的机构中，$OC=AC=BC=l$，各杆的质量不计。在滑块 A、B 上作用着力 $\boldsymbol{F}_1$、$\boldsymbol{F}_2$，欲使机构在图示位置平衡，试用广义力表示的平衡条件求解应施于曲柄 OC 上的力矩 M。

15-5　如图 15-15 所示，均质杆 AB、AC 各长 l，质量均为 m_1，在 A 端用铰链连接，B、C 两端各连一滑块。两滑块间用一原长为 $2l$ 的弹簧相连。当 A 处悬挂一质量为 m_2 的物块而平衡时，杆与水平成 φ 角，试用广义力表示的平衡条件求弹簧刚度 k。

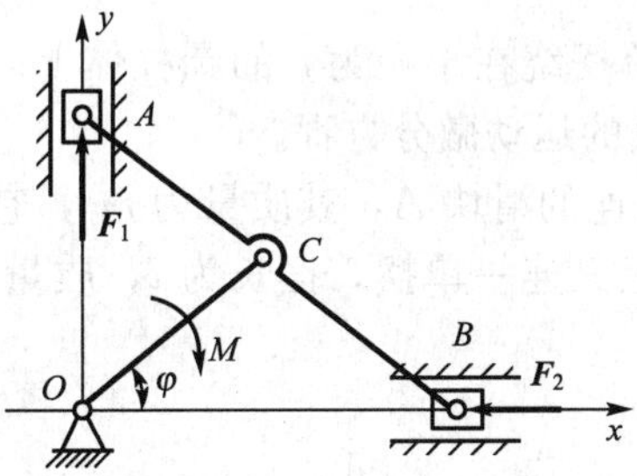

图 15-14

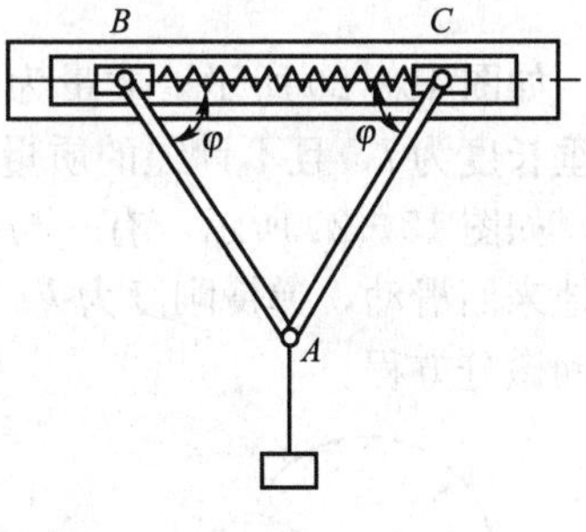

图 15-15

以下各题用动力学普遍方程求解。

15-6　如图 15-16 所示，在起重机鼓轮上作用一不变的转动力矩 M，轮Ⅰ、Ⅱ、Ⅲ、Ⅳ、Ⅴ的半径分别为 r_1、r_2、r_3、r_4、r_5。若重物 A 的质量为 m，各轮重量及轴承摩擦均不计，求重物上升的加速度。

15-7　如图 15-17 所示，吊索一端绕在鼓轮Ⅱ上，另一端绕过滑轮Ⅰ系一质量为 m_1 的平台上，鼓轮半径为 r，质量为 m_2，电动机给鼓轮Ⅱ的转矩为 M，试求平台上升的加速度。设鼓轮Ⅱ可视为均质圆盘，滑轮Ⅰ的质量不计。

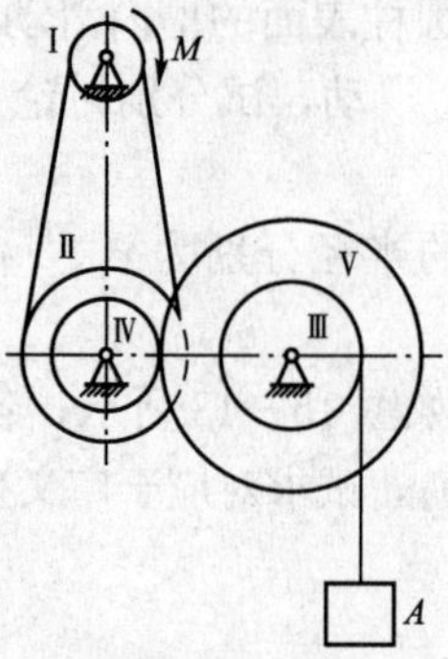

图 15-16

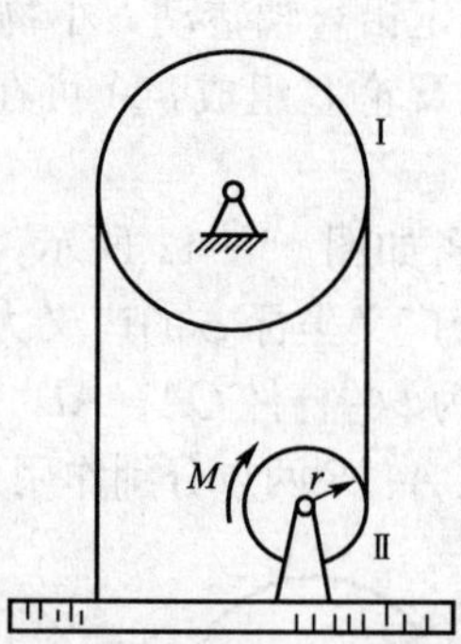

图 15-17

15-8　如图 15-18 所示，均质圆柱 C 质量为 m_1，以无重绳绕在其上，绳的一端经过定滑轮 O(不计重量)而连接一重物 A。重物的质量为 m_2，不计它与平面的摩擦，求圆柱中心 C 和重物 A 的加速度。

以下各题用拉格朗日方程求解。

15-9　如图 15-19 所示，椭圆规尺用曲柄带动作用在曲柄上的转动力矩为 M。已知曲柄和椭圆规尺为均质，质量分别为 m_1 和 m_3，且 $m_3=2m_1$，$OC=AC=BC=a$，滑块 A 和 B 的质量均为 m_2，不计摩擦，求曲柄的加速度。

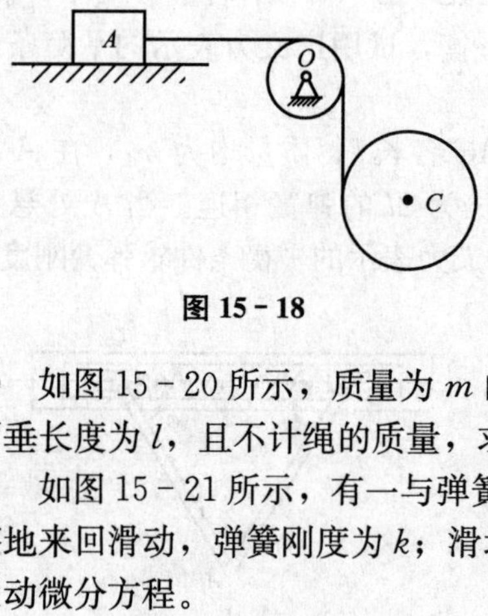

图 15-18

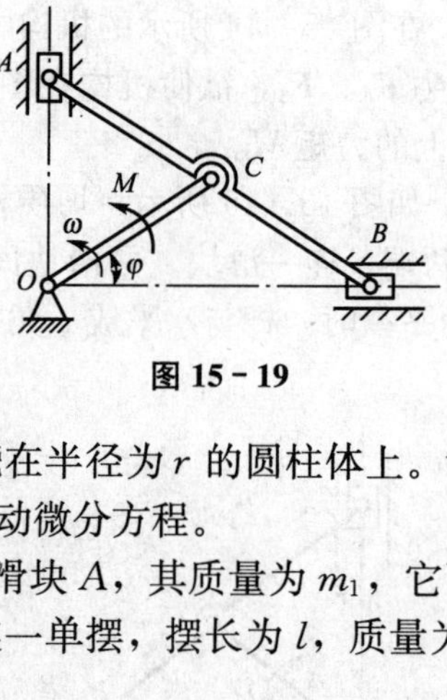

图 15-19

15-10　如图 15-20 所示，质量为 m 的单摆绕在半径为 r 的圆柱体上。设在平衡位置时绳的下垂长度为 l，且不计绳的质量，求摆的运动微分方程。

15-11　如图 15-21 所示，有一与弹簧相连的滑块 A，其质量为 m_1，它可沿光滑水平面无摩擦地来回滑动，弹簧刚度为 k；滑块上又连一单摆，摆长为 l，质量为 m_2，试求该系统的运动微分方程。

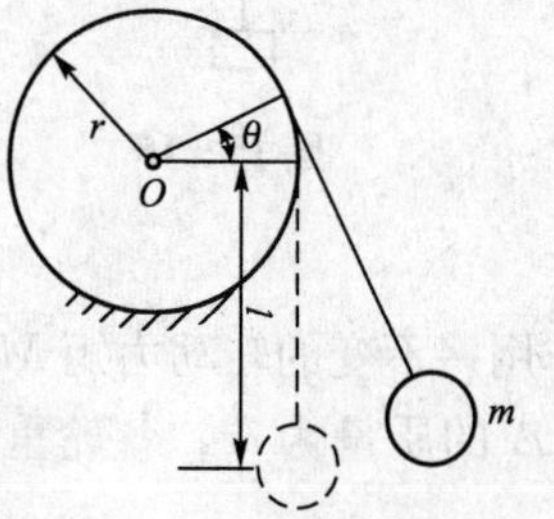

图 15-20

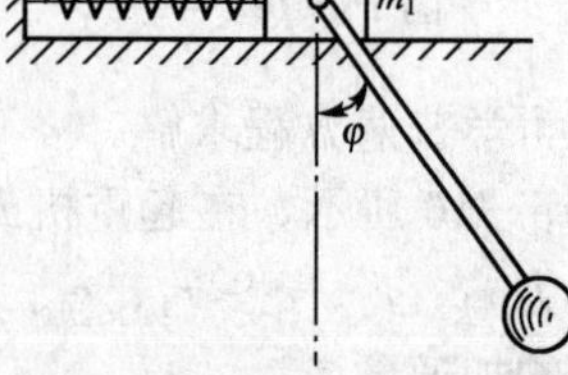

图 15-21

15-12　如图 15-22 所示，质量为 m_1 的重物 M 铅直下降，带动固连于轮 A 的动齿轮

B 及齿条 CD 沿水平面向右滑动。齿轮 B 和鼓轮 A 的半径分别为 R 和 r，二者总质量为 m_2，相对于轴 O 的转动惯量为 J；齿条 CD 的质量为 m_3，略去滑轮 K 和绳子的重量和摩擦，求轴 O 及齿条 CD 的加速度。

15－13　如图 15－23 所示，质量为 m，半径为 r 的均质小圆柱在半径为 R 的圆柱面内作纯滚动，小圆柱中心悬挂一质量为 $\frac{m}{2}$、长 $l=R-r$ 的单摆。试求系统偏离平衡位置后的运动微分方程。

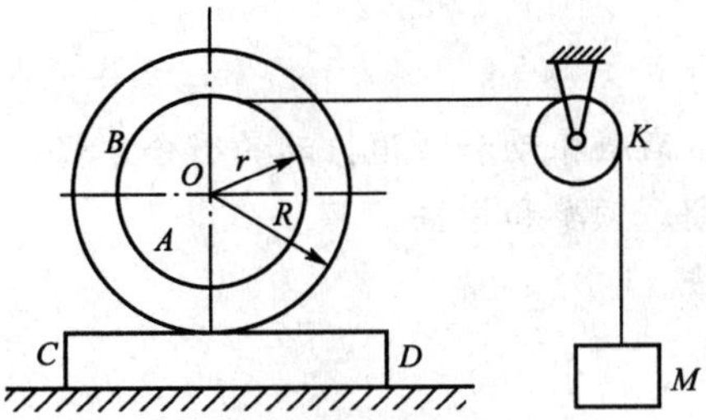

图 15－22

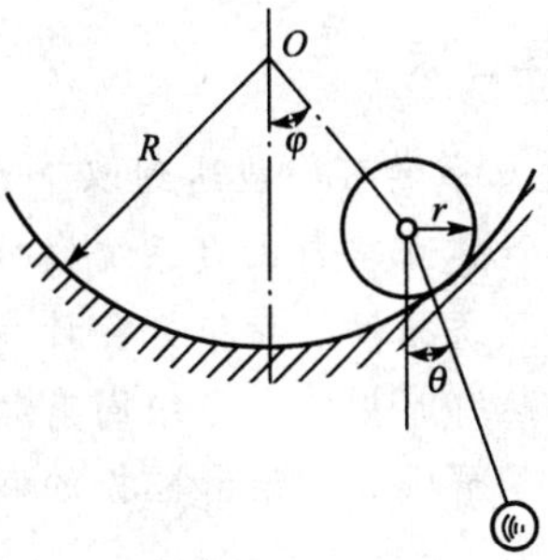

图 15－23

第16章 机械振动基础

教学目标

通过本章学习，应达到以下目标：

(1) 能建立单自由度系统线性自由振动、衰减振动和强迫振动的微分方程。

(2) 熟悉振动的特征，会计算振动的周期、频率和振幅。

(3) 熟练掌握计算系统固有频率的能量法。

(4) 了解临界转速和隔振的概念。

引例

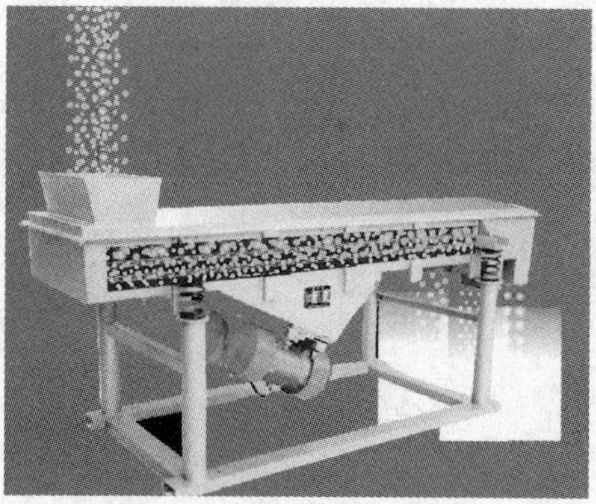

振动有可利用的一面，如工业上常采用的振动筛选、振动沉桩、振动输送以及按振动理论设计的测量传感器，地震仪等即这方面的典型例子。

振动筛工作时，两电机同步反向旋转使激振器产生反向激振力，迫使筛体带动筛网做纵向运动，使其上的物料受激振力而周期性向前抛出一个射程，从而完成物料筛分作业。适宜采石场筛分砂石料，也可供选煤、选矿、建材、电力及化工等行业作产品分级用。

机械振动对于大多数的工业机械、工程结构及仪器仪表是有害的，它常常是造成机械和结构恶性破坏和失效的直接原因。例如，1940 年美国的 Tacoma Narrow 吊桥在中速风载下，因卡门漩涡引起桥身扭转振动和上下振动而坍塌。

学习振动力学的主要目的，就是掌握振动的基本理论和分析方法，运用振动理论去创造和设计新型振动设备、仪表及自动化装置；或者确定和限制振动时工程结构和机械产品的性能、寿命及安全的有害影响。

振动是自然界最普遍的现象之一。在许多情况下，振动被认为是消极因素。例如，振动会加剧机械设备的磨损，缩短设备和结构的使用寿命，引起结构的破坏；然而振动也有其积极的一面。例如，振动沉桩、振动筛选、振动传输等，都是利用振动的生产装备和工艺。我们研究振动的目的，就是要避免或消除它的消极方面，而利用它的积极方面，使振动在工程技术中更好地发挥它的作用。本章仅限于讨论单自由度系统的振动。

§16-1 单自由度系统的自由振动

在研究振动问题时，为了便于计算和分析，往往要把具体的振动系统抽象为振动的力学模型。例如，在梁上放一台电动机，如图16-1(a)所示，当电动机转动时，由于转子的不均衡而发生振动。如只考虑铅直方向的振动，则系统可以简化为一根弹簧(代表弹性梁)支承一重物(代表电动机的质量)的质量弹簧系统，如图16-1(b)所示。质量为 m 的振动物体其位置只需用一个坐标来确定，所以这是一个单自由度振动系统。

1. 自由振动微分方程

如图16-2所示，取重物的平衡位置为坐标原点 O，取 x 轴铅直向下为正。重物在平衡位置时，弹簧的变形称为静变形，用 δ_{st} 来表示。平衡时，重物重力 $m\boldsymbol{g}$ 与弹性力 $\boldsymbol{F}$ 的大小相等，而方向相反，即

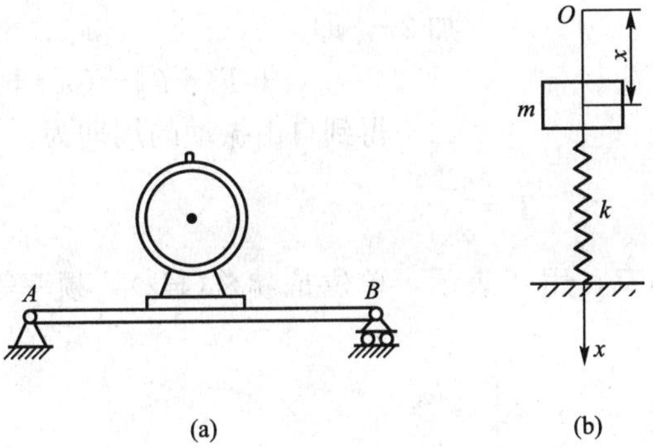

图16-1

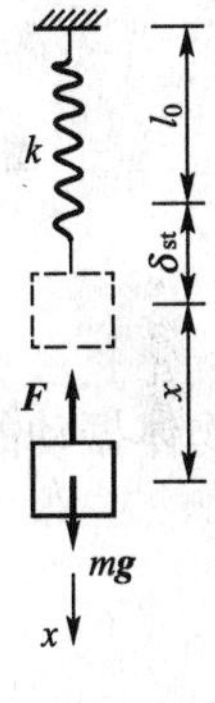

图16-2

$$mg=k\delta_{st}, \quad \delta_{st}=\frac{mg}{k}$$

当重物距平衡位置为 x 时，其上所受的力有重力 $m\boldsymbol{g}$，弹性力 $\boldsymbol{F}$，其大小为 $k(x+\delta_{st})$。以上两个力在 x 轴上的投影为

$$\sum F_x=mg-k(x+\delta_{st})=-kx$$

上式表明，作用在重物上的合力大小与重物偏离平衡位置的距离成正比，方向恒与 x 方向相反，永远指向平衡位置。这种使重物恢复到平衡位置的力称为**恢复力**。

恢复力有各种不同的形式，前面所述的恢复力是重力和弹性力的合力；我们把只在恢复力作用下维持的振动称为**自由振动**。

根据质点运动微分方程，由图16-2所示的力学模型，可得

$$m\ddot{x}=-kx$$

令 $\omega_n^2=\frac{k}{m}$，则上式可改写为

$$\ddot{x}+\omega_n^2 x=0 \tag{16-1}$$

上式为单自由度系统无阻尼自由振动微分方程的标准形式，是二阶齐次线性微分方程。由微分方程理论可知，其通解为

$$x=C_1\cos\omega_n t+C_2\sin\omega_n t \tag{16-2}$$

式中，C_1、C_2为积分常数，由运动的初始条件确定，令

$$A=\sqrt{C_1^2+C_2^2}，\tan\theta=\frac{C_1}{C_2}$$

则式(16-2)可改写为

$$x=A\sin(\omega_n t+\theta) \tag{16-3}$$

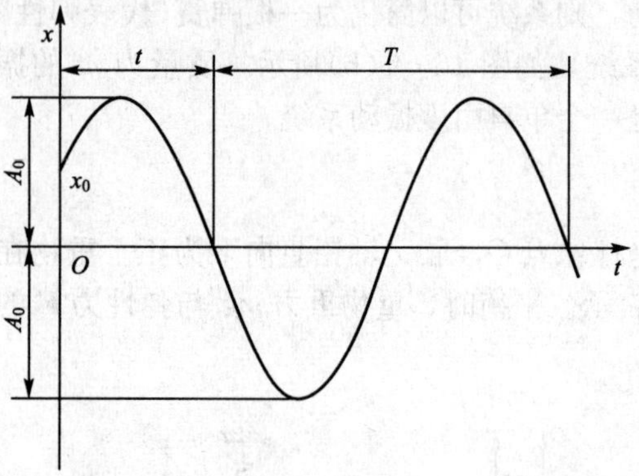

图 16-3

由式(16-3)可知无阻尼自由振动是简谐振动，其运动如图 16-3 所示。

2. 自由振动的特征

1) 周期与频率

无阻尼自由振动是简谐振动，是一种周期振动。物体振动一次所需要的时间称为**周期**，用 T 来表示，单位为 s。在简谐振动的情况下，每经过一个周期，相位就增加 2π，即

$$[\omega_n(t+T)+\theta]-(\omega_n t+\theta)=2\pi$$

得到自由振动的周期为

$$T=\frac{2\pi}{\omega_n} \tag{16-4}$$

每秒钟物体振动的次数称为**频率**，用 f 表示，单位是赫兹(Hz)，频率等于周期的倒数，即

$$f=\frac{1}{T}=\frac{\omega_n}{2\pi} \tag{16-5}$$

由上式可求

$$\omega_n=\frac{2\pi}{T}=2\pi f \tag{16-6}$$

ω_n表示 2π 秒内振动的次数，其单位是 rad/s。

$$\omega_n^2=\frac{k}{m} \tag{16-7}$$

上式表示 ω_n只与表征系统本身特性的质量和弹簧刚度 k 有关，而与运动的初始条件无关，它代表了振动系统的固有特性，称为**固有角(圆)频率**(一般也称为**固有频率**)。固有频率是振动理论中的重要概念，它反映了振动系统的动力学特性。计算系统的固有频率是研究系统振动问题的重要课题之一。

若确定系统为铅直方向的自由振动时，ω_n还可根据弹簧的静变形来求得。

因为

$$mg=k\delta_{st}$$

所以

$$k=\frac{mg}{\delta_{st}}$$

代入式(16-7)，得

$$\omega_n=\sqrt{\frac{g}{\delta_{st}}} \tag{16-8}$$

可见，只要求出振动系统在重力作用下的静变形，就可求得系统的固有频率。

2) 振幅和初位相

自由振动是简谐振动，其振动中心在平衡位置。A 称为**振幅**，是物体偏离振动中心的最大距离，反映自由振动的强弱。

$(\omega_n t+\theta)$称为**相位**(相角)，相位决定了物体在瞬时 t 的位置；θ 称为**初相位**，决定了物块运动的起始位置。

A 和 θ 都由运动的初始条件来决定。设在初始 $t=0$ 时，$x=x_0$，$v=v_0$，将式(16-2)求导数后，可得

$$x_0=A\sin\theta,\ v_0=A\omega_n\cos\theta,$$

由上述两式，得到振幅 A 和初相位 θ 的表达式为

$$A=\sqrt{x_0^2+\frac{v_0^2}{\omega_n^2}},\ \theta=\arctan\frac{\omega_n x_0}{v_0} \tag{16-9}$$

从上式可以看到，自由振动的振幅和初相位都与初始条件有关。

例 16-1 图 16-4 所示的单摆由长为 l 的细绳固定于 O 点，另一端挂一质量为 m 的质点所组成。不计绳的质量，现将质点拉离平衡位置，使绳与铅直方向的夹角为 φ_0，然后将质点无初速地释放，求质点的运动规律。

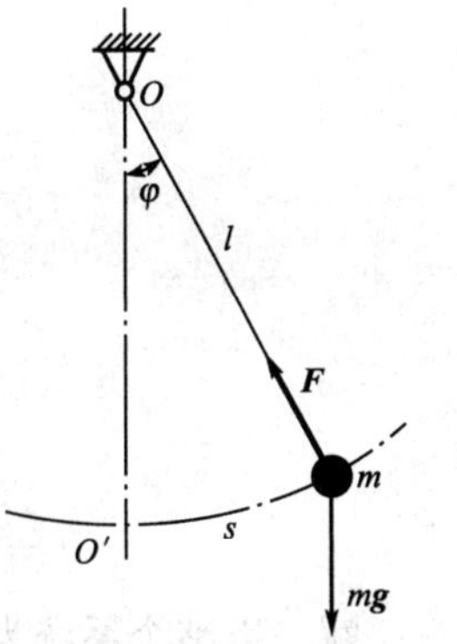

图 16-4

解：研究质点 m。其上受有重力 $m\boldsymbol{g}$、绳拉力 $\boldsymbol{F}$。质点的运动轨迹是以 O 为圆心，以 l 为半径的圆弧线。由于质点振动方向不是铅直方向，故不能套用式(16-8)，因此要建立运动微分方程。由于质点轨迹已知，故可采用自然法进行研究，取质点的平衡位置 O' 点为原点，弧长 s 向右为正，角 φ 逆时针方向为正。列出质点沿切线方向的运动微分方程：

$$m\ddot{s}=-mg\sin\varphi$$

由于 $s=l\varphi$，故

$$ml\ddot{\varphi}=-mg\sin\varphi$$

或

$$\ddot{\varphi}+\frac{g}{l}\sin\varphi=0$$

这是一个二阶非线性微分方程。当单摆作微幅振动时，即 φ 为微小角时，可取 $\sin\varphi\approx\varphi$。这样非线性微分方程就化为线性微分方程，即

$$\ddot{\varphi}+\frac{g}{l}\varphi=0$$

方程的通解为

$$\varphi=A\sin\left[\sqrt{\frac{g}{l}}t+\theta\right]$$

则单摆的固有频率为

$$\omega_n=\sqrt{\frac{g}{l}}$$

周期为

$$T=\frac{2\pi}{\omega_n}=2\pi\sqrt{\frac{l}{g}}$$

由初始条件，$t=0$ 时 $\varphi=\varphi_0$，$\dot{\varphi}=\frac{\dot{s}}{l}=0$

可得到运动规律为

$$\varphi=\varphi_0\sin\left[\sqrt{\frac{g}{l}}t+\frac{\pi}{2}\right]=\varphi_0\cos\sqrt{\frac{g}{l}}t \quad \text{rad}$$

即单摆的运动为简谐振动。

例 16-2 振动系统如图 16-5 所示。质量为 m_1 的物体悬挂于不可伸长的绳子上，绳子跨过定滑轮与刚度为 k 的弹簧相连。均质滑轮的质量为 m_2，半径为 r，绕 O 轴转动。已知 $m_1=m_2=m$。求系统的运动微分方程和周期。

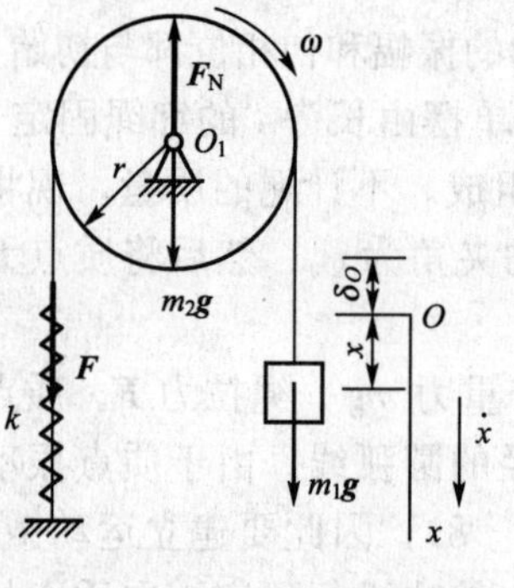

图 16-5

解： 以整个系统为研究对象。作用在其上的力有重力 $m_1\boldsymbol{g}$、$m_2\boldsymbol{g}$，弹性力 $\boldsymbol{F}$ 和轴承反力 $\boldsymbol{F}_N$。取静平衡位置为原点，Ox 轴铅直向下为正。系统对 O 轴的动量矩(顺时针为正)为

$$L_{O1}=m_1\dot{x}r+J_O\omega$$

其中，$J_O=\frac{1}{2}m_2r^2$，$\omega=\frac{\dot{x}}{r}$，$m_1=m_2=m$，所以

$$L_{O1}=\frac{3}{2}m\dot{x}r \tag{1}$$

外力矩(顺时针为正)为

$$\sum M_{O1}(F)=(mg-F)r$$

其中，$F=k(\delta_0+x)$，注意到静平衡时 $mg=k\delta_0$，则

$$\sum M_{O1}(F)=[mg-k(\delta_0+x)]r=-krx \tag{2}$$

由动量矩定理，注意到(1)式和(2)式，可得系统的运动微分方程为

$$\frac{3}{2}m\ddot{x}+kx=0$$

系统的固有频率为

$$\omega_n=\sqrt{\frac{2k}{3m}}$$

振动周期为

$$T=\frac{2\pi}{\omega_n}=2\pi\sqrt{\frac{3m}{2k}}$$

3. 弹簧的并联与串联

1）弹簧并联

如图 16-6(a)所示，物块在静平衡时，两根弹簧的静变形均为 δ_{st}。弹性力分别为

$$F_1=k_1\delta_{st},\ F_2=k_2\delta_{st}$$

由重物的平衡条件，得

$$mg=F_1+F_2=(k_1+k_2)\delta_{st}$$

如果用一根刚度为 k_{eq} 的弹簧来代替原来的两根弹簧，使其静变形与原来两根弹簧的静变形相等，如图 16-6(b)所示，则

$$mg=F=k_{eq}\delta_{st}$$

所以

$$k_{eq}=k_1+k_2 \tag{16-10}$$

并联弹簧系统的固有频率为

$$\omega_n=\sqrt{\frac{k_{eq}}{m}}=\sqrt{\frac{k_1+k_2}{m}} \tag{16-11}$$

由此可见，当两个弹簧并联时，其等效刚度等于两个弹簧刚度之和。这一结论可推广到多个弹簧并联的情况。

2）弹簧串联

如图 16-7(a)所示，物块在平衡位置时，它的静变形 δ_{st} 是两根弹簧静变形之和，即

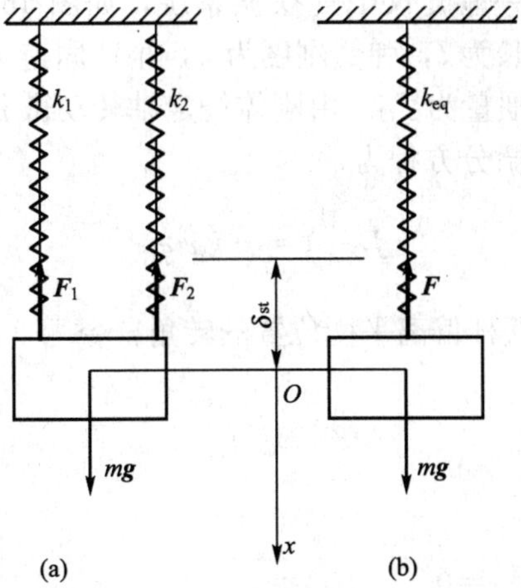

图 16-6

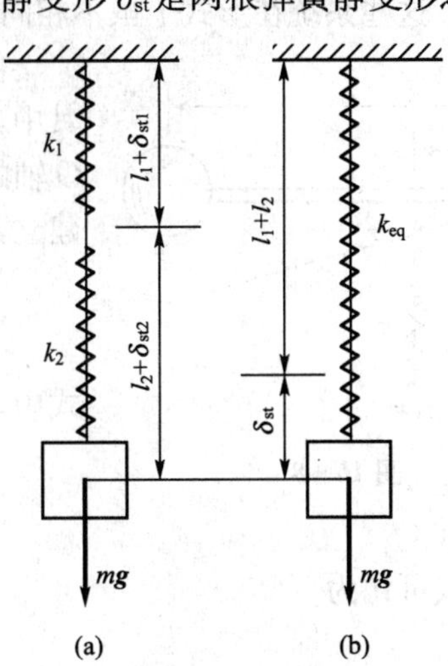

图 16-7

$$\delta_{st}=\delta_{st1}+\delta_{st2}$$

因为弹簧是串联的，每根弹簧所受的拉力都等于重力 mg，于是有

$$\delta_{st1}=\frac{mg}{k_1},\ \delta_{st2}=\frac{mg}{k_2}$$

如果用一根弹簧 k_{eq} 来代替原来两根弹簧，如图 16-7(b)所示，使该弹簧的静变形为 δ_{st}，则

$$\delta_{st}=\frac{mg}{k_{eq}}$$

由以上四个式子可得

$$\frac{mg}{k_{eq}}=\frac{mg}{k_1}+\frac{mg}{k_2}$$

即

$$\frac{1}{k_{eq}}=\frac{1}{k_1}+\frac{1}{k_2}$$

或

$$k_{eq}=\frac{k_1k_2}{k_1+k_2} \tag{16-12}$$

因此，串联弹簧系统的固有频率为

$$\omega_n=\sqrt{\frac{k_{eq}}{m}}=\sqrt{\frac{k_1k_2}{m(k_1+k_2)}} \tag{16-13}$$

由此可见，当两个弹簧串联时，其等效弹簧刚度的倒数等于两个弹簧刚度倒数之和。这一结论也可以推广到多个弹簧串联的情况。

4. 其他类型的自由振动系统

在工程实际中，除了质量弹簧系统以外，还有其他类型的振动系统，如摆振系统、扭振系统等。这些系统在形式上虽不相同，但它们的运动微分方程却有相同形式。

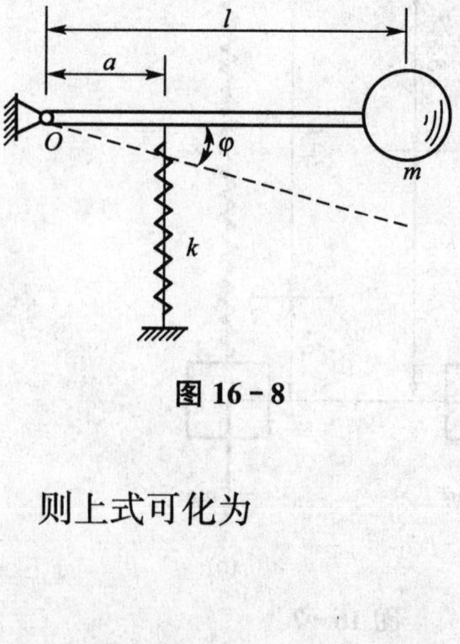

图 16-8

例如，一地震仪中的摆振系统，如图 16-8 所示。其中，摆杆长为 l，弹簧刚度为 k，小球固连于摆杆，对 O 轴的转动惯量为 J_O。由刚体绕定轴转动微分方程，可建立其运动微分方程为

$$J_O\frac{d^2\varphi}{dt^2}=-ka^2\varphi$$

式中，φ 为摆杆偏离平衡位置的转角，令

$$\omega_n^2=\sqrt{\frac{ka^2}{J_O}}$$

则上式可化为

$$\frac{d^2\varphi}{dt^2}+\omega_n^2\varphi=0$$

对于图 16-9 所示的扭振系统，圆盘对中心轴的转动惯量为 J_O，刚性固结在扭杆的一端，扭杆的另一端固定。扭杆的扭转刚度为 k_t，它表示使圆盘产生单位扭转角所需的力矩，单位为 N·m/rad。

令圆盘自平衡位置转过 φ 角，则根据刚体绕定轴转动微分方程，可建立圆盘转动的运动微分方程

$$J_O\frac{d^2\varphi}{dt^2}=-k_t\varphi$$

令 $\omega_n^2=\frac{k_t}{J_O}$，则上式可化为

$$\frac{d^2\varphi}{dt^2}+\omega_n^2\varphi=0$$

上述摆振和扭振两个不同振动系统运动微分方程和质量弹簧系统运动微分方程具有相同形式，其解和运动规律也有相同形式。所以研究质量弹簧系统的振动具有普遍理论意义。

例 16-3 图 16-10 所示为一弹簧摆。摆锤是质量为 m 的小球，摆杆长为 l，其质量可忽略不计。在距铰链 O 为 a 的摆杆两侧各安装一弹簧刚度为 k 的弹簧。试建立系统自由振动微分方程，并求系统的固有频率。

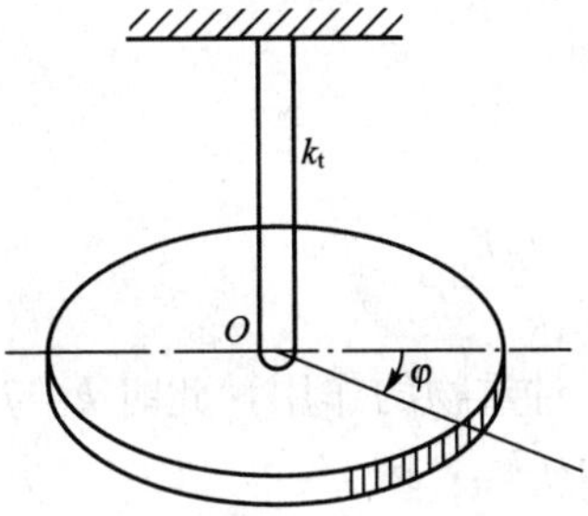

图 16-9

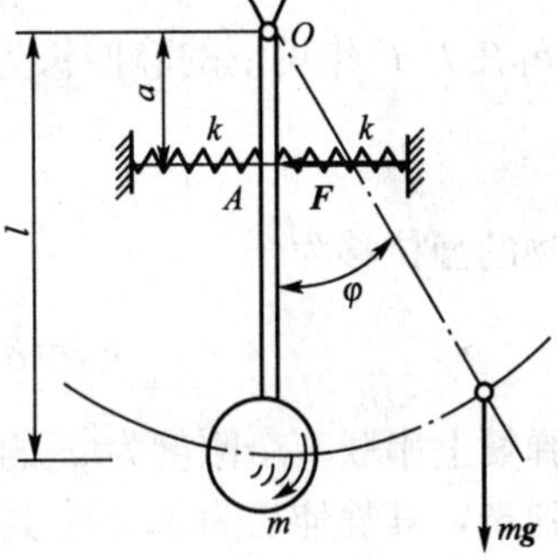

图 16-10

解： 研究整个系统。

受力分析：摆受到弹性力 $\boldsymbol{F}$，重力 $m\boldsymbol{g}$ 及铰链反力作用。摆两侧安置的弹簧为并联弹簧，等效弹簧刚度为 $2k$。弹性力 $\boldsymbol{F}$ 的大小为 $F=2ka\tan\varphi$，当 φ 为微小角时，$\tan\varphi\approx\varphi$，所以 $F=2ka\varphi$。将摆锤和摆杆视为一体，可用刚体定轴转动微分方程建立动力学方程。其中，外力矩为

$$\sum M_O(F)=-mgl\sin\varphi-Fa$$

因为 $\sin\varphi\approx\varphi$，于是有

$$\sum M_O(F)=-mgl\varphi-2ka^2\varphi$$

系统的运动微分方程为

$$ml^2\frac{d^2\varphi}{dt^2}=-mgl\varphi-2ka^2\varphi$$

即

$$\frac{d^2\varphi}{dt^2}+\left(\frac{2ka^2}{ml^2}+\frac{g}{l}\right)\varphi=0$$

系统的固有频率为

$$\omega_n=\sqrt{\frac{2ka^2}{ml^2}+\frac{g}{l}}$$

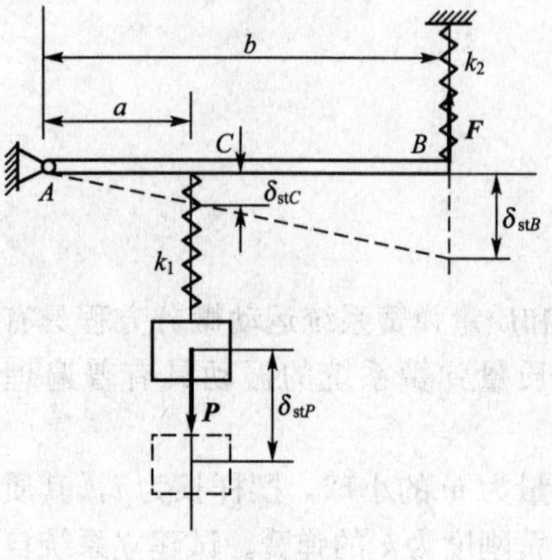

图 16-11

例 16-4 质量为 m 的物体悬挂如图 16-11 所示。若不计 AB 杆质量，两个弹簧的刚度分别为 k_1 和 k_2，$AC=a$，$AB=b$。求物体自由振动的频率。

解：以系统为研究对象。求静平衡位置时，弹簧 k_2 受的力 $\boldsymbol{F}$(设杆水平时为平衡位置)。

由 $\sum M_A(F)=0$，$Fb-Pa=0$ 得

$$F=\frac{a}{b}P$$

B 点的静位移为

$$\delta_{stB}=\frac{F}{k_2}=\frac{aP}{bk_2}$$

与 B 点对应的 C 点的静位移为

$$\delta_{stC}=\frac{a}{b}\delta_{stB}=\frac{a^2P}{b^2k_2}$$

弹簧 k_1 在力 P 作用下的静伸长为

$$\delta_{stP}=\frac{P}{k_1}$$

故重物的静位移为

$$\delta_{st}=\delta_{stC}+\delta_{stP}=\frac{a^2k_1+b^2k_2}{b^2k_1k_2}P$$

若在弹簧上串联一个刚度为 k_C 的弹簧以代替 k_2 对重物的作用，此时 k_1 与 k_C 就串联成为一等效弹簧，其静伸长为 δ_{st}，令其等效弹簧刚度为 k_{eq}，则

$$\delta_{st}=\frac{P}{k_{eq}}$$

所以

$$\frac{P}{k_{eq}}=\frac{a^2k_1+b^2k_2}{b^2k_1k_2}P$$

$$k_{eq}=\frac{b^2k_1k_2}{a^2k_1+b^2k_2}$$

物体自由振动的频率为

$$f=\frac{\omega_n}{2\pi}=\frac{1}{2\pi}\sqrt{\frac{k_{eq}}{m}}=\frac{b}{2\pi}\sqrt{\frac{k_1k_2}{m(a^2k_1+b^2k_2)}}$$

§16-2 计算系统固有频率的能量法

在研究工程中的振动问题时，确定系统的固有频率十分重要。由 16-1 节可知，只要

建立了振动系统的运动微分方程，或已知该系统的静变形，就不难求出系统的固有频率。下面介绍另一种计算固有频率的方法——能量法。能量法的基础是机械能守恒定律，这种方法对于计算较复杂系统的固有频率往往更方便。

现以图 16－12 所示的质量弹簧系统为例。因不考虑阻尼，作用在系统上的力均为有势力。根据机械能守恒定律，此系统的机械能是不变的，即

$$T+V=\text{常数}$$

式中，T 为系统在任何一个位置的动能；V 为系统在任何一个位置上所具有的势能。若取静平衡位置为零势能点，则系统在任意位置时

$$\left.\begin{aligned}T&=\frac{1}{2}mv^2\\V&=\frac{1}{2}kx^2\end{aligned}\right\}\tag{16-14}$$

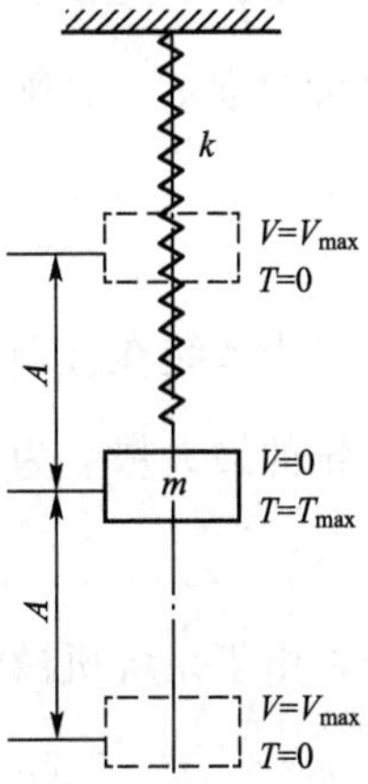

图 16－12

在振动过程中，当振体达到平衡位置时，其势能为零，这时，振体的速度最大，其动能也最大。故这时系统的全部机械能等于最大动能，即

$$T_{\max}=\frac{1}{2}m\dot{x}_{\max}^2$$

当振体达到极端位置时，由于速度为零，故其动能为零，而势能最大，这时系统的全部机械能就等于最大势能，即

$$V_{\max}=\frac{1}{2}kx_{\max}^2$$

由于系统的机械能守恒，所以有

$$T_{\max}=V_{\max}\tag{16-15}$$

即

$$\frac{1}{2}m\dot{x}_{\max}^2=\frac{1}{2}kx_{\max}^2\tag{16-16}$$

式(16－16)就是求系统固有频率能量法的公式。由于系统是自由振动，其运动方程为

$$x=A\sin(\omega_n t+\theta)$$

则

$$\dot{x}=A\omega_n\cos(\omega_n t+\theta)$$

于是

$$\left.\begin{aligned}x_{\max}&=A\\\dot{x}_{\max}&=A\omega_n\end{aligned}\right\}\tag{16-17}$$

代入式(16－16)，得

$$\frac{1}{2}m(A\omega_n)^2=\frac{1}{2}kA^2$$

所以

$$\omega_n=\sqrt{\frac{k}{m}}$$

由此可见，用能量法求出的系统固有频率与前面求出的结果完全相同。

例 16-5 测振仪如图 16-13 所示。已知惯性体的质量为 m，其下端支持在弹簧刚度为 k_1 的弹簧上，上端铰接在杠杆 AOB 的 B 点上，杠杆与外壳之间通过弹簧刚度为 k_2 的弹簧相连。设杠杆 AOB 对 O 点的转动惯量为 J，不计两弹簧质量。求系统的固有频率。

解： 研究惯性体、杠杆 AOB 和弹簧 k_1、k_2 组成的振动系统。设惯性体 m 在振动时有最大速度 $\dot{x}_{\max}$，则杠杆 AOB 的角速度为 $\frac{\dot{x}_{\max}}{b}$，于是在平衡位置，系统的最大动能为

$$T_{\max}=\frac{1}{2}m\dot{x}_{\max}^2+\frac{1}{2}J\left(\frac{\dot{x}_{\max}}{b}\right)^2$$

当系统在极端位置时，惯性体在铅直方向的位移为 $x_{\max}$，弹簧 k_2 的伸长为 $\frac{c}{b}x_{\max}$，故系统的最大势能为

$$V_{\max}=\frac{1}{2}k_1x_{\max}^2+\frac{1}{2}k_2\left(\frac{c}{b}\right)^2x_{\max}^2$$

由于系统机械能守恒，所以 $T_{\max}=V_{\max}$，即

$$\frac{1}{2}m\dot{x}_{\max}^2+\frac{1}{2}J\left(\frac{\dot{x}_{\max}}{b}\right)^2=\frac{1}{2}k_1x_{\max}^2+\frac{1}{2}k_2\left(\frac{c}{b}\right)^2x_{\max}^2$$

其中

$$\left.\begin{aligned}x_{\max}&=A\\ \dot{x}_{\max}&=A\omega_{\mathrm{n}}\end{aligned}\right\}$$

代入上式，可得系统的固有频率为

$$\omega_{\mathrm{n}}=\sqrt{\frac{k_1b^2+k_2c^2}{J+mb^2}}$$

例 16-6 图 16-14 所示一均质球半径为 r，在铅直圆弧槽内只滚不滑，圆弧槽半径为 R。试求小球在圆弧槽内微小滚动的周期。

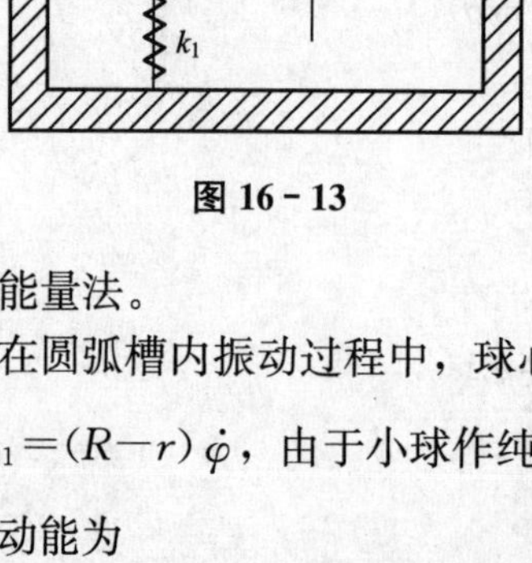

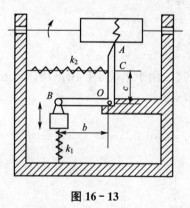

图 16-13

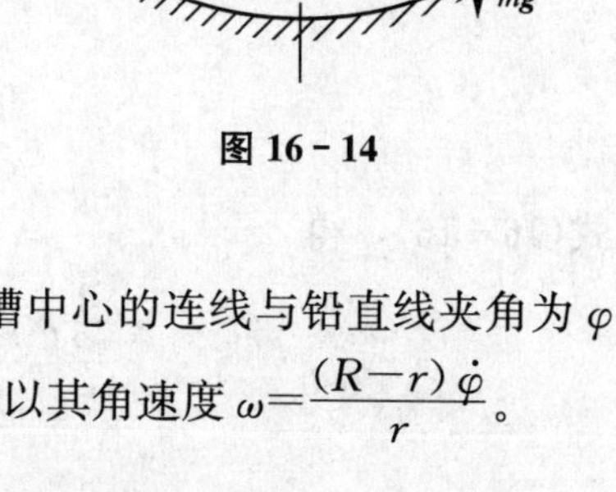

图 16-14

解： 用能量法。

设小球在圆弧槽内振动过程中，球心与圆弧槽中心的连线与铅直线夹角为 φ，球心的线速度为 $v_{O1}=(R-r)\dot{\varphi}$，由于小球作纯滚动，所以其角速度 $\omega=\frac{(R-r)\dot{\varphi}}{r}$。

系统的动能为

$$T=\frac{1}{2}mv_{O1}^2+\frac{1}{2}J_{O1}\omega^2$$

$$=\frac{1}{2}m[(R-r)\dot{\varphi}]^2+\frac{1}{2}\cdot\frac{2}{5}mr^2[(R-r)\dot{\varphi}/r]^2$$

$$=\frac{7}{10}m(R-r)\dot{\varphi}^2$$

系统的势能即重力势能，若取小球重心在运动的最低点为零势能点，则系统的势能为

$$V=mg(R-r)(1-\cos\varphi)=2mg(R-r)\sin^2\frac{\varphi}{2}$$

当小球作微振动时，可认为 $\sin\frac{\varphi}{2}\approx\frac{\varphi}{2}$，因此上式为

$$V=\frac{1}{2}mg(R-r)\varphi^2$$

设系统作自由振动时，其变化规律为

$$\varphi=A\sin(\omega_n t+\theta)$$

则系统的最大动能为

$$T_{\max}=\frac{7}{10}m(R-r)^2(A\omega_n)^2$$

系统最大势能为

$$V_{\max}=\frac{1}{2}mg(R-r)A^2$$

由机械能守恒定律，有 $T_{\max}=V_{\max}$，所以

$$\omega_n=\sqrt{\frac{5g}{7(R-r)}}$$

$$T=\frac{2\pi}{\omega_n}=2\pi\sqrt{\frac{7(R-r)}{5g}}$$

例 16-7 图 16-15 所示为一单自由度系统。已知 $OA=a$，$OB=l$，球质量为 m，弹簧刚度为 k，弹簧和杆 OB 的质量不计。求系统作微振动时的固有频率(l_0为弹簧自由长度)。

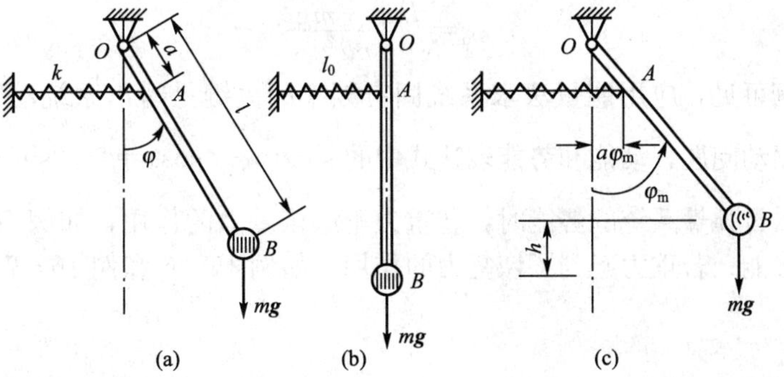

图 16-15

解： 当系统处于平衡位置($\varphi=0$)时，如图 16-15(b)所示。系统动能具有最大值，即

$$T=\frac{1}{2}m(l\dot{\varphi}_{\max})^2$$

其中，$\dot{\varphi}_{\max}$为角速度最大值。

设系统的振幅为 φ_m，固有频率为 ω_n，由于系统为自由振动，则有

$$\varphi=\varphi_m\sin(\omega_n t+\theta)$$

故

$$\left.\begin{aligned}\varphi_{max}&=\varphi_m\\ \dot{\varphi}_{max}&=\varphi_m\omega_n\end{aligned}\right\}$$

代入动能表达式，得

$$T_{max}=\frac{1}{2}ml^2\varphi_m^2\omega_n^2$$

当系统到极端位置($\varphi=\varphi_m$)时，如图 16－15(c)所示。此时势能有最大值，这时弹簧的伸长量为 $a\varphi_m$，则弹性势能为

$$V_1=\frac{1}{2}ka^2\varphi_m^2$$

小球重心平衡位置上升的高度为

$$\begin{aligned}h&=l(1-\cos\varphi_m)=l\left(1-1+2\sin^2\frac{\varphi_m}{2}\right)\\&=2l\left(\frac{\varphi_m}{2}\right)^2=\frac{1}{2}l\varphi_m^2\end{aligned}$$

所以，重力势能为

$$V_2=mgh=\frac{1}{2}mgl\varphi_m^2$$

系统的势能 $V_{max}=V_1+V_2$，所以，有

$$V_{max}=\frac{1}{2}ka^2\varphi_m^2+\frac{1}{2}mgl\varphi_m^2=\frac{1}{2}(ka^2+mgl)\varphi_m^2$$

由机械能守恒定律，即 $T_{max}=V_{max}$，有

$$\frac{1}{2}ml\omega_n^2\varphi_m^2=\frac{1}{2}(ka^2+mgl)\varphi_m^2$$

得到

$$\omega_n=\sqrt{\frac{ka^2+mgl}{ml^2}}$$

由以上各例可见，应用能量法求系统固有频率的关键是写出系统动能和势能的表达式。对于微幅振动问题，动能和势能表达式中的 $\sin\varphi\approx\varphi$，$\cos\varphi=1-2\sin^2\frac{\varphi}{2}\approx1-2\left(\frac{\varphi}{2}\right)^2$。另外，在计算质量弹簧系统的势能时，若重力不起恢复力的作用，如例 16－5，则计算时不必考虑重力势能；若重力起到了恢复力的作用，如例 16－6 和例 16－7，则必须考虑重力势能。

§16－3 单自由度系统有阻尼的自由振动

前面讨论的自由振动都是简谐振动，即振动一经发生就会永远保持等幅的周期运动。但实际情况并非如此。这是因为在前面的讨论中，为突出自由振动的基本特性和规律，略去了阻尼对振动的影响。事实上，任何振动系统总是不可避免地存在阻尼，这种始终和振

体速度的方向相反的阻尼力，会不断地消耗系统的能量，使自由振动逐渐衰减，直至完全消失。

实际的振动系统的阻尼有各种不同形式，如物体在介质中振动时的介质阻尼、由于结构材料变形产生的内阻尼和由于接触面摩擦产生的干摩擦阻尼等。这里只讨论常见的粘滞阻尼。

由实验可知，当振动速度不大时，由介质粘性引起的阻力与速度成正比，这样的阻尼称为**粘滞阻尼**。设振动物体的速度为$\boldsymbol{v}$，则粘性阻力$\boldsymbol{F}_c$可以表示为

$$\boldsymbol{F}_c=-c\boldsymbol{v} \tag{16-18}$$

式中，c称为**粘滞阻力系数**，它与物体的形状、尺寸及阻尼介质的性质有关，单位是N·s/m。

图16-16所示为有阻尼的单自由度系统的力学模型。取坐标Ox轴。在任一瞬时位置，物体受的力有重力$m\boldsymbol{g}$、弹性力$\boldsymbol{F}$、阻尼力$\boldsymbol{F}_c$。

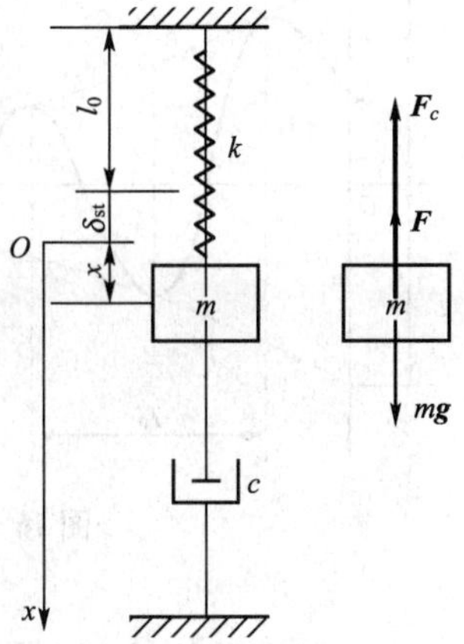

图16-16

阻尼力$\boldsymbol{F}_c$在x轴上的投影为

$$F_{cx}=-cv_x=-c\dot{x}$$

物体的运动微分方程为

$$m\ddot{x}=-kx-c\dot{x}$$

令$\omega_n^2=\dfrac{k}{m}$，$2n=\dfrac{c}{m}$，n称为**阻尼系数**，单位是1/s，可表示为

$$n=\frac{c}{2m} \tag{16-19}$$

于是有

$$\ddot{x}+2n\dot{x}+\omega_n^2x=0 \tag{16-20}$$

式(16-20)为有阻尼自由振动微分方程的标准形式，它是一个二阶常系数齐次微分方程。由微分方程理论可知，它具有形式为e^{rt}的解，代入式(16-20)，消去公因子e^{rt}，得到特征方程

$$r^2+2nr+\omega_n^2=0$$

特征方程的两个根为

$$r_1=-n+\sqrt{n^2-\omega_n^2}$$

$$r_2=-n-\sqrt{n^2-\omega_n^2}$$

随着n与ω_n的值不同，特征根r_1、r_2或为实数或为复数，故方程(16-20)的解有很大的不同。下面按$n<\omega_n$、$n>\omega_n$、$n=\omega_n$三种情形分别进行讨论。

1. $n<\omega_n$小阻尼的情形

在这种情形下，特征方程的两个根为共轭复根，即

$$r_1=-n+\mathrm{i}\sqrt{\omega_n^2-n^2}$$

$$r_2=-n-\mathrm{i}\sqrt{\omega_n^2-n^2}$$

式中，$\mathrm{i}=\sqrt{-1}$，于是，方程(16-20)的解经过变换后可写为

$$x = Ae^{-nt}\sin(\sqrt{\omega_n^2 - n^2}t + \theta) \tag{16-21}$$

式中，A 和 θ 为两个积分常数，由运动初始条件决定。设在初瞬时 $t=0$ 时，$x=x_0$，$\dot{x}=v_0$，并代入上式后，可得

$$A = \sqrt{x_0^2 + \frac{(v_0 + nx_0)^2}{\omega_n^2 - n^2}} \tag{16-22}$$

$$\tan\theta = \frac{x_0\sqrt{\omega_n^2 - n^2}}{v_0 + nx_0} \tag{16-23}$$

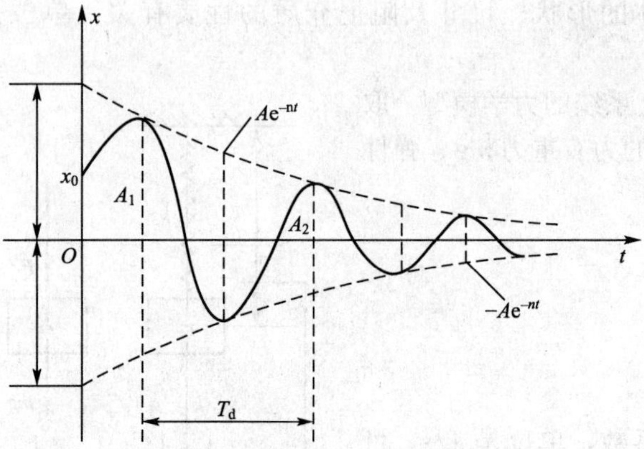

图 16-17

由式(16-21)可画出振动图线，如图 16-17 所示。由图可见，物体在平衡位置附近作往复运动，但振幅不是常量，它随时间的增加而迅速减小。因此，在小阻尼的情形下，有阻尼的自由振动又称为**衰减振动**。下面讨论阻尼对自由振动周期和振幅的影响。

(1) 阻尼对周期的影响。严格来说，衰减振动不是周期振动，但这种振动仍然是相对于平衡位置的往复运动，所以仍具有振动的特点。我们把物体从一个最大偏离位置到下一个最大偏离位置所需的时间称为衰减振动的周期，记作 T_d，由式(16-21)可知

$$T_d = \frac{2\pi}{\sqrt{\omega_n^2 - n^2}} = \frac{2\pi}{\omega_d} \tag{16-24}$$

式中，$\omega_d = \sqrt{\omega_n^2 - n^2}$，称为有阻尼自由振动的圆频率。将上式与 $T=\frac{2\pi}{\omega_n}$ 比较，则 $T_d > T$，即在相同的质量和刚度的情况下，衰减振动周期较长，但当阻尼很小时，对周期的影响并不显著。例如，当 $n=0.05\omega_n$ 时，$T_d=1.00125T$，即 T_d 仅比 T 大 0.125%。因此，当阻尼很小的情况，可认为衰减振动的周期与无阻尼自由振动的周期相等。

反映阻尼特性的参数，工程实际中还常用参数 ξ 表示，称为**阻尼比**，即

$$\xi = \frac{n}{\omega_n} = \frac{c}{2\sqrt{mk}} \tag{16-25}$$

亦称无量纲阻尼系数。

衰减振动的圆频率 ω_d 与周期 T_d 为

$$\left.\begin{aligned} \omega_d &= \omega_n\sqrt{1-\xi^2} \\ T_d &= \frac{2\pi}{\omega_n\sqrt{1-\xi^2}} = \frac{T}{\sqrt{1-\xi^2}} \end{aligned}\right\} \tag{16-26}$$

(2) 阻尼对振幅的影响。这里所谓的振幅，是指在每次振动中，振体偏离平衡位置的最远距离，它随时间而改变。设在某瞬时 t_i，振幅为 A_i，则由方程(16-21)知

$$A_i = Ae^{-nt_i}$$

经过一个周期 T_d后，即在 $t_{i+1}=t_i+T_d$瞬时的振幅 A_{i+1}为

$$A_{i+1}=Ae^{-n(t_i+T_d)}$$

于是，相邻两振幅之比为

$$\eta=\frac{A_i}{A_{i+1}}=e^{nT_d} \tag{16-27}$$

式中，η 称为**振幅减缩率**。由上式可以看出，任意两个相邻振幅之比为一个常数。所以衰减振动的振幅呈几何级数减小，即使阻尼很小，振幅衰减也很快。仍以 $n=0.05\omega_n$，可求得 $\eta=\frac{A_i}{A_{i+1}}=1.37$，$A_{i+1}=\frac{A_i}{\eta}=\frac{A_i}{1.37}\approx0.73A_i$，即经过一个周期，振幅减小了 27%，在经过十个周期后，振幅只有原来的$(0.73)^{10}\approx0.043$，即 4.3%。

对式(16-27)取自然对数，用 δ 表示，即

$$\delta=\ln\frac{A_i}{A_{i+1}}=nT_d \tag{16-28}$$

式中，δ 称为**对数减缩率**，它是反映阻尼特性的一个重要参数。

2. $n>\omega_n$ 大阻尼的情形

这时，特征方程是两个不相等的实根，即

$$r_1=-n+\sqrt{n^2-\omega_n^2}$$
$$r_2=-n-\sqrt{n^2-\omega_n^2}$$

于是方程(16-20)的解为

$$x=e^{-nt}(C_1e^{\sqrt{n^2-\omega_n^2}t}+C_2e^{\sqrt{n^2-\omega_n^2}t}) \tag{16-29}$$

式中，C_1和 C_2 为两个积分常数，由运动的初始条件来确定。由上式可知，随着时间的增加，运动只是衰减，不具有振动性质。式(16-29)的运动图线如图 16-18 所示。

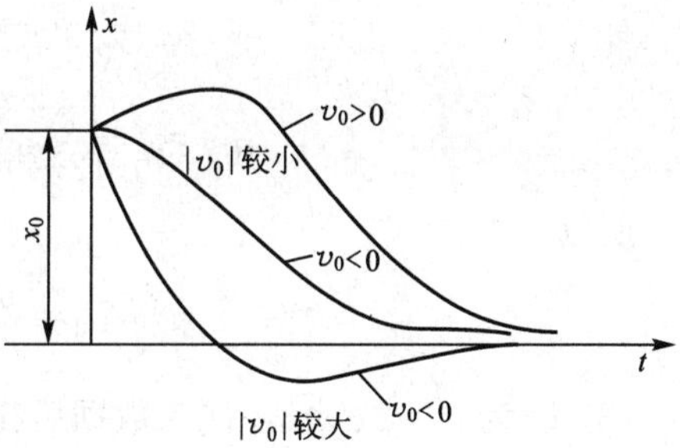

图 16-18

3. $n=\omega_n$ 临界阻尼的情形

这时，特征方程的根是两个相等的实根，即

$$r_1=r_2=-n$$

得方程(16-20)的解为

$$x=e^{-nt}(C_1+C_2t) \tag{16-30}$$

式中，C_1和 C_2 为两个积分常数，由运动的初始条件决定。上式表明，随着时间的增加，物体无限地趋于平衡位置，不具有振动的特点，其运动图线与图 16-18 相似。

应当指出，当系统具有临界阻尼 $n=\omega_n$时，这时阻力系数用 c_c表示为

$$c_c=2\sqrt{mk} \tag{16-31}$$

例 16-8 汽车的质量 $m=2450$kg，压在四个车轮的弹簧上，可使每个弹簧的压缩量 $\delta_{st}=15$cm。为了减小振动，每个弹簧上都装一个减振器，结果使汽车上下振动迅速减小，经过两次振动后，振幅减到 0.1 倍，即$\frac{A_1}{A_3}=10$。试求：

(1) 振幅减缩率 η 和对数减缩率 δ。

(2) 阻尼系数 n 和衰减振动周期 T_d。

(3) 要求汽车不振动，即要求减振器具有临界阻尼，求临界阻力系数 c_c。

解：(1) 由题意知，这是属于小阻尼的情形，是衰减振动。设在某瞬时 t，汽车的振幅为

$$A_1 = Ae^{-nt}$$

经过两次振动(即经过两个周期)，在 $t+2T_d$ 瞬时，汽车的振幅，则为

$$A_3 = Ae^{-n(t+2T_d)}$$

$$\frac{A_1}{A_3} = e^{2nT_d} = 10$$

等式两边取自然对数：$2nT_d = \ln 10$；

对数减缩率：$\delta = nT_d = \frac{1}{2}\ln 10 \approx 1.15$；

振幅减缩率：$\eta = e^{nT_d} = e^{1.15} \approx 3.16$。

(2) 由式(16-24)，注意到 $\xi = \frac{n}{\omega_n}$，则

$$T_d = \frac{2\pi}{\sqrt{\omega_n^2 - n^2}} = \frac{2\pi}{\omega_n\sqrt{1-\left(\frac{n}{\omega}\right)^2}} = \frac{2\pi}{\omega_n\sqrt{1-\xi^2}}$$

$$\delta = nT_d\frac{2\pi\xi}{\sqrt{1-\xi^2}} \approx 2\pi\xi$$

因为自由振动的固有频率为

$$\omega_n = \sqrt{\frac{g}{\delta_{st}}} = \frac{980}{15}\text{rod/s} = 8.03(1/\text{s})$$

$$n = \xi\omega_n = \frac{\delta}{2\pi}\omega_n = \frac{1.15}{2\pi} \times 8.08 \approx 1.4(1/\text{s})$$

所以

$$T_d = \frac{\delta}{n} = \frac{1.15}{1.48}\text{s} \approx 0.777\text{s}$$

(3) 因为 $c_c = 2\sqrt{mk}$，代入数据后得

$$c_c = 396\text{N} \cdot \text{s/m}$$

例 16-9 图 16-19 所示为测量流体阻力系数装置。质量为 m 的重物挂在弹簧上，在空气中测得振动频率为 f_1，放在液体中测得频率为 f_2，求此液体的阻力系数。

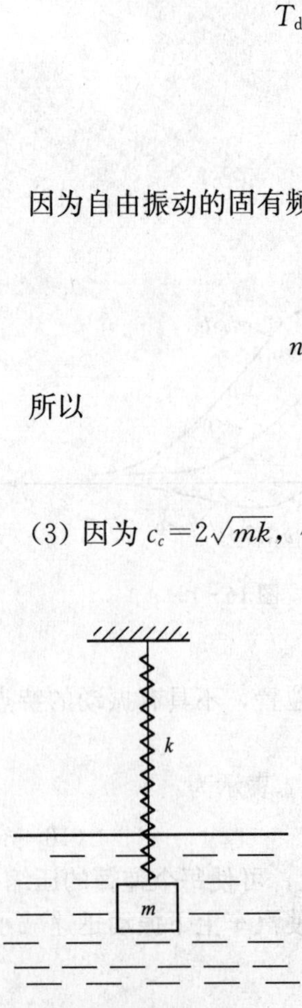

图 16-19

解：在空气中，重物的振动可视为无阻尼的自由振动，其振动频率为

$$f_1 = \frac{\omega_n}{2\pi} = \frac{1}{2\pi}\sqrt{\frac{k}{m}}$$

在液体中的振动为衰减振动，其振动频率为

$$f_2 = \frac{1}{2\pi}\sqrt{\omega_n^2 - n^2} = \sqrt{\left(\frac{\omega_n}{2\pi}\right)^2 - \frac{n^2}{4\pi^2}} = \sqrt{f_1^2 - \frac{n^2}{4\pi^2}}$$

由此可得

$$n=2\pi\sqrt{f_1^2-f_2^2}$$

因为 $2n=\dfrac{c}{m}$，故液体的阻力系数为

$$c=2nm=4\pi m\sqrt{f_1^2-f_2^2}$$

§16-4 单自由度系统的受迫振动

前面研究了系统在线性恢复力作用下的自由振动，以及线性介质阻尼对自由振动的影响——衰减振动。但是，在工程实际中很多机器或结构的振动，虽然都存在阻尼，但却是不衰减的持续振动，如偏心电机在基础上的振动、机床的振动等。这是因为系统除了受到本身的恢复力作用外，还受到外来的干扰力的作用。外来的干扰力(又称为激振力、激励力)对系统做功、输入能量来弥补阻尼所消耗的能量，从而使振动持续下去。系统由于干扰力所引起的振动称为**受迫振动**。

一般来说，干扰力是多种多样的，但在工程上经常遇到的最简单的情况是按简谐函数变化的力。下面我们仅研究系统在正弦变化的干扰力作用下的振动。干扰力的表达式为

$$F=H\sin\omega t \tag{16-32}$$

式中，H 为干扰力的力幅，即干扰力的最大值；ω 为干扰力的圆频率。

受迫振动的力学模型如图 16-20 所示。取平衡位置为原点，Ox 轴铅直向下为正。在任一瞬时，物体受到的力有重力 $m\boldsymbol{g}$、弹性力 $\boldsymbol{F}_k$、阻尼力 $\boldsymbol{F}_c$ 和干扰力 $\boldsymbol{F}$。于是，其运动微分方程为

$$m\ddot{x}=-kx-c\dot{x}+H\sin\omega t$$

令 $\omega_n^2=\dfrac{k}{m}$，$2n=\dfrac{c}{m}$，$h=\dfrac{H}{m}$，则上式可改写为

$$\ddot{x}+2n\dot{x}+\omega_n^2x=h\sin\omega t \tag{16-33}$$

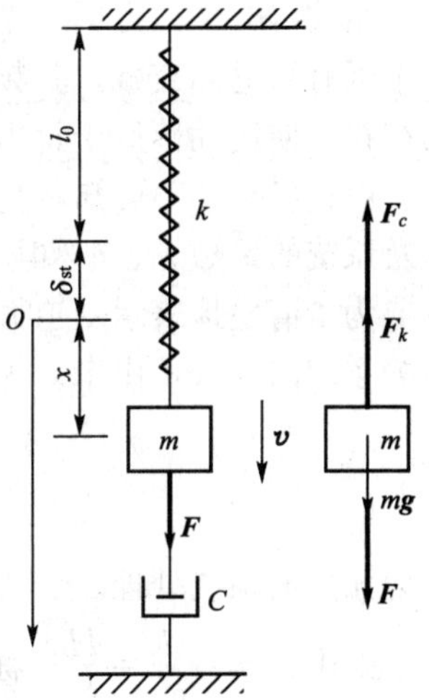

图 16-20

式(16-32)为单自由度系统受迫振动微分方程的标准形式，是一个二阶常系数非齐次线性微分方程，它的通解由两部分组成，即

$$x=x_1+x_2$$

式中，x_1 为微分方程(16-33)对应的齐次方程的通解。由 16-3 节可知，在 $n<\omega_n$ 的小阻尼的情形下，x_1 为

$$x_1=Ae^{-nt}(\sin\sqrt{\omega_n^2-n^2t}+\theta)$$

x_2 为方程(16-32)的特解，设此特解为如下形式：

$$x_2=B\sin(\omega t-\varepsilon) \tag{16-34}$$

式中，B 和 ε 为待定常数。将 x_2 代入式(16-33)，得到

$$-B\omega^2\sin(\omega t-\varepsilon)+2nB\omega\cos(\omega t-\varepsilon)+\omega_n^2B\sin(\omega t-\varepsilon)=h\sin\omega t$$

由于 $h\sin\omega t=h\sin(\omega t-\varepsilon+\varepsilon)=h[\sin(\omega t-\varepsilon)\cos\varepsilon+\cos(\omega t-\varepsilon)\sin\varepsilon]$，代入上式，经移项变化后，得

$$[B(\omega_n^2-\omega^2)-h\cos\varepsilon]\sin(\omega t-\varepsilon)+(2nB\omega-h\sin\varepsilon)\cos(\omega t-\varepsilon)=0$$

在任意瞬时 t，上式都必须是恒等式，则有

$$B(\omega_n^2-\omega^2)-h\cos\varepsilon=0$$

$$2nB\omega-h\sin\varepsilon=0$$

以上两式联立解得

$$B=\frac{h}{\sqrt{(\omega_n^2-\omega^2)^2+4n^2\omega^2}} \tag{16-35}$$

$$\tan\varepsilon=\frac{2n\omega}{\omega_n^2-\omega^2} \tag{16-36}$$

将 B 和 ε 代入特解，这个特解就称为有阻尼的受迫振动，B 称为有阻尼受迫振动的振幅，ε 称为干扰力与有阻尼受迫振动的相位差。

这样，方程(16-32)的通解为

$$x=Ae^{-nt}\sin(\sqrt{\omega_n^2-n^2}\,t+\theta)+B\sin(\omega t-\varepsilon) \tag{16-37}$$

式(16-37)表明：在恢复力、干扰力和阻尼力的作用下，系统的振动由两部分组成，第一部分为衰减振动；第二部分为有阻尼的受迫振动，它是由干扰力引起的振动。由于阻尼的存在，第一部分振动随着时间的增加很快就衰减了，而第二部分受迫振动则始终存在。下面着重研究后一部分。

由式(16-34)可见，受迫振动仍然是等幅简谐振动，其振幅与运动初始条件无关，而且不因有阻尼而衰减。其频率和周期等于干扰力的频率和周期，与阻尼无关，但由于阻尼的存在，使运动落后干扰力一个相位差。

由式(16-35)可知，受迫振动的振幅不仅与干扰力的力幅有关，而且还与干扰力的频率及系统的参数 m、k 和阻力系数 c 有关。

为了清楚地表示受迫振动的振幅与其他因素的关系，我们将不同阻尼条件下的振幅频率关系用曲线表示出来。为此，将式(16-35)改写为

$$B=\frac{B_0}{\left[1-\left(\frac{\omega}{\omega_n}\right)^2\right]^2+4\left(\frac{n}{\omega_n}\right)^2\left(\frac{\omega}{\omega_n}\right)^2}$$

作为无阻尼系统处理。

式中，$B_0=\frac{h}{\omega_n}=\frac{H}{k}$，称为**静力偏移**。它表示系统在干扰力力幅 H 的静力作用下的偏移。令 $\beta=\frac{B}{B_0}$，称为**动力放大系数**；$\lambda=\frac{\omega}{\omega_n}$，称为**频率比**；$\xi=\frac{n}{\omega_n}=\frac{c}{c_c}$，称为**阻尼比**。则上式可改写为

$$\beta=\frac{B}{B_0}=\frac{1}{\sqrt{(1-\lambda^2)^2+4\xi^2\lambda^2}} \tag{16-38}$$

可见，动力放大系数 β 的变化反映受迫振动振幅的变化。阻尼对振幅的影响与频率有关。为便于分析，以 ξ 为参变量按式(16-38)画出对应于不同的 ξ 值的 β-λ 曲线，如图16-21所示。这种曲线称为振幅频率曲线，简称幅频曲线。

由图可知：

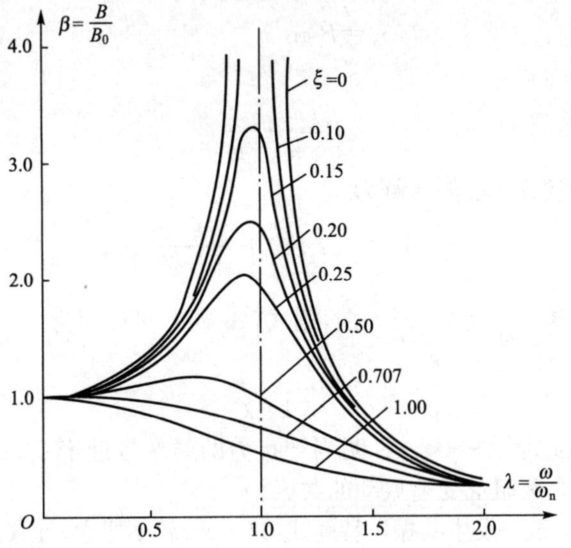

图 16-21

(1) 当$\lambda \ll 1$，即$\omega \ll \omega_n$时(低频段)，阻尼对振幅影响甚微，这时可忽略系统的阻尼而做无阻尼受迫振动处理。

(2) 当$\lambda \gg 1$，即$\omega \to \omega_n$时，阻尼对振幅的影响也较小，这时也可以忽略阻尼，将系统

(3) 当$\lambda \to 1$，即$\omega \to \omega_n$时，对于确定的ξ值，β都有相应的最大值。β达到最大值，也就是受迫振动的振幅达到峰值，系统振动最强烈，这种现象称为**共振**。为了确定β的最大值，由高等数学求函数极值的方法(即由$d\beta/d\lambda=0$)，可求得共振时λ和β分别为

$$\lambda=\lambda_0=\sqrt{1-2\xi^2}$$

$$\beta=\beta_{max}=\frac{1}{2\xi\sqrt{1-2\xi^2}}$$

则

$$B=\frac{B_0}{2\xi\sqrt{1-\xi^2}}$$

在许多实际问题中，阻尼比ξ很小，因此，一般都认为$\lambda_0 \approx 1$，即干扰力频率与系统固有频率接近时发生共振，这时

$$\beta=\beta_{max}\approx\frac{1}{2\xi},\qquad B=\frac{B_0}{2\xi}$$

由图中可见，阻尼对共振时振幅的影响显著，阻尼增大，振幅明显下降，即增大阻尼可减小共振的振幅。如$\xi=0.05$时，$\beta_{max}=10$；$\xi=0.1$时，$\beta_{max}=5$；而当$\xi=0.707$时，则$\beta_{max}=1$。说明$\xi>0.707$时，振幅不再具有最大值。共振现象就不存在了。

(4) 当$\xi=0$时，即无阻尼的情形下，运动微分方程可由方程(16-33)得

$$\ddot{x}+\omega_n^2 x=h\sin\omega t \tag{16-39}$$

其通解为

$$x=x_1+x_2$$

其中：

$$\left.\begin{aligned} x_1 &= A\sin(\omega_n t+\theta) \\ x_2 &= B\sin\omega t \end{aligned}\right\} \tag{16-40}$$

B 可由下式求得

$$B=\frac{h}{\omega_n^2-\omega^2} \tag{16-41}$$

无阻尼受迫振动微分方程的通解为

$$x=A\sin(\omega_n t+\theta)+\frac{h}{\omega_n^2-\omega^2}\sin\omega t \tag{16-42}$$

同样，引入$\frac{h}{\omega_n}=B_0$，$\frac{\omega}{\omega_n}=\lambda$，$\frac{B}{B_0}=\beta$，则式(16－41)可改写为

$$\beta=\frac{1}{1-\lambda^2} \tag{16-43}$$

当$\lambda\to1$，即$\omega\to\omega_n$时，$\beta\to\infty$，说明当干扰力的频率接近于系统的固有频率时，振幅会无限地增大，这就是无阻尼受迫振动的共振。

应当指出，只要系统一发生共振，特解式(16－39)就不成立，因此不能再用式(16－41)来计算振幅的大小。这时，微分方程(16－39)的特解为

$$x_2=Ct\cos\omega t$$

代入式(16－38)，可得

$$x_2=-\frac{B_0}{2}\omega t\cos\omega t$$

即

$$x_2=-\frac{B_0}{2}\omega t\sin\left(\omega t-\frac{\pi}{2}\right) \tag{16-44}$$

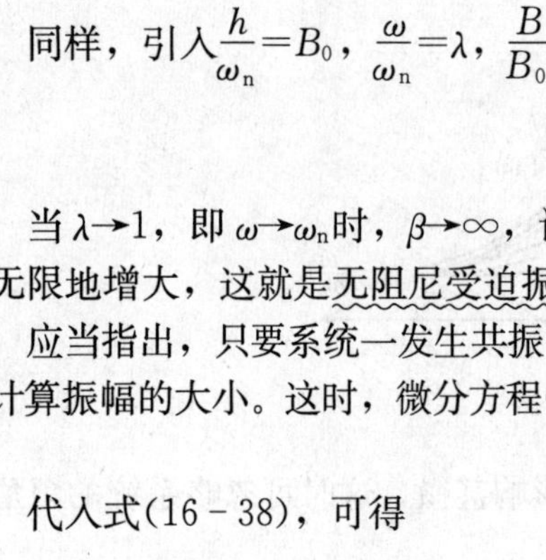

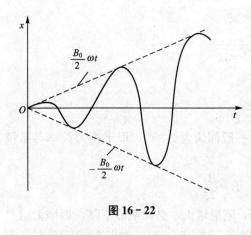

图 16－22

由上式可见，振幅随时间的增加而无限的增大，如图 16－22 所示。

虽然无阻尼系统在实际中不存在，但是，把它作为小阻尼系统的情况来看，看得出一些近似公式也是具有实际意义的。由图 16－22 可见，在离开共振频率足够远的地方，无论ξ值如何，各条曲线彼此很靠近，说明，在ω与ω_n不靠近时，阻尼对振幅的影响是很小的，这时的小阻尼系统和无阻尼系统的振幅几乎没有差别，因此，一般认为，在$\lambda<0.75$，$\lambda>1.25$时，可以按照无阻尼系统，即式(16－43)来计算β值。

现在分析**相位差**ε的变化关系。将式(16－36)改写成无量纲形式，即

$$\varepsilon=\arctan\frac{2\xi\lambda}{1-\lambda^2} \tag{16-45}$$

仍以ξ为参变量，由式(16－45)画出$\varepsilon-\lambda$曲线，称为相频曲线，如图 16－23 所示。由图可见：

(1) 当$\lambda\ll1$，即$\omega\ll\omega_n$时，$\varepsilon\approx0$，这时受迫振动与干扰力可以近似认为同相位，随着λ

的增加，ε也在增加。

(2) 在共振区内，ε变化最激烈。当λ=1，即发生共振时$\varepsilon=\frac{\pi}{2}$，它与阻尼无关。系统运动方向与干扰力的方向一致，因而出现很大的振幅。

(3) 经过共振区后，随着A的增加，ε也在增加，而且趋近于π，这时系统运动方向与干扰力的方向相反。

(4) 在无阻尼($\xi=0$)的情形下，当$\lambda<1$时，$\varepsilon=0$；$\lambda=1$时，$\varepsilon=\frac{\pi}{2}$；$\lambda>1$时，$\varepsilon=\pi$。

应当指出，当系统发生共振时．由于阻尼的影响，振幅并不是无限地增大，但也会达到很大的值，这会使结构或机器受到破坏。因此，如何避免或消除共振是工程实际中一个重要课题。

当旋转机械由于制造和安装上的误差，在运转中经常由于转子偏心而发生振动，当转速达到一特定值时，就要发生共振。使转子发生激烈振动(共振时)的特定转速称为**临界转速**，用n_{cr}表示，这时转子的角速度称为**临界角速度**，用ω_{cr}表示，$\omega_{cr}=\omega_n$，所以

$$n_{cr}=\frac{30\omega_n}{\pi} \tag{16-46}$$

因此，旋转机械要避免在临界转速转动，因此在设计时要校核临界转速。

例16-10 电动机安装在用四根弹簧支承的平板上，如图16-24所示。电动机与平板的总重量为$P=1.8\text{kN}$，弹簧刚度$k_0=1.5\text{kN/cm}$，电动机的转子由于安装不当而有偏心，它相当于在离轴$e=10\text{cm}$处加有重$P_0=2\text{N}$的偏心块。电动机的转速$n=1200\text{r/min}$，求电动机的振动方程及临界转速n_{cr}。

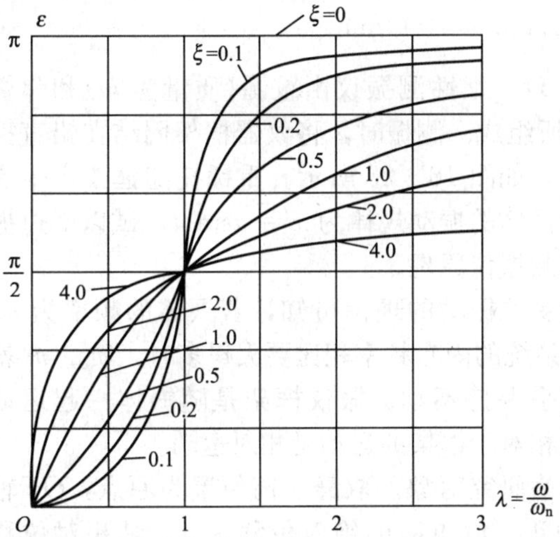

图16-23

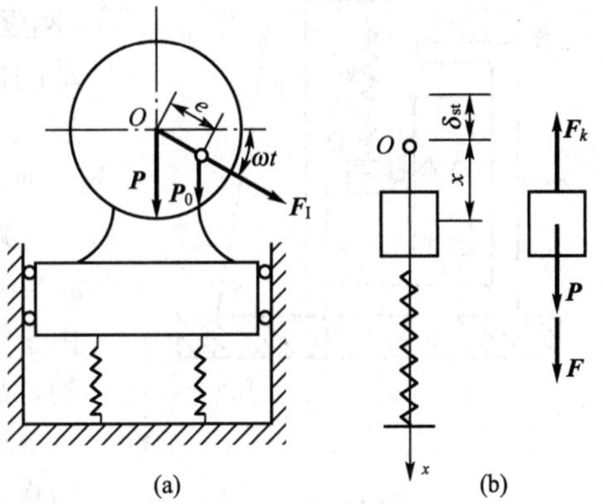

图16-24

解：电动机与平板抽象为一物体作为研究对象(不包括偏心块)。四根弹簧用一根等效弹簧来替代，其刚度为$k=4k_0=4\times1.5\text{kN/cm}=6\text{kN/cm}$。由于转子上附有偏心块(因其质量很小)，可认为仅当转子转动产生了惯性力$\boldsymbol{F}_I$，其大小$F_I=\frac{P_0}{g}e\omega^2$。$\boldsymbol{F}_I$在铅直方向的分力就是干扰力$\boldsymbol{F}$，其大小为

$$F=F_1\sin\omega t=\frac{P_0}{g}e\omega^2\sin\omega t$$

在任一瞬时，作用在电动机上沿铅直方向的力有重力 $\boldsymbol{P}$，弹性力 $\boldsymbol{F}_k$ 和干扰力 $\boldsymbol{F}$，取坐标 Ox 轴，如图 16-24(b)所示，则电动机的运动微分方程为

$$\frac{P}{g}\ddot{x}=P-k(\delta_{st}+x)+\frac{P_0}{g}e\omega^2\sin\omega t$$

即

$$\ddot{x}+\frac{kg}{P}x=\frac{P_0e\omega^2}{P}\sin\omega t$$

上式为无阻尼受迫振动微分方程，于是有

$$\omega_n=\sqrt{\frac{kg}{P}}=\sqrt{\frac{6\times980}{1.8}}\text{rad/s}\approx57\text{rad/s}$$

$$h=\frac{P_0e\omega^2}{P}=\frac{2\times10\times125^2}{1800}\text{cm/s}^2\approx174\text{cm/s}^2$$

其中：

$$\omega=\frac{n\pi}{30}=\frac{1200\pi}{30}\text{rad/s}\approx125\text{rad/s}$$

$$B=\frac{h}{\omega_n-\omega^2}=\frac{174}{57^2-125^2}\text{cm}\approx-0.014\text{cm}$$

电动机受迫振动方程为

$$x=B\sin\omega t=-0.014\sin125t\text{cm}$$

当系统发生共振时，$\omega=\omega_n$。因而电动机的临界转速为

$$n_{cr}=\frac{30\omega_n}{\pi}=\frac{30\times57}{\pi}\text{r/min}\approx545\text{r/min}$$

例 16-11 惯性测振仪由重锤(质量为 m)和弹簧(刚度为 k)所组成。测振时，将仪器框架固结在铅直振动的振体上，如图 16-25 所示。重锤托随框架产生受迫振动。设振体的振动规律为 $x'=a\sin\omega t$，试以受迫振动理论说明测振仪原理。

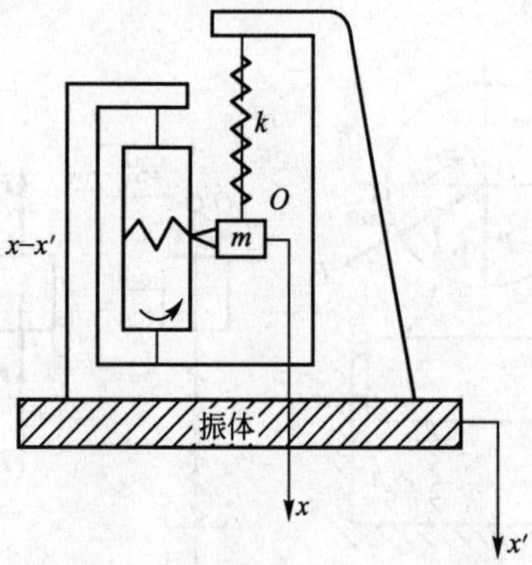

图 16-25

解：由受迫振动的理论可知，若振体的频率为 ω。ω 与测振仪系统的固有频率相比要大得多时，质量 m 就由于惯性几乎保持不动。振仪框架是随振体一起运动的，故重锤相对于框架的运动是相对运动。

取重锤为研究对象。取静平衡位置为原点，Ox 轴铅直向下为正，设重锤的绝对位移为 x，其相对位移 $x-x'$ 为弹簧的伸长量，则弹性力 F_k 的投影为 $F_{kx}=-k(x-x')$。由于不考虑阻尼，重锤的运动微分方程为

$$m\ddot{x}=-k(x-x')$$

将 $\omega_n^2=\dfrac{k}{m}$，$x'=a\sin\omega t$ 代入，整理后得

$$\ddot{x}+\omega_n^2x=a\omega_n^2\sin\omega t$$

其受迫振动方程为

$$x = B\sin\omega t$$

其振幅 B 为

$$B = \frac{a\omega_n^2}{\omega_n^2 - \omega^2} = \frac{1}{1-\lambda^2}a$$

于是，质量 m 与框架之间的相对运动为

$$x_r = x - x' = (B-a)\sin\omega t = \frac{\lambda^2}{1-\lambda^2}a\sin\omega t$$

其中，$\frac{\lambda^2}{1-\lambda^2}a$ 为相对运动的振幅，可以记录在测振仪的记录纸带上。设相对振幅为 u，则其绝对值为

$$|u| = \left|\frac{\lambda^2}{1-\lambda^2}\right|a$$

由上式可见，若 $\lambda = \frac{\omega}{\omega_n} \gg 1$，即所要测的振体频率比测振仪的固有频率 ω 足够大，或选取的弹簧刚度足够小时，则 $\left|\frac{\lambda^2}{1-\lambda^2}\right| \approx 1$，故

$$a = |u|$$

即振体的振幅 a 和测振仪记录的相对运动振幅 u 在数值上相等，这就是惯性测振仪的原理。若 $\lambda \ll 1$，即 $\omega \ll \omega_n$ 时，如何测振体的运动，请读者思考。

§ 16－5 减振与隔振的概念

研究振动的主要目的是消除或减轻振动的危害，工程中常采用减振和隔振措施。

1. 减振

减振是指减少振动的强度或消除振动的影响，目的在于消除或减弱振源的干扰力幅或受迫振动的振幅。从前述理论分析可知，受迫振动的振幅与干扰力幅、频率比和阻尼比有关。

为了避免或减少振动的不利影响，可以采取以下几种方法。

(1) 找出振动产生的振源，并设法使其消除或减弱。这是一项积极的根本措施。例如，机器中的转动部件的不均衡往往是引起振动的主要因素，可以通过动平衡试验消除或减弱。

(2) 远离振源。这是一种消除振动的防护措施，如精密仪器和设备要尽可能远离大型动力机械、压力加工机械及振动设备的工厂，以及运输繁忙的铁路、公路等。

(3) 避免共振。根据实际情况，尽可能改变系统的固有频率或旋转机械转子的转速，使机器不在共振区运转。

(4) 采取隔振措施。当振源无法消除时，可以采取隔振措施。

2. 隔振

隔振是指将振源与需要防振的物体之间用弹性元件和阻尼元件进行隔离的措施。隔振

分为主动隔振和被动隔振。

1) 主动隔振

主动隔振是将振源与支撑振动的基础隔离开来以减少对周围的影响。如图 16-26(a)所示的电机(振源)与基础之间用橡胶块隔离开来，以减弱通过基础传到周围物体的振动。图 16-26(b)为主动隔振的简化模型。由电机产生的干扰力作用于质量为 m 的物块上，隔振的弹性材料简化为刚度为 k 的弹簧和阻力系数为 c 的阻尼器。

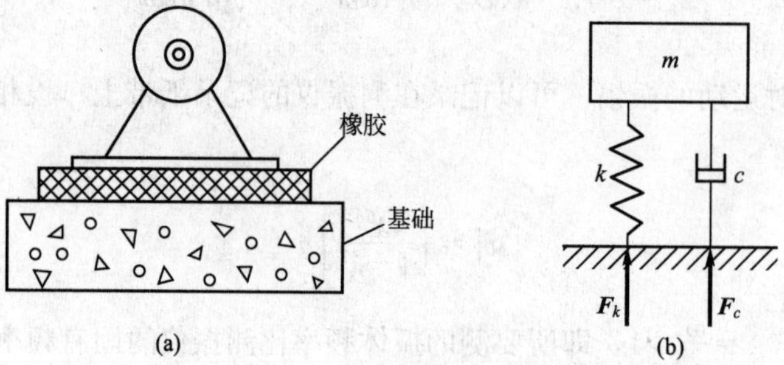

图 16-26

机器本身(即振源)的干扰力为 $F=H\sin\omega t$。如果直接安装在地基上，则传到地基上的力的最大值为 H。如果机器和地基之间装有隔振器，则机器的受迫振动方程为

$$x=B\sin(\omega t-\varepsilon)$$

其振幅为

$$B=\frac{B_0}{\sqrt{(1-\lambda^2)^2+4\xi^2\lambda^2}} \tag{16-47}$$

这时机器通过隔振器传到地基上的力为

$$\begin{aligned}F_{\mathrm{N}}&=F_k+F_c=kx+c\dot{x}\\&=kB\sin(\omega t-\varepsilon)+cB\omega\cos(\omega t-\varepsilon)\end{aligned} \tag{16-48}$$

这两部分力的相位差为 90°而频率相同。它们可以合成一个同频率的合力，合力的最大值为

$$\begin{aligned}F_{\mathrm{Nmax}}&=\sqrt{F_{k\max}^2+F_{c\max}^2}=\sqrt{(kB)^2+(cB\omega)^2}\\&=kB\sqrt{1+\left(\frac{c\omega}{k}\right)^2}\end{aligned}$$

F_{Nmax}是振动时传递到地基上的力的最大值，它与干扰力的力幅 H 之比为

$$\eta=\frac{F_{\mathrm{Nmax}}}{H}=\frac{kB}{H}\sqrt{1+\left(\frac{c\omega}{k}\right)^2}$$

将式(16-47)代入，注意到 $B_0=\frac{H}{k}$，$\frac{c\omega}{k}=2\frac{n}{\omega_{\mathrm{n}}}\cdot\frac{\omega}{\omega_{\mathrm{n}}}=2\xi\lambda$，得到

$$\eta=\frac{F_{\mathrm{Nmax}}}{H}=\sqrt{\frac{1+4\xi^2\lambda^2}{(1-\lambda^2)^2+4\xi^2\lambda^2}} \tag{16-49}$$

η 称为**力的传递率**。上式表明力的传递率与阻尼和干扰频率有关。图 16－27 是对应不同的阻尼的情况下，传递率 η 与 λ 之间的关系曲线。

由图可见：不论阻尼大小，只有当 $\lambda>\sqrt{2}$ 时，η 才小于 1，即才有隔振效果，λ 值越大，效果越好。因此，应采用弹簧刚度较低的隔振器。增大阻尼可减小机器经过共振区时的最大振幅，但 $\lambda>\sqrt{2}$ 时，却使 η 增大，即隔振效果降低。因此，在采用隔振措施时，要选择适当的阻尼。

2）被动隔振

被动隔振是将需要防振的物体，如精密仪器用隔振材料保护起来，使其不受外界振动的影响。图 16－28 为被动隔振的力学模型，被隔振物块质量为 m，弹簧刚度为 k，阻尼器阻力系数为 c。设地基的振动为简谐振动，即

$$x_1=d\sin\omega t$$

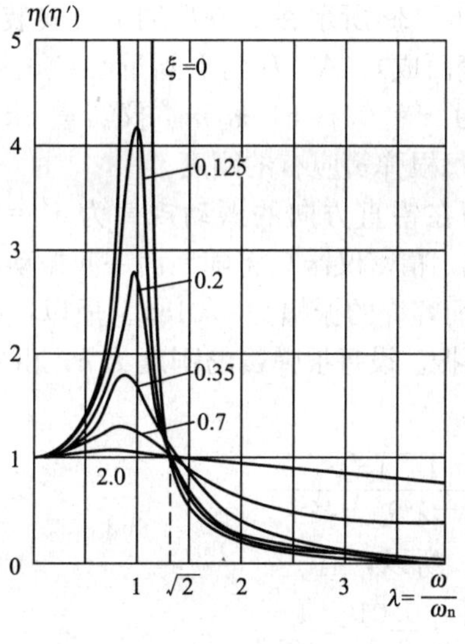

图 16－27

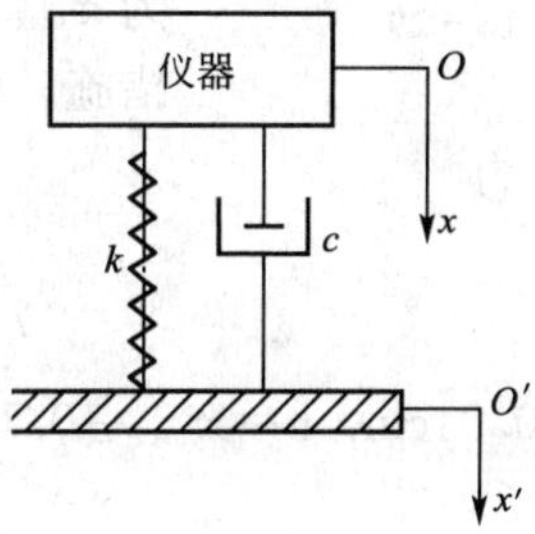

图 16－28

由地基振动将引起搁置在其上物块的振动，这种激振称为**位移激振**。设物块的振动位移为 x，则作用在物块上的弹簧力为 $-k(x-x_1)$，阻尼力为 $-c(\dot{x}-\dot{x}_1)$，质点运动微分方程为

$$m\ddot{x}=-k(x-x_1)-c(\dot{x}-\dot{x}_1)$$

整理得

$$m\ddot{x}+c\dot{x}+kx=kx_1+c\dot{x}_1$$

将 x_1 的表达式代入，得

$$m\ddot{x}+c\dot{x}+kx=kd\sin\omega t+c\omega d\cos\omega t$$

将上述方程右端的两个同频率的谐振动合成为一项，得

$$m\ddot{x}+c\dot{x}+kx=H\sin(\omega t+\theta) \tag{16-50}$$

其中：

$$H=d\sqrt{k^2+c^2\omega^2}，\theta=\arctan\frac{c\omega}{k}$$

设上述方程的特解(稳态振动)为

$$x=b\sin(\omega t-\varepsilon)$$

将上式代入方程(16-50)中，得

$$b=d\sqrt{\frac{k^2+c^2\omega^2}{(k-m\omega^2)^2+c^2\omega^2}} \tag{16-51}$$

写成量纲为1的形式，即

$$\eta'=\frac{b}{d}=\sqrt{\frac{1+4\xi^2\lambda^2}{(1-\lambda^2)^2+4\xi^2\lambda^2}} \tag{16-52}$$

η'是隔振后振动物体的振幅与地基激振的振幅之比值，称为**位移的传递率**。

位移的传递率曲线与力的传递率曲线(图16-27)相同。因此，在被动隔振问题中对隔振元件要求与主动隔振是一样的。

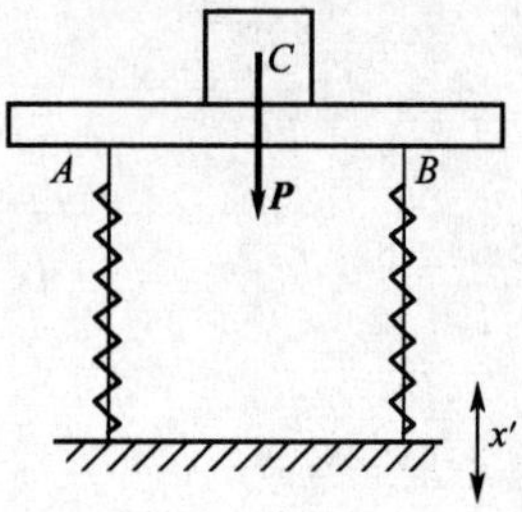

图 16-29

例 16-12 精密仪器在使用时，要避免地面振动的干扰，为了隔振，如图16-29所示在A、B端下边安装八个弹簧(每边由四个并联弹簧而成)，A、B两点到重心C的距离相等，已知地面振动规律为$x'=0.1\sin10\pi t cm$，仪器重8kN，容许的振幅为0.01cm，求每根弹簧应有的刚度。

解：由于地面在铅直方向的振动规律为$x'=0.1\sin10\pi t cm$，若不采取隔振措施，精密仪器C将随地面一起振动，其最大振幅为$x'_{max}=0.1$cm，而容许的振幅为0.01cm。所以，必须采取隔振措施，属于被动隔振。设每根弹簧的刚度为k，由式(16-52)得位移传递率为

$$\eta'=\frac{B}{a}=\sqrt{\frac{1+4\xi^2\lambda^2}{(1-\lambda^2)^2+4\xi^2\lambda^2}}$$

其中，$B=0.01$cm，$a=x'_{max}=0.1$cm，$\xi=0$。所以，有

$$\left|\frac{1}{(1-\lambda^2)^2}\right|=\frac{0.01}{0.1}=\frac{1}{10}$$

所以

$$\lambda^2-1=10$$

$$\lambda^2=11$$

因为，$\lambda=\frac{\omega}{\omega_n}$，$\omega=10\pi$，$\omega_n^2=\frac{8k}{m}=\frac{8kg}{P}$，$P=8\times10^3$N，代入$\eta'$的表达式，得

$$k=91.6\text{N/cm}$$

习　题

16-1　如图16-30所示，两个弹簧的刚度分别为$k_1=50$N/cm，$k_2=30$N/cm，物体质量$m=4$kg。求物体自由振动周期。

16-2　如图16-31所示，有一弹簧秤秤盘重未知。当盘中放质量为m_1的物体时，测得振动周期为T_1，换上一质量为m_2的物体时，测得振动周期为T_2。求弹簧刚度k。

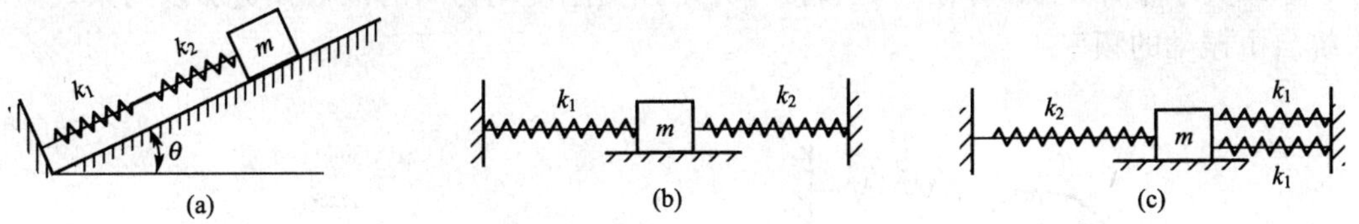

图 16-30

16-3　如图 16-32 所示，小车的质量为 m，自斜面上高度为 h 处滑下，与缓冲器相撞。缓冲器的弹簧刚度为 k，斜面倾角为 θ。求小车碰到缓冲器后作自由振动的周期和振幅。

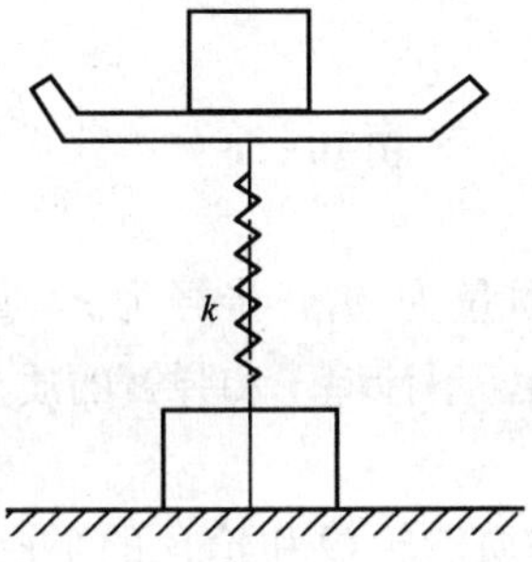

图 16-31

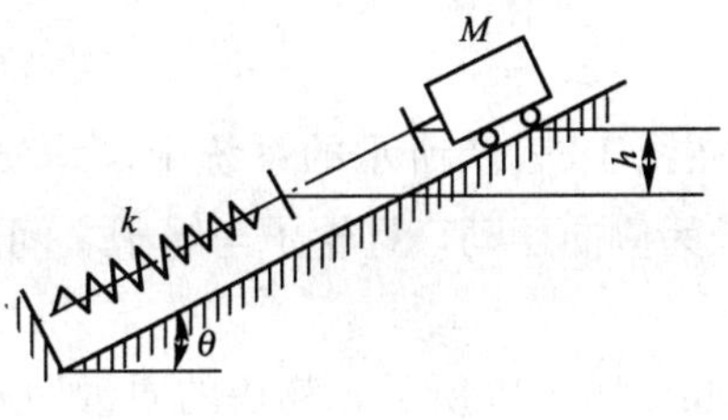

图 16-32

16-4　如图 16-33 所示，两个摩擦轮可分别绕水平轴 O_1 和 O_2 转动，互相啮合不能相互滑动，且均可视为均质圆盘，质量分别为 m_1、m_2，半径分别为 r_1、r_2。在图示位置，两弹簧不受力，弹簧刚度分别为 k_1、k_2。求系统微振动的周期。

16-5　如图 16-34 所示，在地震仪上应用一无定位摆。此摆由长为 l 的刚杆并在其上装有质量为 m 的小球而组成。球放置在两水平弹簧之间，两弹簧的另一端均系固定，它们的刚度均为 k。设球在水平位置时，两弹簧均未受力，且不计杆的质量。如摆做微振动，求其固有频率。

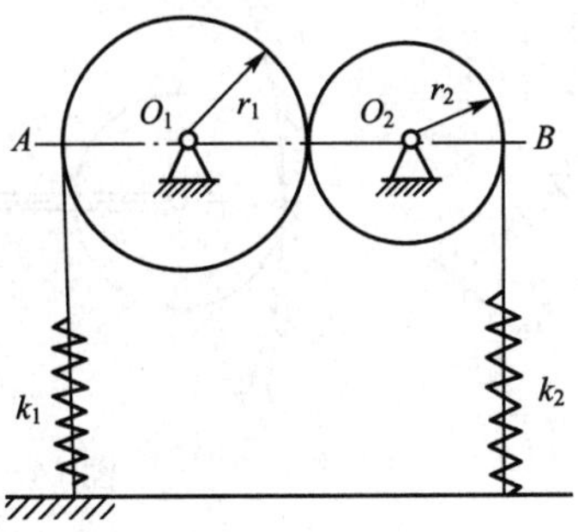

图 16-33

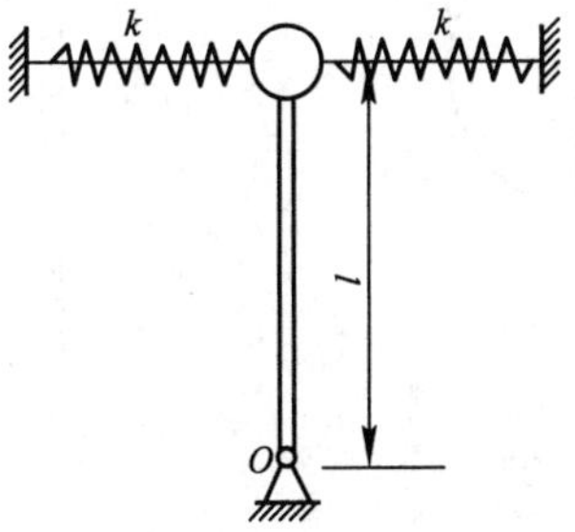

图 16-34

16-6　在图 16-35 所示的系统中，刚度为 k_1 的弹簧与质量为 m 的物体相连，物体上系一绳子绕过质量为 m_1、半径为 r 的均质轮子后与另一个刚度为 k_2 的弹簧相连。轮子中心为固定铰链，绳子与轮子之间无相对滑动。求系统的周期。

16-7　如图 16-36 所示，均质杆 AB 长 $3l$，质量为 m_1，B 端刚连一质量为 m_2 的小

球，小球大小不计，AB 杆在 O 处铰接，并用弹簧刚度均为 k 的两根弹簧加以约束。试求系统自由振动的频率。

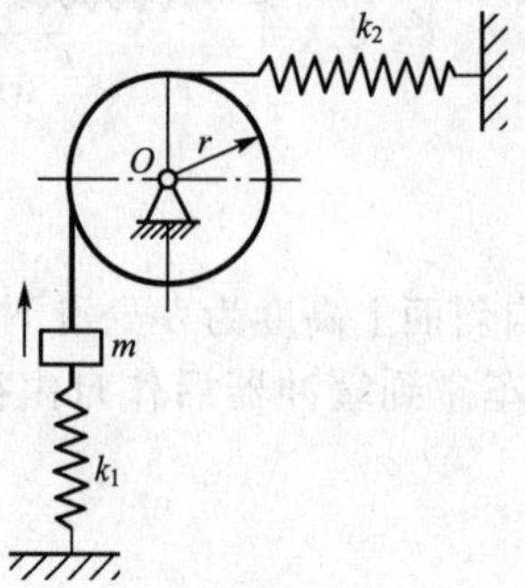

图 16-35

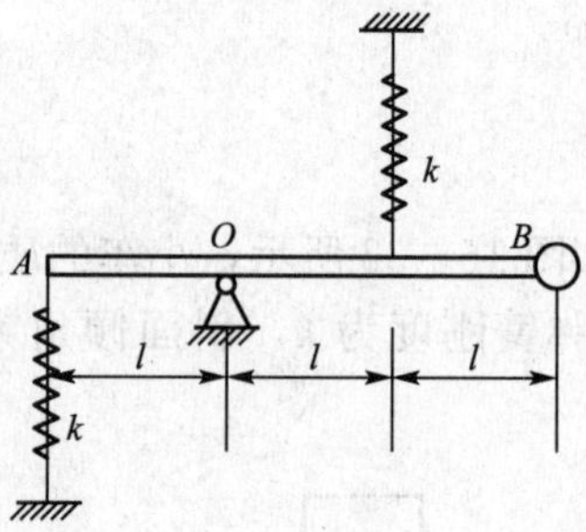

图 16-36

16-8　在图 16-37 所示的系统中，均质轮的质量为 m_1，半径为 r，重物的质量为 m_2。假设轮子无侧向摆动，且轮子与绳子之间无滑动，不计绳子和弹簧的质量。求系统的固有频率。

16-9　如图 16-38 所示，物块的质量为 m_1，均质滑轮 O 和轮 B 的半径均为 r，质量均为 m_2。斜面与水平面的夹角为 β。弹簧 BD 与斜面平行，弹簧的静伸长为 δ_{st}，$m_1 > m_2\sin\beta$，不计轴承摩擦。求轮 B 只滚不滑时，系统的振动周期。

16-10　如图 16-39 所示，均质摇杆 OA 的质量为 m_1，长为 l，均质圆盘的质量为 m_2。当系统平衡时，摇杆水平，弹簧位于铅直位置，其静伸长为 δ_{st}。又 $OB=a$。求圆盘只滚不滑时，系统在其平衡位置微振动的周期。

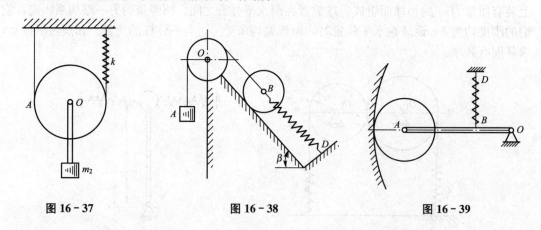

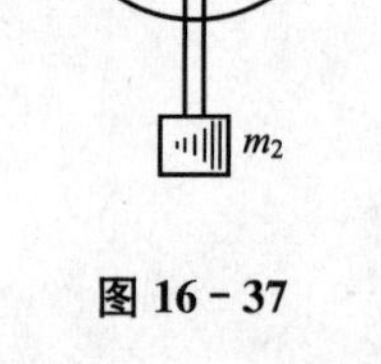

图 16-37

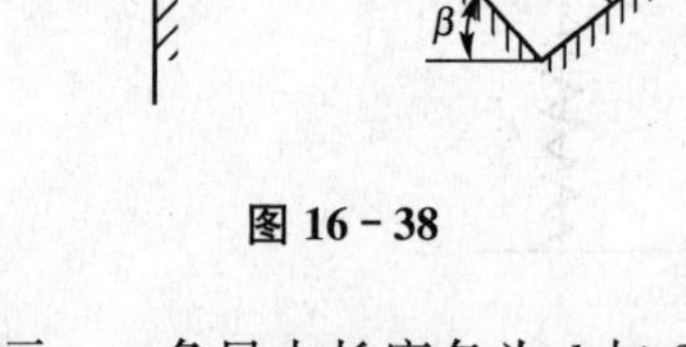

图 16-38

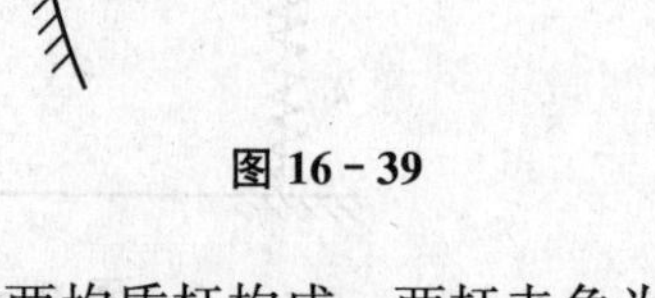

图 16-39

16-11　如图 16-40 所示，一角尺由长度各为 l 与 $2l$ 的两均质杆构成，两杆夹角为 90°，此角尺可绕水平轴 O 转动。求角尺在平衡位置附近作微小摆动的周期。

16-12　在图 16-41 所示的系统中，OB 杆的质量略去不计，其上附有一质量为 m 的小球，已知弹簧刚度 k 及粘滞阻力系数 c。试写出系统微幅振动的微分方程以及衰减振动的频率和临界阻力系数的表达式。

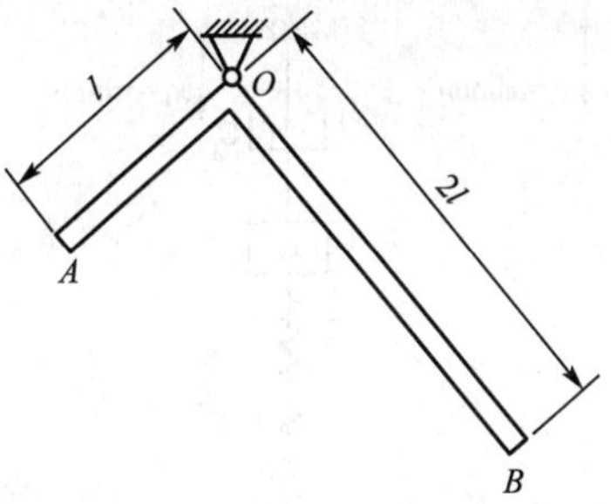

图 16-40

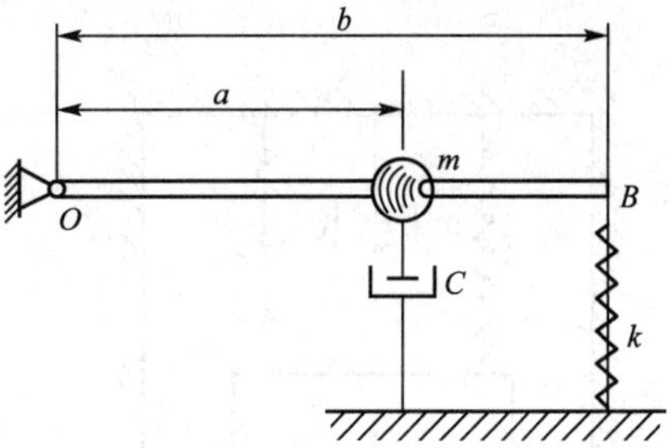

图 16-41

16-13　一质量弹簧系统的衰减振动振幅在振动 10 次的过程中，由 $x_1=0.03\text{m}$ 缩小到 $x_2=0.0006\text{m}$。求对数减缩率 δ。

16-14　如图 16-42 所示，振动物体 M 下连一活塞，可在装满粘液的缓冲器 B 内上下运动。因液的粘滞而产生的阻尼力与物体 M 的速度成正比，在速度 $v=1\text{m/s}$ 时，阻尼力 $F_c=400\text{N}$，又物体 M 与活塞共重 $P=800\text{N}$，弹簧刚度 $k=50\text{N/cm}$。试求阻尼系数、衰减振动的周期和对数减缩率。

16-15　某车载有货物，其车架的弹簧静压缩为 $\delta_{st}=50\text{mm}$，每根铁轨的长度为 $L=12\text{m}$，每当车轮行驶到轨道接头处都将受到冲击，而当车厢速度达到某一数值时，将发生激烈颠簸，这一速度称为临界速度，求此临界速度。

16-16　如图 16-43 所示，物体 M 悬挂在弹簧 AB 上。弹簧上端作铅直直线简谐振动，其振幅为 a，圆频率为 ω，即 $O_1C=a\sin\omega t\text{mm}$，已知物体 M 的质量 $m=0.4\text{kg}$，弹簧在 0.4N 力作用下伸长 10mm，$a=20\text{mm}$，$\omega=7\text{rad/s}$。求受迫振动的规律。

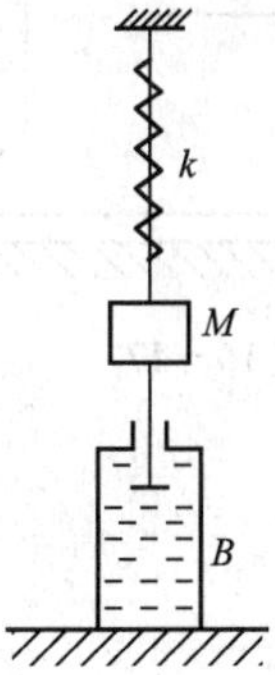

图 16-42

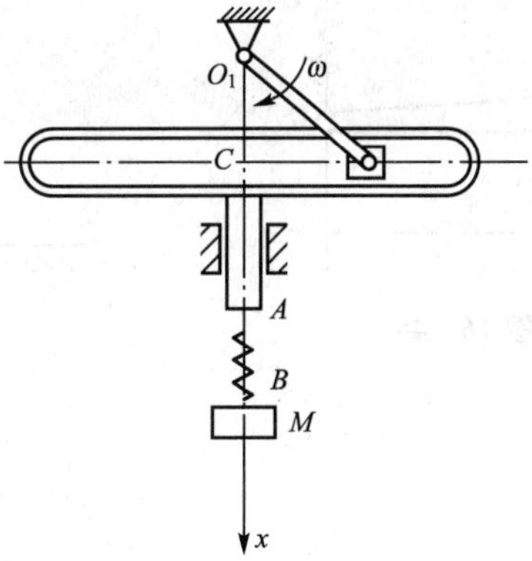

图 16-43

16-17　如图 16-44 所示，一物体重 $P=800\text{N}$，悬挂在刚度均为 $k=20\text{N/mm}$ 的两根弹簧上，在物体上作用一周期干扰力 $\boldsymbol{F}$，其幅值为 20N，频率为 $f=3\text{Hz}$，已知阻力系数 $c=1\text{N}\cdot\text{s/mm}$，求稳态振动的振幅。

16-18　如图 16-45 所示的两个振动系统，其振体质量均为 m，弹簧刚度均为 k，阻力系数均为 c，设干扰位移为 $x_1=a\sin\omega t$，试推导它们的受迫振动公式。

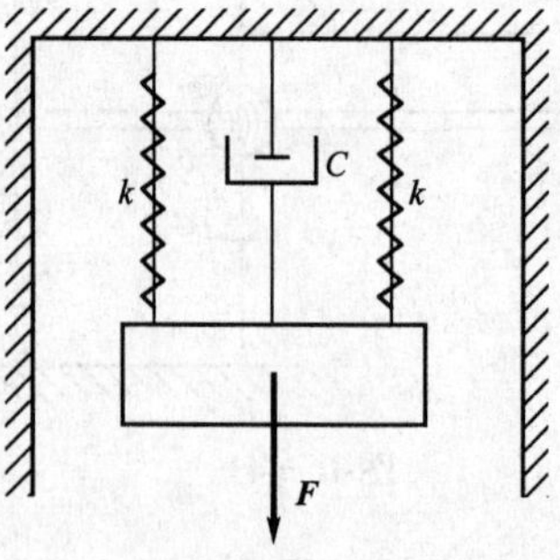

图 16-44

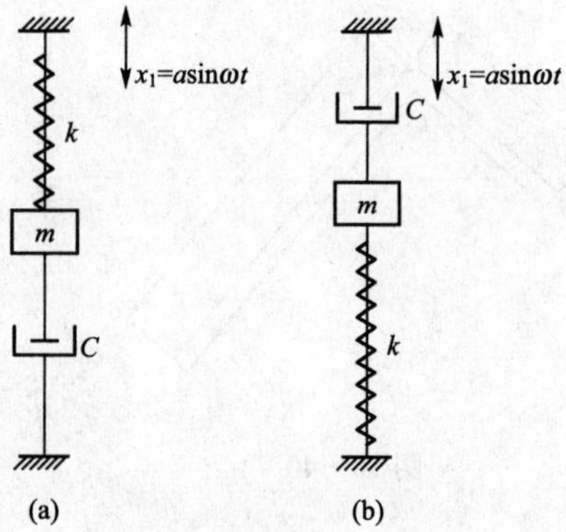

图 16-45

16-19　在图 16-46 所示的结构中，杠杆可绕点 O 转动，重量可忽略不计。质点 A 的质量为 m 在杠杆的 C 点加一弹簧 CD，刚度为 k，在 D 点加一铅直方向的干扰位移 $y=b\sin\omega t$。求结构的受迫振动规律。

16-20　如图 16-47 所示的传感器是通过质量为 m 的物块运动以求待测的支座的运动。已知系统的固有频率为 1Hz，无阻尼。用于测量频率为 4Hz 的振动时，振幅读数为 1.33×10^{-3} m。问实际振幅为多少。

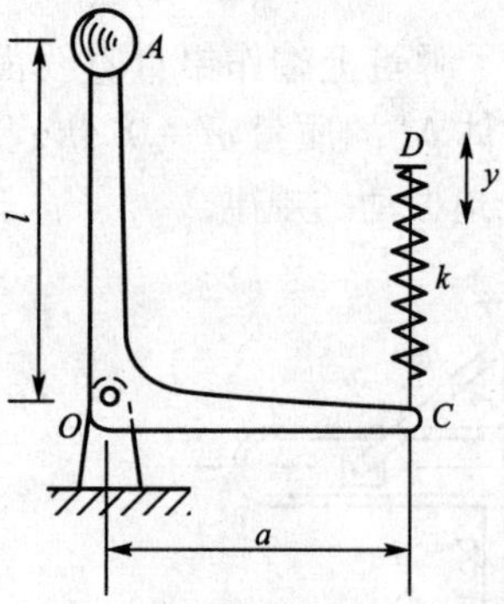

图 16-46

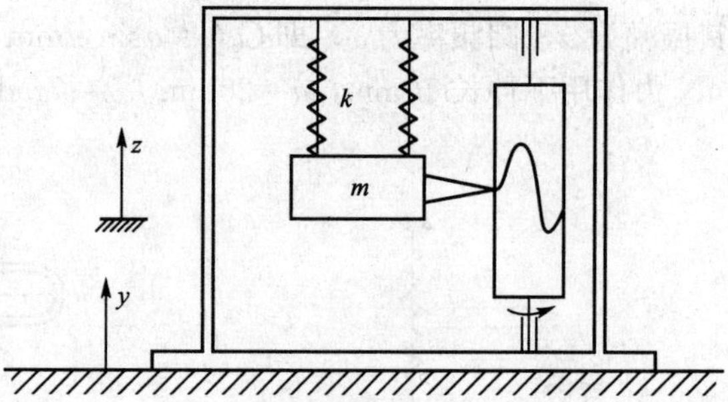

图 16-47

附录　主要符号参照表

符号	意　义	符号	意　义
$\boldsymbol{a}$	加速度	$\boldsymbol{M}_{IO}$	惯性力对点 O 的矩
$\boldsymbol{a}_n$	法向加速度	n	质点数目、阻尼系数
$\boldsymbol{a}_\tau$	切向加速度	O	坐标原点
$\boldsymbol{a}_a$	绝对加速度	$\boldsymbol{p}$	动量
$\boldsymbol{a}_r$	相对加速度	$\boldsymbol{P}$	重力
$\boldsymbol{a}_e$	牵连加速度	P	功率
$\boldsymbol{a}_C$	科氏加速度	q	载荷集度、广义坐标
A	振幅	$\boldsymbol{Q}$	广义力
C	质心	$\boldsymbol{r}$	矢径
f	动摩擦系数	s	弧坐标
f_s	静摩擦系数	t	时间
$\boldsymbol{F}$	力	T	动能
$\boldsymbol{F}_{Ax}$，$\boldsymbol{F}_{Ay}$	A 处铰链支座反力	$\boldsymbol{v}$	速度
$\boldsymbol{F}_N$	法向反力	$\boldsymbol{v}_a$	绝对速度
$\boldsymbol{F}_I$	惯性力	$\boldsymbol{v}_r$	相对速度
$\boldsymbol{g}$	重力加速度	$\boldsymbol{v}_e$	牵连速度
$\boldsymbol{I}$	冲量	$\boldsymbol{v}_C$	质心速度
J_z	刚体对 z 轴的转动惯量	V	势能、体积
J_{xy}	刚体对 x、y 轴的惯性积	W	功
L	拉格朗日函数	ω	角速度，圆频率
$\boldsymbol{L}_O$	刚体对 O 点的动量矩	ω_n	固有频率
$\boldsymbol{L}_C$	刚体对质心的动量矩	$\boldsymbol{\omega}$	角速度矢
m	质量	α	角加速度
$\boldsymbol{M}$	力偶矩、主矩	$\boldsymbol{\alpha}$	角加速度矢
M_z	对 z 轴的矩	δ	滚阻系数
M_O（$\boldsymbol{F}$）	平面力 $\boldsymbol{F}$ 对点 O 的矩	φ	转角、摩擦角
$\boldsymbol{M}_O$（$\boldsymbol{F}$）	空间力 $\boldsymbol{F}$ 对点 O 的矩	ρ	曲率半径

部分习题参考答案

第1章

略

第2章

2-11　$F_R = 1\text{kN}(\rightarrow)$

2-12　(a) $F_{AC} = 1.155P$(拉)，$F_{AB} = 0.577P$(压)；(b) $F_{AC} = 0.866P$(压)，$F_{AB} = 0.5P$(拉)

2-13　$F_A = \frac{\sqrt{5}}{2}F$，$F_B = \frac{1}{2}F$

2-14　(a) $F_{AB} = 0.207\text{P}$(压)，$F_{AC} = 1.573\text{P}$(压)；(b) $F_{AB} = 1.366\text{P}$(拉)，$F_{AC} = 2.64$(压)

2-15　$\theta = 2\arcsin\frac{P_2}{P_1}$

2-16　$F = 58.73\text{kN}$

2-17　$F_H = \frac{F}{2\sin^2\alpha}$

2-18　$F_1 : F_2 = 0.6124$

2-19　$F = 80\text{kN}$

2-20　$F_\text{D} = 69.3\text{kN}$，$F_\text{E} = 20\text{kN}$，$F_\text{G} = 20\text{kN}$

2-21　$F = 15\text{kN}$，$F_{\min} = 12\text{kN}$，$\alpha = 37°$

2-22　$\theta = 30°$，$P_B = 100\text{N}$

2-23　(a) Fl；(b) 0；(c) $Fl\sin\theta$；(d) Fa；(e) $-F(r+l)$；(f) $F\sqrt{l^2+b^2}\sin\alpha$

2-24　$F_2 = 0.37\text{kN}$

2-25　$l_1 = \frac{b}{3}$，$l_2 = \frac{b}{4}$，$l_3 = \frac{b}{5}$

2-26　$M = -40\text{kN}\cdot\text{m}$；$F_A = F_B = 200\text{kN}$

2-27　$F = 100\text{kN}$

2-28　$F_A = F_C = M/(2\sqrt{2}a)$

2-29　$M_2 = 400\text{N}\cdot\text{m}$

2-30　$M_2 = 3\text{N}\cdot\text{m}$，逆时针转向；$F_{AB} = 5\text{N}$(拉)

2-31　$F_A = F_{CD} = 400\text{N}$

2-32　8000N

2-33　$M = 4.5\text{kN}\cdot\text{m}$

2-34　$F_{Ax} = 0$，$F_{Ay} = 6\text{kN}$，$M_A = 12\text{kN}\cdot\text{m}$

2-35　$F_{Ox} = 0$，$F_{Oy} = -385\text{kN}$，$M_O = 1626\text{kN}\cdot\text{m}$

2-36 $F_{Ax}=8\text{kN}$，$F_{Ay}=4\text{kN}$，$M_A=-12\text{kN}\cdot\text{m}$

2-37 $F_{Ax}=200\sqrt{2}\text{N}$，$F_{Ay}=2083\text{N}$，$M_A=-1178\text{N}\cdot\text{m}$，$F_{Dx}=0$，$F_{Dy}=-1400\text{N}$

2-38 $F_{Cx}=\dfrac{Pb}{a}$，$F_{Cy}=2P$

2-39 $F_{Ax}=-3000\text{N}$，$F_{Ay}=-500\text{N}$，$M_A=\dfrac{2000}{3}\text{N}\cdot\text{m}$

2-40 $F_{Ax}=-6\text{kN}$，$F_{Ay}=11.5\text{kN}$，$F_{Bx}=-4\text{kN}$，$F_{By}=-1.5\text{kN}$

2-41 $F_{Ax}=-2300\text{N}$，$F_{Ay}=-1000\text{N}$，$F_{Ex}=2300\text{kN}$，$F_{Ey}=2000\text{N}$

2-42 $F_{Ax}=-(\sqrt{3}+1)P$，$F_{Ay}=P$，$M_A=-2.5Pb$

2-43 $F_{Ax}=-500\text{N}$，$F_{Ay}=2500\text{N}$，$M_A=-4500\text{N}\cdot\text{m}$，$F_{Dx}=500\text{N}$，$F_{Dy}=-500\text{N}$

2-44 $F_{RE}=\sqrt{2}F$，$F_{Ax}=F-6qa$，$F_{Ay}=2F$，$M_A=5Fa+18qa^2$

2-45 $F_{AD}=-158\text{kN}$(压)，$F_{EF}=8.167\text{kN}$(拉)

2-46 $F_{CD}=-0.866F$(压)

2-47 $F_{BD}=-240\text{kN}$(压)，$F_{BE}=86.53\text{kN}$(拉)

第3章

3-2 部分答案：$F_{1x}=-\dfrac{\sqrt{3}}{3}F_1$，$M_x(\boldsymbol{F}_1)=\dfrac{\sqrt{3}}{3}F_1a$，$M_z(\boldsymbol{F}_2)=\dfrac{\sqrt{2}}{2}F_2a$

3-3 $M_x=\dfrac{F}{4}(h-3r)$，$M_y=\dfrac{\sqrt{3}}{4}F(r+h)$，$M_z=-\dfrac{Fr}{2}$

3-4 $M_z=-101.4\text{N}\cdot\text{m}$

3-5 $F_A=F_B=-26.45\text{kN}$，$F_C=33.67\text{kN}$

3-6 $F_A=F_B=F_C=-23.1\text{kN}$

3-7 $F=50\text{N}$，$\alpha=143°8'$

3-8 $F_A=8\dfrac{1}{3}\text{kN}$，$F_B=78\dfrac{1}{3}\text{kN}$，$F_C=43\dfrac{1}{3}\text{kN}$

3-9 (1) $M=22.5\text{N}\cdot\text{m}$；(2) $F_{Ax}=75\text{N}$，$F_{Ay}=0$，$F_{Az}=50\text{N}$；(3) $F_x=75\text{N}$，$F_y=0$

3-10 $F=2128\text{N}$，$F_{Ax}=-505\text{N}$，$F_{Ay}=0$，$F_{Az}=-922\text{N}$，$F_{Bx}=-4131\text{N}$，$F_{Bz}=-1336\text{N}$

3-11 $F_1=10\text{kN}$，$F_2=5\text{kN}$，$F_{Ax}=-5.2\text{kN}$，$F_{Az}=6\text{kN}$，$F_{Bx}=-7.8\text{kN}$，$F_{Bz}=1.5\text{kN}$

3-12 $F_{Cx}=-666.7\text{N}$，$F_{Cy}=-14.7\text{N}$，$F_{Cz}=12640\text{N}$，$F_{Ax}=2667\text{N}$，$F_{Ay}=-325.3\text{N}$

3-13 $F_1=-2000\text{N}$，$F_2=0$，$F_3=2000\text{N}$，$F_4=707.2\text{N}$，$F_5=-2000\text{N}$，$F_6=-1224.8\text{N}$

3-14 $F=200\text{N}$，$F_{Bz}=F_{Bx}=0$，$F_{Ax}=86.6\text{N}$，$F_{Ay}=150\text{N}$，$F_{Az}=100\text{N}$

3-15 $F_{BN}=\dfrac{1}{2}(P_1+P_2)$，$F_{Ay}=-\dfrac{1}{2}(P_1+P_2)$，$F_{Cy}=0$，$F_{Cz}=\dfrac{P_2}{2}$，$F_{Az}=P_1+\dfrac{P_2}{2}$，$F_{Ax}=F_{Cx}=0$

3-16 $M=\dfrac{Pr^2\sin\alpha}{\sqrt{l^2-4r^2\sin^2\dfrac{\alpha}{2}}}$，$F_T=\dfrac{Pl}{2\sqrt{l^2-4r^2\sin^2\dfrac{\alpha}{2}}}$

3-17 (a) $x_C=0$，$y_C=6.07\text{mm}$；(b) $x_C=5.12\text{mm}$，$y_C=10.12\text{mm}$，(c) $x_C=201.67\text{mm}$，$y_C=0$

3-18 $x_C=\dfrac{r_1 r_2^2}{2(r_1^2-r_2^2)}$，$y_C=0$

3-19 $x_C=15.83\text{cm}$，$y_C=0$，$z_C=13.75\text{cm}$

第4章

4-1 (a) 图中施力方式省力

4-3 100N

4-4 (1) $F_{1\max}=\dfrac{f_s P}{\cos 60°-f_s\sin 60°}=242\text{N}$；(2) $F_N=P+F_1\sin 60°=1086.6\text{N}$，$F_s=F_1\cos 60°=50\text{N}$

4-5 $F=140\text{N}$

4-6 上升时 $F_T=30.72\text{kN}$；下降时 $F_T=26.15\text{kN}$

4-7 $F_{\max}=6.64\text{kN}$

4-8 $0.5\leqslant\dfrac{l}{L}\leqslant 0.559$

4-9 (1) $\alpha_{\min}=70.2°$；(2) $\alpha_{\min}=70°$

4-10 使物块滑动的临界值 $F_1=\dfrac{fP}{\cos\alpha-f\sin\alpha}$，使物块倾倒的临界值 $F_2=\dfrac{bP}{h\cos\alpha-2b\sin\alpha}$。若 $F_1<F_2$，物块先滑动；若 $F_1>F_2$，物块先倾倒；若 $F_1=F_2$，物块同时滑动和倾倒

4-11 $F=3136\text{kN}>F_{\max}=2236.4\text{kN}$，坝体要沿河床岩面滑动

4-12 均布荷载的长度范围为 $1.81\text{m}\leqslant x\leqslant 2.59\text{m}$

4-13 $F_{2\min}=\dfrac{fF_1}{\sin\alpha}$

4-14 $2.73\text{kN}\leqslant F\leqslant 6.41\text{kN}$

4-15 $x<\dfrac{b}{2\tan\varphi}$

4-16 $b\leqslant 110\text{mm}$

4-17 $49.61\text{N}\cdot\text{m}\leqslant M_C\leqslant 70.39\text{N}\cdot\text{m}$

4-18 $P_A=400\text{N}$

4-19 $M_{\min}=0.212P\cdot r$

4-20 $F_{2\min}=240\text{N}$

4-21 $P_C=208\text{N}$

4-22 $f_{s2}=1$，$f_{s3}=0.414$

4-23 $F>8\text{kN}$

第5章

5-2 (1) 椭圆 $\left(\dfrac{x-5}{2}\right)^2+\left(\dfrac{y+2}{3}\right)^2=1$，$M_1(3,\ -2)$；

(2) 双曲线 $x^2-y^2=a^2$，$M_2(a, 0)$

(3) 直线段 $\frac{x}{4}+\frac{y}{3}=1(0\leqslant x\leqslant 4,\ 0\leqslant y\leqslant 3)$，$s=5\sin^2 t$；

(4) 半抛物线 $y^2=4x(y\geqslant 0)$，$s=t\sqrt{1+t^2}+\ln(t+\sqrt{1+t^2})$

5-3 $x=R\cos\theta+\frac{l}{2}\cos\varphi=R\cos\omega t+\frac{l}{2}\sqrt{1-\frac{R^2}{l^2}\sin^2\omega t}$，$y=\frac{l}{2}\sin\varphi=\frac{R}{2}\sin\omega t$

5-4 $x=r\sin t^2$，$y=2r\sin^2\frac{t}{2}$，$S=rt^2$；

$x_B=0$，$y_B=10\sqrt{64-t^2}+C_1(\mathrm{mm})$，$v_{Bx}=0$，$v_{By}=-\frac{-10t}{\sqrt{64-t^2}}(\mathrm{mm/s})$

5-5 $x_B=10t(\mathrm{mm})$，$y_B=10\sqrt{64-t^2}+C_2(\mathrm{mm})$，

$v_{Bx}=10(\mathrm{mm/s})$，$v_{By}=-\frac{-10t}{\sqrt{64-t^2}}(\mathrm{mm/s})$

5-6 $v=\sqrt{1+\left(\frac{h}{l-x}\right)^2}u$，$a=\frac{h^2}{(l-x)^3}u^2$，式中 $x=OM$

5-7 $y=l\tan kt$；$\theta=\frac{\pi}{6}$，$v=\frac{4}{3}kl$，$a=\frac{8\sqrt{3}}{9}lk^2$；$\theta=\frac{\pi}{3}$，$v=4kl$，$a=8\sqrt{3}lk^2$

5-8 $L=\frac{\sqrt{v^2\sin^2\alpha-2gh}-v\sin\alpha}{g}v\cos\alpha$

5-9 $h=6.69\mathrm{m}$，$s=4.62\mathrm{m}$

5-10 直角坐标法：$x=R+R\cos 2\omega t$，　$y=R\sin 2\omega t$，

$v_x=-2R\omega\sin 2\omega t$，　$v_y=2R\omega\cos 2\omega t$，

$a_x=-4R\omega^2\cos 2\omega t$，　$a_y=-4R\omega^2\sin 2\omega t$；

自然法：$s=2R\omega t$，$v=2R\omega$，$a_\tau=0$，$a_n=4R\omega^2$

5-12 运动轨迹 $y^2-10y=-3x$；$\rho=4.94\mathrm{m}$

5-13 $a=10\mathrm{m/s^2}$，$\rho=250\mathrm{m}$

第6章

6-1 (a) $v_A=2a\omega$，$a_A^\tau=2a\alpha$，$a_A^n=2a\omega^2$；$v_M=\sqrt{a^2+b^2}\omega$，$a_M^\tau=\sqrt{a^2+b^2}g\alpha$，$a_M^n=\sqrt{a^2+b^2}\omega^2$。

(b) $v_A=r\omega$，$a_A^\tau=r\alpha$，$a_n^\tau=r\omega^2$；$v_M=r\omega$，$a_M^\tau=r\alpha$，$a_M^\tau=r\omega^2$

6-2 $\omega=80\mathrm{rad/s}$，$\alpha=120\mathrm{rad/s^2}$

6-3 $v_M=1.6\pi\mathrm{m/s}$，$a_M=6.4\pi^2\mathrm{m/s^2}$

6-4 $\varphi=\frac{t}{30}\mathrm{rad}$，$x^2+(y+0.8)^2=2.25$

6-5 $a_{\mathrm{II}}=a_{\mathrm{II}}^n=4r\omega_0^2$

6-6 $v=707\mathrm{mm/s}$，$a=3330\mathrm{mm/s^2}$

6-8 $v_S=0.1\cot\theta\mathrm{m/s}$

6-9 $v_{AB}=-e\omega\sin\theta(\rightarrow)$，$a_{AB}=-e\omega^2\cos\theta(\rightarrow)$

6-10 $v=168\text{cm/s}$

6-11 $Z_2=96$

6-12 $\varphi=4\text{rad}$

第7章

7-2 $v=10\text{m/s}$

7-3 $t_1=4.5\text{min}$，$t_2=6\text{min}$，$l=450\text{m}$

7-4 $v_a=\omega e$，$v_r=\frac{1}{2}\omega e$，$v_{AB}=v_e=\frac{\sqrt{3}}{2}\omega e$(向上)；$a_a=\omega^2 e$，$a_{AB}=a_e=\frac{1}{2}\omega^2 e$(向下)

7-5 $v_e=\frac{\omega l}{\cos\varphi}$，$v_a=v_e\tan\varphi=\frac{\omega l}{\cos\varphi}\tan\varphi$

7-6 (a) $\omega_2=1.5\text{rad/s}$；(b) $\omega_2=2\text{rad/s}$

7-7 $a_a=315.86\text{m/s}^2$

7-8 $v=0.1\text{m/s}$(向下)，$a=0.346\text{m/s}^2$(向上)

7-9 $v=0.173\text{m/s}$，$a=0.05\text{m/s}^2$

7-10 $v_{a1}=50\text{cm/s}$，$a_{a1}=170\text{cm/s}^2$；$v_{a2}=36.06\text{cm/s}$，$a_{a2}=155.24\text{cm/s}^2$

7-11 $v_a=894\text{mm/s}$，$a_a=2890\text{mm/s}^2$

7-12 $v=\frac{2}{3}\sqrt{3}a\omega_O$，$a=\frac{2}{9}a\omega_O^2$

7-13 $\omega_1=2.63\text{rad/s}$，$\alpha_1=0$；$\omega_2=1.87\text{rad/s}$，$\alpha_1=-10.1\text{rad/s}^2$

7-14 $\alpha=\frac{1}{4}\sqrt{3}\omega^2$

7-15 $\omega=1.8\text{rad/s}$(顺)，$\alpha=1.53\text{rad/s}^2$(逆)

7-16 $v_M=0.173\text{m/s}$，$a_M=0.35\text{m/s}^2$

第8章

8-1 $\omega=\frac{v\sin^2\theta}{R\cos\theta}$

8-2 $v=2.512\text{m/s}$

8-3 $\omega=\frac{v_1-v_2}{2r}$，$v_O=\frac{v_1+v_2}{2}$

8-4 $\omega_{AB}=1.07\text{rad/s}$，$v_D=25.35\text{cm/s}$

8-5 $\omega_{OA}=1.33\text{rad/s}$，$\omega_{BD}=1.20\text{rad/s}$

8-6 水平时，$v_{DE}=4\text{m/s}$；垂直时，$v_{DE}=0$

8-7 $\omega_{OB}=3.75\text{rad/s}$，$\omega_1=6\text{rad/s}$

8-8 $v_M=\frac{br\omega\sin(\alpha+\beta)}{a\cos\alpha}$

8-9 $v_F=1.295\text{m/s}$

8-10 $v_C=2.05\text{m/s}$

8-11 (1) $v_C=0.4\text{m/s}$，$v_{Cr}=0.2\text{m/s}$；(2) $a_C=-0.159\text{m/s}^2$，$a_{Cr}=0.1395\text{m/s}^2$

8-12 $\omega_{AB}=0$，$\alpha_{AB}=\dfrac{v^2}{8R^2}$

8-13 (1) $v_r=6\text{cm/s}$，$a_r=7.79\text{cm/s}^2$；(2) $\omega_H=0.18\text{rad/s}$

8-14 $\omega=0.2\text{rad/s}$

8-15 (1) $v_F=2\omega_0 l$；(2) $\alpha_{O_1B}=8\text{rad/s}^2$，$a_F=\dfrac{2\sqrt{3}}{3}\omega_0^2 l$

8-16 $\omega_{O_1C}=6.19\text{rad/s}$

8-17 (a) $v=r\omega$，$a=0.72r\omega^2$；(b) $v=\sqrt{3}r\omega$，$a=4r\omega^2$；
(c) $v=0.58r\omega$，$a=1.38r\omega^2$；(d) $v=0.58r\omega$，$a=1.38r\omega^2$

8-18 $\omega_1=10800\text{rad/s}$

8-19 (1) $\omega_{3r}=\omega_0$，$\omega_3=0$；(2) $v_A=v_B=2(R+r)\omega_0$

8-20 $\omega_{r1}=13.5\text{rad/s}$(顺时针)，$\omega_{r2}=9\text{rad/s}$(逆时针)

第9章

9-3 $F=0.1(12t^2-72t+120)$，$F_{\lim}=1.2\text{N}$

9-4 $F=\dfrac{\sqrt{3}}{2}mg$

9-5 $F_T=\dfrac{m\omega^2 r^4 x^2}{(x^2-r^2)^{\frac{5}{2}}}$

9-6 $s=3(\sqrt{35t+1}-1)$

9-7 $\theta=\dfrac{\alpha}{2}$

9-8 $a_A=1.59\text{m/s}^2$，$a_B=0\text{m/s}^2$

9-9 $t=\sqrt{\dfrac{r}{g}}\text{arc}\omega s\left(\dfrac{R-s}{R}\right)$，$v=\sqrt{gs\left(2-\dfrac{s}{R}\right)}$

9-10 $F=17.2\text{N}$

9-11 $x=\dfrac{t^2}{2m}\left(F_0-\dfrac{1}{3}kt\right)$

9-12 $v=\dfrac{p}{kA}(1-e^{-\frac{kA}{m}t})$，$S=\dfrac{p}{kA}\left[T-\dfrac{m}{kA}(1-e^{-\frac{kA}{m}t})\right]$

9-13 $x=v_0 t\cos\theta$，$y=\dfrac{eA}{mk}\left(t-\dfrac{1}{k}\sin kt\right)-v_0 t\sin\theta$

9-14 $F_{max}=714.4\text{kN}$，$F_{min}=461.6\text{kN}$

9-15 $F_1=8.64\text{N}$，$F_2=7.38\text{N}$；$2.21\text{m/s}\leqslant v\leqslant 2.91\text{m/s}$

9-16 $F=-2mr\omega^2$

9-17 $F_{N1}=13.2\text{N}$，$F_{N2}=9.4\text{N}$

9-18 $n=\dfrac{30\sqrt{2gR}}{\pi r}$

第10章

10-1 (1) $p=\frac{1}{2}ml\omega$； (2) $p=me\omega$； (3) $p=(m_1+m_2)v$

10-2 $p_x=2.71m_3v$，$p_y=-3.29m_3v$，$p=4.26m_3v$，$(p, i)=309.5°$，$(p, j)=219.44°$

10-3 $I_x=-500\text{N}\cdot\text{S}$，$I_y=-43300\text{N}\cdot\text{S}$；$I=43600\text{N}\cdot\text{s}$，$(I, x)=168.59°$

10-4 $F_R=1090\text{N}$

10-5 $v=-6.76\text{m/s}$

10-6 $F_{0y}=(m_1+m_2+m_3+m_4)g+\frac{a}{2}(m_1+m_3-2m_2)$

10-7 $F_x=8.11\text{N}$

10-8 $F''_x=138.56\text{N}$，$F''_y=0$

10-9 $F=27.7\text{kN}$

10-10 $\ddot{x}\ \frac{k}{m_1+m_2}x=\frac{m_2l\omega^2}{(m_1+m_2)}\sin\omega t$

10-11 (1) $x_C=\frac{m_3l}{2(m_1+m_2+m_3)}+\frac{m_1+2m_2+2m_3}{2(m_1+m_2+m_3)}l\cos\omega t$，

$y_C=\frac{m_1+2m_2}{2(m_1+m_2+m_3)}l\sin\omega t$；

(2) $F_{x\max}=\frac{1}{2}(m_1+2m_2+2m_3)l\omega^2$

10-12 $F_x=-(m_1+m_2)e\omega^2\cos\omega t$，$F_y=-m_2e\omega^2\sin\omega t$

10-13 $v=3.83\text{m/s}$

10-14 $x=\frac{m_2+2m_3}{m_1+m_2+m_3}l\sin\omega t$

10-15 $l_1=\frac{p_2l}{p_1+p_2}$，$l_2=\frac{p_1l}{p_1+p_2}$

10-16 (1) $\ddot{x}_1=\frac{m_2g\sin2\theta}{2(m_2+m_1\sin^2\theta)}$；(2) $\ddot{x}_2=\frac{m_1g\sin2\theta}{2(m_2+m_1\sin^2\theta)}$；

(3) $F_{N1}=\frac{m_1m_2g}{m_2+m_1\sin^2\theta}$，(4) $F_{N2}=\frac{m_2(m_1+m_2)g}{m_2+m_1\sin^2\theta}$

10-17 (1) $x=\frac{l}{6}(1-\cos\omega t)$；(2) $F=27mg-6.5m\omega^2l\sin\omega t$；(3) $\omega_1=\sqrt{\frac{54g}{13l}}$

第11章

11-1 (1) $p=\frac{1}{2}ml\omega$；(2) $p=me\omega$；(3) $p=(m_1+m_2)v$

11-2 $J_O=5ml^2$

11-3 $L_O=mab\omega$

11-4 (1) $L_O=m\left(\frac{R^2}{2}+l^2\right)\omega$；(2) $L_O=ml^2\omega$；(3) $L_O=m(R^2+l^2)\omega$

11-5 $t=\frac{l}{k}\ln z$

11-6 $n=480\text{r/min}$

11-7 $\alpha=\frac{m_1r_1-m_2r_2}{m_3\rho^2+m_1r_1^2+m_2r_2^2}g$

11-8 $a_B=\frac{2(m_2+m_4-2m_1)}{8m_1+2m_2+4m_3+3m_4}$

11-9 $\omega=\frac{2m_2art}{m_1R^2+2m_2r^2}$，$\alpha=\frac{2m_2ar}{m_1R^2+2m_2r^2}$

11-10 (1) $\omega=\frac{J_1\omega_0}{J_1+J_2}$；(2) $M=\frac{J_1J_2\omega_0}{(J_1+J_2)t}$

11-11 $\varphi=\frac{\delta_0}{l}\sin\left(\sqrt{\frac{k}{3(m_1+3m_2)}}t+\frac{\pi}{2}\right)$，$T=2\pi\left(\sqrt{\frac{3(m_1+3m_2)}{k}}\right)$

11-12 $J=1060\text{kg}\cdot\text{m}^2$，$M_f=6.024\text{N}\cdot\text{m}$

11-13 $r=\sqrt{r_0^2+\frac{M_0}{2m\omega^2}\sin\omega t}$

11-14 $\alpha=\frac{2(r_2M-r_1M')}{(m_1+m_2)r_2r_1^2}$

11-15 $t=\frac{r_1\omega}{2fg\left(1+\frac{m_1}{m_2}\right)}$

11-16 $J_{AB}=mgh\left(\frac{T^2}{4\pi^2}-\frac{h}{g}\right)$

11-17 $t=\frac{v_0-r\omega_0}{3fg}$，$v=\frac{2v_0+r\omega_0}{3}$

11-18 $F_A=0.27mg$

11-19 $a_C=1.29\text{m/s}^2$

11-20 $a=\frac{4}{7}g\sin\theta$，$F_T=\frac{1}{7}mg\sin\theta$

11-21 $\omega=1.81\text{rad/s}$

11-22 $a=\frac{m_1g(R+r)^2}{2m_1(R+r)^2+m_2(\rho^2+R^2)}$

11-23 $a=\frac{F-f(m_1+m_2)}{m_1+\frac{m_2}{3}}$

11-24 $a_A=\frac{1}{15}g$，$a_D=\frac{4}{15}g$

第12章

12-1 $W_{BA}=-20.3\text{J}$，$W_{AD}=6.89\text{J}$

12-2 $W=6.29\text{J}$

12-3　(a) $T=36\text{J}$；(b) $T=32\text{J}$；(c) $T=40\text{J}$

12-4　(a) $p=0$，$L_O=\frac{1}{2}mr^2\omega$，$T=\frac{1}{3}mr^2\omega^2$；

(b) $p=mr\omega$，$L_O=\frac{3}{2}mr^2\omega$，$T=\frac{3}{4}mr^2\omega^2$；

(c) $p=mv$，$L_O=\frac{1}{2}mrv$，$T=\frac{3}{4}mv^2$；

(d) $p=m(R-r)\dot{\theta}$，$L_O=m(R-r)\left(R-\frac{3}{2}r\right)\dot{\theta}$，$T=\frac{3}{4}m(R-r)^2\dot{\theta}$

(e) $p=\frac{1}{2}ml\omega$，$L_O=\frac{1}{12}ml^2\omega$，$T=\frac{1}{6}ml^2\omega^2$；

(f) $p=\frac{1}{6}ml\omega$，$L_O=\frac{1}{9}ml^2\omega$，$T=\frac{1}{18}ml^2\omega^2$

12-5　$v_A=2.62\text{m/s}$

12-6　$k>\frac{mgl}{2b^2}$

12-7　$v_B=\sqrt{2gl(\sin\theta-k\cos\theta)}$，$S=\frac{1}{k}(\sin\theta-k\cos\theta)$

12-8　$\omega=8.57\text{rad/s}$，$v_A=0.57\text{m/s}$

12-9　$v=\sqrt{3gh}$

12-10　$\omega=\frac{3(F+m_0g)\sin\theta}{m_0b}$

12-11　$a=\frac{3m_1}{4m_1+9m_2}g$

12-12　(1) $\omega=\sqrt{\frac{6\pi Mng}{11a^2G}}$

12-14　$a=\ddot{x}=-\frac{2k}{3m_1+4m_2+8m_3}x$

12-15　$a=\frac{8F}{11m}$

12-16　$\omega=\sqrt{\frac{4Q-kb\varphi}{J_0}b\varphi}$

12-17　$P=7.015\text{kW}$

12-18　$P=0.369\text{kW}$

12-19　等速阶段，$P=(m-m)gv_{\max}$；

变速阶段，$P=\left[\left(m_1+m_2+ql+\frac{J_1}{r_1^2}+\frac{J_2}{r_2^2}+\frac{J_3}{r_3^2}\right)a-(m_1-m_2)g\right]at$

12-20　$a=\frac{(Mi-mgR)R}{(J_2+J_1i^2)+mR^2}$

12-21　$a_C=3.675\text{m/s}^2$，$F_A=9.38\text{N}$，$F_{Ox}=-1.8\text{N}$，$F_{Oy}=8.13\text{N}$

12-22　(1) $\alpha=\frac{2}{r^2}\frac{M-m_1gr\sin\theta}{3m_1+m_2}$；　(2) $F_{Ox}=\frac{m_1g}{2r(3m_1+m_2)}(M\cos\theta+m_2r\sin\theta)$

12-23 (1) 摩擦力 $F=479\text{N}$，绳的张力 $F_{BD}=733\text{N}$；
(2) 摩擦力 $F=352\text{N}$，绳的张力 $F_{BD}=668\text{N}$

12-24 $a_{BC}=-r\omega^2\cos\omega t$；$F'_{Ox}=-\dfrac{1}{2}(m_1+2m_2)r\omega^2\cos\omega t$，

$F'_{Oy}=\dfrac{1}{2}m_1(2g-r\omega^2\sin\omega t)$；$M=\dfrac{1}{2}r(m_1g+2m_2r\omega^2\sin\omega t)\cos\omega t$

12-25 $\omega=\sqrt{\dfrac{3g}{2l}(1-\sin\varphi)}$，$\alpha=\dfrac{3g}{2l}\cos\varphi$；

$F_A=\dfrac{9}{4}mg\cos\varphi\left(\sin\varphi-\dfrac{2}{3}\right)$，$F_B=\dfrac{1}{4}mg\cdot\left[1+9\sin\varphi\left(\sin\varphi-\dfrac{2}{3}\right)\right]$

12-26 $\theta=\theta_0\cos\sqrt{\dfrac{3(m_1+2m_2)g}{(2m_1+9m_2)l}}t$；$F=\dfrac{3m_2(m_1+2m_2)}{2(2m_1+9m_2)}\theta_0\cos\sqrt{\dfrac{3(m_1+2m_2)g}{(2m_1+9m_2)l}}t$

第13章

13-1 $F=8.66\text{N}$

13-2 $F_{碰前}=1.268P$，$F_{碰后}=1.536P$

13-3 (1) $F_{NA}=\dfrac{P(l_2g-ah)}{(l_1+l_2)g}$，$F_{NB}=\dfrac{P(l_1g+ah)}{(l_1+l_2)g}$；(2) $a=\dfrac{l_2-l_1}{2h}g$

13-4 $F_{NA}=P+\dfrac{P}{3g}r\omega^2$，$F_{NB}=P-\dfrac{P}{3g}r\omega^2$

13-5 (1) $a=a_\tau=\dfrac{1}{2}g=4.9\text{m/s}^2$，$F_A=72\text{N}$，$F_B=268\text{N}$；

(2) $a=a_n=(2-\sqrt{3})g=2.63\text{m/s}^2$，$F_A=F_B=248.5\text{N}$

13-6 $\omega=\sqrt{\dfrac{3g}{l}\sin\varphi}$，$\alpha=\dfrac{3g}{2l}\cos\varphi$；$F_{Ox}=\dfrac{1}{4}mg\cos\varphi$，$F_{Oy}=\dfrac{5}{2}mg\sin\varphi$($x$ 轴垂直于 OB)

13-7 $\omega^2=\dfrac{(2m_1+m_2)g}{2m_1(a+l\sin\varphi)}\cdot\tan\varphi$

13-8 $(J+mr^2\sin^2\varphi)\ddot{\varphi}+mr^2\dot{\varphi}^2\cos\varphi\sin\varphi+M-mgfr\sin\varphi=0$

13-9 $F_N=\dfrac{mg\cos\theta}{1+3\cos^2\theta}$；$a_{Cx}=\dfrac{g\sin2\theta}{2(1+3\cos^2\theta)}$，$a_{Cy}=\dfrac{(1+2\cos^2\theta)g}{1+3\cos^2\theta}$

13-10 $\alpha=47\text{rad/s}^2$；$F_{Ax}=-95.34\text{N}$，$F_{Bx}=137.72\text{N}$

13-11 $F_{Ax}=0$，$F_{Ay}=(m_1+m_2)g+\dfrac{2m_2(M-m_2R)}{(2m_2+m_1)R}$，

$M_C=(m_1+m_2)gl+\dfrac{2m_2(M-m_2R)}{(2m_2+m_1)R}l$

13-12 $M=\dfrac{\sqrt{3}}{4}(m_1+2m_2)gr-\dfrac{\sqrt{3}}{4}m_2r^2\omega^2$，$F_{Ox}=-\dfrac{\sqrt{3}}{4}m_1r\omega^2$，

$F_{Oy}=(m_1+m_2)g-(m_1+2m_2)\dfrac{r\omega^2}{4}$

13-13 $F_{Ox}=\dfrac{11}{4}mr\omega_0^2+\dfrac{3\sqrt{3}}{2}mg$，$F_{Oy}=\dfrac{3\sqrt{3}}{4}mr\omega_0^2+\dfrac{5}{2}mg$，$M=\dfrac{3\sqrt{3}}{4}mr^2\omega_0^2+2mgr$

13 - 14　$\alpha=\dfrac{3\sqrt{2}m_1 g}{2(4m_1+9m_2)r}$（逆时针）

13 - 15　$a=\dfrac{m_1\sin\theta-m_2}{2m_1+m_2}g$；$F_{AB}=\dfrac{3m_2+(m_1+2m_2)\sin\theta}{2(2m_1+m_2)}\cdot m_1 g$

13 - 16　$a=\dfrac{8F}{11m}$

13 - 17　$a_O=\dfrac{m_1 g\sin2\theta}{3m_2+2m_1\sin^2\theta}$，$F=\dfrac{m_1 m_2\sin2\theta}{2(3m_2+2m_1\sin^2\theta)}$

13 - 18　$F_{NA}=\dfrac{1}{12}m\omega^2 h$，$F_{NB}=\dfrac{1}{4}m\omega^2 h$

第 14 章

14 - 3　$F_2=\dfrac{3}{2}F_1\cot\theta$

14 - 4　$F=\dfrac{M}{a}\cot2\theta$

14 - 5　$F_1=\dfrac{F_2 l}{a\cos^2\theta}$

14 - 6　$P_2=\dfrac{P_1}{5}$

14 - 7　$P_1=\dfrac{P_3}{2\sin\theta}$，$P_2=\dfrac{P_3}{2\sin\beta}$

14 - 8　$\dfrac{M}{F}=\dfrac{\sqrt{3}}{2}l$

14 - 9　$\varphi_{\min}=\tan^{-1}\dfrac{1}{2f}$

14 - 10　$x=\dfrac{Fl^2}{kb^2}+a$

14 - 11　$k=\dfrac{Pl\sin\theta}{R^2\theta}$

14 - 12　$\cos\theta_1=\dfrac{2M}{3Pl}$，$\cos\theta_2=\dfrac{2M}{Pl}$

14 - 13　$P_1=P_2$；$F_{Ax}=-\dfrac{a}{b}P_2$，指向右；$F_{BC}\dfrac{a}{b}P_1$，指向左；$F_{Ay}+F_{By}=2P_1$，指向上

14 - 14　$F_1=3.67\text{kN}$

14 - 15　$F_A=-2450\text{N}$，$F_B=-14700\text{N}$，$F_E=2450\text{N}$

14 - 16　$F_{Ax}=-\dfrac{F}{2}$，$F_{Ay}=-\dfrac{F}{2}$，$F_B=-\dfrac{\sqrt{2}}{2}F$

第 15 章

15 - 2　$Q=M-(Pr_1, r_3, 2r_2)$

15 - 3　$Q_{\varphi_1}=(F_1+F_2)l\cos\varphi_1-M$，$Q_{\varphi_2}=F_2 l\cos\varphi_2$

15 - 4　$M=2l(F_1\cos\varphi+F_2\sin\varphi)$

15 - 5　$k=\dfrac{(m_1+m_2)g\cos\varphi}{4l(1-\cos\varphi)}$

15 - 6　$a=\dfrac{r_2 r_5 M}{r_1, r_3, r_4 m}-g$

15 - 7　$a=\dfrac{2M-m_1 gr-m_2 gr}{(m_1+3m_2)r}$

15 - 8　$a_C=\dfrac{m_1+2m_2}{m_1+3m_2}g$；$a_A=\dfrac{m_1}{m_1+3m_2}g$

15 - 9　$\ddot{\varphi}=a=\dfrac{M}{a^2(3m_1+4m_2)}$

15 - 10　$(l+r\theta)\ddot{\theta}+R\dot{\theta}^2+g\sin\theta=0$

15 - 11　$(m_1+m_2)\ddot{x}+m_2 l\ddot{\varphi}+kx=0$，$\ddot{x}+l\ddot{\varphi}+g\varphi=0$

15 - 12　$a_O=\dfrac{[J+m_3(R+r)R]m_1 g}{J(m_1+m_2)+m_1 m_2 r^2+m_3[m_2 R^2+J+m_1(R+r)^2]}$,

$a_{CD}=\dfrac{(m_2 Rr-J)m_1 g}{J(m_1+m_2)+m_1 m_2 r^2+m_3[m_2 R^2+J+m_1(R+r)^2]}$

15 - 13　$rl\cos(\varphi-\theta)\ddot{\varphi}+l^2\ddot{\theta}-rl\sin(\varphi-\theta)\dot{\varphi}^2+gl\sin\theta=0$,

$2r^2\ddot{\varphi}+rl\cos(\varphi-\theta)\ddot{\theta}+rl\sin(\varphi-\theta)\dot{\theta}+gr\sin\varphi=0$

第 16 章

16 - 1　(a) $T=0.290\text{s}$；(b) $T=0.140\text{s}$；(c) $T=0.110\text{s}$

16 - 2　$k=\dfrac{4\pi^2(m_1-m_2)}{T_2^2-T_1^2}$

16 - 3　$T=2\pi\sqrt{\dfrac{m}{k}}$；$A=\sqrt{\dfrac{m}{k}\left(\dfrac{mg\sin\theta}{k}+2hg\right)}$

16 - 4　$T=2\pi\sqrt{\dfrac{m_1+m_2}{2(k_1+k_2)}}$

16 - 5　$\omega_n=\sqrt{\dfrac{2k}{m}-\dfrac{g}{l}}$

16 - 6　$T=2\pi\sqrt{\dfrac{2m+m_1}{2(k_1+k_2)}}$

16 - 7　$f=\dfrac{1}{2\pi}\sqrt{\dfrac{2k}{m_1+4m_2}}$

16 - 8　$\omega_n=\sqrt{\dfrac{8k}{3m_1+m_2}}$

16 - 9　$T=2\pi\sqrt{\dfrac{m_1+2m_2}{m_1-m_2\sin\beta}\cdot\dfrac{\delta_{st}}{g}}$

16 - 10　$T=2\pi\sqrt{\dfrac{m_1+2m_2 l\delta_{st}}{3ag(m_1+2m_2)}}$

16-11 $T=7.57\sqrt{\frac{l}{g}}$

16-12 $\ddot{\varphi}+\frac{c}{m}\dot{\varphi}+\frac{kb^2}{ma^2}\varphi=0$；$\omega_d=\sqrt{\left(\frac{b}{a}\right)^2\frac{k}{m}-\left(\frac{c}{2m}\right)^2}$，$c_c=\frac{2b}{a}\sqrt{mk}$

16-13 $\delta=0.391$

16-14 (1) $n=2.45\text{rad/s}$；(2) $T_d=0.845\text{s}$；(3) $\delta=2.07$

16-15 $v_{cr}=96.3\text{km/h}$

16-16 $x=39.2\sin 7t\text{mm}$

16-17 $B=0.957\text{mm}$

16-18 (a) $x=\frac{a}{\sqrt{(1-\lambda^2)^2+(2\xi\lambda)^2}}\sin(\omega t-\varphi)$，$\varphi=\tan^{-1}\frac{2\xi\lambda}{1-\lambda^2}$；

(b) $x'=\frac{\frac{c\omega a}{k}}{\sqrt{(1-\lambda^2)^2+(2\xi\lambda)^2}}\cos(\omega t-\varphi)$

16-19 $\omega_n=\sqrt{\frac{ka^2-mgl}{ml^2}}$；$\varphi=\frac{kba}{ml^2(\omega_n^2-\omega^2)}\sin\omega t$

16-20 $y=1.25\times10^{-3}\text{m}$

参考文献

［1］ 张建民，白景岭．理论力学(上、下册)［M］．2版．武汉：中国地质大学出版社，2001.
［2］ 哈尔滨工业大学理论力学教研室．理论力学(Ⅰ、Ⅱ)［M］．6版，北京：高等教育出版社，2002.
［3］ 李心宏，王增新．理论力学(上、下册)［M］．2版．大连：大连理工大学出版社，2001.
［4］ 何锃．理论力学［M］．武汉：华中科技大学出版社，2007.
［5］ 孙艳，何署廷．理论力学［M］．北京：中国电力出版社，2006.
［6］ 程靳，程燕平．理论力学学习辅导［M］．北京：高等教育出版社，2003.
［7］ 西北工业大学理论力学教研室．理论力学(Ⅰ)［M］．北京：科学出版社，2005.
［8］ 王铎，程靳．理论力学解题指导及习题集［M］．北京：高等教育出版社，2005.
［9］ 赵治枢．理论力学习题详解［M］．武汉：华中科技大学出版社，2004.
［10］ 景荣春．理论力学辅导与题解［M］．北京：清华大学出版社，2010.